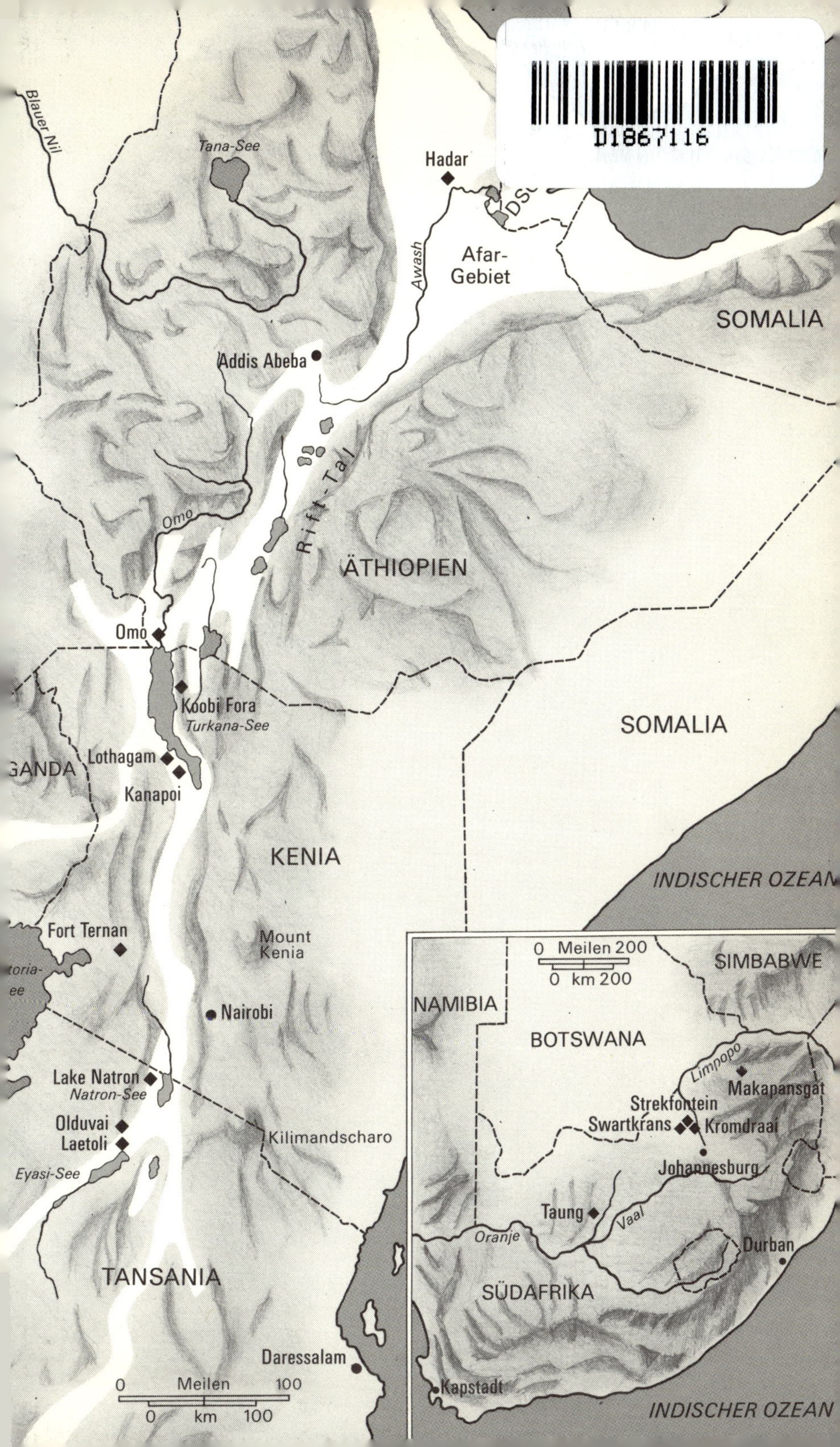

Blauer Nil
Tana-See
Hadar
Afar-
Gebiet
Awash
SOMALIA
Addis Abeba
Rift-Tal
Omo
ÄTHIOPIEN
Omo
Koobi Fora
Turkana-See
SOMALIA
Lothagam
Kanapoi
KENIA
INDISCHER OZEAN
Fort Ternan
Mount
Kenia
Nairobi
Lake Natron
Natron-See
Olduvai
Laetoli
Kilimandscharo
Eyasi-See
TANSANIA
Daressalam
0 Meilen 100
0 km 100
0 Meilen 200
0 km 200
SIMBABWE
NAMIBIA
BOTSWANA
Limpopo
Makapansgat
Strekfontein
Swartkrans
Kromdraai
Johannesburg
Taung
Vaal
Oranje
Durban
SÜDAFRIKA
Kapstadt
INDISCHER OZEAN

Donald C. Johanson – Maitland A. Edey

LUCY

Die Anfänge der Menschheit

Donald Johanson / Maitland Edey

LUCY

Die Anfänge der Menschheit

R. Piper & Co. Verlag München · Zürich

Übersetzung aus dem Amerikanischen
Hans-Jürgen Baron von Koskull
Die Originalausgabe erschien unter dem Titel
»Lucy. The Beginnings of Humankind«
im Verlag Simon and Schuster, New York 1981
Mit 40 Schwarzweiß-Fotos und 142 Zeichnungen
Vorsatzkarten: Jutta Winter

ISBN 3-492-02738-5

Gesetzt aus der Times Antiqua
Gesamtherstellung: Clausen & Bosse, Leck
Printed in Germany

Für
Sally Johanson
und
Helen Edey

Inhalt

Prolog 11

I. Teil: Vorgeschichte

1. Die frühen Fossilienfunde 29
2. Südafrika: Die ersten Menschenaffen 45
3. Ostafrika: Endlich eine Datierung 84
4. Ostafrika: Homo habilis – der erste Mensch? 117

II. Teil: Das goldene Jahrzehnt 1967–1977

5. Omo und seine magische Meßlatte 129
6. Koobi Fora: Der Triumph des Homo habilis 165
7. Die erste Grabungskampagne bei Hadar: Das Kniegelenk 183
8. Die zweite Grabungskampagne bei Hadar: Ein paar hominide Kieferknochen und Lucy 201
9. Wie alt ist Lucy? 229
10. Die dritte Grabungskampagne bei Hadar: Die »erste Familie« 256
11. Die vierte Grabungskampagne bei Hadar: Wir räumen auf 271
12. Koobi Fora und Laetoli: Meinungsverschiedenheiten über Datierungen und Fußabdrücke 292

III. Teil: Was ist Lucy?

13. Die Analyse beginnt 315
14. Die Analyse wird abgeschlossen 345
15. Die Reaktion 363

IV. Teil: Warum ging Lucy aufrecht?

16. Ist Sexualität der Grund? 383

V. Teil: Ungelöste Probleme

17. Elektronenmikroskope, schwarze Löcher und Rückkehr nach Hadar 429

Anhang 473
Danksagung 478
Literaturverzeichnis 480
Bild- und Quellennachweis 485
Register 486

	MILLIONEN JAHRE VOR UNSERER ZEIT	
	0	*H. sapiens* (Alte und Neue Welt)
		H. erectus (in der ganzen Alten Welt)
HOLOZÄN PLEISTOZÄN	1	*A. robustus* (Omo, Turkana, Südafrika)
		H. erectus (Turkana, Olduvai)
		H. habilis (Turkana, Olduvai)
	2	*A. robustus* (Omo, Turkana, Olduvai, Südafrika)
		A. africanus (Omo, Südafrika)
PLIOZÄN	3	*A. afarensis* (Hadar)
		A. afarensis (Laetoli)
	4	
		Hominiden (Kanapoi)
	5	
		Hominiden (Lothagan)
	6	
	7	
	8	
		Ramapithecus (Pakistan)
	9	
	10	
	11	
		Ramapithecus (Ostafrika)
	12	
	13	
	14	
MIOZÄN		*Dryopithecus* (Afrika, Europa)
	15	*Ramapithecus* (Pakistan, Europa)
	16	
	17	
	18	*Dryopithecus* (Afrika)
	19	
	20	
	21	
	22	
	23	Vor 25 Millionen Jahren Proto-Affen und Proto-Menschenaffen (Vorfahren der heutigen Affen und Menschenaffen). Aus primitiveren Formen entwickelt.
	24	

MILLIONEN JAHRE VOR UNSERER ZEIT

KÄNOZOIKUM (63–0)

0

TERTIÄR (63–02)
Viele Knochenfische im Meer. Große Haie (Knorpelfische). Säugetiere an Land beginnen vorzuherrschen. Erstes Auftreten großer Säugetiere. Die ersten Halbaffen.

50

KREIDEZEIT (135–63)
Hartholzwälder mit großen, noch heute vorkommenden Bäumen. Starke Zunahme kleiner Säugetiere. Dinosaurier sterben aus.

100

150

MESOZOIKUM (230–63)

JURA (181–135)
Dinosaurier auf dem Höhepunkt ihrer Entwicklung. Auftreten der ersten echten Säugetiere. Die ersten Vögel.

200

TRIAS (230–181)
Erste Dinosaurier.
Hummern und andere Arthropoda (Gliederfüßler) im Meer.

250

PERM (280–230)
Starke Entwicklung von Amphibien und Reptilien. Viele Fische im Meer. Erste heutige Insekten. Trilobiten sterben aus.

300

KARBON (345–280)
Zahlreiche Fische. Riesige primitive Insekten an Land. Erste Reptilien.

350

DEVON (405–345)
Viele Wirbeltiere im Meer. Erste Amphibien. Erste große baumartige Pflanzen an Land.

400

PALÄOZOIKUM (?–230)

SILUR (425–405)
Erste Pflanzen an Land, Skorpione und Tausendfüßler.

ORDOVIZIUM (500–425)
Muscheln, Seesterne, Korallen, Meeresalgen. Erste Fische.

500

KAMBRIUM (600–500)
Leben gibt es nur im Meer: Würmer, Schwämme, Weichtiere. Erste Trilobiten.

550

Vor dem Kambrium nur Einzeller und kleine mehrzellige Lebewesen: Bakterien, Algen, Pilze und kleine Meeresweichtiere.

600

Don Johanson sucht in einem ausgetrockneten Rinnsal bei Hadar nach Fossilien. Hier liegen die Reste der etwa 2 Millionen Jahre alten Sedimente aus einem längst ausgetrockneten See. Der Regen hat in diese Ablagerungen Rinnen gewaschen und dabei Fossilien zutage gefördert, wie wir sie im Vordergrund des Bildes sehen.

Prolog

> Warten in irgendeiner tieferen Schicht die fossilen Knochen eines eher anthropoiden (menschartigen) Affen oder eines eher pithekoiden (affenartigen) Menschen, wie wir sie bisher noch nicht kennen, darauf, von einem heute noch nicht geborenen Paläontologen entdeckt zu werden?
> *T. H. Huxley*

Am 30. November 1974 wachte ich wie gewöhnlich, wenn ich mich auf einer Expedition befinde, schon am frühen Morgen bei Tagesanbruch auf. Wir hatten das Lager am Ufer des schmalen, schlammigen Flusses Awash in der Nähe von Hadar in Äthiopien, etwa 160 Kilometer nordöstlich von Addis Abeba, aufgeschlagen. Hier gehörte ich zur Leitung einer Gruppe von Wissenschaftlern, die diese Gegend schon seit einigen Wochen nach Fossilien absuchten.

Ich blieb noch ein paar Minuten liegen und blickte zum schwarzen Zeltdach hinauf, durch das sehr rasch ein grüner Schimmer drang, als die Sonne steil über den im Osten liegenden Bergen in den Himmel aufstieg. In der Nähe des Äquators tut die Sonne das. Hier gibt es nicht die lange Morgendämmerung wie zu Hause in den Vereinigten Staaten. Es war immer noch recht kühl, nicht wärmer als 26° Celsius. Die Luft hatte den für die Wüste typischen kristallinischen Geruch, man spürte aber schon den Rauch, der von den Feuerstellen aufstieg. Einige der Männer aus dem Stamm der Afar, die für die Expedition arbeiteten, hatten ihre Familien mitgebracht. Ihre aus Zweigen und Grasmatten hergestellten runden Hütten lagen etwa hundert Meter vom Hauptlager entfernt. Die Frauen der Afar waren schon vor Sonnenaufgang aufgestanden, versorgten ihre Kamele und Ziegen und sprachen leise miteinander.

Für die meisten Amerikaner im Lager war dies der angenehmste Teil des Tages. Die überall herumliegenden Steine und Felsbrocken hatten sich während der Nacht fast ganz abgekühlt und strahlten, wenn man neben ihnen stand, keine Wärme mehr aus wie geheizte Öfen. Ich trat aus dem Zelt und blickte zum Himmel hinauf. Wieder ein

wolkenloser Tag, ein klarer Morgen in der Wüste, der einen heißen Tag ankündigte. Ich wusch mir das Gesicht und ließ mir vom Lagerkoch Kabete eine Tasse Kaffee geben. Ich bin kein Morgenmensch und brauche eine gewisse Zeit, um in Gang zu kommen. Abends und in der Nacht fühle ich mich viel wohler. Die schönste Zeit in Hadar ist für mich die Stunde des Sonnenuntergangs. Dann gehe ich gern den kahlen Höhenrücken in der Nähe des Lagers hinauf, fühle das erste sanfte Wehen der Abendbrise und beobachte, wie die untergehende Sonne die fernen Hügel purpurrot färbt. Dort kann ich eine ganze Weile allein dasitzen, über die am Tage getane Arbeit nachdenken, meine Pläne für den nächsten Tag machen und den umfassenderen Fragen nachsinnen, die mich nach Äthiopien gebracht haben. In der Stille und der trockenen Luft der Wüste intensivieren sich die Gedanken, und man weiß das, seit frühchristliche Einsiedler sich in die Wüste zurückzogen, um hier Gott und ihrer eigenen Seele zu begegnen.
Tom Gray leistete mir beim Kaffeetrinken Gesellschaft. Tom war Amerikaner, hatte sein Studium beendet und war nach Hadar gekommen, um die fossilen Tiere und Pflanzen in dieser Gegend zu erforschen und so genau wie möglich festzustellen, welche Lebensformen es hier in der weit zurückliegenden Vergangenheit zu verschiedenen Perioden gegeben hat, welche Beziehungen zwischen den einzelnen Tier- und Pflanzenarten bestanden und welches Klima damals herrschte. Mein eigenes Forschungsgebiet waren die hominiden Fossilien. Sie waren der Anlaß für unsere Expedition. Es waren die fossilen Überreste ausgestorbener Vorfahren des Menschen und ihre nahen Verwandten. Mich interessierten alle Fragen der Evolution des Menschen. Um diese Zusammenhänge zu verstehen und die hominiden Fossilien, die wir hier fanden, richtig interpretieren zu können, brauchten wir die Mitarbeit anderer Spezialisten wie Tom.
»Was haben Sie heute vor?« fragte ich.
Tom sagte, er wolle die Fundstellen von Fossilien auf einer Karte eintragen.
»Wann werden Sie den Fundort 162 eintragen?«
»Ich weiß nicht genau, wo 162 liegt«, sagte er.
»Dann werde ich Ihnen den Platz zeigen.« Eigentlich hätte ich an diesem Vormittag nicht mit Gray hinausfahren wollen. Ich hatte noch sehr viel nachzuholen. In den letzten Tagen waren viele Besucher ins Lager gekommen. Am Vortag hatten uns Richard und Mary Leakey,

zwei bekannte Fachleute auf dem Gebiet der hominiden Fossilien aus Kenia, verlassen. Während ihres Besuchs war ich nicht dazu gekommen, etwas zu schreiben oder die Funde zu katalogisieren. Ich hatte meine Korrespondenz vernachlässigen müssen und keine Berichte über die Ausgrabungsarbeiten verfaßt. An diesem Morgen hätte ich im Lager bleiben sollen – ich tat es aber nicht. Ich hatte das Gefühl, ich müßte Tom unter allen Umständen begleiten, und folgte diesem inneren Drang. Dazu machte ich die folgende Eintragung in mein Tagebuch: *30. November 1974. Vormittags mit Gray zum Fundort 162. Habe ein gutes Gefühl.*

Als Paläoanthropologe, der die Fossilien der Vorfahren des Menschen erforscht, bin ich abergläubisch. Viele meiner Kollegen sind es auch, weil der Erfolg unserer Arbeit oft von glücklichen Zufällen abhängt. Die Fossilien, die wir untersuchen, sind sehr dünn gesät, und es gibt eine ganze Reihe ausgezeichneter Paläoanthropologen, die in ihrem ganzen Leben keinen einzigen Fossilienfund gemacht haben. Ich habe mehr Glück gehabt. Dies war erst die dritte Saison in Hadar, und ich hatte schon einiges gefunden. Ich weiß, daß ich ein Glückspilz bin, und versuche es auch nicht zu verbergen. Deshalb habe ich auch in mein Tagebuch geschrieben: »... habe ein gutes Gefühl.« Als ich an jenem Morgen aufstand, wußte ich, dies war ein Tag, an dem ich das Schicksal herausfordern mußte. Irgend etwas Entscheidendes lag in der Luft.

Aber ein großer Teil des Vormittags verging, ohne daß sich etwas ereignete. Gray und ich bestiegen einen der vier Landrover, die der Expedition zur Verfügung standen, und fuhren langsam zum Fundort 162. Das war eine von mehreren Hundert Fundstellen, die auf der Karte von Hadar eingetragen werden mußten. Zu diesen Eintragungen gehörten genaue Angaben über die geologischen Gegebenheiten und die jeweils dort gefundenen Fossilien. Die Stelle, die wir jetzt aufsuchen wollten, lag nur etwa 6,5 Kilometer vom Lager entfernt. Wegen des schwierigen Geländes dauerte die Fahrt jedoch eine halbe Stunde. Als wir ankamen, fing es schon an, heiß zu werden.

Bei Hadar ist der Boden unbewachsen und besteht aus Felsbrocken, Steinen und Sand. Daher liegen die Fossilien fast alle an der Erdoberfläche. Hadar ist der Mittelpunkt der Afarwüste. Sie besteht aus dem Boden eines ausgetrockneten Sees, und die Ablagerungen erzählen die Geschichte geologischer Veränderungen über einen langen Zeitraum. Hier findet man vulkanische Asche, Schlamm- und Schlickablagerungen, die von entfernt gelegenen Gebirgen heruntergespült worden sind, dazwischen vulkanischen Staub, neuen Schlamm usw. Die verschiedenen Perioden lassen sich an den Bodenschichten wie an einem Stück Torte dort ablesen, wo neue Flüsse in jüngerer Zeit ihr Bett in den Seeboden eingeschnitten haben. Bei Hadar regnet es nur selten, aber wenn es dazu kommt, fallen gewaltige Wassermassen – in einer Nacht kann es die Regenmenge von sechs Monaten sein. Der vegetationslose Boden kann dieses Wasser nicht aufnehmen, das nun die Schluchten hinunterstürzt, die Wände auswäscht und neue Fossilien herausspült.

Gray und ich parkten den Landrover am Hang einer dieser Schluchten. Wir stellten das Fahrzeug so hin, daß der Wassersack aus Zeltstoff, den wir am Außenspiegel befestigt hatten, im Schatten hing. Gray trug die Stelle auf der Karte ein. Dann stiegen wir aus und taten das, womit die meisten Mitglieder der Expedition einen großen Teil ihrer Zeit zubrachten. Wir gingen langsam umher und suchten die ganze Gegend nach am Boden liegenden Fossilien ab.

Es gibt Menschen, die eine besondere Begabung haben, Fossilien zu finden. Andere lernen es nie. Es ist Übungssache; man muß das Auge schulen, das zu sehen, was man sucht. Ich werde das nie so gut können wie einige Stammesangehörige der Afar. Sie wandern ständig in dieser Stein- und Sandwüste umher, und sie müssen scharfe Augen haben, denn davon hängt für sie das Überleben ab. Jede Besonderheit fällt ihnen auf. Mit raschem Blick erkennen sie zwischen den Steinen und Felsbrocken Dinge, die jemand, der die Wüste nicht kennt, übersehen würde.

Tom und ich setzten unsere Arbeit etwa zwei Stunden fort. Inzwischen war es fast Mittag, und das Thermometer zeigte etwa 42° Celsius. Wir hatten nicht viel gefunden; ein paar Zähne des kleinen ausgestorbenen Wildpferdes *Hipparion*, das Bruchstück des Schädels eines prähistorischen Schweins, einige Antilopenmolare und ein kleines Stück eines Affenkieferknochens. Wir besaßen schon eine reichhaltige Sammlung ähnlicher Fundstücke, aber Tom bestand darauf, daß wir auch unsere heutige Ausbeute mitnahmen, um das Puzzlespiel zu vervollständigen, aus dem unsere Forschungsaufgabe bestand.

»Mir reicht es jetzt«, sagte Tom. »Wann fahren wir ins Lager?«

»Sofort. Aber wollen wir noch bis zu der kleinen Senke dort drüben zurückgehen und sie absuchen?«
Die Senke lag jenseits der Anhöhe, auf der wir den ganzen Vormittag gearbeitet hatten. Andere Mitglieder unserer Gruppe hatten diese Gegend schon wenigstens zweimal gründlich abgesucht, aber nichts Interessantes gefunden. Ich hatte aber noch immer das »glückverheißende« Gefühl, mit dem ich aufgewacht war, und wollte deshalb doch

Wenn bei Hadar irgendwo Fossilien gefunden werden, dann bekommt der Fundort eine Nummer, und alle wesentlichen Angaben werden auf einer Karte des Gebiets eingetragen. Nur auf diese Weise läßt sich die immer komplexer werdende Menge geologischer und paläontologischer Informationen von den Wissenschaftlern richtig auswerten.

noch diesen kleinen Umweg machen. In der Senke fanden wir praktisch keinen einzigen Knochen, aber als wir uns zum Gehen wandten, sah ich auf halber Höhe am Hang etwas liegen.
»Das ist das Fragment eines hominiden Arms«, sagte ich.
»Das kann es nicht sein. Es ist zu klein. Es muß von irgendeinem Affen stammen.«
Wir knieten uns hin, um den Knochen genauer anzusehen.
»Viel zu klein«, sagte Gray noch einmal.
Ich schüttelte den Kopf. »Es ist ein Hominide.«
»Weshalb glauben Sie das?« sagte er.
»Sehen Sie doch das Stück rechts neben Ihrer Hand. Auch das ist hominid.«
»Mein Gott!« rief Gray. Er hob es auf. Es war die Rückseite eines kleinen Schädels. In unmittelbarer Nähe lag ein Teil eines Oberschenkelknochens, ein Hüftknochen.
»Mein Gott!« rief er wieder.
Wir standen auf und sahen nun noch weitere Knochenfragmente am Hang; zwei Rückenwirbel und das Bruchstück eines Beckenknochens. Sie alle gehörten zu einem hominiden Skelett. Mir schoß ein unglaublicher, eigentlich unverzeihlicher Gedanke durch den Kopf. Wie wäre es, wenn alle diese Knochen zusammenpaßten? Könnten es Teile eines einzigen, sehr primitiven Skeletts sein? Ein solches Skelett war bisher noch nirgends gefunden worden.
»Sehen Sie sich das an«, sagte Gray. »Rippen.«
War das wirklich nur ein einziges Skelett?
»Ich kann es nicht glauben«, sagte ich. »Ich kann es einfach nicht glauben.«
»Mein Himmel, Sie müssen es aber glauben!« rief Gray. »Es liegt doch hier vor uns, hier an dieser Stelle!« Er stieß einen Freudenschrei aus, und ich stimmte ein. Trotz der Hitze sprangen wir vor Begeisterung umher, umarmten uns schwitzend und atemlos, liefen auf dem heißen, steinigen Boden hin und her und betrachteten die kleinen braunen Knochenstücke, die nach unserer Überzeugung Teile eines einzigen hominiden Skeletts waren, das hier an die Oberfläche gekommen war.
»Wir müssen vorsichtig sein«, sagte ich, »wir könnten sonst etwas zertreten. Außerdem müssen wir uns noch von der Richtigkeit unserer Hypothese überzeugen.«

»Ja um Himmels willen, sind Sie denn noch immer nicht sicher?«

»Nun, vielleicht finden wir zwei linke Beine. Es könnten mehrere Skelette sein, und die Knochen könnten durcheinandergeraten sein. Wir müssen einen kühlen Kopf behalten, bis wir zurückgekommen sind und festgestellt haben, ob alles zusammenpaßt.«

Wir hoben zwei Bruchstücke eines Kieferknochens auf, markierten die Stelle, stiegen in den glühendheißen Landrover und fuhren zurück ins Lager. Unterwegs nahmen wir zwei Geologen unserer Gruppe mit, die eine Menge Steine gesammelt und schwer daran zu tragen hatten.

»Etwas ganz Großes«, sagte Gray immer wieder, »etwas ganz Großes!«

»Nur die Ruhe«, sagte ich.

Doch 400 Meter vor dem Lager konnte sich Gray nicht mehr beherrschen. Er drückte auf die Hupe, und der laute Ton schreckte eine Gruppe von Wissenschaftlern auf, die im Fluß gebadet hatten.

»Wir haben es gefunden«, rief er hinüber, »mein Gott, wir haben es. Wir haben das ganze Ding!«

Am Nachmittag versammelten sich alle Expeditionsteilnehmer in der Senke. Die Fundstelle wurde in Sektoren eingeteilt, und wir beschlossen, das Gelände so gründlich wie möglich abzusuchen. Das nahm schließlich drei Wochen in Anspruch. Als die Arbeit getan war, hatten wir ein paar hundert Knochenstücke zusammen, darunter zahlreiche Fragmente, die zusammen etwa 40 Prozent des Skeletts eines Individuums ausmachten. Die erste Vermutung von Tom und mir bestätigte sich. Von keinem einzigen Knochen gab es ein Duplikat.

Aber was war das für ein Individuum? Nach der vorläufigen Untersuchung ließ sich das sehr schwer sagen, denn bisher hatte man noch kaum etwas Ähnliches entdeckt. Die Erregung im Lager war sehr groß. In der ersten Nacht nach der Entdeckung gingen wir nicht zu Bett. Wir redeten unaufhörlich und tranken ein Bier nach dem anderen. Wir hatten ein Tonbandgerät im Lager und dazu ein Band mit dem Beatles-Song »Lucy in the Sky with Diamonds«. Wir ließen dieses Band immer wieder mit voller Lautstärke ablaufen. Irgendwann an diesem unvergeßlichen Abend – ich kann mich an den genauen Zeitpunkt nicht mehr erinnern – gaben wir dem Skelett den Namen Lucy, und seither heißt es so. Seine wissenschaftliche Bezeichnung

als Teil der wissenschaftlichen Ausbeute von Hadar lautet allerdings AL 288/1.
»Lucy?«
Jeder, der dieses fossile Skelett zum erstenmal sieht, fragt mich nach diesem Namen, und ich muß seinen Ursprung erklären: »Ja, es handelt sich um ein weibliches Skelett. Und wir haben es nach diesem Beatles-Song benannt. Wir waren außer uns vor Freude, als wir sie fanden; das müssen Sie verstehen.«
Dann kommt die nächste Frage: »Woher wissen Sie, daß es ein weibliches Wesen war?«
»Das erkennt man am Becken. Wir haben einen vollständigen Bekkenknochen und das Kreuzbein gefunden. Da bei den Hominiden die Beckenöffnung bei weiblichen Skeletten größer ist als bei männlichen, damit der relativ große Kopf des Kindes bei der Geburt hindurchgehen kann, darf man hier sagen, daß es sich um ein weibliches Skelett handelt.«
»Ist es denn ein hominides Skelett?«
»Ja, natürlich. Lucy ging aufrecht; ebenso wie Sie und ich.«
»Hatten denn alle Hominiden den aufrechten Gang?«
»Ja.«
»Welches ist denn nun die genaue Definition für einen Hominiden?«
Damit hören die Fragen gewöhnlich auf, denn die Beantwortung der letzten ist nicht einfach. Die Wissenschaft hat hier bisher recht flexibel bleiben müssen, denn wir wissen noch nicht genau, zu welcher Zeit die ersten Hominiden aufgetreten sind. Man darf jedoch sagen, daß ein Hominide ein aufrecht gehender Primat ist. Er ist also entweder ein ausgestorbener Vorfahre des Menschen, ein naher Verwandter des Menschen oder ein richtiger Mensch. Alle Menschen sind Hominiden, aber nicht alle Hominiden sind Menschen.
Wir können uns vorstellen, daß die Evolution des Menschen mit einem primitiven affenartigen Typus begonnen hat, der über einen langen Zeitraum immer weniger einem Affen und immer mehr einem Menschen glich. Es hat keinen plötzlichen Übergang vom Menschenaffen zum Menschen gegeben, sondern wahrscheinlich haben während einer nicht genau zu bestimmenden Periode Mischtypen gelebt, die sich kaum in der einen oder anderen Richtung klassifizieren ließen. Wir besitzen bis heute noch keine Fossilien, die uns sagen könnten, was in dieser Zwischenzeit geschehen ist. Am einfachsten ist es

Wir brachten die ganze obere Bodenschicht der Fundstelle von Lucy zum Flußufer des Afar, breiteten alles auf Tüchern aus, um es genau zu untersuchen, damit auch nicht das kleinste Knochensplitterchen übersehen wurde. Hier ist Claude Guillemot vom französischen Team mit dieser Arbeit beschäftigt.

An dieser Stelle hatten Johanson und Harris Knochensplitter gefunden. Zwei Arbeiter aus dem Stamm der Afar sieben den groben Sand durch. Die Gegend war bis zu einer Tiefe von 60 Zentimeter umgegraben worden, weil man hoffte, hier hominide Fossilien zu finden.

daher, die jüngeren Typen von ihren menschenaffenähnlichen Vorfahren dadurch zu unterscheiden, daß man alle diejenigen, die aufrecht gingen, in einer Gruppe zusammenfaßt. Diese Gruppe von Menschen oder menschenähnlichen Geschöpfen nennt man Hominide.

Ich bin ein Hominide. Ich bin ein menschliches Wesen. Ich gehöre zur Gattung *Homo* und zur Spezies *sapiens* und bin ein »denkender Mensch«. Vielleicht könnte ich auch sagen, »weiser« oder »wissender« Mensch – ein Mensch, der intelligent genug ist, sich selbst als Mensch zu erkennen. Es hat andere, weniger intelligente Spezies des *Homo* gegeben. Das waren unsere heute ausgestorbenen Vorfahren. Die Spezies *Homo sapiens* hat sich vor etwa 100000, vielleicht aber auch schon vor 200000 oder 300000 Jahren entwickelt. Das hängt davon ab, wie man den Neandertaler einordnet. Auch er war ein *Homo*. Einige Forscher glauben, er habe zur gleichen Spezies gehört wie wir. Andere sehen in ihm einen unserer Vorfahren. Wenige Wissenschaftler halten ihn für eine Art Vetter. Diese Frage ist bis heute nicht entschieden, weil viele der besten Neandertalerfossilien in Europa gefunden wurden, bevor man wußte, mit welchen Methoden man die Ausgrabungen in Höhlen am besten bewerkstelligt, um die richtigen Daten zu bekommen. Wir kennen daher nicht das genaue Alter der meisten in den paläontologischen Sammlungen vorliegenden Neandertalerfossilien.

Ich glaube, der Neandertaler gehört zur Spezies *Homo sapiens*. Es gibt Leute, die glauben, man könnte ihm einen Straßenanzug anziehen und ihn in die Untergrundbahn einsteigen lassen, ohne daß er dort besonders auffallen würde. Er war nur etwas grobknochiger als die heutigen Menschen, und sein Gesicht sah etwas urtümlicher aus – aber er war ein Mensch. Sein Gehirn war ebenso groß oder größer als das des heutigen Menschen, hatte aber eine etwas andere Form. Hätte er sich am Fahrkartenschalter ein Billett besorgen können? Ich glaube, er wäre durchaus dazu in der Lage gewesen. Er konnte auch noch viel kompliziertere Dinge tun und hat das in einem großen Teil Europas und Asiens vor etwa 70000 bis 100000 Jahren bewiesen.

Der Neandertaler hatte menschliche Vorfahren. Vor ihm lebte ein evolutiv betrachtet weniger hochentwickelter Typus, der *Homo erectus*. Würde er in die Untergrundbahn einsteigen, dann würden die Menschen ihn wohl mit einigem Mißtrauen betrachten. Vor dem *Homo erectus* gab es einen ganz primitiven Typus, den *Homo habilis*. Erschiene er in einem öffentlichen Verkehrsmittel, dann würden die Menschen ihm wahrscheinlich ausweichen und sich ans andere Ende des Wagens setzen. Vor dem *Homo habilis* könnte es einen Typus wie Lucy gegeben haben.

Alle diese Spezies sind Hominiden. Sie alle haben einen aufrechten Gang gehabt. Einige von ihnen waren Menschen, wenn auch eines entwicklungsgeschichtlich betrachtet sehr primitiven Typs. Andere waren keine Menschen. Auch Lucy war kein Mensch. Gleichgültig wie man Lucy anziehen würde, sie würde nicht aussehen wie ein menschliches Wesen. Sie war zu primitiv und gehörte nicht mehr in die Kategorie der Menschen. Diese Feststellung können wir machen, wenn wir die Evolution zurückverfolgen. Wenn man weit genug zurückgeht, bekommt man es mit einem ganz anderen Lebewesen zu tun. Die frühesten Hominiden waren zu primitiv, um als Menschen bezeichnet zu werden. Man muß eine neue Bezeichnung für sie finden. Lucy gehörte in diese Kategorie.

Über fünf Jahre habe ich Lucy in meinem Büro im Cleveland Museum of Natural History in einem Tresor aufbewahrt. Ich hatte eine flache Schachtel mit Schaumstoff auskleiden und in diesen Vertiefungen schneiden lassen, um alle Knochenreste darin aufzubewahren. Ich hatte den Eindruck, *jeder*, der in das Museum kam, wollte sich Lucy ansehen. Was die Menschen am meisten überraschte, war ihre Kleinheit.

Aus den vorhandenen Fragmenten der Hirnschale konnte man erkennen, daß ihr Kopf nicht größer gewesen war als ein »softball«, ein etwas größerer amerikanischer Baseball. Sie selbst war kaum größer als 105 Zentimeter, obwohl sie voll ausgewachsen war. Letzteres erkennt man an ihren Weisheitszähnen, die ganz entwickelt sind und Gebrauchsspuren zeigen. Nach meiner Schätzung ist sie im Alter von 25 bis 30 Jahren gestorben. Gewisse Verformungen ihrer Rückenwirbel lassen darauf schließen, daß sie an einer beginnenden Arthritis oder einer anderen Knochenkrankheit litt. Hätte sie viel länger gelebt, dann hätte diese Krankheit ihr wahrscheinlich gewisse Beschwerden verursacht.

Daß das Skelett so gut und so vollständig erhalten war, lag daran, daß Lucy einen friedlichen Tod gefunden hatte. An ihren Knochen finden sich keine Spuren von Zähnen. Sie waren nicht angenagt oder zersplittert, wie das der Fall gewesen wäre, wenn ein Löwe oder ein Säbelzahntiger sie gerissen hätte. Auch waren Kopf und Glieder nicht in verschiedene Richtungen fortgetragen worden, was geschehen wäre, wenn Hyänen sie gefunden hätten. Sie hatte sich ganz einfach an der Fundstelle im Sand am Ufer eines längst verschwundenen Sees oder Flusses hingelegt und war dort gestorben. Ob die Todesursache eine Krankheit gewesen oder ob Lucy ertrunken ist, läßt sich heute nicht mehr feststellen. Jedenfalls ist die Tote nicht von einem Raubtier aufgefunden und gefressen worden, sondern wurde unverletzt allmählich von Sand oder Schlamm zugedeckt, versank immer tiefer in den Boden, und schließlich verhärtete sich der Sand unter dem Gewicht der sich über lange Zeit bildenden Ablagerungen zu Stein. So hatte Lucy über Jahrtausende in ihrem harten Grab gelegen, bis der Regen bei Hadar sie wieder ans Licht brachte.

Ich hatte unwahrscheinliches Glück gehabt, sie zu finden. Wäre ich an jenem Morgen mit Tom Gray nicht einer Eingebung gefolgt, dann wäre Lucy vielleicht niemals entdeckt worden. Ich weiß nicht, weshalb die anderen Kollegen, die diese Stelle abgesucht haben, nicht auf sie gestoßen sind. Vielleicht haben sie einfach nicht hingesehen; vielleicht waren die Lichtverhältnisse ungünstiger. Manchmal sieht der eine Dinge, die der andere übersieht, obwohl er in die gleiche Richtung blickt. Wäre ich an jenem Morgen nicht zur Fundstelle 162 gegangen, dann wäre vielleicht ein oder fünf Jahre niemand mehr dorthin verschlagen worden. Und hätte ich noch ein paar Jahre gewartet, dann wären viele dieser Knochen vom Regen fortgespült worden. Sie wären verloren oder mindestens über einen viel größeren Raum verstreut, und der Nachweis, daß sie zusammengehörten, ließe sich nicht mehr erbringen. Das wirklich Erstaunliche an diesem Fund ist die Tatsache, daß diese Knochen erst in den letzten ein bis zwei Jahren ans Tageslicht gekommen sind. Fünf Jahre früher hatten sie noch unter der Erdoberfläche gelegen. Der vordere Teil des Schädels war schon jetzt fortgeschwemmt, und wir haben ihn nicht mehr finden können. Deshalb sind wir auch nicht in der Lage, die Größe des Gehirns genau anzugeben.

Lucy hat in ihrem kleinen gelben Nest zwar immer interessant ausgesehen – machte aber auf einen Nichtfachmann keinen besonderen Eindruck. Es gab im Cleveland Museum neben ihr noch zahlreiche andere Knochen. Eine große Anzahl von Schubladen enthielten die verschiedensten Fossilien; Hunderte von ihnen stammten allein aus Hadar, und dieser Umstand ließ Lucy recht bedeutungslos erscheinen. Es gab Abgüsse von hominiden Fossilien aus Ostafrika, Südafrika und Asien, Schädel von Antilopen und Schweinen, ausgestorbenen Nagetieren, Hasen, primitiven Affen und Menschenaffen. Hier befand sich auch eine der größten Sammlungen der Welt von Gorillaschädeln. Angesichts dieser gewaltigen Menge fossiler Knochen wurde ich immer wieder gefragt, was denn an Lucy so Besonderes sei. Aus welchem Grund waren, wie ein anderes Expeditionsmitglied sich ausgedrückt hatte, »unsere anthropologischen Gehirne ihretwegen monatelang völlig durcheinandergeraten«?

Meine Antwort lautete jedesmal: »Das hatte drei Gründe. Erstens ging es um die Frage, was sie ist oder nicht ist. Sie unterscheidet sich von allem, was bisher entdeckt und benannt worden ist. Sie paßt nirgends hin. Sie ist nur ein sehr alter, sehr primitiver, sehr kleiner Hominide. Irgendwie müssen wir sie einordnen und eine Bezeichnung für sie finden.«

Dann sagte ich: »Zweitens ist es ihre Vollständigkeit. Bis zur Entdekkung von Lucy gab es keine sehr alten Skelette. Das älteste war eines jener Neandertaler, von denen ich vorhin gesprochen habe. Es ist ungefähr 75000 Jahre alt. Ja, es gibt ältere hominide Fossilien, aber das sind alles nur Bruchstücke. Was man aus ihnen rekonstruieren konnte, mußte aus winzigen Splittern zusammengesetzt werden – hier ein Zahn, dort ein kleines Stück des Kieferknochens, vielleicht ein kompletter Schädel von einer anderen Fundstelle und ein Beinknochen von einer dritten. Die Skelette sind von Wissenschaftlern zusammengesetzt worden, die diese Knochen ebenso gut kennen, wie ich meine eigene Hand. Wenn man aber bedenkt, daß eine solche Rekonstruktion unter Umständen aus Einzelstücken besteht, die von zwei Dutzend Individuen stammen, die über einen 400 Kilometer weiten Raum verstreut und zeitlich Hunderttausende von Jahren voneinander entfernt gelebt haben, nun, dann muß man beim Anblick des vollständigen Skeletts, das man eben zusammengesetzt hat, doch fragen: ›Wieweit entspricht es der Wirklichkeit?‹ Bei Lucy weiß man es. Hier ist alles beisammen. Man braucht keine Vermutungen anzustellen. Man muß sich keinen Armknochen vorstellen, der einem nicht zur Verfügung steht. Man kann ihn sehen. Man sieht ihn zum erstenmal von einem Lebewesen, das älter ist als ein Neandertaler.«

»Um wieviel älter?«

»Das ist der dritte Grund für unsere Erregung. Der Neandertaler ist 75000 Jahre alt. Lucy ist ungefähr 3,5 Millionen Jahre alt. Sie ist das älteste, vollständigste und am besten erhaltene Skelett eines aufrecht gehenden menschlichen Vorfahren, das bisher gefunden wurde.«

Darin liegt die Bedeutung von Lucy: in der Vollständigkeit ihres Skeletts und in ihrem hohen Alter. Das macht ihre Einzigartigkeit in der Geschichte der Entdeckung hominider Fossilien aus. Sie läßt sich einfach beschreiben, und sie erleichtert uns – wie wir sehen werden – die Lösung einer ganzen Reihe anthropologischer Probleme. Aber was ist sie wirklich?

Unser ganzes Buch wird sich um die Beantwortung dieser Frage bemühen. So einzigartig Lucy auch sein mag – wenn man sie nicht zu den anderen Fossilien in Beziehung setzen kann, läßt sich ihre Bedeutung nicht ergründen. Ihre Entdeckung wird bedeutunglos, wenn sie sich nicht in die Evolution der Hominiden und die wissenschaftli-

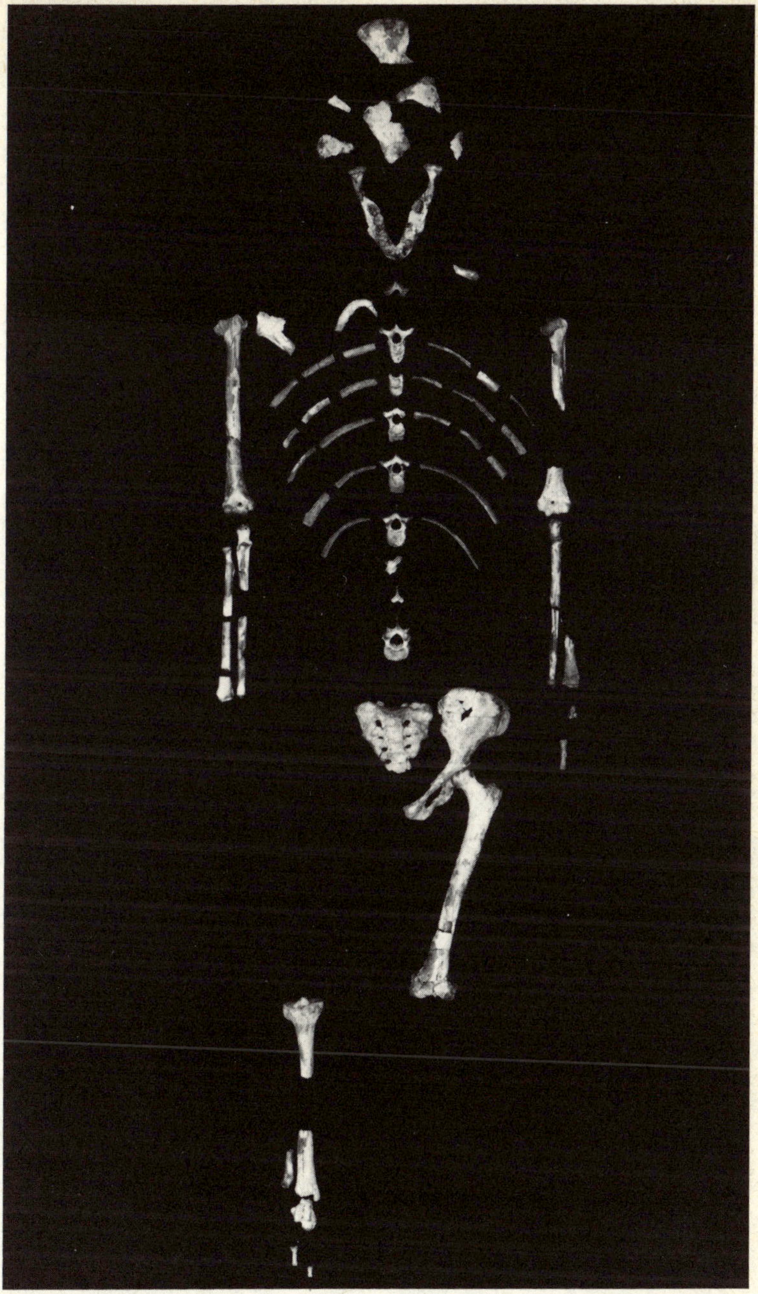

Australopithecus afarensis – *LUCY*

che Logik einfügen läßt, in ein System, das Hunderte von Experten aus vier Kontinenten über einen Zeitraum von mehr als hundert Jahren in mühevoller Arbeit entwickelt haben. Die fossilen Funde dieser Wissenschaftler, ihre Einsichten, die manchmal genial und manchmal unsinnig waren, die von ihnen angewendeten Techniken, die oft auf ganz andere Disziplinen wie die Botanik, die Kernphysik und die Mikrobiologie zurückgreifen mußten, haben gemeinsam ein immer deutlicheres und lebendigeres Bild von der Entwicklung des Menschen aus den Menschenaffen entstehen lassen – eine Geschichte, die heute im neunten Jahrzehnt unseres Jahrhunderts schließlich glaubwürdig zu werden beginnt. Mit der Erzählung dieser Geschichte konnte man allerdings nicht beginnen, bevor Charles Darwin 1857 die Vermutung aussprach, daß wir von Menschenaffen abstammen und nicht, wie die Kirche bis dahin behauptete, 4004 v. Chr. durch einen göttlichen Schöpfungsakt entstanden sind. Aber nicht einmal Darwin hätte sich vorstellen können, welche verschlungenen Wege die Geschichte von den Hominiden gegangen ist. Auch konnte er noch keine Vermutungen darüber anstellen, von welchen Menschenaffen wir abstammen – und das wissen auch wir noch nicht genau.

I. Teil
Vorgeschichte

1. Die frühen Fossilienfunde

Wenn wir nicht bewußt die Augen davor verschließen, dann können wir mit unserem gegenwärtigen Wissen unsere Abstammung annähernd erkennen; und wir brauchen uns ihrer nicht zu schämen.

Charles Darwin

Es gibt Apologeten, die behaupten, der Mensch könnte nicht von einem heute noch lebenden Menschenaffen abstammen – eine Behauptung, die man geradezu als Blödsinn bezeichnen kann. Außerdem erklären sie, der Mensch stamme überhaupt nicht von irgendwelchen Affen oder Menschenaffen ab, sondern von einem viel älteren gemeinsamen Vorfahren. Diesen gemeinsamen Vorfahren müßte allerdings jeder, der ihn sehen könnte, als Menschenaffen oder Affen bezeichnen. Da die Bezeichnungen Affe und Menschenaffe allgemein üblich sind, stammt der Mensch von Affen oder Menschenaffen (oder nacheinander von beiden) ab. Wenn ein wohlinformierter Forscher etwas anderes behauptet, dann ist das feige oder sogar unaufrichtig. *George Gaylord Simpson*

Als Darwin seine Bombe platzen ließ, tat er es mit Fernzündung. Er war schüchtern und von zarter Gesundheit. Er war nicht robust genug, um sich auf einen Streit einzulassen, der, wie er instinktiv erkannte, aufflammen würde, sobald seine Evolutionstheorie mit den orthodoxen politischen und religiösen Auffassungen seiner Zeit in Konflikt geriet. Die Church of England beherrschte damals nicht nur das Seelenleben des einzelnen, sondern übte auch einen mächtigen politischen und gesellschaftlichen Einfluß aus. Darwin scheute eine Konfrontation mit dieser starken Institution so sehr, daß er mehrere Jahre lang darauf verzichtete, seine Theorie zu veröffentlichen. Er sammelte während dieser Zeit eine ständig wachsende Zahl von Belegen für die Erkenntnisse, die er Jahre zuvor auf den Galapagosinseln gewonnen hatte: daß nämlich alle Spezies aus einem Evolutionsprozeß hervorgegangen waren. Sie hatten sich seit dem Beginn des Lebens auf der Erde allmählich entwickelt. Im Rahmen ihrer Entwicklungsgeschichte waren sie miteinander verwandt, und die

Abfolge dieser Entwicklung ließ sich in den Fossilien nachweisen. Die Fossilien, mit denen Darwin seine Theorie zu stützen suchte, ließen sich eindeutig bestimmen. Es waren wenig bekannte Meeresorganismen, kleine Krebse, längst ausgestorbene Muscheln usw. In »Der Ursprung der Arten« deutete er nur an einer Stelle an, daß die Evolution auch etwas mit dem Menschen zu tun hatte. Ganz am Schluß seines Buches schrieb er: »Der Ursprung des Menschen und seine Geschichte werden in einem neuen Licht erscheinen.«

Das genügte, um einen heftigen Streit zu entfachen. Darwin hatte das Glück, einen tüchtigen Mitstreiter in England zu finden, den aggressiven und einfallsreichen Wissenschaftler Thomas Henry Huxley. Während sich Darwin wie eine ängstliche Schildkröte in seine vier Wände zurückzog, führte Huxley das Streitgespräch für ihn. In einer öffentlich ausgetragenen Diskussion mit einem bekannten anglikanischen Bischof widerlegte Huxley alle Argumente seines Gegners. Es gelang ihm sogar, den britischen Premierminister, Benjamin Disraeli, lächerlich zu machen. Huxley ist es auch gewesen, der als erster von einer Verwandtschaft zwischen dem Menschen und dem Menschenaffen gesprochen hat. Er wies auf die zahlreichen Ähnlichkeiten zwischen dem Menschen und seinen nach Huxleys Auffassung nächsten noch lebenden Verwandten, den Gorillas und Schimpansen, hin. Daraus leitete er ab, daß die drei Spezies einen gemeinsamen – und nicht sehr entfernten – Verwandten hätten. Da diese Menschenaffen nur in Afrika vorkamen, glaubte Huxley, die Fossilien des gemeinsamen Vorfahren müßten sich in Afrika finden lassen. Leider kannte man damals noch keine Fossilien unserer Vorfahren aus Afrika, und fossile Knochen von Frühmenschen waren eine große Seltenheit. Lediglich das Bruchstück eines Schädels und die Knochen von einigen Gliedmaßen waren kurz vor der Veröffentlichung des klassischen Werks von Darwin im Neandertal in Deutschland entdeckt worden. Dieser Fund, der später die Bezeichnung »Neandertaler« erhielt, erregte zwar zur Zeit seiner Entdeckung das Interesse weiter Kreise, wurde zunächst jedoch wissenschaftlich nicht anerkannt. Im 19. Jahrhundert hatte man sich noch nicht an die Vorstellung gewöhnt, daß sich das menschliche Skelett so stark verändern konnte, und deshalb glaubte man, die im Neandertal gefundenen Knochen seien zu primitiv und zu grob, um als Beispiel für ein bestimmtes Entwicklungsstadium im Evolutionsprozeß des Menschen anerkannt zu werden. Die Schädeldecke war abnorm dick und viel länger und schmaler als die eines heutigen Menschen. Außerdem zeigte sie dicke Augenbrauenwülste. Die deutschen Anatomen – es waren damals die gelehrtesten der Welt – beschäftigten sich intensiv mit diesem Fund. Dr. Wagner aus Göttingen erklärte, es sei der Schädel eines älteren Holländers. Dr. Mayer aus Bonn bestritt das und behauptete, es sei der Schädel eines Kosaken, der sich bei der Verfolgung der napoleonischen Armee in dieser Höhle verirrt habe und dort gestorben sei. Der französische Experte Pruner-Bey vertrat eine ganz andere Theorie und erklärte, es sei der Schädel eines kräftig gebauten Kelten, der in mancher Hinsicht einem heutigen Iren geglichen, aber über nur geringe geistige Fähigkeiten verfügt habe. Den Todesstoß versetzte der berühmte Rudolf Virchow dem Neandertaler. Er behauptete, die anatomischen Besonderheiten dieses Skeletts seien pathologische Mißbildungen, die mit Primitivität nichts zu tun hätten. In dem ausführlichen Bericht Virchows hieß es, die Mißbildungen seien die Folgen kindlicher Rachitis und einer Altersarthritis; der Schädel des erwachsenen Neandertalers sei durch schwere Schläge deformiert worden!

Nun ergab sich aber auch die Frage nach dem Alter dieses Fundes. Nach damaliger Auffassung hätte dieser Mensch noch zu Napoleons Zeiten gelebt haben können. So wurde der Neandertaler zu den Akten gelegt und nicht weiter beachtet.

Er war aber doch noch nicht ganz vergessen. Die Vorstellung, daß es sich hier wirklich um ein menschliches Wesen handelte, blieb lebendig. Die Paläontologen setzten ihre Forschungen in Höhlen und Flußbetten fort und fanden schließlich den Cro-Magnon-Menschen, der diesen Namen nach dem Ort in Südfrankreich erhielt, wo man seine Knochen gefunden hat. Man fand eine ganze Reihe von Individuen, darunter auch vollständige Skelette, die sich so wenig von denen des heutigen Menschen unterschieden, daß auch die größten Skeptiker zugeben mußten, es handele sich um Menschen. Nun ging es um die Frage, wie alt diese Fossilien waren. Doch mit der Weiterentwicklung der Geologie und mit den neuen Möglichkeiten, durch die Beobachtung der Evolution verschiedener Säugetierarten in den Gesteinsschichten oder in Höhlenablagerungen die Zeitabstände zutreffender zu schätzen, verstummte auch diese Diskussion. Zwar war es immer noch nicht möglich, die genauen Daten zu berechnen, aber

es wurde immer leichter, zu vergleichenden oder relativen Daten zu gelangen, so daß die ersten Schätzungen für die Aufstellung einer Zeittafel der Evolution vorgenommen werden konnten.
Es ist klar, daß ein Fossil, das in der obersten Schicht eines Höhlenbodens liegt, jünger ist als ein in einer tieferen Schicht liegendes. Das gleiche gilt für Knochen oder Steinwerkzeuge, die man im Sand oder im Kies an Flußufern findet. Ihr relatives Alter läßt sich danach feststellen, in welcher Schicht sie liegen. Wenn die Geologen in einem solchen Fall zutreffend schätzen können, wie lange es dauert, bis eine bestimmte Ablagerungsschicht entsteht, dann haben wir einen Schlüssel für die Berechnung des Alters der hier liegenden Fossilien.
In der zweiten Hälfte des 19. Jahrhunderts sind wichtige Ausgrabungsarbeiten geleistet worden. Kurz vor der Jahrhundertwende hat man für Westeuropa einen zwar noch groben, aber nützlichen Kalender erarbeitet. Aus diesem Kalender ergab sich, daß der »Höhlenmensch« von Cro-Magnon dort über einen Zeitraum von 40000 oder 50000 Jahren gelebt hat und vielleicht erst vor 10000 Jahren verschwunden ist. Der Cro-Magnon-Mensch war nicht der unheimliche Untermensch der Zeichentrickfilme. Er war ein Mensch wie wir, der prächtige Bilder malen und komplexe Gedanken fassen konnte, ein Mensch mit religiösen Glaubensvorstellungen, ein Mensch, der nützliche Steinwerkzeuge herstellte und eine eigenständige Kultur entwickelt hatte.
Man hat auch die Reste älterer, evolutiv betrachtet primitiverer Menschen gefunden. Wie sich herausstellte, war der Neandertaler schließlich doch eine Realität. Er war wirklich etwas anders als wir, und das war auch nicht verwunderlich. Wenn die Evolutionstheorie auch nur den geringsten Wert hatte, dann mußten die hominiden Fossilien mit zunehmendem Alter einen gewissen Rückschritt in die Primitivität zeigen. Der Neandertaler ist 50000, 100000 und vielleicht sogar 200000 Jahre älter als der heutige Mensch. Die Altersbestimmung wurde um so schwieriger, je weiter man in der Zeit zurückging. Die Entdeckung des Neandertalers war jedoch besonders beunruhigend für diejenigen, die bisher nur in wenigen Jahrtausenden zu denken gewöhnt waren und sich erst in jüngster Zeit gezwungen sahen, sich auf Zehntausende von Jahren einzustellen. Immer noch war es sehr schwer, sich eine Evolutionsgeschichte vorzustellen, die Hunderttausende von Jahren umfaßte.

Das ist vielleicht der Grund dafür, daß man so entsetzt war, als der holländische Wissenschaftler Eugène Dubois 1893 berichtete, er habe auf Java einen Affenmenschen entdeckt, der eine ½ Million Jahre alt sei.

Wer meint, ich hätte bei der Entdeckung von Fossilien großes Glück gehabt, sollte sich an Dubois erinnern. Er hatte seine Entdeckung einem unwahrscheinlichen Glücksfall zu verdanken. Welche Chancen hat ein junger holländischer Professor der Anatomie, der kaum etwas von Fossilien versteht, nie die Fossilien eines Hominiden gesehen hat, Holland niemals verlassen hat, schließlich um die halbe Welt reist, an einen Ort kommt, an dem noch niemals Fossilien gefunden worden sind, und nur einer logischen Vermutung folgt, um dann etwas zu finden?

Das ist so, als sagte jemand: »Ich suche nach seltenen Edelsteinen. Ich verstehe nichts von Edelsteinen und habe noch nie welche gesehen. Aber ich will sie finden. Ich habe noch nie geologische Untersuchungen vorgenommen, weiß aber, daß in gewissen Gebirgsformationen in einer bestimmten geographischen Breite in Burma und Thailand Rubine vorkommen. Deshalb will ich ähnliche Gebirgsformationen in der gleichen geographischen Breite in Mexiko erforschen, weil ich glaube, dort Smaragde finden zu können.«

Die Wahrscheinlichkeit, daß dieser Mann Erfolg haben könnte, liegt vermutlich bei eins zu mehreren Millionen. Aber Dubois hat seinen Smaragd gefunden; den javanischen Affenmenschen *Pithecanthropus erectus*, jetzt *Homo erectus erectus*.

Seine Logik war ganz simpel. Als Knabe hatte er gehört, daß zwei Jahre vor seiner Geburt in einer Kalksteinhöhle bei Düsseldorf die Fossilien des Neandertalers entdeckt worden waren. Er las alles, was er über Neandertaler finden konnte, glaubte fest an die Evolutionstheorie und gelangte schließlich zu der Überzeugung, daß der Neandertaler trotz der Zweifel, die die Wissenschaftler hegten, ein Frühmensch gewesen sei. Daraus folgerte er, daß es anderswo Fossilien von älteren, noch mehr dem Menschenaffen gleichenden Hominiden geben müßte. Nach ihnen durfte man nicht in Europa suchen, wo das Klima zu rauh war, als daß solche Lebewesen dort hätten existieren können. Außerdem wären ihre Spuren durch die Gletscher der Eiszeit längst vernichtet worden. Er entschloß sich deshalb, seine Suche in den Tropen zu beginnen. So glaubte er, Sumatra sei der geeignete

Ort, denn hier lebte ein großer Menschenaffe, der Orang-Utan. Dubois hatte erfahren, daß es auch dort Höhlen gab, und diese Höhlen wollte er erforschen. Er hoffte, das »fehlende Glied« in der Kette der Evolution zu finden. Wie viele seiner Zeitgenossen, die sich für die wissenschaftliche Forschung interessierten, hatte er Darwin gelesen, dessen Ideen jedoch zum Teil mißverstanden. Wenn der Mensch vom Menschenaffen abstammte, wie Darwin und Huxley glaubten, dann mußte man, um ihre Theorie zu beweisen, ein Lebewesen finden, das auf einer Entwicklungsstufe zwischen beiden stand: ein Lebewesen, das eine Mischung zwischen dem Menschen und dem Orang-Utan oder dem Menschen und dem Schimpansen darstellte. Darwin hatte allerdings eine ganz andere Vorstellung gehabt. Er dachte nicht an parallele, sondern an vertikale Beziehungen; an Verwandtschaften, die über lange Zeiträume hinweg entstanden waren. Für Darwin bedeutete die große Ähnlichkeit zwischen dem Menschen und dem Menschenaffen nicht, daß es einen zwischen beiden liegenden Typus gäbe. Nach seiner Auffassung hatten der Mensch und der Menschenaffe vielmehr einen gemeinsamen Vorfahren, mit dem beide durch besondere Zwischenglieder verwandtschaftlich verbunden waren. Weder Darwin noch Huxley konnten sagen, wie dieser gemeinsame Vorfahre ausgesehen haben könnte. Aber die Vorstellung, daß es ein fehlendes Glied in der Kette der Evolution gäbe, fand viele Anhänger, und auch Dubois ging von dieser Hypothese aus, als er gegen den Wunsch seiner Familie und den Rat seiner Berufskollegen den Lehrberuf aufgab und nach Holländisch-Ostindien ging.

Da er die Mittel für die Finanzierung einer Expedition nicht aufbringen konnte, trat er als Militärarzt in die holländische Armee ein und ließ sich nach Sumatra versetzen. Sein militärischer Dienst nahm so wenig Zeit in Anspruch, daß er sich zwei Jahre mit der Erforschung einer ganzen Reihe von Höhlen auf der Insel beschäftigen konnte, doch kam er seinem Ziel dabei zunächst nicht näher. Dann erkrankte er an Malaria, ging nach Java und wurde in die Reserve versetzt. Hier erforschte er intensiv fossilienführende Bodenschichten an einer Biegung des Flusses Solo, eines kleinen, langsam fließenden Gewässers in der Nähe von Trinil. Die holländische Regierung interessierte sich für seine Arbeit und stellte ihm für die Grabungen die Sträflinge des dortigen Gefängnisses zur Verfügung. Doch die Gefangenen stahlen die meisten Fossilien, die sie fanden, und verkauften sie an chinesi-

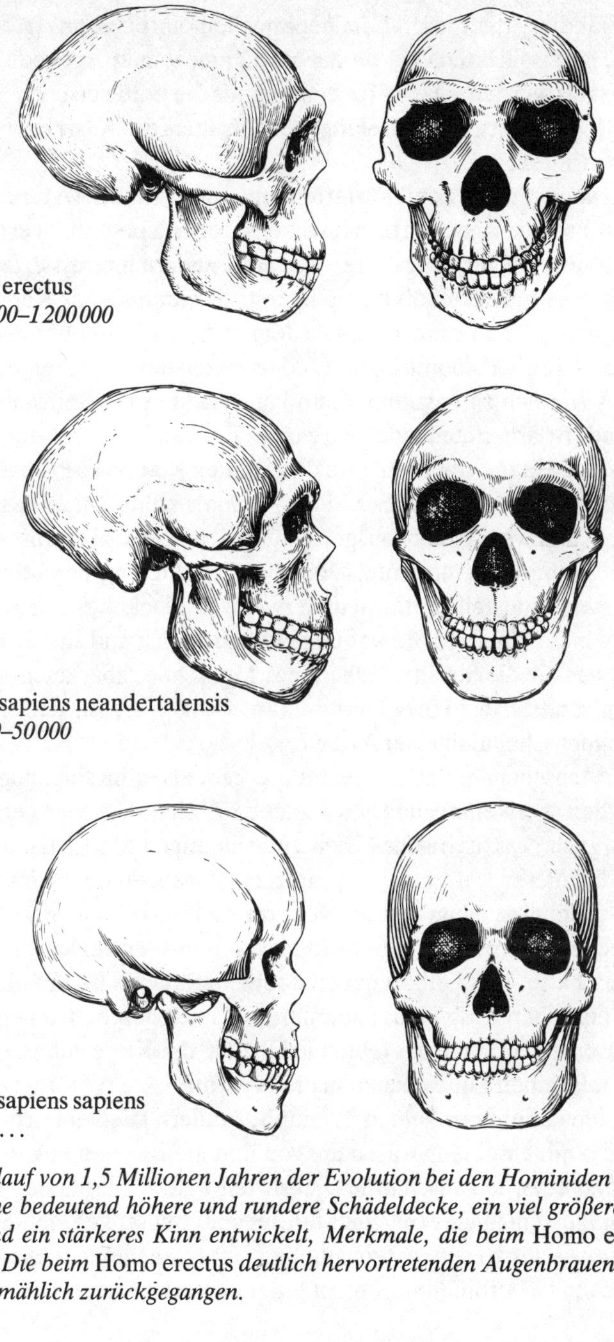

Homo erectus
1500000–1200000

Homo sapiens neandertalensis
200000–50000

Homo sapiens sapiens
50000–. . .

Im Verlauf von 1,5 Millionen Jahren der Evolution bei den Hominiden haben sich eine bedeutend höhere und rundere Schädeldecke, ein viel größeres Gehirn und ein stärkeres Kinn entwickelt, Merkmale, die beim Homo erectus *fehlen. Die beim* Homo erectus *deutlich hervortretenden Augenbrauenwülste sind allmählich zurückgegangen.*

sche Händler, die diese »Drachenknochen« in pulverisierter Form nach China schickten, wo sie als Medikament und Aphrodisiakum gut bezahlt wurden. Das hörte erst auf, als die holländischen Behörden auf Veranlassung des Gefangenenaufsehers die Ausfuhr von Fossilien verboten.

Die Grabungen bei Trinil förderten nun interessantes Material zutage, darunter die Knochen bisher wissenschaftlich noch nicht erforschter, ausgestorbener Säugetiere. Wie viele andere interessierte Amateurforscher hatte Dubois die Fähigkeit, sich umfassende Kenntnisse auf dem Gebiet zu erwerben, mit dem er sich intensiv beschäftigte, und das war die Paläontologie. Bald war er in der Lage, seine Funde wissenschaftlich zu bestimmen, und er schickte sie kistenweise nach Holland. Er arbeitete jedoch ein ganzes Jahr am Ufer des Solo, bevor er gefunden hatte, was er suchte: den fossilen Rest eines Primaten. Es war ein ungewöhnlich großer Molar. Dubois konnte nicht sagen, ob dieser Zahn von einem ausgestorbenen Riesenschimpansen oder einem Orang-Utan stammte. Doch bald machte er einen Meter von der ersten Fundstelle entfernt eine zweite Entdeckung – die Schädeldecke eines Primaten. Sie war ungewöhnlich dick und zu niedrig und zu schwer für die Schädeldecke eines Menschen, aber auch zu groß und zu rund für die eines Orang-Utan. Er hielt sie für den Schädel eines »menschenähnlichen Affen«.

Diese Menschenähnlichkeit bestätigte sich, als er im folgenden Jahr den Oberschenkelknochen eines solchen »Affenmenschen« entdeckte. Er glich praktisch genau dem eines heutigen Menschen und bewies, daß dieser »Affenmensch« aufrecht gegangen war. Obwohl der Oberschenkelknochen und ein weiterer Zahn etwa fünfzig Meter von der Stelle entfernt gefunden worden waren, an der die Schädeldecke gelegen hatte, war Dubois davon überzeugt, daß diese Fossilien alle von demselben Individuum stammten. Er telegraphierte begeistert nach Europa, er habe das fehlende Glied in der Kette gefunden, und reiste mit seinen Fundstücken in die Heimat.

Doch hier erlebte er keinen Triumph, sondern stieß auf erbitterten Widerstand. Jahrelang waren die von ihm gefundenen Fossilien Gegenstand einer leidenschaftlich geführten wissenschaftlichen Debatte. Einige seiner Gegner glaubten, er habe fälschlich den Schädel eines ausgestorbenen Affen mit dem Oberschenkelknochen eines Menschen in Verbindung gebracht, der viel später gestorben sei. Der

Die Höhle bei Tschoukoutien außerhalb von Peking wurde 1927 von dem Kanadier Davidson Black und dem Chinesen W. C. Pei erforscht, die sie bis auf eine Tiefe von etwa 27 Metern ausgruben. Hier fanden sie Fossilien des Peking-Menschen, der später als Homo erectus (pekinensis) *bezeichnet wurde. Die weißen Quadrate an der Höhlenwand sollten die Lokalisierung von Fossilien und Werkzeugen in den verschiedenen Schichten erleichtern.*

Schädel war Anlaß für heftige und langwierige Diskussionen, denn man hielt ihn für zu primitiv, als daß er ein Menschenschädel hätte sein können. Dubois war anderer Meinung. Er blieb bei seiner Hypothese, er habe das fehlende Glied in der Kette der Evolution gefunden, und alle von ihm gefundenen Knochen stammten von dem gleichen Individuum. Nun brachte er seinen Fund nach England, wo er von Sir Arthur Keith, der sich anschickte, die Nachfolge des großen Deutschen Rudolf Virchow anzutreten, und als bedeutendster Paläontologe seiner Zeit galt, gründlich untersucht wurde.
Keith war unvoreingenommen genug, die Möglichkeit nicht auszuschließen, daß es einen primitiveren Menschen mit einem kleineren Gehirn gegeben haben könnte, von dessen Existenz man bisher noch nichts wußte. Je länger er die von Dubois gefundenen Fossilien untersuchte, desto mehr überzeugte er sich davon, daß sie von einem menschlichen Wesen und nicht von dem »fehlenden Glied« in der Evolutionskette stammten. Das empörte Dubois, und Keith hatte den Eindruck, Dubois sei »ungeduldig mit seinen Kritikern«; er führte ihre ablehnende Haltung auf ihre Unwissenheit oder persönliche Feindschaft und nicht auf den Wunsch zurück, der Wahrheit näherzukommen.
Aber es war Dubois, dem es an Aufgeschlossenheit fehlte. Er zeigte seine Fossilien allen Wissenschaftlern, die sich dafür interessierten, und die Kontroverse ging weiter. Am Schluß war er so verbittert und widersetzte sich allen Argumenten, die die Auffassung von Keith stützten, mit solcher Hartnäckigkeit, daß er den *Pithecanthropus erectus* unter den Dielenbrettern seines Eßzimmers versteckte und sich dreißig Jahre lang weigerte, ihn Wissenschaftlern zu zeigen oder mit ihnen über dieses Thema zu sprechen.
Während dieser Zeit wurden neue Entdeckungen gemacht. In einer Sandgrube in Deutschland fand man den Unterkieferknochen des *Homo heidelbergensis*, der aussah wie der eines Menschenaffen, aber Zähne aufwies, die denen eines Menschen glichen. Es folgte die Entdeckung des Peking-Menschen nach zehn Jahre dauernden Grabungen in mehreren Höhlen bei Tschoukoutien in China. Das war ein viel reicherer Fund: 5 Schädel, 15 kleinere Stücke von Schädeln und Gesichtsknochen, 14 Unterkiefer und 152 Zähne. Die Arbeiten dort mußten bei Ausbruch des Zweiten Weltkrieges unterbrochen werden. In den chinesischen Höhlen fand man auch zahlreiche Werkzeu-

ge aus Stein, Knochen und Geweihen von Tieren, die die Höhlenbewohner geschlachtet hatten. Offenbar hatten sie sie auch gekocht, denn auf den Höhlenböden fand man mehrere Schichten aus Holzkohle, eventuell ein Zeichen dafür, daß hier über lange Zeit Holzfeuer unterhalten worden war. Diese Höhlenbewohner waren mit Sicherheit Menschen gewesen, und angesichts des Alters der Fundstätte, das man auf etwa ½ Million Jahre schätzte, waren sie erstaunlich hoch entwickelt.

Ironischerweise fand der Anthropologe G. H. R. von Königswald vierzig Jahre nach Dubois' Entdeckung des *Pithecanthropus erectus*, ebenso am Solofluß in Java, weitere Schädelknochen, die die Überzeugung von Keith, der *Pithecanthropus* sei ein Mensch gewesen, zu bestätigen schienen.

Wenn das zutraf, dann mußte der Name, den Dubois den Fossilien gegeben hatte, geändert werden. Er war aus den griechischen Worten *pithekos* (Affe) und *anthropos* (Mensch) zusammengesetzt und brachte damit die Überzeugung von Dubois zum Ausdruck, daß hier ein Zwischenglied in der Evolution zwischen den heutigen Menschenaffen und dem Menschen gefunden worden war.

Die Benennung der Fossilien war in dieser Zeit durcheinandergeraten. Der *Homo heidelbergensis* und der Peking-Mensch hatten lateinische Bezeichnungen bekommen, ebenso auch einige im Mittelmeerraum und in Afrika gefundene Fossilien, denn alle Wissenschaftler waren überzeugt gewesen, etwas ganz Besonderes gefunden zu haben und deshalb berechtigt zu sein, ihren Funden einen eigenen Namen zu geben, wenn nicht sogar eine ganz eigene Artenbezeichnung. So kam es auch zu dem Namen *Homo heidelbergensis*. Sein Entdecker erkannte, daß es sich hier um einen Menschen handelte, der zum Genus *Homo* gehörte. Er beanspruchte aber eine besondere Spezies für den von ihm entdeckten Hominiden. Den Peking-Menschen bezeichnete man als *Sinanthropus pekinensis*, den chinesischen Menschen aus Peking. Damit sollte zum Ausdruck kommen, daß die Fossilien aus Peking von einem menschenähnlichen Wesen stammten, das jedoch noch nicht weit genug entwickelt war, um als *Homo* bezeichnet zu werden. Andererseits handelte es sich aber nicht um einen Affen. Der Peking-Mensch stellte daher ein neues Genus dar.

Das war gar nicht so abwegig, wie es erscheinen mag. Der Wissenschaftler hat nur dann die Möglichkeit, etwas wirklich zu verstehen, wenn er es beschreiben, messen und benennen kann. Das haben diese Leute zu tun versucht. Wir dürfen nicht vergessen, wie wenig man in den Jahren von 1900 bis 1925 über die Evolution der Hominiden wußte. Es gab nur eine Handvoll Fossilien, und das genügte nicht, um sich ein klares Bild zu machen. Niemand wußte genau, was sie darstellten – sie stammten von irgendwelchen Frühmenschen. Man wußte nicht, in welcher Beziehung sie zueinander standen. Niemand wußte genau, wie alt diese Fossilien waren. Darüber hinaus waren sie alle verschieden – nicht *sehr* verschieden, aber sie glichen einander doch nicht ganz. Damit erhebt sich eine wichtige Frage: Wie groß muß der Unterschied sein, um eine wirkliche Bedeutung zu haben?

Wenn ich heute auf die Straße hinausgehe und die Schädel der ersten zehn Menschen untersuchte, die mir begegnen, würde ich feststellen, daß es erhebliche Unterschiede in der Größe der Gehirne und den Maßen der Gesichtsknochen gibt. Und wenn irgend jemand nach ½ Million Jahren diese gleichen zehn Schädel ausgrübe und wenn diese Schädel aus den verschiedensten Teilen der Welt kämen und einige von ihnen so stark beschädigt wären, daß man ihre Maße nicht mehr exakt feststellen könnte, wenn dazu an einigen die Zähne fehlten und von anderen nur wenige Zähne vorhanden wären – und wenn man schließlich nicht genau sagen könnte, daß sie alle ½ Million Jahre alt sind: Was könnte man dann tun?

Man würde sich auf die Unterschiede konzentrieren und die Schädel genau messen. Man würde den einen untersuchen und ihn mit dem nächsten vergleichen, und was einem auffiele, wären die Unterschiede. Es hat lange gedauert, bis die Anthropologen begriffen hatten, daß es in den einzelnen Populationen erhebliche Abweichungen gibt. Man braucht daher eine große Zahl von Fossilien, von Männern, Frauen und Kindern, bevor man feststellen kann, daß sie alle in gewisser Weise übereinstimmen. Eine solche Auswahl bestätigt nicht nur die gemeinsamen Merkmale in dieser Population, sondern auch die Tatsache, daß es in diesem Rahmen bestimmte Abweichungen gibt. Man erhält dann die Toleranzbreite dieser Abweichungen, und alles, was sich innerhalb dieser Toleranzbreite bewegt, sei es die Größe des Gehirns, die Art der Zähne oder die Form des Beckenknochens – alles, was sich innerhalb akzeptabler Grenzen hält, gehört zur gleichen Spezies. Was außerhalb dieser Grenzen liegt, gehört zu einer anderen Spezies.

Die Entdeckung des Peking-Menschen hat eine solche Untersuchungsmethode ermöglicht. In jener Höhle in China fand man fossile Fragmente einer genügenden Zahl von Individuen, um daraus festzustellen, in welchen Grenzen sich die Abweichungen bewegten. Mit den Einzelfunden wie dem des *Homo heidelbergensis* oder des von Dubois auf Java entdeckten Affenmenschen war das nicht möglich. Spätere Entdeckungen, besonders einige gut erhaltene Fossilien aus Ostafrika, haben das Bild so weit verdeutlicht, daß heute fast allgemein anerkannt wird, alle diese Fossilien stammten von den sehr unterschiedlichen Mitgliedern einer einzigen, über einen weiten Raum verstreuten Spezies, von welcher der heutige Mensch abstammt. Heute gibt es den *Pithecanthropus*, den *Sinanthropus* und den *Homo heidelbergensis* nicht mehr. Man bezeichnet sie alle als *Homo erectus* (aufrecht gehenden Menschen). Sie gehörten zur Spezies *Homo*, wenn sie sich auch in mancher Hinsicht von uns unterschieden haben. Ihre Gehirne waren kleiner, ihre Schädeldecken waren dicker, sie hatten stärkere Augenbrauenwülste und schwerere Kieferknochen. Alle ihre Knochen waren schwerer als unsere. Es waren ungewöhnlich kräftige Menschen, und zwar sowohl die Männer als auch die Frauen, und ihre Muskeln müssen dem starken Knochengerüst entsprochen haben. Ein männlicher *Homo erectus* wäre zwar zu klein gewesen, um einen guten Spieler im amerikanischen Football abzugeben, aber ein interessierter *Homo erectus* hätte wahrscheinlich bei Lacrosse und Hockey Hervorragendes geleistet, in den beiden Sportarten, die heute vor allem von mittelgroßen Männern betrieben werden. Dieser muskulöse, mittelgroße, mit einem mittelgroßen Gehirn ausgestattete direkte Vorfahre ist es, von dem man heute annimmt, er habe sich in der Zeit von vor 400000 bis 100000 Jahren vom *Homo erectus* zum *Homo sapiens* entwickelt.

Wir haben nur wenige Seiten gebraucht, um zu schildern, wie die Wissenschaft zu diesen Schlußfolgerungen gekommen ist, aber die Wissenschaftler haben vierzig oder fünfzig Jahre intensiver Forschungen dazu benötigt. Nach dieser Zeit war es anhand einer großen Zahl von Fossilien und Werkzeugen deutlich erkennbar geworden, daß der heutige Mensch einen Vorfahren hatte, der schon vor wenigstens ½ Million Jahren, vielleicht sogar vor längerer Zeit, in weiten Teilen der Welt lebte.

Solche Erkenntnisse kommen nicht über Nacht. Man braucht Zeit, sie zu gewinnen. Zunächst muß man das Rohmaterial, die Fossilien, haben. Dann müssen sie geordnet werden. Leider sind die Funde zunächst nicht übersichtlich geordnet. Man muß sich mit dem zufriedengeben, was einem geboten wird. Und sobald etwas Neues entdeckt wird, muß man gewisse Umgruppierungen vornehmen. Man entwickelt Hoffnungen und Vermutungen und bemüht sich nach besten Kräften.

Man muß sich aber auch geistig darauf einstellen, aus dem, was man sieht, die richtigen Schlüsse zu ziehen, und diese Umstellung fällt vielen außerordentlich schwer. Manchmal verrennt man sich in eine bestimmte Auffassung und ist nicht bereit, sich von vorgefaßten Meinungen zu lösen. So kann ein Wissenschaftler ein Leben lang behauptet haben, eine bestimmte Kombination von charakteristischen Eigenschaften der Zähne und Kieferknochen oder eine bestimmte Schädelgröße könnten nur eine einzige Bedeutung haben. Wenn nun neue Forschungsergebnisse dieser Vorstellung zu widersprechen scheinen, fällt es ihm schwer, das zu akzeptieren. Ich glaube, am schwersten ist es der Wissenschaft gefallen, zuzugeben, wie alt der Affenmensch aus Java wirklich war. Er war wenigstens 500 000 Jahre alt. Das heißt, er war fünfmal älter als der Neandertaler, und schon die Feststellungen über dessen Alter hatte man kaum verdauen können. Doch jetzt muß man bedenken, wie alt Lucy ist. Sie ist sechsmal so alt wie der Affenmensch von Dubois. Sechsmal so alt!

Jetzt fragt man natürlich, wie diese zeitliche Lücke ausgefüllt werden soll.

Das ist auf verschiedene Weise geschehen. Erstens hat es einen älteren Menschentypus gegeben, dann aber auch zwei oder drei Arten des *Australopithecus*. Das ist eine neue Bezeichnung, und zwar eine ungeheuer wichtige.

Die Australopithecinen waren frühe Hominiden, aber noch keine Menschen. Ich habe schon gesagt, daß ein Lebewesen ein Hominide sein kann, ohne ein Mensch sein zu müssen. Vor 2 Millionen Jahren gab es in Afrika aufrecht gehende Lebewesen, die so primitiv waren, so eigenartige Zähne und so kleine Gehirne hatten, daß man sie nicht als Menschen bezeichnen kann. Nun erhob sich die Frage: Waren das unsere Vorfahren oder unsere Vettern? Alle Paläontologen beteiligten sich an der Diskussion über diese Frage. Die Angelegenheit wur-

In Hadar wurden alle Fossilien zur Reinigung und Untersuchung in dieses Zelt gebracht. Hier sieht man Tom Gray, zusammen mit Vera Eisenmann und Claude Guérin vom französischen Team. Vor dem Zelt liegen Elefantenfossilien. Das eigentliche Lager befand sich am Ufer des Flusses Awash.

de noch schwieriger, weil es zwei oder drei Arten dieser Lebewesen gegeben hatte, große und kleine Versionen eines aufrecht gehenden Hominiden, der dem Menschen sehr nahekam und die Artenbezeichnung *Australopithecus* erhielt.

Nachdem ich festgestellt hatte, daß Lucy in mancher Beziehung mindestens ebenso alt war die wie Australopithecinen und in mancher Hinsicht sogar noch primitiver, mußte ich mich fragen, ob Lucy ein *Australopithecus* sei. Zunächst konnte ich diese Frage nicht beantworten. Als die Knochen gereinigt, sortiert und auf einer Tischplatte richtig angeordnet waren, glaubte ich zunächst, sie so einordnen zu können, war mir aber meiner Sache noch nicht ganz sicher. Sie war eigentlich zu klein, und auch ihre Zähne waren nicht die passenden. Sie wirkte wie ein zweibeiniger Affe, war aber doch kein Affe. Sie war ein sehr schwer zu bestimmender Hominide. Um jedoch festzustellen, ob sie ein *Australopithecus* war oder nicht, mußten ihre Knochen sehr gründlich untersucht werden. Bei Beginn dieser Untersuchungen war man sich über die Merkmale der Australopithecinen durchaus noch nicht einig.

Ich muß an dieser Stelle noch einmal sagen, welches Glück ich gehabt habe. Es ist immer günstig, sich an wissenschaftlichen Forschungen zu beteiligen, wenn auf einem bestimmten Fachgebiet große Unklarheiten herrschen, wie das Anfang der 1970er Jahre im Hinblick auf das Tertiär der Fall gewesen ist. Dann haben junge Leute, die erst anfangen, sich auf diesem Gebiet zu betätigen, die beste Gelegenheit, etwas Nützliches zu tun und sich an der Klärung offener Fragen zu beteiligen.

2. Südafrika: Die ersten Menschenaffen

Die Vorfahren des Menschen unterschieden sich von den heute lebenden Menschen dadurch, daß sie Beutegreifer waren; es waren Fleischfresser, die lebende Tiere erbeuteten, sie erschlugen, die Kadaver zerrissen, die Glieder der Beutetiere abtrennten, ihren Durst mit dem warmen Blut ihrer Opfer löschten und das noch zuckende, warme Fleisch verschlangen. *Raymond Dart*

Wir sind die Kinder Kains ... Der Mensch ist ein Raubtier, dessen natürlicher Instinkt ihm eingibt, mit einer Waffe zu töten. Daß dieses bewaffnete, schon erfolgreiche Raubtier plötzlich ein größeres Gehirn entwickelte, machte aus ihm ... den Menschen.
Robert Ardrey

Man kann sich des Gefühls nicht erwehren, daß Dart dazu neigt, die Bedeutung der sozialen Komponente zu unterschätzen, die für das Überleben des Frühmenschen sehr wichtig gewesen sein muß. Er spricht auch nicht von der Aufzucht des Nachwuchses, die größerer Sorgfalt bedurfte, um die Jungen in die Gruppe einzugliedern. Er überzeichnet den Aspekt des Kampfes um das Überleben so sehr, daß seine Darstellung nicht mehr glaubhaft erscheint.
Loren Eiseley

Das Verwirrspiel um die Australopithecinen begann 1924, und zwar in einem Teil der Welt, wo man mit einer solchen Entwicklung nicht gerechnet hatte. Wie wir gesehen haben, hat man zunächst vor allem in Europa nach den Ursprüngen des Menschen geforscht. Es gelang, den Cro-Magnon-Menschen und den Neandertaler zu identifizieren und die Wurzeln des Menschengeschlechts bis in die Zeit vor etwa 100000 Jahren zurückzuverfolgen. Später dehnte sich die Suche nach diesen Ursprüngen bis nach Java und China aus, und der Horizont erweiterte sich auf eine halbe Million Jahre. Niemand hatte in Afrika nach hominiden Fossilien gesucht, obwohl man wußte, daß es in Südafrika sehr alte Fossilien von Säugetieren und Reptilien gab. Der exzentrische Schotte Robert Broom hatte sich hier als Entdecker solcher Fossilien einen internationalen Ruf erworben. Zum erstenmal konnte er nachweisen, daß sich Säugetiere aus Reptilien entwickelt hatten. Broom hatte jedoch keine hominiden Fossilien gefunden, und außer ihm hatte niemand nach solchen Fossilien gesucht. Man hatte aus guten Gründen angenommen, eine solche Suche wäre sinnlos. Die Hominiden stammen von Menschenaffen ab, die in tropischen Wäldern leben, und seit Jahrmillionen hat es in Südafrika keine tropischen Wälder gegeben.

Diese Annahme war so stark, daß eine junge Südafrikanerin, die sich für Fossilien interessierte, einen fossilen Schädel auf dem Kaminsims eines Freundes für den eines ausgestorbenen Pavians hielt.

»O nein«, erwiderte der Freund, »das kann kein Pavianschädel sein. In Südafrika gibt es keine Fossilien von Affen oder Menschenaffen.« Dann erzählte er, daß der Schädel aus einem Kalksteinbruch bei Taung im damaligen Protektorat Betschuanaland stammte. Beim Heraussprengen des Kalksteins fanden sich gelegentlich Fossilien im Gestein, und so war auch dieser Schädel gefunden worden. Der Mann konnte ihn jedoch nicht identifizieren.

Die Wißbegier der jungen Frau war geweckt, und sie berichtete davon ihrem Anatomieprofessor, Dr. Raymond Dart, der damals an der University of Witwatersrand in Johannesburg lehrte. Dart bestätigte, daß ihr Freund recht habe; in Südafrika gäbe es keine Menschenaffen. Was jedoch die Paviane beträfe, so müsse er sich irren. Die großen Paviane hätten sich dem Leben in trockenen Steppengebieten angepaßt und seien Bodenbewohner. Sie kamen damals in Südafrika vor und lebten dort schon seit Hunderttausenden von Jahren.

Nun war Dart selbst außerordentlich stark an Fossilien interessiert. Er bat den Besitzer des Steinbruchs, er möge ihm Proben von Fossilien schicken, falls noch weitere gefunden würden. Nach einiger Zeit trafen zwei große Kisten mit Kalksteintrümmern bei ihm ein. In der ersten fand er nichts sonderlich Interessantes, als er jedoch die zweite Kiste öffnete, fiel ihm ein eigenartig geformtes, rundes Stück in die Augen. Er erkannte es als den Abdruck einer Schädelinnenfläche. Der Kalkstein hatte sich allmählich im Innenraum des Schädels verfestigt, ihn vollkommen ausgefüllt und die Form des längst verwesten Gehirns angenommen. Dart berichtet: »Man konnte deutlich die Ausbuchtungen und Furchen des Gehirns und die Blutgefäße erkennen.« Das sah natürlich nur das geübte Auge des Wissenschaftlers. Dart hatte sich als Medizinstudent in London intensiv mit der Untersuchung von Schädelabdrücken beschäftigt und erkannte deshalb so-

fort einen solchen Abdruck, auch wenn der Schädel selbst nicht mehr vorhanden war. Die Schädeldecke war bei der Sprengung verlorengegangen oder lag vielleicht sogar noch am Boden der Kiste.
Zunächst glaubte Dart, es handelte sich um den Abdruck aus einem Pavianschädel. Als er das Stück jedoch näher untersuchte, stellte er fest, daß dieses Gehirn zu groß war, um in den Schädel eines Pavians zu passen. Außerdem hatte es eine ungewöhnliche Form. Der vordere Teil des Gehirns war im Verhältnis zum hinteren größer, als dies bei einem Pavian zu erwarten wäre.
Da Dart wußte, daß Menschenaffen – Schimpansen und Gorillas – intelligenter waren als Paviane und größere Gehirne hatten, glaubte er zunächst, daß in Südafrika vor langer Zeit ein bisher unbekannter, an das offene Gelände angepaßter, heute ausgestorbener Menschenaffe gelebt haben könnte. Er suchte in der Kiste nach einem Stück, in das der Abdruck paßte. Wenn er es fand, hätte er die fehlende Schädeldecke. Leider war er an diesem Tage als Brautführer zur Hochzeit eines Freundes eingeladen. Die Trauung sollte sogar in seinem Haus stattfinden. Er beschäftigte sich noch mit dem Inhalt der Kiste, als die ersten Gäste eintrafen und der Bräutigam an die Tür klopfte und ihn drängte, sich umzuziehen. Er unterbrach seine Arbeit, klopfte sich den Staub von den Hosen, legte Jacke und Krawatte an und nahm an der Trauung teil, aber sobald sie vorüber war, ging er wieder an seine Kiste und fand sofort das Stück, in das der Gehirnabdruck paßte. Ungläubig starrte er den versteinerten Schädel an und blickte in die rückwärts geöffnete Höhle eines kleinen Kopfes. Als er die Gesichtsseite untersuchte, stellte er fest, daß sie von einer dicken Kruste aus Kalkstein, Sand und Kies überzogen war, einer zementartigen Substanz, die als Breccie bezeichnet wird. Die Einzelheiten der Vorderseite ließen sich von außen zwar nicht erkennen, er wußte aber, daß die Gesichtsknochen vorhanden waren, denn sie ließen sich an der Innenseite deutlich ausmachen.
Dart war kein Paläontologe. Er hatte keine Erfahrungen im Präparieren von Fossilien und besaß keine Bücher, die ihm eine Anleitung hätten geben können. Er machte sich aber doch mit großem Geschick an die Arbeit. Da er nicht wußte, wie zerbrechlich die Schädelknochen waren, und weil er fürchtete, sie mit einem harten Meißel zu beschädigen, legte er den Schädel in eine mit Sand gefüllte Kiste, um die Hammerschläge zu dämpfen. Dann klopfte er vorsichtig die Brec-

cie ab. Zuerst benutzte er einen kleinen Meißel und dann eine Stricknadel seiner Frau, die er mit einer Feile angespitzt hatte. Die Arbeit nahm 75 Tage in Anspruch, aber dann lag der gereinigte Vorderteil des Schädels vor ihm.

Was er sah, erstaunte ihn. Es war der Schädel eines sechsjährigen Kindes mit einem vollständigen Milchzahngebiß, an dem die Molare des Sechsjährigen eben durchbrachen. Und es war mit Sicherheit nicht der Schädel eines jungen Pavians. Er war zu hoch und zu rund, und das Gesicht war zu klein. Paviane haben eine lange Schnauze und eine sehr niedrige Schädeldecke. Dieses Stück sah eher aus wie der Schädel eines jungen Schimpansen, aber dafür war die Schädeldecke zu hoch gewölbt. Ein Blick auf die Zähne überzeugte Dart außerdem davon, daß es weder ein Schimpanse noch ein Pavian war. Sie haben beide große Eckzähne; diese Eckzähne waren kaum größer als die eines menschlichen Kindes.

Als Dart seine Entdeckung von allen Seiten betrachtete, fiel ihm eine weitere Besonderheit auf. Das *foramen magnum*, die Öffnung, durch welche die Nerven aus dem Rückgrat in den Schädel und das Gehirn gehen, lag an der Unterseite des Schädels, und das ließ vermuten, daß dieses sechsjährige Kind während seines kurzen Lebens aufrecht gegangen war. Bei Pavianen und Schimpansen liegt das *foramen magnum* an der Rückseite des Schädels und zeigt damit, daß diese Tiere meist auf vier Beinen gehen.

Handelte es sich hier nun um einen aufrecht gehenden Menschenaffen? War das überhaupt möglich? Wenn es so war, wie war dieser Menschenaffe nach Südafrika gekommen, mehr als 1000 Kilometer von der Heimat der Menschenaffen entfernt? Das widerspräche jeder Logik, und doch hielt Dart den Beweis in der Hand. Je länger er den kleinen Schädel betrachtete, desto deutlicher fielen ihm seine bizarren Abweichungen auf. Plötzlich wurde er ebenso wie Dubois vor ihm von der überwältigenden Vorstellung ergriffen, dies könnte das fehlende Glied in der Evolutionskette zwischen dem Menschenaffen und dem Menschen sein.

Dart war überzeugt, die richtige Interpretation gefunden zu haben, und zögerte nicht lange, sie zu veröffentlichen. Er schrieb einen Artikel für die angesehene englische Zeitschrift »Nature«, in der alle wichtigen wissenschaftlichen Aufsätze veröffentlicht wurden. Später sagte er: »Zwar war es damals üblich, Fossilien wie diese zehn Jahre

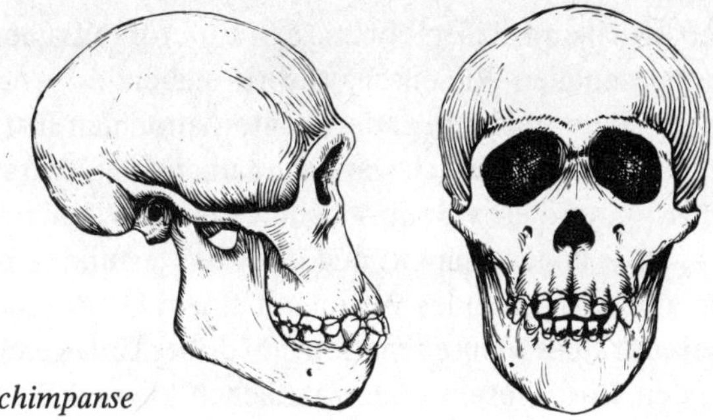

Junger Schimpanse

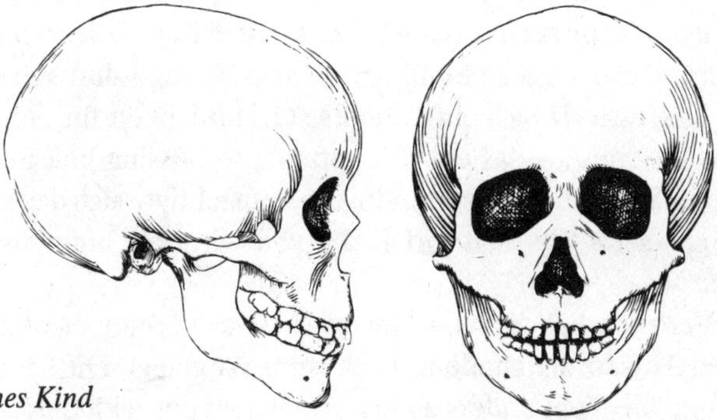

Menschliches Kind

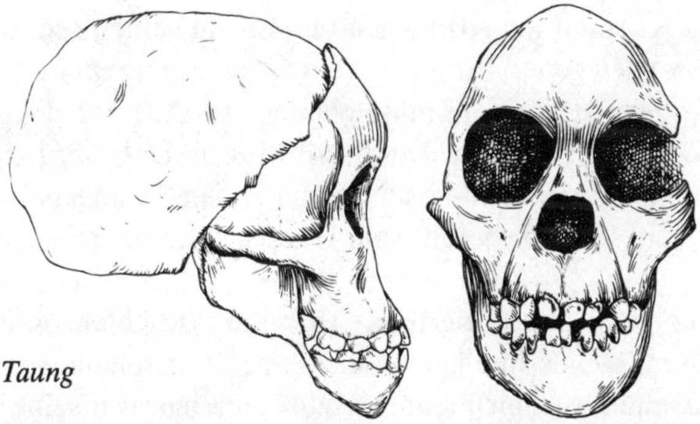

Kind von Taung

Viele britische Wissenschaftler bezweifelten die Auffassung von Raymond Dart, daß das Kind von Taung ein Hominide sei, weil ihnen die Schädeldecke zu niedrig vorkam, die Kieferknochen zu weit vorgeschoben waren und der Schädel kein Kinn hatte. Auf den ersten Blick sah er mehr wie der eines jungen Schimpansen als der eines menschlichen Kindes aus. Doch die hinteren Zähne sind im Verhältnis zu den vorderen sehr groß, und das ist typisch für den Menschen. Es fehlen die spitzen Eckzähne und das Diastema (die Zahnlücke), ein Merkmal der Menschenaffen.

lang zu untersuchen und die Ergebnisse erst zu veröffentlichen, nachdem ein aus angesehenen Wissenschaftlern bestehendes Gremium im British Museum oder in einem anderen internationalen Institut sein Urteil abgegeben hatte, aber ich war davon überzeugt, daß sich meine Erkenntnisse über dieses Gehirn nicht widerlegen ließen.«

Der Artikel wurde angenommen, und der Leser erfuhr zum erstenmal, daß ein aufrecht gehendes Wesen mit einem Gehirn, das kaum größer war als das eines Menschenaffen, auf dieser Erde gelebt hatte. Der Name, den Dart diesem ungewöhnlichen kleinen Wesen gab, war *Australopithecus africanus* – der aus dem Süden (australo) stammende Affe (pithecus) aus Afrika. Mit der Zeit hatte sich jedoch die volkstümliche Bezeichnung »Kind von Taung« durchgesetzt. Sehr bald interessierte sich eine breitere Öffentlichkeit für diese Entdekkung, die nun als das endlich gefundene Missing link Schlagzeilen machte. Sogar die Schlagerindustrie bemächtigte sich des Kindes von Taung: »Who was that girl I saw you with last night; is she from Taung?«

Die Veröffentlichung von Dart war etwas voreilig erfolgt. Er hatte seinen Aufsatz niemandem zur Prüfung vorgelegt. Die Fachleute reagierten, wie nicht anders zu erwarten, sehr zurückhaltend. Als Zentrum der paläoanthropologischen Welt galt jetzt England, und im Mittelpunkt stand Sir Arthur Keith, der mit seinen sechzig Jahren hohes Ansehen genoß. Er war Direktor der Hunterian Collection am Royal College of Surgeons und Präsident des Anthropologischen Instituts. Zunächst erklärte Keith: »Professor Dart wird sich wahrscheinlich nicht täuschen lassen. Wenn er den Schädel gründlich untersucht hat, sind wir bereit, sein Untersuchungsergebnis zu akzeptieren.«

Doch sehr bald modifizierte Keith seine Ansichten: »An seinem Fachwissen, seiner Intelligenz und seiner Vorstellungskraft gibt es keine Zweifel; was mich jedoch beunruhigt hat, war seine Flüchtigkeit, die leidenschaftliche Ablehnung bisher geltender Auffassungen und seine unorthodoxen Ansichten.«

Eine Zeit darauf lehnte Keith Darts Interpretation des Taung-Schädels vollständig ab: »Höchstens stellt er einen Genus in der Schimpansen- oder Gorillagruppe dar ... Der Taung-Affe tritt zeitlich viel zu spät auf, um unter den Vorfahren des Menschen einen Platz zu finden.« Dieses »zu spät« von Keith muß Dart einigermaßen verwirrt

haben. Er schätzte das Alter des Taung-Schädels auf 1 Million Jahre, und das war, wie er glaubte, ein sehr hohes Alter.
Die drei anderen führenden britischen Anthropologen, Sir Grafton Elliot Smith, Sir Arthur Smith Woodward und Dr. W. L. H. Duckworth, lehnten die Interpretation von Dart zwar nicht so entschieden ab, konnten sich aber nicht zu einer klaren Stellungnahme entschließen. Daß Elliot Smith seine These nicht energischer unterstützte, war für Dart besonders schmerzlich, denn unter seiner Leitung hatte Dart die Gehirnabgüsse untersucht. Elliot Smith war sich der Tatsache bewußt, daß Dart über Größe und Form von Primatenschädeln hervorragende Kenntnisse besaß. Aber in diesem Fall war Dart mit seinen Prognosen auch für ihn zu weit gegangen.
Der einzige Wissenschaftler, der die Thesen von Dart energisch unterstützte, war der gefürchtete Robert Broom, der besonders für seine Arbeiten über Fossilien von Säugetieren und Reptilien aus Südafrika bekannt war. In einem Brief beglückwünschte er Dart zu seinem Aufsatz in »Nature«. Zwei Wochen darauf »... stürmte (Broom) unangemeldet in mein Laboratorium. Ohne mich und meine Mitarbeiter zu beachten, ging er zu der Bank, wo der Schädel lag, und fiel davor ›aus Ehrfurcht vor unserem Vorfahren‹ auf die Knie«. Broom war ein charakterlich schwieriger Mensch und ein geborener Kämpfer, und nun war er unzufrieden mit Dart, weil dieser seine Entdekkung nicht tatkräftig genug verteidigte. Er übernahm jetzt selbst diese Aufgabe, schrieb einen Brief an die Redaktion von »Nature«, in dem er die Auffassungen von Dart mit allem Nachdruck unterstützte, und so gelang es ihm, auch andere Kollegen zu mobilisieren, die seine Ansichten teilten.
Das war vor allem der Geologieprofessor und Paläontologe W. J. Sollas von der Oxford University. Wir sollten uns seinen Namen merken, denn er wird im Rahmen der Geschichte des fossilen Menschen immer wieder auftauchen. Sollas war entzückt, als er hörte, daß Broom sich gegen Woodward und Keith gestellt hatte; Sollas haßte beide. Er war ein empfindsamer und ehrgeiziger Mann, der nicht vergessen konnte, daß Woodward einen Teil seiner Arbeiten negativ beurteilt hatte. Er hatte sich fünf Jahre lang damit beschäftigt, die richtige Methode für die Herstellung von Kopien in Gestein eingeschlossener Fossilien zu entwickeln. Als er sein Verfahren einem wissenschaftlichen Gremium vorführte, hatte Woodward ihn öffentlich ge-

demütigt und es als Spielerei bezeichnet, die keine Zukunft habe. Aber auch über Keith hatte er sich geärgert, der immer wieder behauptete, »gewisse Geologen« sollten mehr für die Paläoanthropologie tun und den Anthropologen bei der Datierung ihrer Funde helfen. Sollas wußte, daß nur er mit diesen Geologen gemeint sein konnte. Als er daher feststellte, daß Keith bei dem Versuch, die Veröffentlichung des Briefs von Broom in »Nature« zu verhindern, die Hand im Spiel gehabt hatte, schrieb er empört an Broom: »Keith hat großen Einfluß [bezüglich der Unterdrückung Ihres Briefes. Er ist] der arroganteste Scharlatan und Streber in der anthropologischen Welt. Angesichts erwiesener Tatsachen gibt er die voreiligsten Erklärungen ab. Er zitiert einen Autor nur, um ihn falsch zu interpretieren; er verallgemeinert Einzelbeobachtungen, und es gibt wohl kaum ein Verbrechen, dessen er nicht fähig wäre. Das, mein lieber Freund, ist Journalismus, ganz simpler und reiner Journalismus ... Er ist wie eine Rakete aufgestiegen und wird wie ein Knüppel abstürzen.«

Aber Keith stürzte nicht ab. Er blieb ein leuchtender Stern am Firmament der Anthropologie. Sollas hatte nichts mehr zu sagen, und nur Broom unterstützte noch die Theorien von Dart, was diesem kaum etwas nützte. Broom war ein merkwürdiger Mann, schwer einzuordnen und zu durchschauen, arrogant und unkonventionell, aber auch einer der scharfsinnigsten Wissenschaftler auf diesem Spezialgebiet. Er war von Geburt Schotte, stammte aus einer armen Familie, hatte als Knabe an Tuberkulose gelitten und lange Zeit unter der Obhut seiner Großmutter gelebt, die in der Küstenstadt Milford eine Fremdenpension betrieb. Einer der Gäste, ein mehr als 80 Jahre alter Mann, interessierte sich für Naturkunde. Er hinterließ dem kleinen Robert sein Mikroskop. Der Junge interessierte sich lebhaft für seine natürliche Umwelt und ihre Erforschung, ganz besonders für die Frühgeschichte der Erde. Dieses Interesse wurde durch die Entdekkung von fossilen Muscheln in einem in der Nähe gelegenen Kalksteinbruch gefördert. Nachdem Robert nur vier Jahre die Volksschule besucht hatte, arbeitete er als Hilfskraft in einem Laboratorium der Glasgow University. Hier nahm er das Medizinstudium auf und bestand 1889 sein Examen als Geburtshelfer mit Auszeichnung.

Broom war ein ausgezeichneter Arzt, ein guter Diagnostiker und besonders geschickt in der Geburtshilfe und bei der Behandlung der jungen Mütter. Seine medizinischen Fähigkeiten erlaubten es ihm, sich überall seinen Unterhalt zu verdienen. Er unternahm eine Weltreise in die Vereinigten Staaten und weiter in die noch unerforschten Gebiete Australiens. Er übernahm Vertretungen dort praktizierender Ärzte, arbeitete in abgelegenen Viehzuchtbezirken und Goldgräberstädten und gab dem einfachen Leben in der Natur den Vorzug gegenüber dem Luxus großer Städte. Während eines kurzen Besuchs in Schottland heiratete er ein einfaches Dienstmädchen, und von nun an begleitete ihn seine Frau auf allen Reisen. Dabei führte sie ein unauffälliges, bescheidenes Leben, hatte eine zarte Gesundheit und beklagte sich niemals über die unzähligen Seitensprünge ihres Gatten – Broom war ein notorischer Weiberheld.

Er war ein typischer Einzelgänger, und die Armut, in der er als Knabe gelebt hatte, machte ihn zu einem leidenschaftlichen Gegner des Adels, der für ihn die ungerechte Verteilung der Reichtümer dieser Welt symbolisierte und nach seiner Auffassung dafür verantwortlich war, daß seine Eltern in Schottland ein so entbehrungsreiches Leben hatten führen müssen. Er verachtete törichte Männer in hohen Stellungen, wie sie ihm immer wieder in den medizinischen Fakultäten und Museen begegnet waren. Im Umgang mit solchen Leuten war er hinterhältig und verschlagen. Als er sich später in Südafrika niederließ und ruhelos im Lande umherzog, um sein Lebenswerk, die Erforschung der Fossilien von Säugetieren und Reptilien in der Karruwüste, zu vollenden, bereiteten ihm seine Unzugänglichkeit und Verschlagenheit manchmal Schwierigkeiten, Zugang zu bestimmten Sammlungen zu bekommen, die er studieren wollte. Wenn es ihm doch gelang, fehlten, wie behauptet wurde, oft einige wertvolle Stükke. Deshalb verweigerte man ihm eine Zeitlang den Zutritt zur Sammlung des South African Museum.

Broom besaß hervorragende Kenntnisse auf seinem Fachgebiet und vereinigte in sich einen logischen Verstand mit einem ausgezeichneten Gedächtnis, leidenschaftlichem Interesse und unfehlbarem Instinkt. Er erkannte, was zusammengehörte, welches Lebewesen sich aus welchen älteren Formen entwickelt hatte und wie bestimmte Fundstücke zusammengesetzt werden mußten, um aus den vorhandenen Fragmenten ein organisch funktionsfähiges Tier zu machen. Er verdiente seinen Lebensunterhalt nebenher durch den Verkauf von Fossilien an das British Museum. Als er hier in Schwierigkeiten geriet, wandte er sich an das American Museum of Natural History in

New York, aber auch dort warf man ihm unlautere Praktiken vor und behauptete, er habe Fundstücke verkauft, die in Wirklichkeit nicht sein Eigentum waren.
Dieser kantige und unberechenbare Mann, der auch unter den britischen Paläontologen keinen guten Ruf genoß, war der einzige, der die Thesen von Dart in den 1920er Jahren unterstützte. Dart selbst beschäftigte sich zu dieser Zeit intensiv mit dem Taung-Schädel, trat aber nicht mehr an die Öffentlichkeit. Nach vier Jahren sorgfältiger und vorsichtiger Arbeit gelang es ihm, den Unterkiefer vom Oberkiefer abzulösen. Nun konnte er zum erstenmal die Kauflächen der Zähne untersuchen. Das überzeugte ihn noch mehr von der Richtigkeit seiner Diagnose: Es handelte sich um den Schädel eines Hominiden. Aber der hochmütige und selbstsichere Keith ließ sich nicht beeindrucken. Er behauptete auch weiterhin, der Theorie von Dart fehle jede logische Begründung.

Um Keith gerecht zu werden, müssen wir jedoch sagen, daß er sich in einem furchtbaren Dilemma befand, das mit Dart oder dem Kind von Taung nichts zu tun hatte. Nicht nur er, sondern alle britischen Paläoanthropologen fochten mit den allergrößten Schwierigkeiten, Fossilien zu interpretieren, die sie zwar gründlich untersucht hatten, deren Bedeutung ihnen jedoch immer noch verschlossen blieb. Es waren zum Teil Abgüsse und Fragmente verschiedener Typen des *Homo heidelbergensis* und des Java-Menschen, die sich seit der Jahrhundertwende allmählich angesammelt hatten. Sie alle deuteten in eine Richtung: Der Frühmensch hatte ein viel kleineres Gehirn als der heutige Mensch, und je weiter man zeitlich zurückging, desto kleiner wurde das Gehirn und desto mehr glich es dem der Menschenaffen. Aber Zähne und Kieferknochen glichen nicht denen eines Menschenaffen, auch wenn man mehr als ½ Million Jahre zurückging. Sie hatten eine ganz andere Form.
Der Kiefer des fossilen Hominiden glich dem des heutigen Menschen insofern, als die Zähne in einem runden (parabolischen) Bogen angeordnet waren, wobei sich dieser Bogen an den rückwärtigen dritten Molaren am weitesten öffnete. Bei den Menschenaffen, die längere Kieferknochen haben, neigen die Zähne der Seiten dazu, parallel zueinander zu verlaufen; so bildet der Kieferknochen ein Rechteck mit zwei parallelen Seiten, das nach rückwärts offen und an der Vorder-

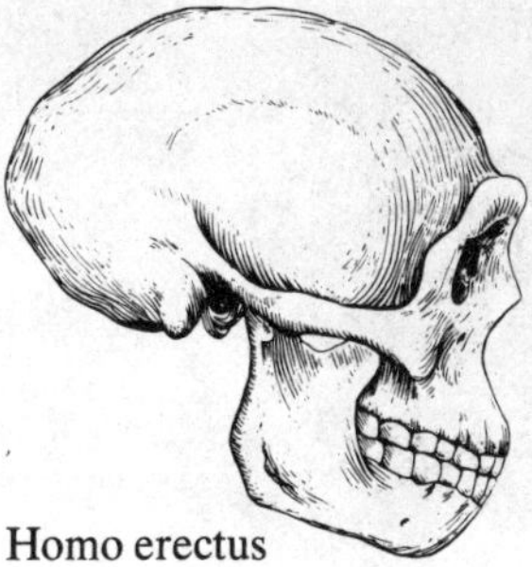

Homo erectus

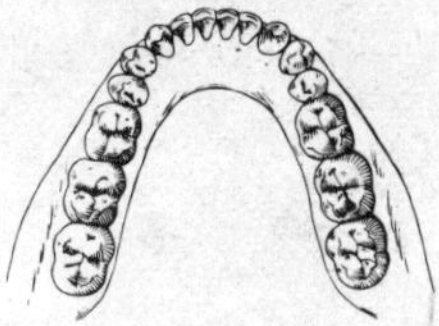

Kiefer des Homo erectus

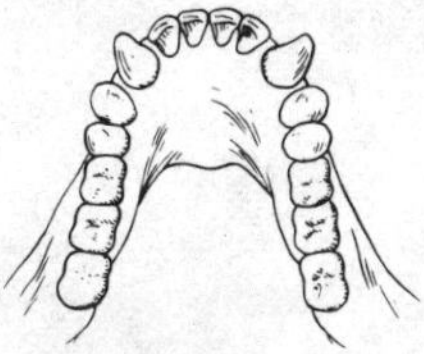

Kiefer des Piltdown-Menschen

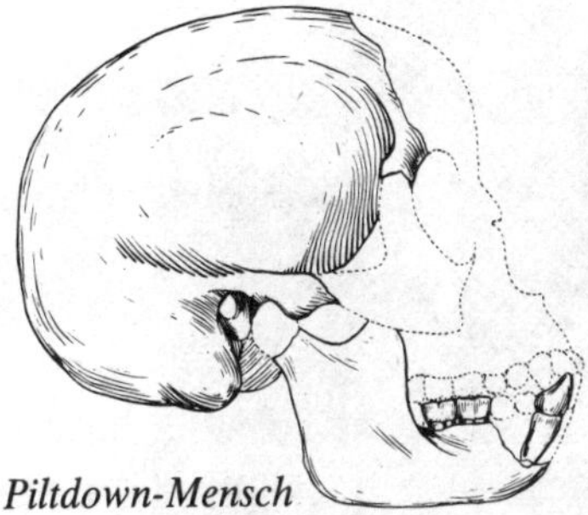

Piltdown-Mensch

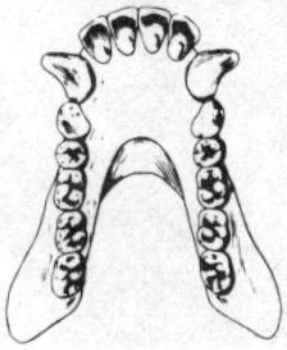

Kiefer eines Menschenaffen

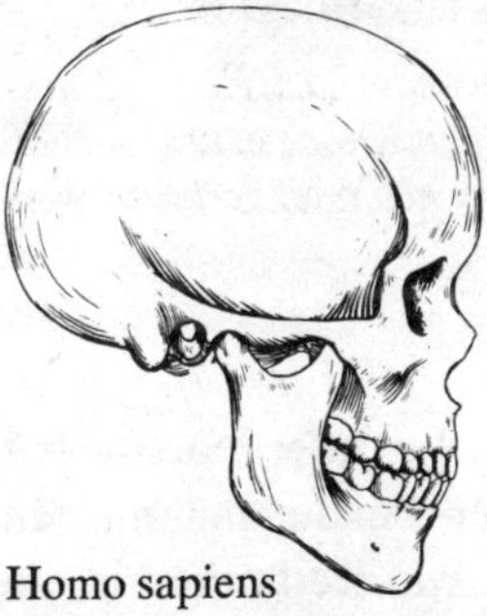

Homo sapiens

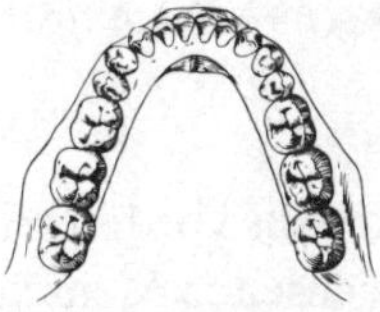

Kiefer des Homo sapiens

Das durch den Piltdown-Menschen entstandene Problem wird klar, wenn man seinen Schädel mit dem des Homo erectus *und des heutigen* Homo sapiens *vergleicht. Die Schädeldecke des Piltdown-Menschen gleicht in Form und Größe der des heutigen Menschen, aber nicht der des* Homo erectus. *Sein Kiefer ist jedoch primitiver als die beiden anderen; er ist vorgeschoben und hat große Eckzähne wie der eines Menschenaffen. Der Piltdown-Schädel sieht aus, als wäre er aus einer menschlichen Schädeldecke und dem Kiefer eines Menschenaffen zusammengesetzt, und wie sich später herausstellte, war das auch der Fall.*

Hier reinigt Tom Gray einen Elefantenkiefer. Er verwendet dazu einen »Zahnstocher«, den er mit einem Stein vorsichtig gegen die den Knochen umgebende Erdschicht klopft. Der Kiefer darf dabei nicht zerbrechen oder zerkratzt werden – eine schwierige Aufgabe.

seite durch die vorderen Zähne abgeschlossen ist. Außerdem sind bei den erwachsenen Menschenaffen und besonders bei den männlichen Tieren die oberen Eckzähne so groß, daß sie wie Reißzähne in die Reihe der Zähne des Unterkiefers hineinragen, der an dieser Stelle jeweils eine Lücke offenläßt. Bei den Fossilien des Java-Menschen und des *Homo heidelbergensis* und ähnlichen fehlten diese für die Menschenaffen charakteristischen Merkmale. Sie alle hatten ein entschieden menschenähnliches Gebiß. Hätten alle vorhandenen Fossilien nur aus solchen Stücken bestanden, dann hätte es keine Schwierigkeiten gegeben. Die Interpretation wäre sehr einfach gewesen. Es gab aber auch eine Abweichung, den sogenannten Piltdown-

Menschen. Von seinem Schädel hatte der Amateurwissenschaftler Charles Dawson 1912 in einer Kiesgrube in England Fragmente gefunden.

Obwohl man erst vierzig oder fünfzig Jahre später zuverlässige Datierungsmethoden entwickelt hatte, ließ sich aus der dunklen Färbung des Schädels, der Schichttiefe, in der die Fragmente im Kies gefunden worden waren, und aus der Tatsache, daß daneben Fossilien ausgestorbener Säugetiere entdeckt wurden, entnehmen, daß er mindestens mehrere Hunderttausend Jahre alt war. Die Bruchstücke wurden Keith übergeben, der aus ihnen einen sehr schönen und praktisch vollständigen Schädel zusammensetzte. Er verbürgte sich für seine Authentizität und gab ihm den Namen *Eoanthropus dawsoni* (Dawsons Frühmensch).

Das Verwirrende an diesem Fund aus Piltdown war jedoch die Tatsache, daß er allen Erkenntnissen widersprach, die man anhand früher gefundener Fossilien gewonnen hatte. Dieser Schädel hatte kein kleines, sondern ein sehr großes Gehirn, das sich mit dem des heutigen Menschen vergleichen ließ. Aber der Kieferknochen glich nicht dem eines Menschen, sondern dem eines Menschenaffen. Es hätte ein Affenkiefer sein können, wären nicht die Molare die eines Menschen gewesen – die Kauflächen waren flach.

Kurz gesagt, der Piltdown-Mensch widersprach allen bisher anhand von anderen fossilen Funden gemachten Erfahrungen. Man hat das allerdings nicht von vornherein als einen Nachteil empfunden. Lange Zeit hat der Mensch für sich in Anspruch genommen, ein vor allen anderen Geschöpfen bevorzugtes und einzigartiges Wesen zu sein, das durch seinen Intellekt hoch über der Tierwelt stand. Der Piltdown-Mensch hätte dieses Vorurteil stützen können. Die gewölbte Hirnschale schmeichelte der Eigenliebc des Menschen mehr als die niedrigen Stirnen und die starken Augenbrauenwülste anderer hominider Fossilien. Es war besser, ein großes Gehirn und das Gesicht eines Affen zu haben als umgekehrt. Außerdem war dieser Fund im heimatlichen England gemacht worden, und zwar nur wenige Kilometer von London entfernt, und seine Echtheit wurde von den beiden bedeutendsten britischen Wissenschaftlern auf diesem Fachgebiet, Woodward und Keith, bestätigt. So sehr der Piltdown-Mensch auch aus dem Rahmen fallen mochte, er mußte dennoch in das gesamte Schema passen, denn es hätte sich herausstellen können, daß er unser Stammvater war.

Das war das letzte anthropologische Ereignis, mit dem sich die Briten beschäftigten, als Dart ihnen das Kind von Taung präsentierte. Die These, der Stammvater der Menschheit könnte ein großes Gehirn und das Gesicht eines Menschenaffen gehabt haben, ließ kaum Raum für einen unbedeutenden kleinen Schädel, der aus einer Gegend kam, über die bis dahin noch kaum ein britischer Anthropologe nachgedacht hatte und die aufzusuchen noch niemandem eingefallen war.

So darf es uns nicht verwundern, daß Dart auf erheblichen Widerspruch stieß. Die geologischen Gegebenheiten in Südafrika waren den Männern unbekannt, deren Unterstützung er gewinnen wollte. Dart verfügte, außer als Anatom, über keine formale wissenschaftliche Ausbildung. Seine Theorie wurde von einem Außenseiter unterstützt, der sich in mancher Weise verdächtig gemacht hatte. Seine Angaben über das Alter des Taung-Schädels wurden als geradezu unsinnig abgelehnt: 1 Million Jahre? Woher wollte er das wissen? Er wußte es nicht. Es war eine bloße Vermutung, gestützt auf Überlegungen über das Alter von Fossilien gewisser ausgestorbener Säugetiere aus der gleichen Kalksteinhöhle. Schließlich – und diese Behauptung war am schwierigsten zu verdauen – behauptete er, daß dieses kleine Wesen mit dem Affengehirn wie ein Mensch aufrecht gegangen sei, und zwar nur, weil sich an der Schädelbasis ein Loch befand. Hätte er wenigstens einen Beckenknochen oder einen Oberschenkelknochen vorweisen können, um diese aus der Luft gegriffene Behauptung zu stütztzen, hätte man seiner Theorie vielleicht größere Beachtung geschenkt. Aber Dart besaß nur diesen einen Schädel, und das war nicht genug.

Trotz alledem wurde Dart 1931 zu einem anthropologischen Kongreß nach London eingeladen und erhielt hier die Gelegenheit, seine Entdeckung zu beschreiben und seine Theorie zu rechtfertigen. Die große Attraktion auf dem Kongreß waren die ersten Funde des Peking-Menschen aus der Höhle bei Tschoukoutien in China. Das war eine Sensation. Die Arbeiten wurden sehr anschaulich mit vielen Photos und Lagekarten erläutert. Anschließend kam auch Dart zu Wort. Er konnte nur wiederholen, was er schon sechs Jahre zuvor gesagt hatte. Bei seinem Vortrag machte er einen sehr schüchternen Eindruck und mußte selbst zugeben, daß er kläglich versagt habe. Um ihn zu trösten, luden ihn einige Kollegen anschließend zum Essen ein, und er schickte seine Frau Dora in einem Taxi ins Hotel zurück. Sie nahm den Taung-Schädel mit, ließ ihn aber auf dem Rücksitz des Wagens liegen. Er wurde erst am folgenden Morgen wiedergefunden, nachdem das Taxi die ganze Nacht in London herumgefahren war, wobei jeder Fahrgast den Schädel hätte mitnehmen können. Gegen Morgen fand der Taxifahrer das kleine Paket und brachte es zur Polizei. Dort wurde es geöffnet, man fand einen Schädel und glaubte, einem Mord auf die Spur gekommen zu sein. Inzwischen hatte Dart jedoch die Polizei verständigt und konnte das Kind von Taung wieder in Empfang nehmen. Er kehrte nach Südafrika zurück, ohne daß es ihm gelungen war, die Anerkennung seiner Entdeckung durch die angelsächsische Wissenschaft zu gewinnen.

Man hat später behauptet, der enttäuschte Dart hätte sich nun von der Paläoanthropologie abgewendet. In Wirklichkeit haben für ihn der Lehrberuf und die neurologische Forschung immer an erster Stelle gestanden. Der Schädel des Kindes von Taung war eigentlich nur durch einen Zufall in seine Hände gekommen. Während der folgenden zwanzig Jahre gab er die Suche nach Fossilien auf, um sich anderen Dingen zuzuwenden, die wichtiger für ihn waren. Dazu gehörte auch seine Beziehung zu der Chefbibliothekarin der medizinischen Bibliothek von Witwatersrand, Marjorie Frew. 1936, fünf Jahre nach seinem erfolglosen Auftritt in London, ließ er sich von Dora scheiden und heiratete Marjorie.

Die Anthropologie in Großbritannien war während dieser fünf Jahre in ziemliche Unordnung geraten. Die Grabungsarbeiten in China förderten eine große Menge Material über den Peking-Menschen zutage. Die Fossilien aus Peking müssen Sir Arthur Keith, dessen Theorien sich vor allem auf den Piltdown-Menschen stützten, in arge Bedrängnis gebracht haben. Das gleiche gilt für Sir Arthur Woodward, den Kustos der geologischen Abteilung am British Museum. Woodward hatte sich mit den Grabungen in Piltdown noch intensiver beschäftigt als Keith. Er war selbst an der Grabungsstelle gewesen, als der Amateurpaläontologe Charles Dawson die Schädelfragmente aus einer schlammigen Grube in Sussex holte. In seiner Begleitung befand sich damals der junge französische Geistliche und Anthropologe Pierre Teilhard de Chardin, der an der gleichen Stelle und am gleichen Nachmittag das Bruchstück eines Elefantenzahns fand. Wie

Teilhard berichtet, stürzte sich Woodward mit dem Eifer eines Knaben auf das Stück, und »ich erlebte an ihm das Feuer der Begeisterung, das er sonst hinter seiner kühlen Zurückhaltung verbarg«.
Damit meinte Teilhard die sonst übliche Haltung von Woodward, seine Voreingenommenheit und völlige Humorlosigkeit. Er konnte es sich nicht leisten, frivol zu sein. Er stammte aus einfachen Verhältnissen. Er war zwar nicht in so großer Armut aufgewachsen wie Broom, gehörte aber nicht zur Oberschicht. Die Paläontologie war für ihn ebenso wie für Huxley und andere unbekannte, aber begabte und ehrgeizige junge Männer die Tür zu einer Welt, die ihm in einer Gesellschaftsordnung verschlossen geblieben wäre, in der die durch die Geburt gegebene soziale Stellung immer noch eine entscheidende Rolle spielte. In dieser neuen Wissenschaft konnten solche Leute auf der Woge des Erfolgs emporgetragen werden, nachdem Darwin die Anregungen gegeben hatte und neue Ideen und die Diskussion darüber das Interesse der Öffentlichkeit wachhielten. Es ist immerhin bemerkenswert, daß Woodward, Keith und Elliot Smith für ihre Leistungen geadelt worden sind.
Es war nicht leicht, auf diese Weise ausgezeichnet zu werden. Der Wettstreit unter den begabten jungen Männern war oft hart. In einem solchen Klima war der Erfolg von ungewöhnlichen Leistungen und eisernem Durchhaltevermögen abhängig. Ebenso wie Huxley wurde Woodward mit Preisen ausgezeichnet, verfaßte zahlreiche wissenschaftliche Aufsätze und war 1901 im Alter von 37 Jahren zum Kustos im British Museum aufgestiegen. Er lebte ganz seiner Arbeit, und die übrige Welt existierte kaum für ihn. So stolperte er eines Tages in Gedanken versunken über eine Ausstellungsvitrine, rutschte aus und brach ein Bein. Er bestand darauf, das Bein selbst zu schienen, und der Bruch verheilte so schlecht, daß eine Lahmheit zurückblieb. Wenig später hatte er einen ähnlichen Unfall und brach den Arm.
Doch Woodward war ein hervorragender Paläontologe. Auf der Höhe seiner beruflichen Laufbahn war er der bedeutendste Kenner fossiler Fische, was aber nicht bedeutete, daß er von hominiden Schädeln ebensoviel verstand. Auf diesem Gebiet war Keith ihm überlegen.
Als der Piltdown-Schädel rekonstruiert werden sollte, kam es zu Meinungsverschiedenheiten zwischen Keith und Woodward. Als er mit den von Dawson gefundenen Fragmenten die linke Schädelhälfte fast vollständig zusammengesetzt hatte, wollte Keith die rechte Hälfte

mit den gleichen Dimensionen rekonstruieren. Woodward erklärte, beim höher entwickelten Menschen sei die linke Hälfte des Gehirns größer als die rechte und richtete sich bei seinem Versuch danach. Das Volumen des von ihm rekonstruierten Gehirns war daher kleiner als das von Keith. Für den letzteren bedeutete dies eine Herausforderung und besagte, er sei nicht fähig, einen fossilen Schädel richtig zusammenzusetzen. Doch Keith nahm die Herausforderung in großartiger Haltung an. Der Schädel eines heutigen Menschen, dessen Hirnvolumen vorher gemessen worden war, wurde in Stücke geschlagen, und Keith setzte ihn so zusammen, daß das Volumen nur um drei oder vier Kubikzentimeter vom Original abwich. Er war aus diesem Geplänkel als Sieger hervorgegangen, aber das hatte keine große Bedeutung angesichts des Triumphs der britischen Anthropologie, die jetzt über einen eigenen Schädel verfügte, der mit jedem in Frankreich oder Deutschland gefundenen konkurrieren konnte. Der britische Schädel war älter, aber doch menschenähnlicher – das war eine unschlagbare Kombination. Keith und Woodward stellten sich mit ihrem ganzen wissenschaftlichen Prestige hinter den Piltdown-Menschen. Woodward brachte praktisch die letzten dreißig Jahre seines Lebens mit der Arbeit an dieser Entdeckung zu. Der Titel seines Buches war: »The First Englishman«.

Doch trotzdem hatte es von Anfang an gewisse Zweifel an der Authentizität des Piltdown-Menschen gegeben. Paläontologen aus den Vereinigten Staaten, denen es nicht um das nationale Ansehen ging, waren in der Lage, den Schädel unvoreingenommener zu beurteilen. Sie behaupteten, Kieferknochen und Schädel paßten nicht zusammen und könnten das auch nicht. Da die Zahl der bei Peking gefundenen Fossilien um diese Zeit immer größer wurde, rückte die Wahrscheinlichkeit, daß die Amerikaner recht hatten, immer näher: Das Gehirn des Frühmenschen könnte sehr wohl klein gewesen sein und eben nicht groß, aber das Gebiß hatte viel stärker dem des heutigen Menschen geglichen. Was Keith und Woodward in den 1920er und bis zu den 1940er Jahren über diese neuen Erkenntnisse gedacht haben, kann man nur vermuten. Wenn ihnen hinsichtlich des Piltdown-Menschen irgendwelche Zweifel gekommen sind, dann haben sie sie für sich behalten. Der Schädel wurde in sichere Verwahrung genommen. Wer ihn sehen wollte, durfte das tun, aber niemand durfte ihn berühren oder untersuchen.

Das Kind von Taung wurde während dieser Zeit kaum noch beachtet. Das lag zum Teil daran, daß es der Schädel eines Kindes war. Kinder und junge Affen gleichen einander mehr als erwachsene Hominiden und Menschenaffen. Während der Menschenaffe wächst, wachsen Gesichts- und Kieferknochen weit schneller als das Gehirn – und viel rascher als die Kieferknochen eines Menschen. Dieser Umstand war auch der Grund dafür, daß viele Skeptiker immer noch daran zweifelten, daß der Taung-Schädel menschliche Merkmale aufwies.

Sir Grafton Elliot Smith erklärte dazu mit ungewöhnlicher Schärfe: »Es ist schade, daß Dart keine jungen Schimpansen, Gorillas oder Orang-Utans kennt, deren Lebensalter dem des Taung-Schädels entspricht, denn hätte ihm solches Material zur Verfügung gestanden, müßte er erkannt haben, daß die Haltung des Kopfes, die Form der Kiefer und viele andere Einzelheiten an der Nase, dem Gesicht und dem Hirnschädel, die er als Beweis für seine Behauptung anführt, der *Australopithecus* sei ein naher Verwandter des Menschen, im wesentlichen identisch sind mit den Merkmalen, die man bei jungen Gorillas und Schimpansen antrifft.«

Dart hatte das Gebiß des Kindes von Taung sehr gründlich untersucht und wußte, daß es von dem des Schimpansen oder Gorillas abwich. Daß die drei großen Kollegen sich hartnäckig weigerten, das anzuerkennen, muß für ihn eine große Enttäuschung gewesen sein. Besonders die Tatsache, daß sein alter Lehrer Smith, unter dessen Anleitung er die Schädelabgüsse untersucht hatte, sich nun dem Urteil seiner Gegner anschloß und seiner Theorie den Todesstoß versetzte, muß schmerzlich gewesen sein. Nun stand nur noch Broom auf seiner Seite.

Während der gleichen fünf Jahre hatte auch Broom beruflich schwere Enttäuschungen erlebt. Er wurde älter, und seine Lebensarbeit über fossile Säugetiere und Reptilien war abgeschlossen. Museen und Universitäten lehnten ihn ab. Er hielt sich mit Ärztevertretungen mühsam über Wasser und war völlig verarmt. 1933 konnte er sich die Fahrkarte für eine Reise von Maquassi, wo er damals lebte, nach Johannesburg nicht leisten, um vor der South African Association for the Advancement of Science einen Vortrag zu halten – obwohl er Präsident dieser Gesellschaft war. Die Gesellschaft mußte die Kosten für ihn aufbringen.

Als Raymond Dart davon erfuhr, war er empört, daß der bedeutendste Wissenschaftler in Südafrika in einer solchen Notlage praktisch alleingelassen wurde, mochte er auch eine noch so umstrittene Persönlichkeit gewesen sein. Er schrieb an verschiedene Regierungsmitglieder, darunter auch an General Jan Smuts, der eben Premierminister geworden war. Smuts, ein alter Bewunderer von Broom, der überzeugt war, Broom habe viel für Südafrika getan, setzte seinen Einfluß ein. Einige Monate darauf bot der Direktor des Transvaal Museum in Pretoria Broom den Posten eines Assistenten in der Paläontologischen Abteilung an. Wegen des Alters von Broom sollte es keine Vollzeitbeschäftigung sein, aber solange er diese Stelle innehatte, wurde ihm untersagt, für sich oder für andere Fossilien zu sammeln. Seine alten Gegner in den Museen hatten ein gutes Gedächtnis.

Obwohl dieses Angebot eine Demütigung für Broom darstellte, nahm er es sofort an. Das niedrige Gehalt ermöglichte es ihm, seine Tätigkeit als Arzt aufzugeben und sich ganz der Erforschung von Fossilien zuzuwenden. Er machte die Bekanntschaft des Farmers Sidney Rubidge aus Transvaal, eines bemerkenswerten Mannes, der seit Jahren Fossilien sammelte und auf seiner Farm ein kleines Museum eingerichtet hatte. Mit Unterstützung Brooms übertraf diese Sammlung bald die des Transvaal Museum, für das zu arbeiten sich Broom eigentlich verpflichtet hatte. 1936 erregte er wieder den Unwillen seiner Vorgesetzten, als er erfuhr, daß in einer Kalksteinhöhle bei Sterkfontein Fossilien gefunden worden seien. Der Vorarbeiter in dem Kalksteinwerk, Barlow, verkaufte sie als Souvenir.

Broom setzte sich sofort mit Barlow in Verbindung, stellte fest, daß es in dem Steinbruch wirklich sehr viele Fossilien gab, und erfuhr sogar, daß sie zum Teil in den Kalköfen verbrannt und ebenso rasch zu Staub zerfallen waren wie der dort gebrannte Kalk. Er konnte Barlow davon überzeugen, welchen großen Verlust die wissenschaftliche Forschung damit erlitt. Barlow entschuldigte sich und versprach, ihm alles zu schicken, was er noch finden sollte. Schon nach zwei Tagen übergab er Broom den Abdruck eines Gehirns. Broom durchsuchte die Gesteinstrümmer an der betreffenden Stelle sehr sorgfältig und fand die Bruchstücke einer fast vollständigen Hirnschale. Er reinigte sie, fügte sie zusammen und erkannte sofort, daß sie von einem *Australopithecus* stammten.

Jetzt gab es einen zweiten fossilen Schädel, der dem des Kindes von Taung entsprach!

Als Dart diese Nachricht erhielt, war er irritiert, aber auch hoch er-

Die Entdecker von vier bedeutenden Fossilien

J. C. Fuhlrott
Neandertaler, 1856

Fuhlrott war ein Düsseldorfer Gymnasialprofessor, der erkannte, daß die Fossilien, die in der Nähe seines Hauses ausgegraben worden waren, die Knochen eines Menschen, aber nicht die eines heutigen Menschen waren. Das waren die ersten frühmenschlichen Fossilien, die man gefunden und als solche erkannt hat. Sie lösten eine über Jahrzehnte dauernde Kontroverse aus.

Eugène Dubois
Affenmensch aus Java, Homo erectus erectus, 1891

Dubois fand an einem Flußufer auf Java Teile eines Schädels und einen Oberschenkelknochen. Das hohe Alter dieses Fundes, schätzungsweise eine halbe Million Jahre, und sein sehr primitives Aussehen führten dazu, daß die Entdeckung mit großem Mißtrauen aufgenommen wurde. Heute wird der Java-Mensch allgemein als der erste der Wissenschaft bekannte Homo erectus erectus *angesehen.*

Raymond Dart
Kind von Taung, Australopithecus africanus, 1924

Der Entdecker schätzte das Alter dieses Schädels auf 1 Million Jahre. Der fossile Schädel ist so primitiv, daß viele Wissenschaftler jahrelang davon überzeugt waren, er habe einem Menschenaffen gehört. In Wirklichkeit ist es der erste Australopithecus africanus, *der von der modernen Forschung entdeckt wurde, ein Hominide, von dem inzwischen viele Fossilien gefunden worden sind.*

Robert Broom
Paranthropus, Australopithecus robustus, 1938

Broom fand bei Kromdraai in Südafrika einen zweiten Typus des Australopithecus. *Die Abweichungen von anderen fossilen Funden waren so groß, daß Broom es für gerechtfertigt hielt, dafür eine neue Artenbezeichnung zu erfinden. Heute ist man der Auffassung, daß es ein vom* africanus *abstammender robuster* Australopithecus *ist.*

freut. Einige seiner Schüler hatten von den Funden in Sterkfontein gehört und sich dafür interessiert. Ohne ihm etwas zu sagen, waren sie zu Broom gegangen. Broom hatte sich wieder über die Wünsche der Behörden hinweggesetzt und ihnen das wertvolle Fundstück weggeschnappt.

Doch der Schädel war wirklich der eines *Australopithecus*. Mit einem Schlag wurde die Theorie von Dart, die er über mehr als zehn Jahre erfolglos vertreten hatte, bestätigt. Außerdem wäre dieser Fund höchstwahrscheinlich ebenso wie ungezählte andere in den Brennofen gewandert, wenn Broom nicht entschlossen gehandelt hätte. Der von Broom entdeckte Schädel war schließlich der eines Erwachsenen, und jetzt konnte niemand mehr die Bedeutung des Kindes von Taung mit der Begründung anzweifeln, daß es wegen seiner Jugend von einem jungen Menschenaffen nicht zu unterscheiden sei. Angesichts all dieser Umstände war Dart hoch erfreut. Ein anerkannter Paläontologe hatte seine These bestätigt. Doch auf die am heißesten ersehnte Anerkennung mußte er noch zehn Jahre warten. 1947 erklärte der fast achtzigjährige Sir Arthur Keith am Ende seiner fünfzigjährigen Laufbahn als einer der angesehensten Anatomen der Welt: »Als Professor Dart ... behauptete, der jugendliche *Australopithecus* sei mit dem Menschen verwandt, vertrat ich die Auffassung, wenn die fossilen Knochen eines erwachsenen Individuums entdeckt werden würden, dann werde sich herausstellen, daß er näher mit den heute lebenden afrikanischen Anthropoiden, dem Gorilla und dem Schimpansen, verwandt sei ... Jetzt bin ich überzeugt, daß Professor Dart recht hatte und ich mich geirrt habe.«

Das war ein bemerkenswertes Zugeständnis für einen Mann, der so lange Zeit nur eisige Herablassung gezeigt hatte. Aber es genügte noch nicht ganz. Keith konnte sich nicht entschließen, die Australopithecinen als Hominiden zu bezeichnen. Für ihn waren es »am Boden lebende Anthropoide mit menschlicher Körperhaltung, Fortbewegung und menschlichem Gebiß, aber nach der Gesichtsbildung und der Größe des Gehirns dennoch Anthropoide«. Das ist natürlich eine gute Beschreibung, aber zu dem letzten Schritt, der Verwendung jenes anstößigen Wortes »Hominide«, konnte sich Keith nicht durchringen. Es bestand damals – und es besteht auch heute noch – eine seltsame Scheu davor, so primitive Lebewesen als Verwandte des Menschen anzusehen. Keith bezeichnete sie als »Dartianer«.

Aus welchem Grund hat der Olympier erst nach so langer Zeit seine halbherzige Zustimmung erklärt? Das hatte mehrere Ursachen. Zunächst waren die aus Südafrika zu ihm gelangten Informationen nicht so eindeutig und überzeugend, wie sie hätten sein können. Broom selbst hat einige Verwirrung angerichtet, als er erklärte, der von ihm gefundene fossile Schädel und das Kind von Taung glichen einander nicht ganz. Doch die Verwirrung nahm zu, als ein dritter australopitheciner Schädel gefunden wurde, der in mancher Hinsicht von den beiden vorher entdeckten abwich.

Wie üblich stand auch diesmal Broom im Mittelpunkt der Ereignisse. Er war jetzt mehr als siebzig Jahre alt. Ein anderer Mann seines Alters hätte sich längst in den Ruhestand begeben und Rosen gezüchtet. Doch er trug immer noch den schwarzen Anzug und den gestärkten Vatermörder des alten Landarztes, machte sich in der heißen Sonne von Sterkfontein bei den Ausgrabungen zu schaffen, stieg in die trokkenen Flußbetten hinunter und untersuchte die Gesteinsformationen an einem steilen Abhang, eine Tätigkeit, die für viele seiner jüngeren Kollegen zu anstrengend gewesen wäre. Als Broom hörte, daß ein Schuljunge, Gert Terblanche, bei Kromdraai, einer Farm in der Nähe von Sterkfontein, fossile Zähne gefunden hätte, ging er sofort dorthin, aber der Junge war nicht zu Hause, sondern in der Schule. Er sprach mit Gerts Schwester und bat sie, ihn zu der Anhöhe zu führen, auf der ihr Bruder die Fossilien gefunden hätte. Dort fand er einen Zahn und ging in glühender Hitze die anderthalb Kilometer bis zum Schulhaus. Der Direktor ließ Gert rufen, der noch weitere vier fossile Zähne in der Tasche hatte, die Broom ihm für je einen Schilling abkaufte. Nun wollte Broom sofort zu der Stelle gehen, wo die Zähne gelegen hatten. Aber der Unterricht sollte noch zwei Stunden dauern. Der Direktor bat Broom, den Schülern einen Vortrag über die Fossilien zu halten und ihnen zu sagen, wie man sie in den Kalksteinablagerungen finden könnte. Dieser unerwartete Besuch einer abgelegenen Landschule durch den berühmten Wissenschaftler und sein Vortrag dort waren für die Schüler eine Sensation. Auch andere Klassen wurden vom Unterricht befreit, um daran teilnehmen zu können, aber endlich machten sich Broom und Gert doch zur Fundstelle der Fossilien auf.

Gert führte Broom an den Platz, wo er die Zähne aus einem in den Kalkstein eingebetteten Schädel herausgeschlagen hatte. Der Schädel war dabei zerbrochen. Es gelang Broom jedoch, einige Bruchstücke aus dem Stein herauszulösen. Mit diesem Material und einem weiteren Zahn, den Gert dem Wissenschaftler für fünf Tafeln Schokolade überließ, konnte Broom den zweiten australopithecinen Schädel rekonstruieren. Zu seiner großen Überraschung wies er große Unterschiede gegenüber dem bei Sterkfontein gefundenen auf. Er war etwas größer und hatte dickere Knochen. Der Kiefer war viel schwerer, sehr groß und hatte starke, mit Zahnschmelz überzogene Molare. An den Kieferknochen war deutlich zu erkennen, daß sie von ungewöhnlich starken Kaumuskeln bewegt worden waren.

Broom hatte schon damit gerechnet, geringe Abweichungen gegenüber dem bei Sterkfontein gefundenen fossilen Schädel und dem Kind von Taung festzustellen. Die Entdeckerfreude, die so viele Paläontologen beflügelt, veranlaßte ihn, dem Fund nach anfänglichem Zögern wegen dieser Abweichungen einen neuen Namen zu geben. Er entschied sich für die Bezeichnung *Plesianthropus transvaalensis* (der Frühmensch aus dem Transvaal). Als er den Kromdraai-Schädel genauer untersuchte, war kein Zweifel mehr möglich. Die Unterschiede lagen klar zutage. Der Affenmensch aus Kromdraai war offensichtlich primitiver als die beiden anderen und vom Menschen noch so weit entfernt, daß die Weiterentwicklung zum *Homo sapiens* nur in schwachen Ansätzen angedeutet war. Er entschloß sich zu der Bezeichnung *Paranthropus* (auf den Menschen hindeutend) *robustus*. Mit dem *robustus* wollte er auf die besondere Größe des Schädels und die massive Knochenstruktur hinweisen.

Ebenso wie Dart erkannte Broom sofort, daß alle diese in Südafrika gefundenen fossilen Typen aufrecht gehende Hominiden waren. Allerdings hätte er noch weitere Teile des Skeletts gebraucht, um auch andere Wissenschaftler von seiner Theorie zu überzeugen. Im August 1938 konnte er endlich an Keith nach London schreiben: »Vor zwei Wochen habe ich zu meiner Freude das distale Ende eines *Femur* (das untere Ende eines Oberschenkelknochens) des Sterkfontein-Menschenaffen gefunden – den ich jetzt als *Plesianthropus* bezeichne. Das heißt, er ist fast ein Mensch. Nun habe ich heute das Glück gehabt, das distale Ende eines *Humerus* (eines Oberarmknochens) des neuen Typus *Paranthropus* zu finden ... Sie werden sehen, daß wir jetzt etwas fast Menschliches vor uns haben. Ich hoffe, sehr bald einen großen Teil des Skeletts zusammenzubekommen.

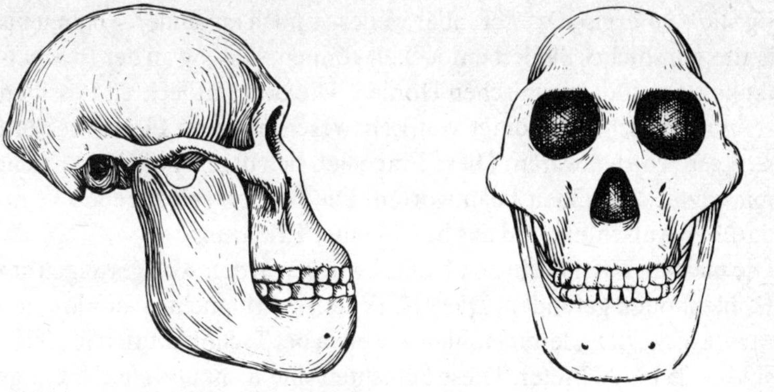

Australopithecus africanus

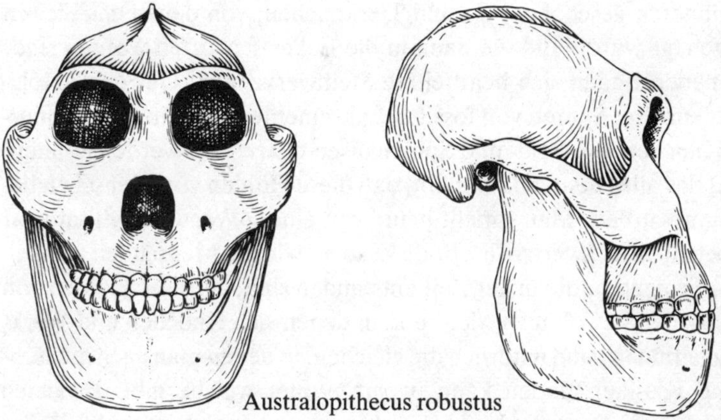

Australopithecus robustus

*Nach der Entdeckung weiterer Fossilien stellte man fest, daß es in Afrika zwei verschiedene Typen von Australopithecinen gegeben hat. Hier haben wir Mrs. Ples, einen grazilen Typus (*Australopithecus africanus*), gefunden von Robert Broom in Südafrika, und einen robusten Typus (*Australopithecus robustus*). Der* robustus *hat einen massiveren Kiefer und größere Molare als der grazile Typ. Außerdem hat er auf der Oberseite des Schädels einen schmalen Grat aus Knochensubstanz.*

Aber da diese Individuen offensichtlich von großen Fleischfressern geschlagen worden sind, werden wir uns mit Fragmenten zufriedengeben müssen.«

Die Hoffnungen Brooms, ein Skelett zu finden, waren verfrüht. Zwar arbeitete er bis zu seinem Tode 1951, als er fünfundachtzigjährig starb, energisch weiter, aber weder er noch ein anderer haben bis heute ein solches Skelett entdecken können. Das lag an der Beschaffenheit der südafrikanischen Höhlen. Die dort entdeckten Fossilien stammten nicht unbedingt von Lebewesen, die von Fleischfressern gerissen worden waren. Diese Frage ließ sich damals wie heute nicht mit letzter Gewißheit beantworten. Die Höhlen selbst geben kaum darüber Aufschluß, und das bedarf einer Erklärung.

Die meisten Fossilien in den Höhlen wurden in den Ablagerungen am Höhlenboden gefunden. Diese Schichten sind manchmal nur je einen Meter dick. In anderen Höhlen wie etwa bei Tschoukoutien in China sind es 25 bis 30 Meter. Diese Schichten sind nicht alle gleich. Einige bestehen aus Abfällen, die von den Höhlenbewohnern hineingetragen worden sind. Sie wurden festgetreten oder an den Rand des Höhleninneren geschoben. Es sind Tierknochen, von denen das Fleisch abgenagt wurde und die dann in die Ecken geworfen worden sind. Daneben finden sich bearbeitete Steinwerkzeuge, Geweihe, Holzkohlenreste, Spuren von fossilen Exkrementen, in denen zerkleinerte Knochen von Feld- und Spitzmäusen festgestellt werden können; und das alles deutet darauf hin, daß diese Höhlen von Menschen bewohnt wurden. Man spricht heute von einer »Wegwerfzivilisation«. Doch die »Wegwerfzivilisation« ist so alt wie die Menschheit selbst.

Die Schichten, die in der Zeit entstanden sind, als diese Höhlen von Menschen bewohnt wurden, und in denen sich Knochen und Werkzeuge finden, sind natürlich die gleichen, in denen man auch menschliche Fossilien finden kann, wenn es hier welche gibt. In vielen Schichten hat man gar keine Knochen gefunden. Solche sind in Perioden entstanden, in denen die Höhlen unbewohnt waren und sich nur der durch den Wind hereingetriebene Staub auf dem Boden abgelagert hat. Sie können meterhoch sein und deuten eine Klimaveränderung an, die die Menschen gezwungen haben mag, das Gebiet für Zehntausende von Jahren zu verlassen. Ebbe und Flut menschlicher Wanderbewegungen lassen sich daran ablesen, daß in einer höheren Schicht wieder entsprechende Spuren zu finden sind, während ihr Fehlen in den nächsten einen neuen Exodus anzeigt. So finden wir hier die Ablagerungen aus den aufeinanderfolgenden Perioden: eine fossilienführende Schicht, eine Staubschicht, eine Schlammschicht nach einer Überschwemmungsperiode und dann wieder eine fossilienführende Schicht. Der Archäologe braucht nur gewissenhaft sei-

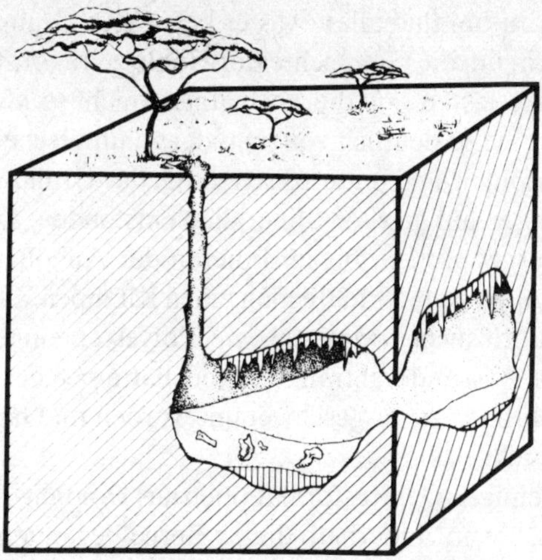

Erste Phase

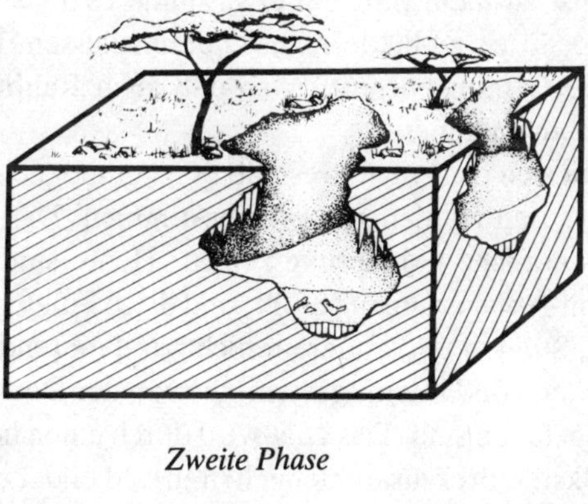

Zweite Phase

Die Kalksteinhöhlen in Südafrika sind dadurch entstanden, daß wasserlösliches Gestein durch Regen und Grundwasser aufgelöst und ausgewaschen wurde. Allmählich entstanden Öffnungen nach oben. Im Lauf der Zeit wurden sie so groß, daß Tiere in die Höhle gelangen konnten. Die Datierung der Fossilien in diesen Höhlen ist schwierig, weil sich nicht mehr feststellen läßt, wie und wann die Ablagerungen entstanden sind.

ne Arbeit zu tun und alles, was er bei seinen Grabungen findet, zu registrieren, um die Geschichte der Höhle zu rekonstruieren.
In Südafrika lassen sich die Verhältnisse nicht so klar erkennen. Es gibt hier keine so deutlich voneinander zu unterscheidenden Schichten. Die Höhlen sind unterirdisch durch das Grundwasser und seine Einwirkungen auf gewisse Mineralien entstanden. Diese Mineralien wurden ausgewaschen, bis im Inneren der Anhöhen große Höhlen entstanden. Es war, als hätte man einen Klumpen Zucker in poröses, nicht wasserlösliches Material wie Polyester eingebettet und das Ganze mit Wasser durchtränkt. Dabei hätte sich der Zucker allmählich aufgelöst, wäre ausgeschwemmt worden und hätte einen leeren Raum zurückgelassen.
Das ist in einigen Gebirgsformationen aus Dolomit-Kalkstein in Südafrika geschehen. Innerhalb dieser Berge begannen sich Höhlen zu bilden. Der Vorgang wurde beschleunigt, wenn sich das Regenwasser durch die Risse im Kalkstein den Weg nach innen bahnte. Diese Risse erweiterten sich durch das einsickernde Wasser, bis Öffnungen nach oben entstanden. Nun hatten die Höhlen einen Zugang von außen, der zunächst zu klein war, um etwas anderes als Staub oder kleine Tiere wie Mäuse und Fledermäuse hereinzulassen. Doch allmählich wurden die Öffnungen größer, so daß auch Raubtiere oder sogar Menschen hineinkamen.
Jetzt erhebt sich die Frage, weshalb es nicht möglich ist, die Ablagerungen in diesen Höhlen genau zu bestimmen. Das liegt daran, daß sie keine deutliche Gliederung zeigen. Heute sind die Höhlen bis obenhin mit Ablagerungen gefüllt, und diese Füllung ist ein Gemisch aus Staub, Steinen und anderem nicht zu datierenden Material wie Bruchstücken von Dolomitgestein, die von der Decke und den Wänden herabgefallen sind. Das alles wird durch einen heute hart gewordenen Kalksteinbrei zusammengehalten und bildet eine feste Masse, in der die Fossilien liegen wie Rosinen in einem Kuchen. Der Wissenschaftler, der den Inhalt einer solchen Höhle untersuchen will, kann nicht sagen, ob das Lebewesen, von dem diese Fossilien stammen, hineingefallen, von einem Raubtier hineingeschleppt worden ist oder durch einen Spalt im Gestein in die Höhle geworfen wurde.
Man hat viel Zeit und Mühe darauf verwendet, das Rätsel der südafrikanischen Höhlen zu ergründen. Man hat die dort neben anderem gefundenen Fossilien von Säugetieren analysiert und mit solchen von

anderen Fundstellen verglichen. Das war zunächst außerordentlich enttäuschend, weil viele dieser Säugetiere ausgestorbenen Spezies angehörten, die man bis dahin an keiner anderen Stelle gefunden hatte. Man konnte sie also mit nichts vergleichen. In neuerer Zeit weiß man mehr über die fossile Fauna Ostafrikas, und hier könnte ein Schlüssel liegen.

Die Breccie in den Höhlen – die versteinerte Masse der Ablagerungen – ist sehr gründlich untersucht worden. Dabei hat man festgestellt, daß die Höhlen nicht alle gleich und wahrscheinlich auf verschiedene Weise entstanden sind. In einigen ist die Breccie rosafarben, in anderen braun oder orangefarben. Hat das etwas mit den klimatischen Verhältnissen zu tun? Mit Sicherheit läßt sich das nicht sagen.

In einer Höhle hat man festgestellt, daß eine schokoladenfarbene Breccie in die rosafarbene eingedrungen ist. Die erstere ist viel jüngeren Datums, aber niemand kann sagen, welche Zeitspanne zwischen der Entstehung der beiden liegt.

Man vermutet, daß der Höhlenboden wenigstens einer Höhle in eine darunterliegende Höhle durchgebrochen ist. So ist eine einzige große Höhle entstanden, und das geologische Beweismaterial ist durcheinandergeraten. In einer anderen Höhle ist die Decke eingestürzt, und deshalb befindet sich heute auf dieser Anhöhe eine große Vertiefung. Auch das dort liegende Material ist durch Erosion herausgeschwemmt worden, so daß man am Berghang Breccietrümmer findet, die früher tief im Inneren des Hügels gelegen haben. Eine genaue Datierung solcher Ablagerungen ist deshalb heute nicht mehr möglich. In einer weiteren Höhle finden sich Hinweise darauf, daß früher ein Wasserlauf hindurchgeflossen ist und es hier zur Trockenzeit eine Wasserstelle gegeben hat, zu der die in der Gegend lebenden Säugetiere kamen. Einige könnten in der Höhle gestorben sein, andere sind vielleicht von Hominiden gejagt und dort zerlegt worden. Auch Hominiden könnten von Fleischfressern angefallen und zerrissen worden sein. Niemand kann das sagen.

Man hat versucht festzustellen, welches Klima in dieser Gegend vor 1 oder 2 Millionen Jahren geherrscht hat, und dazu mikroskopisch untersucht, wie weit einzelne Sandkörner durch Witterungseinflüsse abgeschliffen worden sind. Auch das hat keine klaren Ergebnisse gebracht.

Es läßt sich nur feststellen, daß bestimmte Höhlen älter sind als andere. Die Paläontologen haben die Altersbestimmungen vornehmen können, indem sie die Zahl der ausgestorbenen Tierspezies und die Zahl der noch heute lebenden Spezies, die in jeder dieser Höhlen als Fossilien vorkommen, miteinander verglichen. In drei Höhlen enthält die Breccie keine Fossilien noch heute lebender Tierarten. Es sind die Höhlen von Taung, Sterkfontein und Makapansgat. Damit wären sie älter als die Höhle von Kromdraai und eine fünfte bei Swartkrans, wo man auch Knochen noch heute lebender Tiere gefunden hat.

Die Analyse der hominiden Fossilien in den fünf Höhlen bringt jedoch ein erstaunliches Ergebnis: Der große, robuste und primitive *Paranthropus* findet sich nur in den zwei jüngsten Höhlen. Der schlanke, menschenähnlichere, kleine *Australopithecus/Plesianthropus* ist nur in den drei älteren anzutreffen. Wie läßt sich das erklären? Der Umstand, daß sich diese Frage nicht beantworten ließ, die alle Anthropologen vor ein großes Rätsel stellte, obwohl sie sich widerwillig an den Gedanken gewöhnt hatten, daß es in Südafrika aufrecht gehende Affenmenschen gegeben hatte, war einer der Gründe dafür, daß Sir Arthur Keith die Legitimität der ersten Australopithecinen nicht anerkennen wollte. Die letzte Ursache war der Ausbruch des Zweiten Weltkriegs. Sechs Jahre lang war Südafrika praktisch von der übrigen wissenschaftlichen Welt isoliert, und der Fluß der Informationen brach ab. Auch die Forschungsarbeiten wurden eingestellt – nur Broom beschäftigte sich noch nebenher mit den fossilen Funden bei Sterkfontein.

Nach Kriegsende bemühte sich Raymond Dart darum, die Lage zu klären, und nahm seine Tätigkeit als Paläontologe wieder auf. Er entschloß sich, in eine Gegend 160 Kilometer nördlich von Johannesburg, in einen abgelegenen und rauhen Teil des Landes, zu gehen, nach Makapansgat. Dieser Ort ist nach einer großen Höhle aus Dolomitgestein so benannt, wo es im 19. Jahrhundert zu einem schrecklichen Blutbad gekommen ist. Hier leistete der afrikanische Häuptling Makapan seinen Feinden, den rachedurstigen Buren, verzweifelten Widerstand, die ihn bis dorthin verfolgt hatten, weil sie ihn dafür verantwortlich machten, daß eingeborene Afrikaner Greueltaten gegen weiße Farmer begangen hatten.

Makapan zog sich mit etwa 3000 Stammesangehörigen in diese Höhle zurück. Die Schwarzen verstärkten die von der Natur gegebenen Verteidigungsanlagen und engen Zugänge und hielten sich mehrere Wochen gegen die sie belagernden Weißen, wurden aber schließlich durch den Durst ins Freie getrieben. Etwa 2000 von ihnen wurden in Kämpfen außerhalb der Höhle getötet, weitere 1000 starben in der Höhle. Makapan und seine Leute wurden vollkommen aufgerieben. Noch jahrelang lagen ihre Skelette überall auf dem Schlachtfeld herum. Die Totenruhe wurde nur von Arbeitern gestört, die einen Teil der aus Kalkstein bestehenden Höhlenwand absprengten.

1936 erklärte die südafrikanische Regierung Makapansgat zum historischen Monument. Ein Besucher bemerkte damals an der Stelle, wo die Kalkarbeiter das Gestein gesprengt hatten, eine aus Asche und Ruß bestehende Schicht unter einigen Tropfsteinstalagmiten, die sich im Lauf der Zeit auf dem Höhlenboden gebildet und die Ascheschicht überdeckt hatten. Bei der Untersuchung der Asche fand man den Schädel eines ausgestorbenen Pavians. Die Höhle war also schon lange vor der Zeit bewohnt gewesen, zu der Makapan hier starb.

Dart hatte einen tüchtigen jungen Schüler mit Namen Philip Tobias, den Entdecker des Pavianschädels. Er zeigte ihn Dart und sagte: »Bedeutet das nicht, daß Makapansgat viel älter ist, als man bisher angenommen hat?«

»Das ist richtig«, sagte Dart.

»Eine gründliche Untersuchung würde sich sicher lohnen«, meinte Tobias. »Sie sollten Ihre Forschungsarbeiten wiederaufnehmen.«

Schließlich folgte Dart dieser Anregung. Während des Krieges konnte er nichts unternehmen, aber 1947 hatte er genügend Geld zusammengebracht, um mit einer groß angelegten Grabungskampagne bei Makapansgat zu beginnen. Dort fand er zunächst viele tierische Fossilien. Zwölf Jahre später hatte er 95 Tonnen Breccie durchgesiebt und 150000 Bruchstücke fossiler Knochen gefunden. Dieses Material gehörte zum größten Teil zu den verschiedensten anderen Säugetierarten, aber ein kleiner Teil waren fossile Knochen von Hominiden. Besonders interessierten ihn 42 eingeschlagene Pavianschädel, von denen 27 auf der linken Seite zertrümmert waren. Diese eigenartige Tatsache fiel ihm auf. Statistisch ließ sie sich nicht durch einen Zufall erklären. Könnten 27 jener 42 Paviane von Felsbrocken, die von der Höhlendecke herabgefallen waren, an der linken Kopfseite getroffen worden sein?

Dart hatte sehr bald eine eigene Lösung des Problems. Der Mann, dem Keith schon vor langer Zeit vorgeworfen hatte, er habe unorthodoxe Vorstellungen, war jetzt auf eine ebenso aufsehenerregende Idee gekommen wie damals, als er behauptete, das Kind von Taung sei kein Affe. Er erklärte, diese Pavianschädel seien von australopithecinen Jägern zerschmettert worden, die Rechtshänder waren.

Schon vorher hatte Dart über die Lebensweise seiner kleinen Hominiden Überlegungen angestellt. Daß sie aufrecht gingen, war jetzt so gut wie bewiesen. Das bedeutete, sie verbrachten die meiste Zeit auf dem Boden, und wahrscheinlich wanderten sie auf der trockenen Buschsteppe umher, die sich kaum von der heutigen südafrikanischen Steppe unterschied. Wie konnten sie überleben? Er dachte daran, daß ihnen die großen Eckzähne fehlten, die jener andere Savannenbewohner, der Pavian, in seinem Gebiß hatte, und daß sie sicherlich nicht so gut wie Paviane auf Bäumen oder Felsen herumklettern konnten. Sie waren aber doch von den gleichen Fleischfressern bedroht wie die Paviane. Wie konnten sie sich vor ihren natürlichen Feinden schützen?

Die zertrümmerten Pavianschädel gaben vielleicht die Antwort auf diese Frage: Sie verwendeten Waffen. Nach Auffassung von Dart war der Hominide von Makapansgat ein brutaler kleiner Bursche, der nur deshalb in einer feindlichen Umwelt überlebte, weil er beim Gebrauch von Waffen einen mörderischen Instinkt entwickelt hatte. Dart schreibt: »Der *Australopithecus* führte ein gewalttätiges Leben. Er tötete rücksichtslos seine Artgenossen und fraß sie ebenso wie andere Tiere, und zwar sowohl die jungen als auch die alten. Er war ein Fleischfresser, machte Beute, wo er sie antraf, und mußte Tag und Nacht darüber wachen, daß sie ihm nicht von anderen Fleischfressern geraubt wurde.«

Um die Behauptung, daß der *Australopithecus* ein mordgieriger, bewaffneter kleiner Affenmensch war, zu verifizieren, mußte man seine Waffen finden. Jahrelang suchte Dart vergeblich nach Waffen aus Stein. Dann fing er an, die bei Makapansgat gefundenen Tierknochen zu analysieren, und stellte fest, daß es dort ungewöhnlich viele Beinknochen mit knotigen Gelenken, Antilopengehörne und Kieferknochen mit großen Zähnen gab. Das, so erklärte er, waren die Waffen des *Australopithecus*, der sie gesammelt und in die Höhle gebracht hatte. Hier entstand ein ganzes Arsenal aus Keulen, Dolchen, Schabern, Picken und Sägen. Für diese nicht steinzeitliche Kultur erfand Dart nun die Bezeichnung »osteodontokeratisch«, und das bedeutet Knochen-Zahn-Horn(-gekennzeichnet).

Nachdem Dart seine Theorie über die osteodontokeratische Kultur entwickelt hat, sind zwanzig oder dreißig Jahre vergangen, und in dieser Zeit hat man über die wahrscheinlichen Lebensgewohnheiten und Fähigkeiten des *Australopithecus* so viel erfahren, daß dieses ganze Problem für die Anthropologen zu einer etwas peinlichen Angelegenheit geworden ist, denn sie müssen anerkennen, daß Dart wirklich den ersten *Australopithecus* entdeckt hat; aber über die später von ihm vertretenen Ungereimtheiten schüttelt man noch heute den Kopf.

Für die Anthropologie ist es doppelt peinlich, daß Dart zu der Zeit, als er sich am intensivsten mit seinen osteodontokeratischen Theorien beschäftigte, mit dem inzwischen verstorbenen reisenden amerikanischen Journalisten Robert Ardrey zusammengetroffen ist. Ardrey hatte eine lebhafte Phantasie und war sofort begeistert von der Vorstellung Darts, die furchtbare Mordlust unserer Vorfahren, mit der sie ihre eigenen Artgenossen umbrachten, unterscheide sie von allen anderen Lebewesen. Ardrey hielt auch nicht sehr viel vom heutigen Menschen, und es paßte ihm sehr gut, unsere niedrigsten Instinkte, wie sie in der Kriminalität und im Kriege zum Ausdruck kommen, mit der Idee von Dart in Verbindung zu bringen und zu erklären, das alles habe mit einem *Australopithecus* begonnen, der systematisch Paviane totschlug.

Doch das ist leider eine nur auf Analogien gestützte Anthropologie. Ardrey war durchaus bereit zuzugeben, daß er nichts von Fossilien verstand und einen *Humerus* nicht von einer *Tibia* unterscheiden konnte. Er behauptete aber, etwas von Statistik zu verstehen. Als Dart ihm zeigte, wie viele Paviane in seiner Sammlung durch einen ganz besonderen Schlag auf den Schädel umgekommen waren – mehr als es der Zufall erlaubt hätte –, war er sofort von der Richtigkeit dieser Theorie überzeugt. Er veröffentlichte einen sehr flüssig geschriebenen, aber in vielen Teilen sachlich fehlerhaften Bestseller mit dem Titel »African Genesis«. Damit hat er bei vielen seiner Leser die Vorstellung von einem mörderischen Affenmenschen geweckt und ihre Phantasie so beflügelt, daß heute noch viele daran glauben. Er schreibt, die Forschungsergebnisse von Dart »beweisen, daß die fleischfressenden, beutemachenden Australopithecinen mit Sicherheit die Vorfahren des Menschen und die Schöpfer von dessen ständigem Begleiter sind, der tödlichen Waffe«.

Bedenkt man jedoch, welche Methoden beim Jagen angewendet werden müssen und wie Paviane sich im allgemeinen verhalten, dann müssen solche Vorstellungen angezweifelt werden. Paviane sind so wachsam und schnell, daß es einem Menschen kaum gelingen dürfte, sie einzuholen und zu fangen. Aber noch unwahrscheinlicher ist es, daß er sie mit einem bestimmten Schlag auf den Kopf töten könnte. Daß sich Australopithecinen, die Rechtshänder waren, an Paviane angeschlichen haben, die geduldig auf den Jäger warteten, um dann ihre linke Schädelseite zu zertrümmern, ist nicht so wahrscheinlich, wie Ardrey glaubte.

Ardrey spricht dann von einem »bewaffneten Überfall [für den das Bruchstück des Schädels eines jungen *Australopithecus* der Beweis sein soll], der zwei kleine runde, zwei oder drei Zentimeter voneinander entfernte Löcher zeigte. Die Löcher können nicht von einem Tier stammen, denn kein Raubtier hat so eng nebeneinanderliegende Reißzähne ... Der *Australopithecus* ist vor ¾ Millionen Jahren von einem Gegenstand getroffen worden, und zwar nicht nur einmal, sondern zweimal.«

Der erfahrene Geologe und Direktor des Transvaal Museum, C. K. Brain, der glaubte, man dürfte eher annehmen, Raubtiere, vielleicht Leoparden, hätten Jagd auf die Australopithecinen gemacht als deren eigene Artgenossen, hat den Schädel mit den beiden Löchern untersucht. Nach seiner Auffassung fanden sich Spuren von Reißzähnen. Anstatt weitere Spekulationen anzustellen, maß er den Abstand zwischen den unteren Reißzähnen bei den verschiedensten in Südafrika vorkommenden Raubtieren, bei Löwen, Leoparden und einigen kleineren Katzen. Der Abstand entsprach genau dem der Reißzähne des Leoparden.

Brain beschäftigte sich noch intensiver mit den Leoparden. Er wußte, daß sie ihre Beute auf Bäume schleppten, um sie dort während der folgenden Tage aufzufressen. Wenn sie das taten, fielen die Knochen auf den Boden. Im trockenen Steppengebiet von Südafrika wachsen solche Bäume oft neben den Spalten im Dolomitgestein, die in Höhlen hinunterführen oder selbst allmählich zu Höhlen ausgewaschen

Nach einer Theorie sind die Fossilien des Australopithecus *in die südafrikanischen Höhlen geraten, als Leoparden ihre hominide Beute auf Bäume mitnahmen, die neben den in die Höhlen führenden Schächten standen. Wenn der Leopard sein Opfer zerfleischte, fielen die Knochen in das Loch, wo schon eine viel größere Anzahl Knochen von Pavianen und anderen Tieren lagen, die ebenfalls von Leoparden gerissen worden waren. Diese Theorie erscheint plausibler als die Annahme, die anderen Tiere seien von Australopithecinen getötet worden, die sie ebenso wie die von ihnen erschlagenen Artgenossen in die Höhlen gebracht hätten.*

werden. Hier sammelt sich das Regenwasser, und die Vertiefungen werden zu natürlichen kleinen Zisternen. Das ist auch der Grund, weshalb die Bäume an ihrem Rand besonders gut gedeihen. Die Wurzeln reichen bis ins Wasser, und solche Bäume haben bessere Wachstumsbedingungen als die an anderen Stellen auf trockenem Boden stehenden. Es sind daher die größten auf weiten Strecken, und sie eignen sich am besten als Freßplätze für Leoparden. Über Tausende von Jahren sind an solchen Höhlenöffnungen Bäume gewachsen und wieder abgestorben, und Generationen von Leoparden haben ihre Beute hierher gebracht. So können die verschiedensten Knochen in die darunterliegende Höhle gefallen sein – und natürlich auch die von Hominiden.

Brain kam zu dem Schluß, daß die große Zahl von Tierknochen und die wenigen Menschenknochen auf diese Weise in die Höhlen gekommen sein könnten, und hielt das für wahrscheinlicher als die Annahme von Dart, daß die Tierknochen Waffen gewesen seien und die zerschmetterten Schädel von Beutetieren der Australopithecinen stammten. Doch das war nicht alles. Er untersuchte Tausende von Ziegenknochen außerhalb von Hottentottendörfern und stellte fest, daß die Reste der Mahlzeiten der Dorfbewohner von wilden Hunden abgenagt worden waren und sich nicht wesentlich von dem unterschieden, was man in der Höhle von Makapansgat vorfand, wo die Beutetiere zunächst vielleicht von großen Raubtieren geschlagen worden waren, während die Reste von Hyänen vertilgt wurden. Brain konnte allerdings nicht sagen, ob die Jäger nicht auch Hominiden waren. Aus seinen Ermittlungen scheint nur hervorzugehen, daß die Annahme von Dart, die Hominiden hätten Tierknochen als Keulen und Sägen benutzt und damit die Pavianschädel eingeschlagen, nicht richtig ist.

Andere Forscher sind der Ansicht, die Knochen seien von Hyänen in die Höhlen geschleppt worden. Hyänen haben in der Tat die Gewohnheit, die Knochen gerissener Beutetiere zu verschleppen und zu zernagen. Sie fressen sie sogar auf. Sie haben ein ungewöhnlich kräftiges Gebiß und sehr scharfe Verdauungssäfte. Mit besonderer Vorliebe zerbeißen und zermahlen sie kleinere Knochen, die den Verdauungstrakt passieren und den Körper in der Form von kalkweißem Kot verlassen. Aber diese Gewohnheiten der Hyänen lassen nicht darauf schließen, daß sie die Knochen in die Höhlen geschleppt ha-

ben. Hyänen leben nicht in großen Höhlen. Deshalb spricht mehr für die Theorie mit den Leoparden.
Die Wissenschaft hat sich in den 1940er und 1950er Jahren immer wieder mit diesem Problem beschäftigt, ohne eine befriedigende Lösung zu finden. Brain und andere haben im Lauf der Zeit immer zutreffendere geologische Daten über die Höhlen gesammelt, aber alle Forscher waren darin einig, daß eine richtige Interpretation der fossilen Knochen nur möglich sei, wenn man mehr über die Hominiden erfuhr. Ebenso wie früher, als man sich um die richtige Einordnung des *Homo heidelbergensis* und des *Homo pekinensis* bemühte, stieß man auch jetzt bei der Benennung der südafrikanischen Hominiden auf gewisse Schwierigkeiten. Inzwischen gab es die folgenden Artenbezeichnungen:

Australopithecus africanus: das Kind von Taung, der erste, 1925 von Raymond Dart so benannte *Australopithecus*.
Plesianthropus transvaalensis: der zweite, in der Höhle von Sterkfontein gefundene südafrikanische *Australopithecus*. Zwar glich er in vieler Hinsicht dem Kind von Taung, wurde aber von seinem Entdekker, Robert Broom, als neue Spezies angesehen und benannt. Broom und sein begabter Mitarbeiter, J. T. Robinson, fanden im Lauf der Zeit nach Sprengungen bei Sterkfontein mehrere andere Fossilien des gleichen Typus.
Australopithecus prometheus: Das ist die Bezeichnung für Fossilien, die Dart bei Makapansgat entdeckt hat. Sie glichen weitgehend den oben genannten. Doch Dart, der eifrig darum bemüht war, seine osteodontokeratische Kultur nachzuweisen, und den die Holzkohlen- und Aschenreste am Höhlenboden (die, wie sich später herausstellte, aus einer viel jüngeren Zeit stammten) lebhaft interessierten, kam zu dem Schluß, daß der »Mörderaffe« von Makapansgat nicht nur Waffen benutzte, sondern auch schon das Feuer verwendete. Deshalb benannte er diesen Typus nach dem Feuerbringer Prometheus aus der griechischen Sage.
Paranthropus robustus: Die Bezeichnung gab Broom dem größeren und augenscheinlich viel primitiveren Typus, dessen Schädel und Zähne er dem Schuljungen Gert Terblanche in Kromdraai zu verdanken hatte.
Paranthropus crassidens: Auch diese Bezeichnung stammt von

Broom. Er und Robinson entdeckten zahlreiche Fossilien dieses Hominiden in der fünften und letzten südafrikanischen Höhle bei Swartkrans, weniger als anderthalb Kilometer von Sterkfontein entfernt. Auch hier handelte es sich um einen primitiven und robusten Typus, aber Broom, der entschlossen war, noch zu Lebzeiten eine größere Anzahl ausgestorbener Spezies zu finden als jeder andere Forscher, ließ die Ähnlichkeit mit den Fossilien von Kromdraai unbeachtet. Zwar war er bereit, beide der gleichen Art, *Paranthropus*, zuzuordnen, behauptete jedoch, es handele sich im letzten Fall um eine neue Spezies.

Wieder war das anthropologische Karussell angelaufen, und eine Vielzahl von Bezeichnungen verlangte danach, übersichtlich geordnet zu werden. Der Unterschied gegenüber den Schwierigkeiten, die man mit dem *Homo heidelbergensis*, dem *Homo pekinensis* und dem Java-Menschen gehabt hatte, lag darin, daß diese zuerst entdeckten Hominiden über gewaltige Entfernungen in der ganzen alten Welt zerstreut gelebt hatten. Die Fundstellen der südafrikanischen Fossilien lagen dagegen alle innerhalb eines relativ kleinen Gebiets aus einem Kontinent. Drei von ihnen, Sterkfontein, Kromdraai und Swartkrans, waren sogar nur wenige Kilometer voneinander entfernt.

Bei nüchterner Überlegung durfte man kaum annehmen, daß sich auf einem so kleinen Gebiet fünf verschiedene Spezies des Affenmenschen aus drei verschiedenen Arten entwickelt hatten, während nirgends sonst vergleichbare Spezies entdeckt worden waren. Hatte man wirklich an jeder Fundstelle eine andere Spezies des Affenmenschen vorgefunden? Das erschien höchst unwahrscheinlich.

Broom starb, und Dart wurde alt und ging in den Ruhestand. Neue Männer, wie ihre Schüler Tobias und Robinson, traten in der südafrikanischen Anthropologie an ihre Stelle. Sie wurden zu hervorragenden Kennern der in den verschiedenen Gegenden gefundenen Fossilien. Allmählich klärte sich das Bild. Solange man nur über eine geringe Zahl von Fossilien verfügt hatte, fielen besonders die Unterschiede auf. Nun, da sich die Fundstücke mehrten, traten die Ähnlichkeiten deutlicher hervor. Am Schluß überzeugten sich die Wissenschaftler davon, daß es in Südafrika nur zwei Grundtypen früher Hominiden gegeben hatte, und nicht fünf.

Für diese Typen brauchte man neue Bezeichnungen.
Sähe sich ein Anthropologe heute vor diese Aufgabe gestellt und verfügte er über eindeutige Unterlagen, dann würde er sich vielleicht mit Broom und seinem *Plesianthropus* einverstanden erklären, denn diese Bezeichnung bedeutet, daß es sich um ein Lebewesen handelt, das fast ein Mensch gewesen ist. Das trifft auf alle diese Fossilien zu. Der von Dart gewählte Name, *Australopithecus* (südlicher Menschenaffe), war irreführend; inzwischen hatte man sich darüber geeinigt, daß es sich nicht um Menschenaffen handelte. Doch nach den in der Wissenschaft geltenden Regeln für die Benennung von neuen Entdeckungen war Dart der erste gewesen. Seine Bezeichnung mußte deshalb akzeptiert werden. In den 1950er Jahren fing man an, die in Südafrika gefundenen fossilen Affenmenschen sämtlich als Australopithecinen zu bezeichnen.
Man unterschied dabei zwei Typen, den schlankeren, »grazilen« und einen untersetzten, primitiver aussehenden, »robusten« Typus. Der erstere, für den das Kind von Taung das früheste Beispiel war, behielt seinen ursprünglichen Namen, *Australopithecus africanus*. In diese Kategorie gehörten alle Fossilien aus Makapansgat und Sterkfontein. Man hatte festgestellt, daß sie alle von dem grazilen Typus stammten.
Die größeren, untersetzten Individuen aus Kromdraai und Swartkrans zeigten zwar in ihren Ausmaßen gegenüber der grazilen Spezies gewisse Unterschiede, gehörten aber offenbar zur gleichen Art. Auch sie waren aufrecht gehende Affenmenschen. Man ordnete sie daher dem gleichen Genus, aber einer anderen Spezies zu. Sie erhielten den Namen *Australopithecus robustus*, und als solche werden sie auch noch heute bezeichnet.
Heute spricht man in der Anthropologie wie selbstverständlich von den robusten und grazilen Australopithecinen. Aber zu diesen Bezeichnungen und Vereinfachungen kam es erst nach den heftigen Debatten und Kontroversen einer ganzen Wissenschaftlergeneration.

3. Ostafrika: Endlich eine Datierung

Ich bin entschlossen, mich zu erschöpfen, aber nicht einzurosten.
Robert Broom

Ich glaube, Sie haben nicht ganz begriffen, was ich getan habe, um meine gegenwärtige Arbeit leisten zu können. Es gibt keinen Studiengang, der einen Menschen auf das vorbereiten könnte, was ich tue. Ich habe den Bachelor of Arts für moderne Sprachen und dann den Bachelor of Arts für Archäologie und Anthropologie gemacht. Anschließend habe ich einen Kursus über die Zoologie der Wirbeltiere und über Geologie absolviert und schließlich am Royal College of Surgeons ein Jahr Anatomie gehört und gleichzeitig an einem Kursus für Meteorologie teilgenommen.
Louis Leakey

Robert Broom starb 1951. Er litt an einer Erkrankung der Rückenmarksnerven und an Asthma und hatte erhebliche Atembeschwerden. Dennoch arbeitete er bis wenige Wochen vor seinem Tode mit einer Energie, die jeden in Erstaunen versetzte. Im Jahr zuvor hatte er ein Buch geschrieben und 15 wissenschaftliche Berichte veröffentlicht. Sein letzter Bericht erschien 1951. Anschließend ging es rasch bergab mit ihm, und er starb im April – buchstäblich erschöpft, nicht aber eingerostet.

Am Ende seines Lebens war er ein berühmter Mann. Er hielt Vorlesungen an der University of Witwatersrand, korrespondierte mit bedeutenden Anthropologen überall auf der Welt, blieb aber doch der unbeugsame, bilderstürmende, kratzbürstige Schotte, der er immer gewesen war. Seine Sympathie galt immer noch dem einfachen Mann. Er sagte: »Der durchschnittliche Arbeiter, der sein Brot im Steinbruch oder im Bergwerk verdient, verfügt gewöhnlich über ebenso viele geistige Fähigkeiten wie der durchschnittliche Universitätsprofessor und kann sich oft mehr für die Suche nach neuen wissenschaftlichen Erkenntnissen begeistern als dieser.« Dann wies er darauf hin, daß der erfolgreichste Fossilienjäger in den Vereinigten Staaten, S. W. Williston, ein Eisenbahnarbeiter war. Auch seine Einstellung gegenüber den Frauen hatte sich nicht geändert. Im Alter von 74 Jahren sagte er: »Ich werde nur an mein Alter erinnert, wenn ich einen Berg besteige oder einem Bus hinterherlaufe. Mein Herz schlägt immer noch schneller, wenn ich ein hübsches Mädchen sehe, und von ihnen gibt es in Pretoria eine ganze Menge. Man sagt, auch im Paradies ziehen die Geschlechter einander an – das sind gute Aussichten für mich.«

Ich war acht Jahre alt, als Broom starb. Ich hatte nie etwas von ihm gehört. Ich wußte auch nichts über den *Australopithecus*, interessierte mich aber schon für die Anthropologie, obwohl ich das Wort nicht kannte. Ich bin der Sohn schwedischer Einwanderer, die sich in Chicago niederließen, wo mein Vater als Friseur gearbeitet hat. Als er starb, war ich erst zwei Jahre alt, und meine Mutter zog mit mir nach Hartford, Connecticut. Dort hatte ich das Glück, in Paul Leser, der an der Hartford Seminary Foundation Anthropologie lehrte, einen Ersatzvater zu finden. Leser hatte keine eigenen Kinder und erlaubte mir, ihn zu besuchen und seine Bibliothek zu durchstöbern, die zahlreiche Werke über Völkerkunde enthielt. Ich weiß noch, wie erstaunt ich war, als ich erfuhr, daß es in der Welt noch so viele Menschen gab, die ein mit der Natur verbundenes Leben führten wie die Sudanesen, die Pygmäen und die asiatischen Inselbewohner. Sie fristeten ihr Leben im unmittelbaren Umgang mit ihrer Umwelt und brauchten keinen Supermarkt an der nächsten Ecke. Die meisten wißbegierigen Kinder werden sich im Lauf der Zeit der Tatsache bewußt, wie verschieden die menschlichen Kulturen sind; aber diese Tatsache ist mir offenbar ganz plötzlich klargeworden. Sie hat mich tief beeindruckt. Dazu begann ich mich für die ferne Vergangenheit zu interessieren. Schon als Schüler beschloß ich, Anthropologe zu werden.

Ich zeigte gute Leistungen im Chemieunterricht, und Leser wollte mich dazu bewegen, mich auf dieses Wissensgebiet zu konzentrieren. Er sagte: »Als Anthropologe wirst du verhungern. Dieses Fachgebiet hat keine Zukunft, es sei denn, du willst akademischer Lehrer werden, und auch das ist eine sehr unsichere Sache.« Er machte mich darauf aufmerksam, daß Chemiker sehr gefragt seien und gute Chemiker mit Geschäftssinn in großen Firmen die Möglichkeit hätten, in hohe Stellungen aufzurücken. Gehorsam studierte ich also an der University of Illinois Chemie – aber sehr bald langweilte es mich. Immer häufiger fand ich mich in der anthropologischen Fakultät wieder. Schließlich entschloß ich mich, mein Examen in Anthropologie zu machen, und arbeitete mehrere Sommer als Archäologe bei Grabungen im Mittleren Westen.

Etwa um die gleiche Zeit erfuhr ich von einem Austauschprogramm, das es Studenten der zehn großen amerikanischen Universitäten und der University of Chicago erlaubte, an jeder dieser Universitäten Sonderkurse zu besuchen. Die in Illinois abgehaltenen Kurse für Anthropologie befriedigten mich nicht mehr, und deshalb bewarb ich mich in Chicago, wo F. Clark Howell das anthropologische Programm leitete.

Howell war damals erst 39 Jahre alt, hatte aber schon reiche Erfahrungen als Lehrer und in der praktischen Außenarbeit. Bescheiden und doch allgemein anerkannt, und zwar auf einem Gebiet, das lange Zeit von sehr selbstbewußten und schillernden Persönlichkeiten beherrscht worden war, vermied er Streitigkeiten und konzentrierte sich auf die praktische Arbeit.

Bisher war es so gewesen, daß ein Anthropologe, der mit der praktischen Forschungsarbeit beginnen wollte, sich zunächst etwas Geld verschaffte, dann hinausging, ein paar Fossilien fand und feststellte, daß er die Mitarbeit eines Geologen brauchte. Er kehrte also nach Hause zurück, verschaffte sich wieder die notwendigen Mittel und interessierte einen Geologen für seine Arbeit. Im folgenden Jahr stellte er dann fest, er brauchte auch einen Archäologen usw. Das war nur Flickarbeit. Clarks Methoden waren ganz anders. Er hatte begriffen, daß man für die praktische Außenarbeit von Anfang an ein aus qualifizierten Fachleuten bestehendes Team brauchte. Heute ist das eine Selbstverständlichkeit, aber wir haben es Clark Howell zu verdanken, daß Grabungen jetzt sofort von einer aus Angehörigen vieler Disziplinen bestehenden Gruppe in Angriff genommen werden.

Ein gutes Beispiel dafür sind seine Arbeiten in Torralba und Ambrona, zwei Fundstellen in Spanien, an denen hin und wieder ein spanischer Adeliger gearbeitet hatte, ein Amateur, der sich damit amüsierte, Elefantenknochen auszugraben. 1961 ging Clark Howell hier mit seinem Team an die Arbeit. Er wollte seine Funde möglichst genau datieren und nahm deshalb einen Palynologen mit, einen Experten für die Untersuchung fossiler Getreidepollen. Zu der Gruppe von Clark gehörten außerdem ein Geologe und ein Archäologe. Sie trieben ihre Grabungen mit großer Sorgfalt nur zollweise voran und registrierten jeden Fund auf Lagekarten, die alles zeigten, was in den einzelnen Bodenschichten lag. So entstand ein dreidimensionales

Schaubild, aus dem deutlich erkennbar wurde, was hier vor 400000 Jahren geschehen war.
Es war eine erstaunlich ergiebige Fundstelle. In den Bergtälern hatten in Gruppen jagende Frühmenschen der Spezies *Homo erectus* den Großwildherden aufgelauert, die im Winter nach Süden zogen. Die Jäger zündeten das trockene Gras an und trieben das Wild mit den Flächenbränden in die Sümpfe, wobei es ihnen sogar gelang, Elefanten zu erlegen, die sich aus dem morastigen Boden nicht mehr befreien konnten. Noch heute erkennt man deutlich die Spuren dieser Jagd. Man findet die Jagdwaffen aus Stein, die Reste des verbrannten Grases und die fossilen Knochen des Wildes. Es waren sehr viele Elefanten, zu viele, als daß man annehmen dürfte, sie seien durch Zufall in den Sumpf geraten und dort umgekommen. Außerdem sind die Knochen über eine große Fläche zerstreut und durcheinandergeraten, ein Beweis dafür, daß die Jäger das Wild zerlegt und die Knochen zerschlagen haben, um an das Mark zu kommen. Untersucht man einen Haufen solcher Knochen mit einiger Sorgfalt, dann kommt man zu interessanten Ergebnissen. So fand Clark zum Beispiel an einer Stelle nur Beine und Rippen eines halben Elefanten. Da ein halber Elefant nicht im Sumpf steckenbleibt und dort stirbt, mußte irgend jemand das Tier zerlegt und die andere Hälfte fortgetragen haben.
Die Arbeitsmethoden von Howell bei Torralba und Ambrona werden von den Fachleuten als vorbildlich angesehen. Hier konnte nicht nur nachgewiesen werden, daß Gruppen des *Homo erectus* vor etwa 400000 Jahren in Spanien gelebt haben – bisher war dieser Nachweis für Westeuropa noch nicht erbracht worden –, sondern man erfuhr auch interessante Einzelheiten über ihre Lebensweise, und zwar ohne irgendwelche hominide Fossilien zu finden.
Ende der 1960er Jahre ging Howell wieder mit einer Gruppe von Wissenschaftlern verschiedener Disziplinen an die Arbeit, diesmal am Fluß Omo im südlichen Äthiopien. Auch hier gelang es ihm, mehrere geologische Schichten genau zu datieren und dabei neue Erkenntnisse über die Evolution verschiedener Arten von Säugetieren und Hominiden zu gewinnen. Er fand einige hominide Fossilien, entdeckte dabei aber nichts sonderlich Aufsehenerregendes. Der Umstand, daß Howell keine spektakulären Entdeckungen über unsere Vorfahren gemacht hat, über die Sensationsberichte in der Presse

erschienen, hatte zur Folge, daß er relativ unbekannt blieb. In Fachkreisen galt er allerdings als hervorragender Wissenschaftler. Ich teilte diese Ansicht und rief Clark an, um ihn zu bitten, er möge mir die Möglichkeit geben, mich an praktischen Forschungsarbeiten zu beteiligen.

»Was wollen Sie im einzelnen tun?« fragte mich Howell, als ich zu ihm kam.

»Ich möchte nach Afrika gehen und nach hominiden Fossilien suchen.«

»Das wird nicht ganz einfach sein«, sagte er.

»Ich bin bereit, alles Notwendige zu tun, um diese Chance zu bekommen. Am liebsten würde ich meine Studien unter Ihrer Leitung fortsetzen.«

Nach einigen weiteren Fragen erklärte sich Howell einverstanden. Zunächst hatte ich gewisse Bedenken gehabt, einem so hervorragenden Wissenschaftler wie Howell meine Mitarbeit anzubieten. Ich war überrascht, mit welcher Selbstverständlichkeit er auf meinen Vorschlag einging, mich an seinem Arbeitsprogramm zu beteiligen.

»Er war ein intelligenter junger Mann«, sagte Howell später einem meiner Freunde, »und deshalb habe ich ihn genommen.«

Die Paläoanthropologie erlebte in den 1950er Jahren drei bedeutende Ereignisse.

Zunächst veröffentlichte Wilfrid Le Gros Clark 1950 eine wissenschaftliche Arbeit im »Journal of the Royal Anthropological Institute«.

Während der vorangegangenen zehn Jahre hatte Le Gros Clark den einflußreichen Keith, der sich aus Altersgründen ins Privatleben zurückgezogen hatte, als Dekan der englischen Anatomen abgelöst. Das hinderte Robert Broom aber nicht daran, auch weiterhin an Keith zu schreiben, wenn er es für notwendig hielt. Dabei kritisierte er noch immer in bissiger Form die Haltung von Keith, der die südafrikanischen Australopithecinen nicht als Hominiden anerkennen wollte. Broom und Keith waren genau gleich alt. Wenn Broom ein Antwortschreiben von Keith in der Hand hielt, betrachtete er aufmerksam die immer zitteriger werdende Handschrift seines Kollegen, und bei einer solchen Gelegenheit wandte er sich mit bedauerndem Kopfschütteln an den südafrikanischen Wissenschaftler George

Findley: »Der arme, alte Keith; er scheint recht hinfällig geworden zu sein.« Die Handschrift Brooms war bis zu seinem Tode so klar und sicher wie die eines jungen Mannes.
Nachdem Keith in den Ruhestand gegangen war, begann Broom, Le Gros Clark, der für die Auffassungen von Broom Verständnis zeigte, mit Briefen über die südafrikanischen Fossilien zu bombardieren. Aber Le Gros Clark vermied es, sich festzulegen, und sagte, er müsse sich ein endgültiges Urteil so lange vorbehalten, bis er aus Abgüssen, Zeichnungen und Photos der Originale Genaueres sehen könnte. Broom antwortete postwendend: »Sie sagen, die Anatomen in England könnten sich erst entscheiden, wenn Abgüsse usw. usw. ... Das englische Urteil mag zwar viel bedeuten, aber als der *Australopithecus* 1924 entdeckt wurde, hat sich England mit seinem Urteil nicht zurückgehalten. Vier englische Wissenschaftler erklärten sofort, nach ihrer Auffassung sei es ein Schimpanse.«
Mit einem besänftigenden Antwortschreiben bat Le Gros Clark um weitere Einzelheiten über die Fossilien, die Broom ihm schließlich auch schickte. Augenscheinlich überzeugten sie Le Gros Clark von der Richtigkeit der Theorie Brooms über die Australopithecinen, denn er versuchte sofort, auch andere davon zu überzeugen. Nach einem Besuch in Südafrika machte er sich an eine gründliche Analyse aller Zähne im Kiefer des Menschenaffen und nahm dann eine ähnliche Analyse im Kiefer des Menschen vor, um die Unterschiede herauszuarbeiten. Er stellte etwa ein Dutzend wesentlicher Abweichungen fest. Sie trafen nicht nur für alle Menschenaffen und alle Menschen zu, sondern waren auch auffallend und unverwechselbar. Le Gros Clark erklärte damit: »Man nehme drei oder vier der von mir benannten Merkmale, und ich werde sofort sagen können, ob es sich um einen Menschen oder einen Menschenaffen handelt.« Wenn man nun das Gebiß der Australopithecinen nach den gleichen Kriterien beurteilte, dann mußte sich erweisen, ob es eher dem des Menschen oder dem des Menschenaffen glich.
Die Merkmale auf der Liste von Le Gros Clark bezogen sich vor allem auf morphologische Beobachtungen (Untersuchungen der Form und der Funktion jedes einzelnen Zahns). Er ergänzte seine Arbeit mit biometrischen Untersuchungen (einer genauen Messung der Höhe, der Breite usw.). Broom erfuhr von dieser Untersuchung und konnte die Ergebnisse kaum abwarten. Indessen hörte er, daß der

angesehenste Fachmann auf dem Gebiet der Zoologie der Menschenaffen und des Verhaltens dieser Tiere, Sir Solly Zuckerman, ebenfalls biometrische Untersuchungen anstellte, um nachzuweisen, daß die Australopithecinen Menschenaffen seien.

Broom, der instinktiv wußte, wie ein Tier seine Zähne benutzt und wie sich der Gebrauch des Gebisses in der Form und Evolution der Zähne ausdrückt, hielt viel von morphologischen Untersuchungen, denn auch er hatte sich sein ganzes Leben damit beschäftigt. Da er wußte, daß es nicht nur bei den von ihm gefundenen Fossilien, sondern auch beim heutigen Menschen erhebliche Größenunterschiede gibt, verwarf er die biometrische Methode. »Ich halte alle Biometriker auf dem Gebiet der Morphologie für Narren«, erklärte er. Als er erfuhr, daß sich ein amerikanischer Wissenschaftler, auf den er sonst große Stücke hielt, in das biometrische Minenfeld gewagt hatte, sagte er: »Er hat ein kleines Gehirn, aber für sein Volumen ist es erstaunlich gut.«

Während Zuckerman mit seinen biometrischen Methoden immer mehr Staub aufwirbelte, hielt es Le Gros Clark für richtig, ihn aufzufordern, er sollte doch ein vollständiges Schimpansengebiß vorlegen, das mit dem Gebiß eines *Australopithecus* auch nur die geringste Ähnlichkeit hatte. Das konnte Zuckerman nicht tun. Er ignorierte die Herausforderung, produzierte aber statt dessen eine so gewaltige Menge statistischer Angaben, bis akademische Statistiker ihm nachwiesen, daß seine Zahlen falsch berechnet seien. Broom war es im übrigen völlig gleichgültig, ob diese Zahlen stimmten oder nicht. Für ihn hatte nur die Feststellung Bedeutung, daß solche Zahlen ohne Berücksichtigung der morphologischen Untersuchungen nichts aussagen könnten. Er sagte, es ließe sich wahrscheinlich auch eine Kuh finden, deren Zähne ebenso groß seien wie die eines Esels. Deshalb sei die Kuh aber noch kein Esel.

Um Zuckerman gerecht zu werden, muß man zugeben, daß es gewisse Ähnlichkeiten zwischen den Schädeln von Menschenaffen und denen von Australopithecinen gab. Das Gehirnvolumen war ungefähr das gleiche. Beide hatten lange, vorgebaute Kieferknochen usw. Zuckerman war jedoch nicht aufgefallen, wie wichtig gewisse Merkmale bei den Australopithecinen waren, die auch das menschliche Skelett aufwies. Charles A. Reed von der University of Illinois hat die Mißverständnisse Zuckermans in einem Aufsatz über die um die

Australopithecinen entstandene Kontroverse sehr klar aufzeigt: »Es kommt nicht darauf an, daß Zuckerman schreibt, solche Merkmale seien ›oft unauffällig‹, das wichtige war das Vorhandensein mehrerer solcher im Anfangsstadium der Evolution befindlichen Merkmale in funktionalen Kombinationen. Diesen letzten Umstand haben Zukkerman und seine Mitarbeiter nach meiner Ansicht nicht begriffen, obwohl sie behaupten, ihn berücksichtigt zu haben. Ihre Methode ... war statisch, denn sie verlangten praktisch, daß ein Fossil, wenn sie anerkennen sollten, daß daran eine Evolution in Richtung auf den heute lebenden Menschen erkennbar sei, schon dieses spätere Stadium erreicht haben müßte, bevor sie zustimmen könnten, daß der Evolutionsprozeß begonnen habe.« Mit anderen Worten, wenn ein Merkmal nicht schon im wesentlichen menschlich war, dürfte man es nicht als ein Anzeichen dafür ansehen, daß sich hier eine Entwicklung in Richtung auf den Menschen andeutete.
Diese Voreingenommenheit Zuckermans wollte Le Gros Clark mit seinen vergleichenden Untersuchungen widerlegen. Als Zuckerman schließlich durch Fragen über die Gültigkeit seiner statistischen Methoden zum Schweigen gebracht worden war, machte sich Le Gros Clark an seine eigentliche analytische Aufgabe. Er verglich die Daten der Australopithecinen mit seiner Aufstellung von den Abweichungen des menschlichen Skeletts von dem des Menschenaffen und stellte fest, daß das Skelett des *Australopithecus* in jeder Hinsicht dem menschlichen und nicht dem Skelett des Menschenaffen glich.* Der *Australopithecus* war ein Hominide, ein möglicher Vorfahre des Menschen! Ein anerkannter englischer Wissenschaftler hatte alle Forschungsergebnisse endlich methodisch untersucht und diese Feststellung getroffen. Nach 25 Jahren hatte sich die Richtigkeit der Theorie von Raymond Dart erwiesen.

Das zweite große Ereignis in den 1950er Jahren betraf den Piltdown-Menschen. Einige Jahre zuvor hatte der Zahnarzt Alvan T. Marston bei Swanscombe in Kent einen fossilen Schädel ausgegraben. Er war überzeugt, sein Schädel sei älter als der des Piltdown-Menschen, und bemühte sich nach Kräften um die Anerkennung des Swanscombe-Menschen als des »ersten Engländers«.

* Eine Analyse der Untersuchungen von Le Gros Clark auf S. 324.

Marston konnte für seine Theorie einige überzeugende Argumente ins Feld führen. Als Zahnarzt kannte er die Funktionen der Zähne und des Kiefers, und er bezweifelte, daß der menschenähnliche Hirnschädel des Piltdown-Menschen wirklich zu den Kieferknochen eines Menschenaffen paßte. Er hielt es für wahrscheinlicher, daß bei den Ausgrabungen in Piltdown die fossilen Knochen eines Menschen und eines Menschenaffen zufällig durcheinandergeraten waren. Deshalb kamen ihm auch Zweifel daran, daß der Piltdown-Schädel wirklich so alt war, wie behauptet wurde. Der von ihm gefundene Schädel war in der Tat alt, das wußte er. 26 verschiedene Säugetierfossilien aus der Mitte des Pleistozän waren daneben gefunden worden. Jetzt mußte er nur noch beweisen, daß der Piltdown-Schädel jünger war, um seinen Triumph zu feiern. Jahrelang warb er lautstark für seine Ideen, aber ohne Erfolg.

Ende der 1940er Jahre kam ihm die Wissenschaft zu Hilfe. Irgend jemand hatte entdeckt, daß in der Erde liegende Knochen im Laufe der Zeit das im Boden befindliche Fluor in sich aufnehmen. Je länger sie in der Erde liegen, desto stärker sind sie mit Fluor angereichert. Das ermöglichte noch keine genauen Messungen, denn es kam jeweils darauf an, wie stark der Fluorgehalt des Bodens war, in dem der Knochen lag – und das war von Ort zu Ort verschieden. Wenn jedoch die Untersuchungsergebnisse bei einer gewissen Anzahl von Knochen, die an der gleichen Stelle gelegen hatten, die gleichen Daten ergaben, sie aber bei einem Knochen abwichen, dann mußte mit diesem Knochen irgend etwas nicht in Ordnung sein. Entweder stammte er aus einer anderen Zeit, oder er war von einem anderen Ort dorthin gekommen.

Als Marston von dieser neuen wissenschaftlichen Erkenntnis hörte, bat er Dr. Kenneth Oakley vom British Museum, die bei Swanscombe gefundenen Fossilien nach dieser Methode zu untersuchen. Oakley kam seinem Wunsch nach und stellte fest, daß sowohl die Menschen- als auch die Tierknochen den gleichen Fluorgehalt hatten. Das bedeutete, daß sie zusammengehörten und aus der gleichen Periode stammten – aus der Mitte des Pleistozän.

Da nun behauptet worden war, der Piltdown-Mensch stammte aus dem frühen Pleistozän oder sogar schon aus dem Pliozän, verlangte Marston, daß auch der Piltdown-Schädel und die mit ihm gefundenen Säugetierfossilien entsprechend getestet würden. Wieder erklärte sich Oakley bereit, das zu tun. Ihm wurden die verschiedensten Knochen vorgelegt. Zwei von ihnen, die an der gleichen Stelle gefunden worden waren wie der Schädel des Piltdown-Menschen, waren Zähne des ausgestorbenen Mammut und des Mastodon aus dem Pliozän. Fossilien jüngerer Spezies – von Pferden, Hirschen und Bibern aus in der Nähe gelegenen Schichten mit vergleichbarem Fluorgehalt – wurden der Auswahl beigegeben, um die Zahl der zu untersuchenden Fossilien zu vergrößern. Zur Überraschung von Oakley enthielten die Knochen der jüngeren Säugetiere mehr Fluor als die der älteren. Er kam nicht auf den Gedanken, daß man die älteren Fossilien nachträglich an die Grabungsstelle gebracht haben könnte, um den Eindruck zu erwecken, der Piltdown-Mensch sei ebenso alt wie sie. Dieser Verdacht kam ihm erst später. Er konnte zunächst nur zu dem Schluß kommen, daß die fossile Geschichte in der Gegend von Piltdown hoffnungslos durcheinandergeraten oder daß man bei der Ausgrabung der einzelnen Stücke sehr unsystematisch vorgegangen war. In jedem Fall nützten die Säugetierfossilien nichts bei der Datierung der fossilen menschlichen Knochen, die nach ihrem Fluorgehalt noch jünger waren, bestimmt aber jünger als die des Swanscombe-Menschen. Da die Fluoruntersuchungen noch in den Kinderschuhen steckten und Irrtümer nicht ausgeschlossen werden konnten, erklärte Oakley nun nicht, wie Marston offenbar gehofft hatte, der Swanscombe-Mensch sei der erste Engländer. Das überließ er anderen, und zwar zur großen Enttäuschung von Marston, der auf ein entscheidendes und abschließendes Urteil gehofft hatte, nicht aber auf eine bloße Hypothese.

In seinem 1950 veröffentlichten Bericht sagte Oakley nur: »Der Piltdown-Mensch ist keineswegs ein primitiver Typus und könnte ein später, spezialisierter Hominide sein, der sich in relativ großer Isolation entwickelt hat.« Er hatte an diesem Schädel jedoch noch etwas anderes festgestellt. Als er einen der Zähne anbohrte, um Material für den Fluortest zu bekommen, bemerkte er, daß die dunkelbraune Farbe des Zahns – ein Merkmal, das zunächst als Hinweis auf das hohe Alter des Piltdown-Menschen angesehen worden war – nur an der Oberfläche feststellbar war. Im Innern war die Zahnsubstanz so weiß wie die eines eben erst gestorbenen Menschen.

Nun erinnerte man sich an etwas, das der Entdecker des Schädels, der jetzt auch schon verstorbene Dawson, getan hatte. Dawson hatte

die einzelnen Knochenstücke, um sie zu härten und zu konservieren, in eine Lösung aus Kaliumbichromat getaucht. Er hatte das sehr bald nach der Entdeckung des Schädels getan und Sir Arthur Smith Woodward davon unterrichtet. Woodward erklärte, die Knochen seien durch dieses Verfahren nicht gehärtet, sondern nur etwas dunkler gefärbt worden. Der Fachmann Woodward entschuldigte das Vorgehen des Laien Dawson und erklärte, er habe die Knochen guten Glaubens, aber in Unwissenheit chemisch behandelt.
Marston, dem es immer noch darauf ankam, zu beweisen, daß der Piltdown-Mensch jünger war als der Swanscombe-Mensch, klammerte sich an diesen letzten Strohhalm. Er nahm einen fossilen Tierknochen, den er bei Piltdown gefunden hatte, und tauchtc ihn in die gleiche Lösung. Das bisher graue Material verfärbte sich sofort in das dunkle Braun des Piltdown-Schädels. Nun ging Marston wieder zum Angriff über und erklärte lautstark, alle bisher aufgestellten Behauptungen über das Alter des Piltdown-Schädels seien erwiesenermaßen falsch. Der Fluortest sei Beweis genug. Die geologischen Gegebenheiten an der Grabungsstelle bei Piltdown seien so unübersichtlich, daß man sich bei der Datierung der Funde nicht auf sie verlassen könnte. Auch die Mastodonzähne kämen ihm verdächtig vor. Wenn man wollte, daß ein fossiler Knochen alt aussähe, brauchte man ihn schließlich nur in die richtige chemische Lösung zu tauchen.
Aber auch damit kam er nicht weiter. Auch seine Behauptung, Hirnschädel und Kieferknochen des Piltdown-Schädels paßten nicht zusammen, wurde nicht akzeptiert, denn der Fluortest von Oakley zeigte, daß beide Teile zwar nicht sehr alt waren, aber doch aus der gleichen Periode stammten. Viel mehr konnte Marston nicht tun. Er schrieb einen langen und ausführlichen wissenschaftlichen Bericht, stützte sich dabei auf seine Kenntnisse des Gebisses als Zahnarzt und wollte damit beweisen, daß beide Teile des Schädels nicht zusammengehören könnten, gleichgültig welches ihr Alter sei. Er schrieb, der Hirnschädel sei der eines wenigstens vierzigjährigen heutigen Menschen; der Kiefer sei der eines jungen Menschenaffen mit den noch nicht voll ausgewachsenen Molaren und Prämolaren des Heranwachsenden. Dieser Bericht war sein letzter Versuch. Dann hüllte er sich grollend in Schweigen.
Aber die richtigen Erkenntnisse von Marston sind nicht mit seiner Schrift in Vergessenheit geraten. Seine Arbeit regte J. S. Weiner aus

Oxford an, 1950 die ganze Geschichte des Piltdown-Menschen methodisch zu untersuchen. Dabei stellte er fest, daß viele Berichte nachlässig abgefaßt und Untersuchungen oberflächlich durchgeführt worden waren. Mit anderen Worten, er stieß auf einen erschreckenden Dilettantismus. Es hatte sich die vorgefaßte Meinung durchgesetzt, der Frühmensch müsse wie der Piltdown-Mensch aussehen und nicht wie ein Menschenaffe mit niedriger Stirn; und dieser Auffassung war im angelsächsischen Raum niemand energisch genug entgegengetreten. Sie hielt sich dort vielmehr mit der gleichen Zähigkeit wie die dunkelbraune Farbe an den fossilen Knochen. Zwar hatten sich Dutzende von Fachleuten – jeder auf seine Weise – über den Piltdown-Menschen Gedanken gemacht, aber Weiner war der erste Angelsachse, der es wagte, an der Echtheit dieses Edelsteins im Diadem der britischen Paläoanthropologie zu zweifeln.

Sobald jedoch dieser schreckliche Verdacht ausgesprochen war, brach der Mythos vom Piltdown-Menschen mit lautem Krachen zusammen. Weiner, Oakley und Le Gros Clark untersuchten das Fossil noch einmal sehr gründlich und entdeckten eine höchst peinliche Tatsache. Irgend jemand hatte den Eindruck erwecken wollen, daß die Zähne in dem Kiefer wie menschliche Zähne aussahen, und hatte die Molare abgefeilt. In Wirklichkeit waren es die Molare eines Menschenaffen mit ursprünglich stark herausragenden, scharfen Graten. Diese Grate waren jetzt verschwunden, und als man die Zähne unter ein Mikroskop legte, zeigte sich deutlich, wie das geschehen war. Auf den Kauflächen erkannte man genau die Spuren einer Feile. Die dunkelbraune Oberfläche der Zähne und des Kieferknochens stammte von irgendeiner Farbe, die offenbar in aller Eile aufgetragen worden war, um dem Fossil die gleiche Färbung zu verleihen wie dem angeblich dazugehörenden Hirnschädel.

Genauere Untersuchungen der Knochensubstanz zeigten, daß der Schädel nicht aus dem frühen Pleistozän stammte. Heute weiß man, daß er nur etwa 500 Jahre alt ist. Außerdem konnte nachgewiesen werden, daß die Kieferknochen die eines Orang-Utans und ebenfalls etwa 500 Jahre alt sind. Der Zahnarzt Marston hatte recht gehabt. Ihm waren Tatsachen aufgefallen, die die Paläoanthropologie nicht hatte ergründen können.

Die Anthropologen waren zwar einerseits erleichtert, als feststand, daß ein so ausgefallener Typus wie der Piltdown-Mensch nicht zu den

Vorfahren des Menschen gehörte, aber die ganze Sache war doch außerordentlich peinlich. Die Untersuchungsergebnisse der drei Fachleute wurden 1953 vom British Museum in einer nüchternen Erklärung bekanntgegeben, und das löste allgemeine Empörung aus. Wer hatte das getan und weshalb?

Zunächst verdächtigte man natürlich den Entdecker des Schädels, den Amateur Charles Dawson. Aber auch andere waren an der Sache beteiligt und hatten die Ausgrabungen beobachtet, unter ihnen Sir Arthur Smith Woodward und Teilhard de Chardin. Daß Woodward eine Schuld treffen könnte, wurde von jedermann ausgeschlossen; sein Ruf als Wissenschaftler und seine ganze wissenschaftliche Laufbahn ließen es fast unmöglich erscheinen, daß er einen solchen Betrug hätte begehen können. Auch der französische Geistliche konnte es nicht gewesen sein, denn er genoß hohes Ansehen als Theologe und erfahrener Paläontologe. Aber das Mißtrauen konnte in England nicht ganz ausgeräumt werden. Louis Leaky, der später die Nachfolge von Broom als führender Paläoanthropologe in Afrika antrat, war so sehr von der Schuld Teilhard de Chardins überzeugt, daß er sich 1971 weigerte, an einem Symposium zu Ehren des französischen Geistlichen teilzunehmen. Doch die meisten anderen Kollegen hielten Teilhard für unschuldig.

Damit blieb alles an Dawson hängen. Seine Freunde wiesen immer wieder auf seinen untadeligen Charakter und seine Rechtschaffenheit hin. Die Wissenschaftler sprachen von seiner Gutgläubigkeit, seiner Begeisterung, seiner Bewunderung für Woodward und seinem persönlichen Einsatz für eine Aufgabe, der ihm die Achtung aller Kollegen eingebracht hatte. Ein Mitglied des Piltdown Golf Club sagt in dem Buch »The Piltdown Man« von Ronald Millar: »Er war ein unauffälliger kleiner Mann mit Brille und steifem Hut. Er gehörte bestimmt nicht zu denen, die ihre Mitmenschen wissentlich betrügen würden.«

Aber die Zahl der Verteidiger Dawsons schmolz zusammen, als sich herausstellte, daß auch andere von ihm gemachte Entdeckungen Fälschungen waren. Das immer stärker werdende Mißtrauen gegenüber Dawson hätte wahrscheinlich schon viel früher dazu geführt, ihn als den Schuldigen zu bezeichnen, wenn man sich nicht hätte fragen müssen, woher er die Fachkenntnisse besaß, um das zu tun, was er angeblich getan hatte. Wo hatte er sich zum Beispiel den 500 Jahre alten

Die Hauptakteure im Streit um den Piltdown-Menschen sind hier auf diesem Gruppenporträt versammelt. Sitzend im weißen Mantel sehen wir Sir Arthur Keith, der aus fossilen Fragmenten einen vollständigen Schädel zusammengesetzt hat. An seiner Linken (rechts) steht Charles Dawson, der Amateurarchäologe und Entdecker der Fossilien. Neben ihm mit dem weißen Knebelbart sehen wir Sir Arthur Smith Woodward, der die letzten dreißig Jahre seines Lebens mit der Untersuchung der Piltdown-Fossilien zugebracht hat. Auf der anderen Seite neben Keith steht Sir Grafton Elliot Smith und zeigt auf das auf dem Tisch liegende Präparat. Er ist, wie manche meinen, für die Fälschung verantwortlich, mit der er Keith und Woodward unmöglich machen wollte.

Hirnschädel besorgt? Woher hatte er die Geduld, im Lauf von mehreren Jahren die Bruchstücke zusammenzubekommen? Wie war es ihm gelungen, Woodward so geschickt zu täuschen? Woher hatte er die anatomischen Kenntnisse, gerade das Stück des Kiefergelenks abzuschlagen, das den Kieferknochen an den Hirnschädel befestigte, so daß man das Verbindungsstück rekonstruieren mußte? Woher wußte er, wie weit die Molare abgenutzt sein sollten, um sie richtig abzuschleifen? Wo in aller Welt war er an einen 500 Jahre alten Orang-Utan-Kiefer gekommen? Im Jahr 1912 muß es in Sussex außerordentlich schwierig gewesen sein, sich ein solches Stück zu verschaffen. Und woher stammte schließlich der Mastodonzahn, den er in die Grabungsstelle geschmuggelt hatte? Ein kürzlich vorgenommener Urantest deutet darauf hin, daß dieser Zahn aus Tunesien stammt. Und schließlich muß man fragen, was Dawson mit diesem Manöver für sich gewinnen konnte.

Während das Rätselraten um das Verhalten Dawsons alle Fachleute beschäftigte, mußte sich die britische Wissenschaft irgendwie aus dieser peinlichen Lage befreien. Man bemühte sich darum, die ganze Angelegenheit als einen Triumph wissenschaftlicher Untersuchungsmethoden hinzustellen, aber die Zeitungen hatten dafür nur wenig Verständnis. In einem Blatt hieß es zum Beispiel: »Die Anthropologen sprechen ... von der ›Ausdauer und Leistungsfähigkeit der modernen Forschung‹. Ausdauer und Leistungsfähigkeit! Wenn sie mehr als vierzig Jahre gebraucht haben, um den Unterschied zwischen einem fossilen Schädel und dem eines heutigen Schimpansen zu erkennen, dann ist das allerdings eine Leistung! Ein Schimpanse hätte dafür nicht so lange gebraucht.«

Das 1972 erschienene Buch »The Piltdown Man« schildert diese Vorgänge sehr genau und verfolgt manche interessante Spur, auf die wir hier aus Platzmangel nicht eingehen können. Wer sich für diese ungewöhnliche Fälschung interessiert, sollte es lesen. Am Schluß stellt sich der Verfasser, Ronald Millar, die gleiche Frage, die auch jeden anderen an diesem Thema Interessierten bewegt: Wer hat es getan und warum?

Millar behandelt Dawson recht freundlich. Er glaubt, die Fälschung sei so fein ausgeklügelt und mit solchem Geschick in Szene gesetzt, daß wenigstens *ein* Fachmann daran beteiligt gewesen sein müßte. Er bezeichnet diesen Beteiligten allerdings als »Komplizen«, und damit widerspricht er sich, denn er behauptet andererseits, Dawson hätte so etwas kaum fertiggebracht. Er habe Woodward zu sehr bewundert und hätte ihn nicht auf diese Weise hinters Licht führen können. Schließlich nennt Millar, den Leser überraschend, einen Verdächtigen, Sir Grafton Elliot Smith. Er erklärt, Smith habe das Fachwissen und die Möglichkeit gehabt, sich die geeigneten Fossilien zu verschaffen. Er wäre selbst in Nordafrika gewesen, woher auch der verdächtige Elefantenzahn stammte, und er habe auch das Motiv für sein Vorgehen gehabt.

Smith war ein erklärter Gegner von Keith. Jahrelang hatten sich die beiden Männer um wissenschaftliche Grundfragen gestritten, und es wäre für Smith eine große Genugtuung gewesen, Keith einen solchen Irrtum nachweisen zu können. Auch an Woodward lag ihm nicht viel. Er hatte durchaus die Möglichkeit, Woodward bei der Rekonstruktion des Schädels die richtigen Hinweise zu geben, tat es aber nicht. Immer wieder behauptete er, seine Auffassungen gründeten sich auf die Untersuchung der Abgüsse und Rekonstruktionen, nicht aber des Originals. Weshalb, so fragt Millar, hatte sich Smith nicht die Mühe gemacht, das Original zu prüfen, das ihm jederzeit zur Verfügung stand? Als Anatom hätte er wahrscheinlich sehr bald erkennen müssen, wie viele Schwächen die ganze Theorie hatte. Millar meint, Piltdown sei weniger eine echte Fälschung als vielmehr ein gewaltiges Täuschungsmanöver gewesen mit der Absicht, Keith und Woodward in Mißkredit zu bringen.

Die Geschichte des Piltdown-Menschen ist mit der Veröffentlichung von Millar nicht abgeschlossen. Sieben Jahre nach Erscheinen seines Buches las man erstaunliche Berichte auf den Titelseiten der Zeitungen in England und den Vereinigten Staaten. 1979 starb der englische Geologe James Douglas im Alter von 93 Jahren. Kurz vor seinem Tode hatte er ein Tonband besprochen und darauf einen neuen Schuldigen in der Piltdown-Affäre benannt: William Sollas.

Sollas hatte zur Zeit der Kontroverse um das Kind von Taung an Raymond Dart geschrieben und sich entschieden gegen die Auffassung von Keith gestellt. Er konnte weder Keith noch Woodward ausstehen. Über eine ganze Reihe von Jahren war Woodward Dekan der Geologischen Fakultät in Oxford, und 1937 trat James Douglas seine Nachfolge an.

In seinen auf Band gesprochenen Erinnerungen berichtete Douglas nun von seinen über dreißig Jahre bestehenden engen Beziehungen zu Sollas. Er erklärte, der Amateur Dawson wäre nie in der Lage gewesen, eine solche Fälschung zu bewerkstelligen, wohl aber der Fachmann Sollas. Er, Douglas, erinnere sich, Sollas einige Mastodonzähne aus Bolivien geschickt zu haben (die dem an der Grabungsstelle bei Piltdown gefundenen sehr ähnlich gewesen seien) – und er wisse noch sehr genau, daß Sollas einmal eine Sendung mit Kaliumbichromat erhalten habe (der Substanz, die Dawson verwendete, um die Schädelfragmente braun zu färben). Außerdem habe sich Sollas

Louis Leakey auf dem Höhepunkt seiner beruflichen Laufbahn. Das Photo zeigt ihn in den Overalls, die er bei den Ausgrabungsarbeiten zu tragen pflegte, mit der zum Kriechen und Klettern an einer Schnur gesicherten Brille, die Hände voller Zähne von fossilen Säugetieren.

aus der Sammlung in Oxford einmal mehrere Menschenaffenzähne geliehen (bei der Rekonstruktion des Piltdown-Schädels spielen auch einige lose Menschenaffenzähne eine Rolle).
Douglas erläuterte außerdem das Motiv von Sollas und stellte sein Vorgehen als den Racheakt eines gekränkten Berufskollegen dar. Er

erinnerte sich an die Wut von Sollas darüber, daß Woodward sich sehr hochmütig über seine Methode, Abgüsse von Fossilien zu machen, geäußert hatte. Sollas habe nun geduldig auf eine Gelegenheit gewartet und hier endlich die Möglichkeit gefunden, sich zu rächen. Wenn sich Douglas richtig erinnert, dann muß es für Sollas ein großes Vergnügen gewesen sein, zu sehen, wie die beiden großen Männer, Woodward und Keith, hilflos in der anthropologischen Falle zappelten, die er für sie aufgestellt hatte.

Douglas könnte sich natürlich auch geirrt haben, und wir haben keine Möglichkeit mehr, ihn zu befragen. Es gibt aber auch Leute, die sich intensiv mit dem Fall beschäftigt haben und glauben, die Vorwürfe gegen Sollas stützten sich auf wenig überzeugende Indizien. Einige von ihnen haben Sollas persönlich gekannt und behaupten, ihm sei so etwas nicht zuzutrauen. Aber auch für Dawson wurden ähnliche Argumente ins Feld geführt. Wahrscheinlich wird man nie dahinterkommen, wer für die Fälschung verantwortlich war.

An dem dritten großen Ereignis der 1950er Jahre, zu dem es 1959 gekommen ist, war Louis Leakey beteiligt.

Louis Seymour Bazett Leakey wurde 1903 als Sohn eines englischen Missionars in Kenia geboren. Die erste Sprache, die er beherrschte, bevor er Englisch sprechen konnte, war Kikuju, und er war sein ganzes Leben stolz darauf, schon als junger Mann in einen Kikuju-Stamm aufgenommen worden zu sein.

Als seine Eltern ihn nach England in die Schule schickten, konnte sich der kleine Junge aus dem afrikanischen Busch nicht recht an die europäischen Verhältnisse gewöhnen. Er war vorlaut und bei seinen Mitschülern unbeliebt. Trotzdem gelang es ihm, einen Studienplatz in Cambridge zu bekommen, den er jedoch aufgeben mußte, als er beim Rugbyspiel eine schwere Kopfverletzung davontrug. Zwei Jahre später kehrte er nach Cambridge zurück und bestand das Abschlußexamen mit Auszeichnung, obwohl er nur eine sehr lückenhafte Schulbildung gehabt hatte. Er war ein hochbegabter junger Mann mit außergewöhnlicher Konzentrationsfähigkeit und einer geradezu vulkanischen Energie.

Die Kinder von Missionaren sind gewöhnlich arm, und Louis war eines der ärmsten. Weder als Schüler noch als Student in Cambridge hatte er Geld und hat auch später niemals über nennenswerte finanzielle Mittel verfügt. Jahrelang mußte er sich mit Stipendien und Beihilfen durchschlagen, war auf andere Leute angewiesen, hielt Vorträge, für die er nur sehr kleine Honorare bekam, und verfaßte einige Bücher und Aufsätze. Das schlimmste war, daß er schon in früher Kindheit eine besondere Leidenschaft für die afrikanische Frühgeschichte entwickelt hatte. Die Vergangenheit hatte in ihm ein Feuer entfacht, daß sich nicht löschen ließ; es gab aber keine Möglichkeit, sich in Kenia mit der Paläoanthropologie oder der Archäologie den Lebensunterhalt zu verdienen. Er versuchte sich auf die abenteuerlichste Weise durchzubringen und verkaufte zeitweilig Spazierstöcke aus Ebenholz an seinen Schneider, der ihm dafür Anzüge nähte. Dann beschäftigte er sich mit der Analyse von Handschriften, um die Echtheit von Dokumenten zu überprüfen. Eine Zeitlang beteiligte er sich an der Ausgrabung von Dinosaurierknochen in Tansania. In Ostafrika sammelte er Skelette und Keramiken auf Gräberfeldern. Im Lauf der Zeit verfügte er über eine beachtliche Sammlung von Steinwerkzeugen. Er brachte sie nach London, ordnete sie dort und ließ sich seine nächste Reise nach Afrika finanzieren, um die Sammlung zu vervollständigen. In den 1920er Jahren reiste er ständig zwischen Afrika und England hin und her. Sir Arthur Smith Woodward verschaffte ihm ein Stipendium von 400 Pfund für eine zwei Jahre dauernde Forschungsreise. Dann erhielt er den Auftrag, eine Frühgeschichte Afrikas zu schreiben. Die aus 700000 Worten bestehende Arbeit blieb 30 Jahre lang unveröffentlicht, weil er sich weigerte, einen beanstandeten Abschnitt zu streichen.

Nach vielen beruflichen und finanziellen Fehlschlägen und trotz seiner angegriffenen Gesundheit hatte er sich schließlich auf dem Gebiet einen Namen gemacht, auf dem er am Ende zu hohem Ansehen in der ganzen Welt gelangen sollte. Am Ufer des Viktoriasees und in der Olduvai-Schlucht in Tansania stellte er Fossilien fest, aber auf dem Weg zum Erfolg wäre er fast endgültig gescheitert.

Als junger Mann traf er zwei Entscheidungen, die sein Leben schwer belastet haben. In der Zeit, als er unter schwierigsten finanziellen Verhältnissen um wissenschaftliche Anerkennung kämpfte, heiratete er die junge Engländerin Frida Avern, die auf einer Besuchsreise nach Ostafrika gekommen war. Zunächst begleitete sie ihn bereitwillig auf seinen Exkursionen und bewohnte mit ihm eine schäbige Hütte, die mit Steinwerkzeugen, Knochen, afrikanischen Kunstgegenständen und Tierhäuten vollgestopft war. Aber dieses Leben befriedigte sie nicht. Deshalb war sie immer glücklich, wenn er sie auf seine Reisen nach England mitnahm. Aber auch dort fühlte sie sich alleingelassen, während Louis im Museum arbeitete, um die unübersehbaren Mengen von Material zu ordnen, die er in Afrika gesammelt hatte. Die Erwartungen, die beide Eheleute an das Leben hatten, waren zu verschieden, und obwohl inzwischen zwei Kinder geboren waren, wurde die Kluft zwischen ihnen immer tiefer. Schließlich entschloß sich Frida zur Trennung, kaufte sich von ihrem eigenen Geld ein kleines Haus in der Nähe von Cambridge und ließ sich dort nieder.

Louis hätte sie dort jederzeit besuchen können, tat es jedoch immer seltener. Seine wissenschaftlichen Arbeiten nahmen an Umfang zu, und 1933 lernte er die junge Archäologiestudentin und Illustratorin Mary Nicol kennen. Sie erklärte sich bereit, die Steinwerkzeuge zu zeichnen, die er in einem Buch abbilden wollte. Bald entwickelte sich eine Liebesbeziehung zwischen den beiden. Im folgenden Jahr ging Mary mit ihm nach Olduvai, und nach der Scheidung von Frida heiratete er sie.

Die Affäre löste einen Skandal aus und schien zu beweisen, wie unstet und unzuverlässig Louis im Grunde war. Sein Vater war anglikanischer Geistlicher, und seine Mutter eine typische Pfarrersfrau. Beide waren entsetzt, ebenso auch seine Schwestern, die mit Pfarrern verheiratet waren (einer von ihnen wurde Bischof von Ostafrika). Die Familien Leakey und Bazett (der Mädchenname seiner Mutter) waren erschüttert, denn sie gehörten einer ultrakonservativen und festgefügten Gesellschaftsschicht an. Auch die Gesellschaft in Nairobi, die wie alle kolonialen Gesellschaften fest in den alten Traditionen wurzelte, distanzierte sich empört von ihm.

Louis mußte nicht nur mit dem Skandal fertigwerden, sondern auch im Rahmen seiner wissenschaftlichen Arbeit ergaben sich Schwierigkeiten. Am Viktoriasee hatte er zwei hominide Fossilien gefunden. Der erste Fund bestand aus Bruchstücken eines Schädels mit auffallend glatter Stirn. Sie zeigte nicht die starken Augenbrauenwülste des Neandertalers oder des Peking-Menschen. Das zweite Stück war ein Unterkieferknochen – später bekannt als der Kanam-Kiefer – und sah viel menschlicher aus als der Kiefer des Piltdown-Menschen, von dem die Wissenschaft damals noch so fasziniert war. Neben beiden Funden lagen auch interessante Tierfossilien, und zwar von ausgestorbenen Elefanten, und neben dem Kieferknochen die Fossilien eines viel älteren elefantenähnlichen Säugetiers, des *Dinotherium*. Angesichts dieser alten Säugetierfossilien und der seltsamerweise so neuzeitlich aussehenden hominiden Fragmente kam Leakey zu der Überzeugung, er hätte hier etwas ganz Besonderes entdeckt. Dabei ließ er sich zu einem Gedankensprung verführen, der für ihn typisch war. Wenn der Peking-Mensch und der Neandertaler primitive Merkmale zeigten, der von ihm entdeckte Frühmensch aber nicht, dann mußte der von ihm gefundene Hominide der echte Vorfahre des heutigen Menschen sein. Die anderen Spezies waren Abarten, die sich nicht weiterentwickelt hatten.

Während seiner ganzen wissenschaftlichen Laufbahn neigte Leakey dazu, seine Funde als immer ältere, echte Vorfahren des heutigen Menschen zu bezeichnen. Alle von anderen gefundenen hominiden Fossilien, sei es in China, auf Java, in Südafrika oder in nordeuropäischen Höhlen, waren, wie er behauptete, nicht die unserer Vorfahren. Bei ihnen handelte es sich um Lebewesen, die ausgestorbenen Nebenlinien angehörten. Wir wissen nicht genau, wann er zu dieser Überzeugung gekommen ist, er hat sie aber bis zu seinem Tode eigensinnig vertreten. Man könnte aber auch sagen, daß jemand, der seine Meinung so rasch ändert, durch die Funde am Viktoriasee allzu leicht auf ganz neue Gedanken hätte kommen können.

Er schickte einen begeisterten Bericht nach London und wollte selbst in die britische Hauptstadt gehen, um die Fossilien dort vorzulegen. Einer seiner Freunde riet ihm dringend, die geologischen Gegebenheiten am Fundort und die genaue Lage der Fossilien in ihrer Beziehung zu den Fundstellen der Säugetierfossilien gewissenhaft zu überprüfen. Leakey hatte es schon einmal erlebt, daß er für die Fossilien eines Hominiden aus Olduvai voreilig ein zu hohes Alter angegeben hatte, als der Geologe Percy Boswell vom Imperial College in England Olduvai besuchte und nachweisen konnte, daß diese Stücke nur 15000 Jahre alt waren. Aber Leakey war ein aggressiver junger Mann, der unerschütterlich an die Richtigkeit seiner Theorien glaubte, und schlug alle Warnungen in den Wind.

In London wurde er wieder von seinem Schicksal ereilt – in der Person von Boswell, der gegenüber Leakey wegen seines Irrtums in Olduvai ein gewisses Mißtrauen hegte. Jetzt kritisierte er die Forschungsergebnisse von Leakey am Viktoriasee so lange, bis der enttäuschte Leakey die Royal Society ersuchte, für Boswell eine Reise nach Afrika zu finanzieren, damit er sich dort selbst von den Tatsachen überzeugen konnte. Wieder riet man Leakey dringend, nur stichhaltige Beweismittel vorzulegen.

Diese Beweise hatte er nicht. Eingeborene Krieger hatten die eisernen Pflöcke, die er an den Fundstellen der Fossilien in den Boden gesteckt hatte, fortgenommen, um Speerspitzen daraus zu machen. Nun fiel es Leakey natürlich schwer, die genauen Stellen wiederzufinden, an denen die einzelnen Knochen gelegen hatten. Am unangenehmsten war jedoch die Tatsache, daß von ihm aufgenommene Photos andere Fundstellen zeigten.

Nach England zurückgekehrt verfaßte Boswell einen für Leakey vernichtenden Bericht in der Zeitschrift »Nature«.

Diese katastrophalen Fehlschläge haben Leakey über viele Jahre schwer belastet. Er wäre besser damit fertiggeworden, wenn er seine Irrtümer eingestanden hätte. Aber er war der Eigensinn in Person. Er hatte geschrieben: »Die Bedeutung des Kanam-Kieferknochens liegt in der Tatsache, daß er sich geologisch, paläontologisch und archäologisch datieren läßt, und daß ... er nicht nur das älteste bisher bekannte Bruchstück aus Afrika, sondern auch das älteste fossile Fragment des echten *Homo* ist, das jemals irgendwo auf der Welt entdeckt wurde.«

Ideen dieser Größenordnung führen allzu leicht zu Fanatismus. Man gibt sie nur ungern auf, und Leakey hat sich nie von ihnen getrennt. Nun konzentrierte er sich immer mehr auf die Olduvai-Schlucht, wo er mit seiner Frau weiterarbeiten wollte. Mary fand an dem Leben in der freien Natur mehr Gefallen als Frida. Sie hatte Verständnis für die Arbeit von Louis und unterstützte ihn mit zunehmender Fachkenntnis bei der Analyse der frühen Steinwerkzeuge und bei der archäologischen Erforschung frühzeitlicher Siedlungen. Die fruchtbarste Arbeit leisteten sie gemeinsam, bis schließlich als Folge von Meinungsverschiedenheiten, der häufigen Abwesenheit von Louis, der auf Vortragsreisen ging, und seines Interesses für andere Frauen eine Entfremdung eintrat. Ironischerweise hat Louis die Schlucht von Olduvai, wo er seine wichtigsten Entdeckungen gemacht hat, in seinen letzten Lebensjahren nicht mehr aufgesucht. Mary übernahm an seiner Stelle die Leitung bei den Ausgrabungen, zog ganz dorthin und lebt auch noch heute dort in einer kleinen Hütte neben ihrem Laboratorium.

Ursprünglich waren Louis und Mary Leakey durch die dort gefundenen Steinwerkzeuge nach Olduvai gelockt worden. Louis hatte solche Werkzeuge schon seit Jahren überall in Ostafrika gesammelt, und es war ihm gelungen, diese Werkzeuge bestimmten Typen zuzuordnen, die ähnlichen »Industrien« in Europa entsprachen. Die Werkzeuge bei Olduvai waren jedoch anders. Sie waren so primitiv, daß ein ungeübtes Auge nicht erkennen konnte, daß es sich um von Menschen bearbeitete Steine handelte. Es waren einzelne Geröllstücke, von denen an einem Ende ein paar Splitter abgeschlagen worden waren, um eine Schneide oder einen Schaber herzustellen. Doch er und Mary interpretierten die Fundstücke richtig und gaben dieser Industrie einen Namen: »Oldowan« – nach der Schlucht, in der sie entdeckt worden waren.

Olduvai liegt im Regenschatten eines riesigen erloschenen Vulkans, des berühmten Ngorongoro-Kraters. Ebenso wie Hadar, wo ich fünfzehn Jahre später Lucy finden sollte, ist die Schlucht ein ausgetrockneter See. Und ebenso wie bei Hadar befinden sich am Seegrund Ablagerungen, zum Teil vulkanischen Ursprungs. Diese Sedimente erkennt man an den an solchen Stellen deutlich sichtbaren Schichten, wo Wasserläufe tiefe Rinnen in den Boden gegraben haben. Die große Schlucht von Olduvai hat die Form eines Y und ist mehrere Kilometer lang. Sie ist heute bis auf etwa 100 Meter Tiefe ausgewaschen. Das obere Ende erstreckt sich flach nach Westen und geht allmählich in die Serengeti-Steppe über. Am Grunde dieser Schlucht fanden die Leakeys die ersten Oldowan-Werkzeuge. Die unterste Schicht von Sedimenten bezeichneten sie als Bett I. Sie wird bedeckt von einer vulkanischen Schicht, die sie von Bett II trennt, und so geht es bis zur obersten Schicht weiter. Die Sedimente werden, je weiter man nach oben kommt, immer jünger, und die oberste Schicht ist Bett IV.

Als das Ehepaar Leakey in den 1930er Jahren zum erstenmal nach Olduvai kam, gab es auf dem letzten Abschnitt der Reise keine Straßen, und man brauchte noch vier sehr anstrengende Tage, um von Nairobi bis zur Schlucht zu kommen. Sie blieben jeweils, solange die Vorräte reichten, und kehrten zurück, wenn sie das für die nächste Exkursion notwendige Geld zusammengebracht hatten. Im Lauf der Jahre unternahmen sie immer wieder neue Exkursionen, denn sie glaubten, die Hersteller so primitiver Werkzeuge seien auch selbst

Die Schlucht von Olduvai ist eine 100 Meter tiefe, durch Erosion entstandene Senke. Der erste Eindruck, den man hier gewinnt, ist, daß die frühen Hominiden am Grunde dieser Senke in einem Graben gelebt haben, denn dort findet man sowohl ihre Fossilien als auch ihre Steinwerkzeuge. In Wirklichkeit hat es hier vor 2 Millionen Jahren keine Schlucht gegeben, sondern nur ein flaches Seeufer, und die Erdoberfläche lag auf dem Niveau des heutigen Grundes der Schlucht. Alle auf dem Photo zu erkennenden Schichten haben sich erst später abgelagert und die Fossilien zugedeckt. Die Schlucht selbst ist erst später durch einen Fluß ausgewaschen worden.

sehr primitiv gewesen, und sie müßten früher oder später auch die Reste dieser Hominiden finden.

Fast dreißig Jahre lang suchten sie vergeblich, obwohl sie zahlreiche

andere Fossilien fanden, und zwar viele von ausgestorbenen Tieren, die der Wissenschaft zum großen Teil noch nicht bekannt waren. Allmählich machten sie sich auch mit den geologischen Gegebenheiten in der Schlucht vertraut und glaubten zu erkennen, wo das Seeufer zu verschiedenen Zeiten gelegen hatte, während der See selbst sich ausdehnte oder kleiner wurde. Als sich die Einkünfte von Leakey durch das Museumsgehalt in den 1950er Jahren erhöhten, konnte das Ehepaar jedes Jahr nach Olduvai gehen. Das Ansehen von Louis als eines gewissenhaften Paläontologen festigte sich, während er detaillierte und gesicherte Erkenntnisse über die Geologie der Schlucht und die dort entdeckten fossilen Tiere sammelte. Hier besuchte ihn auch der junge Clark Howell unmittelbar nach seinem Examen. Die beiden Männer schlossen Freundschaft, und Leakey half Howell beim Beginn einer Grabung südlich von Olduvai. Das war bezeichnend für Louis. Er war ein ungewöhnlich großzügiger und verständnisvoller Mentor für junge Kollegen, deren Tüchtigkeit und Arbeitseifer er respektierte. Er wußte, daß hier noch sehr viel getan werden mußte. Deshalb kam es darauf an, daß zuverlässige junge Männer und Frauen für die weitere Forschungsarbeit gewonnen wurden.
1959 unternahm Howell wiederum mit der Hilfe von Leakey eine erste Forschungsreise von Nairobi in das südliche Äthiopien. Nach seiner Rückkehr lud ihn Louis zum Abendessen ein. Am Ende der Mahlzeit sagte Louis, er habe einen besonderen Nachtisch für Howell.
Clark hat mir diesen Abend später geschildert: »Mit einem verschmitzten kleinen Lächeln stellte er eine große Keksdose auf den Tisch und sah gespannt zu, wie ich den Deckel abnahm. In der Dose lag ein großer fossiler Schädel.«
Clark war wie vom Donner gerührt. Er wußte sofort, worum es ging. Er war in Südafrika gewesen und hatte sich die Sammlungen mit den Australopithecinen-Fossilien in Pretoria und Johannesburg genau angesehen. Er kannte die Merkmale des kleinen *africanus* und des großen *robustus* ganz genau. Der Schädel, der ihn aus der Keksdose heraus anstarrte, gehörte dem robusten Typus an und war besser erhalten als alle, die er bisher gesehen hatte. Es war sozusagen ein Superrobustus; er hatte riesige Molare, die stark genug waren, um Walnüsse zu knacken.
»Sehen Sie«, sagte Louis, »jetzt haben wir endlich einen gefunden.«

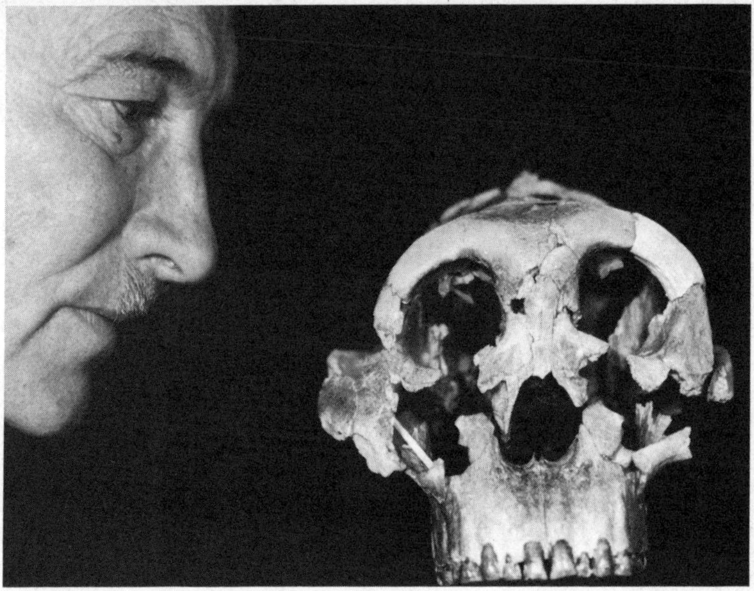

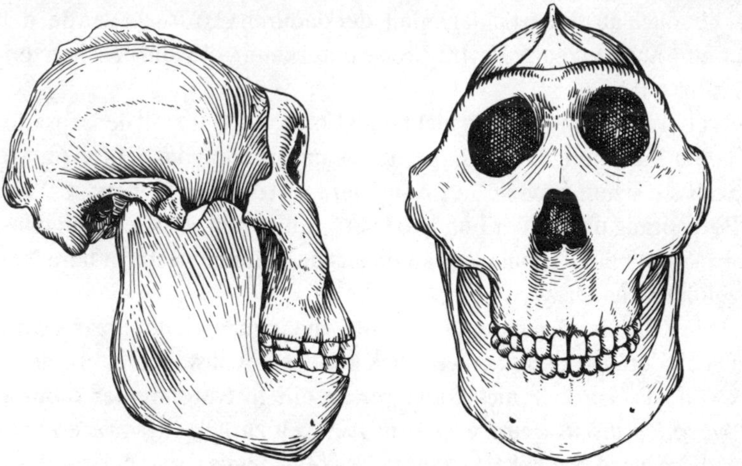

Das ist »Zinj«, 1959 von Mary Leakey gefunden und von ihrem Ehemann Louis so benannt. Es war der erste außerhalb von Südafrika entdeckte Australopithecus *und der erste, der zuverlässig datiert werden konnte. Sein Alter: 1,8 Millionen Jahre. Es handelt sich um einen superrobusten Typus mit den größten Molaren und dem stärksten Kiefer aller bisher gefundenen Australopithecinen. Man vergleiche ihn mit dem* Australopithecus robustus *auf S. 69. Die beiden Schädel sind einander sehr ähnlich.*

Die glückliche Finderin war Mary gewesen. Es war gegen Ende der Exkursion des Jahres 1959, und sie hatte beschlossen, allein hinauszugehen, weil Louis mit einem schweren Malariaanfall im Zelt lag. Der sonst so kräftige Mann hatte im Lauf seines Lebens manche schwere Krankheit durchmachen müssen, oft als Folge seiner Rücksichtslosigkeit gegen sich selbst. So hatte er sich zum Beispiel beim Baden im Viktoriasee mehrmals mit Bilharziose infiziert, einer durch Parasiten hervorgerufenen Tropenkrankheit. Außerdem hatte er ein Gallenleiden, das er nicht beachtete, bis er sich die Galle herausnehmen lassen mußte. Gelegentlich litt er an Erschöpfungszuständen und Ohnmachtsanfällen. Vielleicht waren das auch die Folgen einer Verletzung, die er sich in Cambridge beim Rugby zugezogen hatte. Sein Hüftgelenk machte ihm starke Beschwerden, er ließ sich aber erst operieren, als er nicht mehr gehen konnte. Einmal wurde er von einem Bienenschwarm überfallen und von einigen hundert Bienen gestochen. Dabei kam er nur knapp mit dem Leben davon. Auch sein Herz war nicht in Ordnung, er erlitt einen Herzinfarkt, verletzte sich bei mehreren Stürzen, überlebte eine Kopfoperation und starb schließlich an einem Schlaganfall, der dadurch verursacht wurde, daß er eine anstrengende Vortragsreise unternahm, obwohl er schon todkrank war.

Es überrascht uns deshalb nicht, daß Louis, als Mary mit der sensationellen Mitteilung ins Lager gestürzt kam, sie hätte das gefunden, wonach sie schon so viele Jahre suchten, trotz seines Fiebers aus dem Bett sprang und zu der Fundstelle lief, außer sich vor Freude und fast sprachlos beim Anblick des kaum aus der Sedimentschicht herausragenden Schädels.

Das ist die eine Seite der Geschichte, die immer wieder erzählt wird. Die andere ist, daß er einen Blick auf das Fossil warf und brummte: »Nun, das ist doch nichts anderes als ein gottverdammter robuster *Australopithecus*«, und wieder in sein Zelt zurückging. Diese zweite Version wird von der Biographin Leakeys, Sonia Cole, berichtet, die Mary zitiert: »Als er die Zähne sah, war er enttäuscht, denn er hatte gehofft, wir würden einen *Homo* und nicht einen *Australopithecus* finden.«

Louis war von der Idee besessen, einen echten *Homo* zu finden. Er behauptete, die Australopithecinen seien zwar interessant, aber keine Menschen. Außerdem würden wir nicht von ihnen abstammen.

Auch der Peking-Mensch und der Neandertaler gehörten nach seiner Überzeugung nicht zu unseren Vorfahren. In der Vorstellung von Leakey gab es offenbar eine gerade Linie, die vom *Homo sapiens* zu immer primitiveren, aber deutlich als *sapientes* erkennbaren Hominiden zurückführte. Und er war entschlossen, diese Vorfahren aufzuspüren.

Seine Vorbehalte gegenüber der Annahme, daß der Mensch vom *Australopithecus* abstammte, waren nicht unbegründet.

Clark Howell sagte dazu: »Man darf nicht vergessen, daß Leakey, als er diesen ersten Schädel bei Olduvai entdeckte, nicht wußte, wie alt er war. Augenscheinlich handelte es sich nicht um einen Menschen. Der Schädel war sogar weniger menschenähnlich als die vom *Homo* am meisten abweichenden unter den südafrikanischen Typen, und man darf auch nicht vergessen, daß damals niemand wußte, wie alt sie waren. 1959 hatte die Wissenschaft eben anerkannt, daß es nicht Menschenaffen waren. Doch zuzugeben, daß es sich um unsere Urgroßeltern handelte, wäre kaum denkbar gewesen. Für uns müssen menschliche Wesen eine Kultur und Werkzeuge haben. Was Raymond Dart auch gedacht haben mag, man hat nie feststellen können, daß ein südafrikanischer *Australopithecus* Werkzeuge benutzt hat, denn neben seinen Fossilien sind keine Werkzeuge gefunden worden. Wir wissen bis heute nicht genau, wie das gewesen ist, und angesichts des Mangels an Beweisen müssen wir fast vermuten, daß er keine Werkzeuge hatte.«

Dieser Umstand hat Clark so überrascht, als er den Schädel, den Leakey bei Olduvai entdeckt hatte, zum erstenmal sah. Er wußte, daß in der Schlucht viele verschiedenartige Werkzeuge gelegen hatten. Nun verwirrte es ihn, zu erfahren, daß der Schädel in der gleichen Schicht gefunden worden war, denn es war der falsche Schädel. Er hätte damit gerechnet, dort einen sehr frühen *Homo erectus* zu finden. Selbst den grazilen *Australopithecus africanus* hätte er vielleicht noch akzeptiert. Das war der kleinere Typus, dessen Zähne in gewisser Weise denen des Menschen glichen.

Aber ein *robustus*? Das konnte eigentlich nicht stimmen. Der *robustus* war weniger menschlich als der *africanus*. Und dieses bei Olduvai gefundene Exemplar war es noch weniger.

Und doch ließ es sich nicht leugnen – neben ihm lagen die Werkzeuge.

Während Clark versuchte, mit dieser unerwarteten Enthüllung fertigzuwerden, blickte er Leakey ungläubig an, der sich eines Lächelns über den Schock, den sein »Nachtisch« ausgelöst hatte, nicht erwehren konnte. Er hatte seine Enttäuschung darüber, daß es der Schädel eines *Australopithecus* und nicht eines *Homo* war, inzwischen natürlich überwunden. Es war eine Entdeckung von Leakey und mußte daher etwas Besonderes sein. Da die Zähne so viel größer waren als die des bisher entdeckten *robustus*, mußte dieser Fund auch eine eigene Bezeichnung haben. Er schrieb: »Ich bin nicht dafür, bei den Hominiden zu viele Artenbezeichnungen einzuführen, ich halte es aber für wünschenswert, den neuen Fund in eine eigene und besondere Art einzuordnen. Deshalb schlage ich für den neuen Schädel den Namen *Zinjanthropus boisei* vor.« Das war eine sehr unaufrichtige Erklärung. Leakey war ein notorischer »Spalter«, ein Mann, der geringe Abweichungen zum Vorwand nahm, neue Spezies zu kreieren. Damit befand er sich im Widerspruch zu den Wissenschaftlern, die versuchen, die Nomenklatur zu vereinfachen, indem sie verschiedene Typen einer Spezies zuordnen.

Der von ihm gewählte Name »Zinj« ist eine Ableitung von dem arabischen Wort für Ostafrika. Mit der Bezeichnung *boisei* wollte er Charles Boise ehren, der die Arbeit von Leakey früher finanziell unterstützt hatte. Doch die neu gefundene Bezeichnung hielt sich nicht lange. Andere, die die große Ähnlichkeit mit dem *robustus* feststellten, verlangten die Umbenennung in *Australopithecus boisei*, und diesem Verlangen wurde schließlich auch stattgegeben. Louis hat nicht viel dagegen eingewendet. Für ihn war der Schädel immer der »liebe Junge«. Daneben hat man ihm wegen der riesigen Molare den Namen »Nußknacker« gegeben. Die meisten Anthropologen kennen den Schädel aber auch noch heute als »Zinj«. Mehr als zwanzig Jahre nach seiner Entdeckung ist es immer noch das am besten erhaltene Exemplar seiner Art, das je gefunden wurde.

Zinj machte Leakey über Nacht berühmt, obwohl die Entdeckung des Schädels eigentlich das Verdienst von Mary gewesen war. Sie hatte ihn gefunden, und sie hatte die Hunderte von Fragmenten zusammengefügt, eine Arbeit, die Monate in Anspruch nahm. Clark Howell war einer der ersten, der ihn nach seiner Rekonstruktion gesehen hat. Es war bezeichnend für Louis, einen unbekannten jungen Anthropologen auf diese Weise auszuzeichnen. Wahrscheinlich

dachte er daran, was dies am Anfang seiner eigenen wissenschaftlichen Laufbahn für ihn selbst bedeutet hätte.
Zinj wurde der Öffentlichkeit auf der gegen Ende des gleichen Jahres in Leopoldsville abgehaltenen vierten Panafrikanischen Konferenz zur Frühgeschichte vorgestellt. Dieses Ereignis stand im Mittelpunkt der Veranstaltung. Noch heute erinnern sich die Teilnehmer ihrer Ergriffenheit in dem Augenblick, als Louis voller Stolz den Schädel vorzeigte. Sie waren überrascht, daß ein so primitives Lebewesen die Steinwerkzeuge hergestellt haben könnte, die, wie sie alle wußten, in großer Menge auf dem Boden der Schlucht gelegen hatten. Was sie auch immer gedacht haben mögen, sie mußten die öffentliche Erklärung Leakeys achten, der sagte, Zinj sei – so unwahrscheinlich das auch wäre – ein Werkzeuge verwendender Hominide gewesen.

Der Wissenschaft standen aber noch weitere Entdeckungen bevor. Im Lauf des folgenden Jahres hörte Howell Gerüchte über eine revolutionierende, von italienischen Wissenschaftlern entwickelte Datierungstechnik zur Feststellung des Alters der Ablagerungen von Lava und vulkanischer Asche in der Nähe von Rom. Diese Methode stützte sich auf Messungen des Verfalls eines radioaktiven Isotops des Elements Kalium, das sich dabei in das Element Argon verwandelte. Zunächst schenkte er dieser Nachricht wenig Beachtung und räumte später ein, daß er zu sehr mit der Erforschung der Fossilien und anderen geologischen und finanziellen Problemen beschäftigt gewesen sei, um die Möglichkeiten, die die neue Entdeckung eröffnete, zu erkennen.
Doch das dauerte nicht lange. Howell nahm an einer Konferenz in Philadelphia teil, wo die beiden Geologen Jack Evernden und Garniss Curtis erläuterten, wie sie diese Methode angewandt hatten, um eine genaue Datierung der vulkanischen Ablagerungen in der Schlucht von Olduvai vorzunehmen. Clark war wie elektrisiert. Endlich gab es eine zuverlässige Methode, das Alter von Material zu bestimmen, das älter war als einige Tausend Jahre – sofern die Technik zuverlässig war.
Das war sie augenscheinlich. Der Tuff am Boden der Olduvai-Schlucht wurde zahlreichen Tests unterzogen. Mit nur ganz geringen Abweichungen ergaben sich immer wieder die gleichen Werte. Das Bett I war ungefähr 1,8 Millionen Jahre alt. Zinj mußte daher eben-

falls 1,8 Millionen Jahre alt sein und war damit das erste hominide Fossil in der Welt, dessen Alter mit befriedigender Zuverlässigkeit festgestellt werden konnte.

Die Technik, mit der das Alter von Zinj ermittelt wurde, und die heute allgemein als die Kalium-Argon-Datierungstechnik bekannt ist, hat die Geologie und die Paläoanthropologie revolutioniert. Ihre Entwicklung war der sensationelle Höhepunkt im produktivsten Jahrzehnt auf dem Gebiet der Erforschung des Ursprungs des Menschen.

Wenn wir die Forschungsergebnisse der 1950er Jahre zusammenfassen wollen, dann ergibt sich folgendes Bild:

Erstens: Die aufrecht gehenden Australopithecinen mit dem Menschenaffengehirn waren aufgrund der morphologischen Untersuchungen von Le Gros Clark schließlich als Hominiden anerkannt worden. Sie waren also Mitglieder der menschlichen Familie; man wußte aber noch nicht, ob sie Vorfahren oder nur Verwandte des Menschen waren. Trotz des energischen Widerspruchs von Louis Leakey nahmen die meisten Fachleute an, der *africanus* gehöre zu den menschlichen Vorfahren – und zwar jetzt vor allem aufgrund seines geschätzten Alters. Das wurde wie folgt begründet: Wenn Zinj, ein robuster *Australopithecus*, fast 2 Millionen Jahre alt war, dann wäre der *robustus* aus Südafrika fast ebenso alt. Das hieße, daß der *africanus*, der menschenähnlichere, grazile Typus aus wahrscheinlich noch älteren Höhlen in Südafrika, älter als der *robustus* war. Wie groß der Altersunterschied war, konnte niemand sagen. Allgemein war man jedoch der Auffassung, der *africanus* sei wenigstens 2 Millionen und vielleicht sogar 2,5 Millionen Jahre alt – und hatte damit Zeit genug, sich zum Menschen zu entwickeln.

Zweitens: Der Piltdown-Mensch wurde als Fälschung erkannt, und man war froh, dieses Problem loszusein.

Drittens: Die Datierungsmethode mit Kalium und Argon ermöglichte es den Geologen und Paläoanthropologen in der ganzen Welt, das Alter von Mineralablagerungen und Fossilien zuverlässig zu bestimmen. Als man festgestellt hatte, daß Zinj 1,8 Millionen Jahre alt war, ging man an die kritische Überprüfung der durch die Paläontologen bis dahin angestellten Altersbestimmungen bei der Evolution der Säugetiere. Der Ablauf der Evolution war richtig erkannt worden, und man wußte, wie sich die einzelnen Spezies nacheinander zum

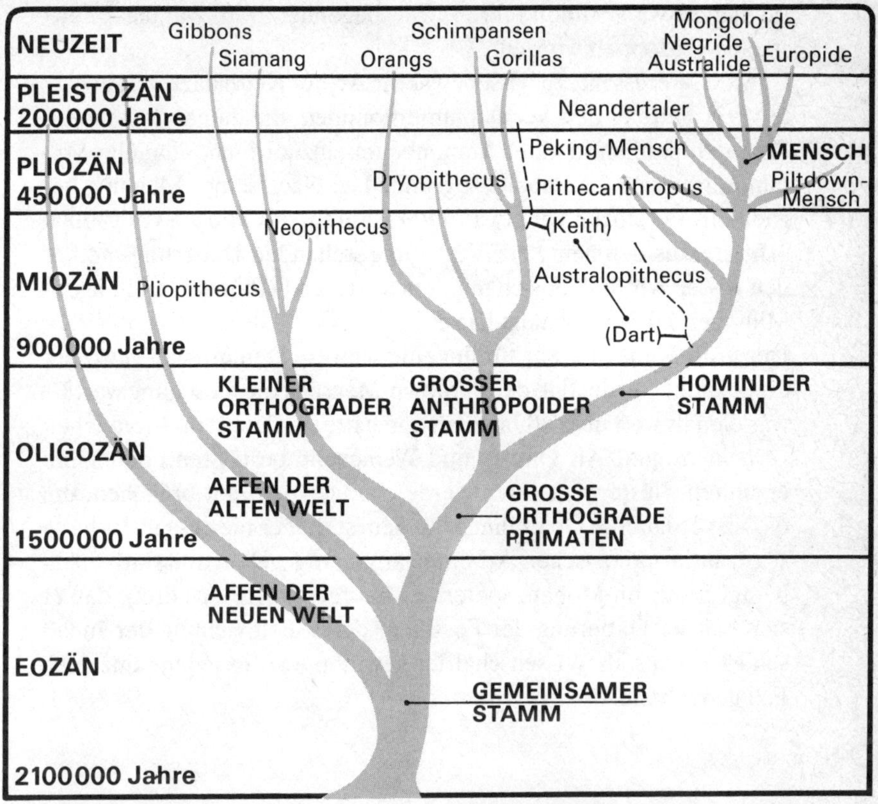

Der 1931 von Sir Arthur Keith entworfene Stammbaum der Primaten ist Ausdruck der damals noch relativ geringen Kenntnisse von der Evolution der Hominiden. Es standen erst wenige Fossilien zur Verfügung, man hatte noch nicht das richtige Verständnis für die zwischen ihnen bestehenden Beziehungen, man bewertete die Unterschiede zwischen einzelnen Exemplaren noch nicht richtig, man hatte den Piltdown-Menschen noch nicht als Fälschung erkannt und hatte noch keine zutreffende Vorstellung von den Zeitabständen. Die radiometrische Datierungstechnik läßt uns heute erkennen, daß das Miozän etwa 20 Millionen Jahre zurückliegt. Keith hatte noch geglaubt, es läge nur 1 Million Jahre in der Vergangenheit. Man vergleiche diese Tafel mit der auf S. 457 von David Pilbeam aus dem Jahr 1979.

Schwein, zur Antilope, Giraffe oder zum Elefanten entwickelt hatten. Die Zeiträume waren jedoch viel zu kurz angesetzt worden. Während des letzten Jahrzehnts hatte man angenommen, das Pleistozän habe etwa 1 Million Jahre v. Chr. begonnen. 1961 war diese Zeitspanne verdoppelt worden.

Es wäre interessant, zu wissen, was Sir Arthur Keith dazu gesagt hätte. 1931 hatte er den Versuch unternommen, die damals bekannten Primatenfossilien in einen Stammbaum einzuordnen, dem eine von ihm erarbeitete Zeittabelle zugrunde lag. Nach seiner Meinung begann das Pleistozän vor etwa 200000 Jahren, das Miozän vor 900000 Jahren. Aus den heute zur Verfügung stehenden Datierungsmethoden wissen wir, daß er sich mit dem letzteren Datum um mehr als 20 Millionen Jahre verschätzt hatte.

Der arme Keith! Es war für ihn eine schwere Demütigung gewesen, als bekannt wurde, daß der Piltdown-Mensch eine Fälschung war. Er war damals weit über 80 Jahre alt und hatte sich längst ins Privatleben zurückgezogen. Als Oakley und Weiner ihn besuchten und es ihm erzählten, flüsterte er: »Ich werde eine gewisse Zeit brauchen, um das zu verdauen.« Ob es ihm gelungen ist, hat er nie gesagt. Er hatte seine anthropologischen Arbeiten längst aufgegeben und starb hochbetagt achtzehn Monate später. Er hat nicht mehr erfahren, daß er sich bei der Datierung der Fossilien, deren Erforschung der Inhalt seines Lebens als Wissenschaftler gewesen war, in jedem einzelnen Fall geirrt hatte.

4. Ostafrika: Homo habilis – der erste Mensch?

> Der »Homo habilis« ist seit dem Bekanntwerden seiner Entdeckung in der Öffentlichkeit viel beachtet worden, und es ist sehr bedauerlich, daß diese Entdeckung bekanntgegeben wurde, bevor eine ausführliche und detaillierte Untersuchung aller relevanten Fossilien vorgenommen werden konnte … Aus den kurzen Berichten, die veröffentlicht worden sind, läßt sich die Hoffnung ableiten, daß er ebenso rasch verschwinden wird, wie er gekommen ist.
> *Wilfrid Le Gros Clark*

> Ich muß gegen die Verwendung der Anführungszeichen für *Homo habilis, Zinjanthropus* und *Kenyapithecus* im Brief von Sir Wilfrid protestieren und außerdem bemängeln, daß er die Namen nicht in Kursiv gesetzt hat. Sie alle sind nach der zoologischen Nomenklatur gültige Namen und nicht etwa Spitznamen. *Louis Leakey*

> Die Bezeichnung *Homo habilis* ist eine falsche Klassifizierung und sollte offiziell abgeschafft werden. *C. Loring Brace*

Die Entdeckung des *Zinjanthropus* im Jahr 1959 hat nicht nur Louis Leakey berühmt gemacht; durch sie ist auch die Paläoanthropologie populär geworden. Seit den 1920er und 1930er Jahren, als das Kind von Taung und der Peking-Mensch entdeckt wurden, hat man keine hominiden Fossilien dieser Bedeutung mehr gefunden, die das Interesse der Öffentlichkeit hätten wecken können. Auf den Universitäten betrachtete man die Geologie und die Paläontologie als recht langweilige Fachgebiete. Die wissenschaftlichen Stiftungen waren nicht mehr bereit, Geld für die Ausgrabung von Knochen an unbekannten Orten zur Verfügung zu stellen. Die Presse beschäftigte sich nicht mehr mit diesem Thema.

Als Leakey jedoch auf den *Zinjanthropus* stieß, war es, als hätte er einen längst vergessenen reichen Onkel beerbt. Jetzt hatte er seinen lange gesuchten Hominiden, und damit änderte sich die ganze Lage. Die National Geographic Society stellte ihm finanzielle Mittel für seine Arbeit zur Verfügung und veröffentlichte in ihrer Zeitschrift Auf-

sätze über ihn. Vor dem Auftauchen von Zinj hatte ihm die Society keinen einzigen Dollar gegeben.
Die Entdeckung menschlicher Fossilien löst irgendwie magische Wirkungen aus. Wir sind seit je mehr am Ursprung unserer eigenen Art als am Ursprung irgendwelcher anderen Dinge interessiert gewesen. Wir verfolgen unsere Abstammung und sind stolz darauf, wenn sie weit in die Vergangenheit zurückreicht. Wir erforschen die Geschichte der Nationen bis zu ihren Ursprüngen. Wir interessieren uns für den Beginn der Zivilisationen in der Vorgeschichte und schließlich auch für den Ursprung der Menschheit im allgemeinen. Es kommt uns darauf an, zu erfahren, woher wir Menschen kommen. Hominide Fossilien haben schon immer mehr Interesse erregt als fossile Muscheln.

Ich besuchte noch die Oberschule, als ich in der Zeitschrift »National Geographic« einen Aufsatz über die Entdeckung von Zinj las. Der Name Olduvai mit seinem dumpfen, fremdartigen Klang vibrierte in meinen Ohren wie der Ton eines Gongs. Ich stand kurz vor der Abschlußprüfung und dachte trotz der guten Ratschläge meines Mentors Paul Leser, der mich von den Vorteilen des Chemiestudiums überzeugen wollte, immer mehr an die Anthropologie. Leakey hatte bewiesen, daß es möglich war, mit dem Ausgraben von Fossilien Karriere zu machen.
Ich trat ins College ein, und wieder fesselte Leakey meine Aufmerksamkeit. 1962 wurde berichtet, er habe bei Olduvai wieder ein hominides Fossil gefunden, und zwar diesmal nicht einen *Australopithecus*, sondern einen wirklichen Menschen. Da man wußte, daß Leakey immer wieder Dinge fand und benannte, die sich von den Entdeckungen anderer Leute unterschieden, wartete man eine Zeitlang gespannt darauf, was es diesmal sein könnte. 1964 erschien ein ausführlicher Bericht. Leakey hatte ein Team zusammengestellt, zu dem John Napier aus England, Philip Tobias (ein Schüler Darts aus Südafrika) und er selbst gehörten. Sie hatten einige der während der vergangenen zwei Jahre in der Schlucht gefundenen neuen Fossilien gründlich untersucht. Nach ihrem Urteil waren das Australopithecinen mit größeren Gehirnen, die sich aber auch in anderer Hinsicht so weit von den bisher gefundenen unterschieden, daß man sie in die Art *Homo* einreihen könnte.
Das Sensationelle in diesem Bericht war das Alter dieses neuen

Homo: Etwa 1,75 Millionen Jahre, und damit war dieser Hominide ebenso alt wie Zinj. Leakey und seine Mitarbeiter hatten mit einem Schlag das Alter des Menschen verdreifacht.

Der neuentdeckte Frühmensch erhielt den Namen *Homo habilis* (der geschickte Mensch – Raymond Dart hatte diese Bezeichnung geprägt), und zwar weil er als Hersteller der Steinwerkzeuge in der Schlucht geehrt werden sollte. Daß man für den *habilis* dies nachweisen konnte, bedeutete für den Entdecker sehr viel, denn man hatte niemals so recht anerkennen wollen, daß auch Zinj Werkzeuge hergestellt und verwendet hat. Man hatte es nur schwer verdauen können, daß ein so ungeheuer primitiv erscheinendes Lebewesen mit großen Molaren, die kaum eine Ähnlichkeit mit menschlichen Zähnen hatten, einem kleinen Gehirn und einem knochigen Grat auf dem Scheitel Werkzeuge hergestellt hatte und deshalb ein Vorfahre des Menschen sein sollte. Jetzt atmete man auf, denn man konnte Zinj vergessen und diesen neuen Typus mit einem größeren Gehirn als den passenderen Vorfahren des Menschen akzeptieren.

Doch darüber hinaus ließ sich über den *habilis* nur wenig in Erfahrung bringen. Das lag vor allem daran, daß nur sehr spärliches Material zur Verfügung stand, denn die vier entdeckten Exemplare waren sehr schlecht erhalten. Wie das bei Fossilien üblich ist, erhielten sie Namen. Der erste Fund, ein Unterkiefer mit zwei Fragmenten des Hirnschädels, hieß nach seinem Entdecker, Leakeys Sohn Jonathan, »Johnnys Kind«. Der zweite Fund war »Cindy«, ein Unterkiefer mit Zähnen, Bruchstücke des Oberkiefers und ein Stück des Hirnschädels. Vom dritten, »George«, fand man nur die Zähne und einige sehr kleine Schädelfragmente. »Twiggy«, die vierte Entdeckung, bestand aus einer zerborstenen Hirnschale und sieben Zähnen. Die Geschichte der Entdeckung von George war eine Tragödie. Er wurde erst am Spätnachmittag gefunden, so daß man ihn nicht mehr bei Helligkeit aus dem Gestein lösen konnte und diese Arbeit auf den nächsten Tag verschob. In der Nacht wanderte eine Herde von Massai-Rindern die Schlucht hinauf, zertrat George und zersplitterte den Schädel so stark, daß nicht mehr alle Bruchstücke gefunden werden konnten. Auch Twiggy war zerdrückt worden, zwar nicht von Rinderhufen, sondern von dem Gewicht des Gesteins der darüberliegenden Schicht, und wurde deshalb nach dem flachbusigen englischen Modell so benannt. »Cindy« ist die Abkürzung von »Cinderella«

(Aschenputtel). Wie man auf den Namen »George« gekommen ist, weiß heute offenbar niemand mehr.

Obwohl alle diese Schädel nur in wenigen Bruchstücken erhalten waren, ließ sich nach einer vorläufigen Untersuchung vermuten, daß sie größer waren als der typische Schädel eines grazilen *Australopithecus* aus Südafrika. Das genügte Leakey schon. Er war schon immer von der Idee besessen gewesen, menschliche Fossilien zu finden, und behauptete nun, diese gehörten dem Genus *Homo* an und sollten entsprechend bezeichnet werden. Nachdem sich seine Kollegen mit den Fossilien vertraut gemacht und auch andere Merkmale daran festgestellt hatten, die auf *Homo* hinzuweisen schienen, stimmten sie ihm, wenn auch zögernd, zu. Tobias machte sich an die Rekonstruktion der Schädel, um daraus eine Vorstellung vom Gehirnvolumen zu gewinnen. Das erwies sich als eine sehr schwierige Aufgabe, weil die Bruchstücke so klein waren, daß man nicht immer mit Sicherheit sagen konnte, in welchem Winkel sie auf dem rekonstruierten Schädel eingesetzt werden sollten. Eine ganz geringe Verschiebung dieses Winkels nach außen vergrößerte natürlich den Schädelinhalt. Eine Verschiebung nach innen verringerte dagegen das Volumen. Trotz dieser Schwierigkeiten gelang es Tobias durch Vergleiche zwischen drei Schädeln zu berechnen, daß sie ein durchschnittliches Gehirnvolumen von 642 Kubikzentimeter hatten. Für Leakey reichten 642 Kubikzentimeter aus. Das waren 200 Kubikzentimeter mehr als das damalige Durchschnittsvolumen bei dem grazilen *Australopithecus*. So gehörten die drei Hominiden aus Olduvai nach seiner Meinung einer höher entwickelten Spezies an.

Aber warum sollte diese Spezies *Homo* sein? Weshalb war es nicht eine Abart des *Australopithecus*? Wie klein durfte das Gehirn eines Hominiden sein, um noch als *Homo* zu gelten? Nach welchen Kriterien ließ sich überhaupt der Begriff »Mensch« definieren?

Es mag lächerlich erscheinen, daß die Wissenschaft über mehr als hundert Jahre von Menschen, Frühmenschen und Protomenschen gesprochen hat, ohne genau zu definieren, was ein Mensch sei. Doch so lächerlich das auch klingen mag, das war die Lage. Wir besitzen bis heute keine allgemein anerkannte Definition des Menschen; wir kennen keine eindeutigen Kriterien, die den Anthropologen in die Lage versetzen, rasch und überzeugend zu erklären: »Dies ist ein Mensch und jenes nicht.«

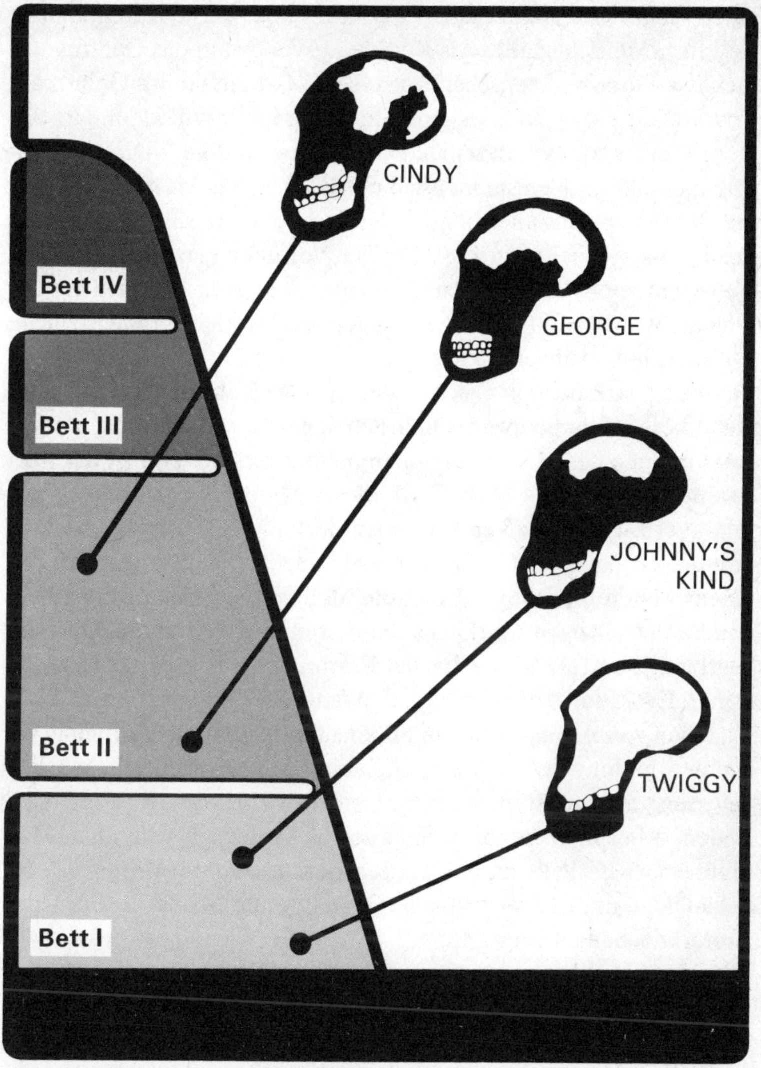

Homo habilis, *der älteste heute bekannte Mensch, wurde von Louis Leakey 1964 nach diesen vier Exemplaren identifiziert und benannt. Sie alle wurden in der Olduvai-Schlucht gefunden. Die jeweils gefundenen fossilen Bruchstücke erscheinen hier vor dem Hintergrund eines vollständigen Schädels des* habilis. *Kritiker haben erklärt, die einzelnen Exemplare seien viel zu unvollständig, um die Bezeichnung* Homo *zu rechtfertigen; man sollte sie vielmehr als grazile Australopithecinen ansehen.*

Es ist nicht richtig, daß es keinerlei Maßstäbe für die Definition des Begriffs »Mensch« gäbe. Als Keith und Woodward das Gehirnvolumen des Piltdown-Menschen feststellten, war ein großes Gehirn die Conditio sine qua non. Es ging um die Frage: »Wie klein darf das Gehirn eines Menschen sein?« Die Antwort lautete: »Diesen Maßstab gibt uns das kleinste menschliche Gehirn, das wir kennen.« Damit drehen wir uns allerdings im Kreis, aber da uns nicht mehr und keine besser erhaltenen Fossilien zur Verfügung standen, konnten Keith und seine Zeitgenossen keine zuverlässigeren Kriterien finden. Damals wurden 750 Kubikzentimeter als das kleinste menschliche Gehirnvolumen angenommen.

Le Gros Clark begnügte sich später mit 700 Kubikzentimeter, aber auch dieses Volumen war willkürlich angenommen worden. Es war das Volumen des kleinsten fossilen menschlichen Gehirns, das man kannte. Doch als Le Gros Clark dieses Mindestvolumen festlegte, mußte er zugeben, daß eine neue Entdeckung es weiter herabsetzen könnte. Er hatte aber auch, wie viele andere, Schwierigkeiten mit einem weiteren Problem. Er wußte, daß sich eine Spezies nicht anhand eines einzigen Merkmals definieren ließ. Man brauchte viele Merkmale, und sie fehlten bei der Bestimmung der Spezies *Homo* in seiner Evolution von Anfang an. Wenn der Wissenschaft so viele Knochen von Armen, Beinen, Füßen und Becken zur Verfügung gestanden hätten wie Schädel und Zähne, wäre es vielleicht möglich gewesen, auch bestimmende Merkmale beim übrigen Skelett zu finden. Aber man hat nur wenige solche Skeletteile gefunden. Man mußte sich deshalb darauf konzentrieren, andere Merkmale des Schädels zu finden wie etwa seine Gestalt, seine Größe, die Form der Kieferknochen und der Zähne.

Die Australopithecinen gehörten in eine aus Jahrmillionen bestehende Lücke zwischen dem heutigen Menschen und den Menschenaffen aus dem späten Miozän. Die genauen Untersuchungen der Zähne des Menschenaffen und des Menschen von Le Gros Clark haben ergeben, daß die Australopithecinen keine Menschenaffen waren. Aber sie waren auch keine Menschen. Die Australopithecinen hatten, kurz gesagt, ganz eigene Zähne. Auch ihr Gehirn hatte eine eigene Form und Größe. Das Volumen lag zwischen 430 und 550 Kubikzentimeter und war damit wesentlich größer als das Gehirn des Menschenaffen, aber erheblich kleiner als das des *Homo erectus*. Der Umstand, daß diese Merkmale beim Gehirn und den Zähnen ein Zwischenstadium darstellten, ermöglichte es, die Australopithecinen als Zwischenglied in der Entwicklung vom Menschenaffen zum Menschen zu betrachten. Sie standen dem Menschen zwar näher, waren aber noch keine Menschen.

Nun ergab sich die Frage, war der *Homo habilis* ein Mensch oder ein *Australopithecus*?

Leakey, Napier und Tobias behaupteten, er sei ein Mensch. Sein Gehirn war wesentlich größer als das des *Australopithecus*. Auch seine Zähne waren anders und glichen eher denen des Menschen. Sein Schädel hatte eine andere Form und näherte sich ebenfalls dem menschlichen Schädel an. Das übrige Skelett glich sehr stark dem des heutigen Menschen.

Viele Kritiker behaupteten das Gegenteil. Sie sagten, die von Tobias angestellten Berechnungen über das Gehirnvolumen seien unzuverlässig, weil die wenigen Bruchstücke nicht für eine genaue Berechnung ausreichten. Sie kritisierten die aus Form und Größe der Zähne gezogenen Schlußfolgerungen und meinten, daß man über das Skelett des *habilis* zu wenig wisse, um Positives darüber aussagen zu können.

Was nun das Gehirnvolumen betrifft, so wurde die Kritik zum Schweigen gebracht. Ralph Holloway von der Columbia University, wahrscheinlich der bedeutendste Fachmann auf dem Gebiet des Gehirnvolumens hominider Schädel, hat Cindy, George und Twiggy untersucht und ist dabei im wesentlichen zu den gleichen Schlüssen gekommen wie Tobias. Die Untersuchungsergebnisse beider Wissenschaftler wurden wenige Jahre später durch die Entdeckung eines fast vollständigen ähnlichen Schädels in Nordkenia bestätigt. Sein Gehirnvolumen war größer als das der drei Schädel aus der Olduvai-Schlucht.

Doch im Hinblick auf das übrige Skelett hatten die Kritiker von Leakey nicht ganz unrecht. Man verfügte über so wenige fossile Reste des übrigen Skeletts des *habilis*, daß es verwegen gewesen wäre, die hier festzustellenden Merkmale für die Definition des *habilis* als einer Spezies zu verwenden.

Was die Zähne betraf, stand das Team von Leakey auf festerem Boden. Bei den Molaren und Prämolaren des *habilis* hatte man menschliche Merkmale festgestellt. Sie waren, gemessen von der Wange zur Zunge, schmaler als die des *Australopithecus* und von vorn nach hinten länger. Aber der junge südafrikanische Paläontologe J. T. Robinson, der seine Ausbildung unter Broom genossen hatte, erklärte, nachdem er die Zähne des *Australopithecus* selbst gründlich untersucht hatte, diese Unterschiede in der äußeren Form hätten keine sehr große Bedeutung. Er sagte, in einer Population heutiger Menschen könnte man in der Form der Zähne größere Unterschiede feststellen, als Leakey dies zwischen dem *habilis* und dem *Australopithecus* getan habe – und auch größere Unterschiede, als sie zwischen den Zähnen des *habilis* und des *Homo erectus* bestünden. Robinson wollte damit sagen, daß es, wenn man die Fossilien nur nach den Zähnen beurteilte, zwischen dem *Australopithecus* und dem *Homo erectus* zu geringe Unterschiede gäbe, um jeweils von einer anderen Spezies zu sprechen. Er gehörte zu den Wissenschaftlern, die die Nomenklatur vereinfachen wollten, und ließ sich durch die etwas schmaleren und längeren Zähne nicht beeindrucken. Leakey wiederum, der immer wieder neue Spezies kreieren wollte, sah diese Unterschiede als entscheidende Merkmale an. Er war grundsätzlich nie bereit, einen einmal eingenommenen Standpunkt aufzugeben, und veröffentlichte in der wissenschaftlichen Zeitschrift »Discovery« einen leidenschaftlich geführten Briefwechsel mit Le Gros Clark, der eher dazu neigte, sich auf die Seite von Robinson zu stellen.

Der Streit endete unentschieden, weil das Problem der Klassifizierung des *habilis* über das Vergleichen bestimmter Maße weit hinausging. Es mußte die Grundfrage entschieden werden, wie einzelne Spezies zu bestimmen seien, welche Kriterien maßgebend wären und welche Abweichungen innerhalb der einzelnen Spezies zulässig seien. Um nur ein Beispiel zu nennen, weiß man heute, daß das Gehirnvolumen allein wegen der dabei häufig vorkommenden Unterschiede für die Identifizierung der Spezies nicht ausreicht. Das Gehirnvolumen des heutigen Menschen liegt zwischen 1000 und 1800 Kubikzentimeter und entspricht im unteren Bereich sogar dem Gehirn des *Homo erectus*, dessen Volumen zwischen 700 und 1250 Kubikzentimeter lag. Wollte man den *erectus* mit dem größten Gehirnvolumen mit dem *sapiens* vergleichen, der das kleinste Gehirnvolumen aufweist, ohne alle anderen Kriterien zu berücksichtigen, dann müßten diese Individuen in die jeweils andere Spezies eingeordnet werden. Wie man später festgestellt hat, ergaben sich beim Vergleich des *habilis* mit dem *erectus* ähnliche Werte, und zwar zwischen 500 und 800 Kubikzentimeter.

So wird deutlich, daß die Überbewertung des Gehirnvolumens uns in die falsche Richtung führen kann. Das wird um so klarer, wenn wir feststellen, daß die Unterschiede im Gehirnvolumen bei unserer Spezies offenbar in keinem wesentlichen Zusammenhang mit dem Intelligenzgrad des Individuums stehen. Vielmehr steht das Gehirnvolumen im Zusammenhang mit der Körpergröße. Große Menschen haben große Gehirne, sie sind aber nicht intelligenter als kleine. Auch sind Männer im Durchschnitt größer als Frauen und haben daher größere Gehirne, aber die Angehörigen beider Geschlechter sind gleich intelligent. Da es bei den Hominiden seit je merkliche Unterschiede in der äußeren Gestalt männlicher und weiblicher Individuen gegeben hat, muß man akzeptieren, daß es auch bei den fossilen Schädeln solche Größenunterschiede gibt. Wenn sich ein großer und ein kleiner Schädel außer in der Größe in jeder Hinsicht gleichen, dann darf man die Möglichkeit nicht ausschließen, daß der kleine ein weiblicher und der große ein männlicher ist – und daß beide Schädel trotz des Größenunterschieds von Individuen der gleichen Spezies stammen.
Wenn man dazu bedenkt, daß sich einzelne Körperteile verschieden rasch weiterentwickelt haben, dann wird es noch schwieriger, die Evolutionsreihe der Lebewesen in verschiedene Spezies aufzuteilen. Es gibt an keiner Stelle einen deutlichen Bruch in der Evolution. Ein weiblicher *Australopithecus* hat niemals einen *Homo* geboren. Über eine bestimmte Periode hinweg werden Mutter und Sohn eine so verwaschene Mischung von Merkmalen zeigen, daß es fast unmöglich sein wird, sie einer der beiden Spezies zuzuordnen. Könnte man eine komplette Serie von Mutter-Sohn-Mutter-Skeletten zusammenstellen, die über 1 Million Jahre reicht, und dabei von einem Individuum ausgehen, das mit Sicherheit kein Mensch war, um am Ende zu einem anderen zu gelangen, das mit gleicher Sicherheit dem Genus *Homo* angehörte, dann könnte man den Finger kaum ungefähr – geschweige denn genau – auf die Stelle legen, an welcher der Übergang zum Menschen stattgefunden hat.

Darin lag auch die Schwierigkeit bei der Zuordnung des *habilis*. Er lebte in jenem Schattenbereich zwischen dem *Australopithecus* und dem *Homo erectus*, und vielleicht war dort nicht einmal Platz genug für ihn. Leakey behauptete auch weiterhin, der *habilis* sei ein Mensch, und zwar der älteste, gewesen. Andere haben ihn als grazilen Australopithecinen bezeichnet, und zwar als eine Abart des grazi-

len Typus aus Südafrika. Diese Wissenschaftler führten die Unterschiede darauf zurück, daß beide Typen etwa 3000 Kilometer voneinander entfernt gelebt haben.
Doch alle waren sich darin einig, daß man für die genaue Erforschung dieser Zusammenhänge mehr und ältere Fossilien brauchte. In der Olduvai-Schlucht konnte man jedoch mit den Grabungen nicht weiter in die Tiefe gehen, denn nach den weniger als 2 Millionen Jahre alten Schichten stieß der Spaten auf Fels. Nachdem man den Beginn des Pleistozän auf die Zeit vor 2 Millionen Jahren festgelegt hatte, wurde dieses Datum gewissermaßen zum Tor, durch welches die Anthropologen mit zunehmender Aufmerksamkeit zu blicken suchten. Hinter dem Tor lag das Pliozän, das 3 Millionen Jahre gedauert hatte. Irgendwo in den Tiefen dieses Erdzeitalters gab es ältere Hominiden, die uns etwas über den Ursprung der Australopithecinen und die Verwandtschaft unter ihnen sagen könnten. Vielleicht ergäbe sich nach ihrer Entdeckung auch mehr über die Eigenschaften des *Homo habilis*, und es ließe sich leichter erkennen, was er wirklich war. Unter jenen älteren Hominiden gab es unter Umständen sogar einen, der schon vor 3 Millionen Jahren oder noch früher aufrecht gegangen ist. Das waren gewagte Ideen, aber wenn man nicht über einen Berg hinwegsehen kann, dann kann man sich so gewagte Vorstellungen machen, wie man will.

II. Teil
Das goldene Jahrzehnt
1967–1977

5. Omo und seine magische Meßlatte

Mir ist es gleichgültig, wie sie aussehen. Man kann ihre verwandtschaftlichen Beziehungen nicht bestimmen, wenn man nicht weiß, wie alt sie sind. Die Schweine werden Ihnen das sagen.

F. Clark Howell

Ah – diese wunderbaren Schweine. *Basil Cooke*

Leakey ist in seinen Vorstellungen niemals kleinlich gewesen. Mit Leichtigkeit versetzte er sich in das Pleistozän, in das Pliozän und darüber hinaus weit in die Vergangenheit des Miozän. Er hatte nicht die Möglichkeit, diese Erdzeitalter genau zu datieren, aber er hatte sich durch harte Arbeit gute geologische Kenntnisse erworben und interessierte sich lebhaft für alles, was die Fachleute sagten. Allerdings behielt er sich immer das Recht vor, ihnen zu widersprechen. Er beauftragte Dr. Richard Hay von der University of California, Berkeley, die stratigraphischen Gegebenheiten bei Olduvai zu untersuchen. Hay brachte dort mehr als fünfzehn Jahre zu, und seiner Arbeit ist es zu verdanken, daß seine Schüler die Wände dieser Schlucht fast ebenso genau kennenlernten wie die Studenten der Architektur in New York City die Wände der Schlucht der Fifth Avenue.
Die Kenntnisse Leakeys von den verschiedenen zeitlichen Abschnitten des Tertiär (siehe Diagramm auf S. 9) gründeten sich ebenso wie jene aller Paläoanthropologen vor 1960 und vor der Einführung der Kalium-Argon-Datierung auf die Interpretation der Stratigraphie und die richtige Einordnung der tierischen Fossilien, die in den verschiedenen Bodenschichten gefunden wurden. So war es ihm auch möglich, in aller Ruhe am Ufer und auf den kleinen Inseln des Viktoriasees in den Ablagerungen zu arbeiten, die er an den darin vorkommenden Fossilien als aus dem Miozän stammend erkannte, ohne genau zu wissen, welches Alter das Miozän hatte. Aber dennoch hatte er als vielseitig begabter Mann für die geologischen Zeitabschnitte ein besseres Gefühl als die meisten Anthropologen. Während andere noch vermuteten, das Miozän hätte vor 5 oder 10 Millionen Jahren beginnen können, und Keith sogar nur an 900000 Jahre gedacht hat-

te, schätzte Leakey großzügig, es habe vor 20 oder mehr Millionen Jahren angefangen – und später hat die Kalium-Argon-Datierungsmethode seine Schätzung bestätigt.

Die Funde Leakeys aus dem Miozän am Viktoriasee (die er zwischen 1932 und 1955 gemacht hat) sind der Öffentlichkeit zwar nicht so gut bekannt geworden wie die beiden sensationellen Entdeckungen bei Olduvai, der Zinj und der *habilis*, aber für die Wissenschaft haben sie eine ähnlich große Bedeutung. Zu ihnen gehören die fossilen Reste verschiedener Menschenaffen aus dem Miozän, und wir bekommen hier einen seltenen Einblick in eine Welt, die uns so fern liegt, daß kein einziges Säugetier aus der damaligen Periode bis heute überlebt hat. Im Miozän gab es sehr viele Menschenaffen verschiedener Größe, während wir heute nur fünf Typen kennen, die alle auf ein sehr enges Gebiet beschränkt und vom Aussterben bedroht sind – mit Ausnahme des Menschen. Es ist ernüchternd, festzustellen, daß wir praktisch die einzigen überlebenden Nachkommen einer reichen Menschenaffen-Fauna aus dem Miozän sind; und es ist noch ernüchternder, zu erkennen, daß wir für die Katastrophen verantwortlich sind, denen alle heutigen Menschenaffen zum Opfer fallen. Wir brauchen nur noch ein paar Jagdgesellschaften in die Bergwälder von Ruanda, Burundi und des Kongo zu schicken, und das Schicksal des Gorilla wird besiegelt sein. Wenn wir weiterhin den Urwald von Budongo in Uganda roden, an den Ufern des Flusses Gombe Felder anlegen und andere bedrohte Lebensräume zerstören, dann wird der Schimpanse für immer verschwinden. Wenn wir die Wälder auf Borneo weiterhin beunruhigen und noch ein paar hundert Mütter abschießen, um ihre Babys für unsere zoologischen Gärten zu fangen, dann wird auch der freilebende Orang-Utan nur noch in unserer Erinnerung weiterleben. Wenn wir die Restbestände der Hartholzwälder in Indochina und Malaysia zu Bauholz verarbeiten, wird der Gibbon verschwinden. Und das wird das Ende aller Menschenaffen sein. Es könnte in den nächsten 50 Jahren geschehen – das Verlöschen einer Evolution, die 20 Millionen Jahre gedauert hat, einer Evolution, in deren Verlauf sich die zum Aussterben verurteilten Menschenaffen zu dem entwickelt haben, was sie sind; um uns hervorzubringen, die wir ihnen zum Verhängnis geworden sind. Es ist interessant, daß die anderen Affen, die mit dem Menschen nicht so nah verwandt sind wie die Menschenaffen und für uns keine so starke

Konkurrenz darstellen, besser dran sind. Im Miozän gab es relativ wenige von ihnen, während sie heute in großer Zahl und in vielen Abarten vorkommen.

Die Menschenaffen Leakeys aus dem Miozän waren sehr primitiv. Sie hatten nur eine oberflächliche Ähnlichkeit mit den stärker spezialisierten heutigen Menschenaffen. An ihren Fossilien kann man zwar deutlich erkennen, welche Typen sich später zu Schimpansen und welche sich zu Gorillas entwickelt haben, aber die evolutionären Tendenzen waren doch noch so undeutlich, daß positive Aussagen kaum gemacht werden können. Keiner dieser Menschenaffen kann eindeutig den Vorfahren der Hominiden zugerechnet werden, denn hominide Merkmale erkennt man an diesen Fossilien noch nicht. Für Leakey, der sich in erster Linie für die Vorfahren des Menschen interessierte, lag das Miozän einfach viel zu weit zurück.

Er hatte mit größerem Interesse das Pliozän erforscht. Südlich von Olduvai bei Laetoli grub er 1935 einige Säugetierfossilien aus dem Pliozän aus. Es waren aber nur recht wenige, und unter ihnen befanden sich keine Reste von Hominiden – jedenfalls glaubte Leakey das. Erst Jahre später haben andere Wissenschaftler unter den von ihm gefundenen Resten einen hominiden Eckzahn entdeckt. Jedenfalls gab Leakey die Arbeiten bei Laetoli auf und konzentrierte sich ganz auf Olduvai. Er vergaß das Pliozän dabei jedoch nicht. Als er Clark Howell anbot, ihm bei Untersuchungen westlich und nördlich des Turkana-Sees (des ehemaligen Rudolfsees) 1959 zu helfen, wußte er, daß beiderseits des Sees und weiter bis über die Grenze von Kenya hinaus nach Äthiopien, besonders am Fluß Omo, der aus dem äthiopischen Hochland kommt und dafür sorgt, daß der Turkana-See nicht austrocknet, reiche Ablagerungen aus dem Pliozän und dem Pleistozän auf ihre Erforschung warteten.

Clark verschaffte sich das notwendige Geld, bekam von Leakey in Nairobi einen Landrover, ließ sich von ihm Ratschläge und Hinweise dafür geben, wo und wie er vorgehen sollte, und fuhr nach Norden ab. Zuvor hatte er sich von der Äthiopischen Botschaft in Washington die Erlaubnis für die Einreise nach Äthiopien geholt. Aber als er dort ankam, verweigerte ihm der zuständige Oberst den Grenzübertritt. Offenbar glaubte der äthiopische Offizier, Clark stünde auf irgendeiner schwarzen Liste, denn sonst würde ihn niemand in diese gottverlassene Gegend verbannen.

»Ich zeigte ihm mein Touristenvisum«, berichtet Clark, »aber er sagte mir, ich dürfe nicht im Land umherreisen, und gerade das wollte ich tun. Bis Addis Abeba war es weit, und er behauptete, er müßte sich seine Anweisungen über Funk geben lassen. Da sein Funkgerät ausgefallen war, mußte ich mich mehrere Tage in seinem Hauptquartier herumdrücken, ohne etwas tun zu können. Mein Problem bestand darin, daß ich die Grenze nach Äthiopien überschreiten mußte, wenn ich mit ihm sprechen wollte. Zurückgehen durfte ich nicht, denn das Visum erlaubte nur einen Grenzübertritt. Das war lächerlich, denn ich befand mich nur wenige Meter vor der Grenze von Kenia, und auf die nächsten 150 Kilometer stand mir nichts im Wege als dieser eine Polizeiposten, aber ich durfte nicht hin und her über die Grenze gehen.«
Schließlich überredete Clark den Oberst, ihm eine schriftliche Erlaubnis für einen zweiten Grenzübertritt zu geben. Er kehrte nach Kenia zurück und fuhr mehrere Wochen im Land und im südlichen Sudan umher. Dabei erforschte er die menschenleeren Teile einer der einsamsten Regionen der Erde. Den größten Teil dieser Zeit war er allein. Er hatte seine Verpflegung, Wasser und Kraftstoff im Wagen und konnte fahren, wohin er wollte. So durchstreifte er ein riesiges Gebiet, dessen Schweigen ihn in die fernste Vergangenheit zurückversetzte. Für Clark war dies eine der wichtigsten Erfahrungen seines Lebens. In der Nähe der sudanesischen Grenze fand er einige frühe Werkzeuge aus der Steinzeit, aber er glaubte, am Omo mehr finden zu können, und kehrte deshalb zu dem Oberst zurück. Diesmal war der Offizier etwas zugänglicher. Er sagte, er habe noch nichts aus Addis Abeba gehört, als Sondervergünstigung dürfe Clark jedoch in Sichtweite des Polizeipostens umhergehen. Dabei würden ihn ein Captain und ein Sergeant begleiten, um dafür zu sorgen, daß er nichts Unerlaubtes täte.

Auf seinem ersten Spaziergang fand Clark einen Elefantenschädel, der aus dem Boden herausschaute. Er photographierte ihn und meldete dem Oberst den Fund noch am gleichen Abend. Der Offizier holte eine Flasche Whisky aus seinem Schreibtisch und lud Clark zu einem Drink ein. Der Oberst, der perfekt Englisch sprach, fühlte sich einsam, und nachdem die beiden Männer einige Abende zusammengesessen und getrunken hatten, entwickelte sich zwischen ihnen ein kameradschaftliches Verhältnis, und Clark durfte seine Exkursionen ausdehnen. Schließlich durfte er gehen, wohin er wollte.

Als er die Ablagerungen am Omo sah, war er überwältigt. Er hatte erwartet, Fossilien zu finden, aber er hatte nicht mit einer so komplexen Stratigraphie gerechnet. Der französische Paläontologe Camille Arambourg war fast 30 Jahre zuvor hier gewesen und hatte eine Anzahl Fossilien gefunden. Später veröffentlichte er eine anspruchsvolle Monographie über den Omo und bezeichnete diese Fundstelle als einzigartig mit ihrer sehr einfachen geologischen Geschichte. Für Clark waren die geologischen Gegebenheiten alles andere als einfach. Sie erschienen ihm unglaublich komplex. Hier fand er ungezählte Ablagerungsschichten, die teilweise extrem dick und augenscheinlich in einer sehr langen Zeitspanne entstanden waren. Clark machte sich Notizen, photographierte, was er sah, und sammelte einige Knochen, die er bei dem Oberst zurückließ, den er bat, sie nach Addis Abeba und wenn möglich in die Vereinigten Staaten zu schicken. Er hat sie nie wiedergesehen.

Auf die Frage »Hat Sie das geärgert?« antwortete er: »Durchaus nicht. Es waren nur die Fossilien von Säugetieren, nicht von Hominiden. Und wir besitzen heute mehr als 45000 Säugetierfossilien vom Omo. Auf diese können wir verzichten.«

Nach Abschluß seiner Forschungsreise meldete sich Howell wieder bei Leakey und berichtete, Omo habe eine hochinteressante geologische Geschichte, und viele Schichten enthielten Fossilien. Leakey bat ihn, zum Abendessen zu bleiben, und zeigte ihm nach dem Essen die Keksdose mit dem Zinj-Schädel. Im folgenden Jahr konnte man in Olduvai die erste Kalium-Argon-Datierung vornehmen, und der Beginn des Pleistozän wurde auf 2 Millionen Jahre v. Chr. zurückverlegt. Clark wußte jetzt, daß einige der Schichten, die er am Omo gesehen hatte, wahrscheinlich auf die Zeit vor 3 Millionen Jahren datiert werden müßten und eindeutig aus dem Pliozän stammten.

Doch so gern er auch an den Omo zurückgekehrt wäre, er hatte jetzt noch anderes zu tun. Er arbeitete an der Fundstelle in Spanien, wo die Elefantenjagd des *Homo erectus* stattgefunden hatte. Außerdem war es praktisch unmöglich, eine Expedition nach Äthiopien zu unternehmen. Erst 1965 kam der Omo wieder zur Sprache. Damals war Leakey in den Vereinigten Staaten und besprach die Angelegenheit mit Clark.

Leakey sagte: »Es sollte eine internationale Expedition sein.«
»Was meinen Sie damit?« fragte Clark.
»Es heißt, wir sollten die Franzosen zur Teilnahme auffordern. Sie sind schon dort gewesen. Auch wir sollten mitgehen.« Mit »wir« meinte Leakey, wie Clark bald erkennen mußte, nur sich selbst. »Das wäre wunderbar«, sagte er.
»Es sieht recht günstig aus«, meinte Leakey. »Lassen Sie mir etwas Zeit, und ich werde mich mit Ihnen in Verbindung setzen. Könnten Sie mitkommen?«
»O ja.«
»Sind Sie sicher?«
»Aber ja!«
Kurze Zeit darauf stattete Kaiser Haile Selassie dem Präsidenten von Kenia, Jomo Kenyatta, einen Staatsbesuch ab. Leakey wurde aufgefordert, dem Kaiser einen Vortrag über die reichen fossilen Funde in Kenia und Tansania zu halten.
»Wie kommt es«, fragte Selassie, »daß es in meinem Land keine Fossilien gibt?«
»Es gibt welche«, sagte Leakey.
»Wie können wir sie finden?«
»Das ist nicht das Problem, Eure Majestät. Ich kenne einen jungen Mann, der dort gewesen ist und weiß, wo sie liegen. Das Problem besteht darin, die Erlaubnis für die Ausstattung der geeigneten Expedition zu bekommen.«
Selassie winkte ab. »Morgen wird ein Befehl hinausgehen, der das ermöglicht.«
Einige Wochen später erhielt Clark ein Telegramm von Leakey: OMO OKAY. WERDE MICH BALD MIT IHNEN IN VERBINDUNG SETZEN.

Leakey hätte sehr viel daran gelegen, als kenyanisches Mitglied der aus Angehörigen von drei Nationen bestehenden Expedition anzugehören, die jetzt zusammengestellt wurde. Aber der Zustand seines Rückens verschlechterte sich, und sein Hüftgelenk hatte sich so sehr versteift, daß er kaum gehen konnte. So mußte er das wissenschaftliche Team aus Kenia seinem Sohn Richard unterstellen.
Richard Leakey war damals 23 Jahre alt, ein schlanker, aufgeweckter, gut aussehender junger Mann, sachlich und energisch. Er hatte

nicht die Schroffheit seines Vaters, wohl aber etwas von dessen Eigensinn geerbt. Obwohl wir beide etwa gleich alt waren, hatte er auf die Entdeckung des Zinj und des *habilis* durch seine Eltern anders reagiert als ich. Seine Phantasie war dadurch nicht angeregt worden, sondern die ganze Sache langweilte ihn. Seit seiner Kindheit hatte er so viel von Anthropologie gehört, daß er jetzt genug hatte. Als es um die Frage ging, ob Richard die Universität besuchen sollte, lehnte er das ab. Damit enttäuschte er natürlich seinen Vater, der gehofft hatte, Richard werde ebenso wie er Paläoanthropologe werden. Er sagte, wenn Richard nicht studieren wollte, dann müßte er selbst sehen, wie er weiterkäme.

Richard war mit dieser Entscheidung durchaus einverstanden. Er hatte genug alte Knochen gesehen. Er liebte das Leben in der freien Natur und war ein passionierter Jäger. So etablierte er sich als White Hunter und führte Touristen auf Jagd- und Photosafaris. Dabei hat er sich glänzend bewährt. Der junge Mann verstand es sehr gut, sich in der Wildnis zurechtzufinden. Diese Erfahrungen und sein offensichtliches Organisationstalent veranlaßten Louis, Richard mit der Leitung des kenianischen Teams zu betrauen, obwohl er in der Anthropologie und Geologie keine Spezialkenntnisse besaß. Er wußte natürlich eine ganze Menge, was bei einem Sohn von Louis und Mary Leakey auch gar nicht anders sein konnte. Aber seine wissenschaftliche Ausbildung war mit dem Verlassen der Oberschule abgeschlossen.

Haile Selassie hielt Wort, und die Expedition konnte zum Omo aufbrechen. Leakeys Vorschlag, die Franzosen daran zu beteiligen, war sehr vernünftig gewesen. Die Franzosen hätten es nicht nur übelgenommen, nicht an dem Unternehmen beteiligt worden zu sein (und es hätte auch Schwierigkeiten gegeben, weil Frankreich wahrscheinlich die besten Beziehungen von allen westlichen Nationen zu Äthiopien unterhielt), sondern nach den ungeschriebenen Regeln der Paläoanthropologie geht man auch nicht unaufgefordert an eine Fundstelle, die von anderen entdeckt wurde, um sich dort die Rosinen herauszupicken. Arambourg war der erste Wissenschaftler gewesen, der am Omo ernstzunehmende Arbeit geleistet hatte, und die äthiopischen Behörden kannten ihn. Obwohl er schon alt und leidend war und sich zunächst über die geologischen Verhältnisse in diesem Gebiet geirrt hatte, übernahm er die Leitung des französischen Teams. Als geologischen Fachmann und Stellvertreter nahm er den jüngeren Yves Coppens mit. Howell leitete das amerikanische Kontingent, Richard Leakey das kenyanische.

Planung und Versorgung der Expedition mußten von Nairobi aus erfolgen. Obwohl es von dort bis zum Omo mehr als 800 Kilometer waren und trotz der sehr schlechten Straßenverhältnisse war dieser Versorgungsweg günstiger als der kürzere nach Addis Abeba, denn der Weg von der äthiopischen Hauptstadt zum Omo führte durch ein noch unwegsameres Gebiet, und es gab keine Verbindungsstraße. Außerdem konnte man auch die allereinfachsten Dinge wie etwa Toilettenpapier oder Leim in Äthiopien nicht bekommen. Man hätte diese Dinge aus dem Ausland nach Addis Abeba schicken müssen. Nairobi lag daher günstiger, die Versorgungsmöglichkeiten waren besser, und schließlich lebten die Leakeys dort, um die Arbeit zu überwachen. Das Unternehmen am Omo, wo 1967 die erste Kampagne begann, war angeblich die erste echte internationale anthropologische Expedition. Das stimmte aber nicht ganz. Jedes Team war darauf eingerichtet, selbständig und unabhängig von den anderen zu arbeiten. Clark Howell und Richard Leakey stellten sehr bald fest, daß die Franzosen, die den ältesten Anspruch auf diesen Grabungsort hatten, den längsten Streifen von Ablagerungen am Fluß Omo, wenige Meilen oberhalb seiner Einmündung in den Turkana-See an der Grenze von Kenia, für ihr Team reserviert hatten. Clark wurde ein viel kleinerer Abschnitt unmittelbar nördlich des französischen zugewiesen. Richard Leakey fand sich weiter flußaufwärts jenseits einer Flußbiegung am anderen Ufer wieder. Seine Enttäuschung wurde immer größer, als er schon sehr bald feststellte, daß die Ablagerungen dort so jung waren, daß sie seine Erwartung nicht erfüllen konnten. Einmal gefiel es ihm nicht, sich bei seiner Arbeit anderen unterstellen zu müssen, er erkannte aber auch in kurzer Zeit, daß er hier zum Esau der Expedition werden könnte, dessen Aufgabe es sein würde, das Feuerholz und das Wasser heranzuschleppen, und daß die Jakobs, die Wissenschaftler Arambourg, Coppens und Howell die Lorbeeren für alle Entdeckungen ernten würden, die hier gemacht wurden. Nachdem er der Paläoanthropologie zunächst den Rücken zugewandt hatte, beschloß er jetzt, trotz aller Widerstände als Paläoanthropologe zu arbeiten, und zwar selbständig und an einem besser dafür geeigneten Ort. Um diesen Ort zu finden, lieh er sich einen Hubschrauber, den die Expedition gemeinsam gechartert hatte, und flog südostwärts am Ostufer des Turkana-Sees entlang und über eine weite Strecke erodierter Ablagerungen, die ihm vielversprechend aussahen, nach Kenia zurück. Er landete in einer verlassenen Plio-Pleistozän-Landschaft, in der überall Fossilien herumlagen. Selbst er als Nichtfachmann war tief beeindruckt. Er kam an den Omo zurück und sagte, er werde sich von der Expedition trennen und in seinem Land eigene Forschungsarbeiten beginnen – eine kühne Entscheidung für einen dreiundzwanzigjährigen jungen Mann, der mit dem Zorn seines Vaters rechnen mußte.

Dieser Flug mit dem Hubschrauber war der folgenschwerste, den je ein Fossilienjäger unternommen hat. Richard Leakey stellte ein Team von Fachleuten zusammen und richtete bei Koobi Fora auf einer gebirgigen Landzunge oberhalb des Turkana-Sees sein Lager ein. Was er dort während der folgenden Jahre fand (wir werden im nächsten Kapitel darüber berichten), sollte auf die Anthropologie und unser Wissen vom Ursprung des Menschen entscheidende Auswirkungen haben.

Die Franzosen und Amerikaner blieben, wo sie waren. Arambourg starb, und Coppens übernahm die Leitung des französischen Teams. Die Arbeit ging mit jährlichen Kampagnen bis 1974 weiter. Danach wurden die politischen Verhältnisse in Äthiopien so unsicher, daß eine Fortsetzung des Unternehmens nicht mehr möglich war. Doch schon vor 1967 hatte Howell gemeint, und Louis Leakey hatte sich dieser Auffassung angeschlossen, daß eine vorläufige Untersuchung durch einen erfahrenen Geologen unbedingt erforderlich sei.

Howell erklärte: »Ich bin kein Fachgeologe. Ich habe mir geologische Kenntnisse aneignen müssen, aber bevor ich vierzig oder fünfzig Leute in ein mir unbekanntes Gelände schickte, hielt ich es für notwendig, das Gebiet am Omo genauer zu erforschen. Ich war überzeugt, was ich 1959 dort gefunden hatte, stammte aus dem Pliozän oder dem Pleistozän. Ich wollte aber den unumstößlichen Beweis dafür haben.«

Der Geologe Frank Brown wiederholte die Reise von Clark bis zu dem abgelegenen Polizeiposten an der Grenze. Als er im Dezember 1966 an die University of California zurückkehrte, begrüßte er Howell mit einem breiten Lächeln. »Die Ablagerungen stammen, wie

Sie angenommen haben, aus dem Pliozän und dem Pleistozän«, sagte er. »Sie werden Ihnen sehr gut gefallen.«

Das war, wie sich herausstellte, die Untertreibung des Jahrzehnts. Die Sensation vom Omo sind die geologischen Gegebenheiten in Verbindung mit den in den einzelnen Schichten gefundenen Säugetierfossilien. Diese Fundstelle ist ein leuchtender Stern an dem sonst so düsteren und von Wolken verhüllten Firmament der Paläoanthropologie, über den die Stürme der Meinungsverschiedenheiten über das Alter und die Beziehungen der einzelnen Entdeckungen hinwegrasen. In Südafrika sind die Verhältnisse so verworren, daß sich hier kaum Klarheit schaffen läßt. An anderen Fundstellen ist die Datierung sehr schwierig, weil sich die Stratigraphie nicht eindeutig klären läßt oder weil die vulkanischen Ablagerungen, nach denen man sie vorgenommen hat, unrein sind.

Aber der Omo ist ein Wunder. Hier hat sich der Ablauf der Ereignisse in so einzigartiger Weise erhalten, wie es sonst für die Untersuchung der Evolution der Hominiden nirgends geschehen ist. Die Einzigartigkeit der Verhältnisse dort ist die Folge eines Zusammentreffens besonderer qualitativer Gegebenheiten.

Howell hat vor einiger Zeit gesagt: »Erstens ist die Fundstätte recht groß. Sie besteht nicht aus einer einzigen Schlucht wie bei Olduvai, sondern es sind Erosionen, die sich über mehr als 100 Quadratmeilen erstrecken. Zweitens gehen diese Erosionen sehr in die Tiefe. Die Ablagerungen sind mehr als 1000 Meter dick, und das heißt, daß die zuunterst liegenden Fossilien sehr alt sind. Eine 1000 Meter dicke Schicht bildet sich nicht über Nacht. Drittens haben sich die Schichten gegeneinander verworfen. Man muß also nicht 1000 Meter in die Tiefe gehen, um an die unterste Schicht zu kommen. Die Erdkruste hat sich aufgewölbt, und die Schichten treten in einem bestimmten Winkel hervor, so daß auch die ältesten hier und dort an der Erdoberfläche liegen. Man braucht also eigentlich gar nicht zu graben. Man geht nur umher, und jeder Schritt führt einen in eine andere Periode.«

Die zutage liegende Folge von Ablagerungsschichten am Omo stellt eine riesige geologische Zeittafel dar, bei der die einzelnen Perioden durch etwa 200 verschiedene und deutlich erkennbare Ablagerungen aus Schlamm, Lehm, Sand, Kies und vulkanischem Material bezeichnet werden. Mehr als 100 Schichten enthielten Fossilien. Sie sind in

Die Besonderheiten der Ablagerungen am Omo sind ihre Tiefe (mehr als 1300 Meter), ihre Zugänglichkeit und die genauen Datierungsmöglichkeiten. Sie bestehen aus etwa 200 Schichten, die durch Bewegungen der Erdkruste nach oben verschoben worden sind, so daß sogar die älteren, tieferen Schichten als lange parallele Wellen aus dem verschiedenen Material an der Oberfläche erscheinen. Die im Vordergrund sichtbaren Bodenschichten sind älter als die im Hintergrund liegenden. Sie sind zwischen 1 und 4 Millionen Jahre alt. Dazwischen liegen immer wieder datierbare Schichten aus vulkanischem Tuff.

einer Zeitspanne von etwa 3 Millionen Jahren entstanden und stammen aus einer Zeit von vor 4 Millionen bis vor 1 Million Jahren.

»Die vulkanische Aktivität – Lavaflüsse und Eruptionen – war die vierte Besonderheit vom Omo«, sagt Clark. »Sie stellten die Meßlatte dar, nach der die Datierung vorgenommen werden konnte. Am Omo muß es damals recht heiß hergegangen sein, denn es gibt Dutzende von Ausbruchsstellen, und einige von ihnen sind mehr als 13 Meter dick. Es sind recht große Krater eines Vulkans, der seither verloschen ist. Wir suchen immer noch nach ihm. Die Trennungslinien zwischen den Sedimenten und dem Tuffgestein sind an manchen Stellen messerscharf. Für den Geologen ist das eine Gottesgabe. Ihm stehen hier ganz reine Aschenproben zur Verfügung, die er in die Staaten schicken kann, wo die Kalium-Argon-Tests durchgeführt werden. Wenn uns das Laboratorium die Untersuchungsergebnisse schickt, können wir das Alter der Säugetierfossilien sehr genau bestimmen, denn einige vulkanische Schichten liegen relativ nahe beieinander. Dazwischen liegen manchmal nur 50000 Jahre. Das heißt, daß man ein Fossil, das zwischen zwei dieser vulkanischen Schichten in einer insgesamt 2,5 Millionen Jahre alten Sedimentschicht liegt, bis auf etwa 25000 Jahre plus oder minus datieren kann. Bei den Zeitabständen, mit denen wir es hier zu tun haben, hat das nichts zu sagen. Es ist so, als fragte man einen sehr alten Mann, ob er hundert Jahre alt sei, und er antwortete: ›Nein, ich bin erst neunundneunzig.‹«

In der ganzen Geschichte der Paläoanthropologie hat es an keiner Stelle so gute Möglichkeiten für die Datierung von Fossilien gegeben wie am Omo. Mit Hilfe einer so genauen Zeitskala war es möglich, die zahlreichen Säugetierfossilien, die man überall am Omo fand, richtig einzuordnen, denn sie lagen ebenso wie die Sedimentschichten selbst an der Erdoberfläche. Während der acht Jahre, in denen die Expedition hier wirkte, sammelten die Wissenschaftler Fossilien von fast 50000 Säugetieren, die mehr als 140 Spezies angehörten. Die kleineren wie Ratten, Mäuse und Spitzmäuse waren deshalb von besonderem Wert, weil so kleine Tiere keine großen Strecken zurücklegen und auf Veränderungen in ihrem Lebensraum sehr sensibel reagieren. Wenn daher eine bestimmte Mäusespezies in einem Sediment vorkam, dann sagt das über das Klima zu der Zeit, in der sich dieses Sediment gebildet hat, eine Menge aus. Das gleiche gilt im allgemeinen auch für größere Säugetiere, aber die Informationen sind nicht so präzise, weil viele von ihnen – wie zum Beispiel die Antilopen – in der nassen und der trockenen Jahreszeit weite Wanderungen unternehmen. Es gibt aber doch Gruppen von Säugetieren, deren Vorkommen auf ein trockenes Klima hinweist, und andere, wie Flußpferde, sagen uns, daß es in ihrem Lebensraum Sümpfe, Seen und Flüsse gegeben hat. Wenn man die Informationen, die einem die Tierwelt, die Pflanzen und die geologischen Gegebenheiten vermitteln, zusammenfaßt, dann entsteht ein immer zutreffenderes Bild von der Geographie und dem Klima im Gebiet am Omo über eine sehr lange Zeit.

Ebenso wichtig ist es, daß Clark den Fundort jedes Fossils sorgfältig aufgezeichnet hat. Damit können wir die Evolution der verschiedenen Typen von Säugetieren über einen langen Zeitraum verfolgen. Man hat auf diese Weise sehr schöne Sequenzen von Antilopen, Giraffen und Elefanten bekommen. Aus älteren Spezies haben sich neue entwickelt, die in jüngeren Schichten gefunden worden sind. Auch sie sind nach einer gewissen Zeit verschwunden und von anderen abgelöst worden, deren fossile Reste in noch jüngeren Sedimentschichten liegen. Kurz gesagt, vor den Augen der Forscher am Omo vollzog sich die ganze Evolution dieser Lebewesen, und sie konnten sie sogar datieren. Die besten Beispiele für diesen Vorgang waren mehrere Ahnenreihen von Schweinen, die am Omo sehr häufig vorkamen und sich sehr rasch entwickelt haben. Der Paläontologe Basil Cooke übernahm die Aufgabe, die Geschichte der Evolution zu entschlüsseln. Er stellte Ahnentafeln für Schweine zusammen, deren Typen so genau datiert werden konnten, daß die Schweine selbst zur Meßlatte für Funde wurden, über deren Alter man sich nicht einigen konnte, bevor man nicht in der gleichen Schicht Schweine einer bestimmten Entwicklungsstufe gefunden hatte.

Diese Arbeit bezeichnet man als Biostratigraphie. Sie ist zeitraubend, wiederholt sich ständig und ist recht langweilig. Sie findet in der Abgeschiedenheit des Laboratoriums statt, und man hört außer in Fachkreisen kaum etwas davon. Aber ohne sie kann mancher Traum des Paläoanthropologen nicht in Erfüllung gehen. Eine wunderbare Hypothese über die Evolution der Hominiden in Ostafrika muß aufgegeben werden, wenn die Entwicklungssequenzen der Schweine ihr widersprechen. Hier haben die Schweine das letzte Wort.

Was sagte Omo über die Evolution der Australopithecinen oder die Achtbarkeit des *Homo habilis* aus? Das schien zunächst nicht viel

zu sein. Die hier gefundenen hominiden Fossilien waren nur sehr schlecht erhaltene Bruchstücke.
Clark hat mir einmal gesagt: »Ich muß gestehen, daß wir bei unserer acht Jahre dauernden Arbeit mehr hätten entdecken müssen. Wir haben Hominide gefunden, und zwar an 86 verschiedenen Stellen, aber die meisten Fossilien waren abgeschliffen, und es waren zum größten Teil nur Zähne. An einem einzelnen Zahn kann man nicht sehr viel erkennen.«
Clark sagt aber nicht, welchen Wert die hominiden Fossilien wirklich hatten, die er fand. Er hatte gehofft, einen kompletten Schädel zu finden, das ist ihm aber nicht gelungen. Ich fürchte, er wird ihn niemals finden. Das Gebiet am Omo wurde von schnell fließenden Gewässern durchzogen, und das sind andere Voraussetzungen, als man sie am Rand von Seen oder in Sümpfen findet. Die Größe der Sandkörner und Steine, die vom Wasser mitgeführt werden, ist davon abhängig, wie rasch dieses Wasser fließt. Zähne sind nicht größer als kleine Steine, und wenn das Wasser solche Steine mitführt, dann schwemmt es auch Zähne fort – unter Umständen viele Kilometer von dem Kiefer, zu dem die Zähne einmal gehört haben. Der Kiefer selbst wird herumgeworfen und abgeschliffen. Seine äußere Form verändert sich. Das ist augenscheinlich besonders oft am Omo geschehen.
Clark sagt dazu: »Die geringe Qualität der Fundstücke am Omo liegt – ich muß es zugeben – daran, daß die Knochen zu oft von einer Stelle zur anderen bewegt worden sind. Aber ich denke, wir werden Abhilfe schaffen können. Gegen Ende unserer Arbeit am Omo hatten wir angefangen, die Stellen zu markieren, an denen es besonders viele Fossilien gab, und wir hatten festgestellt, in welchen Sedimentschichten sie lagern. Wir wollten uns bei den nächsten Kampagnen auf diese Stellen konzentrieren, und nicht nur das sammeln, was an der Oberfläche lag, sondern auch graben. Die Arbeit wäre langsamer vorangegangen, aber ich glaube, die Qualität unserer Funde hätte sich gebessert. Leider konnten wir aus politischen Gründen nicht an den Omo zurückkehren. Das erleben wir immer wieder. Wenn die Arbeit wirklich Erfolg zu bringen beginnt, werden wir durch irgendein unvorhergesehenes Ereignis daran gehindert, weiterzumachen.«
Ich glaube, Clark hat mit seiner Arbeit mehr erreicht, als er zugeben will. Niemand unterschätzt natürlich den Wert seiner phantastischen

Camille Arambourg (stehend) hat in den 1930er Jahren am Omo nach Fossilien gesucht. 1967 kehrte er als Leiter des französischen Teams zu einer von drei Nationen ausgerüsteten Expedition gemeinsam mit Clark Howell und Richard Leakey dorthin zurück, starb aber bald darauf. Er wurde von Yves Coppens abgelöst, der auf diesem Photo den Kiefer eines Elefanten ausgräbt.

Datierungs- und Säugetiersequenzen. Aber sie sind derart phantastisch, daß man dabei die bescheidenen Hominiden übersehen könnte. Clark hat viele hominide Fossilien gefunden. Und eines läßt sich über die Zähne sagen – die für sich allein nur wenig aussagen –, daß die von Clark gefundenen Zähne an Bedeutung gewinnen werden, wenn man in einer entsprechenden Schicht besser erhaltene hominide Fossilien finden sollte, bei denen etwa in einem Kiefer die gleichen Zähne noch vorhanden sind. Das ist zum Beispiel bei Koobi Fora und Hadar geschehen. An beiden Orten hat man sehr schöne Fossilien gefunden, die das Verständnis der Entdeckungen von Clark wesentlich erleichtern.

Man vergleicht die Paläoanthropologie oft mit einem Puzzlespiel. Das ist ein sehr guter Vergleich, denn auch hier müssen einzelne Dinge so zusammengefügt werden, daß sie schließlich ein vollständiges Bild ergeben. Doch das Zusammensetzen eines Puzzlespiels ist einfacher. Dabei verfügt man über alle notwendigen Einzelteile. Man schüttet sie auf einem Tisch aus und macht sich an die Arbeit. Dazu nimmt man nicht etwa ein Stück und sucht unter allen anderen mühsam ein zweites, das dazu paßt. Man legt vielmehr zunächst alle blauen Stücke, dann die violetten beiseite und versucht, die einzelnen Gruppen zusammenzusetzen. Dann sondert man alle Stücke mit geraden Kanten aus. Sie bilden den Rand des Puzzlespiels, und sie sind recht einfach aneinanderzureihen. Wenn das geschehen ist, werden die blauen und violetten Stücke allmählich eingepaßt.

Der Anthropologe kann nicht so vorgehen. Die Stücke, die ihm zur Verfügung stehen, lassen sich nicht so ordnen. Mit dem ersten Schädel des Neandertalers besaß man nur ein einziges Stück und nichts, was dazu paßte. Mit dem Affenmenschen aus Java hatte man ein zweites, wußte aber nicht, in welcher Beziehung beide zueinander standen. In den südafrikanischen Höhlen entdeckte man eine ganze Reihe anderer Stücke – sagen wir, die Fossilien des grazilen *Australopithecus* waren die blauen, die des robusten die violetten. Dart, Broom und Robinson ist es gelungen, einige kleine Teilstücke zusammenzufügen, aber es fehlte noch der Rand des Puzzlespiels. Nach einiger Zeit kam Louis Leakey mit einem neuen Stück, mit Zinj – und einer Datierung! Das war das erste Stückchen, das an den Rand des Puzzlespiels gehörte. Clark Howell hat nun mit seinen Datierungen am Omo ein beträchtliches Stück des Randes gefunden. Die dort ent-

Clark Howell, ein Pionier auf dem Gebiet der planmäßigen Erforschung von Fundstellen, ist verantwortlich für die richtige Auswertung der Ablagerungen am Omo. Hier arbeitet er in einer Schicht, die zahlreiche kleine fossile Stücke enthält. Um ihre vorgefundene räumliche Anordnung zu bewahren, hat der Entdecker das sie umgebende Material fortgeräumt und jedes einzelne Stück auf einer kleinen Pyramide liegen lassen.

deckten hominiden Fossilien paßten in diesen Rahmen, auch wenn ihre Qualität nicht den Hoffnungen der Wissenschaftler entsprach. Er fand vier verschiedene Arten. Da er wußte, wie alt sie waren, konnte er sie richtig einordnen, was vorher nicht möglich gewesen war, auch wenn es ihm nicht gelang, sie genau zusammenzulegen. Ebenso bedeutsam war die Tatsache, daß einige seiner Fundstücke aus dem Pliozän stammten. Sie waren mehr als 2 Millionen Jahre alt. Seine Erwartungen hatten sich erfüllt; er war über das Pleistozän hinaus noch weiter in die Vergangenheit zurückgegangen.
Die vier verschiedenen Arten von Fundstücken, die Clark entdeckt hatte, bestanden nach einem 1976 von ihm verfaßten Bericht aus den folgenden:

> Einem kleinen Hominiden, der dem südafrikanischen grazilen *Australopithecus* ähnlich sah. Am Omo erschien er zum erstenmal vor 3 Millionen Jahren und läßt sich mit Sicherheit noch vor 2,5 Millionen Jahren nachweisen. Er könnte bis in die Zeit vor 2 Millionen Jahren weitergelebt haben, obwohl die Qualität der Fossilien einen zuverlässigen Nachweis unmöglich macht.
> Einem robusten Hominiden; er glich eher dem superrobusten Zinj als dem südafrikanischen *robustus*. Er erschien vor 2 Millionen Jahren und verschwand vor 1 Million Jahren. Von den vier am Omo gefundenen Typen waren seine Fossilien hier am häufigsten anzutreffen.
> Spuren des *Homo habilis*. Sie zeigten sich in der Form von Zähnen, die denen des *Homo* ähnlich sind, und lassen sich auf die Zeit vor 1,8 Millionen Jahren datieren.
> Schließlich Spuren des *Homo erectus*. Er taucht vor etwa 1,1 Millionen Jahren auf.

Als diese vier Typen identifiziert und nach ihrem Alter eingeordnet worden waren, konnte man auch darangehen, ihre verwandtschaftlichen Beziehungen zu untersuchen. Da zum Beispiel alle grazilen Typen in der Zeit vor mehr als 2 Millionen Jahren gelebt hatten, die robusten aber nach dieser Zeit, vermutete man, der eine Typus könnte sich aus dem anderen entwickelt haben. Diese Vermutung verstärkte sich, wenn man nach Südafrika ging und feststellte, daß auch dort der grazile *Australopithecus* älter war als der robuste. War das

nur ein sehr eigenartiger Zufall, oder half es der Wissenschaft bei der Zusammensetzung des Puzzlespiels?
Zweitens kam auch der *Homo habilis* am Omo ebenso wie bei Olduvai erst später als 2 Millionen Jahre v. Chr. vor, und deshalb könnte er von einem grazilen *Australopithecus* abstammen. Da nun alle diese Hinweise so gut zusammenzupassen schienen, war man versucht, die Vermutung als Tatsache anzusehen, indem man die vier Typen in einer Linie miteinander verknüpfte (siehe Diagramm auf S. 347 rechts). Das wäre jedoch voreilig gewesen. »Eine Vermutung ist noch kein schlüssiger Beweis«, hat mir Clark Howell mehr als einmal gesagt. Bevor wir die Darstellung auf dem Diagramm akzeptierten, glaubten wir, weitere Hinweise finden zu müssen, wenn auch viele Wissenschaftler schon jetzt von der Richtigkeit dieser Hypothese überzeugt waren. Die Hinweise sollten, wie wir in den folgenden Kapiteln sehen werden, aus Koobi Fora, Laetoli und Hadar kommen.

Als ich die University of Illinois verließ, um unter der Leitung von Howell in Chicago weiterzustudieren, war der Omo in aller Munde. Die Studenten von Howell sprachen von nichts anderem. Das Laboratorium wurde mit Karten, Statistiken und Fossilien überschwemmt. Es entstanden die wildesten Hypothesen zur Interpretation all dieser Daten. Wie immer war Clark auch hier sehr vorsichtig.
Heute sagt er, er habe damals noch an der Realität des *habilis* gezweifelt. »Ich konnte mich hinsichtlich der Anerkennung des *habilis* nicht recht entscheiden«, berichtet er. »Ich schwankte noch. Die Behauptung von Louis Leakey, der *habilis* wäre der früheste bekannte Typus des *Homo*, schien insofern logisch begründet, als man sie aus den fossilen Fragmenten ableiten konnte. Aber diese Fragmente sagten noch nicht genügend aus. Ich habe oft die Gelegenheit gehabt, das in Olduvai gefundene Material zu untersuchen. Ich kenne es gut. Es war ungewöhnlich interessant, ließ aber noch keine endgültigen Schlüsse zu. Erst später, als wir am Omo in einer 1,85 Millionen Jahre alten Schicht *Homo*-ähnliches Material zu finden begannen, wurde ich in der Überzeugung bestärkt, Louis könnte recht gehabt haben, und es wäre dort tatsächlich noch Raum für eine weitere Spezies zwischen einem australopithecinen Vorfahren und dem *Homo erectus*. Aber beweisen konnten wir das noch lange nicht.«
Für mich war es ein ganz großes Erlebnis, an dieser Debatte teilneh-

men zu können und zu sehen, wie sich unser Wissen erweiterte. Ich erlebte als Augenzeuge, wie alle diese Ideen überprüft wurden. Ich hatte für den *Homo habilis* mehr übrig als Clark. Ich konnte mir das leisten, denn ich war jünger, hatte weniger Erfahrung und auch nicht die gleiche wissenschaftliche Verantwortung wie er. Damals war ich nur eine Stimme im Rahmen der lebhaften studentischen Diskussion im Laboratorium von Clark.

Als ich diese Zähne zum erstenmal sah, dachte ich sofort: *Homo*. Das war nur eine intuitive Eingebung. Ich hatte eigentlich nicht das Recht, es zu glauben. Ich hatte die Sammlungen von Australopithecinen in Südafrika noch nicht im Original gesehen und untersucht. Ich kannte sie nur aus der Literatur und von einigen Abgüssen Clarks. Intensiv hatte ich mich nur mit Schimpansen beschäftigt. Meine Doktorarbeit wollte ich über das Gebiß des Schimpansen schreiben. Das umfaßte die gesamte Morphologie; die Unterschiede bei den Geschlechtern, die Abweichungen bei verschiedenen Populationen, die Entwicklung des kindlichen Gebisses und die äußeren Formen der einzelnen Zähne. Meine Arbeit sollte alles erfassen, was es über die Evolution des Schimpansenkiefers zu wissen gab, wie der Schimpanse kaute und warum.

Mir standen 300 Schimpansenschädel in den Vereinigten Staaten zur Verfügung, und mit ihren Daten richtete ich eine Kartei ein, in der die Angaben über jeden einzelnen Zahn auf Lochkarten gespeichert waren. Das Schimpansengebiß wurde mir so vertraut, daß ich, als ich es mit den Gebissen anderer Menschenaffen, der Gorillas und der Orangs, und dann mit dem menschlichen Gebiß und Abgüssen von australopithecinen Kiefern verglich, instinktiv erkennen konnte, welche Merkmale für einen Menschenaffen, für einen *Australopithecus* und für einen *Homo* bezeichnend sind.

Die meisten Anthropologen ziehen sich früher oder später bequem in eine besondere Ecke ihres Fachgebietes zurück. Mein Spezialgebiet waren die Zähne, und das war für mich ein großes Glück. Unser Hausarzt sagt uns: »Du bist, was du ißt.« Das ist zutreffender als man glaubt. Die Zähne sagen aus, was man ist und woher man kommt. Sie müssen das aussagen.

Als ich mir die Omo-Zähne ansah, die Clark mit allen notwendigen Vorbehalten als die eines *Homo* bezeichnete, glaubte ich, an dieser Feststellung sei nicht zu rütteln. Ich wiederhole: Ich glaubte. Aber während ich diesen Gedanken faßte, mußte ich erkennen, daß ich dazu noch mehr wissen müßte. Ich mußte die südafrikanischen Sammlungen selbst sehen – die Originale der Fossilien, und nicht nur die Abgüsse. Zum erstenmal in meinem Leben wurde mir klar, daß es etwas gab, über das ich mehr erfahren müßte. Zu dieser Zeit wuchs auch mein Verlangen, selbst hinauszugehen und nach Fossilien zu suchen.

Außerdem brauchte ich noch mehr Schimpansenschädel, um meine Dissertation abzuschließen. Es gab zwei Sammlungen in Europa, die zusammen mit den mir in den Vereinigten Staaten zugänglichen 826 Exemplare umfaßten. Diese Zahl war groß genug, um damit statistisch relevante Ergebnisse zu bekommen. (Es handelte sich im übrigen ausschließlich um heutige Schimpansen. Man hat noch nirgends einen fossilen Schimpansenschädel entdeckt.)

Zu diesem Zeitpunkt unternahm ich ein Wagnis. Clark hatte mir bei der Beschaffung eines kleinen Stipendiums für eine Reise nach Europa zum Studium der Schimpansenschädel geholfen. Jetzt erfuhr ich, daß er noch im gleichen Sommer nach Südafrika gehen wollte, um dort die Australopithecinen zu studieren. Ich fragte ihn, ob ich ihn begleiten dürfte. Ich erläuterte ihm das System, nach dem ich die Schimpansengebisse registriert hatte, und zeigte ihm, wie es für eine detailliertere und geordnetere Erfassung und Beschreibung der Zähne der *Australopithecus* angewendet werden könnte. Das beeindruckte Clark. An den Zähnen gab es bestimmte Höcker und Furchen, die bis dahin noch nicht analysiert worden waren. Er sagte: »Okay. Bitten Sie in Ihrem Antrag um etwas mehr Geld, damit Sie die Flugkarte von Europa nach Südafrika bezahlen können. Wir sehen uns in Nairobi.«

Nun setzte ich wirklich alles auf eine Karte. Ich sagte, wenn ich schon bis Nairobi fliegen sollte, dann wäre es eine Schande, nicht auch noch ein Stück weiterzureisen, bis an den Omo, und dort während des gleichen Sommers eine Zeitlang mitzuarbeiten. Clark blickte mich prüfend an, erklärte sich aber wieder einverstanden. Er sprach mit Gerry Eck, der die Außenarbeiten koordinierte, über meine Teilnahme. Eck kannte mich als Examensstudenten und stöhnte. Er sagte: »Ich bin mir über diesen Burschen nicht ganz klar. Mir kommt es so vor, als sei das ein Großstädter. Brauchen wir ihn denn wirklich?«

Ich muß zugeben, daß Eck mich richtig beurteilte. Ich mag die Großstadt und ihre hellen Lichter. Aber Clark meinte, ich hätte eine gewisse archäologische Ausbildung genossen und würde mich vielleicht nützlich machen, wenn in diesem Sommer gegraben werden sollte – und im übrigen würden es doch nur wenige Wochen sein. Eck erklärte sich, wenn auch widerwillig, bereit, es mit mir zu versuchen.

Im Frühjahr 1970 ging ich nach Europa, vervollständigte meine Daten über die Schimpansen und flog nach Nairobi, wo ich einige Tage mit Clark zusammen war. Für mich war das eine sehr aufregende Zeit. Ich hatte das Gefühl, mit offenen Sinnen am Beginn meiner wissenschaftlichen Laufbahn zu stehen. Endlich war ich in Afrika. Nun sah ich selbst zum erstenmal die berühmten Fossilien – Zinj, Twiggy, Cindy und George –, über die ich so viel gelesen, die ich aber bisher noch nie zu Gesicht bekommen hatte. Hier lagen sie nun auf dem Tisch vor mir. Ich brauchte nur die Hand auszustrecken, um sie zu berühren. Als ich den Schädel von Twiggy aufgehoben hatte, fiel mir auf, wie schwer er war – wie ein Stein. Ich überlegte mir, ob ich je etwas Ähnliches finden würde, ob ich das Fachwissen und die Geduld haben würde, um aus einem flachgedrückten Schädel Twiggys einen runden Schädel zu rekonstruieren.
Ich wurde Mary Leakey vorgestellt und erneuerte meine Bekanntschaft mit Richard, der schon ein bekannter und von der Weltpresse gefeierter Mann war. Er hatte kürzlich in Koobi Fora wieder einige sensationelle neue Fossilien des *robustus* gefunden, die ich nun sehen durfte – ein weiteres großes Erlebnis, denn ein wissenschaftlicher Bericht über sie war noch nicht veröffentlicht worden.
Mich begeisterte die Vorstellung, an der vordersten Front einer Wissenschaft zu stehen, mit Menschen zu sprechen, die darin Entscheidendes leisteten, berühmte Schädel gefunden hatten und selbst berühmt geworden waren. Das gleiche Gefühl begleitete mich, als ich mit Clark in einem leichten Flugzeug, das die Expedition für den Personentransport und die Versorgung benutzte, an den Omo flog. Ich blickte aus der Maschine, während sie uns über die grünen Hügel des Hochlands von Abardare nach Norden trug, vorbei am schneebedeckten Gipfel des Mount Kenya und weiter in den staubigeren, trockeneren Norden. Unter uns breitete sich eine ungeheuer weite Landschaft aus. Graue und lavendelfarbene Berge erhoben sich über einer öden, braunen Fläche. Der Turkana-See kam in

Sicht. Er erstreckte sich über 160 Kilometer, und an seiner Nordspitze sah man ein langes grünes Band, das sich weiter nach Norden schlängelte, um in der flimmernden, heißen Luft zu verschwinden. Die grüne Schlange war ein Flußwald, ein schmaler Streifen von Bäumen, die sich, um am Leben zu bleiben, an die Ufer des Omo-Flusses klammerten.

Gerry Eck begrüßte uns bei der Landung auf dem behelfsmäßigen Landestreifen. Er schien zwar nicht begeistert zu sein, war aber auch nicht unfreundlich. Er zeigte mir mein Zelt, ich packte meine Sachen aus, zog mir Shorts an und stürmte hinaus, entschlossen, Eck sofort zu beweisen, daß ich etwas leisten konnte. Aber schon nach einer halben Stunde mußte ich den Versuch aufgeben. Die Hitze setzte mir so sehr zu, daß ich mich kaum auf den Beinen halten konnte. Eck selbst suchte in der prallen Sonne die Gegend nach fossilen Fragmenten ab. Ich konnte kaum mithalten und mußte dazu feststellen, daß ich nicht in der Lage war, auch nur ein einziges Fossil zu identifizieren. Als ich abends allein und schwitzend in meinem Zelt lag, wurde mir bewußt, daß ich mich gänzlich umstellen mußte. Am folgenden Tag sprach ich mit Clark über meine Bedenken und sagte ihm, ich würde hier kaum etwas Nützliches tun können. Er riet mir, mich nicht zu sehr zu verausgaben, sondern mich zunächst zu akklimatisieren. Es wäre am besten, wenn ich ihm nachmittags beim Sortieren der Fossilien half, die bei der Vormittagsarbeit gefunden worden waren. Nachdem ich etwa eine Woche die verschiedensten Knochen numeriert und geordnet hatte, konnte ich allmählich nach vielen Belehrungen die Knochen von Schweinen und Antilopen unterscheiden, und Howell sagte: »Jetzt sagen Sie umgekehrt mir, welche Knochen zu welchem Tier gehören.«

Mir gefiel das Lagerleben sehr gut, und ich wußte jetzt auch, wie ich mich nützlich machen konnte. Ich überprüfte die Vorräte, reparierte Fahrzeuge, zeichnete Lagekarten und half bei den schriftlichen Arbeiten. Dabei eignete ich mir das Grundwissen über Säugetierfossilien aus dem Pliozän und dem Pleistozän an. So rückte auch die Struktur des ganzen Unternehmens in die richtige Perspektive. Ich beobachtete Clark als Leiter und Eck als Koordinator der Expedition und machte mich mit allen Details ihrer Aufgaben vertraut. Eck war ein geschickter Praktiker und verstand nicht nur etwas von seinem Spezialgebiet, fossilen Affen, sondern sorgte für den Verpflegungsnachschub, beaufsichtigte die eingeborenen Hilfsarbeiter und koordinierte die Arbeit der Wissenschaftler. Ich beobachtete auch Clark sehr genau. Als die drei Wochen meines Aufenthalts vorüber waren und es Zeit für mich wurde, abzureisen, stellte ich fest, daß ich kein einziges Mal den Spaten in die Hand genommen hatte – was ich als Archäologe eigentlich hätte tun sollen.

Als wir im Flugzeug saßen und südwärts nach Pretoria und Johannesburg flogen, sagte Clark: »Das war ganz in Ordnung. Sie haben etwas dabei gelernt, nicht wahr?«

»Habe ich das wirklich?«

In Südafrika verschaffte mir Clark ebenso wie in Nairobi die Möglichkeit, die Fossiliensammlungen zu sehen, darunter die Stücke, die Broom selbst in den Höhlen von Sterkfontein und Kromdraai aus der Breccie gelöst hatte. Einen dieser Schädel betrachtete ich mit einem an Ehrfurcht grenzenden Gefühl. Es war der *africanus* »Mrs. Ples«, ein besonders gut erhaltenes und bekanntes Exemplar aus der Sammlung von Broom. Ich betastete vorsichtig die feinen Risse zwischen den kleinen Fragmenten, die Broom vor einem Vierteljahrhundert noch als alter Mann so behutsam und geschickt zusammengefügt hatte. Ich überlegte mir, ob ich je die Gelegenheit haben würde, ähnliches zu tun. Ich sah auch andere, von Robinson gefundene Fossilien in der großen Sammlung Darts aus Makapansgat, die legendären Entdeckungen legendärer Männer. Hier lagen sie zu Hunderten vor mir. Ich hatte bis dahin nicht gewußt, wie umfangreich die südafrikanischen Sammlungen waren. Sie bestanden zwar zum größten Teil aus Zähnen und Kieferknochen, aber mit diesen Skeletteilen war ich am besten vertraut. Ich machte mich mit Howell daran, sie zu analysieren. Mein an den Schimpansen erprobtes System für die Katalogisierung bewährte sich auch hier. Wir sammelten eine sehr große Zahl von Daten und nahmen uns vor, im nächsten Jahr einen wissenschaftlichen Bericht darüber zu veröffentlichen. Wir sind nicht dazu gekommen, denn wir hatten so vieles andere zu tun, daß uns keine Zeit dafür geblieben ist.

Ich verließ Südafrika mit einer sehr lebendigen Vorstellung von den Australopithecinen, wie ich sie bis dahin noch nicht gehabt hatte. Ich hatte Dutzende von Kieferknochen und Hunderte von Zähnen gesehen, und die Lebewesen, zu denen sie gehört hatten, waren vor meinem inneren Auge lebendig geworden. Man konnte deutlich erkennen, wo die Kauflächen abgenutzt waren, und sah die kleinen, flachen Facetten, die vor 1 oder 2 Millionen Jahren entstanden waren. Diese Zeugen der Vergangenheit waren uns durch den Versteinerungsprozeß so gut erhalten und zeigten ihre Details so deutlich, wie man sie auf einem Gipsabdruck nie hätte sehen können. Der Anblick dieser abgenutzten Kauflächen auf den alten Zähnen verwandelte ihre Besitzer in meiner Vorstellung in Lebewesen aus Fleisch und Blut, von denen ich mir sehr gut denken konnte, wie sie ihre Nahrung zu sich genommen hatten.

Ich war ebenso wie Howell, Broom und Robinson davon überzeugt, daß es zwei Arten von Australopithecinen gegeben hat. Allmählich bekam ich das richtige Gefühl für die vielen Merkmale der Zähne, des Kieferknochens, der Schädelform und der Muskelverbindungen, die sorgfältig interpretiert werden mußten, wenn man feststellen wollte, ob es sich um einen robusten oder grazilen Typus handelte. Ein einzelner Zahn genügte dazu oft nicht, denn bei der Größe und Form einiger Zähne gab es sogar Überschneidungen. Doch generell ließen sich beide Typen deutlich voneinander unterscheiden. Der *robustus* hatte einen dickeren, massiveren Unterkiefer, größere, breitere und mit einer dickeren Schmelzschicht überzogene Molare, sehr typische Prämolare, stärkere Kaumuskeln an beiden Kopfseiten und einen Scheitelgrat, an dem diese stärkeren Muskeln befestigt gewesen waren. Alle diese Merkmale zeigten, daß der *robustus* stärker kauen konnte. Offensichtlich ernährte er sich von grober pflanzlicher Substanz, von Wurzeln, Knospen und Stengeln. Bei dem grazilen *Australopithecus* war der Kauapparat nicht so stark entwickelt.

Zu diesen Schlüssen war auch Robinson mehr als zehn Jahre zuvor in einer allgemein anerkannten Monographie über das Gebiß der Australopithecinen gekommen. Jetzt konnte ich mit eigenen Augen sehen, daß Robinson recht gehabt hatte. Ich bewunderte seine Arbeit nicht nur wegen der Logik seiner Analyse, sondern auch wegen der Lebendigkeit und Eindringlichkeit seiner Beschreibung einzelner Fossilien. Während meines Studiums unter der Leitung von Howell hatte ich gelernt, wie sehr es auf die Genauigkeit jeder Beschreibung ankommt. Robinson hat, glaube ich, die Fossilien, soweit ich sie aus eigener Anschauung kenne, mit am zutreffendsten beschrieben. In Afrika entschloß ich mich, für den Fall, daß ich einmal von mir selbst

gefundene Fossilien beschreiben müßte, dem Beispiel von Robinson zu folgen.
Nach Omo zurückgekehrt, berichtete ich Clark von meinen Eindrükken, um festzustellen, was er davon hielte. »Wissen Sie, diese Molare des *robustus* sehen aus wie eine Weiterentwicklung der Molare des grazilen Typus. Es sind die gleiche Art Zähne, nur sind die Merkmale stärker ausgeprägt.«
»Ja.«
»Sie werden mit der Zeit immer größer und entwickeln sich immer mehr zu Spezialwerkzeugen.«
»Ja, ja.«
»Weshalb sollte das nicht ein Anpassungsvorgang sein, der bei den grazilen Typen angefangen hat und dann weitergegangen ist?«
»Möglich.«
»Dieser Typus wurde allmählich immer robuster, bis er sich schließlich zum *robustus* entwickelt hatte.«
»Vielleicht.«
»Wenn sich nun aber der *africanus* zum *robustus* weiterentwickelt hat, wie sollte er dann ein Vorfahre des *Homo habilis* sein?«
Clark ließ sich nur schwer aus der Reserve locken. Aber ich fragte weiter: »Wie sollen wir diese Frage lösen?«
»Das erfordert Zeit.«
»Für die Bearbeitung der von uns bisher gesammelten Daten?«
»Wir brauchen noch mehr Fossilien.«
»Aber wir haben eben eine umfangreiche Sammlung von Fossilien untersucht.«
»Wir haben keine zuverlässigen Datierungen bekommen können.«
»Aber wir wissen, daß der *robustus* jünger ist.«
Clark erwiderte: »Wieviel jünger? Können Sie mir das sagen? Das hätte ich gern gewußt. Ich brauche noch bessere Fossilien, die genauer datiert sind und aus einer anderen Gegend kommen.«
»Ich habe den Eindruck, wir brauchen ständig bessere Fossilien.«
»Ja.«

Den Winter brachte ich mit der Fortsetzung meiner Studien und der Arbeit an meiner Dissertation zu. Im Sommer 1971 kehrte ich an den Omo zurück. Gegen Ende der Kampagne war ich mit den Säugetierfossilien aus dem Pliozän und dem Pleistozän vertraut und hatte eine gute Vorstellung von den Problemen der stratigraphischen Erschließung einer geologisch komplexen Grabungsstelle sowie von den Schwierigkeiten für die präzise Datierung der Funde. Ich hatte bei der Suche nach Fossilien Erfahrungen gesammelt und sogar selbst einige hominide Fossilien gefunden.

Außerdem stellte ich fest, daß es nicht ganz einfach war, im Rahmen einer internationalen Expedition zu arbeiten. Die Arbeitsweise der Franzosen unterschied sich auf fast jedem Gebiet von der des amerikanischen Teams. Sie wurden anders finanziert und von ihren Botschaften unterstützt, und sie schienen ihre Arbeit nicht so wichtig zu nehmen.

Ursprünglich lagen beide Lager recht weit auseinander. Aber nach dem Tod von Arambourg forderte Coppens die Gruppe von Howell auf, in den französischen Abschnitt zu kommen und ein kleines Teilstück an dessen Nordende zu bearbeiten. Zwischen diesem Teilabschnitt und dem französischen Sektor lag die von unseren Versorgungsfahrzeugen benutzte Straße, die als Trennungslinie für die wissenschaftlichen Arbeiten beider Teams streng beachtet werden sollte.

Der amerikanische Koordinator Eck berichtete, die Franzosen hätten vor meinem Eintreffen am Omo die Amerikaner fast wie Bürger zweiter Klasse behandelt. Das hatte ihn sehr geärgert. Wenn die Expedition zu Beginn einer neuen Kampagne am Omo eintraf, mußte in jedem Jahr zuerst die Startbahn für die Flugzeuge hergerichtet werden. Dazu mußten auf einem 15 Meter breiten und 800 Meter langen Streifen alle Grasbüschel mit Buschmessern abgehauen werden, eine anstrengende Arbeit, die drei Tage in Anspruch nahm. Wenn es nicht geschah, bildeten diese Grasbüschel, nachdem der Propellerwind den Sand um sie her fortgeblasen hatte, große Höcker, und die Startbahn wurde so holperig, daß eine Maschine bei Start oder Landung eine Tragfläche verlieren konnte. Jedes Jahr ebneten die Amerikaner die Startbahn ein, und jedes Jahr waren es die Franzosen, die sie sofort benutzten – ohne sich dafür zu bedanken, wie Eck mir sagte. »Das hat mich furchtbar geärgert. Ich war damals nicht gut auf sie zu sprechen.«

Als ich zur Expedition stieß und besonders während des zweiten Sommers, in dem ich mich um die Verwaltung des Lagers kümmerte, war manches besser geworden. Ich mochte die Franzosen gern und ging hin und wieder zu ihnen hinüber, um mich mit ihnen zu unterhalten. Ich gewann sogar einige Freunde unter den französischen Wissenschaftlern. Als ich nach Paris zurückkehrte, um meine Arbeit über die Schimpansenschädel abzuschließen, besuchte ich einige von ihnen. Eines Abends wurde ich auf einer Party dem jungen Geologen Maurice Taieb vorgestellt, den es interessierte zu hören, daß ich in Südäthiopien gewesen war.

»Ich werde selbst nach Äthiopien gehen«, sagte Taieb.

»Ach wirklich? Wohin?«

»In das Afar-Dreieck, nordöstlich von Addis Abeba. Ich untersuche die geologische Evolution im Flußtal des Awash für meine Doktorarbeit.« Er sagte, diese Gegend interessiere ihn, weil hier drei Systeme von Senkungsgräben zusammenstießen. Ihre Geschichte stehe im Zusammenhang mit der Bewegung tektonischer Platten, der großen Stücke der kontinentalen Landmasse, die, wie wir heute wissen, auf der Erdoberfläche schwimmen.

Noch vor 20 Jahren hielten fast alle Wissenschaftler die Vorstellung, daß die Kontinente sich bewegen, für ganz lächerlich. Wenn es in dieser sonst so bewegten Welt etwas zuverlässig Festes gäbe, dann waren es, wie man glaubte, die Kontinente.

Der deutsche Geologe Alfred Wegener behauptete das Gegenteil. Ihm war aufgefallen, daß die Küstenlinien von Südamerika und Afri-

Drei Phasen der geologischen Evolution bei Hadar als Folge von klimatischen Veränderungen, Erdbeben und Vulkanismus. Die obere Zeichnung zeigt den Zustand vor 4 bis 3,6 Millionen Jahren, als sich in einer Senke ein kleiner See gebildet hatte. Das Material des Plateaus und der Gebirge im Westen beginnt schon, in die Senke zu fließen, und hat mehrere alluviale Fächer gebildet. In der rechten unteren Ecke ist ein Vulkan entstanden und hat den Basalt aufgewölbt. Auf der zweiten Zeichnung (vor 3,6 bis 3,3 Millionen Jahren) haben Flüsse das Plateau durchschnitten und Schlamm und Kies in einen See geschwemmt, der als Folge anhaltender Regenfälle viel größer geworden ist. Auf der dritten Zeichnung (vor 3,3 bis 2,6 Millionen Jahren) ist das Gebiet wieder trockener geworden, und der See ist kleiner. Hominiden lebten während der ganzen Zeit (vor 4 bis 2,6 Millionen Jahren) am Ufer dieses Sees. Der von James Aronson datierte Basalt von Kadada Moumou ist unter dicken alluvialen Ablagerungen begraben. Heute ist dies fast eine Wüste. Der See ist verschwunden, und es gibt nur noch einen kleinen Fluß, den Awash, an dessen Ufer das heutige Camp liegt. Der Basalt ist wieder bloßgelegt.

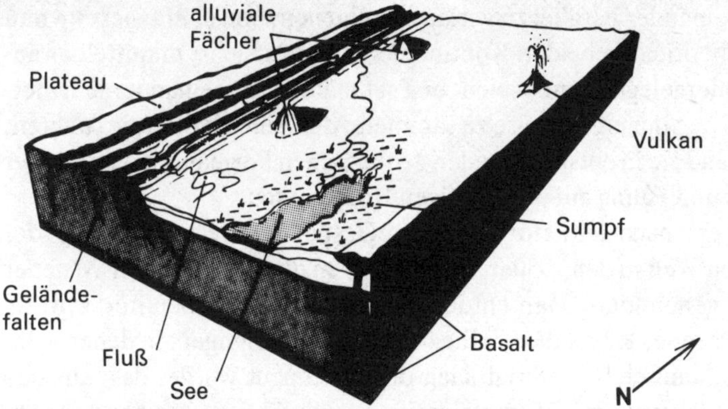
alluviale
Fächer
Plateau
Vulkan
Sumpf
Gelände-
falten
Fluß
See
Basalt
N

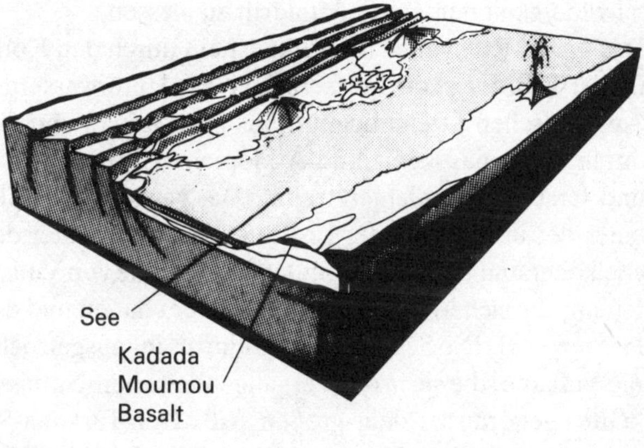
See
Kadada
Moumou
Basalt

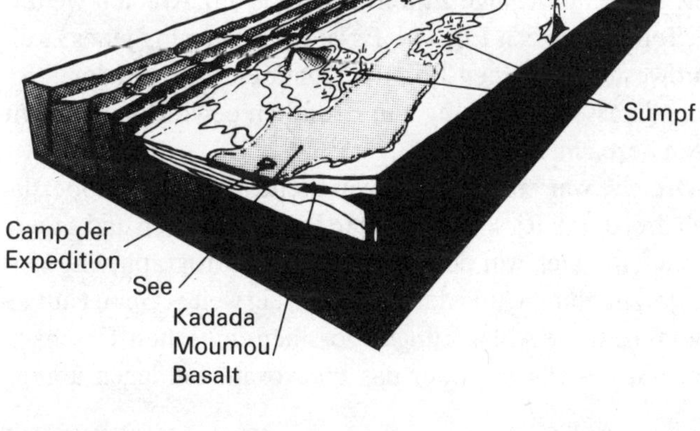
Sumpf
Camp der
Expedition
See
Kadada
Moumou
Basalt

ka zueinander parallel zu verlaufen schienen, und er entwickelte nun die Theorie, die beiden Kontinente hätten zunächst unmittelbar aneinandergelegen und seien erst allmählich auseinandergedriftet. Dann begann er, Beweise zu sammeln, die seine Hypothese stützten, und fand sie in entsprechenden geologischen Formationen und in der Flora und Fauna auf den heutigen Kontinenten.

Aber erst nach der Erforschung der Gestalt der Meeresböden auf der ganzen Welt in den 1950er Jahren wurden die Theorien von Wegener ernst genommen. Man entdeckte riesige Längsgräben in der Mitte der Ozeane, Risse, die um die halbe Erdkugel gingen, in denen ständig vulkanisches Material nach oben gebracht wurde, das, aus den Rissen herausgepreßt, die Kontinente allmählich auseinandertrieb. Mit Hilfe der modernen Lasertechnik ist es nun möglich, die Geschwindigkeit der Kontinentaldrift zu messen.

Das große Rift Valley in Afrika ist ein durch den Kontinent verlaufender Riß. Es ist die Fortsetzung eines Unterwassergrabens, der im Antarktischen Ozean beginnt, bis nach Afrika und dann nordwärts durch Tansania, Kenia und Äthiopien bis zum Toten Meer verläuft und Israel von Jordanien trennt. Das ganze Gebiet dieses Risses ist eines der instabilsten der Erdkruste. Was tief unter der Erdoberfläche kocht und brodelt, kommt in einer Reihe von Vulkanen zum Vorschein, die sich in Jahrmillionen gebildet haben und dann wieder erloschen sind. Die Schlucht von Olduvai, ihr ausgetrockneter See und die Vulkane, die sie in der Vergangenheit ebenso umgeben haben wie heute, gehören zu dem großen Riß. Der Turkana-See ist ein unscheinbarer kleiner Teich in diesem Riß, das Rote Meer ein großer. Ganz Afrika ist an dieser Nahtstelle gespalten, und ein Stück gleitet alle hundert Jahre um wenige Zoll in Richtung auf Arabien weiter, der andere Teil nähert sich Europa. Es ist die Bewegung jenes zweiten, im Nordwesten gelegenen Teils des Kontinents, die auf der europäischen Landmasse die Bildung von Erdfalten bewirkt hat, die wir als die Alpen bezeichnen.

Das Afar-Dreieck war eine der wenigen Stellen auf der Erdoberfläche, wo sich drei durch Risse abgetrennte Systeme treffen und gegenseitig abschleifen. Taieb war dort gewesen, um kartographische Vermessungen vorzunehmen, und dabei war ihm ein weites Gebiet aufgefallen, in dem erodierte Ablagerungen Fossilien enthielten. Er schätzte ihr Alter auf das Pliozän oder das Pleistozän. Sie lagen überall zutage und schienen ihm in einem auffallend guten Zustand zu sein. Da er kein Paläontologe war, konnte er sie nicht näher bestimmen.

»Sie sollten mich dorthin begleiten und sie untersuchen«, sagte Taieb.

Das war ein sehr verlockendes Angebot. Ich hatte zwei Sommer am Omo zugebracht. Nun fürchtete ich, es würden sich dort keine sehr interessanten hominiden Fossilien finden lassen. Ich wußte aber, daß es entlang des nördlichen Rift Valley Stellen gab, an denen man damit rechnen konnte. Eine von ihnen war Koobi Fora, wo Richard Leakey gearbeitet hatte. Vielleicht war das Gebiet von Afar im Hinblick auf die Qualität der Fossilien ebenso ergiebig wie hinsichtlich der Quantität. Richard war das Risiko eingegangen und auf Gold gestoßen. Sollte ich es jetzt nicht auch versuchen?

Andererseits war ich in einer schwierigen Lage. Meine Dissertation war noch nicht abgeschlossen, und ich hatte noch keinen Lehrauftrag in Aussicht. Außerdem fehlte es mir an Geld. Ich hatte mich für eine weitere Kampagne zur Mitarbeit am Omo verpflichtet. Meine erst zwei Jahre alte Ehe stand vor dem Scheitern, weil ich zu sehr von meiner Arbeit in Anspruch genommen war und immer wieder über längere Zeit an Expeditionen teilgenommen hatte.

Aber wenn ich ihn nicht begleitete, würde Taieb höchstwahrscheinlich einen anderen Mitarbeiter finden. Er zeigte mir Photos von Fossilien, die er selbst im Afar-Dreieck aufgenommen hatte. Ich erkannte sofort, worum es sich handelte. Es waren zwei Schweinezähne aus dem Pliozän und ein ungewöhnlich gut erhaltener Elefantenschädel. Auf jemanden, der sich so sehr für die Vergangenheit interessiert, wirken solche Köder ebenso unwiderstehlich wie eine seltene Briefmarke auf einen Markensammler; hier darf man kein Risiko scheuen.

»Gut«, sagte ich, »ich werde mitkommen.« Irgendwie würde ich die Reise nach Afar schon in mein Programm einbauen können. Ich erklärte mich zunächst bereit, Taieb im April und Mai 1972 vor Beginn der Kampagne am Omo zu einer kurzen ersten Bestandsaufnahme zu begleiten. Dazu wollte ich meine Flugkarte an den Omo benutzen und in Addis Abeba zwischenlanden, um von dort nach Afar zu gehen. Alles andere würde sich schon finden.

Als ich in die Vereinigten Staaten zurückgekommen war und meine Pläne mit Clark Howell besprach, meinte er, ich hätte das wohl nicht gründlich genug überlegt.

»Sie sollten zuerst Ihre Dissertation abschließen. Das ist doch die Voraussetzung für die Promotion. Ohne den Doktorgrad sind Sie ein Niemand. Sie werden keine Arbeit bekommen, und Ihre wissenschaftliche Laufbahn ist blockiert.«

Das machte mich nachdenklich.

»Außerdem können Sie das notwendige Geld nicht aufbringen«, fügte Clark hinzu.

Nach diesem Gespräch war meine Stimmung sehr gedrückt. Aber nach einigen Wochen verbesserten sich meine beruflichen Aussichten. Die Case Western Reserve University in Cleveland hatte von mir gehört und bot mir den Posten eines Dozenten für Anthropologie an. Ich ging nach Cleveland, um die Angelegenheit zu besprechen. Dort erklärte ich ganz ungeniert, wenn man mir einen Vorschuß von $ 1000 für die Kampagne in diesem Sommer geben würde, wollte ich den Posten im Herbst antreten.

Ein junger Mann, der noch nicht promoviert hat, bittet nicht um einen Vorschuß, bevor er angestellt worden ist. Ich weiß nicht, woher ich die Kühnheit genommen habe, das zu tun. Aber manchmal muß man dem Schicksal nachhelfen. Es war für mich ein großes Glück, Taieb kennengelernt zu haben. Ein zweiter Glückszufall war das Angebot der Case Western Reserve University. Die Leute, mit denen ich dort sprach, sahen mich etwas verwundert an, als ich die $ 1000 erwähnte. Aber ich hatte gute Empfehlungen. Sie wollten mich haben und gaben mir das Geld.

Ich besaß selbst noch eine Reserve von $ 600, und damit dachte ich jetzt auszukommen. In Addis Abeba traf ich mit Taieb zusammen, und wir brachten eine Woche damit zu, unsere Ausrüstung zusammenzuborgen. Ein amerikanisches Ehepaar, das häufig Campingausflüge unternahm, lieh uns einen Primuskocher, und ein holländischer Bekannter von Taieb gab uns ein Zelt. Als Verpflegung besorgten wir uns Konserven, und ich kaufte mir einen Schlafsack. Das CNRS – Centre National de la Recherche Scientifique – stellte uns zwei alte Landrover zur Verfügung. Diese Institution unterstützt die wissenschaftliche Arbeit von Franzosen überall auf der Welt und unterhält ein kleines Büro in Äthiopien. Der wichtigste Beitrag von Taieb zu unserem Unternehmen war die Beschaffung der Genehmigung des äthiopischen Kultusministeriums. So ausgerüstet gingen wir nach Nordosten vom zentralen Hochland in eine immer heißer werdende, trockene Tiefebene, wo sich kaum etwas bewegte außer einigen Gruppen von Angehörigen des Afar-Stammes mit ihren Rindern, Ziegen und Kamelen.

Das deutsche Bauunternehmen TRAPP baute eine Straße von Addis Abeba zur Stadt Assab. An dieser Straße schlugen wir unser vorläufiges Lager auf und durchstreiften das angrenzende Gelände. Dabei versuchten wir, in einem anthropologischen »Blitzkrieg« in kurzer Zeit ein möglichst weites Gebiet zu erforschen. Wir freundeten uns mit den Bautrupps an der Straße an. Diese Männer langweilten sich und boten uns Unterkunft, Verpflegung und Wasser an und freuten sich, ab und zu in unserer Gesellschaft eine Flasche Brandy zu trinken. Eines Abends erregte Taieb die besondere Freude einer Gruppe von Bauarbeitern, als er am Lagerfeuer flambierte Bananen mit reichlich Brandy zubereitete.

Hier heuerten wir auch unseren eingeborenen Führer, Ali Axinum, einen Angehörigen des Afar-Stammes an, der uns auf schwer aufzufindenden Pfaden in die tiefen Wadis führte und die Namen der Flußbetten, Berge und Stützpunkte seines Stammes nannte, denn auf unserem Weg nahmen wir das Gelände kartographisch auf. So konnten wir auch einen Teil der Ablagerungen vermessen, die Taieb schon früher gesehen hatte. Meine Hoffnungen erfüllten sich, denn die zahlreichen hier lagernden Fossilien waren von erstaunlich guter Qualität. Unter anderem fand ich das fast vollständige Skelett eines Colobus-Affen. Das war ermutigend, denn es war immerhin ein Primat.

»Wie sind die Verhältnisse hier im Vergleich mit denen am Omo?« fragte Taieb immer wieder.

Und immer wieder antwortete ich: »Besser, viel besser!«

Diese günstigeren Verhältnisse fanden wir insbesondere bei Houna und Leadu vor. Dic Fundstellen waren viel ausgedehnter als am Omo, etwa 500 Quadratkilometer erodierten Ödlandes, wo die Ablagerungen 2 bis 2,5 Millionen Jahre alt waren. Ich wäre gern noch länger dort geblieben, aber Taieb behauptete, es gäbe noch eine viel günstigere Stelle. Wir brachten einen ganzen Tag mit der Suche nach dieser Stelle zu und streiften ziellos durch eine Landschaft, die so flach war wie ein Billardtisch. Unser Führer Ali, der ständig auf narkotisierenden Betelblättern, die er *qat* nannte, herumkaute, verirrte sich in seinem Rauschzustand immer wieder. So blieben wir oft in sandigen Flußbetten stecken und hatten die größte Mühe, unser Fahrzeug freizubekommen. Kurz vor Sonnenuntergang erreichten wir unerwartet den Rand einer weiten Ödlandfläche, die sich unter uns ausbreitete. In den schrägen Strahlen der tiefstehenden Sonne leuchteten die vielfarbigen Sedimentbänder, die durch die Erosion freigelegt waren und jetzt an der Erdoberfläche lagen. Am Boden einer der Schluchten schlängelte sich ein schmales Rinnsal.

»Da sind wir«, sagte Taieb.

»Hadar«, sagte Ali.

Ich hatte noch nie etwas Ähnliches gesehen. Wir kampierten am Rande des Gebiets und wurden in der Nacht fast von einem Sturm fortgeweht, der über das Plateau hinwegfegte. Wie ich später feststellte, hatte er die Tiefe des Wadis leider nicht erfaßt, denn hier war es noch heiß wie in der Hölle. Bei Tagesanbruch standen wir auf. Wir suchten mehr als eine Stunde nach einem Zugang zu den Ablagerungen, über den wir mit dem Landrover von der Höhe des Plateaus zu den in der Tiefe liegenden Sedimenten hätten fahren können. Aber dann war der Weg nach allen Richtungen frei. In allen Senken, in denen die verschiedenen Schichten zutage traten, fanden wir sehr viele Fossilien. Es war eine Stelle, wie sie Paläoanthropologen sonst nur im Traum sehen.

Wir blieben drei Tage dort und stellten eine kleine Sammlung aus den am besten erhaltenen Säugetierschädeln und langen Knochen zusammen, die wir fanden. Dazu nahm ich einige Schweinezähne mit, um sie für eine Datierung mit den Schweinen am Omo zu vergleichen. Da ich die Säugetierfossilien am Omo so gut kannte, war ich einigermaßen überzeugt davon, daß wir es hier mit Fossilien aus der Zeit vor etwa 3 Millionen Jahren zu tun hatten; aber dazu brauchte ich noch stichhaltige Beweise. Ich wurde von Yves Coppens, der sich uns ein paar Tage zuvor angeschlossen hatte, in meiner Überzeugung bestärkt. Coppens hatte Taieb gefragt, ob er sich dem Afar-Unternehmen anschließen dürfe, und Taieb hatte sich einverstanden erklärt.

Als Leiter des französischen Teams am Omo kannte er die dort gefundenen Schweinefossilien sehr gut. »Dies sind die gleichen«, sagte er. »Es ist eine bessere Fundstelle.«

Nach Addis Abeba zurückgekehrt, vereinbarte ich mit Taieb und Coppens, eine offizielle Expedition auszurüsten. Dabei sollte es zu einer wirklichen internationalen Zusammenarbeit kommen, und wir wollten auf jeden Fall Differenzen wie am Omo vermeiden. Die einzelnen Teams sollten die von ihnen benötigten Mittel beschaffen und die Teilnehmer bestimmen, aber die Arbeit an den Ablagerungen sollte gemeinsam geleistet werden. Taieb würde dabei die Aufgaben des leitenden Geologen übernehmen, Coppens die des Paläontologen und ich die des Paläoanthropologen. Wir entwarfen eine offizielle Vereinbarung, in der die verschiedenen Verantwortlichkeiten festgelegt wurden, und die internationale Afar-Forschungsexpedition war gegründet. Anschließend ging ich an den Omo, verbrachte den Rest des Sommers dort, kehrte dann in die Vereinigten Staaten zurück, übernahm meinen Lehrauftrag an der Case University und arbeitete bis in die Nächte hinein und an den Wochenenden, um eine Mammutdissertation über das Schimpansengebiß abzuschließen, die schließlich 450 Seiten umfaßte. Ich verteidigte sie und erwarb damit den Doktorgrad. Dann verfaßte ich den Antrag auf eine finanzielle Beihilfe in Höhe von $130000 für eine zwei Jahre dauernde Grabungskampagne und legte ihn der National Science Foundation vor. Ich warb für dieses Unternehmen zwei Männer an, den mir wärmstens empfohlenen Gene Dole sowie Tom Gray, der keine Empfehlungen vorzuweisen hatte. Gray hatte an der Case University Archäologie studiert und sein Abschlußexamen bestanden. Die Professoren meinten, er sei unzuverlässig, faul und nicht der richtige Mann für diese Aufgabe. Ich war anderer Meinung. Ich wußte, daß er ungewöhnlich intelligent war, und hatte das Gefühl, er werde sich bei der praktischen Arbeit bewähren.

Es ist ein sehr großes Risiko, Männer auf eine Expedition mitzunehmen, die noch keine praktische Erfahrung haben. Erst in der Praxis erweist sich die Eignung. Dole gab sich große Mühe, aber das Leben im Camp machte ihm Schwierigkeiten. Er konnte die Hitze nicht vertragen. Die Kriegsgefahr an der äthiopischen Grenze beunruhigte ihn. Er wurde häufig krank. Nach dem zweiten Jahr kehrte er nicht zur Expedition zurück. Aber Gray, der als Archäologiestudent fast versagt hatte, bewährte sich glänzend. Augenscheinlich war Hadar der Katalysator, den er brauchte, um seine Leistungsfähigkeit zu mobilisieren. Er übernahm unter meiner Leitung die Aufgaben des Koordinators und war ein sehr wertvoller Mitarbeiter.

Inzwischen hatte auch Taieb sein Team zusammengestellt. Dazu gehörten der Künstler und Wissenschaftler Guillemot und zwei junge

Frauen, die sich in den folgenden Kampagnen hervorragend bewährt haben. Es waren die Botanikerin und Spezialistin für fossile Pollen Raymonde Bonnefille und die Geologin Nicole Page. Die französische Gruppe war größer als die amerikanische. Sie wurde vom CNRS finanziert, doch bevor die erste Kampagne beendet war, mußte ich den Franzosen mit meinem Geld aushelfen.

Wir vereinbarten, mit der ersten Grabungskampagne der Afar-Expedition im Herbst 1973 zu beginnen, unmittelbar nach einer wichtigen anthropologischen Konferenz in Nairobi. Das war die Circum-Rudolf-Konferenz, auf der über die bisher in der Umgebung des Rudolfsees (Turkana-Sees) gefundenen Fossilien gesprochen werden sollte. Die ergiebigsten Fundstellen waren Omo und Koobi Fora. Howell und Coppens berichteten ausführlich über die Arbeit am Omo. Am meisten wurde jedoch der Vortrag von Richard Leakey beachtet, der zum erstenmal einen genauen Bericht über seine Funde bei Koobi Fora vorlegte. Sie waren sensationell. Er hatte nicht nur viele gut erhaltene Fossilien des *robustus*, bestehend aus den verschiedensten Skeletteilen, gefunden, sondern konnte auch einen großartigen *Homo*-Schädel vorweisen, der nach der Kalium-Argon-Methode auf ein Alter von 2,9 Millionen Jahren geschätzt worden war. Dieser Schädel und sein Alter erregten auf der Konferenz das größte Aufsehen.

Ich nahm an der Zusammenkunft teil, hielt mich aber ganz zurück. Ich hatte noch keine Fossilien vorzuweisen, sondern nur die Hoffnung, an einer neuen Fundstelle etwas zu entdecken. Angesichts der sensationellen Funde von Richard Leakey kam ich mir recht unbedeutend vor. Als Richard mich fragte, womit ich mich beschäftigte, erzählte ich ihm von den Hoffnungen, die ich mit Hadar verknüpfte.

»Glauben Sie wirklich, daß Sie dort Hominiden finden werden?« fragte Richard.

»Sie werden älter sein als Ihre«, antwortete ich tapfer. »Darauf möchte ich eine Flasche Wein wetten.«

»Angenommen«, sagte Richard.

6. Koobi Fora: Der Triumph des Homo habilis

Ich finde nur die Fossilien. Ich überlasse es den Fachleuten, sie zu benennen.
Richard Leakey

Es ist die Aufgabe der Wissenschaft, für komplexe Tatsachen die einfachste Erklärung zu finden. Wir machen allzu leicht den Fehler, zu glauben, daß die Tatsachen einfach sind, weil wir nach Einfachheit streben. Das Leitmotiv im Leben eines jeden Naturphilosophen sollte sein: »Suche die Einfachheit und mißtraue ihr.«
Alfred North Whitehead

Nachdem sich Richard Leakey von der Omo-Expedition getrennt hatte, rüstete er im folgenden Jahr sein eigenes Unternehmen für Koobi Fora aus, und bald war er nicht mehr der unbekannte Hinterwäldler, sondern einer der prominentesten jungen Anthropologen der Welt. Die Regierung von Kenia unterstützte seine Arbeit und beauftragte ihn mit der Leitung aller paläoanthropologischen Forschungen im Lande. Auch die National Geographic Society stellte ihm, ebenso wie seinem Vater, finanzielle Mittel zur Verfügung. Ihre Zeitschrift veröffentlichte Aufsätze über Richard, die von Millionen gelesen wurden.

Koobi Fora ist nicht ganz so unzugänglich wie das Gebiet am Omo, aber doch sehr abgelegen. Marsabit, die einzige Stadt im nördlichen Grenzgebiet von Kenia, ist der Ausgangspunkt, wenn man nach Koobi Fora gehen will. Man erreicht Marsabit auf einer guten Straße von Nairobi aus, aber dann muß man eine Strecke von etwa 320 Kilometern überwinden, die durch unwegsames Gelände führt. Eine schlecht markierte Piste geht durch eine Salzwüste und dann nordwärts durch eine öde Steppe mit vulkanischen Erhebungen und über steinigen Boden weiter, wo auch die stabilsten Fahrzeuge mit Achsenbruch liegenbleiben können. Es gibt romantische Photos, die zeigen, wie Richard Leakey ein Kamel durch dieses verlassene Gebiet treibt, aber die besten Transportmittel sind immer noch geländegängige Kleinlastwagen, Landrover oder leichte Flugzeuge. Leakey hat inzwischen Fliegen gelernt und kann in der Nähe der Landzunge landen, auf der er sein Lager eingerichtet hat. Sie liegt erhöht unmittelbar über dem See. 1969 beschäftigte er sich zunächst damit, die außerordentlich komplexe Stratigraphie der Ablagerungen am Ostufer des Turkana-Sees zu erforschen. Der Wasserspiegel war in der Vergangenheit mehrfach gestiegen und gefallen, und die Schichten an der einen Stelle entsprachen durchaus nicht immer denen an anderen Stellen, denn die Verhältnisse hatten sich durch Erosion und die Ablagerung anderen Materials verändert, wenn zum Beispiel ein Fluß, der später austrocknete und verschwand, neuen Kies oder Sand angeschwemmt hatte. Allein diese Ablagerungen sprachen noch von seiner Existenz und verwirrten die Geologen.

Mehrere Geologen haben bei Koobi Fora gearbeitet und im Lauf der Zeit eine für die Gegend repräsentative Ablagerungs-»Säule« rekonstruiert, die ein Alter von etwa 3 Millionen bis 1 Million Jahren abdeckt. Zwischen den Sedimenten liegen ein paar »Markierungsschichten« aus vulkanischem Tuff, die eine Kalium-Argon-Datierung ermöglichen. Die junge Geologin Kay Behrensmeyer von der Yale University hat eine dieser Schichten entdeckt und ist damit in die Annalen der Geologie eingegangen, denn der hier lagernde Tuff wurde nach ihr benannt. Er wird als KBS-Tuff bezeichnet, und seine Bedeutung liegt darin, daß er zwischen der Markierungsschicht am Boden und einer anderen, höher gelegenen liegt. Damit ermöglicht er die Berechnung des Alters zahlreicher Fossilien, die unmittelbar über oder unter dieser Schicht gefunden wurden.

Neben seinen geologischen Arbeiten konzentrierte sich Richard Leakey auf die Ausbildung eines Teams eingeborener Kenianer für das Einsammeln und Bestimmen fossiler Knochen, die sehr bald Hervorragendes auf diesem Gebiet leisteten. Unter der Leitung von Kamoya Kimeu haben diese Leute die meisten bedeutenden Funde im Gebiet von Koobi Fora gemacht. Heute gilt Kimeu als der beste Fachmann für hominide Fossilien in Ostafrika.

Gleich zu Beginn fand man an drei Stellen hominide Fossilien. Eines der zu erforschenden Gebiete begann unmittelbar am Rande des Lagers und reichte vom Seeufer mehr als 16 Kilometer landeinwärts. Ein zweites liegt etwa 19 Kilometer nördlich des Lagers, ein drittes, sehr ergiebiges, etwa 40 Kilometer weiter nördlich bei Ileret. In der ganzen Gegend gibt es sehr viele Bodenfalten, und die Sedimentschichten sind an verschiedenen Stellen nach oben und unten verschoben; dazwischen ist der Boden durch Erosion ausgewaschen. Die Aufgabe der Geologen bestand zum großen Teil darin, in dieser unübersichtlichen Lage Klarheit zu schaffen und festzustellen, welche Sedimentschichten an der einen Fundstelle denen an den anderen entsprachen. Anhand solcher Vergleiche ist es auch dort, wo die vulkanische Markierungsschicht fortgeschwemmt worden ist, noch möglich, die Fossilien zu datieren, wenn man erkennen kann, daß die geologischen Formationen an der einen Stelle denjenigen an der anderen entsprechen.

Die bei Koobi Fora gefundenen hominiden Fossilien stammten in den meisten Fällen von robusten Australopithecinen. Man stellte allerdings auch einige kleinere Exemplare fest, die, wie Leakey meinte, in die gleiche Kategorie gehörten wie Cindy, George und Twiggy. Das waren die schwer zu bestimmenden *habilis*-Typen aus Olduvai. Diese Feststellung ermutigte ihn. Ebenso wie sein Vater interessierte sich Richard Leakey in erster Linie für den *Homo*. Er hoffte, nicht nur die Theorie seines Vaters bestätigen zu können, daß sich der *Homo habilis* als eigene Spezies entwickelt hatte, sondern er wollte auch Daten über das Leben dieser Spezies in noch älterer Zeit sammeln. Für dieses Vorhaben waren die Aussichten in Koobi Fora recht günstig. Die Ablagerungen hier waren umfangreicher und enthielten mehr Fossilien als bei Olduvai; sie waren älter, und viele der hier gefundenen Fossilien waren besser erhalten.

1972 gab Richard Leakey die Entdeckung eines sensationellen Fundes bekannt. Das war ein sehr gut erhaltener Schädel aus der Sedimentschicht unterhalb des KBS-Tuffs. Zwei englische Fachleute auf dem Gebiet der Kalium-Argon-Datierungsmethode hatten das Alter des Tuffs auf 2,6 Millionen Jahre geschätzt, und das bedeutete, daß der neue Schädel noch älter war. Leakey gab sein Alter mit 2,9 Millionen Jahren an.

1972 fragte man ihn in einem Interview: »Wie wollen Sie Ihren Fund nennen?«

»Ich bezeichne ihn als *Homo*. Ich möchte ihn keiner besonderen Spezies zuordnen, denn das ist nicht mein Spezialgebiet. Für mich gibt es am Turkana-See zwei Arten von Hominiden. Die robusten bezeichne ich alle als *Australopithecus*. Die grazilen nenne ich *Homo*.«

Der neue Fund erhielt die wissenschaftliche Bezeichnung KNM-ER 1470. Die Buchstaben bedeuten: Kenya National Museum – East Rudolf. Die Zahl war die laufende Nummer in der Sammlung. Aus irgendwelchen Gründen gibt es keinen populären Namen für diesen Schädel. Man bezeichnet ihn allgemein als 1470, und er ist einer der beachtenswertesten fossilen Funde aus unserem Jahrhundert. Wenn man in der Gesellschaft von Anthropologen die Zahl 1470 nennt, dann weiß jeder, was damit gemeint ist.

Daß es sich um den Schädel eines *Homo* handelte, stand außer Zweifel. Er war dünnwandiger, höher und runder als alle Australopithecinen-Schädel. Vor allem aber hatte er ein Gehirnvolumen von 775 Kubikzentimeter. Das war ein gesicherter Wert, an dem es nichts zu deuteln gab wie etwa bei den nur geschätzten Gehirnvolumen der Fossilien von Olduvai, denn der Schädel 1470 war praktisch vollständig. Richards Frau, Meave, hatte die einzelnen Bruchstücke in mühsamer Arbeit zusammengesetzt, nachdem er selbst und einige andere den Versuch aufgegeben hatten. Es waren zu viele und zu kleine Fragmente, und es gab zunächst zu viele Möglichkeiten, sie zusammenzufügen. Aber Meave, die sehr langsam und sorgfältig vorging, gelang die Rekonstruktion. Mit jedem Stückchen, das seinen richtigen Platz fand, verringerte sich die Möglichkeit, die noch verbleibenden an falschen Stellen einzusetzen.

Die Entdeckung des Schädels 1470 bedeutete für alle Wissenschaftler – außer Leakey – eine Sensation. Für ihn war es eine große Genugtuung. Es war eine Bestätigung der von ihm schon seit langer Zeit vertretenen Auffassung, daß nämlich die Spezies *Homo* schon sehr alt sei und sich das auch beweisen lasse. Dieser Erfolg war einer der wenigen Lichtblicke, die Louis in diesem Jahr noch erleben durfte. Er war selbst alt, schwerkrank und durch eine große Zahl von Verantwortlichkeiten belastet, die er nicht aufgeben wollte. Für den Vater war es ein ungetrübter Triumph, als jetzt alle Zweifel an seiner Lieblingstheorie ausgeräumt schienen, daß nämlich der *Homo habilis* eine eigene Spezies sei. Die Freude war um so größer, als sein Sohn diese sensationelle Entdeckung gemacht hatte. Für Louis war es wirklich ein großer Augenblick, und es war besonders bedeutungsvoll, daß die Entdeckung im Jahr 1972 gemacht wurde – in seinem Todesjahr.

Das Besondere an dem Schädel 1470 waren seine deutlich erkennba-

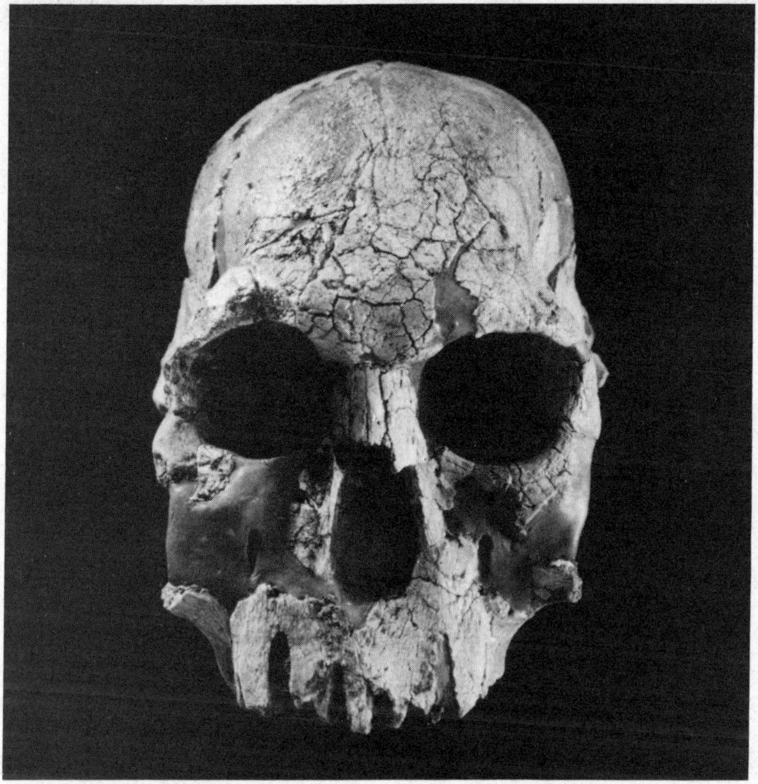

Der sensationellste Fund von Richard Leakey bei Koobi Fora ist der Schädel 1470, und er ist zugleich eine der bedeutendsten Entdeckungen hominider Fossilien auf der Welt. Es ist ohne Frage der Schädel eines Homo. *Er ist viel besser erhalten als die* habilis-*Schädel aus Olduvai und hat ein größeres Gehirnvolumen. Zunächst glaubte man, er sei fast 3 Millionen Jahre alt. Daraus ergaben sich erhebliche Schwierigkeiten, denn damit wäre er älter als viele seiner vermutlichen australopithecinen Vorfahren. In jüngster Zeit mit reineren Ascheablagerungen vorgenommene Datierungen haben die meisten Fachleute davon überzeugt, daß der Schädel weniger als 2 Millionen Jahre alt ist.*

re menschliche Form und das hohe Alter. Die anderen bisher gefundenen *habilis*-Fossilien, Cindy, George und Twiggy, waren etwa 1,5 bis 1,8 Millionen Jahre alt. Sie hatten ein Gehirnvolumen von durchschnittlich 640 Kubikzentimeter. Doch hier hatte man einen Schädel

gefunden, der nicht nur ein bedeutend größeres Gehirnvolumen hatte, sondern sogar 1 Million Jahre älter schien!
Solche unerwarteten Entdeckungen lassen die Herzen aller Paläoanthropologen schneller schlagen. Sie brauchen danach eine gewisse Zeit zum Nachdenken, um sich damit abzufinden, daß die von ihnen entworfenen Stammbäume nicht mehr richtig sind, denn der Schädel 1470 bedeutete für alle bisher geltenden Hypothesen über die Evolution der frühen Hominiden eine gewaltige Herausforderung.
Zunächst durfte man nicht mehr daran zweifeln, daß der *Australopithecus robustus* kein Vorfahre des *Homo* war. Die ältesten bei Omo gefundenen Fossilien des *robustus* waren etwa 2 Millionen Jahre alt. Bei Koobi Fora tauchte nun der gleiche Typus auf, und auch dort waren die ältesten Exemplare 2 Millionen Jahre alt. Wenn sich nun das Alter von 2,9 Millionen Jahren für den Schädel 1470 bestätigte, dann konnte 1470 nicht von einem Typus abstammen, der mindestens ¾ Millionen Jahre jünger war.
Man mußte aber jetzt auch fragen, ob 1470 überhaupt von irgendwelchen Australopithecinen abstammte. Die Theorie von Louis Leakey, daß dies nicht der Fall sei, schien sich zu bestätigen. Man neigte zunächst eher dazu, dem grazilen Typus diese Rolle zuzuweisen, aber auch daran mußte man jetzt zweifeln. Die Antwort auf alle solche Fragen ließ sich nur finden, wenn man das Alter der Fossilien zuverlässiger ermitteln konnte. Man wußte noch nicht genau, wie alt der in Südafrika entdeckte *africanus* war, obwohl sich die Hinweise mehrten, er sei etwa 2 bis 2,5 Millionen Jahre alt. Am Omo hatte man einige Zähne des grazilen Typus in einer 2 bis 3 Millionen Jahre alten Schicht gefunden, aber sie waren so schlecht erhalten, daß Clark Howell sie nur ganz allgemein den Australopithecinen zuordnen konnte. Ob sie vom *africanus* oder einem Vorfahren des *africanus* stammten oder welchem Typus sie zuzuordnen seien, konnte er nicht mit Sicherheit sagen. Jedenfalls gab es weder im Norden noch im Süden so gut erhaltene Fossilien, die wesentlich älter waren als der 2,9 Millionen Jahre alte Schädel 1470, daß sich nicht mit Sicherheit behaupten ließ, der *africanus* sei ein Vorfahre von 1470.
Die einzigen älteren hominiden Fossilien waren zwei im nördlichen Kenya gefundene Stücke; ein Armknochen aus Kanapoi, der 4 Millionen Jahre alt sein mochte, und das ungefähr 5,5 Millionen Jahre alte Stück eines Kieferknochens mit einem Molar aus Lothagam. Bei-

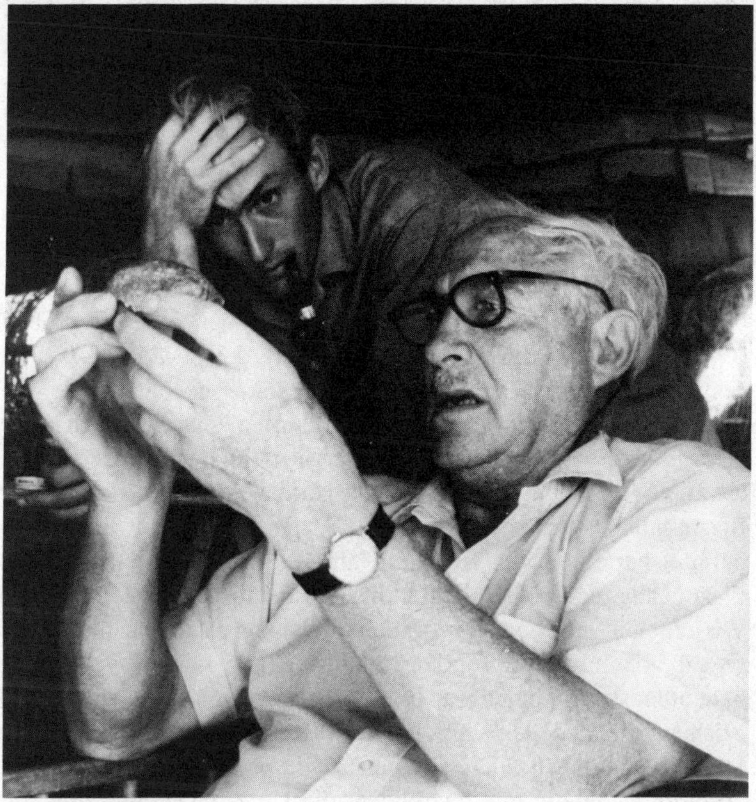

Kurz vor seinem Tode hat Louis Leakey Koobi Fora besucht und betrachtet hier einen von seinem Sohn Richard gefundenen Hirnschädel. Die Wege von Vater und Sohn hatten sich seit Jahren getrennt, aber am Schluß wurden sie wieder zusammengeführt, zum Teil durch die Entdeckungen Richards, die die Theorien des Vaters von der getrennten Evolution und dem hohen Alter des Homo *zu bestätigen schienen.*

de sind so schlecht erhalten, daß man nur sagen kann, es handele sich wahrscheinlich um Bruchstücke hominider Fossilien. Doch niemand weiß wirklich, ob es Vorfahren, Vettern oder Australopithecinen sind. Sie stammen aus einer sehr weit zurückliegenden Zeit, in der sich kaum noch Merkmale feststellen lassen, die hominide Entwicklungstendenzen zeigen.

Zusammenfassend ist zu sagen: Als man die Sammlungen von Australopithecinen nach der sensationellen Bekanntgabe des Fundes

1470 von Richard Leakey in aller Eile überprüfte, wurde es in beunruhigender Weise deutlich, daß es einen erstaunlich hochentwickelten *Homo* gegeben hatte, der etwa ebenso alt war wie die Australopithecinen. Anders ausgedrückt: Eines der am besten erhaltenen und ältesten hominiden Fossilien der Welt stammte von einem *Homo* und nicht von einem *Australopithecus*. Und doch waren die Australopithecinen im Hinblick auf eine große Zahl ihrer Merkmale eindeutig primitiver. Das war zunächst völlig unverständlich.

Beim *Homo habilis* lag die Sache ganz anders. Seine Bedeutung hatte plötzlich und in dramatischer Weise zugenommen. Wie schon oben gesagt, hatte sich Richard Leakey geweigert, den Schädel 1470 einer bestimmten Spezies zuzuordnen. Er erklärte noch einmal: »Ich möchte ihn nur als *Homo* bezeichnen.« Andere hatten jedoch keine Schwierigkeiten, den Schädel 1470 an die Seite der drei Exemplare des *habilis* aus Olduvai zu stellen. Die geringe Zeitspanne, die bei der Bestimmung von Cindy, George und Twiggy solche Schwierigkeiten bereitet hatte, war um 1 Million Jahre erweitert worden. Das ließ Platz genug für eine besondere Spezies, und deshalb akzeptierte die Wissenschaft jetzt den *Homo habilis* allgemein als solche.

Es gab aber auch Anthropologen, die anderer Meinung waren. Der bedeutendste von ihnen war C. Loring Brace von der University of Michigan. Schon seit Jahren hatte Brace einen sehr einfachen Stammbaum entworfen. Er reduzierte die Zahl der Spezies auf das absolute Minimum und begründete die Unterschiede bei den verschiedenen Fossilien damit, daß es innerhalb der fossilen Spezies beträchtliche Abweichungen gäbe, die nicht damit erklärt werden müßten, daß man neue Spezies schuf. Brace und seine Anhänger vertreten seit Jahren die Auffassung, daß der Stammbaum des Menschen in einer fast geraden Linie verläuft, und zwar vom *Australopithecus* über den *Homo erectus* zum *Homo sapiens*. Damit werden alle Australopithecinen und der *habilis* einer Spezies zugeordnet. Der von Brace vorgegebene Rahmen hat den Vorzug der Einfachheit, aber nach dem Auftauchen des Schädels 1470 war man gezwungen, die Zeitabschnitte zu dehnen, um alle hier bezeichneten Spezies unterzubringen. Kürzlich ist Brace diesem Dilemma dadurch begegnet, daß er den robusten Typus als besondere Spezies abgespaltet hat; er betrachtet aber den grazilen *Australopithecus* und den *habilis* auch weiterhin als zur gleichen Spezies gehörend.

Richard Leakey hat sich auf andere Weise mit diesem Problem auseinandergesetzt. Bis vor kurzem weigerte er sich, die Existenz eines grazilen Typus in Ostafrika anzuerkennen. Er bezeichnete alle grazilen Exemplare als *Homo* und alle robusten als *Australopithecus*. Ob man aber nun den Auffassungen von Leakey oder von Brace folgt, der *africanus* und der *habilis* landeten schließlich im gleichen Korb. Leakey und Brace haben diesen Korb nur verschieden etikettiert.

Bei der Beschäftigung mit diesen Problemen kommen wir wieder zu der alten Frage: Welche Kriterien machen ein Lebewesen zu einem Menschen? Wenn man die Frage noch allgemeiner formuliert, dann lautet sie: Welches sind die Kennzeichen einer Spezies? Und schließlich fragen wir sogar, ob es einen Sinn hat, so feine Unterscheidungen zu machen? Um die letzte Frage zuerst zu beantworten, sagen wir: Ja, wir sollten es tun. Bei der wissenschaftlichen Forschung ist es immer von grundlegender Bedeutung, alle vorhandenen Daten sinnvoll zu ordnen. Die Evolution ließe sich nicht verstehen oder zurückverfolgen, ohne daß wir über Sequenzen von Fossilien verfügen, die das demonstrieren, was geschehen ist. Diese Fossilien können nicht in der richtigen Reihenfolge eingeordnet oder benannt werden, wenn wir ihre Beziehungen zueinander nicht erkennen und sie und die Unterschiede, die sich im Laufe der Zeit ergeben haben, sorgfältig registrieren und beschreiben. Wir können über den Ursprung des Menschen keine zutreffenden Aussagen machen – darüber, wann, wie oder weshalb er sich entwickelt hat –, ohne diesen Prozeß zu verfolgen. Im Verlauf einer solchen Arbeit müssen die einzelnen Spezies benannt werden, weil man nicht mehr argumentieren kann, ausgestorbene Menschentypen glichen in jeder Beziehung dem heutigen Menschen. Die Frage reduziert sich darauf, zu entscheiden, wie viele menschliche Spezies am Schluß zu identifizieren sein werden. Zu der Frage, was eine Spezies ausmacht, sagt Ernst Mayr:
»Eine Spezies ist eine Gruppe von untereinander fortpflanzungsfähigen Populationen, die, was die Fortpflanzung betrifft, von anderen solchen Gruppen isoliert sind.« Das ist die klassische Beschreibung einer biologischen Spezies oder Biospezies. Le Gros Clark sagt, eine Biospezies sei »eine genetische Einheit, genetisch isoliert von anderen Spezies«.
Beiden Wissenschaftlern kommt es auf die Isolation an, denn nur in

der Isolation – ohne die Möglichkeit, daß Gene ausgetauscht werden – werden Gruppen von Tieren oder Pflanzen allmählich verhaltensmäßige und strukturelle Unterschiede entwickeln. Die Isolation kann physisch sein – eine Wüste oder ein Ozean können zwei Populationen, die früher zusammengelebt haben, voneinander trennen. Sie kann aber auch behavioristisch sein; zwei Lebewesen können sich quasi weigern, sich zu paaren und Nachkommen zu zeugen, weil sie einander nicht mehr als geeignete Partner betrachten. So kreuzen sich Hunde nicht mit Katzen. Erstens kommen sie gar nicht auf die Idee, es zu versuchen, aber zweitens sind die genetischen Unterschiede, die sich in ihnen entwickelt haben, so groß, daß jeder Versuch nutzlos wäre. Heute ist es unmöglich, etwa durch künstliche Besamung Mischlinge zwischen Katzen und Hunden zu erzeugen. Pferde und Esel, die näher verwandt sind als Hunde und Katzen, können Maultiere zeugen. Aber die Maultiere sind steril, und damit ist bewiesen, daß Pferde und Esel zwei verschiedenen Spezies angehören. Sie sind genetisch voneinander isoliert, und bei der Kreuzung entstehen keine zeugungsfähigen Nachkommen.

Dies sind Beispiele aus der heute lebenden Fauna. Man könnte sie als *horizontale* Beispiele in dem Sinne bezeichnen, daß sie sich auf eine ganz bestimmte Periode beziehen, die Gegenwart, um zu zeigen, daß ein Vorfahre Nachkommen haben kann, die sich im Verlauf der weiteren Evolution in zwei Richtungen auseinanderentwickeln. Wenn der Vorfahre vor nicht allzu langer Zeit gelebt hat, wie das augenscheinlich bei Pferd und Esel der Fall ist, dann ist auch die Möglichkeit einer erfolgreichen Nachzucht nicht weit. Das Maultier steht an der Grenze. Es wird geboren, kann selbst aber keine Nachkommen haben. Vor 1 Million Jahren könnte es Pferde und Esel gegeben haben, deren Nachkommen zeugungsfähige »Maultiere« waren. Vor weiteren 1 oder 2 Millionen Jahren ist das mit Sicherheit so gewesen. Es gab damals noch nicht unsere heutigen Pferde und Esel. Nur ihre gemeinsamen Vorfahren lebten auf der Erde, und sie kreuzten sich mit allen anderen Artgenossen, mit denen sie in Berührung kamen. Erst als die Populationen im Lauf der Zeit voneinander getrennt wurden und sich in den getrennten Populationen bestimmte Abweichungen entwickelten, entstanden zwei Spezies, Pferde und Esel, wo es vorher nur eine Spezies gegeben hatte.

Die Isolation einzelner Populationen kann auch zeitlich erfolgen.

Hier ist die Trennung weniger horizontal als vertikal. Wir haben es dabei mit absteigenden Linien zu tun, in denen sich die Veränderungen innerhalb von Gruppen über viele Generationen vollziehen und nicht zwischen ihnen. *Homo erectus* hat keine Nachkommenschaft aus mehreren Typen, die sich heute nach 1 Million Jahren als biologische Fremde gegenüberstehen. Die Menschen auf der ganzen Welt können miteinander Nachkommen zeugen, und sie tun es auch. Der *Homo erectus* hat Nachkommen gezeugt, die ihn heute vielleicht nicht mehr als Sexualpartner anerkennen würden. Es wäre interessant zu wissen, ob ein heutiger Mann und ein weiblicher *Homo erectus*, wie er vor 1 Million Jahren gelebt hat, ein fortpflanzungsfähiges Kind zeugen könnten. Vieles spricht dafür; die bis heute erfolgte Evolution geht wahrscheinlich nicht so weit, daß sie die erfolgreiche Fortpflanzung verhindern würde; das sagt aber nichts gegen die Gültigkeit der oben gegebenen Definition von den Spezies, weil beide nicht mehr in der Lage sind, den Zeugungsakt zu vollziehen. Ihre Fortpflanzung wird durch den zeitlichen Abstand unmöglich gemacht. Man kann deshalb irgendwo im Verlauf der Evolution, in der sich eine Spezies zur nächsten entwickelt, eine Trennungsline ziehen, wenn nach Auffassung der Anatomen wesentliche Unterschiede zwischen beiden Gruppen bestehen.

Da das Wort »wesentlich« verschieden ausgelegt werden kann, wird es immer Meinungsverschiedenheiten darüber geben, an welcher Stelle – und ob – man bei ausgestorbenen Lebewesen solche Trennungslinien ziehen darf. Loring Brace räumt ein, daß es zwischen dem *africanus* und dem *habilis* meßbare Unterschiede gibt, aber er betrachtet sie nicht als bedeutend genug, um den letzteren einer eigenen Spezies zuzuordnen. Er möchte lieber warten, bis die Evolution weiter vorangeschritten ist, sich ein größeres Gehirn, größere Abweichungen in den Proportionen des Schädels, ein kürzeres Gesicht und ein menschlicheres Gebiß entwickelt haben – wie dies schließlich beim *Homo erectus* geschehen ist. Hier hat Brace keine Schwierigkeiten, eine Trennungslinie zu erkennen. Für ihn sind alle älteren Typen Australopithecinen, die späteren gehören der Spezies *Homo* an. Die meisten anderen Wissenschaftler teilen diese Auffassung nicht. Sie wollen dazwischen den *habilis* einfügen. Seit wir über den Schädel 1470 verfügen, scheint das gerechtfertigt zu sein.

Die Altersangabe von 2,9 Millionen Jahren für den Schädel 1470 wollte nicht jedem gefallen, aber es war die bisher festgestellte, und deshalb wurde sie unter gewissen Vorbehalten akzeptiert. 1470 war damit das älteste gut erhaltene hominide Fossil, und eine Suche nach seinen Vorfahren mußte in Sedimentschichten vorgenommen werden, die noch älter waren, also 3 Millionen Jahre oder mehr. Als ich auf der Circum-Rudolf-Konferenz von der Existenz dieses Schädels hörte, wußte ich sofort, daß sich damit für mich eine großartige Gelegenheit ergab. Die Ablagerungen, an denen ich in wenigen Wochen bei Hadar arbeiten wollte, waren diese 3 Millionen Jahre alt.

»Wenn wir dort hominide Fossilien finden können«, sagte ich einem Kollegen in großer Erregung, »dann müssen es Vorfahren sein.«

»Viel Glück. Ich hoffe, Sie werden sie finden.«

»Sie könnten sogar zur Spezies *Homo* gehören.«

»Das bezweifle ich.«

»Warum nicht?« sagte ich. »Wenn 1470 2,9 Millionen Jahre alt ist, dann wäre das möglich.«

»Zitieren Sie mich nicht, aber ich glaube nicht, daß 1470 wirklich 2,9 Millionen Jahre alt ist.«

»Aber er hat unter dem KBS-Tuff gelegen. Der Tuff ist 2,6 Millionen Jahre alt, und das ist ein mit dem Kalium-Argon-Test ermitteltes Datum.«

»Dann ist mit dieser Datierung irgend etwas nicht in Ordnung. Sehen Sie – wir befinden uns jenseits von 2 Millionen Jahren, nicht wahr? Und dort haben wir nichts gefunden als ein paar primitiv aussehende australopithecine Typen mit kleinen Gehirnen und komischen Zähnen. Dann gehen wir weitere 500000 Jahre zurück, und plötzlich taucht aus dem Nichts 1470 auf – etwas, das so neuzeitlich aussieht, daß einem die Haare zu Berge stehen.«

»Sie meinen, diese Datierung ist falsch?« fragte ich.

»Das würde mich nicht überraschen.«

Ich konnte dazu nichts sagen, denn ich hatte bisher noch nicht die Gelegenheit gehabt, mir 1470 genauer anzusehen. Ich war aber 1971 in Koobi Fora gewesen und wußte, daß die Stratigraphie dort ungewöhnlich komplex und schwer zu interpretieren war. Die Ablagerungen bestanden aus relativ dünnen Schichten, die leicht durch Erosion abgetragen oder mit ebenso dünnen Schichten vermischt worden sein konnten. Darüber hinaus entsprachen die Markierungsschichten aus vulkanischem Tuff an den verschiedenen Fundstellen einander nicht immer. Auch sie waren als Folge der Erosion durcheinandergeraten, durch Faltenbildung verschoben und ließen sich schwer zueinander in Beziehung setzen. Was mich jedoch am meisten verwunderte, war die Tatsache, daß die Säugetierfossilien, die unmittelbar über und unter der 2,6 Millionen Jahre alten KBS-Markierungsschicht gefunden worden waren, nicht so aussahen wie die 2,6 Millionen Jahre alten Fossilien am Omo. Theoretisch hätten die Säugetiere aus dieser Periode an beiden Orten identisch sein müssen, denn sie lagen nur etwa 80 Kilometer auseinander. Ein über weite Strecken wanderndes Tier wie ein Elefant hätte sich ohne weiteres von einer dieser Fundstellen zur anderen bewegen können und hat das wahrscheinlich auch getan. Auch das Klima an den beiden Orten war das gleiche gewesen.

Um diese Zeit sagte Clark Howell zum Experten für fossile Schweine, Basil Cooke: »Die Schweine in Koobi Fora sehen nicht aus wie unsere Schweine aus der gleichen Zeit. Die Schweine dort sind zu jung.«

»Das ist richtig«, sagte Cooke. Sein schon sehr lebhaftes Interesse für diese Schweine wuchs.

Inzwischen war ich nach Cleveland zurückgekehrt, um dort meinen Lehrauftrag zu übernehmen. Als meine Studenten mich nach dem Schädel 1470 fragten, gab ich ihnen als Antwort einen Untersuchungsbericht:

»Nehmen wir an, ein neuer Schädel wird gefunden. Alles, was man über ihn weiß, ist die Tatsache, daß er ein großes Gehirnvolumen von fast 800 Kubikzentimeter hat, daß die Hirnschale nicht dick ist, daß die Augenbrauenwülste nicht stark sind, daß es sich um ein aufrecht gehendes Lebewesen handelt, weil die dazugehörigen Beinknochen mit denen des heutigen Menschen identisch sind, daß der Schädel in einigen hundert Exemplaren vorliegt und daß die Fragmente unterhalb einer 2,6 Millionen Jahre alten Markierungsschicht aus vulkanischem Tuff gefunden wurden. Fügen Sie das in Ihr Modell des frühen Plio-Pleistozän ein, und überlegen Sie, wie diese Funde die gegenwärtig geltenden Vorstellungen von der Evolution der Hominiden beeinflussen könnten. Dabei müssen Sie sowohl die Theorie von der einzigen Spezies als auch die von den zwei Spezies bei den Australopithecinen berücksichtigen. Die Beantwortung welcher Fragen im Hinblick auf diese Funde würde Sie für die Lösung der bei ihrer Entdeckung entstandenen Probleme am meisten interessieren?«

Mit anderen Worten, was dachten die Studenten darüber? Ich erwartete, daß sie 1470 eindeutig als *Homo* identifizieren würden. Ich hatte ihnen ein Photo des Schädels und seine Beschreibung gegeben, und sie hätten erkennen müssen, daß es sich wirklich um einen *Homo* handelte. Aber wenn das so war, dann ergaben sich Schwierigkeiten hinsichtlich seiner Verwandtschaft. Ich hätte jedem die Note »Ausgezeichnet« gegeben, der aufgrund des Alters dieses Schädels danach gefragt hätte, ob denn die Australopithecinen seine Vorfahren sein könnten. Die gleiche Note hätte jeder bekommen, der die Datierung in Frage gestellt hätte. Und ich hätte jedem Studenten ein noch besseres Zeugnis ausgestellt, wenn er hätte wissen wollen, wie der Schädel rekonstruiert worden war. Damit hätte er zum Ausdruck gebracht, daß er an das Gehirnvolumen dachte und die Richtigkeit der angegebenen Maße bezweifelte. Im allgemeinen neigen Studenten dazu, alles zu glauben, was man ihnen sagt. In der Literatur las man überall, der *africanus* sei ein Vorfahre des Menschen gewesen. Ich wollte, daß die Studenten auch an dieser These zweifelten. Ich hätte jedem, der an die Theorie von der einzigen Spezies glaubte, eine schlechte Note gegeben. Ein *Homo*, der älter als 2 Millionen Jahre ist, und ein robuster *Australopithecus*, der nur 1 Million Jahre alt ist, können nicht der gleichen Spezies zugerechnet werden.
Man muß allerdings einräumen, daß die Anhänger dieser Theorie das wissen und diese Tatsache als anormal betrachten. Man darf auch nicht vergessen, daß die Theorie zu der Zeit, als sie formuliert wurde, plausibler erschien als heute.
Zunächst waren einige der intelligentesten Paläoanthropologen in den Jahren von 1930 bis 1960 zu der Erkenntnis gekommen, daß es innerhalb einer Spezies augenscheinlich mehr Abweichungen gab, als man zunächst angenommen hatte. Je mehr Fossilien man fand, desto deutlicher wurde das. Um der Neigung entgegenzuwirken, jedesmal eine neue Spezies zu benennen, wenn ein gering abweichendes Fossil entdeckt wurde, begrüßte man es als eine gesunde Vereinfachung, daß einzelne Wissenschaftler damit begannen, Fossilien, die zunächst mehreren Spezies zugeschrieben wurden, einer einzigen

zuzuordnen. Erst als man in den südafrikanischen Höhlen zwei deutlich voneinander zu unterscheidende australopithecine Typen fand, geriet diese Theorie in Schwierigkeiten. Die Unterschiede wurden von einigen dadurch erklärt, daß es sich um männliche und weibliche Individuen handelte. Das war einleuchtend, denn es gibt bei vielen Primaten deutliche Unterschiede bei den Schädeln und Zähnen männlicher und weiblicher Exemplare, besonders bei den Gorillas und Pavianen. Erst als man erkennen mußte, daß alle männlichen Australopithecinen bei Swartkrans und Kromdraai gelebt haben müßten (wo man den robusten Typus gefunden hat) und alle weiblichen bei Sterkfontein und Makapansgat (wo die grazilen vorkamen), ließ sich diese Theorie nicht mehr aufrechterhalten, denn es gibt nirgends auf der Welt eine ähnliche Trennung der Geschlechter bei den Primaten.

Doch damit war die Theorie, daß es sich um eine Spezies handelte, noch nicht widerlegt. Man wies darauf hin, daß die robusten Typen jünger seien als die grazilen und von ihnen abstammen könnten. Die Abweichungen erklärte man mit der Evolution innerhalb der Spezies über eine gewisse Zeit hinweg. Betrachtete man die Australopithecinen als eine über einen gewissen Zeitraum lebende Spezies, dann mußte man erwarten, daß die zu Beginn und am Ende dieser Periode lebenden Typen gewisse Abweichungen zeigten.

Die wichtigste Vorstellung zur Stützung der Theorie von der einen Spezies war eine Idee, der man im Hinblick auf die Evolution des Menschen von Anfang an den Vorzug gegeben hatte: Es habe auf diesem Planeten niemals Platz für mehr als eine Art aufrecht gehender Lebewesen gegeben, die sich zum Menschen weiterentwickelt hätten. Aufrecht gehende Nachkommen des Menschenaffen seien einzigartig und seien es immer gewesen. Heute gäbe es nur eine einzige Spezies, den *Homo sapiens*. In der Vergangenheit gab es ebenfalls nur eine Art, den *Homo erectus*. Weshalb sollte es daher noch früher mehr als eine Art gegeben haben? Darum war der Menschenaffe, wo und wann er sich auch zu entwickeln begann, der einzige mögliche Vorfahre des Menschen. Für ihn war der Platz vorausbestimmt, den er sich durch das Aufrechtgehen, sein zunehmendes Gehirnvolumen und die von ihm entwickelte Kultur erobert hatte. Jeder Konkurrent, der später auftauchte und versuchte, den gleichen Platz einzunehmen, wäre dadurch in der Entwicklung behindert, daß er weniger gut aufrecht gehen könnte, weniger intelligent wäre, weniger geschickt mit Werkzeugen umginge usw. Er würde den Konkurrenzkampf nicht bestehen und aussterben müssen, ja höchstwahrscheinlich würde seine Entwicklung erst gar nicht beginnen.

So einfach ausgedrückt ist das ein recht gutes Argument. Es trifft den Kern eines biologischen Grundprinzips, das sagt, es sei unmöglich, daß zwei Spezies gleichzeitig die gleiche Nische einnehmen. Die weniger gut angepaßten Spezies werden entweder verschwinden oder sich einen anderen Lebensraum suchen.

Bei den Vögeln scheinen die etwa 50 Spezies von Singvögeln, die den Sommer in Nordamerika zubringen, dem zu widersprechen, aber in Wirklichkeit konkurrieren sie nicht miteinander. Jede Art hat ihre eigene Nische. Verschiedene Spezies nisten in verschiedenen Teilen des Kontinents. Wo sie die gleiche Gegend bewohnen, hat jede Spezies ihr eigenes Gebiet – buschiges Dickicht, Nadelwälder, hohe Laubbäume, und einige Arten nisten sogar in verschiedener Höhe auf den gleichen Bäumen. Sie fressen verschiedene Arten von Insekten, denn auch Insekten haben ihre eigenen Lebensräume. Eines der Wunder der Evolution ist, daß so viele anscheinend gleichartige Pflanzen und Tiere die Möglichkeit gefunden haben, in unmittelbarer Nachbarschaft jeweils einen eigenen Lebensraum zu bewohnen. Das scheint auch bei den frühen Hominiden der Fall gewesen zu sein. Der grazile, dem *Homo* ähnliche Typus entwickelt sich zunächst als ein mit einem kleineren Kiefer und kleinerem Gebiß ausgestatteter Allesfresser; der robuste Typus spezialisiert sich mehr auf grobe Pflanzennahrung. Allein dieser Unterschied in der Ernährung würde genügen, um die Koexistenz beider Typen aufrecht gehender Hominiden zuzulassen. Wir haben es Richard Leakey zu verdanken, wenn wir heute wissen, daß die beiden wirklich nebeneinander existiert haben. Zu seinen bedeutendsten Entdeckungen bei Koobi Fora gehört ein sehr gut erhaltener Schädel des *Homo erectus*. Er ist 1,5 Millionen Jahre alt. Dieses Individuum lebte neben robusten Australopithecinen – und kein Anthropologe der Welt würde heute behaupten, daß die beiden Typen zur gleichen Unterart gehörten.

Wenn es also vor 1,5 Millionen Jahren zwei Arten von aufrecht gehenden Hominiden gegeben hat, die nebeneinander lebten, dann ist es auch möglich, daß früher zwei oder sogar mehr Arten existiert haben. Um diese Frage zu klären, müßten uns mehr und besser erhal-

tene Fossilien aus der Zeit vor 3 bis 2 Millionen Jahren zur Verfügung stehen. Vor meiner Abreise zur ersten Grabungskampagne in Hadar im Jahr 1973 hoffte ich, solche Fossilien zu finden.
Ich hatte auf der Circum-Rudolf-Konferenz mit großer Begeisterung von Hadar berichtet. Zu den Teilnehmern gehörten Dutzende von hochangesehenen Fachleuten für das Plio-Pleistozän, und ich hoffte, einige von ihnen als Mitarbeiter zu gewinnen. Aber das war nicht so einfach. Jeder hatte ein volles Arbeitsprogramm. Sie hörten höflich zu, als ich von den Ablagerungen sprach, in denen es von gut erhaltenen Fossilien wimmelte, und sehr optimistisch voraussagte, man werde dort auch Hominiden finden. Sie schenkten mir ihre Aufmerksamkeit, weil ich mit Howell zusammenarbeitete. Das hatte ich in drei Kampagnen getan, und es war eine gute Empfehlung für mich.
Ich hatte aber bisher noch nie eine Expedition geleitet. Welche Garantie gab es, daß ich dafür geeignet war? Wie leistungsfähig waren die anderen Angehörigen meines Teams? Wie zuverlässig würden unsere stratigraphischen Forschungsarbeiten sein? Würde es mir gelingen, von den Äthiopiern die Erlaubnis zu bekommen, Fossilien außer Landes zu bringen? Wenn ja, würden wir sie absolut korrekt datieren und einordnen können? Würden sie sofort für weitere Untersuchungen zur Verfügung stehen, oder würden sie zehn Jahre in den Museen verstauben, bevor sie den Wissenschaftlern zugänglich gemacht wurden? Solche Befürchtungen haben sich schon oft bewahrheitet. Die größte Enttäuschung für einen eifrigen Anthropologen ist es, wenn er feststellen muß, daß sich ein Projekt, für das er sich interessiert hat, im Sande verläuft, kein Interesse mehr findet, weil es nicht finanziert werden kann oder – und das ist das Schlimmste – weil die Daten angeblich nicht stimmen.
Ich brauchte unbedingt die Mitarbeit von Fachleuten in den verschiedensten Spezialgebieten. Doch alles, was ich auf der Circum-Rudolf-Konferenz anzubieten hatte, war meine eigene Zuversicht.
Ich mußte diese Leute für mich gewinnen und sie davon überzeugen, daß die Antilopenfossilien, die ich ihnen schicken würde, richtig datiert waren. Ich erklärte, die Ablagerungen bei Hadar ließen sich mit den älteren Schichten am Omo vergleichen, wo die Fossilien nicht so gut erhalten sind, und hier ergäbe sich die einmalige Möglichkeit, diese Lücke auszufüllen. Es lag mir besonders viel daran, Alan Gentry für mein Vorhaben zu gewinnen. Alan arbeitet am British Mu-

seum. Er ist ein in der ganzen Welt bekannter und angesehener Fachmann für Antilopen. Jetzt kam es darauf an, ihn zu interessieren. Ich sprach mit John Harris über Giraffen und mit Basil Cooke über Schweine. Auf jede mögliche Art versuchte ich, meine Kollegen von der Bedeutung des Vorhabens zu überzeugen.

Als ich nach Hadar abreiste, hatten viele von ihnen ihr Interesse bekundet, aber nur sehr wenige hatten mir feste Zusagen gemacht.

7. Die erste Grabungskampagne bei Hadar: Das Kniegelenk

> Don hockte in der glühenden Sonne und versuchte, die beiden Knochen zusammenzufügen – plötzlich durchfuhr es ihn: Das ist kein Affe; es ist ein menschliches Wesen. *Maurice Taieb*

Addis Abeba ist zwar die Hauptstadt von Äthiopien, aber doch eher eine Mischung aus Kasba und Pionierstadt als ein Landeszentrum. Die kaiserlichen Paläste, ein paar Bürohäuser und einige Ministerien machen zwar einen prächtigen Eindruck, aber die Märkte sind schmutzig und primitiv. Man hat den Eindruck, sich in einem überdimensionalen, über eine weite Fläche ausgedehnten afrikanischen Dorf zu befinden. Unter Kaiser Haile Selassie kam jede Initiative über eine ihm verantwortliche Bürokratie von oben nach unten. Ein Fremder konnte vom Ausland her nichts bewirken. Man mußte an Ort und Stelle sein.

Maurice Taieb wußte das alles. Als ich im Herbst 1973 mit Dole und Gray nach Addis Abeba kam, war mein französischer Partner schon eifrig damit beschäftigt, die Ministerien abzuklappern, um die notwendigen Genehmigungen zu bekommen; die Zulassung der Fahrzeuge, die Einreiseerlaubnis für das Afar-Gebiet, die Erlaubnis für das Einsammeln von Fossilien usw. Für alles brauchte man schriftliche Genehmigungen, und jedes Papier mußte vom zuständigen Beamten abgestempelt werden – manchmal auch von mehreren Beamten. Ich konnte selbst nicht viel tun, sondern begleitete Maurice Taieb nur auf diesen Wegen.

Es waren endlose Gespräche und ungezählte kleine Tassen Kaffee. Die Äthiopier sind sehr liebenswürdig, aber nicht immer auf der gleichen Wellenlänge wie man selbst. So bleibt einem nichts übrig, als sich allmählich durch dieses Gestrüpp hindurchzukämpfen.

Im Verlauf einer Woche hatte ich einige Erfahrungen mit der äthiopischen Bürokratie gesammelt und wußte, welche Leute in welchen Ministerien für einen Archäologen wichtig sind. Ich hatte auch die für mich sehr wertvolle Bekanntschaft eines Engländers gemacht, der an der einheimischen Universität Geschichte lehrte. Das war Richard Wilding, der später der Verbindungsmann der Expedition in Addis Abeba, ihr Vertrauter, Berater und Helfer in vielen schwierigen Situationen wurde. Als endlich die letzten Papiere abgestempelt, das letzte Fahrzeug repariert und der letzte Sack Mehl verladen worden waren, setzte sich eine kleine Karawane in Richtung auf das Afar-Gebiet in Bewegung. Wir waren vier Amerikaner, sieben Franzosen und einige Amhara-Hilfsarbeiter, die wir in Addis Abeba angeworben hatten; der Koch Kabete und ein Vertreter des äthiopischen Kultusministeriums, Alemayehu Asfaw. Meine $ 43000 waren schon jetzt in besorgniserregender Weise zusammengeschmolzen. Ich hatte für einige Franzosen Moskitonetze und andere Ausrüstungsgegenstände kaufen müssen, denn sie waren ungenügend ausgerüstet und ohne Geld nach Äthiopien gekommen.

Bei Hadar schlugen wir das Lager auf einer niedrigen Anhöhe oberhalb des Awash-Flusses auf. Hier war es zwar heiß, aber längst nicht so heiß wie in den Senken und Schluchten, wo man keinen Windhauch spürte, wir aber nach den Fossilien suchen mußten. Im Fluß konnten wir baden, und das gefilterte Wasser eignete sich zum Trinken und Kochen. Wenn es aber in den fernen Bergen stark geregnet hatte, stieg der Awash, und das Wasser nahm eine kaffeebraune Farbe an. Dann ließ es sich zu nichts mehr verwenden. Tom Gray berichtet: »Ich bin zwar kein begeisterter Schwimmer, aber eines Tages war ich doch so schmutzig, daß ich meinen eigenen Geruch im Schlafsack nicht mehr aushalten konnte. So ging ich zum Fluß hinunter, aber als ich ein Bein ins Wasser gesteckt und wieder herausgezogen hatte, war es dunkelbraun. Also mußte ich den unangenehmen Körpergeruch noch eine Woche aushalten.«

Einige Expeditionsteilnehmer weigerten sich zu schwimmen, weil es im Fluß Krokodile gab. Sie waren aber kleiner als die menschenfressenden Ungeheuer in Kenia und Uganda und schienen auch die Angehörigen des Afar-Stammes nicht anzugreifen, die man ständig im Wasser sah. Zum Glück floß das Wasser so schnell, daß hier nicht die Gefahr der Ansteckung mit Bilharziose bestand. Das ist eine durch Süßwasserschnecken übertragene Krankheit, von der Tausende von Menschen befallen werden, die in stehenden Gewässern wie dem Viktoriasee baden.

Das Lager war einfach und praktisch. Es bestand aus einem großen Zelt, in dem wir aßen, unsere geologische und paläontologische Arbeit verrichteten und wo auch die durch Moskitonetze geschützten Feldbetten standen. Das Zelt bestand aus einem großen Dach mit offenen Seiten und Vordächern zum Schutz gegen die Sonne. Es standen lange Tische darin. Das Klassifizieren, Sortieren, Reinigen, Numerieren und die schriftlichen Arbeiten wurden nachmittags vorgenommen, wenn es für die Außenarbeiten zu heiß war, das Licht aber noch ausreichte, um die Fossilien sorgfältig vom Schmutz zu befreien. Am Abend war es dazu in dem schwachen Lichtschein der Butanlampen zu dunkel.

Sobald das Lager eingerichtet war, begann die wissenschaftliche Arbeit, und Taieb machte sich sofort an die komplexe Aufgabe, die geologischen Verhältnisse bei Hadar zu erforschen. Anders als am Omo hatten sich die Sedimentschichten bei Hadar nicht verworfen. Es gab dort kaum irgendwelche Bodenfalten, und deshalb hatten sich die einzelnen Schichten auch nicht senkrecht aufgestellt, sondern sie zeigten sich an den Wänden der Schluchten und Senken, die durch Erosion entstanden waren. Einige dieser Einschnitte liegen hoch und sind recht flach, andere beginnen in niedrigeren Lagen und gehen tief in den Boden hinein. An manchen Stellen ist der flache Grund von Material bedeckt, das sich hier viel später abgelagert hat, nachdem, was vorher hier lag, fortgeschwemmt worden war. Deshalb läßt sich die ursprüngliche Stratigraphie kaum noch erkennen. An anderen Stellen sind die ursprünglichen Schichten noch so deutlich zu sehen wie an einer angeschnittenen Torte. Bei Hadar treffen wir auf ein ganzes Netz von Einschnitten verschiedener Tiefe mit verschiedenen stratigraphischen Mustern. Es war die Aufgabe von Taieb, diese Unterschiede zu interpretieren und für das ganze Gebiet den geologischen Aufbau von oben nach unten festzustellen, um eine sogenannte stratigraphische Säule zu erarbeiten.

Zunächst ging diese Arbeit sehr langsam voran, und er mußte sich mit den am einfachsten zu identifizierenden Schichten vertraut machen, um festzustellen, welche Schichten gewöhnlich zuoberst und welche darunter lagen. Wenn das geschehen war, konnte er eine ähnliche Anordnung auf der anderen Seite des Einschnitts oder in einer weiter entfernt gelegenen Schlucht auffinden und eine Beziehung zwischen den Schichten nach ihrer Anordnung an den verschiedenen Stellen herstellen. Manchmal ließen sich die am häufigsten vorkommenden und auffallendsten Schichten nicht wiederfinden. Sie waren entweder fortgeschwemmt oder lagen noch tief unter der Oberfläche. Es war verwirrend, plötzlich eine Folge von Ablagerungen zu finden, wie noch an keiner anderen Stelle festgestellt worden war. Waren diese Sedimente nun älter oder jünger?

Um diese Frage zu beantworten, mußte Taieb die Verbindungsstellen finden, an denen die obersten Schichten den unteren von woanders entsprachen und umgekehrt. So konnte er eine Reihe von kurzen Sequenzen zusammenstellen und gelegentlich einige Sequenzen zu einer längeren vereinigen. Doch oft erlebte er die Enttäuschung, daß diese Schichten doch nicht zusammengehörten. Die Ablagerungsschicht, von der er zunächst angenommen hatte, sie stelle die Verbindung zwischen den kürzeren Sequenzen her, tauchte plötzlich irgendwo anders mitten in bisher noch nicht festgestellten Schichten auf. Dann mußte Maurice sein ganzes System umwerfen und versuchen, einen anderen Zusammenhang herzustellen.

Eine Schwierigkeit lag darin, daß viele Sequenzen einander sehr ähnlich waren, wo Schlamm, Ton und Sand abwechselten, ohne daß eine genaue Entsprechung an anderer Stelle festzustellen war. Es war nicht leicht, zwei oder drei solcher Schichten in der ganzen Abfolge der Ablagerungen dort einzuordnen, wo sie hingehörten. Dazu konnte man unter Umständen ihre Stärke messen, aber auch das war keine zuverlässige Methode, denn die Stärke der einzelnen Schicht richtete sich danach, welche Neigung der Boden gehabt hatte, auf dem sie entstanden war oder nach der Tiefe des Wassers in den Seen.

Die geologischen Arbeiten wurden jedoch dadurch erleichtert, daß sich die Größenunterschiede der in den Sedimenten enthaltenen Steine messen ließen. Je schneller ein Gewässer fließt, desto größere Objekte kann es mitführen. Am Fuß des Gebirgszuges im Westen, wo das Wasser in die Ebene hinausgeflossen war, findet man immer kleiner werdende Steine, die von Flüssen mitgeführt worden sind, wenn sie während der Regenzeit die Berghänge herunterströmten. Wenn dieses Wasser nun das 160 Kilometer vom Gebirge entfernte Hadar erreichte, floß es langsam und führte nur Kies, Sand, feinen Schlick und Ton mit. Beim Einfließen in einen See wird die Strömungsgeschwindigkeit wahrscheinlich sehr langsam gewesen sein. Dort lagerte sich der feine Sand am Seeufer und in den

Flußdeltas ab. Das feinste Material, der Ton, driftete sehr langsam bis zur Mitte des Sees hinaus und lagerte sich dort am Boden ab. Wenn man bei Hadar den Grund eines alten Sees finden will, dann muß man nach Stellen suchen, an denen sich extrem feinkörniges Material abgelagert hat, in das keine Fossilien eingebettet sind. Wenn man im Schlamm oder Ton Knochen findet, dann muß man annehmen, daß es sich um Sümpfe oder mooriges Gebiet am Rand früherer Seen handelt.

Während sich Taieb und seine Mitarbeiter um die Klärung der geologischen Gegebenheiten bei Hadar bemühten, blieben auch die Paläontologen nicht untätig. Sie hatten keine genau vermessenen topographischen Karten oder Luftaufnahmen von dieser Gegend zur Verfügung, aber sie nahmen das Gebiet, in dem sie arbeiteten, selbst sehr genau auf. Sie trugen jede Stelle, an der sie ein Fossil gefunden hatten, gewissenhaft in ihre Lagekarte ein und gaben der Fundstelle eine Nummer, die sie mit Farbe auf einen dort liegenden Stein malten. Schließlich wurden alle Informationen über gefundene Fossilien auf einer das ganze Gebiet umfassenden Lagekarte eingetragen, und das vermittelte uns eine Übersicht über die zeitlichen Beziehungen und die räumliche Verteilung der Fossilien auf der gesamten von der Expedition bearbeiteten Fläche.

Ohne diese genaue Registrierung wären wir verloren gewesen. Man muß genau wissen, wo jedes Fossil gelegen hat. Ich beauftragte Tom Gray mit dieser Arbeit, und er formulierte die folgende Grundregel: »Wenn du die Fundstelle eines Fossils nicht genau markierst, laß es liegen.« Als einer der Wissenschaftler eines Abends ins Lager kam und einige interessante Säugetierfossilien mitbrachte, deren Fundstelle er nicht mehr genau angeben konnte, bekam Tom einen Wutanfall. Die Funde waren nutzlos, und er warf sie alle in den Fluß.

Es kam Gray aber auch darauf an, daß wir ein zutreffendes Bild über das Gesamtvorkommen der hier lagernden Fossilien erhielten. Hatte jemand, der ein gutes Auge für Antilopenschädel hatte, womöglich die in der gleichen Gegend liegenden Schweinezähne übersehen, und entstand deshalb der falsche Eindruck, daß eine Spezies häufiger vorkam als die andere? Bestand etwa die Neigung, nur seltene und ungewöhnliche Fossilien zu sammeln und die weniger interessanten liegen zu lassen? Auch dadurch hätte sich ein falsches Bild ergeben.

Vor einiger Zeit hat sich Gray an einem Symposium in San Francisco beteiligt und dort in einem Bericht über die Arbeit bei Hadar erklärt, in welchem Dilemma sich der Wissenschaftler bei solchen Forschungsarbeiten befindet: »Man schleppt sich in der fürchterlichen Hitze durch das Gelände und hat schon hundert Pferdezähne aufgesammelt. Dort drüben liegt wieder einer. Großartig. Soll man hinübergehen und auch ihn aufheben? Damit hätte man eine neue Fundstelle. Man müßte sie auf der Lagekarte eintragen und später einen Geologen hinschicken, um die geologischen Verhältnisse an dieser Stelle zu untersuchen – und das alles, um diesen einen Pferdezahn datieren zu können.«

»Also lassen Sie ihn liegen?« fragte jemand.

»Im Idealfall nicht. Wenn man genügend Zeit und Mittel hätte, würde man jeden Knochensplitter aufheben und jede Fundstelle markieren. Aber das war praktisch unmöglich, und deshalb mußte ich ständig befürchten, daß wir einen falschen Gesamteindruck bekamen. Wir haben versucht, das Gelände nach einem genau festgelegten Plan aufzunehmen und alle Ablagerungen systematisch zu untersuchen. Aber einige unserer Mitarbeiter haben das nicht immer getan. Ich mußte ihre Arbeit nachkontrollieren und ebenfalls Fossilien sammeln, um festzustellen, ob das Gesamtbild, das ich mit den von mir gefundenen Stücken erhielt, dem entsprach, was sie gefunden hatten.«

»Stimmten die Ergebnisse überein?«

Gray mußte zugeben, daß es gewöhnlich der Fall war. Ebenso wie Gerry Eck am Omo war auch er bei Hadar mit der Arbeit einiger Franzosen nicht ganz zufrieden.

Ich bin mit den Franzosen immer sehr gut ausgekommen. Es hat mich nie gestört, daß Franzosen und Amerikaner manchmal nach verschiedenen Methoden vorgingen. Mein Partner Maurice Taieb hat ein ganz anderes Temperament als ich. Er ist ein überschwenglicher, lebhafter, redseliger und freundlicher Mann und kann manchmal ungeduldig und sogar jähzornig werden. Ich habe mich durch seine gelegentlichen Temperamentsausbrüche nicht stören lassen. Sie haben in kritischen Augenblicken, wenn die Lethargie und der Bürokratismus der Äthiopier die Expedition ernsthaft zu gefährden drohten, die Luft gereinigt. Nach vier gemeinsamen Kampagnen muß ich sagen, daß das Positive bei der Arbeit einer von zwei Nationen ausgerüsteten Expedition das Negative bei weitem übertrifft.

Was mich in jenem ersten Jahr beunruhigt hat, waren nicht unsere Beziehungen zu den Franzosen, sondern die Fossilien. Die Hälfte der Zeit war verstrichen, und wir hatten noch kein einziges hominides Fossil gefunden. Ich hatte mich gegenüber der National Science Foundation zwar nicht dafür verbürgt, daß wir hominide Fossilien finden würden, aber als ich den Antrag auf finanzielle Unterstützung verfaßte, wußte ich, daß man mir kein Geld zur Verfügung stellen würde, wenn ich nicht besonders auf diese Möglichkeit hinwies. Kaum jemand hätte mich nach Äthiopien geschickt, um nur Schweinezähne zu sammeln. Und doch waren die $ 43000, die man mir gegeben hatte, nur ein Drittel dessen, was ich erbeten hatte. Einen Teil dieser Summe hatte ich für die Franzosen ausgegeben, und jetzt mußte ich erkennen, daß ich ihnen noch mehr würde geben müssen, wenn wir bis zum Ende der Saison in Hadar bleiben wollten.

Was tut ein junger Mann auf seiner ersten Expedition, wenn ihm das Geld für zwei Jahreskampagnen zur Verfügung gestellt worden ist, er das meiste schon im ersten Jahr verbraucht und nicht gefunden hat, wonach er suchte? Er überlegt sich, was er im zweiten Jahr tun soll, und muß fürchten, daß sein Vorhaben mißlingt und man ihm Verantwortungslosigkeit vorwerfen könnte, bevor seine wissenschaftliche Laufbahn richtig begonnen hat. Er schwitzt.

Ich habe geschwitzt, gehofft und meine Suche nach Fossilien mit aller Verbissenheit fortgesetzt. Ich wußte nicht, wie ich erklären sollte, weshalb ich schon zu Beginn so viel Geld verbrauchen mußte. Ich hatte alle diese Zelte kaufen müssen und $ 10000 für einen Landrover ausgegeben. Das waren einmalige Ausgaben, die sich nicht hatten vermeiden lassen. Draußen im Forschungsgebiet kam ich immer mehr zu der Überzeugung, daß ich am Ende des Jahres alles Geld verbraucht haben würde, und mußte mich fragen, ob man mir je die Gelegenheit geben würde, mit einer zweiten Jahreskampagne zu beginnen. Wäre es vernünftiger gewesen, kleiner anzufangen und anstatt elf nur vier oder fünf Wissenschaftler mitzunehmen?

Solche Gedanken gingen mir durch den Kopf, als ich an einem Spätnachmittag einen Knochen aus dem Sand ragen sah, den ich zunächst für die Rippe eines Flußpferdes hielt. Ich stieß mit dem Fuß dagegen, und als ich den Knochen aufhob, sah ich, daß es nicht eine Flußpferdrippe, sondern eine proximale *Tibia* – das obere Ende des Schienbeins – eines Primaten war.

Zunächst hielt ich es für das Schienbein eines Affen, entschloß mich aber, es mitzunehmen. Ich markierte die Fundstelle in meinem Notizbuch und gab ihr eine Nummer. Während ich sie niederschrieb, bemerkte ich wenige Meter davon entfernt ein zweites Knochenstück. Es war ein distaler *Femur* – das untere Ende eines Oberschenkelknochens – und wie der erste Knochen sehr klein. Der Oberschenkelknochen war in der Mitte gespalten, so daß nur noch einer der beiden Gelenkhöcker, die in das Schienbein passen und mit ihm das Kniegelenk bilden, vorhanden war. Aber im Sand daneben lag der zweite Gelenkhöcker. Ich legte die beiden Stücke zusammen und versuchte dann, sie mit dem Schienbein zusammenzufügen. Größe und Farbe stimmten überein, und alle drei Knochen paßten genau zusammen; ein seltener Fund.

Ich betrachtete das Gelenk genauer und sah, daß ich Oberschenkelknochen und Schienbein in einem bestimmten Winkel zusammengefügt hatte, und zwar nicht absichtlich, sondern nach ihrer natürlichen Stellung. So gehörten sie zusammen. Ich wußte, daß dieses Gelenk bei einem Affen eine gerade Linie bildet. Fast gegen meinen Willen begann ich, mir das Skelett eines Menschen vorzustellen, und dachte daran, daß bei ihm vom Knie zur Hüfte ein schräger Winkel nach außen gebildet wird. Das ist bezeichnend für die aufrecht gehenden Hominiden.

Ich versuchte die Knochen noch einmal zusammenzufügen und in eine gerade Linie zu bringen, doch das wollte nicht gelingen. Nun dämmerte mir, daß es sich um ein hominides Fossil handelte.

Gray kam zu mir heran, und ich zeigte ihm das Schienbein. »Wofür halten Sie das?«

Der erste hominide Fund von Johanson bei Hadar war ein Kniegelenk, das hier zwischen dem Knie eines heutigen Menschen (links) und dem Knie eines Menschenaffen (rechts) gezeigt wird. Mit mehr als 3 Millionen Jahren ist dies das älteste derartige Fossil, das man bis heute kennt. Der Winkel an der Verbindungsstelle beider Knochen überzeugte ihn, daß es sich um einen Hominiden handelte. Bei einem Menschenaffen wären beide Knochen in gerader Linie miteinander verbunden. Von der Seite gesehen (die drei Zeichnungen unten) sehen die drei Gelenke ganz ähnlich aus. Betrachtet man aber die Form der Gelenkhöcker genauer, dann sieht man deutlich den Unterschied zwischen den beiden Hominiden auf der einen und dem Menschenaffen auf der anderen Seite. Der Gelenkknochen bei den Hominiden ist oval, der des Menschenaffen ist rund.

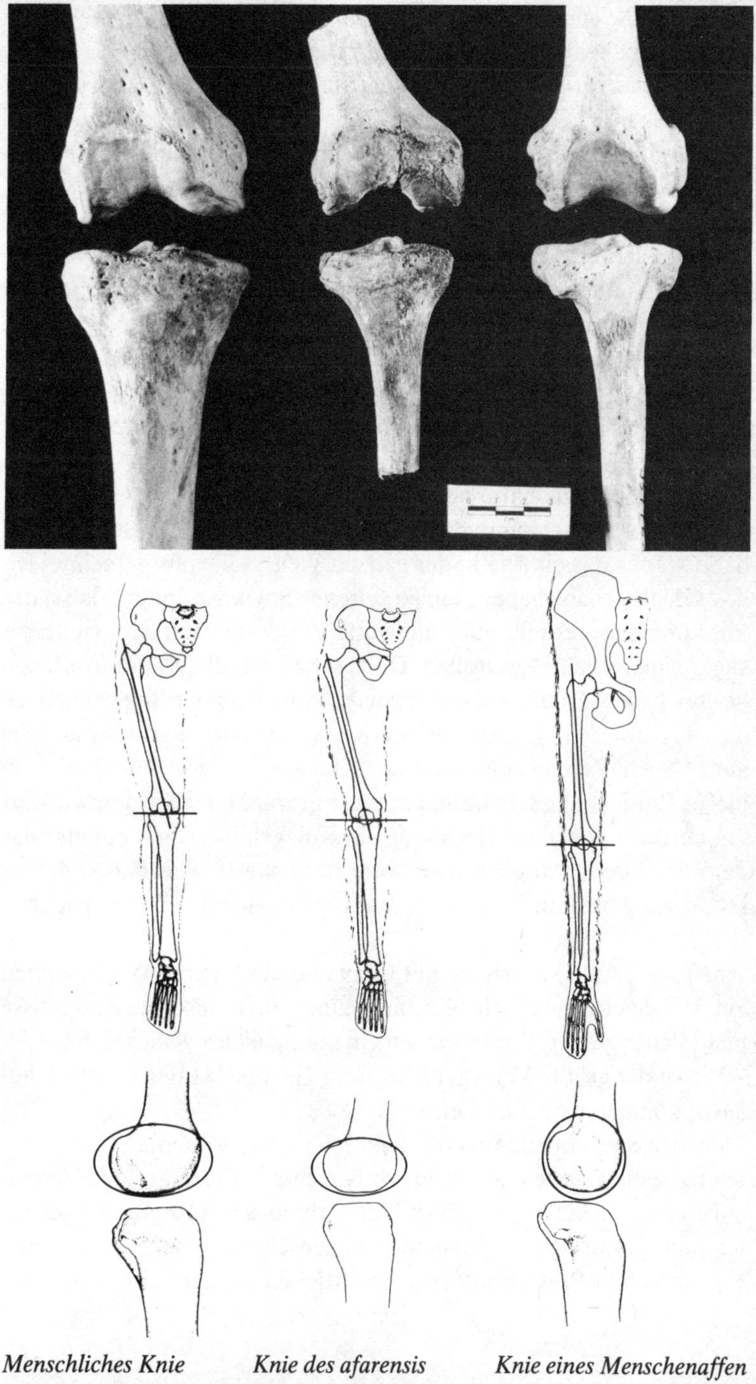

Menschliches Knie *Knie des afarensis* *Knie eines Menschenaffen*

»Ein Affe?« sagte Gray. »Irgendein kleiner Primat? Nach dem Schienbein allein läßt sich das nicht genau bestimmen.«

»Aber wenn wir das anfügen?« sagte ich nun und zeigte ihm die beiden Stücke des Oberschenkelknochens. Ich legte die Knochen auf den Sand, und jetzt war der Winkel zwischen Schienbein und Oberschenkelknochen deutlich zu erkennen.

Gray starrte zuerst die Fossilien und dann mich an. »Ist das wirklich einer von ihnen?« sagte er schließlich.

Ich nickte und wurde mir im gleichen Augenblick der inneren Spannungen bewußt, die mich schon seit Monaten belasteten. Plötzlich war die Last von mir genommen. Ich spürte eine große Erleichterung und wollte zunächst kaum glauben, daß ich solches Glück gehabt hatte. Während ich die Knochen einpackte, um sie ins Lager zu bringen, fragte ich mich, ob das alles ein Traum sei. In der ganzen Geschichte der Anthropologie hatte noch niemand das Kniegelenk eines 3 Millionen Jahre alten Hominiden gesehen. Wenn dies wirklich eines war, dann war es das einzige in der ganzen Welt. Sollte ausgerechnet ich das Glück gehabt haben, ein so seltenes Stück zu finden? Ich hatte mir immer vorgestellt, auf Zähne und Kieferknochen oder vielleicht sogar einen Schädel zu stoßen. Doch etwas, das die Wissenschaft bisher noch nicht kannte – das war zuviel. Am folgenden Tag begann ich daran zu zweifeln, daß meine Interpretation richtig war. Ich hatte die ganze Nacht Zeit gehabt, darüber nachzudenken, welches die Folgen dieser Entdeckung sein könnten, und mir war klargeworden, daß nur ein aufrecht gehender Hominide ein Kniegelenk haben konnte, das dem des Menschen glich. Das wäre der erste Beweis dafür, daß es schon vor 3 Millionen Jahren ein aufrecht gehendes Wesen gegeben hatte.

Am Tage darauf sprach ich mit Gray und sagte ihm: »Wir brauchen ein Vergleichsstück. Ich bin mir meiner anatomischen Kenntnisse nicht sicher genug. Wir brauchen ein menschliches Kniegelenk.«

»Wer ist der größte Versager in unserer Gruppe?« sagte Gray. »Vielleicht können wir ihn entbehren.«

»Machen Sie keine dummen Witze! Ich muß es wissen.«

Ich hatte ein Problem, von dem Gray nichts wußte. Nach den Vereinbarungen, die die Expedition mit der äthiopischen Regierung getroffen hatte, mußte jedes Fossil, das wissenschaftlich bedeutend genug war, auf einer Pressekonferenz beschrieben werden, bevor es außer

Landes gebracht werden durfte. Das brachte mich in eine unangenehme Lage. Wenn ich das Kniegelenk nicht richtig beschrieb, dann hatte ich mich schon bei meiner ersten selbständigen Interpretation eines fossilen Fundes blamiert. Wenn ich das Fossil aber nicht beschrieb, durfte ich es nicht mitnehmen.

»Es hilft nichts«, sagte ich, »wir brauchen ein menschliches Kniegelenk.«

»Lassen Sie mir eine Woche Zeit«, sagte Gray. »Ich werde einen Franzosen umbringen.«

Am Spätnachmittag kam mir eine Idee. Ich bat Gray, mich auf eine Anhöhe außerhalb des Lagers zu begleiten.

»Warum?« fragte Gray.

»Da oben steht ein Grabhügel der Afar.«

»Langsam, langsam«, sagte Gray. »Bisher sind wir mit diesen Leuten recht gut ausgekommen. Wollen Sie sich als Grabräuber die Freundschaft der Afar verscherzen?«

»Ich will es mir doch nur ansehen.«

»Ich nicht. Vergessen Sie nicht die Ältesten, die uns vor einiger Zeit besucht haben.«

Ich erinnerte mich genau. Eine Woche nachdem wir das Lager eingerichtet hatten, waren einige Stammesälteste zu uns gekommen. Sie hatten sich vor uns auf den Boden gesetzt, während sich hinter ihnen mit Gewehren bewaffnete junge Männer aufstellten. Durch einen Dolmetscher ließen sie uns sagen, wir sollten hier verschwinden; durch Fremde kämen sie nur in Schwierigkeiten. Ich fragte, welche Schwierigkeiten das wären. Es stellte sich heraus, daß die Afar es bisher nur mit Vertretern der Zentralregierung zu tun gehabt hatten, die herausgekommen waren, um Land zu vermessen und zu beschlagnahmen, Dämme zu bauen oder das Nomadenleben dieses Hirtenvolkes zu stören. Die Afar waren Mohammedaner und hatten keine Sympathien für die christlichen Amharas, die im fernen Addis Abeba an der Regierung waren. In Trockenperioden, bei Hungersnöten und in anderen extremen Notfällen hatte die Regierung die Afar noch nie mit einem einzigen Pfennig unterstützt und würde das auch wahrscheinlich niemals tun. Für die im Hochland lebenden Äthiopier waren die Wüstennomaden überflüssig. Es bestand sogar die Gefahr, daß sie mit anderen Moslems aus Eritrea und Somalia sympathisierten, mit denen die Äthiopier so ernste Grenzstreitigkeiten hatten,

daß ein Krieg nicht auszuschließen war. Aus all diesen Gründen waren die Beziehungen zwischen den Amhara und den Afar ständig außerordentlich gespannt, was auch offen zugegeben wurde.
Taieb und ich hatten fast einen ganzen Tag mit den Stammesältesten der Afar gesprochen und ihnen zu erklären versucht, daß wir nur alte Knochen und Steine sammeln wollten. Die Ältesten glaubten uns natürlich kein Wort. Das ganze Land bestand aus Steinen, und welchen Nutzen konnten wir davon haben, wenn wir sie sammelten? Auch alte Knochen lagen überall herum. Man konnte sie nicht essen, ja nicht einmal als Brennmaterial benutzen. Die Afar und ihre Vorfahren hatten sich schon seit Hunderten von Jahren nicht um diese Knochen gekümmert. Aber nachdem wir den Ältesten kleine Geschenke gemacht und sie aufgefordert hatten, ein paar Stammeskrieger an unserem Camp zu postieren, die beobachten sollten, was die Europäer hier taten, durften wir bleiben. Als sie sich nach einigen Wochen davon überzeugt hatten, daß die verrückten Fremden wirklich Steine und Knochen sammelten – und sonst nichts – verschwanden unsere Bewacher. Aber andere Stammesangehörige kamen ans Lager, um unserem Koch Kabete Ziegen zu verkaufen. Einige ließen sich sogar als Hilfsarbeiter anwerben. Die Frauen der Hilfsarbeiter kamen mit ihren Kindern, und etwa 200 Meter vom Hauptlager entfernt bauten die Eingeborenen ihre Hütten auf. In kürzester Zeit entwickelten sich lebhafte Handelsbeziehungen.
»Das dürfen wir nicht aufs Spiel setzen«, sagte Gray. »Was werden sie tun, wenn sie uns erwischen?«
»Es ist schon spät, und sie werden nichts merken.«
»Sie werden auf uns schießen und uns fortjagen.«
»Ich muß einen Oberschenkelknochen haben.«
Inzwischen hatten wir den Grabhügel erreicht. Er war aus großen Steinen lose zusammengefügt und wahrscheinlich recht alt, denn eine Seite war eingestürzt. Ich blickte hinein und sah einen großen Haufen Knochen – ein Familiengrab. Zuoberst lag ein Oberschenkelknochen – zum Greifen nahe. Tom nahm ihn an sich. Wir blickten uns scheu um. Es war niemand zu sehen. Tom steckte den Knochen unter sein Hemd und brachte ihn zum Lager zurück. Noch am selben Abend verglich ich ihn mit dem Fossil. Abgesehen von der Größe waren beide Knochen praktisch identisch.

Das Kniegelenk wurde gegen Ende der ersten Kampagne gefunden und gab allen Expeditionsmitgliedern einen gewaltigen Auftrieb. Zwar haben wir während der folgenden Kampagnen mehr und bessere Fossilien gefunden, aber keine Entdeckung hat mich so stark bewegt wie diese. Das erste Nugget, das man findet, ist immer etwas Besonderes. Ich bin überzeugt, jeder Goldsucher kennt dieses Gefühl. Auch er ist ein Hasardeur. Er lebt von der Hoffnung. Er lebt davon, daß er glaubt, in der nächsten Pfanne – oder in der übernächsten – Gold zu finden. Wenn er es endlich gefunden hat, ist sein Bemühen, sind alle seine Anstrengungen und Motivationen gerechtfertigt. Auf der Suche nach Fossilien hat man das gleiche Gefühl. Die Landschaft ist eintönig, es ist sehr heiß, man ist von weither gekommen. Viele Menschen haben ihr Vertrauen in dieses Unternehmen gesetzt. Die Knochen sind sicher interessant, aber im Lauf der Zeit langweilen sie einen. Tom Gray hat das beschrieben. Man kann sich kaum noch entschließen, wieder einen Pferdezahn aufzuheben. Aber man tut es. Man schafft sich einen Rahmen und setzt das Puzzlespiel zusammen. Jedes Stück hilft einem dabei. Dann findet man plötzlich das langgesuchte, wichtige Stück. Diesen Augenblick vergißt man nie.

Das Kniegelenk war der große Fund dieser ersten Kampagne. Ohne das proximale (obere) Ende des Femurs sagte das Gelenk nichts darüber aus, wie es in eine Pelvis gepaßt hätte. Aber nachdem in der Nähe zwei andere Knochen gefunden worden waren, konnte man das feststellen. Es waren proximale Femora, die abgebrochenen oberen Enden von Oberschenkelknochen. Einer lag dicht neben dem Kniegelenk. Den anderen fand ich etwa 15 Meter davon entfernt. Man erkannte daran noch die Spuren der Zähne eines Fleischfressers. Offenbar hatte dieses Tier den Knochen fortgeschleppt, um das Fleisch zu fressen. Die beiden Knochen lagen in der gleichen Schicht wie das Kniegelenk. Sie hatten die gleiche Farbe und die entsprechende Größe. Wenn ich es auch nicht beweisen kann, so glaube ich doch, daß sie zum oberen Teil des Beines desselben Individuums gehören.

Die Kampagne ging zu Ende. Taieb und sein Team kehrten nach Frankreich zurück. Gray und ich blieben noch im Camp, um es aufzulösen. Wir verpackten alles in die Fahrzeuge, schlossen unsere schriftlichen Arbeiten ab und aßen unsere letzten Vorräte auf. Dann

bezahlten wir die Hilfsarbeiter, die unsere plötzliche Abreise ebenso wenig begriffen wie unsere unerwartete Ankunft.
Die Leute vom Afar-Stamm hatten sich inzwischen an uns gewöhnt. Sie hatten für ihre Ziegen einen guten Preis erzielt – bis zu $ 15 pro Ziege –, und das war viel mehr als der übliche Marktpreis. Ihr Lohn war in barem Geld ausbezahlt worden. Außerdem übernahmen sie jetzt ungezählte Dinge wie leere Konservendosen und anderes, was wir – für sie völlig unverständlich – fortgeworfen hatten, um dafür wertlose Knochen und Steine mitzunehmen. Einige der Männer hatten bei der Arbeit im Lager ein paar Brocken Englisch aufgeschnappt. Sie waren glücklich zu hören, daß wir im nächsten Jahr wiederkommen wollten, und versprachen, wieder für uns zu arbeiten.
Aber im nächsten Jahr fanden sich nur ein paar von ihnen bei uns ein. Die Afar sind zwar sehr umgängliche Menschen, man kann sie aber nicht wirklich festlegen. Wollte man behaupten, sie seien unzuverlässig, dann würde man sie nach westlichen Maßstäben beurteilen, und das wäre ungerecht. Nomaden sind anders als wir; sie haben ein anderes Zeitgefühl. Sie haben keinen Sinn für den Fortgang der Geschichte, denn sie haben keine Geschichte. Ihr Leben hat sich im Lauf von tausend Jahren nicht verändert. Sie haben keine Vorstellung von der Gestalt oder der Größe der Welt. Kaum einer von ihnen hat das Afar-Dreieck in seinem Leben verlassen.
Das Wesen von uns Fremden, die nicht in diese Landschaft passen, ist ihnen unverständlich. Wir können uns nicht wie die Afar in der Wüste am Leben erhalten. Wir würden innerhalb einer Woche verhungern und verdursten. Wir hatten fast alles, was wir brauchten, mitgebracht; alles außer dem Wasser, das wir aus dem Awash holten, und den Ziegen, die die Afar uns verkauften. Und sogar Ziegen gab es nicht im Überfluß. Die Afar melken ihre Ziegen zwar, benutzen sie im übrigen aber fast nur zum Tausch. Sie selbst essen kaum Fleisch.
Manchmal mache ich mir Sorgen darum, daß wir das Leben dieser Menschen gestört und negativ beeinflußt haben könnten. Durch uns entstand eine bedenkliche Inflation im Ziegenhandel, weil wir sie ständig kauften. Die Leute brachten sie uns von weither, weil sie wußten, daß unser Koch Kabete alle zwei Tage eine Ziege brauchte.
Zwar sind die Afar Nomaden, aber sie sind zuverlässige Arbeiter, denn sie sind intelligent und willig. Sie haben unglaublich scharfe

Augen und lassen sich daher sehr gut für die Suche nach Fossilien einsetzen. Als sie begriffen hatten, was wir suchten – besonders, daß wir es auf die hominiden Fossilien abgesehen hatten –, lernten sie sehr bald, diese Knochen von den anderen zu unterscheiden. Wer von einem Afar jedoch erwartet, daß er regelmäßig zur Arbeit kommt, um auch an einem heißen Tag den Kies durchzusieben, während er eigentlich etwas anderes vorhat, versteht die Mentalität dieses Volkes nicht. Die zuverlässigsten Arbeiter waren die Tigre aus einem Gebiet nördlich des Afar-Dreiecks. Einige von ihnen lebten gemeinsam mit den von uns angeworbenen Amharas, Angehörigen des herrschenden Stammes aus dem äthiopischen Hochland, in unserem Lager. Die Amharas sind die gebildetsten und glauben, allen anderen Stämmen überlegen zu sein. Sie sind eher daran gewöhnt, zu befehlen als Befehle zu befolgen. Die Afar sind auf eine andere Art unabhängig. Sie leben in einer eigenen Welt und haben keine Berührung mit der Außenwelt.
Als ich eines Tages versuchte, einigen Angehörigen des Afar-Stammes durch einem Amhara-Dolmetscher zu erklären, was wir hier taten, waren sie sehr höflich, aber für sie waren wir keine normalen Menschen. Das störte sie nicht. Sie beobachteten uns gern und unterhielten sich darüber, was wir als nächstes tun würden. Es bereitete ihnen besondere Freude, uns zu imitieren. Der beste Schauspieler im Lager war allerdings ein Tigre. Er hielt jeden, der mit einem schwarzen Kasten herumging, den er ans Auge hielt und mit dem er klick-klick machte, für verrückt. Er imitierte diese Tätigkeit mit einer Zigarettenschachtel oder einer Keksdose, lief gebückt herum, sagte klick-klick und brachte das ganze Lager zum Lachen. Wenn alle ihn aufmerksam ansahen, richtete er sich auf, wölbte die Brust, legte die Hände auf die Hüften und hob das Kinn. Das erzeugte einen allgemeinen Heiterkeitsausbruch, denn jeder erkannte, daß es Taieb war, den er nachmachte.

Nach Addis Abeba zurückgekehrt gab ich unsere ganze Lagerausrüstung meinem neuen Freund, dem Archäologen und Historiker Richard Wilding, zur Aufbewahrung bis zum Beginn der nächsten Kampagne. Den Landrover stellte ich bei dem Amerikaner Jon Kalb ab, der in Addis Abeba lebte und als Geologe an der Expedition teilgenommen hatte. Obwohl Taieb nach Paris zurückgekehrt war und sich nicht an der öffentlichen Bekanntgabe der Entdeckung des Kniegelenks beteiligen konnte, mußte ich eine entsprechende Presseerklärung abgeben, um die Fossilien außer Landes zu bringen. Die Beamten in der Abteilung für Altertümer im Kultusministerium waren begeistert zu erfahren, daß wir in Äthiopien ein extrem altes hominides Fossil gefunden hatten. Ich bat sie jedoch dringend, diese Tatsache nur in den äthiopischen Zeitungen bekanntzugeben, und entwarf den Wortlaut eines kurzen Berichts.

Am folgenden Tag flog ich nach Nairobi, um das Kniegelenk und einige Säugetierfossilien den Leakeys zu zeigen. Richard Leakeys Frau, Meave, holte mich am Flughafen ab und sagte: »Wir haben gestern abend alles über Ihre Fossilienfunde im Radio gehört.«

Das überraschte mich, und ich bat sie um nähere Einzelheiten.

»Ich weiß nicht, wie es dazu gekommen ist. Irgendwie muß Ihre Presseerklärung an einen ausländischen Journalisten weitergegeben worden sein. Im Radio hieß es jedenfalls, Sie hätten ein 3 bis 4 Millionen Jahre altes Kniegelenk gefunden. Das sei das älteste Beweisstück für die Existenz aufrecht gehender Hominiden. Ist das richtig?«

Ich sagte, soweit es den aufrecht gehenden Hominiden beträfe, sei der Bericht zutreffend. Ich wußte, hier befand sich mein Fachwissen auf dem Prüfstand. Was jedoch die Datierung betraf, so war ich mir meiner Sache noch nicht ganz sicher. Taieb hatte in den Ablagerungen Lava gefunden – eine Basaltschicht. Wir hatten Proben davon fortgeschickt, um sie nach der Kalium-Argon-Datierungsmethode untersuchen zu lassen, aber die Ergebnisse lagen noch nicht vor. Aufgrund der biostratischen Untersuchungen waren wir jedoch zu der Überzeugung gekommen, daß die Basaltschicht etwa 3 Millionen Jahre alt war. Das Kniegelenk hatte tief unterhalb der Basaltschicht gelegen und mußte deshalb wesentlich älter sein. Wir waren uns noch nicht ganz einig darüber, wie tief die Fossilien gelegen hatten. Gray und ich meinten, die Basaltschicht hätte in der stratigraphischen Säule tiefer eingeordnet werden müssen, wobei darunter eine geringere Zahl von Ablagerungsschichten gelegen hätte. Diese Sedimentschichten müßten deshalb aus einer kürzeren Periode stammen. Aber Taieb war der leitende Geologe in der Expedition, und deshalb beriefen wir uns auf sein Urteil. Zudem neigten wir, wie alle Wissenschaftler, die sich mit der Geschichte der Hominiden beschäftigen, dazu, unseren Fund für sehr alt zu halten. Je höher man die Basaltschicht in der stratigraphischen Säule einordnete, desto mehr Schichten mußten darunterliegen, und desto älter waren die darin lagernden Fossilien. Gray und ich einigten uns schließlich auf ein Alter »zwischen 3 und 4 Millionen Jahren«.

Mary und Richard Leakey bestätigten meine Diagnose des Kniegelenks. Es handelte sich wirklich um einen Hominiden. Ich war sehr erleichtert. Ich brachte es nach Paris, wo Taieb und Coppens eine gemeinsame Erklärung »für die Weltpresse« abgaben und damit ihre Beteiligung an der Entdeckung dokumentierten. Das war für die künftige Finanzierung unseres Unternehmens und seine Unterstützung durch die französische Regierung sehr wichtig. Im Anschluß daran kehrte ich in die Vereinigten Staaten zurück und ging sofort nach Kent, Ohio, wo mein Freund, C. Owen Lovejoy, ein in der ganzen Welt hochangesehener Fachmann auf dem Gebiet der Bewegungsanatomie, an der Kent State University Anthropologie lehrte. Während ich mich mit ihm unterhielt, öffnete ich die Schachtel, in der das aus drei Knochenstücken bestehende Kniegelenk lag.

»Sehen Sie sich das bitte an, Owen.«

»Sie stammen von einem erwachsenen Individuum«, sagte er, nachdem er die Knochen genau untersucht hatte.

»Das habe ich auch angenommen.«

»Aber sie sind sehr klein.«

»Ja, das ist richtig.«

»Was haben Sie gesagt, wie alt sind sie?« fragte er.

»3 Millionen Jahre.«

»Das ist unmöglich. Sie sehen aus wie ein heutiges Kniegelenk. Dieser Zwerg war ein echter, auf zwei Beinen gehender Hominide.«

»*Etwa* 3 Millionen Jahre«, verbesserte ich mich.

»Was heißt hier: etwa? Haben Sie keine genaue Datierung?«

»Ich habe eine Menge biostratigraphische Hinweise. Die Säugetierfossilien sagen 3 Millionen Jahre. Die Kalium-Argon-Datierung wird in wenigen Wochen vorliegen.«

»Hoffentlich wird es die richtige sein«, sagte Lovejoy. Dieser grauäugige Mann mit der Haartracht von Franz Liszt hat einen zupackenden, etwas ausgefallenen, beißenden Humor. Er warf den Kopf zurück und lachte schallend.

»Aber was ist denn nicht in Ordnung?«

»Nicht in Ordnung? Die ganze verdammte Sache ist nicht in Ordnung. Ich überlege mir, was die Leute sagen werden, wenn sie diesen kleinen Burschen sehen. Er konnte auf den Hinterbeinen gehen. Er konnte sogar recht schnell laufen. Aber ich wette, sein Gehirn war nicht viel größer als eine Erdnuß. Wie sollte es auch? Er war selbst kaum 90 Zentimeter hoch.«

»Also?«

»Also – haben Ihre Kollegen auf ihrem Stammbaum Platz für so etwas? Ein 90 Zentimeter großer Affe, der auf den Hinterbeinen herumlief? Er wird alles durcheinanderwerfen. Wo sollen sie ihn denn unterbringen?«

»Ich weiß es nicht.«

»Sie werden Ihnen nicht glauben. Am besten gehen Sie zurück und suchen nach einem vollständigen Skelett.«

»Aber er konnte doch aufrecht gehen?« fragte ich wieder.

»Er konnte aufrecht gehen, mein Freund. Erklären Sie ihm, was ein Hamburger ist, und er wird Sie im Wettlauf zum nächsten McDonald's neun- von zehnmal schlagen.«

Das hatte ich hören wollen. Endlich hatte ich die Bestätigung eines Experten.

8. Die zweite Grabungskampagne bei Hadar: Ein paar hominide Kieferknochen und Lucy

Ich habe hier etwas ganz Eigenartiges; einen Pavian mit sehr großen Backenzähnen. *Alemayehu Asfaw*

Das Leben ist die Kunst, befriedigende Schlüsse aus unbefriedigenden Beweismitteln zu ziehen. *Samuel Butler*

Sieh dir alle Sätze an, die die Wahrheit zu sagen scheinen und bezweifle sie. *David Riesman*

Zum erstenmal habe ich das Kniegelenk auf einer Anthropologenkonferenz beschrieben, die 1974 in New York von der Wenner Gren Foundation abgehalten wurde, einer Organisation, die ein schwedischer Industrieller zur Förderung der anthropologischen Forschung gegründet hat.

Ich wurde immer wieder gefragt, um was es sich handeln könnte, und mußte immer wieder sagen, daß ich mir meiner Sache selbst nicht sicher sei. Ich konnte nur erklären, daß es sich um ein ungewöhnlich kleines, auf zwei Beinen gehendes Wesen handelte. Wenn es ein *Australopithecus* war, dann war er kleiner als alle, die man bisher gefunden hatte.

Ich glaubte, meine Zuhörer überzeugt zu haben, aber als ich anschließend mit Mary Leakey zu Mittag aß, sagte sie: »Ich kann nicht sagen, wer es gewesen ist. Es gibt auf dieser Konferenz aber ein paar Leute, die behaupten, das seien die Knochen eines Affen.«

»Sie sind es aber nicht«, erwiderte ich.

»Natürlich sind sie es nicht. Sie wissen es, und ich weiß es. Aber so ist es immer, wenn man etwas Neues findet. Alle diese Anatomen halten sich für entsetzlich klug. Sie wollen nicht zugeben, daß ein anderer etwas Neues gefunden hat.«

»Werden sie das auch sagen?«
»Natürlich werden sie es sagen. Aber bleiben Sie bei der Stange. Sie wissen, was Sie gefunden haben. Diese Leute sind nur eifersüchtig. Sie denken sich: ›Wir werden warten, bis er seine These veröffentlicht hat. Dann werden wir ihn in Stücke reißen.‹«
Ich konnte meinen Bericht nicht sofort veröffentlichen, sondern mußte zunächst nach Cleveland zurückgehen und meine Lehrtätigkeit aufnehmen. Außerdem mußte ich das Geld für die nächste Kampagne beschaffen. Ich hatte den ersten Zuschuß in Höhe von $ 43000 für zwei Jahre schon im ersten Jahr fast vollständig verbraucht. Nun konnte ich die National Science Foundation nicht um mehr bitten. Ich beschloß, am Ende eines Vortrags, den ich am Cleveland Museum of Natural History halten sollte, um weitere Spenden zu bitten. Zu meiner Überraschung brachte mir das $ 25000. Den größten Teil dieser Summe spendete ein Ehepaar aus Cleveland.
Für mich war das eine etwas schwierige Sache, denn es war mein erster Versuch, mir auf diese Weise Geld zu verschaffen. Einen Antrag an eine Stiftung zu richten war etwas ganz anderes. Hier hatte ich sozusagen den Hut in der Hand und forderte meine Zuhörer und nicht einen Ausschuß auf, etwas zu spenden.
Ich hatte aber auch noch andere Gründe, nervös zu sein. Im Jahr zuvor hatte ich mit einer Geldangelegenheit unangenehme Erfahrungen machen müssen. Ein amerikanischer Wissenschaftler, der von der Afar-Expedition gehört hatte, erzählte mir, er würde im gleichen Herbst in Afrika sein, und bat mich, sich für zwei Wochen unserer Expedition anschließen zu dürfen. Als ich zusagte, verlangte er nicht nur für seine Zeit bei Hadar, sondern für seinen ganzen Aufenthalt in Afrika Tagegelder von mir. Ich sagte ihm sehr deutlich: »Ich werde Sie nur für die Tage bezahlen, die Sie bei uns sind. Sie können nicht von mir erwarten, daß ich die Verantwortung für eine Arbeit übernehme, die Sie irgendwo anders in Afrika tun.« Das ärgerte ihn, und er weigerte sich, nach Hadar zu kommen.
Ich hatte mir damit den Mann zum Feind gemacht. Ich hätte ihm höflich erklären sollen, daß ich über zu wenig Geld verfügte und mir seine Mitarbeit nicht leisten konnte. Aber an diese Möglichkeit hatte ich nicht gedacht. Sein Versuch, mir auf diese Weise das Geld aus der Tasche zu holen, hatte mich irritiert. Inzwischen habe ich gelernt, diplomatischer zu sein und bin deshalb auch mit Maurice Taieb so gut

ausgekommen. Wir wissen, wie notwendig es ist, flexibel zu sein. Wenn es zwischen Franzosen und Amerikanern zu Meinungsverschiedenheiten kommt, setzen wir uns zusammen und besprechen die Angelegenheit. Mit Maurice ist das ganz einfach, denn wir respektieren einander. Mit manchem anderen muß man vorsichtig sein. Ich hatte jetzt lernen müssen, daß ein Anthropologe es nicht nur mit Knochen zu tun hat.

Aber Knochen erleichtern einem die Arbeit, besonders, wenn es die richtigen Knochen sind. Wenn andere auf der Wenner-Gren-Konferenz an dem Kniegelenk herumzumäkeln hatten, dann hörte ich nicht darauf. Die meisten Teilnehmer waren fasziniert davon. Ich merkte sehr bald, daß es mich einen Schritt weitergebracht hatte; bei meinen Kollegen, den anderen Wissenschaftlern, hatte ich an Prestige gewonnen. Ich hatte selbst ein hominides Fossil und dazu einige hervorragende Säugetierfossilien entdeckt. Fachgelehrte, die mir im vergangenen Jahr nur höflich zuhörten, als ich versucht hatte, ihnen die Bedeutung der Fundstellen bei Hadar schmackhaft zu machen, interessierten sich jetzt ernsthaft für die dort geleistete Arbeit. Zu ihnen gehörte auch der Schweinespezialist Basil Cooke. Er erklärte sich bereit, die Schweinefossilien von Hadar in seine Arbeit einzubeziehen. Einige französische Fachleute waren von den Säugetierfossilien, die wir dort gefunden hatten, so begeistert, daß sie darum baten, sich an der zweiten Kampagne beteiligen zu dürfen. Michel Beden war besonders von der Qualität und dem reichen Vorkommen der Elefantenfossilien beeindruckt und verpflichtete sich mitzukommen. Das taten auch Véra Eisenmann (Pferde), Germaine Petter (Fleischfresser), Jean-Jacques Jaeger (Nagetiere) und Claude Guérin (Nashörner). Im vergangenen Jahr hatte sich die Expedition in erster Linie mit geologischen Fragen und der kartographischen Aufnahme des Geländes beschäftigt, es hatten ihr aber relativ wenige Fachleute für Paläontologie angehört. Jetzt bestand sie aus hervorragenden Experten auf allen drei Fachgebieten. Wir konnten also unter den günstigsten Voraussetzungen beginnen. Wir verfügten über genügend Geld und ein komplettes Team von Spezialisten. So bereiteten Taieb und ich uns darauf vor, im August nach Äthiopien abzureisen, als wir einen unerwarteten, furchtbaren Schock erlebten. Wir erhielten einen Brief des Kultusministeriums, in dem man uns mitteilte, ein anderer Wissenschaftler mache uns das Recht, bei Hadar zu arbeiten, streitig und bezweifle unsere Kompetenz.

Der Mann, der das getan hatte, war der Amerikaner Jon Kalb, der in Addis Abeba lebte. Er hatte behauptet, als Geologe gearbeitet zu haben, und Taieb hatte ihn mir empfohlen. Kalb war mit uns während der ersten Grabungskampagne bei Hadar gewesen, aber die Zusammenarbeit mit ihm hatte sich nicht bewährt. Als Taieb und ich in Addis Abeba ankamen, trafen wir Kalb im Ministerium mit einer Liste unserer angeblichen Fehler und Verfehlungen. Er behauptete, wir hätten schlechte wissenschaftliche Arbeit geleistet, seien vertragsbrüchig geworden, hätten die Eingeborenen bestochen und sie aufgehetzt. Der Minister las das Papier und teilte uns mit, wir würden keine Genehmigung erhalten, bevor diese Vorwürfe entkräftet worden seien.

Taieb war wie vor den Kopf geschlagen. Er war dem Zusammenbruch nahe. Hier habe ich zum ersten und einzigen Mal gesehen, wie dieser energische, vitale Mann jeden Mut verlor. Aber wir mußten uns rechtfertigen, und deshalb fing ich an zu sprechen. Kalb hatte verlangt, daß ein unparteiischer, außenstehender Wissenschaftler den Fall beurteilte. Ich erklärte mich einverstanden und nannte den Namen von Clark Howell. Kalb war damit nicht einverstanden. Er schlug den Mann vor, mit dem ich im vergangenen Jahr die Kontroverse wegen der Tagegelder gehabt hatte. Ich wußte, daß er mir meine Absage noch nicht verziehen hatte und weigerte mich deshalb, ihn zu akzeptieren. Ich erklärte dem Minister, daß ich mit diesem Mann noch nie zusammengearbeitet hätte und er mein Fachwissen und meine Leistungen daher auch nicht beurteilen könnte. Deshalb sei er als Schiedsrichter nicht geeignet. Der Minister hörte sich meine Begründung an, und ich sprach weiter. Ich nannte die verschiedensten Namen. Zu gerne hätte ich die National Science Foundation angerufen, aber das ist eine Regierungsbehörde, die über ihre Wissenschaftler keine Erklärungen abgibt. Ich schrieb aber trotzdem an Howell, und der Minister bekam einen geharnischten Brief von ihm.

Fast zwei Wochen gingen wir täglich ins Ministerium, und allmählich konnten wir uns durchsetzen. Ich glaube, der Minister hat schließlich erkannt, daß wir wirkliche Fachwissenschaftler waren, man bei Kalb, auf den er deshalb nicht hätte hören sollen, aber daran zweifeln konnte. Er gab uns die Genehmigung und sagte Kalb, er solle entweder mit uns Frieden schließen oder gehen. Er zog es vor zu gehen.

Während der letzten Besprechung fühlte ich mich schon recht elend, und am Tag, an dem uns die Genehmigung ausgehändigt wurde, hatte ich hohes Fieber. Ich war gerade noch imstande, Kalb anzurufen und ihn um den Landrover zu bitten, den wir ihm am Ende der letzten Kampagne zur Aufbewahrung gegeben hatten. Kalb sagte, er habe das Fahrzeug nicht mehr und hängte den Hörer ein. Damit waren meine Kräfte erschöpft. Aber jetzt wurde Taieb lebendig. Er erfuhr von Kalb, daß für den Landrover eine Gebühr hätte bezahlt werden müssen, von der Kalb gewußt hatte, ohne sich darum zu kümmern. Er hatte den Landrover vielmehr dem Zollamt übergeben und das Fahrtenbuch verlegt. Jetzt hatten wir keinen schriftlichen Nachweis für die Einfuhr nach Äthiopien und keine Möglichkeit, ihn beizubringen. Zum Glück hatte ich eine Photokopie des Fahrtenbuchs. Damit konnte Taieb beweisen, welche Wege der Landrover zurückgelegt hatte. Mit einem dicken Aktenbündel rollte er wie ein Panzer durch die Bürokratie von einem Schreibtisch zum anderen, fuchtelte mit den Armen herum, schwenkte seine Papiere und brachte die Beamten dazu, sie abzustempeln. Am Schluß traf er auf einen Mann, der ihm sagte, die Photokopie genüge nicht. Für die Freigabe des Landrovers brauchten wir das Original. Jetzt explodierte Taieb.

An Bürokraten seine Wut auszulassen, ist in keinem Land sehr vorteilhaft. Wenn man es mit Äthiopiern tut, die von Natur ruhig und würdevoll sind, hat es besonders negative Folgen. Aber Maurice wußte nicht mehr, was er tun sollte. Er überraschte den Mann und überfuhr ihn einfach. Er schlug mit der Faust auf den Tisch und schrie ihn an: »Ich bin nur ein dämlicher Ausländer. Ich tue alles, was Sie sagen. Ich beschaffe alle Papiere, die Sie verlangen. Ich komme hierher und gehe dorthin. Ich laufe den ganzen Tag in diesem Gebäude herum. Jetzt sagen Sie mir, alles sei umsonst gewesen. Das lasse ich mir nicht gefallen. Hier – unterschreiben Sie!«

Der Mann war so perplex, daß er wirklich seine Unterschrift gab.

Am folgenden Tag war ich fieberfrei. Ich ging zum Ministerium, um mich bei dem Generaldirektor, einem gebildeten und verständigen Mann, für die Genehmigung, unsere Forschungsarbeiten fortzusetzen, zu bedanken. Der Generaldirektor zog ein Schreiben aus seiner Schreibtischschublade.

Offenbar hatte mein Gegner einen noch größeren Zorn gegen mich gehegt, als ich es ahnte. Er hatte auf dem Papier der amerikanischen

Universität, an der er Professor war, einen Brief geschrieben. Er war an das Ministerium gerichtet und begründete in allen Einzelheiten, weshalb ich ein inkompetenter Wissenschaftler sei, daß die von Taieb und mir verfaßten Berichte über die Geologie von Hadar nicht zuverlässig seien und daß die Fossilien, die ich aus Äthiopien ausgeführt hätte, nicht in die Vereinigten Staaten gehen würden, um dort untersucht und dann zurückgegeben zu werden, sondern in den staatlichen Museen von Kenya lägen, wo sie auch bleiben würden.
Ich war entsetzt. »Hatten Sie diesen Brief schon – während unserer Verhandlungen mit Jon Kalb?«
»Während der Verhandlungen über Ihre Genehmigung? Ja.«
»Geben Sie mir bitte eine Kopie des Briefes.«
»Die werde ich Ihnen nicht geben. Ich habe den Brief während unserer Verhandlungen absichtlich zurückgehalten, weil ich wußte, daß er Sie belasten würde. Jetzt werde ich ihn vernichten.«
Das hat der Generaldirektor dann auch getan. Die ganze Angelegenheit hat mich schwer erschüttert. Hier lernte ich eine recht finstere, von Mißgunst und Neid gekennzeichnete Seite der Anthropologie kennen, von deren Existenz ich nichts geahnt hatte.

Einige Monate später wurden Taieb und ich wieder an Kalb erinnert. Er hatte eine eigene Organisation gegründet, die Rift Valley Research Mission, an eine Reihe amerikanischer Wissenschaftler geschrieben, die sich an seinem Unternehmen beteiligen sollten, und einen äthiopischen Beamten bewogen, ihm einen großen Abschnitt des Geländes bei Hadar für seine Forschungsarbeiten zuzuteilen, für den wir bereits die Genehmigung hatten. Taieb und ich gingen wieder zum Ministerium. Die Atmosphäre dort hatte sich seit unserem letzten Besuch entschieden verändert. Die Beamten waren viel zurückhaltender, denn sie waren durch die drohende Regierungskrise verunsichert. Die Machtstellung von Haile Selassie, der sein Land über Jahrzehnte mit eiserner Hand regiert hatte, war erschüttert. Es war zu blutigen Studentenrevolten gekommen, und Gerüchte sprachen von einem bevorstehenden Militärputsch. Der Minister, mit dem wir verhandelten, machte einen erschöpften, aber sehr zurückhaltenden Eindruck.
Er sagte: »Der Beamte, der das Papier für Mr. Kalb unterschrieben hat, ist versetzt worden. Ich bin überzeugt, Sie wissen, daß die politische Lage gegenwärtig sehr gespannt ist.«

Wir nickten.
»Wenn Sie wollen, dann können Sie gegen diesen Mann ein Gerichtsverfahren beantragen. Wenn wir feststellen, daß er bestochen oder auf andere Weise illegal beeinflußt worden ist, könnte er zum Tode verurteilt werden. Wollen Sie das tun?«
Wir schüttelten den Kopf.
»Unter den gegebenen Umständen wäre es, glaube ich, klüger, abzuwarten, wie sich die Sache weiterentwickelt. Sind Sie einverstanden?«
Der Minister war ein kluger Mann. Wir nickten zustimmend und verabschiedeten uns.
Ich war sehr erleichtert, wieder mit den einfacheren und direkteren Problemen der praktischen Arbeit im Forschungsgebiet konfrontiert zu werden. Wie im vorigen Jahr richteten wir das Camp am Ufer des Awash ein, aber weiter stromaufwärts und in größerem Maßstab, um leistungsfähiger zu sein. Zunächst beschäftigten wir uns sehr intensiv mit der kartographischen Vermessung des Gebiets und trugen Dutzende neuer Fundstellen auf der Karte ein. Sehr bald waren es mehr als 200.
Wir hatten mit der Fundstelle 1 begonnen. Überall, wo wir ein Fossil fanden, wurde die Stelle vermessen und numeriert. Einige dieser Fundstellen lagen nur 15 oder 20 Meter auseinander. Andere waren bis zu 800 Meter voneinander entfernt. Jede dieser Stellen muß genau beschrieben werden. Fände ich ein Fossil in meinem Wohnzimmer, dann gäbe ich ihm eine Nummer und notierte etwa das Folgende: »Fundstelle 300 ist gekennzeichnet durch ein Sofa im Norden und einen offenen Kamin im Süden. Der Durchmesser beträgt etwa sieben Meter, und die Bodenoberfläche besteht aus einem Perserteppich.« Im Forschungsgebiet würde man sagen: »Die Fundstelle 199 ist gekennzeichnet durch DD3-Sand (eine Bodenschicht, die wegen ihrer besonderen Beschaffenheit einen eigenen Namen haben mußte) im Norden, die tief erodiert ist und im Süden und Osten steile Wände bildet.« Dann muß von der Fundstelle eine Aufnahme mit der Polaroidkamera gemacht werden, die Fundstelle und ihre Umgebung werden mit einem Kreis bezeichnet, und die genaue Stelle, an der das Fossil gelegen hat, wird kenntlich gemacht. Dann tragen wir die gleichen Informationen auf einer Luftaufnahme und zuletzt auf der großen topographischen Übersichtskarte ein.
Im Verlauf der Kampagne folgten die Geologen den Kartographen,

um die geologischen Gegebenheiten an jeder einzelnen Fundstelle zu untersuchen. Auf diese Weise ermittelten wir alle physischen Daten im gesamten Forschungsgebiet, woraus sich allmählich ein sehr vollständiges Bild ergab. Ich habe schon davon gesprochen, wie schwierig es war, für Hadar eine stratigraphische Säule zu erarbeiten. In der Kampagne von 1974 fingen wir an, alle dafür notwendigen Daten zu sammeln. Wir hatten schon festgestellt, daß es in gewissen Schichten mehr Fossilien gab als in anderen, und auf diese konzentrierten wir uns. Aber plötzlich fanden wir die Schicht, an der wir arbeiteten, an einer anderen Stelle nicht mehr wieder. Wir hatten die Schicht über eine ganze Strecke verfolgt, bis sie plötzlich verschwand. Dabei konnte Taieb uns helfen. Er kam heraus, sah sich alles an und sagte: »Das können Sie vergessen. Hier ist eine Erdfalte. Was Sie suchen, liegt zwölf Meter unter der Erdoberfläche.« Seine Assistentin, Nicole Page, war uns eine große Hilfe. Sie ist sehr gewissenhaft und genau und hat uns geholfen, die einzelnen Schichten über tiefe Gräben hinweg bis in andere Teile der Ablagerungen zu verfolgen. Nicole und Taieb – und vielleicht auch ein anderer Wissenschaftler – haben eine genauere Gesamtvorstellung von den geologischen Verhältnissen bei Hadar als irgendein anderer Geologe, der dort gewesen ist.

Der dritte ist der Kalium-Argon-Experte, James Aronson, ein Amerikaner von der Case Western Reserve University. Ihm hatte ich die Proben von der Basaltschicht geschickt, nachdem Taieb sie gefunden hatte. Als vulkanisches Material kann Basalt mit Hilfe der Kalium-Argon-Methode datiert werden. Vor einiger Zeit hatte uns Aronson die ersten Ergebnisse seiner Untersuchungen geschickt. Danach war der Basalt mindestens 3 Millionen Jahre alt, und zwar mit einer Toleranz von etwa 200000 Jahren in jeder Richtung. Da das im vergangenen Jahr gefundene Kniegelenk unterhalb der Basaltschicht gelegen hatte, war unsere Vermutung, es sei »zwischen 3 und 4 Millionen Jahre« alt, jetzt besser gesichert.

»Gott sei Dank«, sagte ich. »In dieser Sache haben wir jetzt den Kopf aus der Schlinge.«

»Was heißt das, aus der Schlinge?« sagte Gray. »Wir haben den Kopf nie in der Schlinge gehabt. Trauen Sie Ihrem eigenen Wissen über Säugetierfossilien nicht mehr? Sie sind doch am Omo gewesen. Und Sie wissen, wie die 3 Millionen Jahre alten Fossilien dort aussehen. Hier haben wir die gleichen.«

»Okay, okay. Ich bin nur froh, die Bestätigung durch einen Kalium-Argon-Test zu haben.«
Das war ermutigend, aber wir hatten doch noch gewisse Bedenken. Während wir auf unseren täglichen Exkursionen im Gelände herumwanderten, gewannen auch wir einen immer lebendigeren Eindruck von den geologischen Verhältnissen bei Hadar. Unabhängig voneinander kamen wir zu dem Schluß, daß unsere im vergangenen Jahr aufgekommenen Befürchtungen hinsichtlich der Lage der Basaltschicht in der stratigraphischen Säule durchaus begründet waren. Taieb hatte die Basaltschicht zu hoch eingeordnet.
»Glauben Sie das auch?« sagte Gray.
»Ich fange an zu zweifeln.«
»Was sollen wir tun?«
»Wir lassen Aronson herkommen. Wir können uns in der Beurteilung der geologischen Verhältnisse keine Irrtümer leisten.«
Dieses Problem beunruhigte mich. In einem Bericht über die Arbeiten während der ersten Kampagne bei Hadar hatte ich eine stratigraphische Säule gezeichnet, in der die Basaltschicht sehr hoch lag. Ich hatte mich mit einer Fußnote abgesichert, die besagte, daß die geologischen Daten nur als vorläufig zu betrachten seien und unter Umständen revidiert werden müßten. Doch immerhin befand sich diese stratigraphische Säule schon im Druck. Sie trug meinen Namen, und das war mir peinlich. Nachdem ich mir über die Geologie bei Hadar selbst ein Bild gemacht hatte, nahm dieses unangenehme Gefühl noch zu.
Außerdem mußte ich an eine Kontroverse denken, zu der es wegen des KBS-Tuffs bei Koobi Fora gekommen war. Wenngleich Richard Leakey immer noch mit allem Nachdruck behauptete, die von den beiden englischen Wissenschaftlern Frank J. Fitch und Jack Miller ermittelte Datierung von 2,6 Millionen Jahren sei zutreffend, wurden die von anderen Fachleuten geäußerten Zweifel immer lauter. Einige Monate zuvor hatte Basil Cooke einen Bericht über die Evolution der Schweine veröffentlicht, der diese Theorie in ihren Grundfesten erschütterte. Er zeigte, daß die am Omo gefundenen 2 Millionen Jahre alten Schweinefossilien identisch mit den bei Koobi Fora ausgegrabenen waren, die in dem auf 2,6 Millionen Jahre geschätzten KBS-Tuff gelegen hatten. Ein Unterschied von 600000 Jahren bewies, daß hier irgend etwas nicht stimmte – entweder mit der Analyse von Cooke

hinsichtlich der Schweinefossilien oder mit dem Kalium-Argon-Test von Fitch und Miller. Da Cooke wußte, ein wie gewissenhafter Forscher Clark Howell war und wie präzise die Datierungen am Omo vorgenommen wurden, weil es dort so zahlreiche und deutlich zu unterscheidende vulkanische Markierungsschichten gab, blieb er bei seiner Behauptung über das Alter der Schweine. Leakey seinerseits beharrte darauf, daß die Datierungen von Fitch und Miller korrekt seien.

Ich hatte schon an der Richtigkeit der These von Leakey zu zweifeln angefangen und war mir bewußt, welche entscheidenden und komplexen Veränderungen er in seiner Theorie über die Evolution der Hominiden vornehmen mußte, wenn es sich herausstellte, daß er sich geirrt hatte. Gestützt auf die Datierung von 2,6 Millionen Jahren für den KBS-Tuff hatte Leakey erklärt, der von ihm gefundene Schädel des *Homo habilis* (1470) sei 2,9 Millionen Jahre alt, wodurch es fast unmöglich wurde zu behaupten, daß irgendein bisher entdeckter *Australopithecus* der Vorfahre des *Homo* sei. Leakey hatte sich daher, den Auffassungen seines Vaters folgend, darauf festgelegt, daß die Australopithecinen Verwandte des *Homo* aus einer Nebenlinie seien, dessen Vorfahren, wenn sie entdeckt würden, dem *Homo* ähnlicher wären und den Australopithecinen weniger gleichen würden als alle bisher gefundenen Fossilien. Wenn er aufgrund von Erkenntnissen, die aus den Schweinefossilien gewonnen worden waren, dieses ganze Gebäude umwerfen müßte, dann würden für ihn die größten Schwierigkeiten entstehen. 1973 schrieb er: »Entweder werfen wir diesen Schädel (1470) hinaus, oder wir trennen uns von unserer Theorie über den Frühmenschen. Der Schädel paßt einfach zu keiner der bisher gewonnenen Vorstellungen vom Ursprung des Menschen.« Er löste sich lieber von der Theorie, daß die Australopithecinen unsere Vorfahren seien.

Ich wollte auf keinen Fall mit den Datierungen in ein Dilemma geraten; die für Hadar erarbeiteten Zahlen mußten absolut hieb- und stichfest sein. Jetzt begann ich mir wegen der Proben Gedanken zu machen, die wir Aronson für seine Kalium-Argon-Untersuchungen geschickt hatten. Vielleicht waren die Proben nicht in Ordnung. Um ganz sicherzugehen, mußte Aronson selbst die Proben entnehmen. Ich fragte Taieb, ob er es für richtig hielte, wenn wir Aronson aufforderten, nach Hadar zu kommen.

»Ja, wenn er das tun will«, sagte Taieb.

An Aronson war schwer heranzukommen. Ich hatte ihn schon im vergangenen Jahr um seinen Besuch gebeten, und er hatte abgesagt, denn er mußte mit seiner Apparatur in Cleveland noch zahlreiche Datierungen vornehmen; diese Arbeit war sehr schwierig, und er war gerade dabei, einen Assistenten auszubilden. Er wäre gern nach Hadar gekommen, denn er ist ein fast pathologisch vorsichtiger Mann, der mit seinem Argwohn so weit geht, daß er den Basaltproben, die man ihm schickte, oft nicht traute. So blieb er in Cleveland und schrieb uns über die Ergebnisse seines Tests: »Nach meinen Untersuchungen ist das Material 3 Millionen Jahre alt, aber ich bin mir dieses Untersuchungsergebnisses nicht ganz sicher, weil die Probe verunreinigt sein könnte. Wenn das der Fall ist, können Sie das Datum vergessen; es stimmt nicht. Ich wäre sehr viel glücklicher, wenn ich selbst die Probe genommen hätte.«

Mit Zustimmung von Taieb griff ich diesen letzten Satz auf und rief Aronson an: »Okay, kommen Sie her und nehmen Sie selbst eine Probe.«

Aronson war einverstanden. Er sagte, er werde Dezember 1974 kommen, gegen Ende der zweiten Kampagne.

Daß wir bei der Suche nach Fossilien während der Anfang Oktober 1974 begonnenen Kampagne so viel bessere Erfolge hatten, lag zum Teil daran, daß der Vertreter des äthiopischen Kultusministeriums, Alemayehu Asfaw, sich als hervorragender Mitarbeiter bewährte. Seine Fähigkeit, die verschiedenen Fossilien zu erkennen, nahm täglich zu. Sehr bald ließ ich ihn allein hinausgehen, um selbständig Knochen zu sammeln und Notizen darüber anzufertigen. Er hatte selbst große Freude daran. Er war ein stiller Mensch, hatte eine ungewöhnlich gute Beobachtungsgabe und arbeitete am besten allein.

Eines Tages fand Alemayehu das Fragment eines Unterkieferknochens mit zwei Molaren. Sie waren größer als menschliche Molare, und er sagte mir, er habe einen Paviankiefer mit erstaunlich großen Zähnen gefunden.

»Halten Sie das für einen Pavian?« fragte ich ihn.

»Nun ja, mit ungewöhnlich großen Molaren.«

»Es ist ein Hominide.«

Daß wir im vergangenen Jahr das Kniegelenk gefunden hatten, war der Beweis für das Vorkommen von Hominiden bei Hadar. Wir alle hatten gespannt darauf gewartet, 1974 weitere hominide Fossilien zu finden. Die Erwartungen der Franzosen waren so groß gewesen, daß sie schon am ersten Tag mit ihrer Suche begannen, während die Amerikaner noch die Zelte aufbauten. Aber nachdem wir wochenlang keinen Erfolg gehabt hatten, war die Begeisterung etwas abgeflaut. Nun entzündete sie sich wieder, aber niemand war eifriger als Alemayehu.

Man kann nicht beschreiben, welches Gefühl man hat, wenn man so etwas findet. Man ist ganz von diesem Erlebnis erfüllt. Aus diesem Grund allein ist man hergekommen. Man hat unermüdlich gearbeitet, und plötzlich hat diese Arbeit Erfolg. Als ich Alemayehu sagte, er habe einen Hominiden gefunden, strahlte er und richtete sich stolz auf. Mit neuer Energie ging er, da er am Spätnachmittag nichts anderes zu tun hatte, etwa eine Stunde vor Dunkelwerden täglich hinaus, um das Gelände in aller Ruhe abzusuchen. Er hielt sich dabei in der Nähe des Lagers auf, denn das war, wenn man nicht den Landrover benutzen wollte, am bequemsten. Er sagte zwar nicht ausdrücklich, daß er gründlicher suchen konnte als einige andere, die die gleiche Arbeit taten; aber ich bin überzeugt, daß dieses Gefühl ihn bei der Auswahl der Plätze, an denen er suchte, geleitet hat.

Einen Tag, nachdem er den hominiden Kieferknochen gefunden hatte, brachte uns Alemayehu einen vollständigen Pavianschädel. Ich hatte ihn am folgenden Nachmittag vor mir auf den Tisch gelegt, um ihn genau zu beschreiben, als Alemayehu ins Lager gestürmt kam. Mit weit aufgerissenen Augen erklärte er, er habe ein ähnliches Fossil entdeckt wie vor ein paar Tagen. Nachdem er den Kieferknochen gesehen hatte, war er überzeugt, einen zweiten hominiden Kiefer gefunden zu haben. Ich ließ den Pavianschädel liegen und lief hinter ihm her, ohne darauf zu achten, daß ich barfuß war. Der scharfkantige Kies schnitt mir so unangenehm in die Fußsohlen, daß ich in mein Zelt zurückhumpelte, um Schuhe anzuziehen. Guillemot und Petter, die mich begleitet hatten, folgten Almayehu. Als ich sie eingeholt hatte, befanden wir uns in einer kleinen Senke, wenige hundert Meter jenseits des Lagers der Afar. Guillemot und Petter hockten am Boden, um sich einen wunderbaren fossilen Kiefer anzusehen, der aus der Erde herausragte. Guillemot zeigte mit traurigem Gesicht auf seine eigenen Fußspuren, die zehn Meter an dieser Stelle vorüberführten. Hier war er am ersten Morgen gewesen und hatte nichts gesehen.

Bald kamen auch andere Expeditionsteilnehmer und suchten die ganze Gegend systematisch ab. Einer der Franzosen stieß einen lauten Schrei aus – er hatte einen Kieferknochen. Aber es war nur der einer Hyäne, doch immerhin ein sehr wichtiger Fund, denn Raubtierfossilien findet man nur selten. Allmählich ließ das Interesse nach, und es begann dunkel zu werden. Die anderen gingen ins Lager zurück. Ich gab meine Suche auf und machte mich daran, den von Alemayehu gefundenen Kieferknochen zu bergen, als ich sah, wie er unweit dieser Stelle einen Hang hinaufstieg und mir aufgeregt zuwinkte.

»Ich habe wieder einen«, rief er ganz außer Atem. »Ich glaube, es sind sogar zwei!«

Ich lief zu ihm hinüber; es stellte sich heraus, daß es zwei Hälften waren. Als ich sie zusammenfügte, paßten sie genau aneinander. Es war ein vollständiger Oberkiefer, und kein Zahn fehlte; ein erstklassiger Fund. Innerhalb einer Stunde hatte Alemayehu zwei der ältesten und am besten erhaltenen hominiden Kieferknochen entdeckt, die bisher gefunden worden waren. Mit dem Bruchstück des hominiden Kieferknochens, das er vor ein paar Tagen zuvor ins Lager gebracht hatte, hatte er sich eine Eintragung in das »Guinness Book of World Records« als Finder der meisten hominiden Fossilien in der kürzesten Zeit verdient.

Die kleine Bodenvertiefung, in der die Fundstellen liegen, heißt heute Hominid Valley. Hier lagen insgesamt drei Kieferknochen; die beiden von Alemayehu entdeckten und ein dritter, der wenige Tage später von einem tigrischen Hilfsarbeiter gefunden wurde. Wir meldeten unsere Erfolge nach Addis Abeba, wo die politische Lage völlig unübersichtlich war. Kaiser Haile Selassie war abgesetzt worden und stand unter Hausarrest. Eine Militärjunta, die sogenannte Dergue, hatte die Macht übernommen. Viele prominente Mitglieder der alten Regierung waren außer Landes geflohen.

Die Verbindung zwischen unserem Lager und der Hauptstadt wurde von einem unregelmäßig bei uns eintreffenden Flugzeug aufrechterhalten, das uns mit Nachschub versorgte und über die politische Lage in Addis Abeba unterrichtete. Soweit Taieb und ich das beurteilen konnten, machte die Militärjunta den Bürokraten in den verschiede-

nen Ministerien keine Schwierigkeiten; die Kontakte der Expedition mit diesen Behörden schienen gesichert zu sein. Die Bekanntgabe der Entdeckungen von Alemayehu verursachte im Kultusministerium sogar eine ziemliche Aufregung, und mehrere Beamte äußerten die Absicht, uns in Hadar zu besuchen. Wir trafen alle Vorbereitungen, sie zu empfangen, und bewirteten zahlreiche Gäste, die das Camp zunächst mit ihrer Maschine überflogen, um sich anzumelden, und dann auf einem kleinen Landestreifen landeten, von dem aus man das Lager im Fahrzeug in etwa 45 Minuten erreichen konnte. Ein Landrover holte sie ab. Gewöhnlich blieben diese Leute ein paar Stunden, sahen sich die Fossilien interessiert, aber doch recht verständnislos an, inspizierten das Lager und flogen dann nach Addis Abeba zurück, froh, der glühenden Hitze zu entkommen und wieder im kühlen Hochland zu sein.
Ich stand während dieser Wochen unter einem starken Druck. Bei den ersten Untersuchungen hatte ich an den Kieferknochen einige sehr seltsame Merkmale festgestellt. Ich brauchte nun Zeit für eine ausführliche und sorgfältige Beschreibung, und anschließend mußten gründliche Überlegungen angestellt werden. Das war jedoch im Camp nicht möglich. Ich mußte eine Presseverlautbarung entwerfen, nach Addis Abeba gehen, sie dort abgeben und mit allen Besuchern sprechen, die ins Lager kamen – mit den Beamten und Journalisten. Aber das schlimmste war, daß das Geld, mit dem die Expedition finanziert worden war, schon wieder zur Neige ging. Die mir von der National Science Foundation zur Verfügung gestellte Summe war verbraucht, ebenso aber auch der größte Teil dessen, was ich als Spenden in Cleveland bekommen hatte.
Ich hatte mit Clark Howell über die Finanzierung gesprochen, der aus eigener praktischer Erfahrung wußte, daß die Afar-Expedition mit zu geringen Mitteln ausgestattet war. Als ich Clark von den Kieferknochen berichtete, die Alemayehu gefunden hatte, erkannte er sofort ihre große Bedeutung und beschloß, sein möglichstes zu tun, um unseren Aufenthalt an der Grabungsstelle zu verlängern. Er bat mich telegraphisch um weitere Einzelheiten über die Kieferknochen und versuchte, mit diesen Informationen weiteres Geld aufzutreiben. Er wendete sich dabei besonders an die Leakey Foundation, eine Stiftung, die zur Ehren des zwei Jahre zuvor verstorbenen Louis Leakey ins Leben gerufen worden war. Die Leakey Foundation schickte

uns $ 10000, und das genügte gerade, um die Expedition während der Kampagne von 1974 zu finanzieren. Auf diese Weise geriet ich auch nicht in die Verlegenheit, meine Freunde in Cleveland um eine zweite Spende bitten zu müssen.

Nachdem sich die finanzielle Lage wenigstens vorübergehend konsolidiert hatte und nachdem uns die Beamten nicht mehr mit ihren Besuchen störten, konnte ich mich endlich den Kieferknochen zuwenden. Sie gaben mir manches Rätsel auf. Zunächst glaubte ich, es seien Australopithecinen. Nach der langen Zusammenarbeit mit Howell in Südafrika zwei Jahre zuvor, wo ich die Fossilien untersucht und gemessen hatte, war mir das Gebiß der Australopithecinen sehr deutlich im Gedächtnis geblieben. Die Zähne in den von Alemayehu gefundenen Kieferknochen muteten im ganzen sehr ähnlich an. Es gab aber auch beunruhigende Abweichungen. Was mir sofort auffiel, waren die Größenunterschiede zwischen bestimmten Zähnen. Bei den Australopithecinen sind die Molare sehr groß und die Schneidezähne – die Vorderzähne – sehr klein. Beim Menschen ist es umgekehrt. Unsere Molare sind klein und unsere Schneidezähne verhältnismäßig groß. In dieser Hinsicht glichen Alemayehus Kieferknochen eher denen des Menschen als denen des *Australopithecus*. Dagegen sahen die Eckzähne weder so aus wie beim Menschen noch wie beim *Australopithecus*. Sie erinnerten viel stärker an die des Menschenaffen als die beiden anderen.

Es waren in der Tat sehr seltsame Kieferknochen. Sie waren weder dies noch das. Was in aller Welt waren sie nur? Je länger ich sie untersuchte, desto mehr Fragen mußten beantwortet werden. Die seltsame Mischung aus für den *Homo* und für den *Australopithecus* typischen Kennzeichen und dazu der Eindruck, daß es sich hier um ein primitiveres Wesen handeln könnte, waren äußerst verwirrend. Dazu kam das Problem des Größenunterschieds. Beide von Alemayehu gefundenen Kieferknochen stammten von Erwachsenen, aber der eine war viel größer als der andere. Hatte es bei Hadar zwei hominide Spezies gegeben?

Mir wurde klar, daß ich mit einem anderen Fachmann für Fossilien aus dem Pliozän und Pleistozän über diese seltsamen Entdeckungen sprechen mußte. Ich brauchte das Für und Wider einer lebhaften wissenschaftlichen Diskussion und beschloß schließlich, Richard Leakey nach Hadar einzuladen. Ich schuldete Richard eine solche Einladung. Ich selbst war vor zwei Jahren in Koobi Fora gewesen, hatte die dort geleistete Arbeit beobachten dürfen und mit den Wissenschaftlern gesprochen. Nun, da ich Richard etwas zeigen konnte, war es Zeit, ihn um seinen Besuch zu bitten. Vor allem aber wollte ich mit ihm sprechen, unsere Erkenntnisse vergleichen, zuhören und zu einem lebendigen Gedankenaustausch kommen. In einem Brief an Richard lud ich ihn, seine Mutter Mary, seine Frau Meave und jeden anderen ein, den Richard mitbringen wollte.

Sie kamen alle drei, begleitet von dem Giraffenspezialisten John Harris, der mit Meave Leakeys Schwester verheiratet war und im Rahmen des Teams bei Koobi Fora als Paläontologe arbeitete. Richard flog mit ihnen zunächst in seiner eigenen leichten Maschine nach Addis Abeba. Dort suchte er das Kultusministerium auf, um die Beschuldigung zu widerlegen, die Knochen, die ich aus Äthiopien ausgeführt hatte, befänden sich jetzt in einem Museum in Nairobi und sollten dort bleiben. Richard bestritt das nachdrücklich. Er sagte, die Fossilien befänden sich zur Untersuchung in den Vereinigten Staaten und würden wie vereinbart nach fünf Jahren zurückgegeben werden. Dann flog er mit seinen Passagieren nach Hadar und konnte sich beim Überfliegen des Geländes die Ablagerungen aus einer Perspektive ansehen, die unsere Expeditionsteilnehmer nicht kannten, denn sie hatten das Lager immer nur mit unseren Fahrzeugen erreicht oder verlassen. Die Leakeys waren überwältigt von der Ausdehnung unseres Grabungsgebiets – Tausende von Quadratkilometern erodierten Bodens, genug, um Dutzende von Forscherteams über zwei Jahrhunderte zu beschäftigen.

Mary und Richard Leakey waren sehr gespannt darauf, die Kieferknochen zu sehen, die ich ihnen zeigen wollte. Sie untersuchten sie sehr sorgfältig. »Das sind bestimmt keine robusten Australopithecinen«, sagte Richard. »Sie sind ganz anders als die *boisei*, die wir bei Koobi Fora gefunden haben. Die Kieferknochen sind zu leicht, und die Molare sind zu klein, um dem robusten Typus zugeordnet zu werden. Ist das nicht auch Ihre Meinung?«

»Ja, das glaube ich auch«, sagte ich.

»Wenn ich das alles bedenke, dann würde ich sie als *Homo* bezeichnen.«

»Das würde ich auch«, sagte Mary.

Ich hatte eigentlich schon damit gerechnet, das zu hören; ich hatte mich sogar schon fast darauf gefreut und glaubte es beinahe selbst. Wenn sich diese Diagnose bestätigte, dann bedeutete es, daß dies die ältesten menschlichen Fossilien der Welt waren.

Dann führte ich die Leakeys durch die Ablagerungen und zeigte ihnen die von Taieb gefundene Basaltschicht, nach deren geschätztem Alter von 3 Millionen Jahren alle Datierungen bei Hadar vorgenommen worden waren. Nach der Rückkehr ins Lager sahen wir uns die Säugetierfossilien an. Wir besaßen davon inzwischen eine ansehnliche Sammlung, und die meisten Stücke waren sehr gut erhalten. Die Leakeys untersuchten die Fossilien sehr genau, besonders einige Zähne des Urpferdes *Hipparion*, das in der Zeit nach 3 Millionen Jahren v. Chr. ausgestorben war. Das echte Pferd – *Equus* – ist aus Asien kommend nach Afrika eingewandert und erscheint in Ostafrika zum erstenmal vor etwa 2 Millionen Jahren. John Harris betrachtete die Zähne des *Hipparion* von allen Seiten.

»Wonach suchen Sie?« sagte ich.

»Nach dem Ektostylid«, sagte Harris. Das Ektostylid ist ein kleiner Höcker an den unteren Zähnen des *Hipparion*, der jedoch beim *Equus* fehlt. Es ist eines der wesentlichen Unterscheidungsmerkmale.

»An diesem Zahn scheint es zu fehlen.«

»Es ist da«, sagte ich. »Sie finden es an allen diesen Zähnen, und das muß auch so sein.«

»An diesem sehe ich es nicht«, sagte Harris.

»Hier an dieser Stelle«, sagte ich. »Die Zahnkrone ist nur noch nicht genügend abgeschliffen, um es deutlich hervortreten zu lassen.«

»Aber es ist schwer zu erkennen«, beharrte Harris. »Vielleicht fehlt es doch?«

»Es fehlt nicht. Wenn Sie wollen, werde ich den Zahn auseinandersägen und es Ihnen zeigen. An jedem dieser Zähne, die hier vor Ihnen liegen, befindet sich ein Ektostylid.«

Schließlich mußte Harris zugeben, daß ich recht hatte.

»Worum geht es hier eigentlich?« fragte mich Gray später.

»Ich glaube, es ist eine Frage der Datierung«, sagte ich. »Damit haben sie Schwierigkeiten. Sie haben bei Koobi Fora unter dem KBS-Tuff einige Zähne des *Equus* gefunden. Wenn ihre Datierung stimmt, dann müßte dieses *Equus* fast 3 Millionen Jahre alt sein. Das ist aber kaum möglich, denn es gibt in Ostafrika keine Zähne des *Equus*, die 3

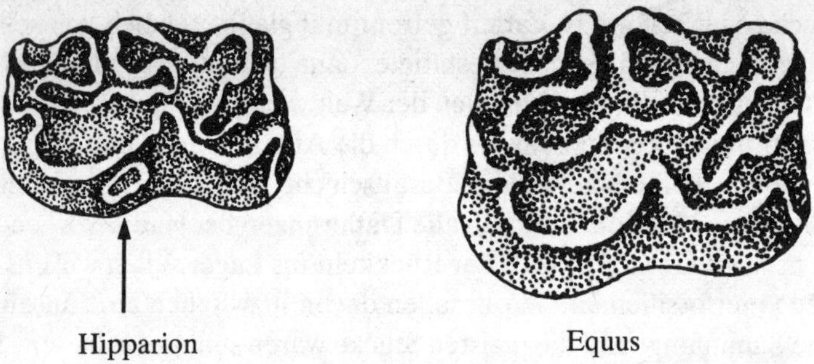

Das Ektostylid, nach dem Harris in der Sammlung von Pferdezähnen aus Hadar suchte, ist die kleine Erhebung (Pfeil) auf der Kaufläche des Zahns. Das Hipparion, *bei dem man es gewöhnlich findet, ist nach 3 Millionen Jahren v. Chr. ausgestorben. An seine Stelle trat um 2 Millionen Jahre v. Chr. das* Equus, *dessen Zähne das Ektostylid nicht aufweisen. Das Vorkommen der Zähne des* Equus, *die nicht älter sein können als 2 Millionen Jahre, in der gleichen Schicht wie die* Homo-*Fossilien bei Koobi Fora war ein Grund dafür, daß Harris und Tim White daran zweifelten, daß der Schädel 1470 2,9 Millionen Jahre alt war.*

Millionen Jahre alt sind. Die ältesten, die je gefunden wurden, sind nur etwa 2 Millionen Jahre alt. Niemand läßt sich einreden, daß es 3 Millionen Jahre alte *Equus*-Zähne gibt. Nun glaubte Harris, er müßte irgendwo welche finden. Ich nehme an, er hat gehofft, hier auf solche Zähne zu stoßen.«

»Und deshalb die Frage nach dem Ektostylid?«

»Richtig. Sie haben heute unsere Basaltschicht gesehen. Maurice hat ihnen die geologischen Verhältnisse erläutert. Sie wissen, unsere Pferde sind 3 Millionen Jahre alt. Jetzt müssen sie nur noch eines ohne Ektostylide finden, und schon haben sie ein 3 Millionen Jahre altes *Equus*, und das brauchen sie sehr dringend. John hat nur versucht, Richard über eine Hürde hinwegzuhelfen.«

»Warum hat er das nicht deutlicher gesagt?«

»Das ist ein zu heikles Thema.«

Es war in der Tat sehr heikel – eine der ganz entscheidenden ungelösten paläoanthropologischen Fragen dieses Jahrzehnts, denn das Alter des von Richard gefundenen Schädels 1470 konnte nur mit Hilfe des Alters des KBS-Tuffs bestimmt werden, und mit dem Alter des Schädels 1470 war ein ganzes Netz von Schlußfolgerungen über die verwandtschaftlichen Beziehungen zwischen *Homo* und *Australopithecus* verknüpft.

Richard brachte die Angelegenheit nach dem Abendessen noch einmal zur Sprache. Er schob seinen Stuhl zurück, steckte sich die kleine gebogene Pfeife an, die er zu rauchen pflegt, und sagte: »Don, ich möchte Sie etwas fragen. Wie alt ist der KBS-Tuff?«

»Ich würde ihn auf 1,8 Millionen Jahre schätzen«, antwortete ich.

»Und wie wollen Sie das begründen?«

»Vor allem mit den Untersuchungen der Schweinefossilien von Basil Cooke. Das sind die Schweinefossilien am Omo und bei Koobi Fora, aber auch die Schweinefossilien, die wir hier gefunden haben. Es geht aber auch um Antilopen und Elefanten. Über das ganze Rift Valley hinweg deutet alles in eine Richtung.« Dann wandte ich mich an Harris: »Und was nun die Pferdezähne betrifft, John: Sie können ein 3 Millionen Jahre altes *Hipparion* nicht in ein 2 Millionen Jahre altes *Equus* verwandeln, weil Ihnen das gerade so paßt.«

In diesem Punkt mußte Harris nachgeben, aber er sagte, einzelne Spezies könnten sich in verschiedenen Gegenden wegen der unterschiedlichen klimatischen Verhältnisse verschieden rasch entwickelt haben. Er wies darauf hin, daß die Umwelt am Omo, eine Fluß- und Waldlandschaft, sich von der trockenen Savanne bei Koobi Fora unterschied, und das hätte das Tempo evolutionärer Veränderungen genügend beeinflussen können, um bei den Fossilien deutlich erkennbare Abweichungen zu verursachen.

»Lassen Sie uns die Sache nicht zu sehr komplizieren«, sagte ich. »Wir brauchen diese komplexen Spekulationen nicht, denn wir besitzen die gesicherten Daten für eine große Zahl von Fossilien, die sehr eindeutige Aussagen machen.«

Hier schaltete sich Richard ein: »Aber wie steht es mit dem Einwand von John? Glauben Sie, daß die Umweltbedingungen am Omo, die sich von denen bei Koobi Fora unterscheiden, auf das Tempo der Evolution eine Auswirkung gehabt haben könnten?«

Ich sagte, es habe, was die Umwelt anginge, vielleicht über sehr kurze Perioden geringe Unterschiede gegeben, die den Evolutionsdruck verstärkten.

»Das stimmt«, sagte Mary Leakey. »Lassen Sie sich nicht durch ihn verwirren. Er redet ebenso wie Louis. Er wird mit Ihnen streiten und versuchen, Sie in eine Falle zu locken.«

Dieser Einwurf ermutigte mich. Ich sagte, unsere Datierungsmethoden seien noch viel zu grob, als daß wir solche Auswirkungen an den Fossilien feststellen könnten. »Wir können unsere Fossilien nicht auf einige Dutzend Jahre genau datieren. Wir sprechen hier von Zehntausenden Jahren oder sogar von Hunderttausenden, und in diesem Rahmen haben wir ein sehr überzeugendes Gesamtbild gewonnen.«
»Ein sehr interessanter Abend«, sagte Richard. Er klopfte seine Pfeife aus und ging zu Bett. Der Schädel 1470, der hinter dem ganzen Problem stand, war nicht erwähnt worden. Am folgenden Morgen reisten die Leakeys ab.

Ich hatte jetzt eine Menge Stoff zum Nachdenken. Sie hatten meine Vermutung bestätigt, daß die von uns gefundenen Kieferknochen Merkmale des *Homo* zeigten. Mehr als das; sie hatten diese meine Vermutungen wesentlich verstärkt. Ich würde das alles in einem wissenschaftlichen Bericht niederschreiben müssen. Ich hatte diese Arbeit bisher immer wieder aufgeschoben, weil ich mich nur ungern festlegen wollte. Aber als ich an diesem Morgen aufwachte, wußte ich, was ich tun würde. Ich würde die Kieferknochen unter gewissen Vorbehalten der Gattung *Homo* zuordnen. Dabei wollte ich darauf hinweisen, daß sie ungewöhnlich primitive Merkmale zeigten. Wenn sie zur Gattung *Homo* gehörten, dann wären sie die ältesten bisher gefundenen Fossilien des *Homo*, alt genug, um auch noch gewisse Kennzeichen des Menschenaffen bewahrt zu haben, von dem diese Individuen abstammten. Das war durchaus in Ordnung, ja man mußte es sogar erwarten. Wenn man 3 Millionen Jahre zurückging, dann wäre es verwunderlich, wenn man nicht auf bestimmte Merkmale stieße, die an den Menschenaffen erinnern. Ich mußte hier – gewissermaßen augenzwinkernd – zugeben, daß ich ebenso wie andere Anthropologen vor mir an dem Punkt angekommen war, wo jeder von uns sich die alte Frage stellt: Wo muß man die Trennungslinie ziehen?
Bisher hatte ich mir diese Frage nicht stellen müssen. Ich hatte noch keine Fossilien gefunden, die sie mir aufzwangen. Jetzt wurde ich mir zum erstenmal bewußt, welches Problem es für andere bedeutet haben mochte, wenn die für den Menschen charakteristischen Merkmale immer verschwommener wurden, bis schließlich nichts Menschliches mehr an den Fossilien zu entdecken war. Es konnten emotionale, aber auch wissenschaftliche Probleme sein. Der Forscher geriet

dabei immer weiter in die Vergangenheit und über die Ursprünge des Menschen hinaus, konnte aber doch den Zusammenhang mit dem Menschen nicht aufgeben. Immer wieder würde man auf einen Vorfahren des Menschen stoßen; immer wieder würde er ein wenig älter, ein wenig primitiver – aber trotzdem irgendwie menschlich sein.

Ich befreite mich von diesem Gedanken. Ich wollte es nicht zulassen, mich in Emotionen zu verlieren, denn ich wußte, daß solche Gefühle meine Urteilsfähigkeit negativ beeinflussen würden. Waren diese Kieferknochen nun wirklich die eines menschlichen Wesens?

Waren sie es? Schließlich war ich es, der sich für eine klare Antwort entscheiden mußte. Es würde vielleicht zu einem Urteilsspruch kommen, bei dem ein einziges menschliches Merkmal die Entscheidung erzwang, das sich in einer Fülle von für den Menschenaffen typischen Kennzeichen erkennen ließ. Ich sah mir die Kieferknochen noch einmal an. Dabei fiel mir ein sehr primitiv aussehender Prämolar auf, der an einen menschenähnlichen Molar anschloß. Er hatte einen recht dünnen Zahnschmelz und war im Vergleich mit den Vorderzähnen klein. Er glich nicht den Molaren der südafrikanischen Australopithecinen, so viel war gewiß. Und das genügte. Die Entscheidung, die ich beim Aufwachen getroffen hatte, war richtig. Es war ein *Homo*.

Nach diesem Entschluß sah ich mir meinen Arbeitstisch an. Hier häuften sich Stöße von Papier; Briefe, die beantwortet werden mußten und wegen der Besucher vom äthiopischen Ministerium liegengeblieben waren. Hier lagen unbezahlte Rechnungen, die wir nun begleichen konnten, nachdem wir das Geld von der Leakey Foundation bekommen hatten. Das alles mußte sofort erledigt werden, aber auch der Bericht über die Kieferknochen drängte. Nach dem Frühstück wollte ich mich an die Arbeit machen.

Ich ging zum Küchenzelt und ließ mir eine Tasse Kaffee geben. Während ich den Kaffee trank, spürte ich ein starkes Bedürfnis, die schriftlichen Arbeiten auf einen späteren Zeitpunkt zu verschieben und zuerst auf Fossiliensuche hinauszugehen. Ich wußte, daß das eigentlich nicht richtig war. Aber im gleichen Augenblick kam Gray herein und fragte mich, wo sich die Fundstelle 162 befände. Damit war die Entscheidung gefallen. Der Papierkram konnte warten. Gray und ich setzten uns in den Wagen und fuhren aus dem Lager. Zwei Stunden später hatten wir Lucy gefunden.

Dieser Fund hat uns alle im wahrsten Sinne des Wortes aufgeschreckt; anders kann man das nicht beschreiben. Im Lager ging alles drunter und drüber. Was wir hier gefunden hatten, war in jeder Hinsicht sensationell. Die Wissenschaftler, die es mit eigenen Augen sehen konnten, hielten es für geradezu unglaublich, daß fast die Hälfte eines kompletten Skeletts auf dem Tisch des Anthropologiezelts lag, nachdem die einzelnen Bruchstücke sortiert und an den richtigen Stellen eingepaßt worden waren.

Aber ebenso erstaunlich war das Lebewesen selbst, dessen Knochengerüst wir zusammengefügt hatten. Es war kaum mehr als 105 Zentimeter hoch, hatte ein sehr kleines Gehirn, ging aber dennoch aufrecht. Der Kieferknochen hatte eine V-Form und war vorne nicht so abgerundet wie einige der anderen Unterkiefer, aber er war viel kleiner. Außerdem hatte der erste Prämolar nur einen einzigen Höcker. Die größeren Kieferknochen hatten Prämolare mit zwei Höckern. Da die Molare mit einem Höcker die primitiveren und die mit zwei Höckern die menschlicheren sind, kam ich zunächst zu dem Schluß, daß sich Lucy von dem Typus mit den größeren Kieferknochen unterschied. Während ich die Fossilien untersuchte, hatte ich den Eindruck, daß die von Alemayehu gefundenen Kieferknochen von einem sehr alten *Homo*-Typus stammten, wie es auch die Leakeys vermutet hatten, daß Lucy jedoch einem anderen Typus zuzurechnen sei. Sie war vielleicht ein sehr früher Vertreter der Australopithecinen.

Wenn es nur wenige fossile Knochen gibt, kann man über sie so gewagte Spekulationen anstellen, wie man will, und niemand kann einem widersprechen. Wenn man mehr Knochen findet, wenn also das erste Fossil durch eine größere Anzahl von Fragmenten ergänzt wird, die von mehreren Exemplaren stammen, dann machen diese Fragmente Aussagen über diese Spezies, die bis dahin angestellte Vermutungen widerlegen. Die bloße Zunahme unseres Wissens schränkt die Anzahl der Möglichkeiten ein, von welchen Lebewesen sie abstammen oder was sie bedeuten. Andere Spekulationen werden jedoch durch eine größere Zahl von Fossilien bestätigt. Da solche Spekulationen jetzt durch viele Beispiele gestützt werden, kommt man von Vermutungen zu logischen Wahrscheinlichkeiten. Nur in ganz seltenen Fällen erhält man durch die Entdeckung mehrerer fossiler Knochen des gleichen Lebewesens eine Gewißheit.

Lucy hat uns eine solche Gewißheit verschafft. Vermutungen darüber, ob es zu so früher Zeit schon aufrecht gehende Wesen gegeben hat, und die Streitfragen über die Art der Fortbewegung des *Australopithecus africanus* – ob er watschelte oder einen schleppenden Gang hatte –, das alles wurde jetzt mit unwiderlegbarer Sicherheit beantwortet. Hier hatten wir ein kleines Lebewesen mit einem Affengehirn gefunden, dessen Becken- und Beinknochen in ihrer Funktion fast identisch mit denen des heutigen Menschen waren. Ich mußte daran denken, wie vorsichtig ich mich im vergangenen Jahr zu dem damals gefundenen Kniegelenk geäußert hatte, und wie erleichtert ich war, als Owen Lovejoy mir bestätigte, daß es einem menschlichen Knie sehr ähnlich war. Jetzt wußte ich, daß Hominiden schon vor 3 Millionen Jahren aufrecht gegangen waren, und dieses ungewöhnliche Fossil hatte mir die Gewißheit gegeben. Noch überraschender war die Tatsache, daß diese Hominiden aufrecht gegangen waren, noch bevor sich bei ihnen ein größeres Gehirn entwickelt hatte. Diese Tatsache konnte jetzt nicht mehr bestritten werden, und es gab auch keine Diskussion mehr darüber, ob ein gewisser Beinknochen und ein gewisser Schädel vom gleichen Individuum stammten oder nicht. Hier waren alle diese Knochen in einem einzigen, uns geradezu unglaublich anmutenden Skelett vereinigt.

Aber wie alle Fossilien, die uns Gewißheit verschaffen, warf auch dieses neue Fragen auf. Eine dieser Fragen verlangte dringend nach einer Antwort. Wenn die Fähigkeit, aufrecht zu gehen, schon voll ausgebildet war, bevor sich ein größeres Gehirn entwickelt hatte, was hatte das Aufrechtgehen veranlaßt? Seit vielen Jahren hatte man vermutet, eine Kombination aus manueller Geschicklichkeit, zunehmender Verwendung von Werkzeugen und einer Weiterentwicklung des Gehirns habe gewisse Menschenaffen gezwungen, sich aufzustellen, weil sie zunehmend darauf angewiesen waren, Gegenstände in die Hände zu nehmen. Wenn sie auf den Hinterbeinen gingen, dann konnten sie immer mehr Gegenstände in die Arme nehmen und mit sich herumtragen. Diese Auffassung ist besonders überzeugend von Sherwood Washburn von der University of California vertreten worden. Er hatte in den 1960er Jahren argumentiert, die Verwendung von Werkzeugen und die Weiterentwicklung des Gehirns seien dem aufrechten Gang vorausgegangen und wahrscheinlich die Ursache für diese Entwicklung gewesen.

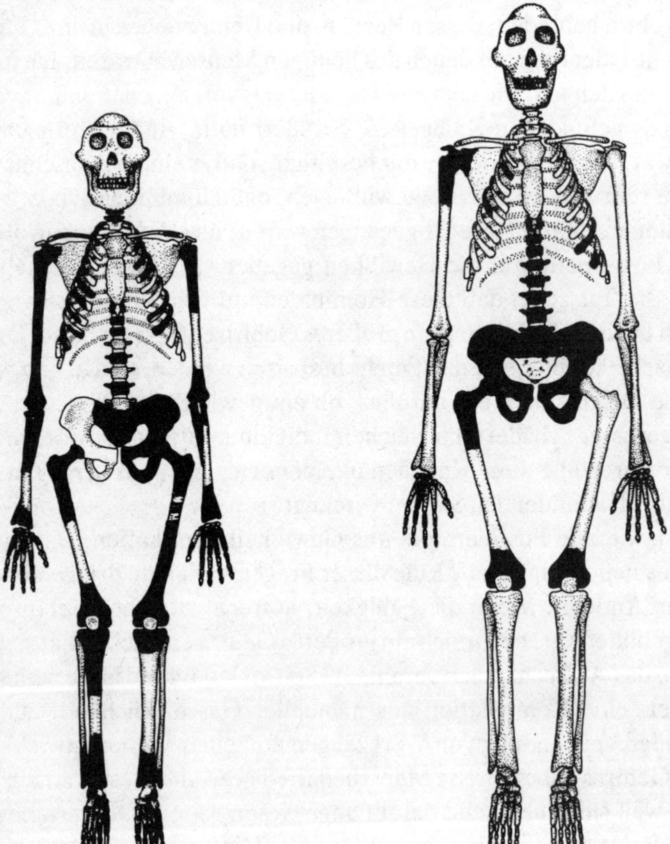

A. afarensis A. africanus

Wenn alle bei Hadar gefundenen Fossilien zu einem vollständigen Skelett zusammengefügt werden würden, dann sähen sie aus wie das durch schwarze Knochenteile ergänzte Skelett links. Das zeigt, wieviel mehr man über den afarensis *weiß als über den* africanus *oder den* robustus, *die hier in der glei-*

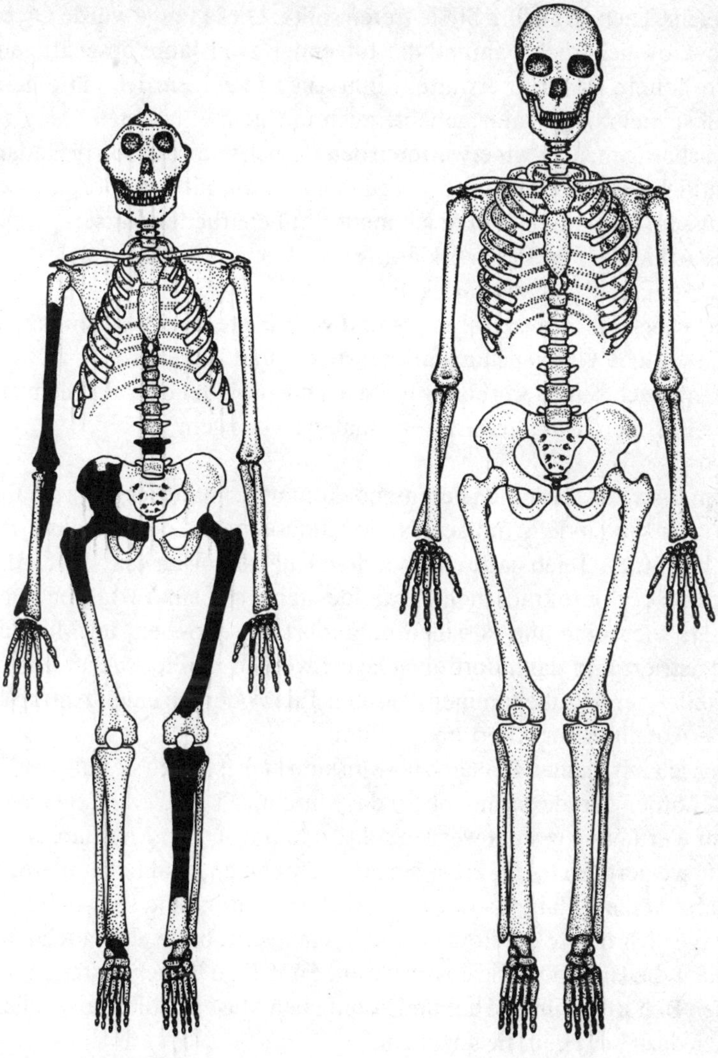

A. robustus H. sapiens

chen Weise dargestellt werden, obwohl der afarensis *erst viel später entdeckt worden ist. Die Schädel aller drei Typen hätten auch schwarz sein müssen, wir haben aber darauf verzichtet, um ihre Ausformungen deutlicher zeigen zu können. Ganz rechts haben wir zum Vergleich ein menschliches Skelett.*

Lucy widerlegte diese These. Ich mußte nun darüber nachdenken, welche Theorie an ihre Stelle treten sollte. Diese Frage würde Owen Lovejoy sicherlich während der folgenden zwei Jahre beschäftigen. Ich konnte es kaum erwarten, ihm Lucy zu zeigen. Ich hätte gern selbst mehr Zeit dafür gehabt, mich mit dem aufrechten Gang zu beschäftigen, aber wir erwarteten den Besuch von Aronson in Hadar, und ich dachte, einen großen Teil meiner Zeit mit ihm zubringen zu müssen. Außerdem mußte ich meine Außenarbeiten fortsetzen, für die Äthiopier eine Presseerklärung über Lucy entwerfen und sie dann selbst in Addis Abeba vorlegen.

Aronson traf im Dezember ein und verbrachte zwei Wochen damit, geologische Untersuchungen anzustellen und Bodenproben zu nehmen. Nach seiner Abreise wandte ich mich wieder dem Problem zu, die Fossilien in die Vereinigten Staaten zu bringen.

Um Lucy aus Äthiopien herauszubekommen, mußte ich mit zwei Behörden verhandeln, mit dem Nationalmuseum und der Abteilung für Altertümer. Taieb hatte sich mit dem Kultusministerium, das an der Spitze der bürokratischen Pyramide steht, auf ein Verfahren geeinigt, nach dem alle Fossilien numeriert, beschrieben, im Museum registriert und dann dort eingelagert werden mußten. Aber um sie wieder herauszubekommen, mußten Taieb oder ich einen Antrag an die Abteilung für Altertümer richten.

Als ich mit meinen Fossilien ins Museum kam, stritten sich die beiden Behörden gerade darum, ob für das Museum ein größerer Lagerraum zur Verfügung gestellt werden sollte oder nicht. Der Museumsdirektor weigerte sich, die Fossilien zu übernehmen, und behauptete, er habe keinen Platz für sie. Das brachte mich in eine sehr peinliche Lage. Ich durfte die Fossilien nicht einlagern, hatte aber auch noch nicht die Erlaubnis, sie auszuführen. Fünf Tage lief ich zwischen beiden Behörden hin und her und konnte den Museumsdirektor schließlich dazu bewegen, sie anzunehmen.

Sie wieder herauszubekommen war noch schwieriger. Nach dem Sturz von Haile Selassie wurden alle Entscheidungen auf Regierungsebene von der an der Macht befindlichen Dergue getroffen, die von einem Militärrat beherrscht wurde, der jetzt das Schicksal des Landes bestimmte. Die leitenden Beamten trafen nur ungern irgendwelche selbständigen Entscheidungen, und ich saß eine ganze Woche jeden

Tag in der Abteilung für Altertümer und versuchte, das Schreiben zu bekommen, mit dem mir das Verfügungsrecht über die Fossilien gegeben wurde. Als ich schließlich erkennen mußte, daß niemand die Verantwortung übernehmen wollte, gelang es mir, ein Treffen zu arrangieren, an dem der Direktor der Abteilung für Altertümer, der stellvertretende Direktor, der Leiter des Museums, der Lagerverwalter des Museums und einige andere Funktionäre teilnahmen. Damit kam die Sache endlich in Gang, und schließlich erklärte sich der Minister einverstanden, einen Mann damit zu beauftragen, die Genehmigung zu diktieren, mit der man mir die Fossilien überließ.

»Ich brauche das Papier noch heute«, sagte ich. »Das Museum schließt in zwei Stunden. Es wird erst nach Weihnachten wieder geöffnet. Dann werde ich schon in den Vereinigten Staaten sein.«

»Ich denke, alle diese Fossilien sollten einzeln gewogen werden«, sagte einer der Anwesenden ganz unerwartet.

Ich erklärte, das sei nicht notwendig, man habe es noch nie getan, und im Museum gäbe es keine Waage. Zu meiner großen Erleichterung wurde das Wiegen nicht mehr erwähnt, und ich bekam endlich auch die schriftliche Genehmigung.

»Bitte rufen Sie im Museum an und sagen Sie, daß ich schon unterwegs bin.« Ich fuhr so schnell wie möglich dorthin.

Der Direktor war bereit, die Fossilien herauszugeben. Die Schwierigkeit lag aber darin, daß der Lagerverwalter, der sie mir aushändigen sollte, fortgegangen war und niemand wußte, wann er wiederkommen würde. Das Museum sollte sehr bald geschlossen werden. Ich war der Verzweiflung nahe.

»Wenn er zurückkommt, dann wird er Überstunden machen müssen«, sagte ich.

»Das kann ich nicht von ihm verlangen. Er ist ein sehr schwieriger Mensch. Er wird um sechs Uhr nach Hause gehen, gleichgültig, was ich ihm sage.« Es war halb sechs Uhr.

»O mein Gott!«

»Wir werden es selbst tun«, sagte der Direktor. »Aber wir müssen uns beeilen und fertig sein, bevor der Lagerverwalter zurückgekommen ist.«

Plötzlich hatte ich den finsteren Verdacht, man wollte mich in eine Falle locken. Ich fürchtete, man werde mich am nächsten Morgen am Flughafen aufhalten, die Fossilien beschlagnahmen und mich ins Gefängnis werfen, weil ich sie vorschriftswidrig aus dem Museum geholt hatte. Aber mit solchen Verdächtigungen hatte ich dem Direktor unrecht getan. Er versuchte, mir auf jede mögliche Weise zu helfen und sich über die bürokratischen Hindernisse hinwegzusetzen. Ich bedankte mich sehr herzlich bei ihm und ging gerade mit meinen Fossilien unter dem Arm aus der Tür seines Büros, als ich am anderen Ende des Korridors den Lagerverwalter sah. Ich ließ mich nicht von ihm aufhalten. Am folgenden Morgen auf dem Flughafen rechnete ich mit dem Schlimmsten, aber an der Zollabfertigung standen nur zwei uniformierte Mädchen, die mich lächelnd durchwinkten. Lucy und ich hatten es geschafft.

Bei der Zwischenlandung in Paris mußte ich wieder durch den Zoll. Ein Beamter wollte unbedingt sehen, was in all den komischen kleinen Päckchen in meinem Koffer eingewickelt war. Ich erklärte, es seien Fossilien aus Äthiopien. »Sie meinen Lucy?« sagte der Zollbeamte. Er interessierte sich privat für die Anthropologie und hatte in der Zeitung von meiner Entdeckung gelesen. Eine große Menschentraube versammelte sich um den Tisch, als ich die Knochen einzeln auspackte, und ich begann zu ahnen, ein wie großes Interesse Lucy überall in der Öffentlichkeit erregen würde. Zugleich spürte ich, daß ich jetzt nicht mehr ein unbekannter junger Anthropologe war, sondern ein vielversprechender junger Praktiker, der Fossilien gefunden hatte, die so aufsehenerregend waren, daß er sich jetzt auch neben der paläoanthropologischen Supernova Richard Leakey sehen lassen durfte.

9. Wie alt ist Lucy?

Die uns vorliegenden Fossilien geben uns eine Reihe von lokalen Querschnitten für jeweils kurze Perioden, aber diese Querschnitte umfassen keinen sehr weiten Raum. An der einen Stelle bekommt man eine gute Datierung, an der anderen nicht. Nur am Boden der Tiefsee findet man große Flächen mit ungestörten Ablagerungen, und das hilft uns verdammt wenig. *F. Clark Howell*

Maurice Taieb hat zwei Jahre mit dem Versuch zugebracht, für die Ablagerungen bei Hadar eine stratigraphische Säule zusammenzustellen. Das war eine schwere Aufgabe. Er fand einen Lavafluß – eine Basaltschicht, die sich datieren ließ. Er ordnete sie relativ hoch in der stratigraphischen Säule ein, oberhalb aller Fossilien.
Tom Gray

Die Schwierigkeit lag darin, daß sich die Basaltschicht nicht bis dorthin ausdehnte, wo die Fossilien lagen. Wir mußten an jeder Stelle die dazugehörigen Schichten finden. Und wenn uns das gelang, stellten wir fest, daß der Basalt in diesem Abschnitt in Wirklichkeit sehr tief lag. Viele Fossilien lagen darüber. *James Aronson*

Nachdem es mir gelungen war, die Ausbeute an hominiden Fossilien aus der Kampagne 1974 zusammen mit einer Reihe sehr aufschlußreicher Säugetierfossilien in die Vereinigten Staaten zu bringen, mußten alle diese Funde gereinigt, in die örtliche geologische Geschichte eingeordnet und schließlich beschrieben werden, und das war eine gewaltige Arbeit. Die genaue Beschreibung nimmt lange Zeit in Anspruch. Sie erfordert das sorgfältige Ausmessen mit dem Greifzirkel und das Eintragen aller so ermittelten Werte in Notizbücher. Mit den von Alemayehu gefundenen Kieferknochen war ich darin schon ein gutes Stück vorangekommen, mußte aber noch viel tun. Jetzt kamen die Skeletteile von Lucy wie eine neue Lawine auf mich zu, denn auch hier mußten ungezählte Messungen vorgenommen werden. Das alles sollte erledigt werden, bevor ich mich an die Ausarbeitung einer hieb- und stichfesten wissenschaftlichen Hypothese darüber machen konnte, was die bei Hadar entdeckten Hominiden waren. Am wichtigsten für diese Beurteilung war ihr Alter. Wir brauchten unwiderlegbare wissenschaftlich ermittelte Daten, und es war mir in peinlicher Weise bewußt, daß man die Datierungen der Ablagerungen bei Hadar nicht als unwiderlegbar ansehen konnte. Ich setzte deshalb große Hoffnungen auf den Besuch von Aronson im Grabungsgebiet, der mir vielleicht helfen konnte, mit diesem Problem fertigzuwerden.

Taieb war es allerdings gelungen, einen Lavafluß zu finden – die Basaltschicht –, und er hatte auch in höheren Lagen einige dünne aus vulkanischer Asche bestehende Schichten festgestellt. Da sich sowohl mit Lava als auch mit Asche Datierungen vornehmen lassen, hatten wir im vergangenen Jahr von beidem Proben genommen und sie nach Cleveland in das Kalium-Argon-Laboratorium von Aronson geschickt, wo dieser sie selbst untersucht hatte. Nach seiner Auffassung waren die Aschenproben aber so stark verwittert, daß sie sich nicht verwenden ließen. Der Basalt zeigte zwar auch Spuren der Verwitterung, befand sich aber doch noch in einem Zustand, der es zuließ, ihn mit dem Gerät zu untersuchen, das er für die Datierung vulkanischer Proben konstruiert hatte. Nach mehreren Tests hatte er für den Basalt ein Alter von 3 Millionen Jahren mit einer Toleranz von 200000 Jahren in jeder Richtung festgestellt.

Die 3 Millionen Jahre waren ein Mittelwert aus den Ergebnissen aller vorgenommenen Tests. Die Toleranz von 200000 Jahren berücksichtigte die Unterschiede, die sich bei den einzelnen Tests ergeben hatten, und sie war zu groß, als daß sich Aronson mit dem Gesamtergebnis hätte zufriedengeben können. Wenn die Lavaprobe reiner gewesen wäre, dann hätten sich bei den einzelnen Tests ähnliche Zahlen ergeben, und die Toleranz hätte vielleicht 100000 oder nur 50000 Jahre betragen. Es lag ihm nicht sosehr an der genauen Altersbestimmung des Basalts (so wichtig das auch war) als vielmehr an der Klärung der Frage, wie zuverlässig die mit der Probe ermittelten Daten angesichts der Abweichungen bei den einzelnen Tests waren. Eine Probe, bei der solche Schwankungen auftreten, hat offensichtlich Veränderungen erfahren. Es fragt sich, wie stark diese Verwitterungseinflüsse auf sie eingewirkt haben. Da Aronson die Proben nicht selbst genommen hatte, konnte er diese Frage nicht beantworten. Er konnte nur sagen, wenn die Probe stark verwittert war, ergäbe sich daraus eine zu junge Datierung, denn ein Teil des Argons würde sich dann verflüchtigt haben und verloren sein.

Gesteinsproben, auch wenn es sich um das gleiche Material handelt, ergeben nicht immer die gleichen Werte. Die Oberfläche eines Felsbrockens kann ganz andere Werte ergeben als sein Inneres, und zwar als Folge der Einwirkung von Luft und Sonne oder fließendem Wasser, das aufgelöste Chemikalien enthält. Die Oberfläche von vulkanischem Gestein erodiert und löst sich durch die Verwitterung auf. Asche verwittert nicht nur, sondern wird auch durch Staubpartikel verunreinigt, die durch den Wind hineingetragen werden und zehn- oder hundertmal so alt sein können wie die Asche selbst. Diese Feinheiten bedeuten für den gewöhnlichen Geologen nicht viel, der die Proben, die er sammelt, nicht so sorgfältig auswählen muß. Aber für den Wissenschaftler, der diese Proben datieren will, bedeuten sie alles. Der Zustand der Proben ist für ihn ebenso wichtig wie die Proben selbst. Er betrachtet sie mit den Augen des Kenners. Im Lauf der Jahre lernt er, die Eindrücke am Ursprungsort mit den Testergebnissen im Laboratorium in Einklang zu bringen, und erwirbt dabei die Fähigkeit, den Zustand des Gesteins richtig zu beurteilen. Er kennt es ebenso, wie andere ein Pferd oder einen Hund beurteilen können, wenn sie das Tier sehen. Doch bis es soweit ist, vergeht eine lange Zeit.

»Man muß sich sehr genau umschauen«, sagt Aronson, »und man muß ein gutes Gedächtnis haben. Außerdem muß man viel herumgehen.«

Jim Aronson ist ein sympathischer Mann mit rötlichem Haar, einem feuerroten Bart und leuchtenden blauen Augen. Er gibt sich höflich und zuvorkommend, und seine verbindliche Art steht im seltsamen Gegensatz zu seinen harten Händen, deren Innenflächen sich wie Schuhleder anfühlen. Er hat viel Geduld, und als ich ihm eines Tages sagte, ich wüßte zwar im Prinzip, worum es bei dem Kalium-Argon-Test ginge, könnte aber doch nicht genau sagen, wie die Datierung vorgenommen würde, bot er mir sofort an, das Verfahren praktisch zu demonstrieren.

»Das geschieht am besten mit dem Gerät selbst«, sagte er.

»Ich bin wie ein Student im ersten Semester. Sie müssen sich vorstellen, daß ich keine Ahnung habe.«

»Das ist die beste Methode«, antwortete er.

Ich besuchte ihn in seinem Büro an der Case Western Reserve University, und er führte mich über den Flur in einen Raum, in dem eine große und komplizierte Apparatur stand.

»Das ist das von mir konstruierte Gerät«, sagte er. »Eigentlich ist es recht klein. Ich hatte nicht viel Geld zur Verfügung und mußte mich mit einem kleinen Gerät begnügen. Zum Glück konnte ich mir ein paar gute kleine Pumpen und ein Massenspektrometer besorgen (ein äußerst feines Meßgerät). Auch dieses Gerät ist klein. Am besten eignet es sich für die Messung sehr junger Dinge.«

»Junger Dinge?«

»Dinge, die nur 2 oder 3 Millionen Jahre alt sind.«

»Und das nennen Sie jung?«

»Für einen Geologen ist es das. Es gibt viele Leute, die das Alter von Dingen wissen wollen, die wirklich alt sind – Erdölgeologen, Fachleute für Dinosaurier; sie wollen das Alter von Proben bestimmen lassen, die Hunderte von Millionen Jahren alt sein können. Aber ich habe mich besonders für das Pliozän und das Pleistozän interessiert, und dieses Gerät soll der Erforschung dieser Periode dienen. Wenn Sie es ansehen, dann berühren Sie nicht diesen starken Draht darunter. Er führt Starkstrom, und der Stromschlag kann tödlich sein.«

Der Draht war geflochten und kam aus einem etwa zwei Meter hohen Armaturenbrett mit zahlreichen Schaltern und Skalen. Er führte an der Decke entlang und endete in Spiralen, die sich um mehrere, etwa milchflaschengroße Gläser wanden. In diesen Gläsern befanden sich kleine Metallbehälter, und in jedem dieser Behälter lag eine Probe vulkanischer Asche. Aus dem Boden der Gläser führten Rohrleitungen durch Krümmungen, Kontrollpunkte und Meßgeräte und endeten in einem anderen Gerät, das durch Drähte mit einem Computer verbunden war.

»An diesem Ende haben wir das Massenspektrometer. Ich werde mich nicht damit aufhalten, es Ihnen zu erklären. Es eignet sich zum Messen sehr geringer Mengen von Materie. Jetzt werden wir den elektrischen Strom einschalten, um die Proben vulkanischen Materials in diesen Flaschen zu erhitzen. Wenn die Proben schmelzen, wird das Argon in der Form von Gas freiwerden. Dabei erhalten wir sehr wenig Gas – nur einige Atome. Deshalb brauchen wir das Massenspektrometer. Es verdeutlicht das Ergebnis, so daß wir es ablesen können. Bevor das Massenspektrometer erfunden wurde, ließ sich diese Methode nicht anwenden. Die Mengen, die wir dabei er-

James Aronson erhitzt eine Probe vulkanischer Asche in seinem Laboratorium und verwendet dazu ein Gerät, mit dem sich das Alter vulkanischen Materials bestimmten läßt. Auf den Seiten 238-240 wird die Arbeitsmethode dieses Geräts erklärt.

halten, sind viel zu klein, als daß man sie auf andere Weise messen könnte.«

Aronson schaltete den Strom ein und drehte an einer Skala auf dem Armaturenbrett, um damit allmählich das elektrische Feld um eines der Gläser zu verstärken. Nach wenigen Minuten fing die Probe an zu glühen.

»Wir werden warten, bis sie geschmolzen ist. Dann werden wir das Gas in das Massenspektrometer leiten.«

Er sagte, die Verbindungsstellen an den Rohrleitungen seien so massiv, um das ganze System luftdicht abzuschließen. Die kleinen Pumpen waren sehr stark. Sie hatten 99,99 Prozent der Luft aus dem System gesaugt und damit ein fast vollkommenes Vakuum erzeugt.

»Das Vakuum brauchen wir aus folgendem Grund: In der Luft sind viele Argonatome enthalten, viel mehr als in der Probe aus vulkanischem Gestein. Wenn sich in dem System noch Luft befindet, dann wird die Probe so stark verunreinigt, daß sich keine Messung mehr vornehmen läßt. Wir müssen die Luft deshalb entfernen.«

Das Argon, dessen Menge Aronson feststellte, war das Zerfallsprodukt des radioaktiven Kaliums, eines seltenen Isotops eines gewöhnlichen Minerals.

»Ihr Körper enthält gegenwärtig etwa ein Pfund normalen Kaliums. Nur 20 Milligramm davon sind radioaktiv – chemisch richtig bezeichnet ist es das Kalium 40. Das ist nur der 25000. Teil eines Pfunds und nicht sehr viel. Es sind aber doch noch sehr viele Atome. Das radioaktive Kalium zerfällt ständig und wird allmählich zu einem stabilen Element, zu Argon, einem nicht radioaktiven Gas. Gegenwärtig zerfallen von dem Kalium 40 in Ihrem Körper etwa 500 Atome in der Sekunde zu Argongas. Vielleicht glauben Sie, das sei sehr schnell, und das Kalium 40 werde völlig verbraucht werden. In Wirklichkeit ist es nicht schnell. Gemessen an der Zahl der vorhandenen Atome ist es sehr langsam. Dieser Prozeß vollzieht sich seit der Entstehung der Erde und hat bis heute nicht aufgehört. In Ihrem Körper befinden sich Billionen von Atomen des Kaliums 40. Über einen Zeitraum von vielen Millionen Jahren ist dieses Material durch Gestein und andere chemische Verbindungen gewandert und dabei immer im gleichen Tempo zerfallen.«

Er korrigierte sich: »Ich habe gesagt, im gleichen Tempo. Das ist nicht ganz richtig. Die Zerfallsgeschwindigkeit entspricht dem jeweiligen Prozentsatz des Kaliums 40, das im gewöhnlichen Kalium enthalten ist. Mit der Verringerung der Menge des Kaliums 40 verlangsamt sich die Zerfallsgeschwindigkeit. Wären Sie zum Beispiel ein Australopithecine, der vor 3 Millionen Jahren gelebt hat, verlören Sie etwa 501 Atome pro Sekunde und nicht 500 wie heute. Doch praktisch bleibt die Geschwindigkeit die gleiche, wenn das auch für die Dinosaurier nicht zuträfe; bei ihnen hätte der Unterschied schon etwas zu bedeuten. Zur Zeit, als die Erde geschaffen wurde, betrug die Zerfallsgeschwindigkeit etwa 4000 Atome pro Sekunde. Aber in den Milliarden Jahren, die seither vergangen sind, ist soviel Kalium 40 zerfallen, daß die Geschwindigkeit sehr stark abgenommen hat. Das mußte so sein, weil die Zerfallsrate im Verhältnis zu der Menge, die noch übriggeblieben ist, stetig bleiben muß.«

Aronson erläuterte: »Wie alle radioaktiven Elemente hat das Kalium 40 eine sogenannte Halbwertszeit. Das ist die Zeit, die die Hälfte seiner jeweiligen Menge braucht, um sich in ein anderes Element zu verwandeln. Die Halbwertszeit des Kalium 40 beträgt 1,3 Milliarden Jahre. Deshalb wird die Hälfte des heute auf der Erde vorhandenen Kaliums 40 in 1,3 Milliarden Jahren zerfallen sein, die Hälfte des dann noch vorhandenen in weiteren 1,3 Milliarden Jahren und so fort. Während die Gesamtmenge zusammenschrumpft, wird sich die Zerfallsgeschwindigkeit soweit verringern, daß sie kaum noch wahrnehmbar ist. In einer unvorstellbar weit vor uns liegenden Zukunft, wenn es nur noch 100 Atome des Isotops Kalium 40 auf der Erde gibt – und wenn dann noch eine Erde existiert –, wird es weitere 1,3 Milliarden Jahre dauern, bis nur noch 50 Atome übrig sind.«

»Sie wollen damit sagen, alles Kalium 40 auf der Welt zerfällt allmählich und verwandelt sich in Argongas?« fragte ich.

»Das ist richtig; es wird immer weniger und weniger, und täglich vermehrt sich die Menge des auf der Erde vorhandenen Argongases.«

»Wo bleibt denn all dieses Argon?«

»Es wird schließlich in die Atmosphäre abgegeben. Als die Erde geschaffen wurde und sich eine Atmosphäre bildete, enthielt sie fast kein Argon. Aber sie hat sich allmählich damit angereichert. Während Sie und ich hier stehen und uns unterhalten, entlassen wir durch unsere Haut Argonatome in die Luft. Sie besteht heute zu etwa einem Prozent aus Argon. Deshalb muß ich besonders darauf achten, die Argon enthaltenden Proben in einem möglichst luftleeren Raum zu untersuchen, um die Argonmenge zu messen.«

»Sie meinen, daß nach Milliarden von Jahren nur ein Prozent der Luft aus Argon besteht?«

»Ja.«

»Das scheint nicht sehr viel zu sein.«

»Für Argon ist es eine Menge. Die Luft enthält bedeutend mehr Argon als diese Proben vulkanischen Materials. Argon ist ein in nur sehr geringen Mengen vorkommender Stoff.«

Wenn nun der menschliche Körper Kalium 40 enthielt, das ständig zu Argon zerfiel, warum war es dann nicht möglich, den Zerfall des Kaliums 40 in den Fossilien direkt zu messen? Weshalb mußten wir dazu die Proben aus vulkanischem Material verwenden?

Er sagte, dafür gäbe es verschiedene Gründe, und zwei von ihnen seien von allergrößter Bedeutung. Erstens gab es in einem fossilen Knochen so wenig Argon 40, daß es sich nicht genau messen ließ. Noch wichtiger sei jedoch der Umstand, daß der Knochen über einen Zeitraum von 1 oder 2 Millionen Jahren ständig Argon abgegeben habe. Deshalb habe es keinen Sinn, wenn wir jetzt den Versuch unternähmen, die Restmenge festzustellen. Um irgendeinen Gegenstand genau zu datieren, brauchte man eine Probe, aus der sich das Argon nicht verflüchtigte. Der große Vorteil des vulkanischen Materials bestünde darin, daß es das Argon festhielt; das Gas blieb in kleinen Kristallen gebunden.

Das Material, das bei einer Eruption unter gewaltigem Druck und mit einer sehr hohen Temperatur aus der Erde schießt, erklärte Aronson, beginnt sich abzukühlen, sobald es mit der Atmosphäre in Berührung kommt. Dabei verschmilzt es, und zwar manchmal zu einer glasähnlichen Konsistenz und manchmal zu kleinen Kristallen. Das geschieht sehr rasch, innerhalb weniger Stunden. Deshalb stellen die so gebildeten Kristalle nur einen kurzen Augenblick in der Evolution des Gesteins dar. Sie entstehen vollkommen rein. Sie weisen keine Verunreinigungen auf und enthalten auch kein älteres Argon. Und wenn sie nun alles Argon festhalten, das in ihnen von diesem Augenblick an durch den Zerfall von Kalium entsteht, dann enthalten sie damit einen genauen Schlüssel für ihr Alter.

»Ich verdampfe das Argon nur und stelle seine Menge fest«, sagte Aronson. »Da ich weiß, von welcher Menge Kalium ich ausgehen muß, und da ich die Zerfallsgeschwindigkeit kenne, kann ich das Alter der Probe durch eine einfache arithmetrische Rechnung ermitteln.«

Ganz so einfach ist die Sache nicht. Einmal befindet sich immer noch eine winzige Menge Luft an der Oberfläche der Proben selbst. Gleichgültig, wie leistungsfähig die Pumpen von Aronson sind, sie können niemals alle Luftmoleküle herausholen. Diese atmosphärische Verunreinigung muß gemessen werden. Das geschieht mit Hilfe einer Besonderheit des Argons.

Ebenso wie Kalium tritt Argon in mehreren Formen auf. Kalium 40 verwandelt sich zum Beispiel in Argon 40, und das ist die allgemein in der Luft vorkommende Form. Es gibt aber in der Atmosphäre eine viel seltenere Abart, das Argon 36. Da sich in der vulkanischen Probe kein Argon 36 befindet, muß alles, was das Massenspektrometer davon feststellt, aus der geringen Menge Luft stammen, die in dem Gerät zurückgeblieben ist, nachdem die Vakuumpumpen ihre Arbeit getan haben. Da das Verhältnis von Argon 40 zu Argon 36 in der Atmosphäre konstant ist – 295,5 Atome des ersteren für jedes Atom des letzteren –, ermittelt Aronson einfach die Menge des Argons 36 in seiner Probe, multipliziert diese Zahl mit 295,5 und zieht diese Zahl von Atomen von ihrer Gesamtsumme ab. Was dann noch übrigbleibt, ist das Argon 40, das durch den radioaktiven Zerfall innerhalb der Kristalle frei wurde.

»Und diese Menge ist sehr, sehr klein«, sagte Aronson; »sie ist gerade noch meßbar.«

»Warum ist sie so klein?«

»Weil die Probe so jung ist. Ich habe Ihnen gesagt, daß wir uns hier mit Dingen beschäftigen, die nur 2 oder 3 Millionen Jahre alt sind. Das ist nicht genügend Zeit, um größere Mengen von Argon entstehen zu lassen.«

»Wieviel Argon könnte in einer 3 Millionen Jahre alten Probe vulkanischer Kristalle enthalten sein?«

»Sehr wenig: ein paar Billionen Atome.«

»Ist das wenig?«

»Atome sind sehr, sehr klein«, wiederholte er.

Aronson hatte es nicht nur mit der schwierigen Aufgabe zu tun, in seinem Laboratorium junge Proben zu untersuchen, sondern er muß-

te auch mit dem ebenso komplizierten Problem fertigwerden, für solche Tests geeignete, reine Proben zu bekommen.
»Sie müssen rein sein. Sie dürfen nicht durch andere Dinge verunreinigt sein. Außerdem dürfen sie nicht beschädigt worden sein, denn damit könnten sie einen Teil des in ihnen enthaltenen Argons verloren haben. Das war die Schwierigkeit bei der Basaltprobe, die Sie mir aus Hadar geschickt haben. Nach ihrem Aussehen mußte ich annehmen, daß sie verwittert war und eine geringe Menge Argon verloren hatte. Aber ich wußte nicht, wieviel das war. Ich beschloß trotzdem, die Probe zu untersuchen, wobei ich auch die Luft berücksichtigen mußte, die an ihrer Oberfläche haften blieb. Ich hätte gern die ersten Proben vulkanischer Asche verwendet, die ich bekommen habe, aber sie hatten sich für diese Zwecke schon zu stark verändert. Im Normalfall ziehe ich Asche vor, denn sie enthält oft Kristalle von Feldspat oder Glimmer, also von Stoffen, die recht viel Kalium enthalten. Wenn das nicht der Fall ist, dann bekommt man eine so geringe Menge Argon, daß man sie, wenn die Probe dazu noch stark durch die Atmosphäre verunreinigt ist, unter Umständen nicht mehr messen kann.«

Methode zur Berechnung einer Kalium-Argon-Datierung

1. *Man berechne die Größe der Probe und die darin enthaltene Menge Kalium.*
Das läßt sich mit den üblichen Labormethoden leicht bewerkstelligen und zeigt, daß die Probe $\frac{1}{10}$ g Kalium enthält.

2. *Berechne die jährliche Zerfallsrate für eine Probe dieser Größe.*
Man weiß, daß vom Kalium 40 in einem Gramm gewöhnlichen Kaliums etwa 3,5 Atome in der Sekunde zerfallen und sich in Argon verwandeln. Deshalb:

$$\begin{aligned} 3{,}5 \times 60 &= 210 \text{ pro Minute} \\ \times 60 &= 12\,600 \text{ pro Stunde} \\ \times 24 &= 302\,400 \text{ pro Tag} \\ \times 365 &= 110\,376\,000 \text{ pro Jahr} \end{aligned}$$

Also entstehen aus $\frac{1}{10}$ g Kalium 11037,600 Argonatome im Jahr.

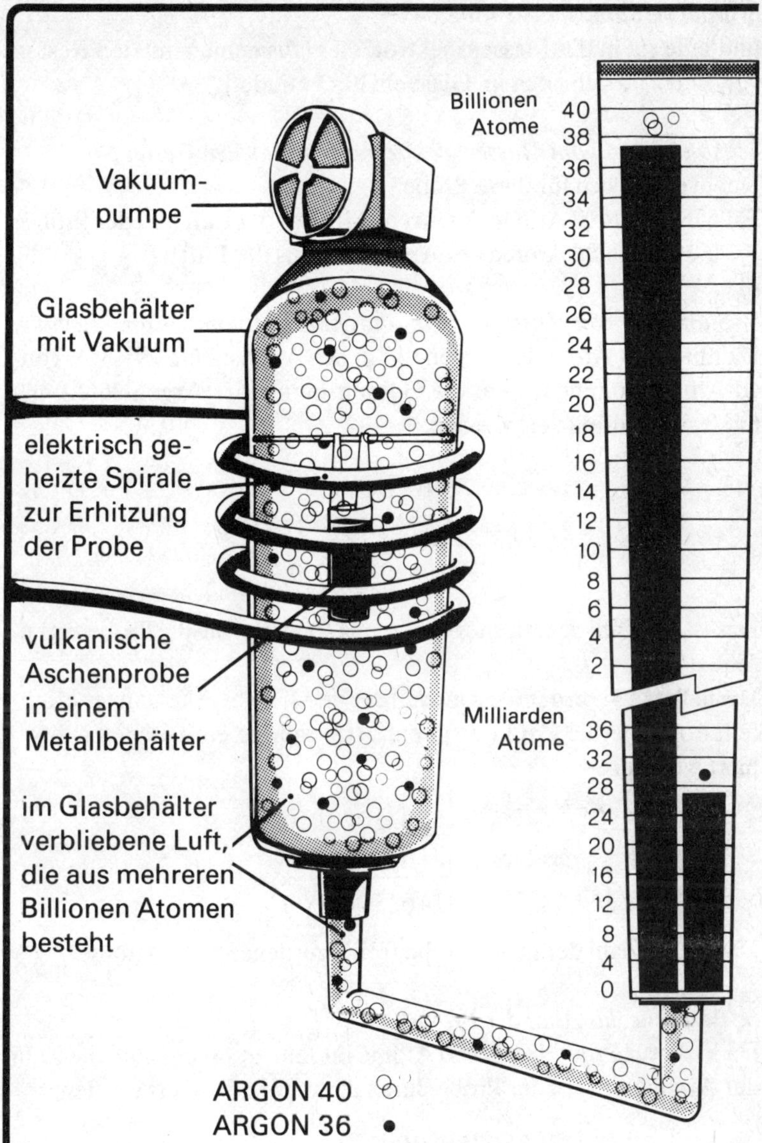

Das Ablesen des Massenspektrometers

3. *Man verdampfe die Probe*
und leite sie in das Massenspektrometer (zusammen mit den Resten von Luft, die sich noch im Glasbehälter befindet).

4. *Ablesen der vom Massenspektrometer ermittelten Werte.*
Dabei ergibt sich für diese Probe:
36 765 875 000 000 Atome des Argons 40 (aus der Luft und der Probe)
27 070 000 000 Atome des Argons 36 (aus der Luft).

5. *Subtrahiere die Verunreinigung durch die Luft vom Gesamtergebnis.*
Da auf jedes Atom des Argons 36 in der Atmosphäre 295,5 Argon-40-Atome kommen, muß die Gesamtsumme der Argon-36-Atome mit 295,5 multipliziert werden.

$$\begin{array}{r} 27\,070\,000\,000 \\ \times\ 295{,}5 \\ \hline 7\,991\,850\,000\,000 \end{array}$$

Das ist die Zahl der Atome des Argons 40, durch die die Probe verunreinigt wird.
Deshalb muß von der Gesamtzahl der im Massenspektrometer ermittelten Atome die Zahl der in der Atmosphäre enthaltenen subtrahiert werden:

$$\begin{array}{r} 36\,765\,875\,000\,000 \\ -\ 7\,991\,850\,000\,000 \\ \hline 28\,774\,025\,000\,000 \end{array}$$

Das ist die Zahl der in der Probe freigewordenen Argonatome.

6. *Berechne das Alter der Probe.*
Da in dieser Probe 11 037 600 Atome im Jahr zerfallen, muß die Zahl der Argonatome in der Probe durch diese Zahl dividiert werden:

$$\frac{28\,774\,025\,000\,000}{11\,037\,600} = 2\,606\,909{,}5$$

Ergebnis: Die Probe ist 2,6 Millionen Jahre alt.

»Enthält alle vulkanische Asche Kalium?« fragte ich.

»In den meisten Fällen ja. Aber oft ist es nicht genug, um eine zuverlässige Datierung damit durchführen zu können. Bei der Asche gibt es auch noch andere Probleme. Die Kristalle dürfen nicht beschädigt sein. Wenn sie Witterungseinflüssen oder zu hohen Temperaturen ausgesetzt gewesen sind, können sie Argon abgegeben haben. Noch unangenehmer ist es, wenn die Probe durch viel ältere Kristalle verunreinigt worden ist, die irgendwie hineingeraten sind. Vielleicht hatte das ältere Material schon an der Stelle gelegen, auf die die Asche gefallen ist, oder es ist später hinzugekommen. Kalium in der Form von Feldspat kommt sehr häufig vor. Wenn ich also eine Probe aus einer vulkanischen Schicht bei Hadar nehme, dann kann Feldspat darin enthalten sein, der von den Bergen heruntergespült worden ist. Dieser Feldspat könnte 200 Millionen Jahre alt sein und daher eine sehr große Menge Argon enthalten. Wenn nur wenige Kristalle von diesem Material in die Probe geraten sind, dann wird das die ganze Datierung über den Haufen werfen. Deshalb glaubte ich, selbst nach Hadar kommen zu müssen, um möglichst reine Proben zu nehmen. Ihre Fossilien sind zu wichtig, als daß man sie falsch datieren dürfte.«

Nachdem Aronson im Dezember 1974 in Hadar angekommen war, mußte er sich zunächst mit der geologischen Rekonstruktion Taiebs vertraut machen, Proben aus der Basaltschicht nehmen, andere datierbare Schichten finden und auch von ihnen verwendungsfähige Proben zu bekommen suchen. Er und Taieb kamen gleich sehr gut miteinander aus. Taieb hatte seinem Kollegen zunächst ein Diagramm der stratigraphischen Säule gezeigt, das er entworfen hatte, und führte ihn dann hinaus zu den Ablagerungen. Anschließend arbeitete Aronson allein. Er war sehr fleißig, stand jeden Morgen vor Tagesanbruch auf und ging mit seinem geologischen Hammer und einem Bündel über der Schulter aus dem Lager. Die Afarfrauen, die mit ihrer Arbeit auch schon um diese Stunde begannen, sahen in ihm nur einen weiteren verrückten Fremden, wenn er in der Morgendämmerung an ihnen vorüberging.

Er durchstreifte das ganze Gelände zu Fuß und sagte: »Vom Sitz eines Kraftfahrzeugs aus kann man keine geologischen Untersuchungen machen.« Er begann am äußersten westlichen Rand der Ablagerungen, erforschte gewissenhaft das ganze Gelände, machte sich Notizen und sammelte Proben. Dabei legte er täglich 16 bis 22 Kilometer zurück. Oft folgte er den von Taieb aufgefundenen Markierungsschichten, die durch die Talsenken führten. Er tat das auch mit dem von Taieb so bezeichneten dreifachen Tuff, drei schmalen Bändern aus vulkanischer Asche, die sich in relativ kurzen zeitlichen Abständen abgelagert hatten und zwischen denen eine deutlich erkennbare Schicht aus anderem Material lag. Das war die Ostrakodenschicht, eine starke Konzentration aus winzigen Muschelschalen, die sich zu einer Zeit entwickelt hatten, als der See reich an Chemikalien war, die ihr Wachstum begünstigten. Die von den drei Tuffschichten umgebene Ostrakodenschicht war eine der am leichtesten zu erkennenden Markierungsschichten in Taiebs stratigraphischer Säule. In den Bodenvertiefungen war sie gewissermaßen ein Wegweiser.

Aronson verfolgte die dreifache Tuffschicht und die Ostrakodenschicht langsam nach Osten. Dann identifizierte er eine weitere von Taieb festgestellte Schicht, die Gastropodenschicht aus den Schalen kleiner Wasserschnecken. Er arbeitete sich daran entlang und folgte zugleich einer deutlich erkennbaren Tonschicht, dem »Konfettiton«, den wir so bezeichnet hatten, weil er dort, wo er erodiert war, wie Konfetti aussah. Im großen und ganzen war Aronson von den stratigraphischen Arbeiten Taiebs sehr beeindruckt.

Schließlich kam er zu der Basaltschicht, dem datierbaren Lavafluß, der über den am weitesten im Osten gelegenen Ablagerungen bei Hadar liegt und dessen erste nicht ganz einwandfreie Proben eine Schwankung in der Datierung von 200000 Jahren bei einem Durchschnittsalter von 3 Millionen Jahren ergeben hatten. Aronson wollte nun nach Möglichkeit dieses Datum bestätigen und die Abweichungen verringern. Er nahm eine ganze Reihe von Proben und bemühte sich, möglichst gut erhaltenes, nicht verwittertes Material zu bekommen.

Von Anfang an hatte die Basaltschicht ein geologisches Problem dargestellt, weil sich ihre Lage in der stratigraphischen Säule nicht eindeutig feststellen ließ. Es hätte keine Schwierigkeiten gegeben, wenn sie sich ununterbrochen über das ganze Gebiet hätte verfolgen lassen. Das war aber nicht so. Wollte man sie zu den wichtigsten Sedimenten in Beziehung setzen, in denen die Fossilien gefunden worden waren, dann mußte man an anderer Stelle über oder unter ihr liegende Schichten finden, die ähnlichen Schichten an den Fundstellen entsprachen. Darüberliegende Schichten gab es nicht. Alles Material über dem Basalt war erodiert. Der Basalt lag an der Bodenoberfläche, war der Luft ausgesetzt, und die Geologen gingen direkt darüber hinweg. Darunter lagen einige Schichten aus einem so amorphen Material, daß es sich als sehr schwierig erwiesen hatte, die entsprechenden Schichten an anderer Stelle zu finden. Taieb hatte sich nach besten Kräften darum bemüht. Er glaubte, die entsprechende Schicht gefunden zu haben, und hatte die Basaltschicht etwa 90 Meter oberhalb des Bodens der von ihm konstruierten stratigraphischen Säule eingeordnet.

Eines Tages kam Aronson von einem Erkundungsgang ins Lager zurück und erklärte, die Basaltschicht sei an der falschen Stelle vermutet worden. Nach seiner Auffassung war sie älter und lag an einer tieferen Stelle der Säule.

»Welchen Beweis haben Sie dafür?« fragte Taieb.

»Ich glaube, ich kann es beweisen.«

Auf seinen ausgedehnten Exkursionen hatte Aronson mit scharfem Auge Dinge gesehen, auf die keiner der anderen Geologen, die in Hadar gewesen waren, besonders geachtet hatte. Zuerst hatte er den äußersten Rand des Lavaflusses festgestellt; die Stelle, an welche die Lava gelangt war, um sich dann zu verfestigen. Andere hatten die gleiche Stelle gefunden, sie aber nicht sorgfältig genug untersucht. Aronson tat das. Unmittelbar vor dem Rand fand er eine mit Sand gefüllte Rinne, die später durch Erosion entstanden sein mußte. Das ließ sich dadurch feststellen, daß Basaltbrocken am Rande der Rinne abgebrochen und hineingefallen waren. Wäre die Rinne schon früher entstanden und hätte sich mit Sand und Kies gefüllt, bevor der Basalt als flüssige Lava darüberfloß, dann hätten keine Basaltbrocken auf den Boden der Rinne fallen können.

Nachdem er sich darüber klar geworden war, ging Aronson an die Untersuchung des Inhalts der Rinne. Das war eine ziemliche Enttäuschung, denn der hier liegende Sand glich dem Material, das man überall in den Ablagerungen bei Hadar finden konnte. Doch in der unmittelbar über der Rinne liegenden Schicht fand er sehr deutliche Spuren von Abdrücken alter Wurzeln. Mit wachsender Erregung verfolgte er diese Abdrücke bis in die Mitte der Ablagerungen und fand die letzten Ausläufer 20 Meter unterhalb der Ostrakodenschicht. Damit hatte er endlich eine solide Verbindung.

»Ich fürchte, Sie werden die Basaltschicht dort unten einordnen müssen«, sagte er.
Das hätte ein peinlicher Augenblick sein können, aber Taieb ist ein Wissenschaftler, dem es in erster Linie darauf ankommt, die Wahrheit zu ergründen. Er läßt sich nicht durch wissenschaftlichen Ehrgeiz blenden. Ich kenne Anthropologen und Geologen, die an ihrer vorgefaßten Meinung auch noch festhalten, wenn sie längst widerlegt worden ist. Das ist bei Maurice ganz anders. Als Aronson ihm das Ergebnis seiner brillanten geologischen Detektivarbeit vorlegte, war Maurice entzückt.

Nun wurde das Lager abgebaut. Taieb war nach Frankreich zurückgekehrt. Aronson, ich und ein paar andere aßen den Rest unserer Verpflegungsvorräte auf, die unser Koch Kabete zubereitete. Die Mahlzeiten bestanden hauptsächlich aus Ziegenfleisch: Ziegenbraten, gegrilltes Ziegenfleisch, Ziegenfrikassee, Ziegen-Hamburger usw. Am Schluß hatten wir nur noch eine Ziege, ein kleines Kitz, mit dem Aronson gern gespielt hatte.
Als wir uns zur letzten Mahlzeit an den Tisch setzten, fragte er: »Was ist das?«
»Ziege.«
»Welche Ziege? Wir haben doch keine Ziegen mehr.«
»Das ist Ihre kleine Ziege.«
Er stand auf, ging in die Wüste hinaus und weigerte sich, etwas zu essen. Bis zum nächsten Morgen ließ er sich nicht mehr blicken.
»Wir mußten das doch tun«, sagte ich.
»Ich weiß, ich weiß.« Aber offensichtlich hatte es ihm wehgetan, daß sein kleiner Freund geschlachtet worden war, das einzige fröhliche, unschuldige Wesen, das er während seines Aufenthalts in dieser trostlosen Gegend gesehen hatte. Noch am gleichen Tag reiste er mit seinen Proben in die Vereinigten Staaten ab.
Diese Proben beantworteten eine ganze Reihe von Fragen. Erstens ergaben die damit angestellten Tests Datierungen, die das Alter des Materials in der Nähe von 3 Millionen Jahren bestätigten. Das war sehr ermutigend. Nicht nur zeigte sich, daß seine früheren Untersuchungen richtig gewesen waren, sondern der Umstand, daß die neu ermittelten Zahlen sehr nahe beieinanderlagen, ermöglichte es Aronson auch, die Toleranz von 200000 Jahren plus oder minus auf

Der Lagerkoch Kabete arbeitete immer unter freiem Himmel. Seine Tücher, Töpfe und Pfannen und die Lebensmittel hingen an einer neben der Kochstelle stehenden Akazie. Hier knetet er Brotteig. Zwei geschlachtete Ziegen hängen am Baum.

50000 Jahre in jeder Richtung zu reduzieren, also auf ein Viertel der bisher einzukalkulierenden Toleranz.

Dieses Ergebnis befriedigte ihn aber noch nicht ganz. Er hatte alle Basaltproben unter dem Mikroskop untersucht und auch in den besten gewisse Verwitterungsanzeichen festgestellt, und das bedeutete, daß sie wahrscheinlich geringe Mengen Argon abgegeben hatten. Wenn das zutraf, war der Basalt älter als 3 Millionen Jahre. Um wieviel älter, ließ sich nicht sagen, denn er konnte nicht wissen, wieviel Argongas entwichen war.

Er beschloß, diese Frage zu überprüfen. Er hatte zu diesem Zweck einige Proben genommen, bei denen sich das Material durch Verwitterung viel stärker verändert hatte. Jetzt untersuchte er sie, weil er vermutete, je stärker sich das Gestein veränderte, desto mehr Argon ginge dabei verloren und desto jünger würde die Probe erscheinen. Diese Vermutung erwies sich als richtig. Eine Probe, die so weit verwittert war, daß sie sich grau verfärbt und ihre ursprünglich fast schwarze Farbe verloren hatte, war nach der Untersuchung um 400000 Jahre jünger. Eine noch grauere und stärker verwitterte Probe zeigte ein um 500000 Jahre jüngeres Datum an; sie hatte eine beträchtliche Menge Argon abgegeben. Da nun die »schlechten« Proben die gleichen Verwitterungserscheinungen mit dem bloßen Auge erkennen ließen, die bei den »guten« Proben nur unter dem Mikroskop zu erkennen waren, kam Aronson zu dem Schluß, daß sich auch die letzteren geringfügig verändert hätten und sich dadurch eine geringe, aber zunächst nicht genau zu bestimmende Abweichung von dem mit 3 Millionen Jahren gemessenen Alter ergeben müßte.
»Sie können sicher sein, daß der Basalt mindestens 3 Millionen Jahre alt ist. Ich vermute, daß er älter ist«, sagte er mir.
»Um wieviel älter?«
»Das weiß ich noch nicht. Aber vielleicht können wir das mit Hilfe des Paläomagnetismus berechnen.«

Wie sich herausstellte, war der Paläomagnetismus (die magnetischen Eigenschaften der Erde) ein für diese Feststellung geeigneter Schlüssel. Die Erde ist ein Magnet. Wie alle Magneten hat sie einen positiven und einen negativen Pol. Im heutigen »normalen« Zustand liegt das positive Ende des Magneten am Nordpol, das negative am Südpol. Aber aus Gründen, die augenscheinlich etwas mit der Ebbe und Flut geschmolzenen magnetischen Materials tief unter der Erdkruste zu tun haben, vertauschen sich die magnetischen Eigenschaften der Pole von Zeit zu Zeit, und es gibt lange Perioden der »Abnormalität« oder Polumkehrung, in denen der Nordpol negativ und der Südpol positiv sind.
Geologen haben durch die Untersuchung der Lage der magnetischen Kristalle im Gestein solche Umpolungen bis in die Zeit vor mehreren Millionen Jahren feststellen können. Die Verlagerung der Kristalle selbst sagt noch nichts darüber aus, wann die Umpolungen statt-

gefunden haben. Sie läßt aber deutlich erkennen, in welchem Rhythmus das geschehen ist. 1972 haben drei unabhängig voneinander arbeitende Wissenschaftler unter Verwendung der zahlreichen Datierungen, die mit Hilfe radioaktiver Messungen in den Laboratorien vorgenommen wurden, fast identische Zeittafeln über die paläomagnetischen Umpolungen erarbeitet und sie mit den Erkenntnissen über das Alter bestimmter Erdschichten in Beziehung gesetzt. Diese Daten galten für die gesamte Erde und ließen sich auch auf Hadar anwenden, sobald man aus dem dort gefundenen Gestein magnetische Kristalle zur Verfügung hatte.

Der Geologe Tom Schmitt sammelte nun 400 Gesteinsproben aus immer weiter zurückliegenden Perioden der Erdgeschichte. Als man sie nach der magnetischen Methode analysierte, zeigte sich sehr bald, daß die Basaltschicht zu einer Zeit entstanden war, in der sich die Wertigkeit der Pole umgekehrt hatte. Aber um welche Periode handelte es sich? War es die sogenannte Mammut-Umkehrung, die, wie wir heute wissen, vor 3,1 bis 3 Millionen Jahren stattgefunden hat? Oder war es die etwas frühere Gilbert-Umkehrung vor 3,6 bis 3,4 Millionen Jahren? Daß die Basaltschicht aus einer dazwischenliegenden Zeit stammte, war unmöglich, denn während dieses gesamten Zeitraums war die Erde 300000 Jahre lang »normal« gepolt.

»Wenn Sie nun den Paläomagnetismus zugrunde legen«, sagte ich Aronson, »dann sagen Sie, der Basalt müsse entweder 3,1 bis 3 Millionen Jahre alt oder älter als 3,4 Millionen Jahre sein.«

»Das ist richtig«, sagte er. »Ich vermute, daß er eher älter ist, kann es allerdings nicht beweisen. Wenn sich der Basalt überhaupt verändert hat, und das muß ich annehmen, dann muß er älter sein, als es die Kalium-Argon-Tests zeigen. In diesem Fall muß aber das Alter über die Mammut-Umkehrung bei 3,1 Millionen Jahren hinausgehen. Der Basalt kann nicht 3,2 oder 3,3 Millionen Jahre alt sein, denn dann wäre er in der normalen Periode entstanden. Wenn er jedoch nicht mehr während der Mammut-Umkehrung entstanden ist, dann müssen wir bis in die Gilbert-Umkehrung zurückgehen und ihn auf 3,4 bis 3,6 Millionen Jahre zurückdatieren.«

»Gut; und wofür soll ich mich jetzt entscheiden?«

»Das ist Ihre Sache. Sie gehen am sichersten mit 3 Millionen Jahren. Dieses Alter ergibt sich aus dem Kalium-Argon-Verfahren. Bis dieses Untersuchungsergebnis widerlegt ist, sollten wir daran festhalten.

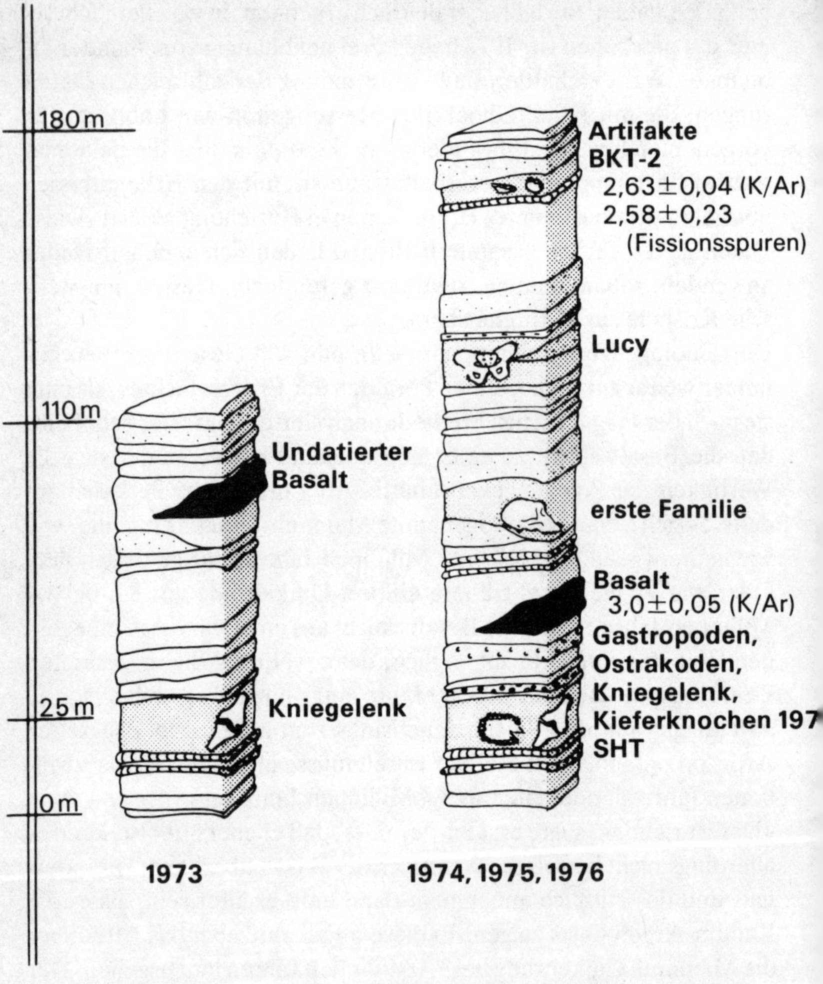

Die Datierung der Fossilien bei Hadar nahm sieben Jahre in Anspruch und erforderte die Synchronisierung von fünf Techniken, der geologischen, der Kalium-Argon-Datierung, der Fissions-Spuren-Datierung, der Auswertung des Paläomagnetismus und der Biostratigraphie. Sie alle waren notwendig für die allmähliche Entwicklung einer detaillierten und genauen stratigraphischen Säule. Die mit der Jahreszahl 1973 bezeichnete zeigt, was Taieb allein unter Anwendung geologischer Methoden während seines ersten Versuchs feststellen konnte. In den folgenden drei Jahren wurden sehr viele Fossilien gefunden und eine große Zahl von Daten ermittelt, die in den Jahren 1979 und 1980 durch die paläomagnetische Methode und die Auffindung von Schweinefossilien (Bio-

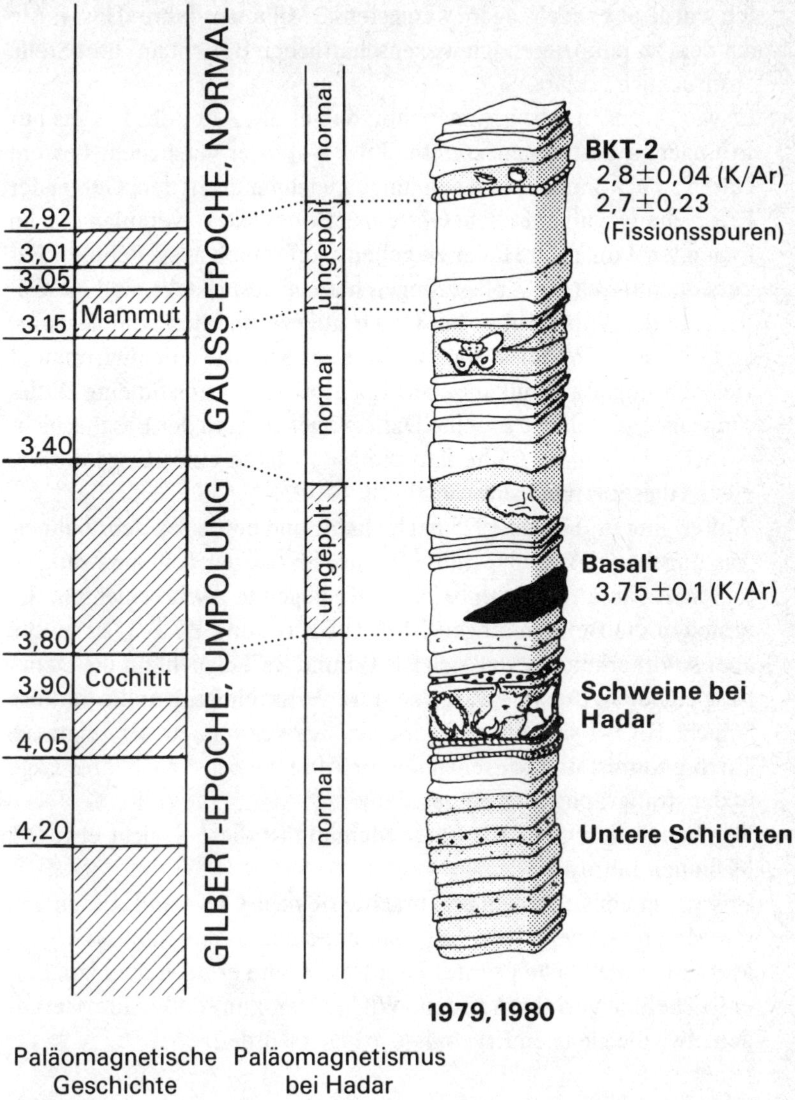

stratigraphie) korrigiert werden konnten. Nachdem alle diese Berechnungen vorgenommen worden sind, ist Aronson heute einigermaßen sicher, daß die Basaltschicht 3,75 Millionen Jahre alt ist. Damit wären Lucy und die erste Familie ungefähr 3,5 Millionen Jahre, die Kieferknochen und das Kniegelenk annähernd 4 Millionen Jahre alt.

Ich würde aber doch sagen, wenigstens 3 Millionen Jahre. Das würde ich dem zu publizierenden wissenschaftlichen Bericht an Ihrer Stelle ausdrücklich erklären.«

Es war Aronson sehr unangenehm, daß er das Alter des Basalts nur so ungenau bestimmen konnte. Jetzt wollte er versuchen, bessere Daten zu bekommen, und den jungen Fachmann auf dem Gebiet der Erforschung vulkanischen Gesteins, Bob Walter, veranlassen, im folgenden Jahr nach Hadar zu gehen. Auf seinen ausgedehnten Exkursionen durch die Ablagerungen hatte er festgestellt, daß die Geschichte des Vulkanismus bei Hadar außerordentlich komplex war, und er hoffte, Walter könnte in der Lage sein, sie zu entwirren und vielleicht sogar auf vulkanischen Tuff stoßen, der sich für eine Datierung eignete. Solange er seine Datierungen nur mit der Basaltschicht vornehmen konnte, fehlte ihm die Möglichkeit einer Gegenprobe, die bei dieser Arbeit sehr wichtig ist.

Walter ging im Herbst 1975 nach Hadar und entdeckte sehr bald etwas ungeheuer Wichtiges; drei dünne, im oberen Teil der stratigraphischen Säule recht nah beieinander liegende Ascheschichten. Sie erhielten die Bezeichnungen BKT-1, BKT-2 und BKT-3. Er mußte aber sofort erkennen, daß sich BKT-1 und BKT-3 nicht für die Datierung eigneten, denn sie waren zu stark verunreinigt. Nur die mittlere Schicht BKT-2 sah aus, als ließe sie sich verwenden. Er zeigte sie Taieb und mir, und wir schätzten ihr Alter zunächst nach ihrer Lage in der stratigraphischen Säule.

Wir sagten ihm: »Nach unserer Meinung ist diese Schicht etwa 2,5 Millionen Jahre alt.«

Bob nahm einige Proben und brachte sie nach Cleveland. Einen Teil des Materials übergab er Aronson, der sie nach der Kalium-Argon-Methode untersuchen sollte. Den Rest wollte er nach dem von ihm entwickelten Verfahren testen. Wir hofften nun, daß beide Methoden etwa die gleichen Ergebnisse bringen würden.

Walter nannte seine Methode die Fissions-Spuren-Datierung. Sie geht davon aus, daß in gewissen winzigen Zirkonkristallen, die man im vulkanischen Tuff findet, Uran enthalten ist. Die Zirkonkristalle gibt es in verschiedenen Größen. Die großen sind Halbedelsteine. Die bei Vulkanausbrüchen entstandenen sind winzig. Es sind durchsichtige, glasähnliche, an beiden Enden spitz zulaufende, längliche

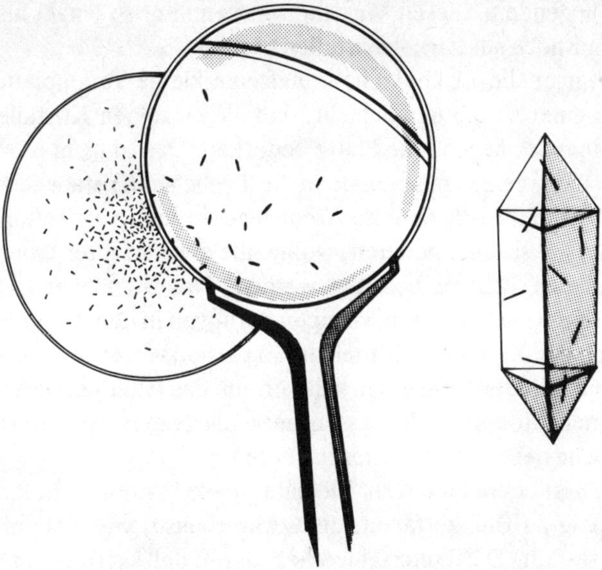

Datierungen mit Hilfe von Fissionsspuren werden unter Verwendung winziger Zirkonkristalle vorgenommen, die man zunächst einer Bodenprobe entnehmen muß. Dann werden die Kristalle poliert, um alle Kratzer auf ihrer Oberfläche zu entfernen. Die in den Kristallen sichtbaren Spuren sind bei der Explosion von Uranatomen entstanden, die über einen langen Zeitraum hinweg zerfallen sind. Die Zahl dieser Spuren – der Fissionsspuren – in einem Kristall zeigt das Alter dieses Kristalls an.

Kristalle. Sie gleichen den langen, kantigen Glasprismen an Kronleuchtern, sind aber so klein, daß man sie nur unter dem Mikroskop als Kristalle erkennt. Eine aus gleich großen, im vulkanischen Tuff gefundenen Zirkonen bestehende Probe sieht aus wie allerfeinster Sand, der fast schon zu Staub geworden ist. Walter erhält eine solche Probe aus den Ascheablagerungen bei Hadar, in denen er nach ihrem Aussehen Zirkon vermutet. Er siebt das Material mit immer feineren Sieben, bis nur noch die winzigen Kristalle verschiedener Materialien übrigbleiben. Um die Zirkone von den anderen Kristallen zu trennen, legt er das ausgesiebte Material in Flüssigkeiten zunehmer Dichte. Die Zirkonkristalle, die schwerer sind als die meisten anderen, sinken auf den Boden des Gefäßes, die leichteren schwimmen. Nun entfernt Walter die schwimmenden Kristalle und behält die auf dem

Boden liegenden. Diesen Vorgang wiederholt er so lange, bis seine Probe nur noch aus Zirkonkristallen besteht.

Dann legt er die Zirkonkristalle auf eine kleine Teflonplatte, und zwar in einer so dünnen Schicht, daß die einzelnen Kristalle dicht nebeneinander liegend die Platte bedecken. Das ist nicht so schwierig, wie man meinen möchte, denn die länglichen Kristalle legen sich von selbst auf ihre flache Seite. Wenn man sie nun an die Teflonfläche klebt, lassen sie sich polieren, wobei alle etwa an ihrer Oberfläche entstandenen Kratzer beseitigt werden. Das ist notwendig, denn Walter sucht nach anderen winzigen Sprüngen in den Kristallen, die aussehen wie Kratzer und durch die Explosion von Uranatomen entstanden sind. Diese Fissionen zählt er, um das Alter der Kristalle zu bestimmen, und deshalb müssen auch die feinen Kratzer von der Oberfläche der Kristalle entfernt werden.

Uran 238 ist ein radioaktives Element, dessen Atome sehr langsam, aber stetig zu Blei zerfallen, und zwar ebenso, wie Kalium 40 zu Argon zerfällt. Der Unterschied liegt darin, daß sich der Zerfall des Kaliums zu Argon still vollzieht, während der Zerfall des Urans zu Blei winzige Mengen von Energie frei werden läßt. Er erfolgt gleichzeitig an beiden Enden des Atoms und hat genügend Kraft, um die Lage einiger anderer Atome in dem Zirkon zu verändern. Das ist so, als ginge ein Mensch durch ein Kornfeld; eine dünne Spur bezeichnet die Strecke, auf der die Energie wirksam gewesen ist. Die in dem Zirkon zurückgelassene Spur bezeichnet man als Fissionsspur, die sich im Mikroskop erkennen läßt, wenn man den Kristall mit einer Chemikalie behandelt.

Das Uran 238 zerfällt noch langsamer als Kalium 40. Es hat eine Halbwertszeit von vielen Milliarden Jahren. Da dieser Vorgang so lange Zeit in Anspruch nimmt, kann ein Zirkonkristall Hunderttausende von Jahren herumliegen, ohne daß darin eine einzige Uranexplosion erfolgt, wenn das Zirkon nur sehr geringe Spuren von Uran enthält.

»Wir brauchen eine relativ hohe Konzentration von Uran, um eine signifikante Zahl von Fissionsspuren zu erhalten«, meint Walter. »Wenn sich aber zuviel Uran in dem Kristall befindet, gibt es so viele Spuren, daß man sie nicht mehr zählen kann. Für unsere Zwecke sind 200 bis 300 Teile Uran auf 1 Million Teile Zirkon am günstigsten. Wenn es weniger als 50 Teile Uran auf 1 Million Teile Zirkon sind, dann können wir mit dieser Probe nichts mehr anfangen. Ich kann eine Probe mit dem richtigen Urangehalt unter das Mikroskop legen und die Fissionsspuren zählen. Das tue ich bei etwa zehn Kristallen. Sie glauben vielleicht, ich müßte die Spuren in 50 oder 60 Kristallen auszählen, aber die Erfahrung hat mir gezeigt, daß 10 genügen. Zählt man die Spuren in mehr als 10 Kristallen, dann bestätigt sich nur das erste Ergebnis.«

Die Datierung mit Fissionsspuren ist gewöhnlich nicht so präzise wie die Kalium-Argon-Datierung, man kann aber mit dieser Methode Daten aus Ascheproben bekommen, die sich für die letztere Technik nicht eignen, weil sie verwittert oder verunreinigt sind. Aronson hält es für besonders wichtig, daß hier ein ganz anderes Verfahren angewendet wird. Das ist so, als wollte man das Alter eines Baumes bestimmen, indem man die Wachstumsringe zählt und die Gegenprobe mit einer Reihe alter Familienphotos macht, auf denen der Baum im Hintergrund steht, wobei man sein Alter nach dem bekannten Alter der auf den Photos gezeigten Personen bestimmt. Schließlich spricht man mit einigen alten Leuten, die sich daran zu erinnern glauben, wann der Baum gepflanzt wurde. Wenn diese drei Methoden einander bestätigen, dann kann man einigermaßen sicher sein, das richtige Alter des Baumes ermittelt zu haben.

So war es auch mit dem Fissionsspuren-Test von Walter. Als er abgeschlossen war, festigte sich bei uns die Überzeugung, daß wir uns auf die Datierungen bei Hadar verlassen konnten. Wir durften jetzt annehmen, daß der BKT-2-Tuff 2,58 Millionen Jahre alt war, eine Zahl, die fast der von Aronson mit dem Kalium-Argon-Test ermittelten von 2,63 Millionen Jahren entsprach.

Als Aronson und Walter ihre Arbeit beendet hatten, sah die stratigraphische Säule bei Hadar wie folgt aus: Sie zeigte in ihrem oberen Teil eine 2,6 Millionen Jahre alte Aschenschicht. Dieses Datum war zuverlässig, denn es war mit zwei verschiedenen Verfahren ermittelt worden. An einer weiter unten liegenden Stelle befand sich die Basaltschicht mit einem Alter von 3 Millionen Jahren. Der Basalt war mit einem halben Dutzend Kalium-Argon-Tests untersucht worden, die einander immer wieder bestätigt hatten. Zwischen beiden Schichten lag Lucy an einer Stelle, die darauf schließen ließ, daß sie 2,9 Millionen Jahre alt war.

»Natürlich wissen wir das noch nicht genau«, sagte ich zu Aronson.

»Wenn Sie wirklich glauben, der Basalt sei älter, dann müßte auch Lucy älter sein. Was soll ich da tun? Soll ich die Säugetierfossilien bei der Nachprüfung des Datums heranziehen?«

»Das wäre unter den gegebenen Umständen wahrscheinlich das beste.«

Es bedeutete, daß wir uns an Basil Cooke wenden und uns mit seinen Schweinesequenzen beschäftigen mußten. Mit ihrer Hilfe war es schon gelungen, Unklarheiten bei einer Datierung am Turkana-See zu beseitigen und das Alter des *Homo habilis* 1470 von Leakey, das er zunächst mit 2,9 Millionen Jahren angenommen hatte, auf weniger als 2 Millionen Jahre zu reduzieren. Vielleicht ließ sich die gleiche Methode auch bei Lucy anwenden. Doch in unserem Fall würde Lucy älter und nicht jünger werden. Angesichts der großen Primitivität unserer Sammlung verstärkte sich mein Verdacht, daß es geschehen würde. Doch meine Vermutung wurde nicht zur Überzeugung. Wie wir feststellten, gingen die Schweinesequenzen von Cooke bis auf ein Alter von 4 Millionen Jahren zurück, aber er wollte sich nicht mit uns darüber unterhalten. Er hüllte sich bis 1978 in Schweigen. Dann veröffentlichte er eine Monographie, in der er die Schweine von Hadar mit denen am Omo verglich, und sagte: »Ein Alter von 3 bis 3,4 Millionen Jahren für Lucy würde besser passen als das aus den Basaltproben ermittelte und heute angenommene Alter von 2,9 Millionen Jahren.«

Diese so unschuldig klingende Erklärung war eigentlich eine Sensation. Sie bedeutete, daß der Basalt nicht während der Mammut-Umpolung, sondern während der Gilbert-Umpolung entstanden war. Lucy könnte daher sogar 3,3 oder 3,4 Millionen Jahre alt sein, und einige Kieferknochen aus den tieferen Schichten unter dem Basalt wären damit 3,7 Millionen Jahre alt.

Ich wünschte, ich hätte das schon 1975 gewußt. Vieles wäre einfacher gewesen. Vielleicht hätte ich abwarten sollen, was Cooke zu sagen hatte. Aber ich stand unter zunehmendem Druck, meinen Bericht über die bei Hadar gefundenen Fossilien zu veröffentlichen. Man kann ihre Entdeckung nicht bekanntgeben und sich dann ausschweigen. Man wird von allen Seiten bedrängt, den Bericht zu veröffentlichen, und deshalb machte ich den Fehler, diesem Drängen nachzugeben. Ich habe in meinen ersten Berichten sogar mehrere Fehler gemacht.

In der ersten von Taieb und mir verfaßten Veröffentlichungen ordneten wir die Basaltschicht zu hoch ein. Dann folgte ein zweiter Bericht über Lucy und die Kieferknochen, und darin machte ich den zweiten Fehler. Ich sagte, das Skelett von Lucy und die Kieferknochen stammten wahrscheinlich von zwei verschiedenen Spezies. Das Alter des Basalts setzte ich auf 3 Millionen Jahre an, und heute scheint das der dritte Fehler gewesen zu sein. So haben sich also auf jedem Gebiet Fehler eingeschlichen; in der Geologie, der Paläoanthropologie und der Datierung. Aber im Lauf der Zeit lassen sich solche Irrtümer richtigstellen.

10. Die dritte Grabungskampagne bei Hadar: Die »erste Familie«

> Als Don mir das erste Kniegelenk zeigte, sagte ich ihm, er sollte zurückgehen und nach einem vollständigen Skelett suchen. Er befolgte meine Anregung und brachte mir Lucy. Nun sagte ich ihm, er müßte noch einmal zurückgehen und versuchen, Vergleichsmaterial zu finden. Im folgenden Jahr entdeckte er Mama, Papa und die lieben Kleinen.
>
> *C. Owen Lovejoy*

Als ich 1975 in die Vereinigten Staaten zurückkam, sah ich mich in einer ganz anderen Situation als im Jahr zuvor. Damals hatte ich das mir zur Verfügung gestellte Geld zu rasch verbraucht, konnte nur wenig dafür vorzeigen und fürchtete, man werde mich als unzuverlässig und für die praktische Grabungsarbeit ungeeignet ablehnen. Jetzt konnte ich das wahrscheinlich sensationellste Fossil der Welt vorzeigen, und überall war man interessiert daran, mit mir zusammenzuarbeiten. Mit der Finanzierung meiner Arbeit hatte ich keine Schwierigkeiten mehr. Die National Geographic Society, die immer großzügig ist, sobald in einer Goldmine Nuggets gefunden worden sind, bat mich um einen Artikel und erklärte sich bereit, den Photographen David Brill im nächsten Herbst für einen ausführlichen Bericht über die Arbeit bei Hadar nach Äthiopien zu schicken. Auch ein französisches Filmteam plante einen Besuch. Die National Science Foundation stellte mir wieder die für die Finanzierung der Expedition notwendige Geldsumme zur Verfügung.

Noch wichtiger war für mich, daß die Datierungen von Aronson und die von Gray und mir durchgeführten paläontologischen Arbeiten die meisten Wissenschaftler davon überzeugt hatten, daß in Hadar saubere wissenschaftliche Arbeit geleistet worden war. Jetzt konnten sie ihre Zeit dafür aufbringen, sich an diesen Forschungen zu beteiligen, ohne ihren guten Ruf aufs Spiel zu setzen.

Aber nach der Entdeckung von Lucy mußte ich auch neue Aufgaben übernehmen. 1974 wurde ich zum Kurator der physischen Anthropologie am Cleveland Museum of Natural History ernannt. Ich hatte dieses Programm ins Leben gerufen. Nun mußte ich meine besten Studenten, die an der Case University ihr Examen machten und anschließend mit mir im Museum zusammenarbeiten wollten, allmählich an diese Aufgabe heranführen. Schließlich bekam ich auch die verschiedensten Aufforderungen, Vorträge zu halten. So hatte ich kaum Zeit für den Bericht, den ich gemeinsam mit Taieb und Coppens über die Kampagne von 1974 schreiben wollte. Darin wollten wir vor allem darlegen, daß wir zwei Arten von Hominiden entdeckt hätten. Die eine (der von Alemayehu gefundene Kieferknochen) war ein äußerst primitiver *Homo*. Die zweite kleinere (Lucy) war nach unserer damaligen Überzeugung etwas anderes.

Wenn ich könnte, würde ich diesen Bericht heute zurückziehen. Ich habe daraus gelernt, in Zukunft nicht mehr so voreilig zu sein. Ich schäme mich des Berichts, den ich geschrieben habe, nicht. Ich habe dabei versucht, nach dem Vorbild von J. T. Robinson, der über die südafrikanischen Australopithecinen eine Monographie veröffentlicht hat, vorzugehen, und ich glaube, meine Arbeit kann sich daneben sehen lassen. Was jedoch die Interpretationen betrifft, so habe ich inzwischen etwas gelernt und würde sie heute anders formulieren. Wenngleich Mary und Richard Leakey mich in meiner Auffassung bestätigt haben, glaube ich heute nicht mehr, daß die von Alemayehu gefundenen Kieferknochen menschlichen Wesen zuzuordnen sind. Auch nehme ich nicht an, daß Lucy zu einer anderen Spezies gehört als die Kieferknochen. Sie ist nur eine kleinere Version des gleichen Lebewesens.

1975 kam es mir in erster Linie darauf an, wieder nach Hadar zurückgehen zu können. Nach Abschluß der Kampagne von 1974 hatte sich die politische Lage in Äthiopien radikal verändert. Jetzt hatten die Militärs die Macht fest in der Hand. Ohne ihre Zustimmung ließ sich nichts erreichen; sie trafen jede Entscheidung. Die Ministerien hatten jeden Einfluß verloren, und die Beamten wagten es nicht, selbständig etwas zu tun.

Aber nicht nur innenpolitische Spannungen beunruhigten das Land; es kam auch die Gefahr eines Krieges gegen Eritrea hinzu. Als ich im September 1975 nach Addis Abeba kam, erklärte mir ein Beamter der amerikanischen Botschaft, eine Expedition ins Afar-Gebiet käme nicht in Frage: »Wir wünschen nicht, daß Sie dort hinaus gehen.

Wir würden Sie dann nur wieder herausholen müssen.« Wie ich feststellte, hielten die Äthiopier die Bedrohung durch Eritrea für durchaus gegeben, aber ich war anderer Ansicht. Kommandounternehmen würden nur im Grenzgebiet durchgeführt werden. Um bis nach Hadar zu kommen, müßten solche Verbände eine weite Strecke durch wüstes Gelände zurücklegen, durch ein Gebiet, das nur von Angehörigen des Afar-Stammes bewohnt wurde, und die würden mit Sicherheit alle Eindringlinge angreifen. Ein eritreischer Truppenverband hatte kaum eine Chance, bis nach Hadar vorzudringen und dann wieder herauszukommen. Sollten sich die Invasoren mit Geiseln belasten, hielt man ihr Entkommen für praktisch unmöglich.
Der Archäologe und Historiker Richard Wilding, der von Addis Abeba aus die Versorgung der Expedition in die Hand genommen hatte, ermutigte mich. Wilding ist der Typ des in den Kolonien aufgewachsenen Briten. Er lebte schon seit Jahren in Addis Abeba und wird es wahrscheinlich nie verlassen. Kühl und unerschütterlich erträgt er in bester Laune die Unbequemlichkeiten des Lebens in einer politisch instabilen Welt. Wenn auf der Straße eine Bombe detoniert, kümmert er sich nicht darum. Wenn die Wasserversorgung zusammenbricht oder es auf dem Markt nichts mehr zu kaufen gibt, dann ist das für ihn der Preis, den er dafür bezahlen muß, in einem Lande zu leben, das er liebt. Er hortet das Notwendigste und ist sehr sparsam. Seine materiellen Bedürfnisse sind bescheiden.
Durch Wilding und seine Beurteilung der von Eritrea drohenden Gefahr ermutigt und überzeugt, daß die Militärjunta unsere Arbeit unterstützen würde – vielleicht würde sie uns das Leben durch bürokratische Kleinlichkeit erschweren, aber uns sicher nicht in Gefahr bringen –, baten Taieb und ich alle Expeditionsmitglieder am Tage vor der geplanten Abfahrt nach Hadar zu einer Besprechung. Ich sagte, jede Expedition, die man in einem so unruhigen Land wie Äthiopien in einem Wüstengebiet unternähme, sei in gewisser Weise riskant. Ich hatte versucht, das Risiko so gut wie möglich abzuschätzen, und war zu der Überzeugung gekommen, daß es sich lohnte. Jedes Expeditionsmitglied, das meine Auffassung nicht teilte, sollte abreisen dürfen, ohne daß jemand es ihm verübelte. Die Expedition würde die Kosten für den Heimflug übernehmen.
Niemand meldete sich. Ich stellte die Frage noch einmal, aber alle erklärten, sie wollten mitgehen. Das überraschte mich nicht. Unsere

Gruppe setzte sich aus hervorragenden Leuten zusammen. Das Leben in Hadar ist sehr strapaziös, aber gerade das gefiel ihnen. Dieser Ort hat etwas Besonderes, eine Ruhe, Einsamkeit und Schönheit, die einen fesselt. Und was die Arbeit betrifft – man hat immer das Gefühl, es könnte etwas ganz Großes geschehen. Wenn man sich mit solcher Leidenschaft für die Vergangenheit interessiert, wie wir alle das taten, wo könnte man seine Neugier besser befriedigen?

Außerdem glaubte niemand wirklich an eine Gefahr. Wir hatten in zwei Grabungskampagnen mit den Afar zusammengelebt und waren sehr gut mit ihnen ausgekommen. Natürlich waren sie alle bewaffnet. Wir waren es nicht. Ich hatte kategorisch verlangt, daß kein Expeditionsteilnehmer irgendeine Waffe mitnahm. Wir hatten deshalb mehr oder weniger das Gefühl, daß die Afar uns beschützten. Ich sage, es war unser Gefühl. Die Hilfsarbeiter vom Stamm der Amhara aus dem Hochland, die uns begleiteten, hatten es nicht. Sie fürchteten sich vor den Afar. Sie spürten deren Abneigung und hielten sich nur in der Nähe des Lagers auf. Ich erinnere mich daran, daß ein Afar einem Amhara-Arbeiter im Verlauf eines Streits sagte: »Wenn die Unruhen beginnen, wirst du der erste sein, den ich umbringe.« Das war keine leere Drohung. Die Polizeipatrouillen waren weit. Sie kamen nur selten in diesen Teil des Landes. Offiziell stand er zwar unter der Kontrolle der Regierung, in Wirklichkeit waren jedoch die Stammesführer die Herren.

Als Vorsichtsmaßnahme vereinbarten wir mit Wilding ein Alarmsystem. Da wir kein Funkgerät hatten (die Regierung hatte es verboten), mußten wir uns darauf verlassen, daß Wilding jede Woche mit dem Flugzeug zu uns kam, und zwar nicht nur, um uns mit Lebensmitteln und anderem zu versorgen und Fossilien auszufliegen, sondern auch um festzustellen, ob noch alles ruhig und in Ordnung sei. Das Alarmsignal sollte eine bestimmte Art der Aufstellung unserer Fahrzeuge im Lager sein. Wenn sie alle in einer Reihe standen, wußte der Pilot, der das Lager überflog, bevor er in einer Entfernung von wenigen Kilometern landete, daß alles ruhig war. Wenn die Fahrzeuge im Lager verstreut herumstanden, bedeutete es, daß wir uns in Gefahr befanden.

Der Zufall wollte es, daß wir an dem Tage, als Wilding zum erstenmal zu uns kam, einen großen Elefantenenschädel gefunden hatten, und ein Lastwagen mit Anhänger sollte hinausfahren, um ihn ins Lager zu holen. Als Wilding das Camp überflog, sah er den Anhänger vor dem Paläontologiezelt stehen, und der Lastwagen stand an einer anderen Stelle. Wilding wagte es nicht, zu landen. Er flog sofort nach Addis Abeba zurück, alarmierte die amerikanischen Marineinfanteristen und bereitete alles für unsere Evakuierung mit Hubschraubern vor. Er benachrichtigte sogar die amerikanische Flotte im Roten Meer. Um ganz sicherzugehen, flog er anschließend nach Hadar zurück – und stellte fest, daß alle Fahrzeuge sauber in einer Reihe aufgestellt waren. Der Alarm wurde abgeblasen.

Die größten Schwierigkeiten hatte Wilding mit seinen Piloten. Er mußte alle Überredungskünste aufwenden, um sie zu einem solchen Flug zu veranlassen. Von dem außerhalb des Lagers gelegenen Landestreifen mußte man noch 45 Minuten bis zum Camp fahren. Die Piloten wollten ihre Maschinen nicht unbewacht dort stehen lassen, sie fürchteten sich aber auch, allein beim Flugzeug zurückzubleiben, nachdem wir Wilding abgeholt und ins Lager gebracht hatten. Sie fürchteten sich vor den Afar. Diese haben jedoch niemals einen Piloten belästigt, und so sind die Flüge während der ganzen Kampagne ohne Behinderung durchgeführt worden.

Wer sich nicht durch die Afar irritieren ließ, war der Photograph der Zeitschrift »National Geographic«, David Brill. Er war ein baumlanger Kerl mit unendlich langen Beinen, einem kurzen Oberkörper und einer Baseballkappe auf dem Kopf. Als die Maschine das Lager überflog, um uns anzuzeigen, daß sie landen würde, fuhr Gray zum Landeplatz und konnte zunächst nichts sehen. Das Flugzeug war nicht mehr da. Dann bemerkte er ganz am anderen Ende des Landestreifens ein kleines an einen Busch geknüpftes Stück Stoff. In seinem Schatten saß Brill. Als er ins Lager kam, sagte er mir: »Sie müssen Doktor Don sein.« Er hätte auch sagen können: »Ich nehme an, Sie sind Doktor Johanson«, aber das entsprach nicht seinem Stil. Wir hatten der Redaktion der Zeitschrift gesagt, der Photograph müßte ein Mann sein, der das rauhe Leben in der Wüste vertragen konnte. Dafür hatten diese Leute nun gesorgt. Brill war nicht nur ein hervorragender Photograph, sondern er war auch der anpassungsfähigste und anspruchsloseste Mensch, der mir je begegnet ist.

Während meines langen Aufenthalts in der Wüste bekam ich einen fürchterlichen Heißhunger auf Süßigkeiten. Ich träumte nachts davon und hatte darum gebeten, Brill welche mitzugeben. »Haben Sie

Schokolade mitgebracht?« war eine der ersten Fragen, die ich an ihn richtete.

»Strecken Sie die Hand aus und bleiben Sie stehen«, sagte Brill.

Ich tat es, während Brill in seinen Taschen herumkramte und schließlich drei oder vier klebrige, halb aufgeweichte Schokoriegel herauszog.

»Ist das alles?« fragte ich.

»Wissen Sie, ich hatte am Flughafen nicht mehr viel Zeit. Außerdem war ich hungrig und habe das meiste selbst aufgegessen.«

Beim Abendessen brachte Brill die Sache wieder zur Sprache und sagte, es sei wirklich eine Schande, daß ihm das passiert war. Als wir zu Bett gingen – er teilte das Zelt mit mir – fing er wieder davon zu sprechen an und meinte, wenn ich einschliefe, würde ich wahrscheinlich von der Schokolade träumen, die ich hätte essen können, wenn er sich nicht so sehr hätte beeilen müssen.

»Warum halten Sie nicht endlich den Mund und hören auf, von dieser Schokolade zu reden?« sagte ich.

»Okay«, sagte Brill, »aber bis dahin ...« Er öffnete seinen Seesack und holte 18 Tafeln köstlicher Schweizer Schokolade heraus.

Was seine Arbeit betraf, war Brill nicht so unzuverlässig. Er wanderte mit der gleichen Ausdauer durch das Gelände wie Aronson, nur zu einem ganz anderen Zweck. Er wollte sehen, wie der Boden und die Hänge unter den verschiedenen Lichtverhältnissen wirkten. Als wir den gut erhaltenen Schädel eines Säbelzahntigers fanden, jammerte er: »Warum finden Sie diese Dinge immer mitten am Tage? Warum finden Sie sie nicht am Spätnachmittag, wenn das Licht besser ist?«

Ich antwortete nicht.

»Wann werden Sie den nächsten Hominiden finden?«

»Morgen«, sagte ich in meiner Verzweiflung.

Später meinte Brill, wenn man in Äthiopien Hominiden finden wollte, brauchte man nur danach zu fragen, denn jenes »Morgen« wurde zu einem der bedeutsamsten Tage in der Geschichte der Paläoanthropologie. Ich war mit Mike Bush, einem jungen Arzt, der sich für Archäologie interessierte, auf Fossiliensuche hinausgegangen. Mike ist ein sehr stiller Mensch. Er ist ein Einzelgänger, sagt nicht viel, hält aber die Augen offen. Die Franzosen irritierte es, daß er so wenig sprach, und sie fragten mich: »Warum sagt er niemals etwas? Was fehlt ihm?«

Nun, ihm fehlte nichts. Wir waren schon etwa eine Stunde im Gelände, als er mir über eine Anhöhe hinweg mit ruhiger Stimme zurief: »Ich glaube, ich habe hier vielleicht etwas gefunden.« Ich ging zu ihm hinüber. Vor ihm lag ein großer Stein, aus dem zwei hominide Prämolare herausragten. Sie waren kaum als solche zu erkennen. Ich weiß nicht, wie er sie überhaupt wahrgenommen hat. Ich bezweifle sogar, daß Alemayehu sie gesehen hätte.

Nun kam auch Brill heran, und ich sagte: »Da liegt der Hominide, den ich Ihnen versprochen habe.«

»Und es ist wieder die alte Geschichte«, sagte Brill. »Ausgerechnet am späten Vormittag finden Sie ihn, zu der Zeit, in der man keine guten Aufnahmen machen kann.«

»Sehr gut, Eure Majestät, wann werden Sie uns erlauben, die nächsten hominiden Fossilien zu finden?«

Brill sah sich den Stand der Sonne an. »Morgen früh um acht Uhr.«

Wir gingen ins Lager zurück und versammelten uns erst wieder am folgenden Morgen, um mit der Bergung der von Bush gefundenen Fossilien zu beginnen. Brill brachte seine photographische Ausrüstung mit, um die Arbeiten aufzunehmen. Auch ein französisches Ehepaar, das Filmaufnahmen machte, gesellte sich zu uns. Die Frau hieß Michèle. Sie hatte schon die ganze Zeit etwas zu finden gehofft, aber sie konnte ein Fossil nicht vom Hals einer Coca-Cola-Flasche unterscheiden. Während wir am unteren Teil eines recht steilen Abhangs arbeiteten, kletterte sie den halben Hang hinauf und setzte sich im Schatten eines Akazienbusches fast auf ein paar Knochen. »Was ist das?« rief sie uns zu und hielt die Knochen in die Höhe. Ich stieg hinauf, um sie mir anzusehen, und war fassungslos. Das eine war ein hominider Fersenknochen, das andere ein Femur, der dem glich, den ich vor zwei Jahren gefunden hatte, nur daß dieser fast doppelt so groß war. Die ganze Szene wurde von Brill und von dem Franzosen mit der Filmkamera aufgenommen. Hier geschah es zum erstenmal, daß Berufsphotographen in dem Augenblick Aufnahmen gemacht haben, in dem Fossilien gefunden wurden. Alle anderen Photos, die man in den Büchern findet – sie alle sind gestellt.

Nachdem wir am unteren Teil des Hanges die Zähne und weiter oben zwei Knochen gefunden hatten, mußten wir den ganzen Hang sorgfältig absuchen. Sehr bald stießen wir auch auf andere Fragmente. Als ich mich hinter dem Akazienbusch umsah, hatte ich das unerwartete Glück, zwei nebeneinander liegende *Fibulae* zu finden. Die *Fibula*, das Wadenbein, ist der kleinere der beiden Unterschenkelknochen. Standen wir vor der Entdeckung einer zweiten Lucy? Nein, beide Knochen stammten vom rechten Bein. Es handelte sich also um zwei verschiedene Individuen. Nun hörten wir auch die Rufe der anderen Expeditionsteilnehmer, die hominide Fossilien gefunden hatten. Der ganze Hang schien sie wie eine sprudelnde Quelle hervorzubringen. Wir konnten unsere Aufregung kaum bändigen, während wir sie aufsammelten.

Zuerst wußte ich kaum, was ich tat. Etwas Ähnliches hatte ich noch nie erlebt, und ich hatte auch noch niemals von einem ähnlichen Vorkommnis gehört. Wir waren wie von Sinnen, aber schließlich übermannte uns die Hitze, und wir beruhigten uns.

Die Anhöhe, an deren Hang so viele hominide Knochen lagen, wurde als Fundstelle 333 auf der großen Lagekarte eingetragen. Den Rest dieser Kampagne brachten wir ausschließlich damit zu, hier zu arbeiten, und wir setzten die Arbeit auch im folgenden Jahr fort. Zuerst wurde der ganze Hang systematisch abgesucht, und zwar nicht mehr mit solcher Aufregung wie in der ersten euphorischen Stunde. Dann wurden Tonnen von der obersten Kiesschicht den Hang hinuntergebracht, um in der Senke durchgesiebt zu werden. Dazu benutzten wir zunächst grobe Siebe. Am Schluß hatten wir etwa hundert Zähne und Knochenfragmente gefunden. Da einzelne Knochenteile in mehreren Variationen vorlagen, konnten wir erkennen, daß hier die fossilen Reste von wenigstens 13 Individuen gelegen hatten, von Männern, Frauen und mindestens vier Kindern. Es war nicht möglich, viele dieser Knochen zu teilweise vollständigen Skeletten zusammenzufügen, wie wir das mit Lucy getan hatten, denn sie waren auf dem Hang zu sehr durcheinandergeraten. Es kann auch nicht ausgeschlossen werden, daß es sich um beträchtlich mehr als 13 Individuen handelte.

Wenn man ein Radio einschaltet, dann hört man meist im Hintergrund gewisse Nebengeräusche, und so findet man fast überall bei Hadar, wo wir in erster Linie nach hominiden Fossilien suchten, auch Säugetierfossilien. Wohin man auch geht, überall trifft man auf Bruchstücke von Säugetierknochen; an manchen Stellen sind es mehr, an anderen weniger. Aber nirgends fehlen sie vollständig, und das zeigt, daß hier im Verlauf sehr langer Zeit ungezählte Tiere vorübergezogen und gestorben sind, während sich in Hunderttausenden von Jahren meterhohe Ablagerungen gebildet haben. Das Besondere an der Bodenschicht, die wir vom Hang der Anhöhe 333 abtrugen, war, daß wir dort keine Säugetierfossilien finden konnten. Das Nebengeräusch, das man bei jeder intensiven Suchaktion erwarten mußte, blieb aus. Alles, was wir hier fanden, waren hominide Fossilien.

Wie ließ sich das erklären? War hier eine ganze Sippe plötzlich umgebracht worden, ohne daß die Zeit für eine Ablagerung von Säugetierfossilien vorhanden gewesen wäre? Zunächst mußte man diesen Eindruck haben. Die hominiden Fossilien kamen augenscheinlich aus einer einzigen dünnen Schicht am oberen Teil des Hanges. Was weiter unten lag, ist wahrscheinlich während der letzten Regenzeiten ausgewaschen und hinuntergespült worden. Diese Vermutung bestätigte sich, als wir die Schicht fanden, in der die Fossilien zunächst gelegen hatten. Bei einer vorläufigen Grabung am Hang konnten wir 20 weitere fossile Stücke bergen. Daraus ergab sich, daß die Knochen, bevor sie durch die Erosion zerstreut worden waren, sehr nahe beieinander gelegen hatten und diese Hominiden wahrscheinlich gleichzeitig gestorben waren.

Doch was war die Todesursache gewesen? Eine Epidemie? Wenn das so war, was hatte die Aasfresser daran gehindert, die Leichen zu finden und zu fressen? Und weshalb fanden sich nicht hier wie an den meisten anderen Stellen auch Säugetierfossilien, die ebenso wie die Hominiden im Lauf der Zeit von Sedimenten hätten zugedeckt werden müssen?

Je länger ich über diese beiden so ungewöhnlichen Umstände nachdachte, desto unwahrscheinlicher erschien es mir, daß die hier gefundenen Australopithecinen an einer Seuche gestorben waren. Der natürliche Tod einer ganzen Gruppe von Hominiden innerhalb von wenigen Tagen oder Wochen konnte unmöglich dazu geführt haben, daß die Fossilien in einem so guten Zustand erhalten blieben.

Aber was hätte sonst die Todesursache sein können? Ein Kampf? War dies die erste Bestätigung der Theorie von Raymond Dart, der behauptete, das natürliche Erbe der Hominiden sei ihre ungezügelte Aggressivität? Hatte hier eine Gruppe von Australopithecinen eine andere überfallen und abgeschlachtet? Auch das erschien höchst un-

Maurice Taieb untersucht eine bei der Grabung an der Fundstelle 333 freigelegte Wand, um Hinweise darauf zu finden, was den plötzlichen und gleichzeitigen Tod so vieler Australopithecinen verursacht haben könnte.

wahrscheinlich und mußte Vermutung bleiben. Es ließ sich auch nicht feststellen, daß die Leichen von Aasfressern aufgespürt worden waren. Und schließlich ließ es sich kaum erklären, weshalb man an dieser Stelle keine Säugetierfossilien finden konnte, wenn hier ein Massenmord geschehen war. Nach der Theorie von Dart waren die Australopithecinen Kannibalen gewesen. Das Fleisch ihrer Artgenossen war angeblich ihre wichtigste Proteinquelle. Wenn hier ein großes Schlachten stattgefunden hatte, dann müßten diese Kannibalen die Knochen ihrer Opfer zertrümmert haben, um an das Mark zu kommen.

War diese Gruppe von Hominiden vielleicht ertrunken, weil sie in

einer engen Schlucht von einer plötzlichen Wasserflut überrascht wurde? Das schien eine bessere Erklärung zu sein. Wüstenbewohner überall auf der Welt vermeiden es, ihre Lagerplätze in Wadis oder tiefen Schluchten anzulegen. Ein Journalist, der kürzlich den Sinai bereist hat, berichtet, daß die Beduinen eine instinktive Angst davor haben, in tiefe Schluchten zu geraten, denn sie haben aus bitterer Erfahrung gelernt, daß eine Schlucht in einer steinigen Landschaft, in der die Vegetation das Regenwasser nicht wie ein Schwamm aufsaugen kann, zur Todesfalle wird, wenn sich diese Schlucht in einen Sturzbach verwandelt, sobald es ein paar Stunden vorher an einer weit entfernten Stelle stark geregnet hat. Bei solchen Gelegenheiten kann das Wasser in wenigen Minuten 3 bis 6 Meter hoch steigen und alles mitreißen und ertränken, was auf seinem Wege liegt.
Ich besprach diese Möglichkeit mit Taieb, der sich nun darum bemühte, die Stratigraphie des Hanges zu untersuchen, um festzustellen, ob er Anzeichen für eine solche Überschwemmung finden könnte. Er konnte sich davon überzeugen, daß alle Knochen aus einer einzigen Schicht kamen, die fast vollständig aus feinem Ton bestand. Diese Schicht war so dünn, daß man annehmen konnte, sie sei durch ein Naturereignis wie vielleicht eine Überschwemmung entstanden. Rasch fließendes Wasser hätte auch größere Partikel mitgeführt, die in diesem Ton jedoch nicht anzutreffen waren. Taieb meinte, hier wären vielleicht Knochen, Schlamm und Sand von einem solchen Sturzwasser an den Rand eines Sees oder in ein anderes flaches Gebiet geschwemmt worden, wo die Knochen allmählich zu Boden gesunken und von feinerem Material bedeckt worden wären. Ein solcher Vorgang ließe sich weder nachweisen noch widerlegen. Die Geologie kann uns zwar eine Menge Informationen vermitteln, denn sie sagt viel über die Entstehung von Sedimenten, den Vulkanismus, die Erdfalten usw. aus, ist aber noch nicht in der Lage, örtliche Ereignisse zu interpretieren, die vor 3 Millionen Jahren innerhalb kürzester Zeit stattgefunden haben. Der überzeugendste Hinweis darauf, daß diese Hominiden ertrunken seien, war, nach Auffassung von Taieb, das Fehlen von Säugetierfossilien. In einer von Hominiden bewohnten Schlucht hätten sich keine Säugetiere aufgehalten und wären daher auch nicht von einer solchen Katastrophe überrascht worden. Zu der Zeit, als sie diese Gegend wieder bevölkerten, lagen die Hominiden wahrscheinlich schon tief unter der Tonschicht. Daß

die Tiere schließlich in diese Gegend zurückgekehrt sind, läßt sich daraus erkennen, daß ihre Fossilien über der Tonschicht an der Fundstelle 333 zu finden sind.

Das war alles, was Taieb zu diesem Problem sagen konnte. Die einmalige Konzentration hominider Fossilien an einer Stelle bleibt ein Geheimnis. Um wie viele Individuen es sich hier gehandelt hat, wird sich erst feststellen lassen, wenn alle hier gefundenen Knochen analysiert worden sind und der ganze Hügel abgetragen ist, denn ich bin überzeugt, daß man in der gleichen Schicht noch weitere und weniger durcheinandergeratene fossile Knochen finden kann. Ich hoffe, darunter wird auch eine zweite Lucy sein – vielleicht sogar ein noch vollständigeres Skelett. Hoffentlich finden wir aber auch noch den Schädel eines erwachsenen Individuums, der besser erhalten ist als der von Lucy. Am wichtigsten wäre es jedoch für mich, noch möglichst viele fossile Knochen zu finden, um einen umfassenderen Eindruck von der Gesamtpopulation zu gewinnen. Darin liegt der große Wert der Fundstelle 333. Hier haben wir eine repräsentative Mischung aus Angehörigen beider Geschlechter und verschiedener Altersgruppen, und das hat uns noch mehr zu sagen als die unschätzbare Lucy. Lucy ist in der Tat etwas ganz Außergewöhnliches. Mit ihr ist es, als sähe man etwas im Lichte eines Blitzes und als würden die Details in einem nur kurzen Moment in überirdischer Klarheit sichtbar. In diesem Aufleuchten erfassen wir sehr viel. Wir sehen Lucy fast vollständig. Da sich aber nichts anderes mit ihr vergleichen läßt, wie können wir dann sagen, was sie ist? Ist sie eine typische Vertreterin ihrer Art? Wenn das zutrifft, dann waren ihre Artgenossen sehr klein. Sie hatten einen eigenartigen Unterkiefer mit einem V-förmigen Kinn. Der Unterkiefer von Alemayehu war nicht V-förmig. Gehörte Lucy einer anderen Spezies an? War es die gleiche Spezies, zu der auch gehört hat, was nun als »erste Familie« betitelt wird und wovon wir Zähne und Kieferknochen an der Fundstelle 333 entdeckt haben? Zwischen den Anthropologen und den Antworten auf diese Fragen lagen die fossilen Knochen; eine große Zahl von ihnen, die gereinigt, sortiert, beschrieben und schließlich interpretiert werden mußten – eine Arbeit, die Jahre brauchte.

Im Dezember 1975 ging die dritte Grabungskampagne bei Hadar zu Ende. Taieb und seine Mitarbeiter kehrten nach Frankreich zurück, um dort die Säugetierfossilien zu ordnen, Pollen zu analysieren und ihre geologischen Untersuchungen fortzusetzen. Aronson und Walter nahmen ihre vulkanischen Proben nach Cleveland mit. Ich brachte die »erste Familie« nach Addis Abeba und bemühte mich um die Ausfuhrgenehmigung für diese Fossilien.

Da ich das Spießrutenlaufen durch die Institutionen schon aus eigener Erfahrung kannte, war ich diesmal zuversichtlicher. Taieb und ich hielten die unvermeidliche Pressekonferenz ab und wiesen dabei auf die große Bedeutung unserer Funde hin. Dann machten wir die Runde durch die Ministerien, um die notwendigen Papiere zu bekommen. Alles ging glatt. Ich kam ohne Schwierigkeiten durch den Zoll und flog mit Tom Gray nach Nairobi, um meinen Freunden Mary und Richard Leakey und einigen anderen Wissenschaftlern, die bei Koobi Fora an den Grabungen teilgenommen hatten und von denen ich schon einige kannte, die Fossilien zu zeigen. Hier lernte ich auch einige Leute kennen, die bei Laetoli für Mary Leakey gearbeitet hatten, einer Grabungsstelle in Tansania, wenige Kilometer südlich von Olduvai.

Als ich ihnen die bei Hadar gefundenen fossilen Knochen vorlegte, waren sie sofort Feuer und Flamme. Zum erstenmal hatte eine Fundstelle so alte, so hervorragend erhaltene und so viele hominide Fossilien enthalten. Die einzelnen Stücke gingen von Hand zu Hand, und es entwickelte sich eine lebhafte Diskussion. Mary und Richard Leakey sahen sich die Knochen sehr genau an und meinten, die »erste Familie« bestätige vielleicht ihre im vergangenen Jahr bei Hadar geäußerte Vermutung, daß es Fossilien des *Homo* seien, wenn es sich auch noch um einen sehr primitiven Typus handelte. Sie meinten, Lucy, mit der sie sich inzwischen intensiver hatten beschäftigen können, sei etwas anderes. Ich neigte dazu, ihnen zuzustimmen.

Alle Anwesenden hatten sich gedrängt, die fossilen Knochen in die Hand zu nehmen, nur ein junger Mann mit großen Augen und dicken Brillengläsern, langem blondem Haar und im weißen Laboratoriumskittel stand abseits. Ich glaubte, es wäre aus Schüchternheit. Später stellte ich fest, der junge Mann war ein Amerikaner, der an zwei Grabungskampagnen bei Koobi Fora mit Richard Leakey als Paläontologe teilgenommen hatte und jetzt für Richards Mutter arbeitete. Er hieß Tim White.

Kürzlich habe ich Tim an diesen Tag erinnert: »Sie drückten sich damals in einer Ecke herum und waren zu schüchtern, um herauszukommen. Einnern Sie sich noch? Ich ging zu Ihnen hinüber, stellte mich vor, und wir fingen an, miteinander zu sprechen.«

»Um Himmels willen, ich war nicht schüchtern! Ich war nur vorsichtig, und das war auch ganz richtig. Sie waren zu uns als junger, begeisterter Heißsporn gekommen und konnten nicht genug über Ihre phantastischen Fossilien reden. Ich war Ihnen bis dahin noch nicht begegnet. Ich wußte nicht, ob Sie eine Flußpferdrippe von einem Nashornschwanz unterscheiden konnten. Ich wartete nur darauf, daß Sie sich blamierten und etwas sehr Dummes sagten.«

Owen Lovejoy, der Zeuge dieses Gesprächs war, mußte kichern. »Tim ist jemand, dem man zuerst etwas beweisen muß«, erklärte er. »Er ist der empfindsame, dickköpfige Typ, der einem nichts glaubt, bevor man es nicht anhand der Fossilien bewiesen hat. Er wird sich mit jedermann über jede nur denkbare Frage streiten.«

»Und Don ist ein geschickter Kaufmann, der es versteht, jedem etwas aufzuschwatzen. Ich hatte das Gefühl, auf der Hut sein zu müssen. Außerdem hat er den ganzen Unsinn über den 3 Millionen Jahre alten *Homo* geschluckt, den die Leakeys ihm vorsetzten.« Dann wandte er sich an mich: »Das haben Sie getan, nicht wahr?«

»Ich habe es nicht geschluckt«, sagte ich, »ich war davon überzeugt. Wenn man bedenkt, was wir damals wußten, dann war das naheliegend.«

»Es war naheliegend, wenn man den ganzen Unsinn über die Daten schluckte und sich nicht die Mühe machte, die primitiven Zahnformen genau anzusehen. Es war naheliegend, wenn man oberflächlich und naiv war.«

»Ich oberflächlich und naiv?«

»Ja, Sie waren beides.«

Abgesehen davon, daß mich White bei unserer ersten Begegnung in Nairobi für oberflächlich hielt und ich fälschlich geglaubt hatte, er sei schüchtern, während er in Wirklichkeit nur eine kühle und sachliche Haltung als Wissenschaftler zeigte, die er mit einem Idealismus verband, der es ihm schwermachte, für mehr als nur ganz wenige Leute Bewunderung zu empfinden, kamen Tim und ich von Anfang an sehr gut miteinander aus. Tim sprach mit mir über Fossilien, die Mary Leakey bei Laetoli gefunden hatte. Dann sah er sich die aus Hadar mitgebrachten Stücke an und machte dazu eine Bemerkung, die ich nie vergessen werde: »Ich denke, Ihre Fossilien aus Hadar und Marys Fossilien aus Laetoli könnten die gleichen sein.« Er zeigte mir zwei der letzteren, und sie erschienen mir praktisch identisch.

Das war mehr als erstaunlich. Die beiden Orte lagen etwa 1600 Kilometer auseinander. Nach einer vorläufigen Datierung waren die Fossilien aus Laetoli 3,7 Millionen Jahre alt. Damit waren sie um 700000 Jahre älter als der von Aronson auf 3 Millionen Jahre datierte Basalt bei Hadar. Wohl hatte er gewisse Vorbehalte geäußert und gesagt, der Basalt könnte auch älter sein, aber wir mußten noch drei Jahre warten, bis uns das ältere Datum durch die Schweinefossilien von Basil Cooke bestätigt wurde.

Gehörten die Fossilien bei Hadar und bei Laetoli der gleichen Spezies an? Wie sollten wir diese neuen Erkenntnisse interpretieren? Tim und ich kamen überein, in Verbindung zu bleiben.

11. Die vierte Grabungskampagne bei Hadar: Wir räumen auf

Wissen beruht nicht nur auf der Wahrheit, sondern auch auf dem Irrtum. *C. G. Jung*

Wissen Sie ..., wir sind alle unwissend, nur auf verschiedenen Gebieten. *Will Rogers*

Als ich ein Junge von vierzehn Jahren war, war mein Vater so unwissend, daß ich es kaum in seiner Nähe aushalten konnte. Aber als ich einundzwanzig war, staunte ich, wieviel der alte Herr in nur sieben Jahren dazugelernt hatte. *Mark Twain*

Als ich Anfang 1976 in die Vereinigten Staaten zurückkehrte, erwartete mich sehr viel Arbeit. Die neue Ausbeute an Fossilien von der Fundstelle 333, die »erste Familie«, stand vor mir wie ein hoher Berg, denn alle diese Stücke mußten geordnet und beschrieben werden. Ich suchte unter meinen Examensstudenten nach intelligenten jungen Leuten, die mir einen Teil dieser Arbeit abnehmen konnten. Schließlich fand ich zwei, den stämmigen, hochgewachsenen, kraushaarigen, mit einem an den Mundwinkeln herabhängenden chinesischen Schnurrbart geschmückten Bill Kimbel und Bruce Latimer, einen blonden, gutaussehenden jungen Mann, der dem Idealbild des jungen Amerikaners so sehr entsprach, daß er bei den anderen Studenten den Spitznamen »the Surfer« hatte. Beide haben sich als sehr gewissenhafte Mitarbeiter bewährt und gehören heute zu meinem Team im Laboratorium des Cleveland Museum. Kimbel beschäftigt sich sehr eingehend mit der Untersuchung eines jugendlichen Schädels von der Fundstelle 333, des ersten, der vollständig genug erhalten ist, um ihn mit dem berühmten Kind von Taung zu vergleichen, das Raymond Dart gefunden hat. (1979 ging Kimbel nach Südafrika, um einen genauen Vergleich anzustellen.) Latimer hat die Aufgabe übernommen, die bei Hadar gefundenen Fußknochen zu beschreiben und zu analysieren. Mike Bush, der das erste Fossil am Fundort 333 entdeckte, hat die Handknochen übernommen. Owen Lovejoy, der Bewegungsanatom von der Kent State University, untersucht alle Beinknochen, Becken und Rückenwirbel. Ich selbst beschäftige mich mit meinem Spezialgebiet, den Zähnen und den Kieferknochen.

Dieses Vorhaben mußte durchgeführt werden, obwohl es dazu zwei Schwierigkeiten zu überwinden galt. Erstens fehlte es uns an genügend Raum. Für die große Menge von Fossilien und die Gruppe von Studenten, die damit arbeiten sollten, waren die kleinen Räume, die man uns im Cleveland Museum zugewiesen hatte, nicht ausreichend. In meiner Verzweiflung stellte ich dem Museum schließlich ein Ultimatum. Entweder stellte man mir größere Räume zur Verfügung, oder ich würde mich an anderer Stelle danach umsehen müssen.

Das Museum erklärte sich bereit, mir einen größeren bisherigen Lagerraum zur Verfügung zu stellen, verlangte aber von mir, für die Finanzierung des Umbaus in ein richtiges Laboratorium zu sorgen. Nach wenigen Monaten hatte ich Spenden in Höhe von $ 200000 zusammengebracht, die für die Einrichtung eines hervorragenden Laboratoriums ausreichten. Es wurde im Dezember 1976 offiziell eingeweiht, und nun hatten wir kaum noch Zeit, mit dem zweiten Problem fertigzuwerden.

Bei meinen Verhandlungen mit den äthiopischen Behörden über die Ausfuhrgenehmigung für die Fossilien von der Fundstelle 333 hatte ich die Erlaubnis bekommen, sie ein Jahr zu behalten. Während dieser kurzen Zeit mußte ich sie reinigen – eine sehr mühsame und zeitraubende Arbeit – und Abgüsse von ihnen nehmen. Das war nur möglich, wenn ich dafür im neuen Laboratorium einen besonderen Raum einrichtete. Als Gipsgießer hatte ich in Bill McIntosh den ge-

Hier sehen wir die vollständige Sammlung der Fossilien aus Hadar im neuen Laboratorium von Cleveland und erhalten so eine Vorstellung von ihrem Umfang und ihrer Vielseitigkeit. Das Kniegelenk, einige Kieferknochen und andere Bruchstücke sehen wir im Vordergrund. Dann kommt das Skelett von Lucy. Darüber liegt die ganze »erste Familie« von der Fundstelle 333; die Knochenteile sind so angeordnet, wie sie den verschiedenen Teilen des Skeletts entsprechen. Im Hintergrund steht Tim White neben einigen Schimpansenschädeln aus der zu Vergleichszwecken angelegten Sammlung des Museums. Die hominiden Fossilien aus Laetoli liegen links vorn.

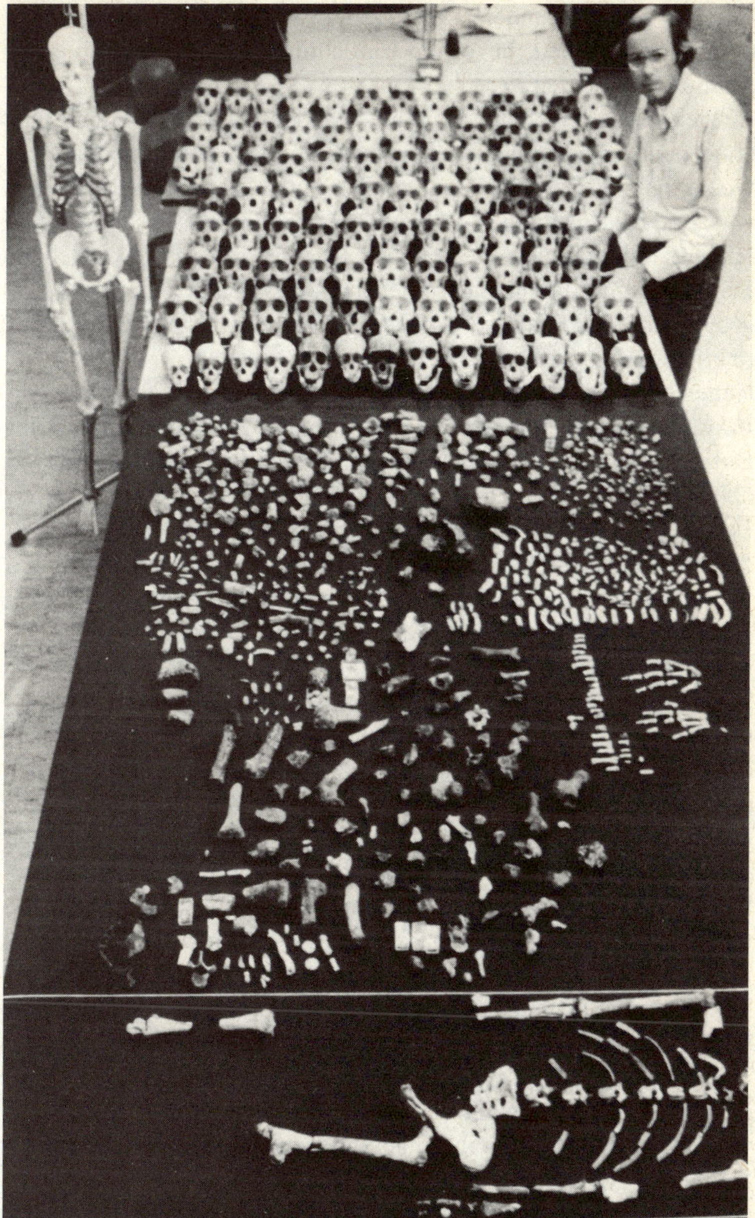

eigneten Mann gefunden. Da die Zeit drängte, war McIntosh schon eifrig an der Arbeit, bevor die Einrichtung des übrigen Laboratoriums abgeschlossen war.

Im gleichen Jahr verfaßte ich mehrere wissenschaftliche Berichte und einen populärwissenschaftlichen Artikel für die Zeitschrift »National Geographic«. Die erste Monographie enthielt auch ein Diagramm von Taiebs vorläufiger stratigraphischer Säule, welche die Basaltschicht an der falschen Stelle zeigte. Das war kein schwerwiegender Fehler. In einer Fußnote erklärte ich, daß es sich hier um vorläufige geologische Erkenntnisse handelte, die unter Umständen noch berichtigt werden müßten.

Neben den zahlreichen Fossilien wurden wir auch von einer Flut von Informationen zu den geologischen Forschungsergebnissen und der Datierung der einzelnen Schichten während der letzten Kampagne überschwemmt. Das erforderte die Veröffentlichung eines weiteren Berichts, mit dem der erste korrigiert und wesentlich erweitert wurde. Im zweiten Bericht wurde die Basaltschicht an der Stelle eingeordnet, an die sie nach den Untersuchungen von Aronson gehörte. Danach einigten wir uns, das Alter der Basaltschicht auf 3 Millionen Jahre festzulegen, aber mit der Einschränkung, daß dies »als das Mindestalter anzusehen sei«. Es war eine sehr bedeutsame Arbeit, und sie trug die Namen bedeutender Mitautoren: Das waren James Aronson (für die Kalium-Argon-Datierungen), T. J. Schmitt (der amerikanische Geologe, der die 400 Bodenproben zusammengestellt hatte), Bob Walter (Datierungen mit den Fissionsspuren), Maurice Taieb (Geologe), J.-J. Tiercelin (französischer Geologe und Mitarbeiter von Taieb), C. W. Naeser (amerikanischer Fachmann für die Untersuchung von Fissionsspuren), A. E. M. Nairn (britischer Fachmann für Paläomagnetismus), und am Schluß stand mein Name. Taieb und ich erfreuten uns jetzt der aktiven Unterstützung durch hervorragende Experten und nutzten diesen Umstand so gut wie möglich aus.

Eine weitere 1976 von mir unter erheblichem Druck veröffentlichte Arbeit war die Beurteilung der gefundenen Fossilien. Die anthropologische Fachwelt hatte von dem ersten Kniegelenk, dem Kieferknochen und von Lucy gehört. In welcher Beziehung standen nun diese Funde zueinander? Das wollte man jetzt wissen.

Man stellte diese Fragen allerdings, bevor ich sie wirklich beantworten konnte. Ich hatte in so kurzer Zeit so viele Fossilien gefunden und war noch immer so sehr damit beschäftigt, sie zu ordnen und zu beschreiben, daß ich noch nicht die Zeit gehabt hatte, sie in aller Ruhe in ein Gesamtschema einzuordnen. Außerdem nahm es viel Zeit in Anspruch, die Fossilien anderen Wissenschaftlern zu zeigen. Ich wollte sie nicht vor der Öffentlichkeit verstecken und fühlte mich verpflichtet, sie anderen Wissenschaftlern für ihre Untersuchungen zur Verfügung zu stellen. Dennoch war ich mir bewußt, welcher Schaden angerichtet werden konnte, wenn sie falsch beschrieben oder unzutreffende Erklärungen über sie abgegeben würden, die zwar von anderen stammten, aber ihren Weg in die wissenschaftliche Literatur finden würden. Dieser Gefahr begegnete ich damit, daß ich mich bereit erklärte, die Fossilien qualifizierten Personen zur Verfügung zu stellen, vorausgesetzt, daß sie nichts über sie veröffentlichten, bevor ich selbst die Zeit gefunden hatte, meine Berichte vorzulegen. Dadurch geriet ich natürlich unter zusätzlichen Zeitdruck. Ich verfaßte in Zusammenarbeit mit Taieb und Coppens einen Bericht in französischer Sprache und einen zweiten mit Taieb in der britischen Zeitschrift »Nature«. In diesem ehrwürdigen Organ waren auch schon früher die weithin hörbaren Salven über das Kind von Taung und den *Homo habilis* abgefeuert worden. In beiden Arbeiten stellte ich mich hinter die Auffassung, zu der die Leakeys und ich 1974 bei Hadar und 1976 in Nairobi gekommen waren: Die großen Individuen, von denen die Kieferknochen Alemayehus stammten, gehörten zur Gattung *Homo*, und das gleiche galt für die kürzlich gefundenen Fossilien der »ersten Familie«. Lucy gehörte wahrscheinlich nicht dazu.

Während mein erster, nicht ganz zutreffender geologischer Bericht bald nach seinem Erscheinen korrigiert wurde und ich deswegen keine Schwierigkeiten hatte, verursachte mir der Aufsatz in »Nature« gewisse Probleme. Um ihn zu berichtigen, mußte ich zuerst selbst umdenken. Als Folge meiner Überlegungen kam ich zu umfassenderen Schlüssen über die Entwicklung der Hominiden, die, wenn sie akzeptiert wurden, die Auffassungen aller Paläoanthropologen über die Abstammung des Menschen beeinflussen mußten.

An solche Möglichkeiten dachte ich nicht, als ich den Aufsatz mit meinem Namen zeichnete und zur Veröffentlichung abschickte.

1976 traf ich auch wieder mit Timothy White zusammen, diesmal auf einer Konferenz in Nizza. Tim hatte einige von den Fossilien mitge-

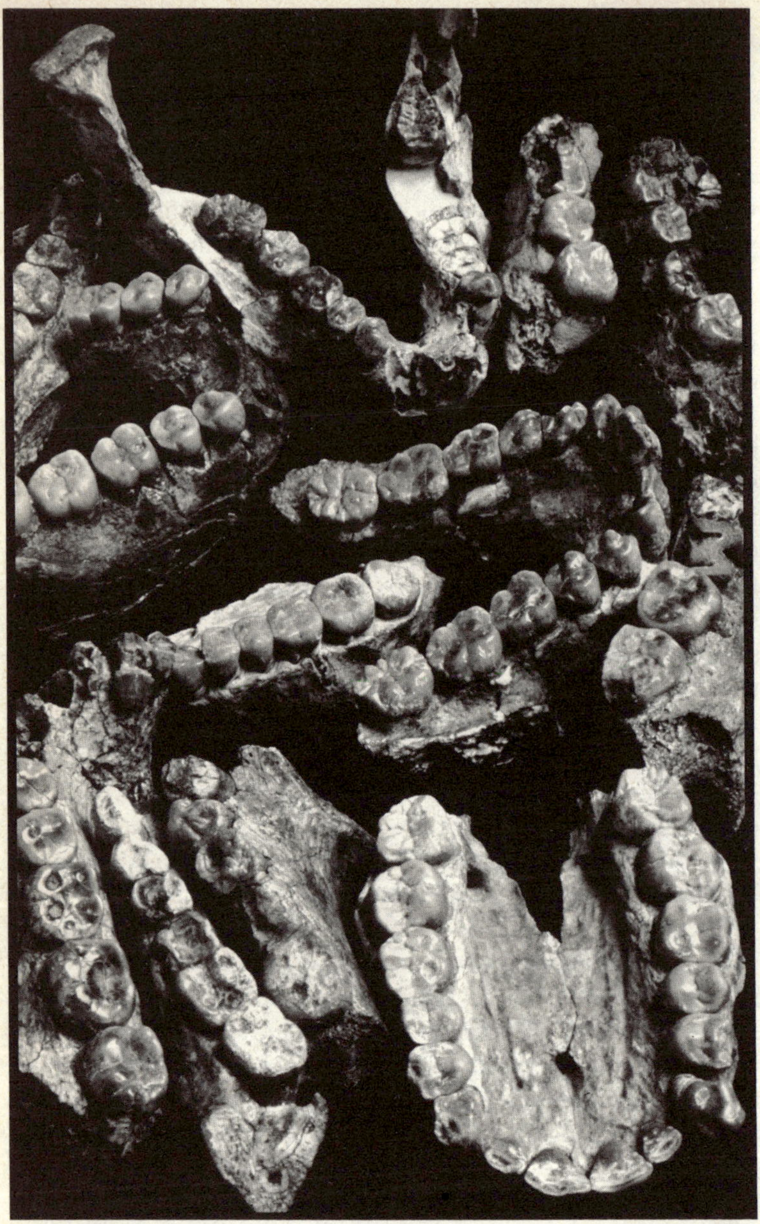

Der V-förmige Kieferknochen oben ist der von Lucy. Der Knochen in der Mitte wurde von einem Jungen aus dem Stamm der Afar, der unten von Alemayehu gefunden.

bracht, die Mary Leakey bei Laetoli gefunden hatte und mit denen er sich jetzt beschäftigte. Wir setzten uns zusammen, um sie mit den bei Hadar gefundenen zu vergleichen. Er hatte schon in Nairobi gesagt, er glaube, die beiden Sammlungen enthielten die gleiche Art von Fossilien. Als er sich nun wieder zu dieser Auffassung bekannte, machte ich sofort Einwände: »Hominiden? Die gleiche Art?«

»Es sind dieselben; die gleiche Art.«

»Aber bei Hadar haben wir zwei Arten; die kleine Lucy und die anderen großen.«

»Vielleicht ist das nicht richtig. Wir müssen es untersuchen.«

Mit dieser ungelösten, so beunruhigenden Frage trennten wir uns. Tim ging nach Michigan, um seine Doktorarbeit abzuschließen, und ich machte mich an alle die Aufgaben, die sich vor mir auftürmten, besonders an das Problem, von den Fossilien der Fundstelle 333 Abgüsse herstellen zu lassen und sie zu beschreiben. Ich war überzeugt, in diesem Herbst nicht mehr nach Hadar gehen zu können; ich hatte zu Hause zu viel zu tun. Deshalb übertrug ich Tom Gray die Leitung des amerikanischen Teams und rief dann den Examensstudenten Bill Kimbel in mein Büro. Ich sagte: »Sie haben gute Arbeit geleistet. Sie haben Ihre Assistentenzeit hinter sich und sich jetzt für die Anthropologie entschieden. Wollen Sie als Tom Grays Assistent nach Hadar gehen?«

Kimbel war sprachlos. Jeder Paläoanthropologe, der sich für das Pliozän und Pleistozän interessierte, hätte sich darum gerissen, bei Hadar arbeiten zu dürfen. Es gab im ganzen Land keinen Examensstudenten, der Kimbel nicht darum beneidet hätte.

Ich verständigte Taieb von meinen Umdispositionen und erfuhr zu meinem Kummer, daß sich die politische Lage in Äthiopien weiter verschärft hatte. Taieb sagte mir, gleichgültig, wieviel ich in den Vereinigten Staaten zu tun hätte, ich müßte meine Arbeit unterbrechen und ihm helfen, die nächste Grabungskampagne in Gang zu bringen. Wenn ich das nicht täte, würde es keine solche Kampagne geben.

»Vielleicht werden wir ohnedies nichts erreichen«, sagte Taieb. »Wir werden es bestimmt nicht, wenn wir uns nicht beide gemeinsam darum bemühen.«

Im September 1976 trafen wir uns in Addis Abeba wieder. Mir wurde sofort klar, daß Taieb recht gehabt hatte. In den Ministerien hatte praktisch jede Arbeit aufgehört. Der ganze Beamtenapparat war wie gelähmt. Immer wieder hörte man vom plötzlichen Verschwinden oder vom Tod bestimmter Leute. Wir meldeten uns auf der französischen und der amerikanischen Botschaft, und in beiden Vertretungen riet man uns entschieden von der Expedition ab. Auf der amerikanischen Botschaft rechnete man täglich mit »bedeutenden Entwicklungen«. Niemand wollte mir erklären, was das bedeutete. Man sagte mir aber: »Wenn es Sie draußen erwischt, dann sind Sie dort von jeder Hilfe abgeschnitten und auf sich selbst gestellt.«

»Können Sie uns daran hindern, hinauszugehen?« fragte ich.

»Nein. Aber wir möchten Ihnen mit aller Deutlichkeit sagen, wir wünschen nicht, daß Sie hinausgehen. Wir werden durch Sie nur noch weitere Schwierigkeiten bekommen. Die Sorge um Sie und Ihre Leute wird uns belasten. Wir müssen Sie im Auge behalten – und im Notfall herausholen.«

Sogar der unerschütterliche Brite Wilding riet uns ab, denn die Afar, die für die Expedition bis dahin einen gewissen Schutz dargestellt hatten, befanden sich selbst im Aufruhr, und vielleicht würde man sich nicht mehr auf sie verlassen können.

Maurice und ich beschlossen, uns selbst ein Bild von der Lage zu verschaffen. Wir erfuhren, daß ein Afar-Häuptling sein Quartier etwa 50 Kilometer von Hadar auf einer Baumwollpflanzung aufgeschlagen hatte. Nachdem wir uns bei ihm angemeldet hatten, flogen wir mit einem gecharterten Flugzeug hinaus. Auf dem Landestreifen wurden wir von bewaffneten Männern abgeholt und zu einem von Posten bewachten Haus gefahren. Als wir hineingingen, trafen wir auf einen kleinen Mann namens Habib, der mit eisernem Gesicht an einem Tisch saß, während einige bewaffnete Männer hinter ihm standen. Er war der Sohn eines früheren Sultans in diesem Gebiet, der ein paar Jahre zuvor von einem anderen Sultan, Ali Mira, in den Nahen Osten ins Exil geschickt worden war.

Während aller bisherigen Grabungskampagnen hatte Ali Mira in dieser Region die politische Macht in der Hand gehabt. Er hatte seine eigenen Steuern eingezogen, ihm unterstanden alle Gerichte, er hatte keinen anderen Kontakt mit Haile Selassie als die offenbar stillschweigende Vereinbarung, daß er völlig freie Hand hätte, solange er seinen Einfluß auf das Afar-Gebiet beschränkte. Nach der Absetzung von Haile Selassie machte sich nun der politische Sturm in Addis Abeba auch im Afar-Gebiet bemerkbar. Ali Mira war von seinen

Feinden, den treuen Anhängern des vorigen Sultans, fortgejagt worden.

Jetzt war die Stunde des Sohns dieses Sultans gekommen. Mit unbewegtem Gesicht saß der kleine Mann an seinem staubigen Schreibtisch. Aber er hatte die Augen eines Habichts und sah sehr energisch aus. Er fragte uns nach unseren Wünschen.

Wir erklärten ihm, wir brauchten nur die Bestätigung, daß örtliche Unruhen unsere Expedition nicht gefährden würden. Wir fürchteten, wenn es unter den Afar zu ernsten Auseinandersetzungen käme, könnten wir zwischen zwei Feuer geraten.

Der Mann sagte, wir brauchten uns keine Sorgen zu machen. Es gäbe zwar noch einige Banden von Anhängern Ali Miras, aber sie würden rasch unschädlich gemacht werden. In unserem Grabungsgebiet sei alles völlig ruhig. Wegen unserer guten Beziehungen zu den Stammesangehörigen und weil wir nichts mit Politik zu tun hätten, seien wir gern gesehene Gäste.

Der neue Häuptling beauftragte einen seiner Unterhäuptlinge damit, uns zu beschützen. »Er heißt Muhammed Goffra. Er wird Sie begleiten und bei Ihnen leben. Seine Männer werden Sie beschützen. Ich kann Ihnen versichern, daß er mir treu ergeben ist – und das bedeutet, daß Sie unter seinem Schutz nichts zu befürchten haben.«

Während ich ihm zuhörte, hatte ich das Gefühl, mich in einem Militärlager zu befinden. Aber seine Worte beruhigten mich. Irgendwie paßte diese Art der absoluten Machtausübung in diese wüste, abgelegene Gegend. Alles war sehr einfach und vertrauenerweckend. Hier befanden wir uns nicht mehr im komplexen, verwirrenden Netz der Machtkämpfe und Intrigen, die das Leben in der Hauptstadt kennzeichneten. Auf dem Rückflug sagte ich Maurice, ich hätte jetzt ein viel besseres Gefühl.

»Ich auch.«

»Was meinen Sie, sollen wir an unserem Plan festhalten?«

»Ich bin dafür.«

Die Expedition von 1976 begann wie geplant. Gray übernahm die Leitung des amerikanischen Teams. Ich kehrte in die Vereinigten Staaten zurück, um aufzuarbeiten, was so lange liegengeblieben war. Gegen Schluß der Grabungskampagne im Dezember flog ich wieder nach Hadar und brachte die Fossilien aus dem vergangenen Jahr mit, die gemäß den Vereinbarungen mit der äthiopischen Regierung zurückgegeben werden mußten.

Eigentlich hatte ich darum bitten wollen, die Rückgabe um ein Jahr verschieben zu dürfen, verzichtete dann aber angesichts der gespannten politischen Lage darauf. Ich mußte unsere Glaubwürdigkeit gegenüber der Dergue unter allen Umständen erhalten; es hing zuviel davon ab. Ich hatte erfahren, daß die Suche an der Oberfläche bei der Fundstelle 333 fast abgeschlossen war und man noch viel dabei gefunden hatte. Ich stand daher vor dem Problem, die neue Ausbeute in wenigen Wochen aus dem Lande zu bringen. Darüber hinaus hatte man an der Anhöhe 333 mit einer kleinen Grabung begonnen, die zeigte, daß noch mehr Fossilien in der Erde lagen. Ich rechnete damit, daß eine umfangreichere Grabung im folgenden Jahr zu dramatischen Ergebnissen führen würde. Vielleicht stießen wir auf einige vollständige Skelette. Ich stellte mir schon vor, wie diese besser erhaltenen Lucys aussehen würden. Am Schluß hatte man jenseits des Lagers am anderen Flußufer einen sehr gut konservierten Kieferknochen gefunden, und zwar in einer Schicht, die wir bisher noch gar nicht untersucht hatten. Was dort drüben noch auf uns wartete, konnte ich nur vermuten.

Eigentlich hatte es keinen Sinn, Fossilien zurückzugeben, von denen wir noch keine Abgüsse besaßen und die wir noch nicht beschrieben hatten, um sie gegen andere zu vertauschen und die Möglichkeit zu erhalten, neue zu finden. Das war eine Schlange, die sich in den Schwanz biß. Was hatte es für einen Sinn, sich ein interessantes Fossil auszuleihen, es eine Zeitlang in der Tasche zu behalten, um es dann abzugeben und ein anderes dafür zu bekommen?

In dieser so schwierigen Lage beschloß ich, meinen Gipsgießer, Bill McIntosh, mitzunehmen, ihm die Möglichkeit zu geben, die Abgüsse schon in Äthiopien zu machen und damit diese Arbeit wenigstens schon für einige der noch nicht abgegossenen Fossilien zu beenden, bevor sie an das äthiopische Nationalmuseum zurückgegeben werden mußten.

Gray hatte indessen mit anderen Schwierigkeiten zu kämpfen. Die größten Behinderungen ergaben sich in diesem Jahr durch das Transportproblem. Die Expedition hatte einen neuen Lastwagen und wollte ihn für die wöchentliche Versorgung mit Fleisch, Obst und Gemüse aus Addis Abeba einsetzen. Der Mann, der im vergangenen Jahr unser Fahrer gewesen war, wollte aus Furcht vor den Unruhen seine Stelle nicht wieder antreten. Nun suchten Gray und ich nach einem Ersatzmann, und als er gefunden war, unternahm Gray mit ihm eine Probefahrt im Stadtverkehr von Addis Abeba. Schon nach drei Blocks war er gegen einen anderen Lastwagen gefahren und hatte unser Fahrzeug dabei schwer beschädigt. Während es repariert wurde, ging Gray zu dem früheren Fahrer und überredete ihn mit aller ihm zur Verfügung stehenden Überzeugungskraft, sich die Sache noch einmal zu überlegen. Nach zwei Versorgungsfahrten kündigte er zum zweitenmal. Er sagte, seine Mutter sei überzeugt, er werde überfallen und ermordet werden, wenn er bei einer Flußüberquerung langsam fahren müßte. Schließlich gelang es Gray, einen dritten Mann zu finden, dessen Augen aufleuchteten, als er das neue Fahrzeug sah. Er bewährte sich auf der Probefahrt, war aber der geborene Rennfahrer. Sobald er sich selbst überlassen war, raste er davon, als befände er sich auf der Rennstrecke von Le Mans, und sehr bald landete das Fahrzeug in einer fünf Meter tiefen Senke auf dem Dach. Wir konnten unser Versorgungsfahrzeug als Totalschaden abbuchen, und der Fahrer hatte eine schwere Kopfverletzung davongetragen. Nun gaben wir den Versuch auf, die Expedition von Addis Abeba aus mit einem Kraftfahrzeug zu versorgen. Statt dessen setzten wir zunächst ein Flugzeug ein, aber nach wenigen Flügen meinten die Äthiopier, das Risiko, abgeschossen zu werden, sei zu groß. Kabete mußte nun wieder mit den von den Afar gekauften Ziegen auskommen.

Trotz all dieser Hindernisse waren Gray und Kimbel bester Stimmung, als ich im Lager eintraf. Besonders Kimbel war begeistert. Er berichtete von dem Kieferknochen, der am anderen Flußufer gefunden worden war. Ein kleiner Afar-Junge hatte ihn ins Lager gebracht. Ältere Stammesangehörige hatten sich darüber unterhalten, welche der in der Landschaft verstreut herumliegenden Knochen für die verrückten Fremden den größten Wert hätten, und nun hatte er selbst herausgefunden, wie man hominide Kieferknochen erkennt. Der Knochen, den der Junge uns brachte, war die rechte Hälfte eines Unterkiefers mit dem vollständigen Gebiß – ein besonders gut erhaltenes Stück. Er sagte, die andere Hälfte läge noch am jenseitigen Flußufer. Da er wußte, wo sie lag, wollte er Kimbel an die Stelle führen und sie ihm zeigen, wenn wir ihn als Küchenhilfe anstellten. Am gleichen Nachmittag wateten Kimbel und Nicole Page durch den Fluß und folgten dem Jungen etwa eine halbe Stunde, bis er sie richtig zu dem halben Kieferknochen führte. Nachdem beide Hälften zusammengefügt worden sind, stellen sie das beste Stück dieser Art in unserer ganzen Sammlung dar.

Ein weiterer bedeutender Erfolg der Grabungskampagne von 1976/77 war die Entdeckung der ersten Steinwerkzeuge bei Hadar. Eine Mitarbeiterin von Taieb, die französische Archäologin Hélène Roche, hatte einige dieser Stücke am Boden einer Senke, etwa 5 Kilometer außerhalb des Lagers, gefunden. Leider mußte sie nach Frankreich zurückkehren, bevor sie diese wertvollen Funde gründlicher untersuchen konnte. Damit fehlte der Expedition ein Archäologe, der etwas von Steinwerkzeugen verstand. Niemand war in der Lage, die Artefakte und mit ihrer Hilfe die Lebensgewohnheiten der frühen Hominiden zu erforschen, die sie verwendet hatten. Deshalb fragte ich Maurice, ob es ihm recht sei, wenn ich einen Fachmann aufforderte, sich der Expedition für zwei Wochen anzuschließen. Ich dachte dabei an den jungen Neuseeländer Jack Harris, einen außerordentlich tüchtigen Archäologen, der einige Erfahrungen mit Steinwerkzeugen mitbrachte, denn er hatte bei Koobi Fora unter Glynn Isaac und Richard Leakey auf diesem Gebiet gearbeitet. Ich brauchte die Zustimmung von Maurice, weil die Franzosen über sehr gute Archäologen verfügen und glauben, auf diesem Gebiet bei Hadar das Monopol zu haben. Maurice kannte Harris und schätzte ihn. Er überlegte sich, wie seine Kollegen reagieren würden, wenn sich ein nichtfranzösischer Archäologe dem Team anschlösse, meinte aber schließlich, mein Vorschlag sei richtig.

Steinwerkzeuge haben bei der Erforschung der afrikanischen Frühgeschichte manchmal eine wichtige Rolle gespielt, aber nicht immer. In Südafrika hat man gelegentlich Steinwerkzeuge gefunden und immer wieder versucht, sie mit den dortigen australopithecinen Fossilien in Verbindung zu bringen. Wenn das gelingen sollte, dann bedeutete es, daß diese Werkzeuge wahrscheinlich nicht mehr als 1 Million Jahre alt waren, vielleicht aber auch 2 Millionen Jahre. Die Verbindung konnte jedoch nie hergestellt werden. Niemand hat beweisen können, daß die Australopithecinen in Südafrika Werkzeuge benutzt haben. Alles scheint vielmehr darauf hinzudeuten, daß kein *Australopithecus* irgendwo Werkzeuge hergestellt oder verwendet hat. Überall, wo man sehr alte derartige Artefakte gefunden hat, ließen sie sich gewöhnlich mit Fossilien des *Homo* in Verbindung bringen. So sind die südafrikanischen Werkzeuge wahrscheinlich Erzeugnisse des *Homo erectus*. In der Schlucht von Olduvai, wo die Werkzeuge fast 2 Millionen Jahre alt sind, lassen sie sich dem *Homo habilis* zuordnen.

Die Altersbestimmung für Steinwerkzeuge ist nicht leicht. Mit dem Stein selbst lassen sich keine radiometrischen Datierungen durchführen, auch wenn es sich um vulkanisches Gestein handelt. Der Grund liegt darin, daß der Hominide, der das Werkzeug hergestellt hat, dazu einen Stein verwendet haben kann, der 50 oder 100 Millionen Jahre älter war als er selbst. Vielleicht hat er den Stein auch an einem ganz anderen Ort gefunden und bearbeitet als an der Fundstelle. Bearbeitete Steine haben zudem an ihrer Oberfläche oft so starke Veränderungen erfahren, daß eine korrekte Datierung nicht mehr möglich ist. Deshalb muß man sich das Werkzeug selbst im Zusammenhang mit den geologischen und fossilen Gegebenheiten in der Umgebung der Fundstelle ansehen.

Das Werkzeug selbst wird oft kaum etwas aussagen. Es handelt sich dabei um das denkbar beständigste Material, das man auf dieser Erde finden kann. Nachdem es in der vorliegenden Form hergestellt wurde, hat es sich durch keine äußeren Einwirkungen verändert. Es kann fortgeworfen, unter Ablagerungen begraben und nach 2 Millionen Jahren wieder an der Erdoberfläche zum Vorschein gekommen sein,

ohne daß es sich während dieser Reise durch die Zeit und die geologischen Umschichtungen verändert hat. Wenn man es daher an der Erdoberfläche findet und daran keine besonderen handwerklichen Merkmale feststellen kann, die auf sein Alter hinweisen, woran soll man erkennen, wie alt es ist? Mit anderen Worten: Wenn Menschen vor tausend Jahren ähnliche Werkzeuge hergestellt und sie liegen gelassen haben, wie soll ein Archäologe zwischen ihnen und einem Werkzeug unterscheiden, das 1 Million Jahre früher entstanden ist?
Es gibt Unterschiede in der Bearbeitungsweise, die etwas über das Alter des Werkzeugs aussagen können. So haben wir die äußerst primitive Oldowan-Industrie, die von den Leakeys in der Schlucht von Olduvai entdeckt und so benannt worden ist. Heute wissen wir, daß sie wenigstens 1,8 Millionen Jahre zurückliegt, vielleicht sogar 2 Millionen Jahre. Der Beweis dafür sind ähnliche Artefakte, die man am Omo und am Turkana-See gefunden hat. Außerdem gibt es die fortgeschrittenere Acheuléen-Industrie, die man mit dem *Homo erectus* in Verbindung gebracht hat. Dieser neue Werkzeugtypus und der neue Typus des *Homo* scheinen vor etwa 1,5 Millionen Jahren plötzlich aufgetreten zu sein und sich anschließend kaum weiterentwickelt zu haben. Weder die Werkzeuge noch der *Homo erectus* haben sich im Verlauf von wenigstens 1 Million Jahren irgendwie verändert. Man hat den Eindruck, daß dieser frühe afrikanische Jäger und Sammler mit den Acheuléen-Werkzeugen alle seine Bedürfnisse befriedigen konnte und keinen Grund hatte, sie zu verbessern.
Harris erwähnte diese Tatsache, als ich mich mit ihm über die Steinwerkzeuge unterhielt. Er sagte, es sei wirklich unmöglich gewesen, ein am Turkana-See an der Erdoberfläche gefundenes Werkzeug zu datieren, weil auch heutige Menschen, die scharfkantige Gegenstände brauchen, um Beutetiere zu zerlegen, noch die gleichen Steinwerkzeuge herstellen wie vor tausend Jahren. Es gäbe in der Tat noch Menschen, die sich dieser Werkzeuge bedienen. Da sie so dauerhaft sind, fände man überall in Afrika aus Stein hergestellte Artefakte, und zwar ebenso, wie die Suche nach hominiden Fossilien vom Auffinden fossiler Tierknochen begleitet wird. Die Werkzeuge nützen uns dabei jedoch viel weniger als die Säugetierfossilien, weil sie sich kaum weiterentwickelt haben. Ein Werkzeug könnte man nur datieren, wenn man es ausgrübe und in der Schicht fände, in der der Eigentümer es verloren hat.

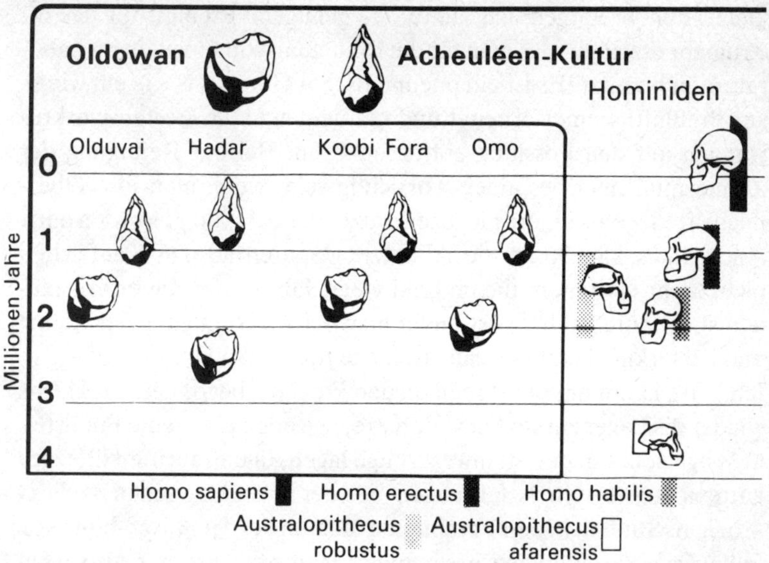

Das Diagramm zeigt Werkzeuge des Oldowan und des Acheuléen nach der Fundstelle und ihrem Alter geordnet, und wir sehen daraus, daß die des Oldowan wahrscheinlich vom Homo habilis *und die des Acheuléen vom* Homo erectus *hergestellt worden sind. Die 2,5 Millionen Jahre alten Oldowan-Werkzeuge aus Hadar lassen vermuten, daß der* Homo habilis *ebenso alt ist, denn es gibt nirgends Hinweise darauf, daß die Australopithecinen Werkzeuge eines dieser beiden Typen benutzt haben. Augenscheinlich sind Steinwerkzeuge eine Erfindung des* Homo.

Wenn wir zu graben anfingen, dann begaben wir uns auf das den französischen Archäologen vorbehaltene Gebiet. Maurice hielt es für richtiger, wenn sich Harris von der Stelle fernhielt, an der Hélène Roche gearbeitet hatte. Da weder er noch Harris genau wußten, an welcher Stelle des Hanges in dieser Senke sie ihren Fund gemacht hatte, wies ich Harris an, sich auf den gegenüberliegenden Hang zu beschränken.

Harris machte sich sofort an die Arbeit, während ich mich einige Tage damit beschäftigte, die gefundenen Fossilien zu reinigen. Ich hatte auch einige Stücke von der Fundstelle 333 mitgebracht, die noch in der letzten Grabungskampagne entdeckt worden waren. Wir hatten sie bisher noch nicht gereinigt und wissenschaftlich beschrieben. Ich konnte mich im Lager mit dieser Arbeit beschäftigen, weil ich eine kleine Pumpe mitgebracht hatte, die genügend Preßluft für das Instrument erzeugte, das man für die Reinigung von Fossilien im Laboratorium benutzt. Es ist ein pneumatisches Gerät, das wie ein winziger Preßlufthammer arbeitet und mit dem man die Gesteinsverkrustungen auf den Fossilien entfernen kann. Bei der Reinigung der Zähne muß man besonders vorsichtig sein, wenn man ihre Oberfläche freilegen will, die nicht zerkratzt oder beschädigt werden darf. Andernfalls kann man die Abnutzungsspuren an den Kauflächen nicht mehr erkennen, die im Lauf vieler Jahre beim Kauen entstanden sind. Zum Schluß verwendet man bei der Reinigung der Zähne und Kieferknochen feine zahnärztliche Instrumente.

Ich hatte kaum mit der Arbeit an den Fossilien begonnen, als Harris wieder ins Lager zurückkam. Er hatte, wie er glaubte, eine Fundstelle festgestellt, an der Steinwerkzeuge lagen, und brauchte Hilfe. Ich hatte meine ersten Erfahrungen bei der archäologischen Außenarbeit als Student in den Vereinigten Staaten bei der Ausgrabung von indianischen Siedlungen gesammelt. Man brauchte mir also nicht mehr zu sagen, wie man eine Meßlatte hält oder ein Gebiet in Quadrate aufteilt. Wir gingen sofort an die Arbeit und gruben ein Quadrat mit einer Seitenlänge von 7,5 Metern und einer Tiefe von 60 Zentimetern aus. Darin fanden wir etwa zwei Dutzend Artefakte und daneben das Bruchstück eines Elefantenmolars sowie einige andere Knochenfragmente. Als ich mir die geologischen Gegebenheiten ansah, konnte ich mir sehr gut vorstellen, wo wir uns in der stratigraphischen Säule befanden, weil ich glaubte, eine Schicht der BKT-Asche zu erkennen. Das war das Material, das Aronson und Walter an anderer Stelle für die Datierung der Ablagerungen verwendet hatten. Doch um sicher zu sein, bat ich Walter, Proben davon nach Cleveland mitzunehmen. Inzwischen vermutet er, daß die Werkzeuge aus einer Schicht zwischen BKT-2 und BKT-3 kommen. Damit wären sie 2,5 Millionen Jahre alt und die ältesten bisher auf der Welt gefundenen Steinwerkzeuge.

Die Werkzeuge, die wir fanden, waren aus Basalt und zeigten immer wieder die gleiche Form. Sie waren handwerklich sogar besser gemacht als die bei Olduvai gefundenen. Das war für uns eine große Überraschung. Sie schienen meine schon veröffentlichte Auffassung zu bestätigen, daß die großen Hominiden bei Hadar der Spezies *Homo* angehörten. Konnten Australopithecinen solche Dinge hergestellt haben? Ich glaubte es nicht. Jetzt fing ich an, mir zu überlegen, woran ich im kommenden Jahr arbeiten sollte. Ich konnte mich ganz auf die archäologische Erforschung der Werkzeuge konzentrieren, die Fossilien führende Schicht am oberen Teil der Anhöhe 333 untersuchen – oder beides in Angriff nehmen. Letzteres würde bedeuten, daß wir eine noch größere Zahl von Mitarbeitern brauchten als in diesem Jahr, und das würde die Kosten der Expedition wesentlich erhöhen. Aber ich hatte das Gefühl, wenn wir den Stiftungen und den privaten Spendern zwei so wichtige Vorhaben schmackhaft machen konnten – die Erforschung der ältesten Menschen und der ältesten Werkzeuge der Welt –, dann hatten wir gute Aussichten, das notwendige Geld zusammenzubekommen.

Aber in Paris waren die Aussichten nicht so günstig. Hélène Roche hatte davon gehört, daß wir in ihr Reservat eingedrungen waren, und beschwerte sich bei Taieb darüber. Im September 1977 trafen sich alle maßgebenden Persönlichkeiten auf dem Panafrikanischen Kongreß in Nairobi, um sich über alle die Expedition betreffenden Fragen auszusprechen. Unsere Probleme wurden dabei in freundschaftlicher Weise gelöst. Die Beziehungen zwischen Taieb und mir nahmen keinen Schaden und waren auch weiterhin von Wertschätzung und Vertrauen bestimmt, und das war in diesem ganzen Gerangel um Zuständigkeiten die Hauptsache.

Nach dem Kongreß sagte Maurice: »Wenn Sie Harris im nächsten Jahr wieder mitbringen wollen, werden wir versuchen, ihn an der richtigen Stelle einzusetzen. Er ist ein tüchtiger Mann. Ich bin überzeugt, wenn Hélène Roche ihn kennenlernt, werden die beiden gut zusammenarbeiten.«

»Das hoffe ich. Wenn wir die Werkzeuge wirklich auf 2,5 Millionen Jahre datieren können, dann muß das durch erstklassige archäologische Daten bestätigt werden, denn es wird natürlich allgemeines Erstaunen und große Überraschung auslösen.«

»Das ist sicher richtig«, sagte Taieb.

Über die Frage der Werkzeuge sprachen wir erst einige Monate nach Abschluß der Grabungskampagne. Das Lager war abgebaut, und fast alle Expeditionsteilnehmer waren abgereist. Ich hatte die hominiden Fossilien eingepackt und war nach Addis Abeba gefahren. Gray und einige andere waren noch mit dem letzten Aufräumen beschäftigt.

Wie gewöhnlich war die Verpflegung zuletzt knapp geworden. Zum Abschied hatte Kabete aus einem einzigen Straußenei ein riesiges Omelett gebraten. Es hatte für elf Menschen gereicht und vorzüglich geschmeckt.

Gray hatte in diesem Jahr mit dem Aufräumen eine anstrengende Arbeit übernommen. Eine sehr umfangreiche Sammlung von Säugetierfossilien mußte in Kisten verpackt werden, damit wir sie in Äthiopien einlagern konnten, denn es waren zu viele, als daß wir sie in die Vereinigten Staaten hätten schicken können. Zelte, Feldbetten, Kochgerät, Wasserfilter, Tische, Stühle und Lampen wurden auf Lastwagen und andere Kraftfahrzeuge verladen. Alle Konservendosen, Pappkartons, Bindfäden, Draht und Plastikfolie und was wir noch wegwerfen wollten, übernahmen die Afar, deren Frauen ins Lager kamen und mit dem Einsammeln begannen, bevor sich die Fahrzeugkarawane in Bewegung setzte, um aus dem Grabungsgebiet auf die Hochebene hinaufzufahren und die beschwerliche Reise in die Hauptstadt anzutreten.

Ich war indessen schon mit allen Fossilien von der Fundstelle 333 in Addis Abeba angekommen und hatte auch die wenigen Stücke vom vergangenen Jahr mitgenommen, die ich in letzter Minute im Lager noch hatte reinigen können.

Die meisten Fossilien von der Fundstelle 333 aus der Grabungskampagne 1975 waren in den Vereinigten Staaten zurückgeblieben, damit sie den Wissenschaftlern dort so lange wie möglich zur Verfügung standen. Ich hatte angeordnet, daß meine Mitarbeiterin Bobbie Brown sie in letzter Minute nach Addis Abeba fliegen und mir berichten sollte, was noch mit ihnen geschehen müßte. Dann wollte ich entscheiden, ob ich das Museum um eine Verlängerung der Ablieferungsfrist bitten sollte. Die Tatsache, daß ich mir die Mühe gemacht hatte, sie rechtzeitig zurückzubringen, würde, wie ich hoffte, als Beweis meiner Zuverlässigkeit und meiner guten Absichten anerkannt werden.

Bobbie traf pünktlich ein und übergab mir ihre Fossilien. Sie sagte, von einigen seien noch keine Abgüsse gemacht worden. Ich ging mit der ganzen Sammlung zu den Behörden. Da sie im vergangenen Jahr in Gegenwart von Alemayehu als Vertreter der äthiopischen Regierung registriert worden waren, mußte er auch jetzt ihre Rückgabe überwachen und bestätigen, daß die Sammlung vollständig war. Angesichts der unübersichtlichen Lage zweifelte ich daran, daß er kommen werde. Aber zu meiner großen Erleichterung ließ er uns nicht im Stich. Er überprüfte die Zahl der Fossilien und bestätigte, daß die Sammlung komplett sei. Die ganze Sache ging so glatt, daß ich mich entschloß zu fragen, ob ich einzelne Stücke mitnehmen dürfte, um meine Arbeit abzuschließen. Zu meiner Überraschung gab man mir die Erlaubnis.

Nachdem sich das Problem mit den Fossilien aus dem Jahr 1975 so glücklich gelöst hatte, ging es an die Registrierung der Sammlung aus den Jahren 1976/77. Das erforderte die Gegenwart des Äthiopiers Getachew, der bei dieser Kampagne Alemayehu abgelöst hatte. Wieder geschah ein Wunder: Auch Getachew war zur Stelle. Am folgenden Tag begleitete er mich zum Kultusministerium, um die Papiere abzuholen, mit denen die Übergabe der Sammlung offiziell bestätigt werden sollte. Die Leitung übernahm der ständige Sekretär des Ministeriums, ein dynamischer junger Mann, der die Papiere lächelnd und mit schwungvoller Unterschrift zeichnete. Eine halbe Stunde darauf fuhr der Sekretär im Wagen nach Hause und wurde vor seiner eigenen Haustür überfallen und erschossen.

Ich erfuhr nichts von diesem Zwischenfall, sondern hörte erst am nächsten Vormittag, was geschehen war, als ich zum Ministerium kam, um die Papiere zu übergeben. Die Beamten im Ministerium standen noch unter Schock. In dieser Atmosphäre einer Panik, die alles zu lähmen schien, ging ich von einem Büro zum anderen und sprach den offensichtlich sehr erregten Leuten, die ich dort traf, mein Beileid aus. Zum Glück konnte ich sie dazu bewegen, die Photos zu überprüfen, die Fossilien anzusehen und die notwendigen Dokumente mit ihren Namenszeichen zu versehen. Wenn jemand Schwierigkeiten zu machen versuchte, sagte ich, der Sekretär werde an diesem Nachmittag beigesetzt, und es wäre sicher vernünftig, diese letzte Arbeit rasch zu erledigen, damit alle zur Beerdigung gehen könnten. Gegen Mittag hatte ich den Marsch durch die Institutionen beendet und alle Unterschriften, die ich brauchte. Ich übergab Getachew die Papiere und bat ihn, sie bis zum nächsten Morgen aufzubewahren. Dann mußten sie dem Museum vorgelegt werden, das die Fossilien übernehmen und wieder an mich aushändigen würde.

»Was ist mit diesen Leuten los?« fragte ich Getachew beim Verlassen des Gebäudes. »Sie schienen große Angst zu haben.«

»An ihrer Stelle hätte ich auch Angst«, sagte er.
»Es schien aber mehr zu sein als das. Einige sahen aus, als trachte man ihnen nach dem Leben.«
»Ja.«
»Was soll das bedeuten, ›ja‹? Warum würde irgend jemand diese Beamten umbringen wollen?«
»Ich weiß es nicht. Es gibt Gerüchte. Irgend etwas bereitet sich vor.«
»Werden Sie zur Beisetzung des Sekretärs gehen?«
»Nein«, sagte Getachew. »Ich glaube, es ist klüger, es nicht zu tun. Das gilt auch für Sie. Tun Sie es besser nicht.«
Ich folgte seinem Rat und machte statt dessen dem Kulturattaché der französischen Botschaft einen Besuch. Ich hatte ihn durch Taieb kennengelernt. Der Attaché forderte mich auf, zum Abendessen zu ihm zu kommen. »Packen Sie Ihren Koffer und bringen Sie ihn mit. Bleiben Sie die Nacht bei uns. Für die Stadt ist ein Ausgehverbot angeordnet worden, und es könnte sein, daß Sie nicht mehr in Ihr Hotel zurückkönnen.«
Ich nahm die Einladung an. Um elf Uhr abends wurde der Attaché vom französischen Botschafter angerufen und war höchst überrascht zu hören, daß am gleichen Vormittag ein Staatsstreich stattgefunden hatte und das Land jetzt von einer neuen Gruppe militärischer Führer regiert wurde. Das alles hatte sich ereignet, während ich meine Runde durch das Ministerium machte. Nichts davon war an die Öffentlichkeit gedrungen. Ich konnte mir immer noch nicht erklären, ob die Ermordung des Sekretärs am Tage zuvor etwas mit dem Machtwechsel zu tun hatte. »Ein Staatsstreich?« fragte ich den Attaché. »Ein regelrechter Staatsstreich?«
»Das hat der Botschafter gesagt.«
Im Verlauf des Abends sagte der Botschafter noch mehr. Am Vormittag war die Militärjunta auf Anordnung ihres Vorsitzenden, des amtierenden Regierungschefs Oberst Tefarra Benti, zu einer Besprechung zusammengekommen. Dabei kam es zu Meinungsverschiedenheiten an der Regierungsspitze und zu einigen unerwarteten Exekutionen. Der neue Führer war Mengistu, und er hat seither die Regierungsgewalt in der Hand.
In der Nacht konnte ich kaum schlafen und machte mir Sorgen darum, daß ich Getachew die Papiere überlassen hatte. Ich war überzeugt, weder ihn noch Alemayehu jemals wiederzusehen. Wer würde

in einem Land, das sich im Aufruhr befand und nur mit Waffengewalt beherrscht wurde, noch auf einen unbekannten Ausländer hören, der darum bat, irgendwelche Knochen ausführen zu dürfen? Ich glaubte sicher, daß der ganze zwei Wochen dauernde Papierkrieg vergebens gewesen sei und wir zwei Jahre umsonst bei Hadar gearbeitet hätten. Welchen Sinn hatte all unsere Mühe gehabt, wenn uns nur noch die Hälfte der »ersten Familie« zur Verfügung stand? Am folgenden Morgen stand ich auf und verabschiedete mich von dem Attaché, meldete mich in meinem Hotel ab und schleppte mich deprimiert zum Museum. Ich war höchst erstaunt, Alemayehu und Getachew dort zu finden. Sie warteten darauf, mir die Fossilien zu übergeben, nachdem sie alle vorschriftsmäßig registriert worden waren. Zuerst bekam ich die Stücke aus der Kampagne von 1975, von denen wir noch keine Abgüsse hatten, und dann die gesamte Sammlung aus dem Jahr 1976. Jedes Stück war einzeln eingewickelt, und alle zusammen lagen in einer großen Kiste. Staunend und fast ungläubig übernahm ich meinen Schatz.

Jetzt mußte ich nur noch die Kontrolle auf dem Flughafen hinter mich bringen. Mit Zittern und Zagen traf ich dort ein und rechnete fast damit, daß die Militärs ihn geschlossen hätten. Aber alles schien völlig normal zu sein. Als ich ein paar Wochen zuvor hier durch den Zoll gekommen war, hatte ich einige Exemplare meines Artikels in der Zeitschrift »National Geographic« verteilt, weil ich glaubte, eine Geschichte über äthiopische Fossilien könnte die Frauen interessieren, die mein Gepäck prüften. Jetzt erinnerten sie sich meiner: Der Mann mit den Fossilien.

»Noch mehr Fossilien?«

»Ja. Es sind sehr interessante und wichtige Fossilien.«

Sie winkten mich durch. Den Weg zur Maschine legte ich im Laufschritt zurück, die Kiste mit den Knochen fest an mich gepreßt.

12. Koobi Fora und Laetoli: Meinungsverschiedenheiten über Datierungen und Fußabdrücke

Ich habe mich stets darum bemüht, unvoreingenommen zu bleiben, um auf jede auch noch so geliebte Hypothese verzichten zu können (ich kann der Versuchung nicht widerstehen, zu jedem Thema eine Hypothese aufzustellen), sobald die Tatsachen sie widerlegen. Ich habe auch gar keine andere Wahl, denn mit Ausnahme der Korallenriffe kann ich mich an keine einzige zunächst aufgestellte Hypothese erinnern, die nicht nach einiger Zeit aufgegeben oder wesentlich modifiziert werden mußte.
Charles Darwin

Auf Argumentationen sollte man verzichten. Sie sind immer vulgär und oft überzeugend.
Oscar Wilde

Im Februar 1977 war ich wieder in Cleveland. Hier stand mir zum erstenmal die gesamte Fossiliensammlung aus Hadar zur Verfügung; das Kniegelenk, die Kieferknochen, Lucy und alle Fossilien der ersten Familie von der Fundstelle 333. Daß es uns gelungen war, eine solche Sammlung zusammenzutragen, grenzte ans Wunderbare. Wir hatten es dem Umstand zu verdanken, daß wir rechtzeitig an die Fundstellen gekommen waren, Glück gehabt, Ausdauer bewiesen hatten – und es nicht ganz an Mut hatten fehlen lassen. So war eine beachtliche Sammlung entstanden. Sie war nicht annähernd so umfangreich wie die Sammlungen aus Südafrika insgesamt, übertraf diese jedoch weit an Qualität. Unsere Sammlung sagte viel mehr über das vollständige Skelett, die einzelnen Stücke waren besser erhalten, und sie waren viel genauer datiert als das Material aus Südafrika.
Wir verfügten hier über mehr als 350 einzelne fossile Stücke von männlichen, weiblichen und jugendlichen Individuen, die genügend Abweichungen zeigten, um uns die Gewißheit zu geben, daß sie sich als typisch für eine ganze Population bewerten ließen. Nach einer solchen Beurteilung sollte es möglich sein, zu bestimmen, was diese Knochen darstellten. Stammten sie vom *Australopithecus africanus*,

vom *Homo habilis* oder von einer anderen Spezies? Was sich am Schluß auch ergeben mochte, über diese Spezies würde man mehr wissen und ein besseres Verständnis für sie haben, als das bisher in anderen Fällen möglich gewesen war.

Meine Aufgabe war es jetzt, diese Analyse vorzunehmen. Zwar stand ich noch am Anfang meiner wissenschaftlichen Laufbahn, war mir aber der Tatsache bewußt, daß diese Arbeit der wichtigste Beitrag sein könnte, den ich in der paläoanthropologischen Forschung zu leisten hätte. Mir stand eine mit nichts anderem vergleichbare Sammlung zur Verfügung. Sie beleuchtete eine kurze Periode – um 3 Millionen Jahre v. Chr. –, und aus dieser Periode besaßen wir aus anderen Teilen der Erde keine Fossilien. Die am Omo gefundenen fossilen Knochen vergleichbaren Alters ließen sich schwer auswerten, weil es nur relativ schlecht erhaltene Fragmente waren. Der von Richard Leakey gefundene Schädel 1470, von dem er zwar immer noch behauptete, er sei 2,9 Millionen Jahre alt, wurde von der Wissenschaft im allgemeinen nur noch auf weniger als 2 Millionen Jahre geschätzt. Damit waren die Hominiden von Hadar praktisch etwas ganz Einmaliges.

Als ich eines Abends im Keller des Cleveland Museum allein in meinem Büro saß, legte ich alle Kieferknochen vor mich auf den Tisch. Es war ganz still im Raum. Das Laboratorium glich einem Luftschutzbunker. Es hatte Betonwände, lag unter der Erde und war fensterlos. In dieser Stille betrachtete ich die Kieferknochen, die Reihen perlgrauer Zähne und die groben, braunen Unterkiefer. Wie sie da so vor mir lagen, ohne benannt oder identifiziert zu sein, schienen sie mich zu verhöhnen. »Was sind wir?« flüsterten sie. »Wir sind 3 Millionen Jahre alt.« Entgegen allen Gesetzen der Wahrscheinlichkeit, angesichts eines so hohen Alters und trotz ungünstigster politischer Voraussetzungen war es mir gelungen, sie zu finden. Doch was sollte ich jetzt mit ihnen tun?

Ich mußte wieder an Laetoli und die Fossilien denken, die Tim White und ich uns in Nairobi angesehen hatten. Die Existenz jener anderen Population, so klein sie auch war, beschäftigte mich immer wieder. Laetoli war zwar 1600 Kilometer von Hadar entfernt, und die Ablagerungen dort waren vielleicht 800000 Jahre älter – sie brauchten es aber nicht zu sein; die Fossilien der beiden Fundstellen glichen einander jedoch so auffallend, daß die Logik mich zwang, anzunehmen, daß zwischen beiden Populationen evolutionäre Zusammenhänge bestanden. Es war Zeit, daß ich mich wieder mit Tim in Verbindung setzte, um beide Sammlungen genauer zu untersuchen.

Bei den beiden bisherigen Zusammentreffen war ich gut mit ihm ausgekommen. Mir gefiel seine Direktheit; seine Bereitschaft, eine Streitfrage aufzuwerfen, um eine Diskussion in Gang zu bringen, und einen Standpunkt aufzugeben, wenn er augenscheinlich falsch war. Vor allem aber mochte ich seine kompromißlose Skepsis; seine Weigerung, sich mit Spekulationen zufriedenzugeben, und seine Forderung, daß man nur etwas glauben dürfe, wenn die Fossilien es klar bewiesen, wenn sie einwandfrei datiert waren und eine detaillierte und präzise Laboratoriumsanalyse vorlag.

Was mich an Tim etwas störte, war sein undiplomatisches Verhalten. Die Kompromißlosigkeit, die ihn zum guten Wissenschaftler machte, ließ ihn auch zu einem etwas rücksichtslosen, aber empfindlichen Gesprächspartner werden. Ursprünglich hatte Tim Richard Leakey bewundert und am Turkana-See wertvolle Arbeit für ihn geleistet, aber dann waren Meinungsverschiedenheiten aufgetreten, und die Freundschaft war abgekühlt.

Bei den Meinungsverschiedenheiten mit Leakey ging es um die Datierung der am Turkana-See gefundenen Fossilien. Dabei müssen wir daran denken, daß die Leakeys und John Harris, als sie nach Hadar kamen, ein so besonderes Interesse für die dort gefundenen Säugetierfossilien zeigten. Besonders Harris hatte in der Sammlung von Hadar unbedingt 3 Millionen Jahre alte Zähne des *Equus* finden wollen, um die am Turkana-See gefundenen *Equus*-Zähne in etwa die gleiche Altersklasse einordnen zu können. Wohl hatte ich ihn davon überzeugt, daß es sich bei Hadar nicht um die Zähne des *Equus* handelte, sondern daß die hier gefundenen Pferde einer älteren Spezies, der des *Hipparion*, zuzuordnen seien. Aber das hatte Harris nicht befriedigt. Er war überzeugt, daß der KBS-Tuff am Turkana-See richtig datiert worden sei. Es beunruhigte ihn daher, daß die biostratigraphischen Erkenntnisse in anderen Grabungsgebieten seiner These zu widersprechen schienen.

Schon 1972, als der am Turkana-See arbeitende Elefantenspezialist Vincent Maglio zu dem Schluß kam, daß die Elefantenfossilien, die er untersuchte, nicht so alt waren, wie sie nach der Datierung mit dem KBS-Tuff hätten sein müssen, waren Zweifel am Alter dieses Materials aufgetreten. Maglio machte Leakey auf diesen Umstand aufmerksam, der sich aber nicht beeindrucken ließ, während Maglio selbst die Beschäftigung mit der Anthropologie aufgab und anfing, Medizin zu praktizieren.

Doch dann führte der Schweineexperte Basil Cooke einen ernster zu nehmenden Angriff gegen die Datierungsmethoden, die man bei der Altersbestimmung des KBS-Tuffs angewendet hatte. Er hatte eine detaillierte Sequenz verschiedener Evolutionsreihen von Wildschweinen über einen Zeitraum von 2 Millionen Jahren zusammengestellt. Den größten Teil seiner Arbeit hatte er am Omo vorgenommen, und deshalb waren seine Daten zuverlässig. Anschließend stellte er Vergleichsuntersuchungen an anderen Orten an, die am ostafrikanischen Rift-System gelegen waren – an Schweinen aus Olduvai und aus Hadar, kurz gesagt an allen Wildschweinfossilien, die sich datieren ließen. Überall ergab sich das gleiche Bild. Die Evolution der Schweine hatte sich über einen weiten Raum hinweg in den zeitlich gleichen Abständen vollzogen – überall, nur nicht am Turkana-See, wo eine Zeitdifferenz von mehr als 800000 Jahren bestand. Daraus ergab sich, daß entweder die Schweinefossilien am Turkana-See oder alle anderen falsch datiert waren.

Für seine Beweisführung hatte Cooke vor allem eine Schweineart namens *Mesochoerus* verwendet. Dieses Tier war vor 2 Millionen Jahren in ganz Ostafrika vorgekommen. Am Turkana-See hatte es jedoch, wenn man der KBS-Datierung folgen wollte, vor fast 3 Millionen Jahren gelebt.

Der Bericht von Cooke wurde von vielen Wissenschaftlern zur Kenntnis genommen und verursachte einige Aufregung. Er konnte jedoch die Überzeugung von Richard Leakey, daß die Kalium-Argon-Datierung des KBS-Tuffs richtig sei, nicht erschüttern. 1975 nahm er in London an einer Konferenz teil und mußte feststellen, daß diese Frage das Hauptgesprächsthema war. Inzwischen beteiligten sich auch viele andere Wissenschaftler an der Diskussion, weil die Datierung des Schädels 1470 an die des KBS-Tuffs gebunden war. Wenn sie korrigiert werden mußte, dann sah sich die Wissenschaft gezwungen, ihre Auffassung von der Evolution des Menschen grundsätzlich zu revidieren. *Homo* war dann wahrscheinlich nicht mehr 3 Millionen Jahre alt, wie Richard Leakey behauptete. Statt dessen hatte es zu jener Zeit vielleicht einen *Australopithecus* gegeben, von

dem *Homo* abstammte – und auch das widersprach der Auffassung von Richard und der seines Vaters vor ihm.
Das Londoner Treffen erhielt die Bezeichnung Bishop-Konferenz, denn es war von William Bishop, einem hoch angesehenen britischen Geologen, organisiert worden, der kurz darauf ganz unerwartet auf tragische Weise ums Leben kam. Auf der Konferenz wurden erhebliche Spannungen deutlich. Der in Südafrika geborene Archäologe Glynn Isaac, der gemeinsam mit Richard Leakey am Turkana-See gearbeitet hatte, kam mit einem, wie er sagte, »schweinesicheren Helm« nach London, der ihn gegen die Wildschweinexperten schützen sollte. Cooke hatte sich eine Krawatte umgebunden, auf der die Buchstaben MCP eingestickt waren. Solche Krawatten wurden damals in den Vereinigten Staaten verkauft, und die Buchstaben bedeuteten »Male Chauvinist Pig« (chauvinistisches männliches Schwein).
Aber diese Frivolitäten waren bald vergessen, nachdem die Konferenz angefangen hatte. Cooke hielt einen Vortrag, in dem er seine biostratigraphische Theorie mit überzeugender Logik erläuterte. Er sagte den britischen Wissenschaftlern Fitch und Miller, die für die Datierung des KBS-Tuffs verantwortlich waren, daß ihre Berechnungen falsch seien, und forderte sie heraus, ihn und seine mit Hilfe der Fossilien ermittelten Daten zu widerlegen. Als Beispiel nannte er das *Mesochoerus*, daß überall außer in Koobi Fora 2 Millionen Jahre alt sei, während man behauptete, dort sei es fast 3 Millionen Jahre alt. In der Mittagspause kamen die Wissenschaftler in lebhaft diskutierenden Gruppen zusammen, und ihr Hauptthema waren immer noch die Streitfragen des Vormittags. Ich ging zu der Gruppe, die am Turkana-See gearbeitet hatte. Richard Leakey sagte nichts, aber Glynn Isaac verteidigte leidenschaftlich die dort ermittelten Daten. Er behauptete, die Tatsache, daß die Fossilien am Omo und am Turkana-See aus verschiedenen Perioden stammten, ließe sich durch die ökologischen Unterschiede an beiden Orten erklären. Mir war dieses Argument schon gut bekannt. Auch John Harris hatte mich bei Hadar damit überzeugen wollen.
Cooke, der bis dahin geschwiegen hatte, zeigte nun auf seine Krawatte und sagte: »Sie glauben vielleicht zu wissen, was MCP bedeutet. Sie wissen es aber nicht. Es heißt: ›*Mesochoerus* correlates properly‹ (*Mesochoerus* ist richtig eingeordnet).«
Die Bemerkung von Cooke löste schallendes Gelächter aus, was je-

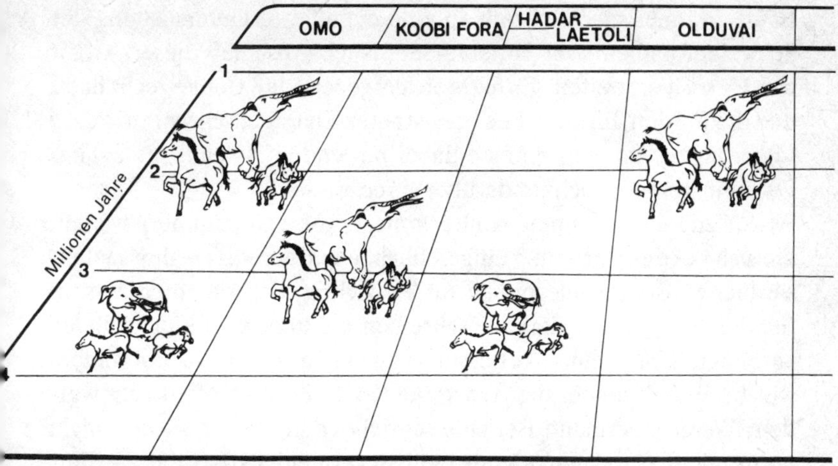

Diese Graphik zeigt, weshalb der Schädel 1470 nicht 2,9 Millionen Jahre alt sein kann. Die biostratigraphischen Forschungsergebnisse (der Vergleich von Säugetierfossilien an verschiedenen Grabungsstellen) beweisen, daß die vor 3 Millionen Jahren lebenden Säugetiere – ein primitives Pferd, ein früher Elefant und ein Schwein – sich wesentlich von den Typen unterschieden, die vor 2 Millionen Jahren in den gleichen Gegenden vorkamen. Das ist für alle Grabungsstellen außer Koobi Fora nachgewiesen. Daraus geht hervor, daß die Datierungen bei Koobi Fora falsch sind und die dort gefundenen Säugetierfossilien von 3 auf 2 Millionen Jahre umdatiert werden sollten. Das würde auch die Umdatierung des Schädels 1470 erfordern.

doch nicht darüber hinwegtäuschen konnte, daß sie eine vernichtende Zusammenfassung der Ergebnisse der Diskussion am Vormittag war. Fast alle Teilnehmer außer der Gruppe vom Turkana-See verließen die Konferenz mit der Überzeugung, daß das Alter des KBS-Tuffs und des Schädels 1470 korrigiert werden müßten. John Harris, der noch immer an seiner Meinung festhielt und glaubte, die Kalium-Argon-Daten von Fitch und Miller seien richtig, war noch unglücklicher als damals bei Hadar, als er voller Hoffnung die *Hipparion*-Zähne untersuchte. Er beschloß, selbst eine biostratigraphische Analyse vorzunehmen, um die Richtigkeit der KBS-Datierung zu beweisen, und sah sich unter den anderen Mitgliedern des Turkana-Teams nach jemandem um, der ihm dabei helfen könnte. Schließlich fiel sein Auge auf Tim White. Tim erklärte sich bereit, mit ihm zu arbeiten.

Beide Männer machten sich an eine detaillierte Untersuchung der Schweinefossilien vom Turkana-See. Nach Abschluß dieser Arbeit war Harris verzweifelt. Es hatte sich ergeben, daß Cooke recht hatte und die für den Turkana-See berechneten Daten falsch waren.
»Wir dürfen es nicht einfach dabei bewenden lassen«, sagte Tim. »Wir müssen mit Richard darüber sprechen.«
Als sie zu Leakey kamen, wollte er nichts von den Irrtümern wissen, die sich bei der Datierung eingeschlichen hatten. Als sie ihm sagten, sie hielten die Angelegenheit für so wichtig, daß sie einen wissenschaftlichen Bericht darüber schreiben müßten, wollte er es ihnen verbieten. Nach seiner Auffassung hatte er das Recht, zu bestimmen, welche Berichte über die Arbeit bei Koobi Fora veröffentlicht wurden. Wenn jedermann Berichte schriebe, dann ließen sie sich nicht koordinieren, und man könnte es nicht vermeiden, daß über die Forschungsarbeit am Turkana-See einander widersprechende Theorien entstünden. Meinungsverschiedenheiten über die Datierung würden die Fachgelehrten nur verwirren. Leakey hatte zufällig gerade einen Aufsatz über einen Beckenknochen an die Zeitschrift »Nature« geschickt und darin erklärt, er sei unterhalb einer 3 Millionen Jahre alten Tuffschicht gefunden worden. Nun erklärte Tim, dieser Beckenknochen sei ein typischer Fall. Nicht nur die Datierung sei verdächtig, sondern der Beckenknochen habe auch gar nicht unterhalb dieser Tuffschicht gelegen. In aller Eile verzichtete Leakey auf die Veröffentlichung des Aufsatzes.
Im Sommer 1976 hatte sich die Diskussion über die Datierung der geologischen Schichten am Turkana-See intensiviert. Leakey, der erkannte, daß sich sowohl die geologischen Erkenntnisse als auch die Datierungen, auf die sich seine Vorstellungen vom Alter des *Homo* gründeten, jetzt als nicht gesichert herausstellten, veranstaltete ein Treffen bei Koobi Fora, um über mögliche Korrekturen zu diskutieren. Glynn Isaac und Kay Behrensmeyer nahmen an diesem Treffen teil. Leakeys Chefgeologe, Ian Findlater, flog zu diesem Zweck von England nach Afrika. Alle hörten aufmerksam zu, als Harris über die Ergebnisse der Analyse der Schweinefossilien berichtete. Dann wies Tim auf die nach seiner Meinung in der stratigraphischen Säule bestehenden Ungereimtheiten hin. Findlater verteidigte die Säule und behauptete, sie sei richtig. Tim, der selbst kein Fachgeologe war, konnte darauf nichts erwidern. Nach langem Hin und Her beschloß man,

bei der Bezeichnung und Numerierung aller am Turkana-See gemachten Feststellungen eine neue Methode anzuwenden. Das war das sogenannte Schema der Kollektionseinheiten. Mit ihm wandte man ein neues Aufschlüsselungssystem an und numerierte die Fundstellen von Fossilien aufgrund der stratigraphischen Erkenntnisse neu. Wenn jetzt von einem Fossil gesagt wurde, es käme aus dem Gebiet 108, Tuff T-2, Kollektionseinheit A, dann würde es schwierig sein, aus dieser Bezeichnung abzulesen, was sie wirklich bedeutete – daß nämlich das Fossil, gemessen am KBS-Tuff, weniger als 2 Millionen Jahre alt war.

Tim war empört. Er hielt das für einen Nebelschleier, mit dem die Irrtümer der Geologen getarnt werden sollten. Die Wissenschaftler, die am Turkana-See arbeiteten, stellten sich hinter diesen Vorschlag, und zwar mit der logisch klingenden Begründung, daß mit dem Anwachsen der Sammlung und des Wissens Revisionen in einem Aufschlüsselungssystem notwendig werden, denn anders werde das System zu kompliziert und lasse sich kaum mehr verwenden.

Welches der Nutzen dieses neuen Systems auch gewesen sein mag, Harris und White waren bereit, sich mit ihm in einem wissenschaftlichen Bericht abzufinden, den sie jetzt schreiben zu müssen glaubten. Sie zeigten Leakey den Bericht, der sich entschieden gegen Behauptungen über die hier gefundenen hominiden Fossilien verwahrte, die Tim eingefügt hatte. Er sagte, dies sei eine Arbeit über die Evolution der Schweine, und die Verfasser sollten daher beim Thema bleiben. Tim erwiderte, es bestünde ein logischer und unbestreitbarer Zusammenhang mit der Interpretation der hominiden Funde.

»Das Schlimme war«, sagte Tim, »daß Richard schon wissenschaftliche Berichte über diese Hominiden veröffentlicht hatte. Es waren ›seine‹ Hominiden, und andere sollten nicht ohne seine Zustimmung über sie reden – wenigstens nicht die Leute, die für ihn arbeiteten. Wissenschaftlern, mit denen er nicht zusammenarbeitete, konnte er natürlich keine Vorschriften machen.«

Harris, der diplomatischer war als Tim, weil er Richard Leakey schon länger kannte, entschloß sich, gewisse Aussagen über die Hominiden zu modifzieren, nachdem er die Zustimmung von Leakey zu seiner Arbeit in ihrer ersten Fassung nicht bekommen konnte. Darauf erklärte Tim, er wünsche, daß sein Name als Mitautor gestrichen würde. Harris kümmerte sich nicht um dieses Verlangen und schickte die

Arbeit an »Nature«. Dort wurde sie abgelehnt. Tim hatte den Verdacht, daß die Redakteure unter Druck gesetzt worden waren. Er erinnerte sich daran, wie die gleichen Redakteure Robert Broom daran gehindert hatten, seine leidenschaftliche Stellungnahme für Darts Kind von Taung zu veröffentlichen, und glaubte, er und Harris seien jetzt die Opfer einer ähnlichen Unterdrückungsmaßnahme. Er hat die Angelegenheit aber nicht weiter verfolgt. Harris und er bekamen das Manuskript zurück, schrieben es um und legten den Aufsatz der Zeitschrift »Science«, dem amerikanischen Gegenstück von »Nature« vor. Er wurde im Januar 1977 veröffentlicht. Tim wurde nicht wieder aufgefordert, an den Turkana-See zu kommen.

Richard Leakey sah nicht tatenlos zu, wie der Schädel 1470 und die Datierung des KBS-Tuffs immer mehr unter Beschuß gerieten. Was sich aus der Analyse der Säugetierfossilien ergab und immer deutlicher erkennbar wurde, beunruhigte ihn so sehr, daß er Fitch und Miller bat, einen zweiten Kalium-Argon-Test vorzunehmen. Sie taten es, und diesmal ergab sich ein Alter von 2,4 Millionen Jahren für diese Schicht. Für die Schweineexperten war das ein Schritt in die richtige Richtung, aber ein noch viel zu kleiner. Sie glaubten, man sollte noch eine dritte Datierung vornehmen. Sie waren begeistert, als Thure Cerling, Examensstudent der University of California, in Berkeley mit einigen Proben des KBS-Tuffs erschien, die er selbst vom Turkana-See mitgebracht hatte. Er übergab die Proben dem anerkannten Fachmann für Kalium-Argon-Datierungen, Garniss Curtis, einem Pionier bei der Verwendung dieser Methode, der sich besonders auf das Pliozän und das Pleistozän spezialisiert hatte.

Curtis untersuchte die Proben und erhielt dabei einmal eine Datierung auf 1,8, bei einem zweiten Versuch auf 1,6 Millionen Jahre. Das entsprach genau den Erwartungen der Fachleute für Schweinefossilien, und sie fühlten sich nun bestätigt. Auch Leakey hatte jetzt jeden Anlaß, über die Konsequenzen nachzudenken. In einem sehr gründlichen Bericht für den »Scientific American« schrieb er 1978, daß die Untersuchungen von Fitch und Miller denen von Curtis widersprächen, sagte aber nicht, welches Untersuchungsergebnis er für das richtige hielt. Nach meiner Meinung hatte Curtis die richtigen Daten ermittelt. Jetzt konnte niemand mehr behaupten, der Schädel 1470 sei älter als 2 Millionen Jahre.

Vor einiger Zeit habe ich Jim Aronson gefragt, wie er sich den Unterschied von 700000 Jahren zwischen den Testergebnissen von Fitch und Miller auf der einen und von Curtis auf der anderen Seite erklären könnte.

»Ich glaube, das hat etwas mit der Reinheit der Proben zu tun«, sagte er. »Curtis und seine Gruppe in Berkeley haben schon zu Beginn erklärt, daß die ihnen zur Verfügung gestellte KBS-Probe durch ein paar Körnchen viel älteren Materials verunreinigt gewesen sei. Da wir immer am äußersten Rande der Leistungsfähigkeit der Kalium-Argon-Technik arbeiten, können solche zufälligen Verunreinigungen sehr viel ausmachen – ein paar Körnchen können den ganzen Test umwerfen.«

Die Berkeley-Gruppe hatte, wie er berichtete, unter dem Mikroskop eine Beimischung von sehr altem Feldspat unter den viel jüngeren Feldspatkristallen festgestellt, die bei dem Vulkanausbruch entstanden waren, der das KBS-Material erzeugt hatte. Es war ihnen gelungen, diese älteren Bestandteile aus der Probe auszusondern, bevor sie ihre Untersuchungen begannen. Die Ergebnisse waren so konstant, daß man sie als zuverlässig betrachten durfte. Sie ergaben ein Alter von durchschnittlich 1,8 Millionen Jahren. Das wurde auch dadurch bestätigt, daß Curtis zwei Arten von Material in der Probe getestet hatte, und zwar Feldspatkristalle und glasartig zusammengeschmolzenen Bims, die beide einen genügend hohen Prozentsatz an Kalium enthielten. Bei beiden Untersuchungen ergab sich das gleiche Alter des Materials.

»Es liegt eine gewisse Ironie darin«, sagte Aronson, »daß der KBS-Tuff heute wahrscheinlich der am zuverlässigsten datierte in ganz Ostafrika ist. Jetzt müssen wir die Fossilien entsprechend datieren. Die Geologie am Turkana-See ist im höchsten Maße verwirrend, und es wird sehr schwierig sein, die einzelnen Schichten richtig zueinander in Beziehung zu setzen. Darin wird die Hauptarbeit für das Team aus Kenia an dieser reichen Fundstelle bestehen.«

Nachdem Tim White den Turkana-See verlassen hatte, arbeitete er als Paläontologe für Mary Leakey bei Laetoli, etwa 48 Kilometer südlich von Olduvai. Von allen Fundstellen im Rift-System ist Laetoli seit je die eigenartigste gewesen. Während sich das Klima am Omo, in Ost-Turkana und bei Afar seit dem Plio-Pleistozän geändert hat, ist das bei Laetoli nicht geschehen. Alle diese Gegenden waren früher sehr fruchtbar, hatten eine reiche Fauna und waren von Flüssen durchzogen, die sich durch dichten tropischen Urwald schlängelten. Heute sind es Halbwüsten. Das stabile Gebiet von Laetoli war trokkener und ist heute grüner als die anderen Gebiete. Es gibt in seiner Nachbarschaft mehrere kleine Seen und eine beachtliche Vegetation. Alljährlich wandern große Gnuherden durch diese Gegend auf dem Wege in die Serengeti-Steppe, und man muß diese gewaltige Masse von Tieren gesehen haben, um eine Vorstellung davon zu bekommen. Dem Touristen erscheint die Umgebung von Laetoli freundlicher als andere Wüstengegenden, aber wer dort Fossilien suchen will, wird durch den Bewuchs mit allerlei Gestrüpp behindert. Die Suche an der Bodenoberfläche ist aus diesem Grund sehr schwierig; man sieht kaum etwas.

Trotzdem hat Laetoli seit 40 Jahren eine starke Anziehungskraft für Paläontologen, weil die Ablagerungen dort als sehr alt galten und angeblich in das Pliozän hineinreichten. In neuerer Zeit vorgenommene Kalium-Argon-Tests haben diese Annahme bestätigt. Man hat zwei Tuffschichten datiert; die eine mit 3,59, die andere mit 3,77 Millionen Jahre. Die hominiden Fossilien, mit deren Untersuchung sich White beschäftigte, stammten aus der dazwischenliegenden Zeit vor etwa 3,7 Millionen Jahren.

Jahrzehntelang war es nicht gelungen, bei Laetoli hominide Fossilien zu finden. Louis Leakey hatte es 1935 versucht, kehrte aber mit leeren Händen zurück. Er wußte nicht, daß ein Zahn, den er dem British Museum als Pavianzahn geschickt hatte, in Wirklichkeit ein hominider Eckzahn war. Es war nicht nur der erste bis dahin gefundene Zahn eines erwachsenen Australopithecinen, sondern es war der erste seit Entdeckung des Kindes von Taung. Er blieb bis 1979 unbeachtet in der Sammlung des Museums liegen, als White ihn dort entdeckte und richtig identifizierte.

Leakey, der nicht wußte, daß er das älteste bis dahin bekannte hominide Fossil in der Hand hatte, packte seine Sachen und ging nach Olduvai. 1938 bis 1939 wurde er in Laetoli von dem Deutschen Kohl-Larsen abgelöst, der das Bruchstück eines Oberkieferknochens mit zwei Prämolaren und einen gut erhaltenen *Alveolus*, das Zahnbett eines Eckzahns, fand.

Leider waren diese sehr alten Fundstücke aus der Gegend von Laetoli viel zu alt und viel zu primitiv, als daß sich irgend jemand hätte vorstellen können, sie stammten nicht von Menschenaffen oder noch primitiveren Affen. In den 1930er Jahren war man einfach gedanklich noch nicht beweglich genug, um diese Funde richtig beurteilen zu können, obwohl man sich fragen mußte, ob man nicht zeitlich weiter zurückgehen sollte, um ältere Vorfahren des Menschen zu finden. Diese Schizophrenie finden wir auch noch heute.

Als sich Mary Leakey 1974 entschloß, bei Laetoli einen neuen Versuch zu unternehmen, war sie wenigstens bereit, sehr alte Fossilien des *Homo* zu erkennen und zu akzeptieren. Als einer der von Leakey ausgebildeten kenianischen Hilfsarbeiter, Kamoya Kimeu, durch das Dickicht einen Graben in die Ablagerungen trieb und mit einem hominiden Fossil zurückkam, machte sich Mary Leakey mit einem eigenen Team an die Arbeit. In den folgenden zwei Jahren fanden sie und ihre Mitarbeiter 42 Zähne, von denen einige noch an Bruchstücken von Kieferknochen befestigt waren. Besonders eines dieser Stücke, LH-4 (Laetoli Hominid 4), war sehr gut erhalten. Es war ein Stück Unterkiefer mit neun Zähnen.

Was jedoch Laetoli von allen anderen Fundgebieten auf der Welt unterscheidet, sind einige Fußabdrücke, die man dort gefunden hat. Das ist eine ganz ungewöhnliche Entdeckung auf dem Gebiet der Paläoanthropologie und ein großer Glücksfall.

In der Nähe von Laetoli liegt der heute erloschene Vulkan Sadiman. Vor nicht ganz 4 Millionen Jahren war er aktiv. Eines Tages kam es hier zum Ausstoß einer Wolke aus Karbonylsauerstoff-Asche. Dieses Material hat eine sehr feine dem Strandsand ähnliche Konsistenz. Noch bevor die Eruption aufhörte, bedeckte er die am Vulkan gelegene Gegend mit einer einen Zentimeter dicken Schicht. Dieser Regen aus feinsten Aschepartikeln muß für die hier lebenden Säugetiere und Vögel sehr unangenehm gewesen sein. Es gibt aber keine Anzeichen dafür, daß sie es mehr als unangenehm empfunden haben, denn sie sind in diesem Gebiet geblieben. Dem Niedergang der ersten Aschewolke, der wahrscheinlich nicht länger als einen Tag gedauert hat, folgte ein Regenguß. Die Asche wurde naß und nahm wie frischer Beton auf einer Straße die Abdrücke aller Fußspuren auf: von Elefanten, Giraffen, Antilopen, Hasen, Nashörnern und Schweinen; dazu die Spuren von Laufvögeln wie Perlhühnern und Straußen. Man kann sogar die winzigen Spuren von Tausendfüßlern feststellen.

In der heißen Sonne von Laetoli trocknete die feuchte Aschenschicht schnell und wurde hart, und damit blieben die darüber hinführenden Fußabdrücke erhalten. Bevor es wieder regnete, kam es zu einem zweiten Vulkanausbruch. Weitere Aschewolken gingen nieder, bedeckten die erste Schicht und konservierten die Fußspuren. Das geschah mehrmals innerhalb etwa eines Monats, und es entstand eine ungefähr 20 Zentimeter dicke vulkanische Tuffschicht. Weil jedoch die vom Vulkan ausgestoßene Asche sich am Boden periodisch verhärtete, besteht der Tuff in Wirklichkeit aus 12 bis 24 deutlich erkennbaren, dünnen Schichten. Einige von ihnen sind in jüngerer Zeit erodiert, und man erkennt sie bei Laetoli hier und dort in Form eines grauen Substrats, wo die obere Schicht einer gröberen Ablagerung abgetragen worden ist.

Eines Nachmittags im Jahr 1976 amüsierten sich einige übermütige Mitglieder der Expedition von Mary Leakey damit, sich mit getrocknetem Elefantendung zu bewerfen. Das scheint eine eigenartige Freizeitbeschäftigung zu sein, aber die Möglichkeiten, sich auf paläontologischen Exkursionen sportlich zu betätigen, sind nicht sehr vielfältig, und es gibt Zeiten, in denen junge Leute Dampf ablassen müssen. Einer von ihnen war Andrew Hill, ein Paläontologe vom National Museum of Kenya. Als er sich bückte, um einem Dunggeschoß auszuweichen und sich nach neuer Munition umzusehen, stand er in einem trockenen Flußbett auf einer Schicht vulkanischer Asche, die durch Erosion freigelegt war. Hier fand er einige ungewöhnliche Abdrücke. Als er sie sich genauer ansah, hielt er sie zunächst für die Fußspuren eines Tiers. Diese Diagnose bestätigte sich, als man eine größere Fläche untersuchte und andere Fußspuren fand. Man unternahm jedoch keine ernsten Anstrengungen, diese ungewöhnliche Entdeckung weiter zu verfolgen. Das geschah erst 1977, als Mary Leakeys Sohn Philip und sein Mitarbeiter Peter Jones mehrere große Elefantenspuren entdeckten und neben ihnen andere feststellten, von denen sie glaubten, es könnten menschliche Fußspuren sein.

Die Öffentlichkeit erfuhr gegen Ende des Jahres von diesen Abdrükken, als Mary Leakey in die Vereinigten Staaten kam und in Pressekonferenzen und Interviews davon berichtete. Für viele schien es fast unvorstellbar, daß etwas so Vergängliches wie ein Fußabdruck so lange erhalten geblieben sein könnte. Aber Mary war überzeugt, daß es sich um die Spuren von Hominiden handelte. Sie beschrieb sie als die

Spuren eines Lebewesens, das noch nicht richtig gehen konnte. Die Abdrücke zeigten angeblich, daß dieser Hominide einen schleppenden Gang gehabt hatte. Daneben berichtete sie, daß es bei Laetoli vielleicht auch auf den Knöcheln gehende Menschenaffen gegeben habe, und von einem Wasserloch, um das sich augenscheinlich Vögel und Säugetiere versammelt hatten. An einigen Abdrücken glaubte sie sogar den Ausbruch einer Panik erkannt zu haben. Vielleicht waren diese Tiere vor einem Vulkanausbruch geflohen.

Die Mitteilungen von Mary Leakey elektrisierten alle, die davon hörten. Sie beschloß, sich während der folgenden Kampagne intensiv mit den Fußabdrücken bei Laetoli zu beschäftigen, und lud die amerikanische Expertin für Fußabdrücke, Louise Robbins, zur Teilnahme an der Expedition ein. White ging in jenem Jahr zum erstenmal nach Laetoli und traf dort auf drei andere junge Wissenschaftler, Peter Jones, Paul Abell und Richard Hay. Sie hatten gewisse Zweifel an der Interpretation der Fußabdrücke durch Mary. White glaubte auch nicht, daß es hier Spuren von auf den Knöcheln gehenden Menschenaffen gäbe. Er hatte sich die Abdrücke genau angesehen und sagte, sie stammten von einem ausgestorbenen großen Pavian, der auf der flachen Sohle ging. Jones meinte, es habe hier auch keinen panikartigen Exodus gegeben, weil die Vögel, die leicht hätten fortfliegen können, auch noch weiter in der Asche herumgelaufen seien, denn überall konnte man ihre Spuren feststellen. Hay fand nichts, was darauf hinwies, daß sich hier ein Wasserloch befunden hätte.

Diese Meinungsverschiedenheiten sorgten für nächtelange Diskussionen im Lager, bei denen es immer wieder um die Argumente für und gegen die menschlichen Fußabdrücke ging. Man konnte sich nicht über diese Frage einigen. Dann fand Paul Abell, der allein einen Erkundungsgang unternommen hatte, eines Tages einen unvollständigen, aber sehr viel deutlicheren Fußabdruck. Er sagte, er sei überzeugt, es sei der eines Hominiden. White und Jones machten ein paar Aufnahmen mit der Polaroidkamera davon und schlossen sich der Meinung von Abell an. Sie empfahlen, in dieser Gegend sofort mit Ausgrabungen zu beginnen. Aber die Expertin für Fußabdrücke, Louise Robbins, sah sich den Abdruck an und erklärte, es sei der eines Spalthufers. Sie riet Mary Leakey davon ab, die Sache weiter zu verfolgen, und meinte, das sei nur Zeitverschwendung. Die Männer waren anderer Ansicht.

Mary Leakey hatte inzwischen genug von dem ewigen Hin und Her. Sie weigerte sich, die Ausgrabungen vornehmen zu lassen. Jones, der überzeugt war, daß es sich um die Fußabdrücke von Hominiden handelte, drängte Mary, eine Grabung geringen Ausmaßes zuzulassen. Mary zögerte. Die Autorität auf diesem Fachgebiet, Louise Robbins, hatte sich eindeutig dagegen ausgesprochen. Es gab in der Nähe der Fundstelle schon jetzt eine Reihe angefangener Grabungen. Wenn weitergegraben werden sollte, dann mußte es jemand tun, der keine anderen wichtigen Aufgaben hatte. Sie schlug den Wartungsmonteur Ndibo vor, der so gut wie nichts von Archäologie verstand.

Doch Ndibo bewährte sich. Er kam am folgenden Tag ins Lager zurück und meldete, er habe nicht nur einen, sondern zwei Fußabdrükke gefunden. Einer dieser Abdrücke war recht groß – etwa 30 Zentimeter lang.

»Diese Afrikaner übertreiben immer«, sagte Mary. Aber sie ging hinaus, um sich die Abdrücke anzusehen und stellte fest, daß Ndibo recht gehabt hatte. Jetzt durfte White mit der Grabung beginnen.

Aus den Abdrücken konnte man entnehmen, daß ihr Verursacher in nördlicher Richtung weitergegangen war und sich seine Spuren unter einer noch nicht erodierten Schicht befinden müßten. Da diese Schicht von zahlreichen Wurzeln durchzogen war, machte es große Schwierigkeiten, die Oberfläche der Ascheschicht freizulegen, ohne sie zu beschädigen, zumal da es sich um eine besonders dünne von zwölf oder mehr anderen Ascheschichten handelte. Aber Tim ist ein ungewöhnlich geduldiger und ausdauernder Mann. Im Verlauf seiner Arbeit fand er zunächst einen und nach einiger Zeit einen zweiten Abdruck. Um sie zu konservieren, goß er sie mit einer Chemikalie aus, und zwar nach und nach mit ganz geringen Mengen, bis sich das Material gehärtet hatte. Langsam und vorsichtig trug er die über der Asche liegende Schicht zentimeterweise ab und stellte fest, daß es sich hier um die Fußspuren von zwei Hominiden handelte.

Inzwischen hatte er das Interesse des ganzen Lagers geweckt. Andere halfen ihm bei seiner Arbeit, und schließlich gelang es, mehr als 50 Abdrücke auf einer Strecke von 23,5 Metern freizulegen. Louise Robbins, deren Aufmerksamkeit auch angeregt worden war, vertrat jetzt eine ganz andere Ansicht als am Anfang. Sie erklärte, es seien wirklich zwei Hominiden gewesen, die wahrscheinlich nebeneinander gegangen wären. Der eine mit den etwas größeren Fußabdrücken sei ein Mann, der andere wahrscheinlich eine schwangere Frau gewesen, und nach den Abdrücken zu urteilen handelte es sich um Hominiden, die schon mindestens 1 Million Jahre aufrecht gegangen seien.

Das sind gewagte Spekulationen. Niemand kann das Geschlecht an den Fußabdrücken erkennen oder sagen, ob eine Frau, von der die Abdrücke stammen, schwanger gewesen sei und ob ihre Vorfahren schon seit so langer Zeit aufrecht gegangen wären. Was sich hier feststellen läßt, ist die Tatsache, daß aufrecht gehende Hominiden unbestimmten Geschlechts vor 3,7 Millionen Jahren bei Laetoli über eine eben entstandene Ascheschicht gegangen sind und dort ihre bis heute erhaltenen Spuren hinterlassen haben. Nach 23,5 Metern verschwanden diese Spuren in der darüber liegenden Asche. Die Ascheschicht, in der sie gefunden wurden, ist erodiert. Hier mußte Tim seine Arbeit an den Fußabdrücken einstellen, und damit endete auch die Grabungskampagne dieses Jahres. Er glaubte jedoch, die Spur müsse sich an anderer Stelle wiederaufnehmen lassen, wenn man die Grabungsarbeiten sorgfältig fortsetzte. Ron Clarke hat das 1979 getan und wirklich neue Abdrücke gefunden.

Tim hat sich an dieser Arbeit nicht mehr beteiligt. Seine Meinungsverschiedenheiten mit Louise Robbins über die Interpretation der Fußabdrücke haben dazu geführt, daß er bei Laetoli ebensowenig gern gesehen wird wie am Turkana-See. Das ist ein Jammer, denn in beiden Fällen hat er nur den jeweiligen Expeditionsleitern zu helfen versucht.

Heute geht es Tim darum, daß die Fußabdrücke, die nun schon in größerer Zahl gefunden worden sind, möglichst sorgsam behandelt werden. Sie sind außerordentlich zerbrechlich, und die kleinste Unachtsamkeit bei den Grabungsarbeiten kann sie vollkommen zerstören. Einige sind schon beschädigt. Sie lassen sich nicht mit den steinharten und dauerhaften Fossilien vergleichen. Es sind Hohlräume, Formen in einer relativ weichen und bröckeligen Substanz. Wenn man diese Substanz unvorsichtig hart berührt, zerfällt sie, und die Fußspuren verschwinden.

Doch eine fast unglaubliche Kette von Zufällen hat sie uns erhalten. Der Vulkan Sadiman mußte eine Aschewolke ganz besonderer Art ausstoßen. Dann mußte der Regen die Asche durchnässen, und die Sonne mußte die Fußspuren sofort erwärmen und härten. Dann muß-

te ein anderer Vulkanausbruch sie mit seinem Material zudecken und davor schützen, daß ein neuer Regen sie fortspülte.
Das alles mußte innerhalb weniger Tage geschehen, und der Vulkan mußte seine Tätigkeit auf die Wetterbedingungen der Jahreszeit einstellen. Wären die Eruptionen nicht gerade in dem Augenblick erfolgt, in dem sie erfolgt sind, nämlich zu Beginn der Regenzeit, dann wären die Fußabdrücke nicht erhalten geblieben. Einen oder zwei Monate früher, während der Trockenzeit, hätte die Asche nicht die Konsistenz gehabt, deutliche Abdrücke aufzunehmen. An ihrer Stelle wären bloße Vertiefungen entstanden, wie wir sie heute machen, wenn wir am Strand durch den trockenen Sand laufen. Wäre der Ausbruch in der Mitte der Regenzeit erfolgt, dann hätte es höchstwahrscheinlich viel zu stark geregnet. Die Fußabdrücke wären fortgespült

Dies sind die bei Laetoli entdeckten Fußabdrücke. Sie zeigen, daß ein großer und ein kleiner Hominide hier in die gleiche Richtung gegangen sind. Es läßt sich aber nicht feststellen, ob sie den Weg gemeinsam gemacht haben oder welchem Geschlecht sie angehörten, obwohl solche Behauptungen aufgestellt worden sind. Die Abdrücke liegen unmittelbar unterhalb der gegenwärtigen Erdoberfläche in einer gelben Ascheschicht und sind sehr brüchig. Die Aufnahme auf der gegenüberliegenden Seite zeigt White in dem Augenblick, in dem er den Abguß eines Fußabdrucks genommen hat, ohne den Abdruck selbst zu zerstören.

worden, bevor die Sonne sie hätte erhitzen und härten können. Es bedurfte gerade jener äußeren Umstände, die sich zu Beginn der Regenzeit ergeben: sporadische Regenschauer, denen kurze Perioden intensiven Sonnenscheins folgen.

Wenn man das alles bedenkt, dann kommt es einem in der Tat wie ein Wunder vor, daß sich die Fußabdrücke bei Laetoli erhalten haben und dann entdeckt worden sind. Sie bestätigen über jeden Zweifel hinaus, was Lucy uns schon bei Hadar gesagt hatte: Die Hominiden sind schon vor 3 Millionen Jahren und noch früher aufrecht gegangen. Bei Hadar beweisen es die Fossilien durch die Form der Bein- und Fußknochen. Aber bei Laetoli, wo die fossilen Reste – ein paar winzige Bruchstücke des Schädels, der Kieferknochen und wenige Zähne – sehr schlecht erhalten sind, läßt sich nur aus den Fußabdrükken schließen, wie sich diese Hominiden fortbewegt haben.

»Machen Sie hier keinen Fehler«, sagte Tim. »Sie gleichen den Fußspuren des heutigen Menschen. Wenn wir heute einen dieser Abdrücke im Sand von Kalifornien sähen und einen Vierjährigen fragten, was das sei, würde er sofort antworten, daß hier ein Mensch gegangen sei. Weder er noch Sie könnten diese Spur von hundert anderen am Strand unterscheiden. Die äußere Morphologie ist die gleiche. Wir haben hier eine wohlgeformte heutige Ferse mit einem starken Bogen an der Sohle und einem gut entwickelten Fußballen vorn. Die große Zehe ist in gerader Linie nach vorn gerichtet; sie zeigt nicht zur Seite wie eine Affenzehe oder wie die große Zehe, die wir auf so vielen Zeichnungen von Australopithecinen in Büchern sehen.

Ich will damit nicht sagen, daß es bei den Fußknochen nicht geringe Unterschiede gibt; das muß man erwarten. Aber im großen und ganzen gingen diese Hominiden bei Laetoli wie Sie und ich. Sie hatten nicht den schleppenden Gang, von dem so viele Leute schon so lange reden. Owen Lovejoy hat das alles schon aus der Untersuchung der bei Hadar gefundenen fossilen Knochen erkannt. Jetzt beweisen die Fußabdrücke, daß er recht gehabt hat. Ich finde, sie gehören zu den wunderbarsten und aufschlußreichsten Entdeckungen seit Jahrzehnten. Wenngleich die Sache für mich selbst nicht sehr glücklich ausgegangen ist, bin ich doch dankbar, das Glück gehabt zu haben, an dieser Arbeit teilnehmen zu dürfen.«

Es tat mir leid, daß Tim mit den Leakeys Meinungsverschiedenheiten hatte, denn ich war mit den Leakeys befreundet. Sie hatten mich immer besonders freundlich behandelt, wenn ich sie in Nairobi besuchte. Gelegentlich nahmen sie mich auch in ihrem Hause auf. Wir besuchten einander an unseren Grabungsorten und unterhielten uns über unsere Hominiden. Richard lud mich ein, dem Vorstand der Forschungsorganisation beizutreten, die er ins Leben gerufen hatte. Sie hieß FROM, Foundation for Research into the Origins of Man.
Mit Mary verband mich eine noch engere Freundschaft. Oft neckte ich sie, aber wir kamen sehr gut miteinander aus. Einmal habe ich sie bei Olduvai besucht, als sie die Schwester von Louis und deren Mann, den Erzbischof von Ostafrika, erwartete. Mary kannte den Mann ihrer Schwägerin nicht sehr gut, und da er am Scheitern der ersten Ehe von Louis nicht unbeteiligt gewesen war, sah sie diesem Abend mit einer gewissen Skepsis entgegen. Sie ist kein geselliger Mensch, sondern lieber allein oder in Gesellschaft weniger guter Freunde. Diesmal war sie froh, mich dazuhaben, um das Eis zu brechen.
Ich hatte von der Küste einige lebende Hummern mitgebracht. Ihr afrikanischer Koch hatte noch nie einen Hummer gesehen, und die Tiere gefielen ihm nicht. Ich erbot mich, sie nach Eintreffen der Gäste zuzubereiten. Aber die kamen nicht.
Es wurde immer dunkler, während wir bei einem Drink zusammensaßen und den Ngorongoro-Krater ansahen, der sich vor uns als Silhouette vor dem Abendhimmel erhob. Die vom Kraterrand an die Serengeti-Steppe führende Straße berührt Olduvai, und ab und zu sahen wir die Scheinwerfer eines Autos, das langsam die Straße herunterkam. Aber alle Wagen fuhren vorbei und hinaus ins offene Land. So gossen wir uns ein neues Glas ein, Mary sprach über ihre Fossiliensuche und sagte: »Wissen Sie, Sie sind wie ein Leakey. Sie können Fossilien finden. Sie wissen, wo Sie nach ihnen suchen müssen und wie man sie findet. Das ist typisch für die Leakeys.«
Ich fühlte mich geschmeichelt und sagte es auch. Dann fuhr sie fort: »Sie gleichen uns auch in anderer Weise. Sie haben Glück. Unterschätzen Sie das Glück nicht. Sehen Sie sich den armen Clark Howell an. Wenn es je einen glücklosen Menschen gegeben hat, dann ist es Clark. Er hat jahrelang nach Hominiden gesucht und bisher kaum etwas gefunden.«
Ich mußte zugeben, daß ich Glück gehabt hatte. Wir tranken weiter.

Als der Erzbischof und seine Frau schließlich kamen, hatten wir keine Hemmungen mehr. Ich kochte die Hummern und konnte die Gäste den ganzen Abend zwanglos unterhalten. Am nächsten Morgen, nachdem sie gegangen waren, dankte mir Mary und sagte, sie hätte den Abend nicht allein durchstehen können. Das waren gute persönliche Beziehungen. Ich schätzte sie nicht nur aus persönlichen Gründen, sondern auch wegen des wissenschaftlichen Werts, den diese Freundschaft für mich hatte. Damals waren Richard und seine Mutter die beiden bekanntesten Anthropologen in Afrika – obwohl sie beide strenggenommen keine Anthropologen waren. Richard war ein Dilettant und hatte keine akademische Ausbildung, und Mary war Archäologin. Dennoch hatten beide auf dem Gebiet der Paläoanthropologie Großes geleistet, und beide arbeiteten an sehr bedeutenden Fundstätten für Fossilien. Mir wurde immer deutlicher bewußt, daß die Daten aus Laetoli, Hadar, vom Turkana-See und von Olduvai aufeinander abgestimmt werden mußten, wenn man eine vernünftige Analyse der hominiden Fossilien in Ostafrika vornehmen wollte. Sie bildeten zusammen eine zeitlich interessante Kette; bei Laetoli gab es etwa 3,7 Millionen Jahre alte Fossilien, bei Hadar waren sie (vielleicht) etwa 3 Millionen Jahre alt, und am Turkana-See hatten wir es mit Fossilien im Alter zwischen 2 und 1 Million Jahren zu tun. Wenn wir die Geschichte der Hominiden erforschen wollten, dann waren Verständnis und gute Zusammenarbeit wichtiger als Argumente. Da nun die Beziehungen zwischen Tim White und den Leakeys immer schlechter wurden, hatte ich gewisse Bedenken und wußte nicht recht, wie sie meine enge Zusammenarbeit mit ihm aufnehmen würden.

Andererseits war Tim der Fachmann schlechthin für die Fossilien von Laetoli. Er hatte alle Berichte über sie verfaßt und kannte sie und ihre Bedeutung besser als irgend jemand sonst. Er ist ein hochbegabter Paläontologe. Ohne ihn konnte ich nicht weiterarbeiten, denn ich glaubte, das Risiko, die Fossilien falsch zu interpretieren, sei größer als das Risiko, die Leakeys durch die Zusammenarbeit mit Tim zu verärgern.

III. Teil
Was ist Lucy?

13. Die Analyse beginnt

> Was geschieht, wenn ein neues Kunstwerk geschaffen wird, geschieht gleichzeitig allen Kunstwerken, die ihm vorangegangen sind. Die bestehenden Werke bilden gemeinsam eine ideale Ordnung, die durch das Hinzukommen des neuen (des wirklich neuen) Kunstwerks modifiziert wird. Die bestehende Ordnung ist vollständig, bevor das neue Werk erscheint; damit nach dem Entstehen des Neuen die Ordnung weiterbestehen kann, muß die ganze bisherige Ordnung sich ändern
>
> *T. S. Eliot*

> Ich bin überzeugt, daß wir eines Tages in der Lage sein werden, die fossilen Spuren des Menschen bei East Rudolf 4 Millionen Jahre zurückzuverfolgen. Dort werden wir vielleicht einen gemeinsamen Vorfahren des *Australopithecus* – der fast ein Mensch war – und des Genus *Homo*, des echten Menschen, nachweisen können.
>
> *Richard Leakey*

> Das ist es, was Don bei Hadar gefunden hat – einen gemeinsamen Vorfahren –, aber als Richard davon hörte, wollte er sich das nicht verkaufen lassen.
>
> *Timothy White*

Im Sommer 1977 stand ich nicht mehr sosehr unter Druck wie in den vergangenen Jahren. Ich konnte nicht nach Äthiopien zurückkehren und mußte nicht mehr die Verantwortung für die Organisation einer neuen Grabungskampagne übernehmen. Inzwischen hatte ich die wichtigsten Fossilien aus Hadar gereinigt und mußte mich an die schwierige Aufgabc machen, sie zu analysieren. Auch Tim hatte jetzt mehr Zeit. Er hatte seine Doktorarbeit abgeschlossen. Der Bericht, den er mit Harris über die Schweinefossilien geschrieben hatte, war veröffentlicht worden. Da ich wußte, daß er Abgüsse der Fossilien aus Laetoli besaß, die er für Mary Leakey beschrieben hatte, bat ich ihn, sie nach Cleveland zu bringen, um sie mit meinen zu vergleichen und festzustellen, ob unser erster Eindruck richtig gewesen war: Handelte es sich bei den Fossilien in beiden Sammlungen um die gleichen Hominiden?

Bisher hatte ich noch nicht die Zeit gehabt, mir die Stücke aus Laetoli genauer anzusehen. Ich fürchtete, wenn ich das täte, würde ich so viele Abweichungen feststellen, daß sich beide Sammlungen klar unterscheiden ließen. Vor allem aber hoffte ich, in Zusammenarbeit mit Tim die Fossilien in einem Bericht beschreiben zu können, um die Unterschiede herauszuarbeiten, ohne zu endgültigen Schlüssen über mögliche Verwandtschaften zu kommen.

Als Tim die Abgüsse der Fossilien aus Laetoli auf den Tisch legte, zeigte es sich, daß sie, verglichen mit dem Material aus Hadar, sehr dürftig waren. Nur ein einziger Unterkieferknochen war einigermaßen gut erhalten. Im übrigen bestand die Sammlung aus 13 anderen Fragmenten, und einige von ihnen waren nur einzelne Zähne. So dürftig diese Sammlung auch war, es stellte sich mit aller Deutlichkeit heraus, wie sehr die Fossilien der beiden Fundstellen einander glichen. Mehrere Tage lang verglichen wir die einzelnen Stücke, Zahn um Zahn und Höcker um Höcker. Es war geradezu unheimlich, und schließlich sagte ich: »Meine großen Zähne gleichen den von Mary gefundenen aufs Haar.«

»Das habe ich Ihnen schon gesagt.«

»Aber bei Lucy ist es anders.«

»Ja, denn sie ist weiblich. Vielleicht haben wir hier einen sexuell bedingten Dimorphismus. Es könnte auch Allometrie sein.«

»Warten Sie einen Augenblick.«

»Denken Sie an die Möglichkeit einer Allometrie«, sagte Tim.

Die Allometrie ist ein dem Anatomen bekanntes Phänomen. Sie betrifft die Tatsache, daß bei verschieden großen Individuen in einer Population die relative Größe bestimmter Knochen oder Zähne verschieden sein kann. Das trifft besonders für die Primaten zu – und zwar in zweifacher Weise. Männliche Individuen sind nicht nur größer als weibliche, sie haben auch andere Proportionen. Ein männlicher Pavian ist zum Beispiel nicht nur das vergrößerte Ebenbild eines weiblichen. Er hat extrem große Reißzähne, die im Verhältnis zu den anderen Zähnen viel größer sind als die Reißzähne der weiblichen Tiere. Wenn ein Paläontologe, der die Paviane nur aus einer Sammlung weiblicher Kieferknochen und Zähne kennt, plötzlich auf einen einzelnen männlichen Reißzahn stoßen würde, dann könnte man verstehen, daß er ihn einer anderen Spezies zuschreibt. Er würde sagen: »Wie soll man einen so riesigen Zahn in einen Kieferknochen einfügen, wie ich ihn bisher kennengelernt habe? Dieser Kieferknochen müßte eine ganz andere Form haben.«

Diese Frage stellt sich auch bei Lucy, denn sie hat auffallend kleine Vorderzähne. Aus diesem Grund hat ihr Kiefer auch seine auffallende V-Form. Die vier Schneidezähne sind so klein, daß der Kiefer vorn nicht breit sein muß. Dazu stehen die von Alemayehu gefundenen Kieferknochen und Zähne im auffallenden Gegensatz. Nicht nur diese sind größer als die von Lucy, sondern auch die Vorderzähne. Sollten selbst alle anderen Knochenteile des Hirnschädels und des Kiefers trotz ihrer Größenunterschiede die gleichen Proportionen zeigen, so müßte der vordere Teil des Kiefers doch runder und breiter sein, um die relativ größeren Zähne aufzunehmen.

»Sie machen die Allometrie dafür verantwortlich«, sagte ich, während ich den Kiefer von Lucy genau betrachtete. »Aber warum sollte ich das akzeptieren?«

»Ich behaupte es nicht«, sagte Tim. »Ich meine nur, wir sollten an diese Möglichkeit denken.«

»Ich halte das für sehr unwahrscheinlich.«

»Schon gut. Aber wenn dies der einzige wirklich bedeutende Unterschied zwischen Lucy und den größeren Individuen ist, dann lohnt es sich, darüber nachzudenken.«

»Okay, ich werde darüber nachdenken.«

Ich tat es und sah mir Lucy wieder an. An die Allometrie konnte ich nicht glauben. Ich war überzeugt, wir hätten bei Hadar zwei Spezies gefunden.

Meine Überlegungen wurden durch eine ganze Reihe von Umständen erschwert. Wenn ich einige von ihnen erwähne, dann wird man eine Vorstellung davon bekommen, wie schwer es ist, in der Paläoanthropologie einen klaren Kopf zu behalten. Man muß nicht nur über das auf dem laufenden sein, was anderswo geschieht, sondern man muß sich auch seiner eigenen Vorurteile bewußt sein und erkennen, wie sich die Zusammenarbeit mit anderen auf das eigene Denken auswirkt. Es gibt keine absolute Objektivität. Ich habe meine Vorurteile, und jeder hat sie. Auch der Fossilienjäger wird durch Vorurteile beeinflußt. Wenn er sich für Flußpferdzähne interessiert, dann wird er sie auch finden, und dadurch wird die Zusammenstellung seiner Sammlung beeinflußt, denn er wird an anderen Fossilien vorübergehen, ohne sie zu bemerken.

Als ich mit meiner Analyse der Fossilien aus Hadar begann, bestand mein Hauptvorurteil wahrscheinlich darin, daß ich für die Eröffnung und Interpretation einer Grabung die Zusammenarbeit von Wissenschaftlern der verschiedensten Disziplinen für notwendig hielt. Mit anderen Worten: Laß nach Möglichkeit alle Disziplinen für dich arbeiten. Beginne jede Grabungskampagne mit einer solchen Zusammenarbeit und halte während der ganzen Kampagne daran fest. Ich habe das am Omo von Clark Howell gelernt. Ich halte es für ein vernünftiges Vorurteil und bin froh, daß ich es habe.

Andere Vorurteile waren nicht so vernünftig. Wer sich mit der Erforschung der Hominiden beschäftigt, wird immer wieder danach fragen, wo die Entwicklung zum Menschen begonnen hat. Wenn man, wie ich, an der Erforschung der Periode vor 3 Millionen Jahren arbeitet, dann ist die Versuchung sehr groß, denn hier hat man die Vorstellung, daß sich *Homo* um diese Zeit zu entwickeln begann. Man stellt sich darauf ein, in den Fossilien diesen Alters die für den *Homo* charakteristischen Merkmale zu finden.

Ich neigte auch dazu – und das konnte gefährlich werden –, grazile Fossilien aus dem Plio-Pleistozän, die nicht aussahen wie die des grazilen *Australopithecus* aus Südafrika, als vom *Homo* stammend anzusehen. Howell und ich hatten uns sehr intensiv mit den südafrikanischen Fossilien beschäftigt, und ich hatte mir eine sehr lebendige Vorstellung von ihnen bewahrt. Ihre Zähne sahen nicht mehr so aus wie die von Menschenaffen, sondern glichen eher menschlichen Zähnen. Sie zeigten aber auch Unterschiede gegenüber den Zähnen des *Homo*. Die Australopithecinen haben sehr große Zähne. Erstens sind sie zum Teil ausgesprochen massiv, doppelt so groß wie der Molar des heutigen Menschen. Zweitens ist der Zahnschmelz auf diesen Backenzähnen ungewöhnlich dick, viel dicker als bei menschlichen Zähnen. Drittens sind die Schneidezähne auffallend klein im Vergleich zu den Backenzähnen. Das sind die Dinge, die auffallen, wenn man den Kieferknochen eines *Australopithecus* in die Hand nimmt.

Wenn man einen bei Hadar gefundenen Kieferknochen ansieht, dann fehlen diese Merkmale. Hier haben wir die üblichen kleineren Molare und große Schneidezähne. Das ist charakteristisch für den Menschen. So reagierten auch Richard und Mary Leakey, als sie die Kieferknochen aus Hadar sahen. Das kann ich verstehen. Richard wußte schon, wie er die Fossilien klassifizieren würde, die er am Turkana-

See gefunden hatte. Er ordnete sie in zwei Gruppen ein. Die eine mit den massiven Kieferknochen und Molaren bezeichnete er als *Australopithecus*, die mit den kleinen Kieferknochen und Molaren nannte er *Homo*. Als er nach Hadar kam und dort Fossilien mit kleinen Zähnen fand, die denen vom Turkana-See glichen, war es nur natürlich, daß er auch sie dem *Homo* zuordnete. Ich möchte nicht behaupten, ich hätte die Leakeys bei der Beurteilung der Fossilien aus Hadar beeinflußt. Sie arbeiteten schon seit Jahren auf diesem Gebiet. Mary beschäftigte sich damals schon seit 40 Jahren mit Fossilien aus dem Plio-Pleistozän. Ihre Auffassungen bestärkten mich in meinen Ansichten so weit, daß ich jetzt bereit war, über gewisse Eigenarten der Kieferknochen hinwegzusehen, die ich später stärker beachten sollte. Dabei spielte meine Voreingenommenheit eine gewisse Rolle.

Mit Lucy hatte ich keine Schwierigkeiten. Sie fiel so sehr aus dem Rahmen, daß man sie nicht als *Homo* bezeichnen konnte. Dafür war sie viel zu klein. Ihr Gehirnvolumen war zu gering. Ihr Kiefer hatte die falsche Form. Angesichts dieser augenscheinlich »primitiven« Merkmale habe ich auch andere Besonderheiten an ihrem Gebiß als primitiv interpretiert und gesagt, sie wichen vom Menschlichen ab und zeigten eher in die Richtung des Menschenaffen. Daß die größeren Kieferknochen zum Teil die gleichen primitiven Merkmale zeigten, erschien mir nicht besonders wichtig, und auch das war eine Voreingenommenheit.

Ich dachte auch an die Werkzeuge. Dabei darf man nicht vergessen, daß wir bei Hadar Werkzeuge gefunden hatten, die 2,5 Millionen Jahre alt sein konnten. Das fiel uns natürlich besonders ins Auge, denn es gab auf der ganzen Welt keine anderen so alten Werkzeuge. Was sollte ich angesichts der Tatsache tun, daß man seit Jahren versucht hatte, Werkzeuge mit Australopithecinen in Verbindung zu bringen, was bisher aber noch nie gelungen war? Was sollte ich davon halten, daß sich Louis Leakey bei Olduvai um eine Interpretation der dortigen Werkzeuge bemüht und schließlich den *Homo habilis* als ihren Hersteller gefunden hatte – ein menschliches Wesen? Damit wurden sowohl die Werkzeuge als auch *Homo* in die Periode vor annähernd 2 Millionen Jahren verwiesen. Wenn allein menschliche Wesen Werkzeuge herstellen konnten – und wir hatten 2,5 Millionen Jahre alte Werkzeuge gefunden –, dann war es nur logisch, anzunehmen, daß *Homo* mindestens ebenso alt war.

Es war wohl logisch, aber auch Ausdruck einer gewissen Voreingenommenheit. Ich versuchte, die Datierungen in ein Muster zu zwängen, das Auffassungen über Fossilien stützen sollte, die bei genauerer Untersuchung von den Fossilien selbst nicht bestätigt werden konnten. So dachte ich jedenfalls, als Tim und ich darangingen, die Sammlungen aus Laetoli und Hadar zum erstenmal gründlich zu untersuchen. Ich war insofern sehr stark voreingenommen, als ich glaubte, die größeren Kieferknochen stammten von einem sehr frühen *Homo*, dem ältesten bisher bekannten *Homo*. Ich war mir ziemlich sicher, daß Lucy etwas anderes war. Tim war nicht ganz so überzeugt davon, daß Lucy eine einzigartige Entdeckung sei, aber auch er meinte, in der übrigen Sammlung befänden sich viele Stücke, die sehr stark an den *Homo* erinnerten. Erst nachdem wir uns die Fossilien sehr genau angesehen hatten, kamen uns Bedenken. Was sollten wir mit den Merkmalen anfangen, die sich weder dem *Homo* noch dem *Australopithecus* zuordnen ließen, sondern ganz entschieden an den Menschenaffen erinnerten?

Im stillen machten wir uns beide Sorgen um diese Frage, erwähnten sie aber nicht, bis eines Tages ein Fossil von der Fundstelle 333 vor uns lag. Es gehörte zu der »ersten Familie« und war das Bruchstück des Hirnschädels eines erwachsenen Individuums, Nr. AL 333-45. Es war ein kleines Stück mit Muskelmarkierungen am hinteren Teil des Schädels, die stark an den Menschenaffen erinnerten. Tim sah sich den Knochen genau an und sagte: »Das ist ein wirklich ausgefallenes Fossil. Sagen Sie mir ehrlich, wollen Sie das als *Homo* bezeichnen?«

Ich sagte: »Und wollen Sie es *Australopithecus* nennen?«

Er war ratlos. Wenn er das Stück mit den südafrikanischen Fossilien verglich, dann konnte er es nicht.

Ich glaube, in diesem Augenblick begannen wir zu begreifen, daß uns Richard Leakeys Zweiteilung nicht weiterhelfen konnte. Bis dahin hatten wir seine Kategorien für nützlich gehalten. Ganz plötzlich zeigte es sich, daß das Stück 333-45 in keine dieser Kategorien paßte.

»Ist es ein Drittes?« fragte Tim.

Ich nickte. »Vielleicht.«

Ich wollte nicht sagen, daß es auch eine vierte Kategorie geben könnte: Lucy. Jedenfalls jetzt noch nicht. Wenn ich mit Tim über Lucy sprach, dann führte das meist zu Widersprüchen, die wir nicht auflösen konnten.

Es war ein sehr verwirrender Augenblick. Wenn einem folgenschwere Ideen im Kopf herumgehen und man keine Zeit gehabt hat, sie in aller Ruhe zu ordnen, dann erscheinen sie einem fast zu bedeutend, als daß man damit fertigwerden könnte. Man sucht zunächst nach kleineren und einfacheren Dingen, und ich erinnere mich, daß ich den Wunsch hatte, planmäßiger vorzugehen; nach der schrittweisen Methode, die alle Wissenschaftler für so nützlich halten – und für so beruhigend. Ich dachte, wir sollten versuchen, auf einem einfachen und eher technischen Weg weiterzukommen, und uns nicht durch den Umfang und die Verschwommenheit von Ideen beeindrucken lassen, die uns diese Fossilien immer wieder eingaben.

Ich weiß nicht mehr, wer von uns beiden darauf gekommen ist, wir sollten unsere Gedanken ordnen und zunächst die berühmte alte Arbeit von Le Gros Clark ansehen. Aber als wir darauf gekommen waren, hielten wir beide ein solches Vorgehen für sehr nützlich für die Einordnung unserer Fossilien. Auf diese Weise ließen sie sich an einem erprobten Maßstab messen.

Le Gros Clark hatte sich in den 1950er Jahren damit beschäftigt, in die allgemeine Verwirrung bei der Identifizierung der Australopithecinen eine gewisse Ordnung zu bringen. Zwar hatte die Forschung im Lauf der Zeit immer mehr über sie in Erfahrung bringen können, aber viele Wissenschaftler hielten noch an der Überzeugung fest, daß sie nicht als Hominiden anzusehen seien. Nun beschloß Le Gros Clark, diesen Zweifel aufzuklären. Er wies darauf hin, daß es elf deutliche und in jedem Fall klar zu erkennende Unterschiede bei den Zähnen der Menschenaffen und der Menschen gab. Dann verglich er das Gebiß der Australopithecinen mit beiden und stellte fest, daß es in jeder Beziehung dem des Menschen und nicht dem des Menschenaffen glich. Seine Arbeit über diesen Vergleich war ein Markstein in der Geschichte der Paläoanthropologie. Sie beseitigte für immer jeden Zweifel an der Tatsache, daß das Kind von Taung und alle anderen südafrikanischen Fossilien von Hominiden stammten und nicht etwa von einer besonderen Abart des Menschenaffen.

Weshalb sollten wir jetzt nicht unsere Fossilien einer ähnlichen Untersuchung unterziehen und feststellen, wie ein solcher Vergleich ausfiel? Ich persönlich vermutete, der Vergleich werde zugunsten des *Homo* ausfallen. Wenn das zutraf, dann würde ich nicht den Rest des Jahres damit zubringen müssen, mich mit Tim über diese Frage zu streiten. Er hatte für sich das Gegenteil erwartet und gehofft, sich deshalb nicht mehr mit mir streiten zu müssen. Jeder von uns hatte seine eigene Voreingenommenheit. Tim erwartete, vor allem primitive Merkmale zu finden. Ich richtete meine Aufmerksamkeit auf die menschenähnlichen Backenzähne. Einer von uns beiden würde sich nach Abschluß der Untersuchungen von seinen Vorurteilen lösen müssen.

Im Hochsommer 1977 konnten wir anfangen. Wir hatten eine Sammlung von Schimpansen- und Gorillaknochen und verfügten über gute Abgüsse südafrikanischer Australopithecinen. Die Fossilien aus Laetoli und Hadar waren geordnet. Um eine richtige Analyse vorzunehmen, mußten wir drei Fragen beantworten:

1. Hatten wir wirklich etwas Neues, oder glich unser Material zu sehr schon bekannten Fossilien, als daß wir es als »neu« bezeichnen durften?
2. Wenn es neu war, in welcher Beziehung stand es zu anderem, schon bekanntem Material? Mit anderen Worten, wie ließ es sich in einen Stammbaum des Menschen einordnen?
3. Wie sollten wir es nennen?

Die Analyse von Le Gros Clark sollte uns eine Antwort auf die erste Frage geben und bei der Beantwortung der zweiten helfen. Die Antwort auf die dritte Frage mußten wir selbst finden.

In der Mitte des Laborraums in Cleveland steht ein hoher, langer Tisch. An diesen Tisch setzten wir uns jeden Abend spät, wenn alle anderen Mitarbeiter nach Hause gegangen waren. Wir hörten noch, wie sie beim Verlassen ihrer Arbeitsräume die Türen zuschlugen, und konnten uns vorstellen, wie sie durch einen düsteren Lagerraum mit Betonwänden gingen, an denen Holzkisten aufgestapelt waren, die jeweils ein menschliches Skelett mit der Aufschrift »Erwachsener«, »Jugendlicher«, »männlich« oder »weiblich« enthielten. Sie stammten aus dem Leichenschauhaus der Stadt und stellten eine der umfangreichsten Sammlungen von Skeletten des heutigen *Homo sapiens* in der Welt dar. Im nächsten Raum standen viele Käfige, in denen lebende Tagraubvögel und Eulen saßen, die den Zoologen im Museum als Studienobjekte dienten. Wenn wir spätabends das Labor verließen, mußten wir auch an diesen in Kisten verpackten Skeletten und an den Raubvogelkäfigen vorbeigehen. Die Tagraubvögel schliefen um diese Zeit und saßen bewegungslos mit eingezogenen Köpfen auf den Stangen. Aber die Eulen starrten uns mit ihren runden, gelben Augen an, die so drohend leuchten können, wenn ein solcher Vogel frei und gesund ist, die mir aber stumpf und unbeteiligt, ja fast leblos erschienen, nachdem die Tiere Monate oder Jahre der Gefangenschaft in diesem Keller zugebracht hatten. Es gibt auch Eulen in Äthiopien, die in ihrem Verhalten und Aussehen den in Nordamerika lebenden gleichen. Die in die Käfige eingesperrten Vögel in Cleveland erinnerten mich an die Nächte bei Hadar, wo ich in meinem Zelt liegend die Rufe der Eulen am Fluß hören konnte.

Da die großen Raubvögel sich augenscheinlich langsam entwickeln, sicherlich nicht schneller als die Hominiden, dürfen wir annehmen, daß auch die Seeufer, Flußlandschaften und Wälder in der Gegend von Afar vor 3 Millionen Jahren von den Vorfahren jener Eulen bewohnt wurden, die heute dort leben. Wenn das so gewesen ist, dann waren die Knochen, die Tim und ich jetzt sorgsam auf Schaumstoff ausbreiteten, einmal von Blutgefäßen und Nervenenden, von Augen und Ohren belebt worden, die das Rufen dieser Eulen auf ihren abendlichen Flügen wahrgenommen haben. Die Paläoanthropologie erinnert auf diese Weise oft an die Vergangenheit. Zwar sehen die Fossilien wie Steine aus und fühlen sich wie Steine an, aber sie haben doch ein eigenes Leben. Sie erinnern uns an Emotionen aus fast unvorstellbar weit zurückliegender Vergangenheit, an Freuden, Ängste, Zorn und Schmerz, die unsere Vorfahren erlebt haben, die jedoch von Gehirnen aufgenommen wurden, die dem unseren so wenig entsprachen, daß wir nicht die Möglichkeit haben, uns diese längst verklungenen Empfindungen vorzustellen. Welchen Geschmack empfand die Zungenspitze eines alten Hominiden? Diese Frage läßt sich nicht beantworten.

Wenn die letzte Tür zugefallen war, riß ich mich von solchen Gedanken los und vergaß die Eulen. Tim und ich rückten unsere Hocker an den Tisch und gingen an unsere vergleichende Arbeit. Wir überprüften die einzelnen Merkmale an den Fossilien, und ich bestand darauf, die Größe aller Zähne und Kieferknochen nachzumessen, denn ich hatte festgestellt, daß die in den Veröffentlichungen angegebenen Maße der Fossilien und Abgüsse nicht immer stimmten. Wieder konnte ich sehen, wie sorgfältig der südafrikanische Experte für die Australopithecinen, J. T. Robinson, gearbeitet hatte.

Um das Problem der Interpretation dieser Fossilien zu verstehen, sollte sich der Leser mit den Unterschieden vertraut machen, die wir hier feststellten. Davon gibt es acht; ich zitiere wörtlich aus der Arbeit von Le Gros Clark und gebe dann zu jeder Abweichung unseren Kommentar:

Menschenaffen (Pongidae)

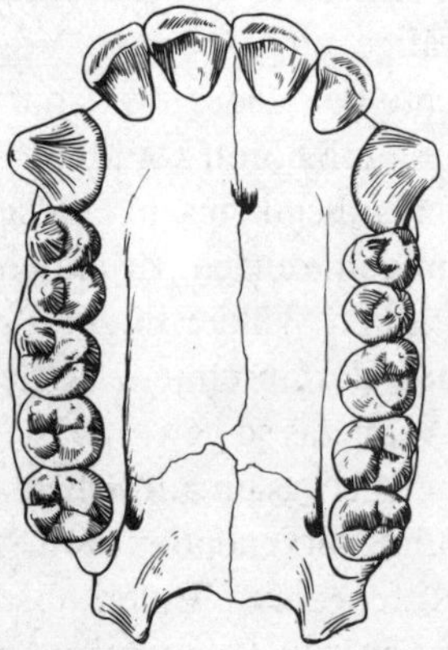

Oberkiefer des Schimpansen

Die Eckzähne und die hinter jedem Eckzahn stehenden Zähne bilden annähernd parallele gerade Reihen.

Menschen (Hominidae)

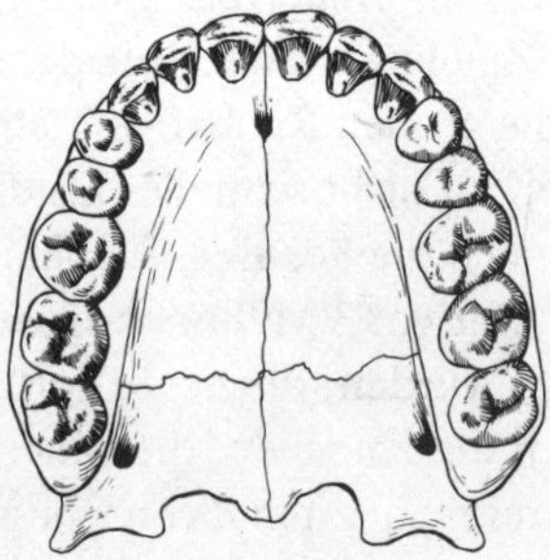

Oberkiefer des Menschen

Die Zähne sind in einem regelmäßigen Bogen parabolisch angeordnet.

Die erste Unterscheidung, die Le Gros Clark zwischen beiden Kiefern macht, ist deutlich erkennbar; die Kastenform mit den parallelen Zahnreihen findet sich beim Kiefer aller Menschenaffen. Der menschliche Kiefer ist gleichmäßig abgerundet und hat diese Form schon sehr lange Zeit. *Homo erectus*, der vor 1 Million Jahren gelebt hat*, hatte ein im Bogen angeordnetes Gebiß, das im wesentlichen dem des heutigen Menschen entsprach.

Auch hier ein deutlich erkennbarer Unterschied. Der Eckzahn des Menschenaffen ist konischer und hat eine scharfe Spitze. Der menschliche Eckzahn ist nicht spitz. Er ist auch nicht konisch, sondern breiter und flacher; »spatelförmig«. Das *cingulum* ist die Ausbuchtung an der rückwärtigen Zahnbasis. Das Talonid ist ein kleiner Höcker an der Rückseite des Zahns. Beides fehlt beim menschlichen Eckzahn.

* H. e. modjokertensis vor etwa 1,9 Mio. Jahren

Eckzahn des Schimpansen

Eckzähne relativ groß, konisch und spitz mit einem deutlich erkennbaren inneren cingulum, *das sich gewöhnlich nach rückwärts (in den unteren Teil des Eckzahns) in ein Talonid verlängert.*

Menschlicher Eckzahn

Eckzähne relativ klein, spatelförmig mit stumpfer Spitze, das innere cingulum *verkümmert zu einem Knötchen an der Basis. Kein hervorstehendes Talonid (Höcker).*

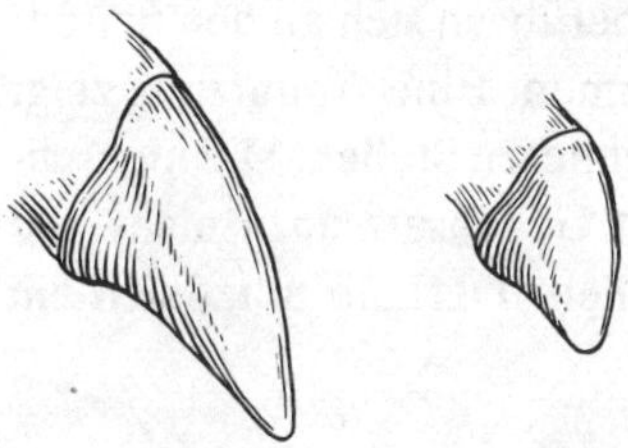

Schimpanse

männlich *weiblich*

Die Eckzähne zeigen einen deutlichen Geschlechtsdimorphismus.

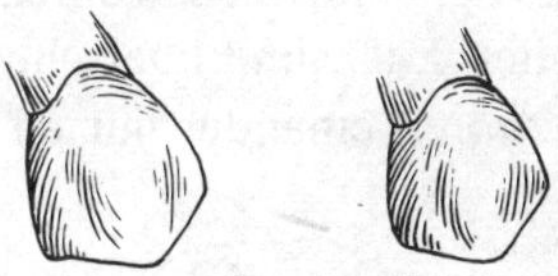

Mensch

männlich *weiblich*

Die Eckzähne zeigen keinen deutlichen Geschlechtsdimorphismus.

Auch hier eine klare Unterscheidung. Die Eckzähne des männlichen Schimpansen sind nicht nur wesentlich größer, weil die männlichen Tiere größer sind als die weiblichen, sondern sie sind auch relativ größer. Beim Menschen sind die männlichen Eckzähne nur deshalb größer als die weiblichen, weil Männer an sich größer sind. Der Eckzahn eines Mannes, der ebenso groß ist wie eine Frau, wäre kaum größer als der weibliche.

Wenn das Gebiß des Menschenaffen geschlossen ist, dann überschneiden sich die Zähne, wobei die größeren unteren Eckzähne und die vergleichbar großen oberen jeweils von oben oder unten über die

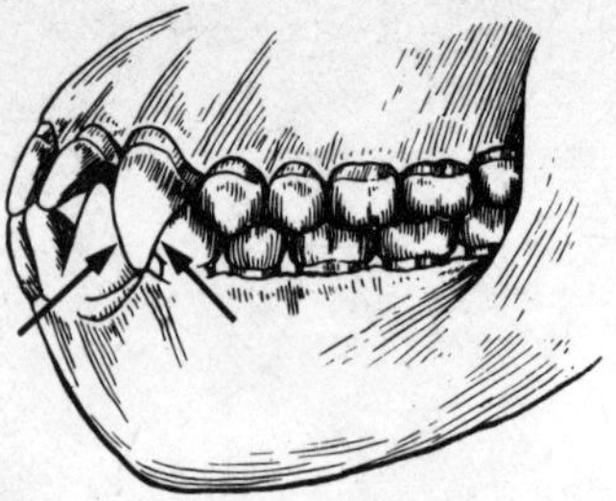

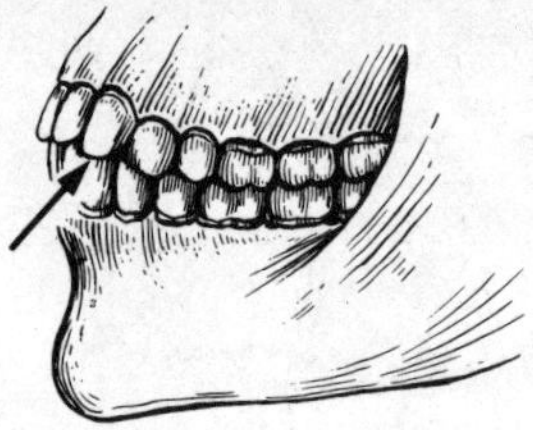

Schimpansengebiß

Wenn das Gebiß noch nicht stark abgenutzt ist, zeigen die Eckzähne Facetten an den vorderen und hinteren Seiten der Krone und ragen weit über die Ebene der Kaufläche hinaus.

Menschliches Gebiß

Die Eckzähne nutzen sich nur an der Spitze ab und ragen, auch wenn sie nur wenig abgenutzt sind, nicht über die Kaufläche der dahinter liegenden Zähne hinaus.

Kaufläche hinausragen. Die Eckzähne berühren sich an den Seiten; sie stoßen nicht mit ihren Spitzen zusammen. Eine Abnutzung zeigt sich daher nur an den durch Pfeile bezeichneten Stellen. Die menschlichen Eckzähne überschneiden sich im Gegensatz dazu nicht. Sie berühren einander nur an den Kauflächen. Deshalb nutzt sich ein

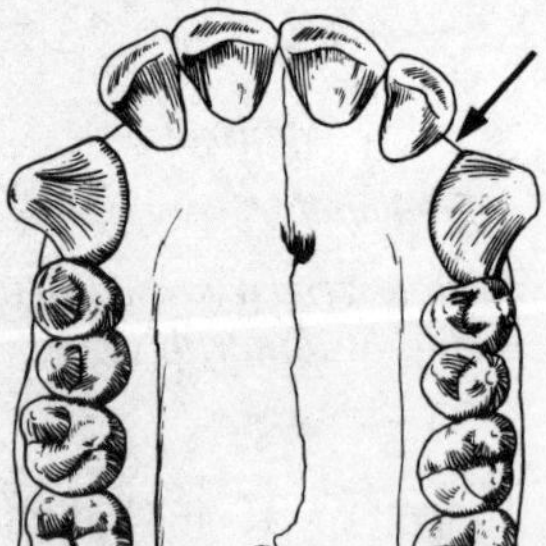

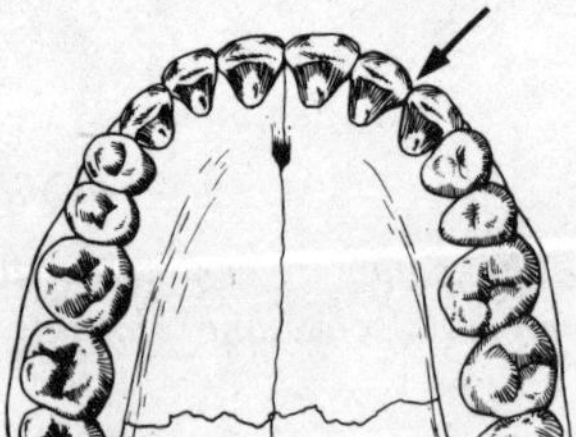

Schimpansenoberkiefer

Die oberen Schneidezähne sind fast immer durch eine deutlich erkennbare Lücke (Diastema) vom Eckzahn getrennt.

Menschlicher Oberkiefer

Hier gibt es kein wirkliches Diastema.

menschlicher Eckzahn nur an der Spitze ab und ist ebenso lang wie die anderen Zähne.

Das Diastema (siehe Pfeil) ist eine Lücke in der Zahnreihe. Im Schimpansengebiß bietet sie dem großen, nach oben aufragenden unteren Eckzahn Platz, wenn der Kiefer geschlossen ist. Bei den Menschen, die keine vorstehenden Eckzähne haben, ist eine solche Lücke nicht notwendig.

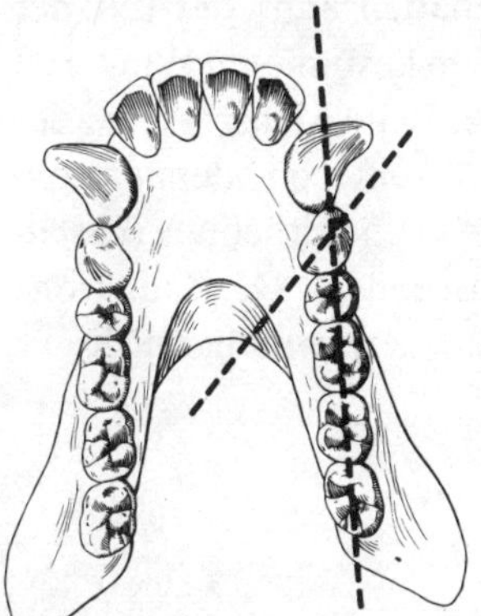

Unterkiefer des Schimpansen

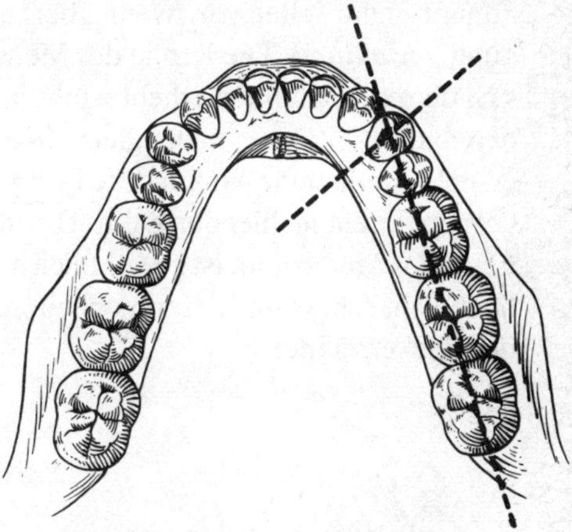

Menschlicher Unterkiefer

Protoconid (A)

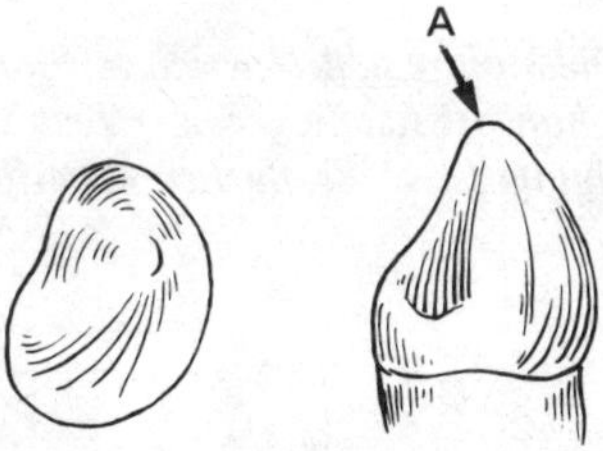

Prämolar von oben *von hinten*

Der untere vordere sektiorale Prämolar mit schneidender Funktion hat ein stark ausgebildetes Protoconid (Höcker). Das Metaconid (der rückwärtige Höcker) fehlt entweder oder besteht nur aus einer kleinen Erhebung. Die Krone folgt nicht ganz der Achse der Zahnreihe.

Metaconid (B)

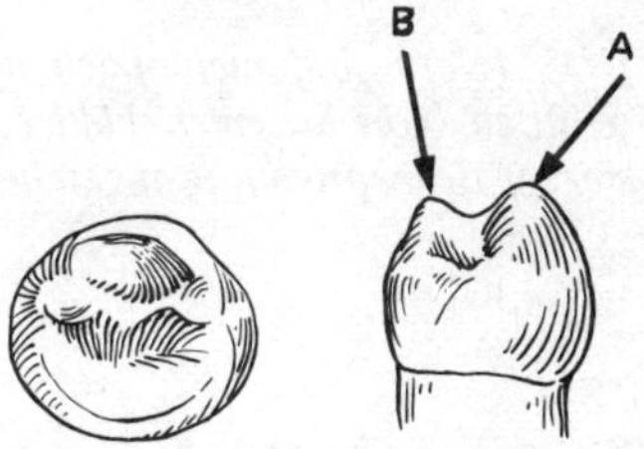

Prämolar von oben *von hinten*

Der linke vordere Prämolar mit zwei Höckern hat keine schneidende Funktion und sein Metaconid ist oft ebenso groß wie das Protoconid. Beide Höcker liegen quer auf gleicher Ebene. Deutlich erkennbare vordere und rückwärtige Vertiefung (Fovea)

Der anteriore (vorderste) Prämolar ist der neben dem Eckzahn stehende Backenzahn. Sektorial bedeutet »schneidend« oder »schlitzend«. Dieser Zahn hat beim Menschenaffen nur einen einzigen großen Höcker (Protoconid) auf der Kaufläche, der den Zahn befähigt, seine schneidende Funktion zu erfüllen. Das Metaconid ist ein kleinerer Höcker an der Innenseite des Zahns. Bei den Menschenaffen kommt es nur selten vor. Wenn überhaupt, dann nur als kleine Erhebung (*cuspulum*). Die Krone des Menschenaffenzahns, der Teil, der sich über den Gaumen erhebt, steht in einem bestimmten Winkel zu den anderen Zähnen in der gleichen Reihe. Beim Menschen hat der erste Prämolar eine ganz andere Form. Er ist kein schneidender, sondern mehr ein mahlender Zahn. Die innere kleine Erhebung (*cuspulum*), das Metaconid, ist gewöhnlich gut ausgebildet. Die Zahnkrone liegt nicht schräg im Kieferknochen, sondern rechtwinklig zur Reihe der Backenzähne.

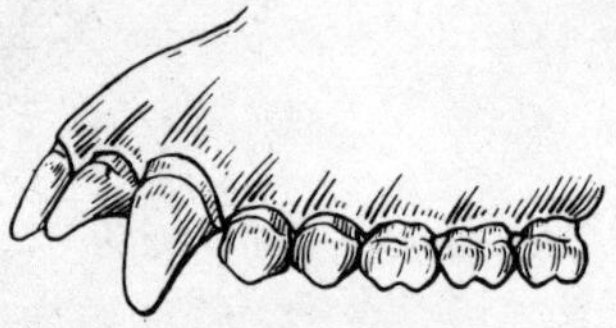

Schimpansenoberkiefer

Die Molare sind nicht flach abgeschliffen, von extremen Fällen sehr starker Beanspruchung abgesehen.

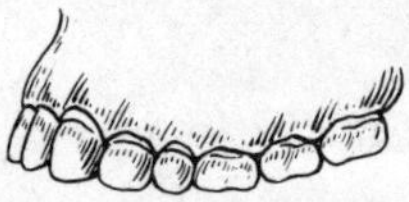

Oberkiefer des Menschen

Die Molare schleifen sich gewöhnlich schon bei relativ geringer Beanspruchung zu einer flachen Oberfläche ab.

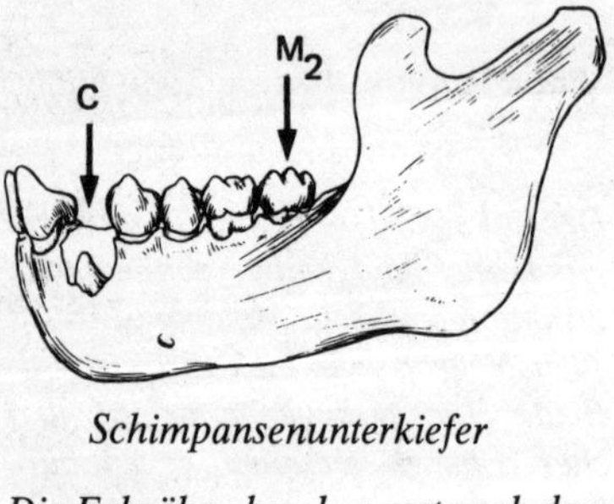

Schimpansenunterkiefer

Die Eckzähne brechen erst nach dem zweiten Molar durch.

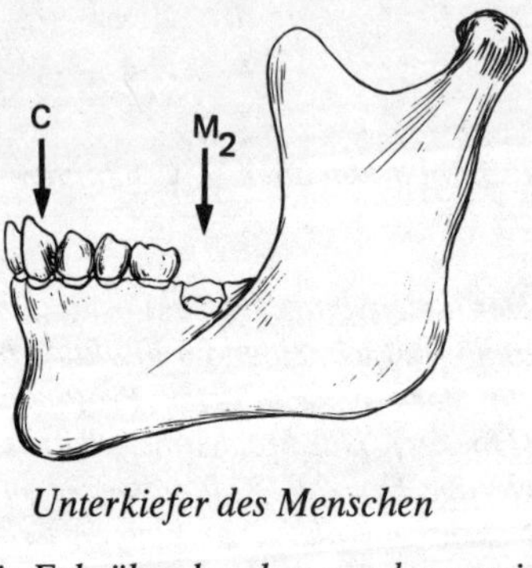

Unterkiefer des Menschen

Die Eckzähne brechen vor dem zweiten Molar durch.

Le Gros Clark sagt hier, daß die Backenzähne des Menschenaffen recht hohe Höcher haben, die sich normalerweise nicht ganz abschleifen, während das bei den Höckern der menschlichen Molare wohl der Fall ist.

Dieser Vergleich hat seine Schwächen, denn was hier gesagt wird, trifft nicht immer zu.

Le Gros Clark hat auch drei Unterschiede bei den Milchzähnen des Schimpansen und des Menschen festgestellt. Sie brauchen aber hier nicht aufgeführt zu werden, denn was er über die Zähne der erwachsenen Individuen sagt, verdeutlicht die Unterschiede schon genug.

Es gibt natürlich viele andere Unterschiede beim Schädel, bei den Beckenknochen und bei den Arm- und Beinknochen des Schimpansen und des Menschen, aber Le Gros Clark hat sich nicht damit beschäftigt. Mit seiner Arbeit wollte er die Beziehungen zwischen den Australopithecinen auf der einen und den Menschenaffen und Menschen auf der anderen Seite verdeutlichen, und da ihm von den Australopithecinen fast nur Zähne und Kieferknochen zur Verfügung standen, hat er sich bei seinem Vergleich zwischen Menschenaffen und Menschen auf sie konzentriert. Als er nun die australopithecinen Fossilien dazwischenlegte, konnte er demonstrieren, was er hier sagen wollte. In jedem einzelnen Fall glichen die australopithecinen Fossilien mehr den Knochen des Menschen und nicht jenen des Menschenaffen.

Die Klarheit der Analyse von Le Gros Clark und die Einfachheit seiner Darstellung sind um so bemerkenswerter, wenn man erkennt, daß die Arbeit vor fast 30 Jahren geschrieben wurde, als die Fossilien noch nicht so bekannt waren wie heute und sehr viel weniger fossile Knochen zur Verfügung standen. Seine Folgerungen sind heute, nachdem er seine Analyse durchgeführt hat, ganz überzeugend. Aus ihnen erkennt man aber nicht die Verwirrung und den Meinungsstreit, die seinen Forschungen vorausgegangen sind.

Nachdem wir uns davon überzeugt hatten, daß die vergleichende Arbeit von Le Gros Clark auch noch heute gültig war, legten Tim und ich unsere Fossilien auf den Tisch. Für mich war es ein ziemlicher Schock, und zwar nicht sosehr, weil unsere Kieferknochen primitiv aussahen. Damit hatte ich gerechnet. Es war, weil sie so überaus primitiv aussahen. Es waren keine menschlich wirkenden Fossilien, die noch an den Menschenaffen erinnerten, sondern sie machten eher den Eindruck von Menschenaffenfossilien, die schon auf die Entwicklung zum Menschen hinwiesen. Ganz deutlich mußten wir erkennen, daß die Fossilien aus Laetoli und Hadar irgendwo zwischen den Menschenaffen und dem Menschen lagen und weder das eine noch das andere waren:

Gebißbogen und Diastema

Menschenaffe *Laetoli-Hadar* *Hominiden* (Australopithecus *und* Ho

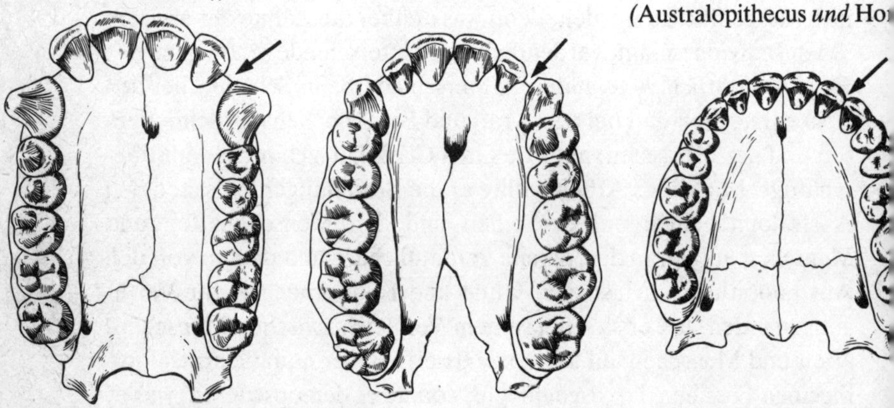

Schimpansenoberkiefer *AL-200* *Menschlicher Oberkiefer*

AL-200 ist ein Oberkiefer aus Hadar. Die Backenzähne stehen bis auf den hintersten Molar fast in einer geraden Linie wie beim Menschenaffen. Der letzte Molar ist ein wenig nach innen verschoben und verleiht der Zahnreihe einen kleinen Bogen. Das Diastema (siehe Pfeil) ist beim Menschenaffen deutlich ausgeprägt, bei dem Kiefer aus Hadar klein und fehlt bei den späteren Hominiden. Damit liegen die Fossilien aus Laetoli und Hadar zeitlich zwischen den beiden anderen.

Form und Abnutzung der Eckzähne

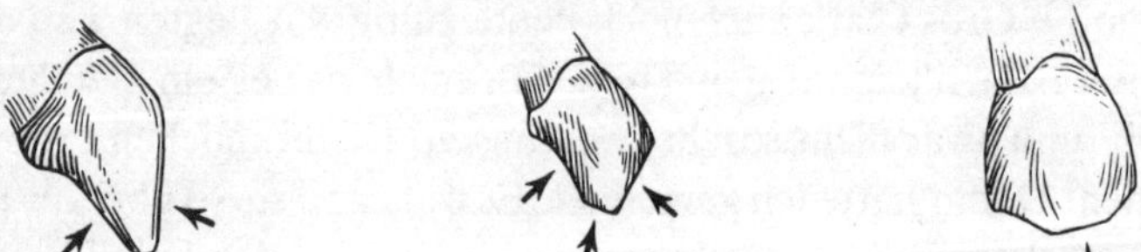

Schimpanse *AL-200* *Mensch*

Auch der Eckzahn von AL-200 ist eine Zwischenform zwischen dem des Schimpansen und dem des Menschen. Er gleicht dem Eckzahn des Menschenaffen, weil er konisch und nicht spatelförmig ist. Er ragt etwas über die Zahnreihe hinaus, aber nicht sehr weit, und endet mit einer Spitze, und ebenso wie der Eckzahn des Menschenaffen ist er an den Seiten abgeschliffen, aber anders als bei diesem ist auch die Spitze abgenutzt.

Geschlechtsdimorphismus bei den Eckzähnen

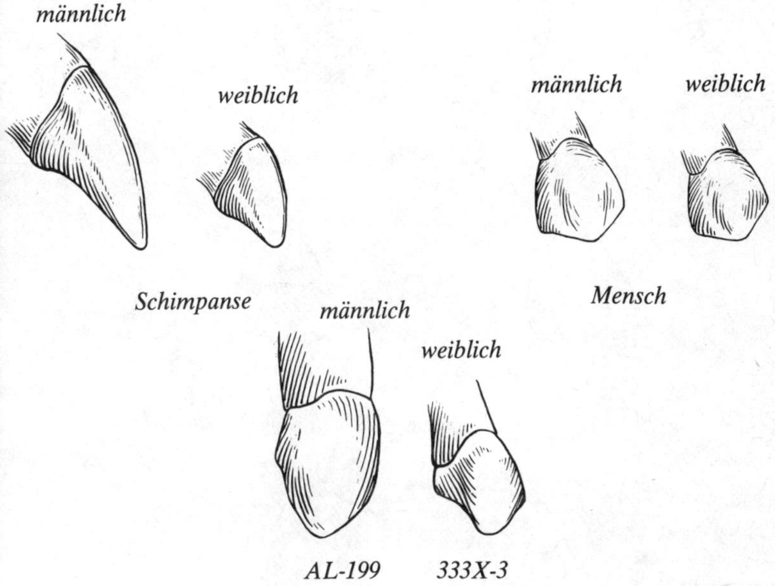

Die Größenunterschiede bei den Eckzähnen aus Laetoli und Hadar erinnern eher an die der Menschenaffen als an die der Menschen. Analog zu anderen Primaten bezeichnen wir das als Geschlechtsdimorphismus. Die zweifellos weibliche Lucy ist das kleinste erwachsene Individuum in der ganzen Sammlung.

Dies ist einer der interessantesten Zähne in der Laetoli-Hadar-Sammlung. Er hat nicht mehr die Form eines Schneidewerkzeugs wie bei den Menschenaffen, sondern bereits die zwei Höcker, wie wir sie bei den späten Hominiden finden. Er ist rund und gleicht damit mehr den zweihöckerigen Zähnen, aber seine Krone ist gegenüber der Zahnreihe noch schräg gegenüber der Zahnreihe noch schräg eingefügt und

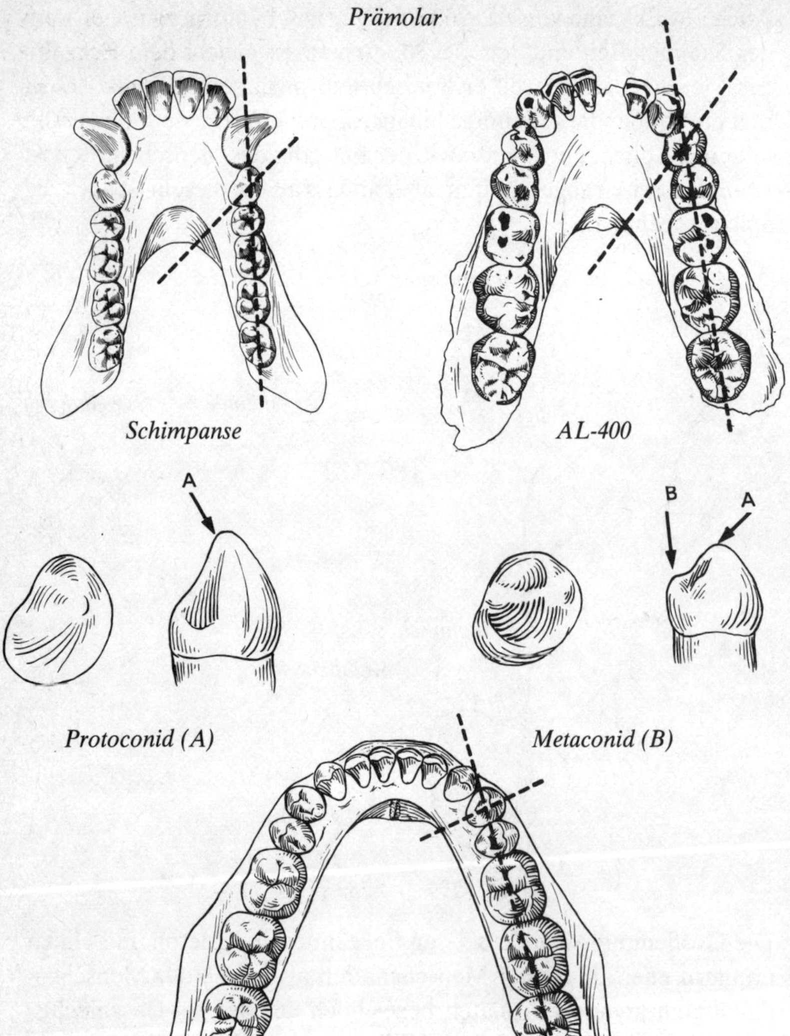
Prämolar
Schimpanse
AL-400
A
B
A
Protoconid (A)
Metaconid (B)
Mensch
B
A

steht nicht im rechten Winkel zu ihr wie bei den Australopithecinen und beim Menschen. Dazu finden wir hier die erste Andeutung eines inneren Höckers (Metaconid), der den Zahn zweihöckerig erscheinen läßt. Aber der Höcker ist noch nicht groß genug, um ihn wirklich als zweihöckerig zu bezeichnen. Hier handelt es sich einwandfrei um einen im Übergang zu einer neuen Entwicklungsstufe befindlichen Zahn.

Abnutzung der Molare

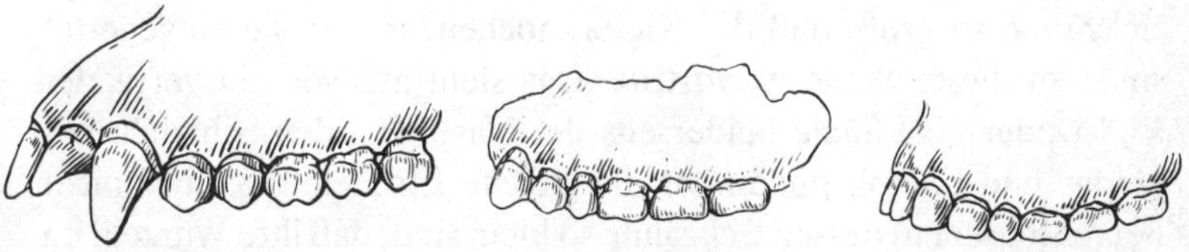

Schimpanse *AL-199* *Mensch*

Hier können wir es nicht ganz so deutlich erkennen, aber wieder liegt das Gebiß AL-199 zwischen dem des Menschenaffen und dem der Hominiden. Gorillas und Schimpansen haben ausgesprochen starke Höcker auf den Molaren, und diese Höcker werden während ihres ganzen Lebens nicht abgeschliffen. Die Fossilien aus Laetoli und Hadar haben niedrigere, rundere Höcker, und diese werden der Tendenz nach im Lauf des Lebens abgeschliffen. Bei den späteren Hominiden sind die Backenzähne fast völlig abgeschliffen.

Nachdem wir uns davon überzeugt hatten, daß die Fossilien aus Laetoli und Hadar nach den Untersuchungen von Le Gros Clark von Lebewesen stammten, die in der Evolutionsreihe irgendwo zwischen den Menschenaffen und dem Menschen lagen – wahrscheinlich waren sie dem Menschenaffen näher –, gingen wir daran, diese Erkenntnis durch eigene Vergleiche zu erhärten, die durch die Illustrationen auf S. 336 und S. 337 erläutert werden.

Außerdem fanden wir noch vier bei allen Fossilien festzustellende Unterschiede, die wir nicht illustriert haben:

Palatum. Das Palatum ist der harte Gaumen am Oberkiefer. Beim Menschenaffen ist es niedrig und flach, beim Menschen hoch und gewölbt. Die bei Hadar und Laetoli gefundenen Fossilien zeigen

einen harten Gaumen, der eher dem des Menschenaffen gleicht.
Proportionen des Gesichts. Der obere Teil eines Menschenaffengesichts ist klein, der untere groß und vorgeschoben (prognathisch). Beim Menschen ist es umgekehrt. Die Schnauze des Menschenaffen ist außerdem leicht nach außen gewölbt (konvex), wenn man sie von der Seite betrachtet. Bei den Hominiden ist diese Gesichtspartie etwas konkav. Was diese beiden Merkmale betrifft, so gleichen die bei Hadar und Laetoli gefundenen Schädel mehr dem des Menschenaffen.
Wurzeln der Eckzähne. Bei den Menschenaffen sind die Wurzeln der Eckzähne so groß, daß der Kieferknochen, in den sie eingebettet sind, an dieser Stelle hervortritt. Das sieht aus wie ein vertikaler Wulst oder eine Säule beiderseits der Nase. Bei den Schädeln aus Hadar und Laetoli finden wir die gleiche Erscheinung, aber nicht beim Menschen, dessen Eckzähne so klein sind, daß ihre Wurzeln im Kieferknochen keinen Wulst verursachen.
Das Gehirnvolumen. Beim Schimpansen beträgt es zwischen 300 und 400 Kubikzentimeter. Bei den Schädeln aus Hadar und Laetoli liegt das Gehirnvolumen zwischen 380 und 450 Kubikzentimeter. Beim Menschen ist das geringste Gehirnvolumen (bcim primitivsten *Homo habilis*) 460 und beim *Homo sapiens* 1000 Kubikzentimeter. Was hier auffällt, ist die Tatsache, daß das Gehirnvolumen der bei Hadar und Laetoli gefundenen Schädel sich mit dem des Menschenaffen überschneidet, aber nicht mit dem des Menschen.

Diese Analyse war der Kern unserer späteren Beurteilung der uns vorliegenden Fossilien. Es wäre nicht möglich gewesen, mit einem der zahlreichen Unterschiede allein zu eindeutigen Schlußfolgerungen zu kommen. Findet sich aber eine größere Zahl von Unterschieden, die wir bei vielen Individuen antreffen, dann kann man mit größerer Sicherheit Schlüsse daraus ziehen. In der Paläoanthropologie gibt es keine plötzlichen, blitzartigen neuen Erkenntnisse. Man stößt nicht unvermutet auf die Einsteinsche Formel: $E = mc^2$. Die Erkenntnisse kommen langsam, fast mit Verzögerung. Man ertappt sich dabei, daß man sagt: »Also so ist das; warum bin ich nicht schon früher darauf gekommen?« Wir haben unsere Fossilien sehr gründlich untersucht und dabei ein Merkmal nach dem anderen vorgenommen. So haben wir allmählich begriffen, womit wir es hier zu tun hatten. Erst im Spätsommer hatten wir eine genügend große Zahl von Unterschieden bei den uns vorliegenden Fossilien festgestellt, um überzeugt zu sein, daß die aus Laetoli und Hadar stammenden anders aussahen als die Knochen von Menschenaffen oder die Knochen späterer Hominiden.

Kurz gesagt, bei unserem schrittweisen Vorgehen war unsere erste Frage beantwortet worden: Wir hatten es hier tatsächlich mit etwas Neuem zu tun. Jetzt ging es nur noch darum, zu erkennen, ob wir ein oder zwei neue Typen gefunden hatten. Nach meiner Meinung waren es zwei. Tim glaubte, es sei nur ein Typus. Bill Kimbel, der im Laboratorium als mein Stellvertreter arbeitete und sich an der Analyse beteiligt hatte, stimmte mir zu. Immer wieder sagte er: »Lucy ist anders.« Dann sagte Tim: »Lassen Sie nur, Kimbel, wir werden uns zuerst die Schimpansen ansehen und dann weitere Vergleiche anstellen; wir sollten aber nicht so laut schreien.« Aber am nächsten Tag konnte auch Tim seine Stimme nicht dämpfen. Er kam ins Laboratorium und rief laut: »Es ist nur einer, nur einer!« Und wir riefen zurück: »Es sind zwei!« Kimbel und ich mußten allerdings zugeben, daß die Kleinheit von Lucy angesichts der Größenunterschiede in der Sammlung an sich noch kein Grund war, sie nicht in die gleiche Kategorie mit den anderen einzuordnen. Aber wir glaubten immer noch, die V-Form ihres Kieferknochens bewiese, daß sie etwas anderes sei. Natürlich fiel es uns auch schwer, uns von einer einmal öffentlich vertretenen Auffassung zu trennen. Schließlich legte Tim eine Reihe von Fossilien nebeneinander auf den Tisch. Er hatte sie nach der Größe geordnet. Es waren Kieferknochen von den größten bis zu den kleinsten der Sammlung. Als der Kiefer von Lucy ganz an dem einen Ende lag, konnte man klar erkennen, daß er in diese Reihe gehörte. Die einzelnen Merkmale von oben nach unten wurden immer kleiner, und der Kiefer von Lucy unterschied sich nur dadurch von den anderen, daß der vordere Teil so schmal war. Im übrigen hatte Lucy das gleiche primitive Gebiß, das wir alle drei nach monatelanger Arbeit sofort als typisch für unsere Fossiliensammlung erkennen mußten und das nirgends anders vorkam. Doch ich ließ mich nicht so rasch überzeugen.

»Wie können Sie zwanzig Merkmale unbeachtet lassen, bei denen eine überzeugende Ähnlichkeit besteht, und sich von diesem Unterschied beim Kieferknochen irritieren lassen?« fragte Tim.

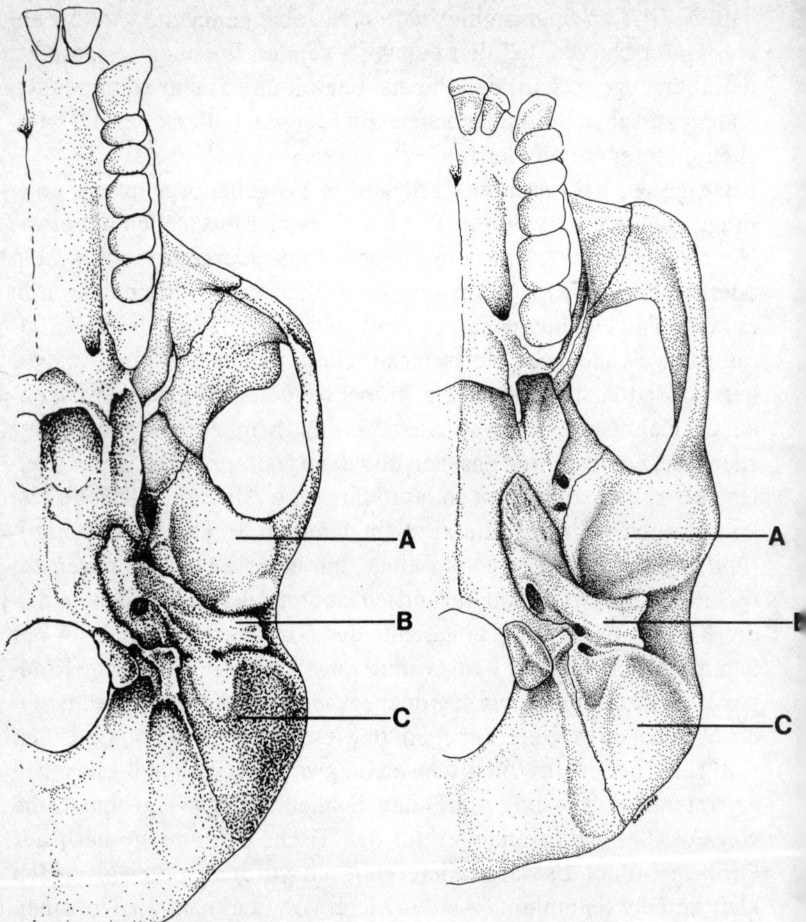

Schimpanse *A. afarensis*

Diese drei Unterschiede zwischen einem Schimpasenschädel, einem Schädel aus der Sammlung von Hadar-Laetoli und einem menschlichen Schädel erkennt man nur, wenn man die Schädel von unten betrachtet. Der mit A bezeichnete Teil ist die fossa mandibularis*; hier ist der Unterkiefer verankert. Beim Menschenaffen ist diese Knochenpartie flach. Bei den Fossilien aus Hadar und Laetoli ist sie ganz ähnlich. Aber beim Menschen ist sie vorn von einem deutlich hervortretenden Rand begrenz (a).*
Der mit B bezeichnete Knochenteil ist die pars tympanica *(tympanische Platte), ein tubusartiger Knochen, der an der Ohröffnung beginnt und nach innen*

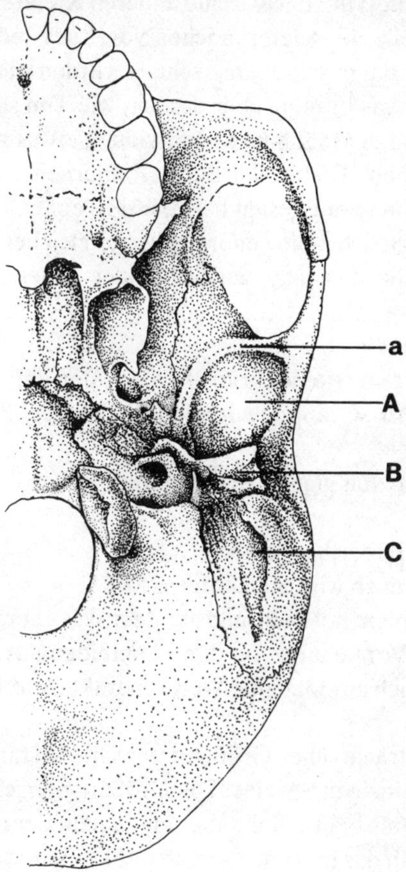

Mensch

verläuft. Beim Menschenaffen und bei den Fossilien aus Hadar und Laetoli gleicht er einem Tubus, aber beim Menschen ist er flacher und eher als Grat zu bezeichnen.

Mit C ist der processus mastoideus *(Warzenfortsatz des Schläfenbeins) bezeichnet. Bei den Menschenaffen ist er dreieckig und flach. Bei den Fossilien aus Hadar und Laetoli ist er zwar noch dreieckig, zeigt aber auf der Oberfläche schon eine Einbuchtung. Beim Menschen ist die Einbuchtung tiefer, und die Oberfläche hat eine Falte. Der ganze Fortsatz ist nicht mehr dreieckig, sondern oval.*

»Weil es ein Unterschied ist«, sagte ich.

Nun verlangte Tim, daß wir alle anderen Kieferknochen rechnerisch auf die Größe der Kieferknochen von Lucy reduzierten. Es zeigte sich, daß sie dann vorn ebenso schmal wurden wie die von Lucy. Einige waren etwas breiter, aber das lag, wie Tim sagte, daran, daß die Vorderzähne der männlichen Individuen etwas größer waren als die der weiblichen. Damit war die Besonderheit von Lucy verschwunden. Wie Tim vorausgesagt hatte, war es ein Fall von Allometrie.

»Okay«, sagte ich. »Sie gehören alle zur gleichen Art.«

»Glauben Sie das jetzt wirklich, oder geben Sie nur widerwillig nach?«

»Ich glaube es.«

»Ist es nicht so wie bei Louis Leakey, der Philip Tobias wegen des *Homo habilis* so lange bearbeitet hat, bis er nichts mehr zu sagen wußte?«

»Nein, nein. Ich glaube es. Man muß lernen, seinen Irrtum einzusehen.«

»Ich wollte nur sicher sein.«

»Sie haben mich wirklich überzeugt.«

Da das Problem mit Lucy nun aus dem Wege geräumt war, hatten wir eine klare Vorstellung von den Hominiden aus Laetoli und Hadar. Sie ließen sich auf folgende Weise charakterisieren:

1. Trotz beträchtlicher Größenunterschiede stammten alle Fossilien von einer einzigen Spezies. Die Größenunterschiede waren bei Hadar stärker als bei Laetoli, aber an keinem der beiden Fundorte gab es ein Fossil, das nicht in eine vertretbare Variationsbreite paßte, die wir für das »Durchschnittsindividuum« ermittelt hatten. Am unteren Ende der erwachsenen Individuen lag Lucy mit etwas mehr als 105 Zentimeter Körperhöhe und einem Gewicht von etwa 30 Kilogramm. Die größten Individuen hatten eine Körperhöhe von 152 Zentimetern und wogen bis zu 75 Kilogramm. Es gab nicht nur Größenunterschiede bei den Individuen des gleichen Geschlechts, sondern auch innerhalb der Geschlechter. Das zeigte sich besonders deutlich bei den Kieferknochen und erklärte die Tatsache, daß die kleineren weiblichen Individuen eher einen V-förmigen Kiefer hatten.
2. Dieser Typus war zwar kleinwüchsig, aber sehr kräftig. Die Kno-

chen waren im Verhältnis zur Länge sehr dick, und an ihren Markierungen konnte man erkennen, daß sie von starken Muskeln umgeben waren. Tim sagte dazu: »Ich bin zwar größer als ein Schimpanse, aber lange nicht so stark. Ich möchte es nicht in einem geschlossenen Raum auf einen Zweikampf mit einem Schimpansen ankommen lassen; er würde mich sicher töten, bevor ich ihn töten könnte. Unsere Hominiden sehen aus, als seien sie wenigstens so stark gewesen wie Schimpansen.«

3. Es besteht kein Zweifel mehr daran, daß sie aufrecht gingen. Das bewiesen die Fossilien aus Hadar, und die Fußabdrücke bei Laetoli bestätigten es.

4. Ihre Arme waren, gemessen an der Körpergröße, länger als die des Menschen.

5. Ihre Hände glichen menschlichen Händen, nur waren die Finger vielleicht etwas stärker gebogen. Einzelne Knochen des Handgelenks glichen sehr stark denen des Menschenaffen.

6. Ihr Gehirnvolumen war auffallend klein, vergleichbar dem des Schimpansen.

7. Ihre Gesamterscheinung könnte wie folgt beschrieben werden: Sie hatten kleine, menschenähnliche Körper mit Köpfen, die in ihrer Form mehr denen der Menschenaffen als dem des Menschen glichen. Ihre Kiefer waren groß und vorgeschoben. Das Kinn fehlte. Die obere Gesichtshälfte war klein und schimpansenartig. Der Hirnschädel war sehr niedrig. Männliche und weibliche Individuen waren vermutlich stärker behaart als die heutigen Menschen. Wie stark der Haarwuchs war, läßt sich nicht mehr feststellen. Auch kennen wir nicht die Farbe des Haars. Es könnte schwarz oder braun wie das Haar des Gorillas oder des Schimpansen oder auch rötlich wie das des Orang-Utans gewesen sein. Vielleicht war es sogar silbrig wie das Haar mancher primitiveren Affen. Auch die Hautfarbe kennt man nicht, aber wahrscheinlich war sie dunkel, denn die Haut der Gorillas, Schimpansen und aller in den Tropen lebenden Menschen ist dunkel.

8. Es läßt sich nicht nachweisen, daß sie Steinwerkzeuge hergestellt oder verwendet haben. Damit ist nicht gesagt, daß sie es nicht getan haben; man hat aber noch keine Beziehungen zwischen den Fossilien und den an gleicher Stelle gefundenen Werkzeugen herstellen können. Die ältesten bekannten Werkzeuge sind die von Roche und Har-

ris bei Hadar gefundenen. Sie sind augenscheinlich 1 Million Jahre jünger als die jüngsten Fossilien in der Sammlung. Der Hersteller dieser Werkzeuge ist noch nicht entdeckt.

9. Sie lebten in der Periode von vor 4 Millionen Jahren bis vor ungefähr 3 Millionen Jahren. Während dieser Zeit haben sie sich kaum oder gar nicht weiterentwickelt.

Nachdem wir diese Erkenntnisse gewonnen und uns davon überzeugt hatten, daß es sich hier um eine neue und von allen anderen zu unterscheidende Spezies von Hominiden handelte, glaubten wir, es genüge nun nicht mehr, eine bloße Beschreibung zu verfassen, wie wir es ursprünglich vorgehabt hatten. Unsere Forschungen hatten uns darüber hinausgeführt. Wir hatten jetzt die Verpflichtung, über alles, was wir festgestellt hatten, einen ausführlichen Bericht abzugeben. Damit stellte sich uns die zweite Frage: In welcher Beziehung stand unsere Spezies zu anderen schon beschriebenen und benannten Hominiden? Mit anderen Worten: Welcher Stammbaum mußte gezeichnet werden, der unsere Forschungsergebnisse mit unserem Wissen über den *Homo habilis*, den *Australopithecus africanus* und den *Australopithecus robustus* in Einklang brachte? Genauer gesagt, sollten wir unsere Spezies als menschliches Wesen bezeichnen, oder war sie zu primitiv?

Hier gerieten Tim und ich wieder in einen Meinungsstreit. Wie ich schon oben gesagt habe, war ich von Anfang an geneigt gewesen, den größeren bei Hadar gefundenen Fossilien Eigenschaften zuzuschreiben, die sie in die Nähe des *Homo* rückten. Sie taten das auch in einer sehr wichtigen Hinsicht, denn diese Hominiden hatten kleine Backenzähne und große Schneidezähne. Das gleiche gilt für den heutigen Menschen, nicht aber für die Australopithecinen. Da ich ebenso wie jeder, der nach 1950 Paläoanthropolie studiert hat, zu dem Glauben erzogen worden bin, die Australopithecinen gehörten wahrscheinlich zu den Vorfahren des Menschen, schien es nach der Untersuchung ihrer massiven Backenzähne nur logisch, daß Größe gleichbedeutend mit Primitivität ist, soweit es den Stammbaum der Hominiden betrifft. Daraus ließ sich andererseits schließen, daß eine geringe Körpergröße auch eine nähere Verwandtschaft mit dem heutigen Menschen bedeutete.

Solange uns nichts anderes zur Verfügung stand als die Sammlungen aus Süd- und Ostafrika, ließ sich dieses Vorurteil kaum erschüttern.

Auch ich klammerte mich jetzt daran, obwohl eine sosehr große Zahl von Merkmalen an anderen Teilen des Kiefers und des Hirnschädels bei dem Typus aus Hadar besagten, daß er primitiv sei.
»Er muß auch primitiv sein«, sagte Tim. »Er ist 1 Million Jahre älter. Es kann kein *Homo* sein.«
»Er hat kleine Molare wie ein Mensch; es muß also ein *Homo* sein.«
»Sie tun hier das gleiche wie bei Lucy. Sie stützen sich bei Ihrer Beurteilung auf ein einziges Merkmal und lassen alle anderen unbeachtet.«
Damit hatten wir uns festgefahren. Um einen Ausweg zu finden, beschlossen wir, die Länge und Breite aller Zähne der verschiedenen Typen in unserer Sammlung zu messen. Als repräsentativ wählten wir den dritten Molar, den ersten Prämolar und den Eckzahn und stellten damit eine biometrische Analyse an, wie sie Robert Broom nicht gefallen hätte. Dann trugen wir unsere Zahlen in ein Diagramm ein. Das Diagramm zeigt sehr deutlich, daß die Fossilien aus Hadar, was die Größe der Zähne betrifft, denen des *Homo* viel mehr glichen als denen des *Australopithecus*.
Aber das Diagramm zeigt auch noch etwas anderes. Es verdeutlicht die Tatsache, daß die robuste Form die am wenigsten menschliche ist,

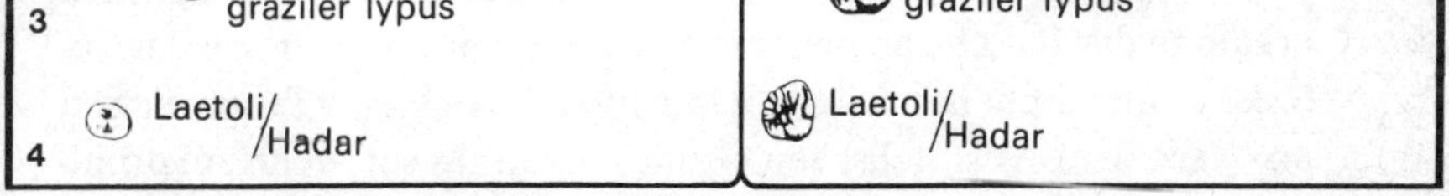

Es bedurfte einer biometrischen Analyse, um schlüssig nachzuweisen, daß die Hominiden aus Hadar nicht Homo, *sondern eine Art früher Australopithecinen waren. Dieses Diagramm, das die Zähne von links nach rechts nach der zunehmenden Größe zeigt, die von oben nach unten nach ihrem Alter geordnet sind, verdeutlicht, daß »klein« auch »primitiv« bedeutet und daß es beim Menschen niemals große Molare gegeben hat, die sich später jedoch bei den Australopithecinen entwickelt haben und am größten bei den jüngeren robusten Typen sind. Als Beispiele zeigen wir hier die Prämolare (links) und die Molare (rechts).*

denn bei ihr sind die Molare am größten. Als ich das hier so deutlich sah, erinnerte ich mich an einen Umstand, an den ich nicht mehr viel gedacht hatte, nachdem ich die südafrikanischen Sammlungen sieben Jahre zuvor mit Clark Howell untersucht hatte.

Damals hatte ich mit Clark über die brillant begründete Schlußfolgerung von John Robinson gesprochen, der gesagt hatte, große Bakkenzähne mit einer dicken Schmelzschicht deuteten darauf hin, daß sich ein Hominide mit solchen Zähnen auf eine bestimmte Ernährung spezialisiert habe. Ich hatte Clark gesagt, wenn es sich wirklich um eine Spezialisierung handelte, dann müßte sie sich allmählich im Lauf längerer Zeit entwickelt haben und bei den jüngsten Stücken in der Sammlung am deutlichsten zu erkennen sein. Das paßte sehr gut zu den Fossilien aus Südafrika. Der robuste Typus war jünger als der grazile, und seine Backenzähne waren größer. Als ich mir das alles überlegte, nachdem das Diagramm mich dazu angeregt hatte, kam es mir in den Sinn, daß die Vorstellung »Groß ist primitiv« falsch sein könnte. Das Diagramm sagte: »Die späten Australopithecinen sind groß.« Hatte ich das Teleskop am falschen Ende ans Auge gesetzt und von den 2 Millionen Jahre alten Fossilien in die Vergangenheit zurückgeblickt, als ich versuchte, die 3 Millionen Jahre alten zu interpretieren? Wie wäre es, wenn ich das Teleskop umdrehte? Sollte ich nicht den Typus aus Hadar als den Prototyp anerkennen? Dann müßte ich, wenn ich die Zähne berücksichtigte, sagen müssen: »Klein ist primitiv.« Das widersprach meinen bisherigen Vorstellungen.

Es fällt mir schwer, heute zuzugeben, wie sehr ich mich in dieses Dikkicht verfangen hatte. Das Schlimme an jedem Vorurteil liegt jedoch darin, daß es einen gegenüber allen Gegenbeweisen taub macht. Ich erkannte das Falsche an meinem Vorurteil sehr rasch, als ich das Teleskop umgedreht hatte. Jetzt nahm alles die richtigen Proportionen an. Nach dem Aristotelischen Grundsatz war es so: Wenn A (primitiv) gleich B (klein) ist, und wenn B (klein) gleich C (*Homo*) ist, dann ist A (primitiv) gleich C (*Homo*). Euklid hat das noch besser ausgedrückt: Alle Dinge, die einem dritten gleichen, gleichen auch einander. Jedenfalls sah ich jetzt, daß das, was ich für das Kennzeichen des späten Menschen gehalten hatte, in Wirklichkeit ein primitives Kennzeichen war. Man würde vielleicht besser sagen »alt«, denn das Wort »primitiv« könnte auch als »minderwertig« aufgefaßt werden, weniger weit entwickelt, während in Wirklichkeit alles vollkommen in Ordnung ist. Darwin hat gesagt, daß die Evolution eine Folge der natürlichen Auslese sei, und das heißt, daß gewisse Merkmale sich almählich in neuere, den Umständen besser angepaßte verwandeln. Aber Darwin hat niemals gesagt, daß sich alle Merkamale mit der gleichen Geschwindigkeit entwickeln oder daß einige von ihnen sich überhaupt verändern müssen. Wenn irgendein Merkmal seine Aufgabe erfüllt, dann wird es sich wahrscheinlich nicht weiterentwickeln. Das scheint mit den Zähnen, die wir untersuchten, geschehen zu sein. Hier hatte es keine Notwendigkeit für die Selektion bei der Entwicklung zu *Homo* gegeben, und sie hatten sich daher kaum verändert. Es waren die Zähne des *Australopithecus*, die sich verändert hatten. Diese Entwicklung war in eine ganze eigene Richtung gegangen, um sich einem Lebensstil anzupassen, der sich von dem der frühen Menschen unterschied – einem Lebensstil der sich zunehmend auf bestimmte Dinge spezialisierte und zur Entwicklung immer größerer Zähne führte.

Mit der Austragung unserer Meinungsverschiedenheiten zu zwei Fragen und der Analyse der Fossilien hatten wir den ganzen Sommer zugebracht. Nachdem wir allmählich zusammengearbeitet hatten, waren wir schließlich erschöpft, stimmten endlich aber auch überein. Wir waren uns jetzt über die Grundvoraussetzungen für ein Szenarium einig, das uns beiden durchaus vernünftig zu sein schien. Zwar tauschten wir noch einige Argumente aus, aber wie Juristen, die einander abtasten und in der Argumentation des Gegners eine schwache Stelle zu finden versuchen. Wir fanden keine schwachen Stellen mehr.

»Was wollen wir jetzt tun?« fragte ich Tim.

»Nun, wenn wir hier etwas Neues, ganz anderes und Älteres gefunden haben – können wir uns dessen wirklich ganz sicher sein?«

»Ja.«

»Dann haben wir die Verpflichtung, darüber zu berichten. Wir werden eine neue Spezies benennen müssen.«

»Spezies?«

»Sie wollen doch nicht sagen, daß wir einen neuen Genus benennen sollen?« sagte Tim.

»Mein Gott, nein! Schon mit einer Spezies werden wir zuviel Aufsehen erregen. Ich glaube nur, wir können uns auf keinen Namen festlegen, bevor wir nicht entschieden haben, wohin unsere Spezies in

der Reihe der anderen Hominiden gehört. Ich glaube, wir haben unsere zweite Frage noch nicht beantwortet, die Frage nach dem Stammbaum. Wie sollen wir sie benennen – sollen wir sagen, die neue Spezies sei ein *Homo* mit irgendeiner Nebenbezeichnung?«
»Das wäre recht ungeschickt, denn wir sind doch zu der Überzeugung gekommen, daß es kein *Homo* ist.«
»Wie würden Sie es denn nennen?«
»Jetzt könnte ich das um nichts in der Welt sagen.«
Der Sommer war vergangen, und wir waren völlig erschöpft. Tim mußte nach Kalifornien gehen, und ich hatte nur das Bedürfnis, mich auszuruhen und zu schlafen. Wir kamen überein, über den Namen und den Stammbaum nachzudenken und uns im Dezember wiederzusehen.

14. Die Analyse wird abgeschlossen

Was ist ein Name? Was wir eine Rose nennen,
Es duftete mit jedem anderen Namen noch genauso süß.
William Shakespeare

Eine Klassifizierung soll nicht die Phylogenese erklären, sondern soll nur zeigen, wie wir die verwandtschaftlichen Beziehungen beurteilen.
George Gaylord Simpson

Man könnte Lucy als einen späten *Ramapithecus* ansehen.
Richard Leakey

Zu glauben, Lucy sei ein *Ramapithecus*, ist lächerlich.
C. Loring Brace

Im Herbst 1977 hatte ich die Gelegenheit, mich mit einigen neuen Ideen über die Verwandtschaft der Hominiden vertraut zu machen, zu denen Tim und ich nach unserer im Sommer angestellten Analyse geführt worden waren. Wir hatten unsere Hominiden noch nicht in den Stammbaum des Menschen eingeordnet und sie auch noch nicht benannt. Aber ich war erleichtert, daß der schwerste Teil unserer Aufgabe, das Graben, das Auffinden, Sortieren, Messen, Vergleichen und die daraus zu ziehenden Schlüsse, hinter uns lag. Paradoxerweise bereitete uns der leichteste Teil unserer Arbeit die größte Mühe: das Finden eines geeigneten Namens. Beschreibungen und das Suchen nach Verwandtschaften erhöhen seltsamerweise den Blutdruck nie sosehr, wie das bei den Namen geschehen kann.
Wenn wir uns darauf beschränken könnten, einen sorgfältigen und genauen Bericht zu verfassen, der die Fossilien ausführlich beschrieb, der erläuterte, was sie von den schon entdeckten unterschied, und wenn wir über diese Unterschiede nur Vermutungen anstellten, um es anderen zu überlassen, endgültige Schlußfolgerungen zu ziehen, dann würde man uns sicher für eine gute Arbeit loben, und wir könnten uns zurückziehen, ohne Anlaß zu einer Kontroverse gegeben zu haben.
Beschränkten wir uns aber darauf, dann wären wir unserer Verpflich-

tung nicht nachgekommen. Wo diese Hominiden eingeordnet werden sollten, wußten wir – oder wir waren zumindest disponiert, darüber zu entscheiden. Deshalb mußten wir es auch selbst tun und es nicht jemandem überlassen, der die Fossilien nicht so gut kannte wie wir und sie nicht so sorgfältig untersucht hatte. Er hätte ihnen einen irreführenden Namen geben können, der die Paläoanthropologie auf Jahre hinaus belasten würde.

Nach meiner Auffassung war es unsere Pflicht, sie einzuordnen. Doch um das zu tun, mußten wir sie benennen, und damit war das Kind ins Feuer gefallen. Seit 1964, als der *Homo habilis* diese Bezeichnung erhielt, war noch kein neuer Hominide benannt worden. In diesem Herbst habe ich oft darüber nachdenken müssen, welche Schwierigkeiten es mit dem *habilis* als einem angeblich illegitimen Sproß am Stammbaum des Menschen gegeben hatte. Einige Wissenschaftler zweifelten immer noch an seiner Legitimität. Jetzt hatte ich Bedenken, wenn ich überlegte, wie es aufgenommen werden würde, wenn ich eine neue Spezies benannte.

Dieses Problem bedrückte mich. Nachdem ich jahrelang Expeditionen geleitet und manches Geplänkel durchgestanden hatte, war ich mir sehr wohl bewußt, wie aus solchen Geplänkeln ein Krieg um wichtigere Fragen entstehen kann; wie Meinungsverschiedenheiten Menschen zu erbitterten Gegnern werden lassen, wie ängstlich Stiftungen sind und wie solcherlei Geldquellen angesichts von über eine lange Zeit währenden Meinungsverschiedenheiten austrocknen können. Das durfte nicht geschehen. Ich wollte jetzt meine Laboratoriumsuntersuchungen abschließen, sobald wie möglich nach Äthiopien zurückgehen, noch weitere Fossilien finden und erst dann vielleicht etwas über sie sagen. Aber wie bei einer Schwangerschaft kommt auch hier die Geburt, gleichgültig, ob man darauf vorbereitet ist oder nicht. Tim und ich hatten ein Kind gezeugt. Jetzt überlegte ich, ob ich ihm eine gute Mutter sein könnte, um es geziemend zu taufen und es in die Welt der Anthrologie einzuführen, ohne daß es selbst oder ich dabei zu Schaden kamen.

In jenem Herbst litt ich wie manche junge Mutter unter den der Geburt folgenden Depressionen. Manchmal fürchtete ich, wir hätten mit unserer Analyse zu viel gesagt. Ich wäre erleichtert gewesen, wenn irgend jemand gekommen wäre, um aus dem Luftballon, den wir aufgeblasen hatten, ein wenig Luft abzulassen, und uns damit

Drei bekannte Stammbäume

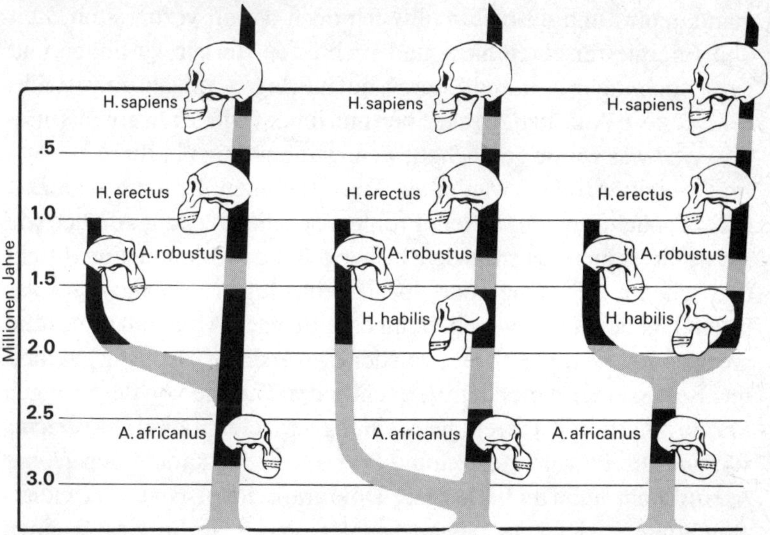

Die Theorie von der einzigen Spezies (Stammbaum links), die von Brace und anderen vertreten wird, kennt in dem Stammbaum der Hominiden nur einen Zweig und besagt, daß es gleichzeitig immer nur eine Art von Hominiden gegeben habe. In neuerer Zeit hat Brace jedoch die Möglichkeit zugestanden, daß der Australopithecus robustus *in einen Nebenzweig eingeordnet werden könnte, weil er den* Homo-*Typen, die auf ihn folgen, zu unähnlich ist, als daß man ihn in den Hauptstamm einordnen könnte. Das Positive an diesem Stammbaum ist seine Einfachheit. Brace, der dazu neigt, verschiedene Typen in einer Spezies zusammenzufassen, erkennt den* Homo habilis *nicht als Spezies an. Für ihn gehören er und der* Australopithecus africanus *zusammen. Der Stammbaum in der Mitte entspricht den Auffassungen von John Robinson und versucht, den Widerspruch aufzulösen, der dadurch entsteht, daß die robusten Typen »primitivere« Backenzähne haben als die grazilen, obwohl sie nach den in den südafrikanischen Höhlen vorgenommenen Datierungen jünger sind. Robinsons Lösung bestand nun darin, den robusten Typus zeitlich richtig einzuordnen (von 2 bis 1 Millionen Jahre vor unserer Zeit) und dann anzunehmen, daß der* robustus *und der grazile* africanus *den gleichen Vorfahren haben. Der in den 1960er und 1970er Jahren von den meisten Wissenschaftlern für zutreffend gehaltene Stammbaum (rechts) geht von der Auffassung aus, daß der* Australopithecus africanus *der gemeinsame Vorfahre des* Australopithecus robustus *und des* Homo habilis *war. Dabei wird anerkannt, daß die stärkere Entwicklung der Molare typisch für die Australopithecinen, aber nicht für den* Homo *sei, daß jedoch diese Entwicklungstendenz beim* africanus *noch nicht deutlich genug entwickelt war, um ihn als Vorfahren des Menschen auszuschließen.*

Anlaß gegeben hätte, den Rückzug anzutreten. Das hat natürlich niemand getan, und deshalb mußte ich mich darauf vorbereiten, Zeit und Energie für einen hieb- und stichfesten Bericht zu finden und dann noch mehr Zeit und Energie aufzubringen, um ihn zu verteidigen, weitere Aufsätze zu schreiben und immer wieder zu argumentieren. Und was würde geschehen, wenn wir uns geirrt hatten?

Im Dezember traf ich wieder mit Tim zusammen. Er hatte auch Zeit gehabt, nüchtern über unsere Probleme nachzudenken. Ähnlich wie ich wollte er nur ungern an dem bisher geltenden Stammbaum rütteln und scheute sich, eine neue Spezies einzufügen. Für ihn wäre das besonders peinlich gewesen, denn er hatte nach Abschluß seines Examens unter C. Loring Brace von der University of Michigan gearbeitet. Brace, einer der ersten Verfechter der Theorie von der einzigen Spezies, hatte seit Jahren die Meinung vertreten, der *Homo erectus* stamme direkt vom *Australopithecus* ab, und erkannte den *Homo habilis* nicht an. Tim hatte seine Doktorarbeit vor Brace verteidigt. Wie sollte er jetzt als dessen Schüler eine neue Spezies in einen Stammbaum einfügen, der nach Auffassung von Brace ohnehin überladen war?

Mit solchen Bedenken kam Tim nach Cleveland. Aber nachdem wir uns ausgesprochen hatten, änderte sich unsere Stimmung. Wir dachten an die harte Arbeit, die wir geleistet hatten, überprüften noch einmal alle unsere Forschungsergebnisse und konnten keinen Fehler finden. Wieder wurde uns bewußt, welches ungewöhnliche Glück wir gehabt hatten. Allein die Tatsache, daß der Entdecker der ersten Fossilien 3 Millionen Jahre alter Hominiden sich mit dem offiziellen Erforscher der zweiten derartigen Sammlung zusammengetan hatte, war ungewöhnlich. Durfte man erwarten, daß die beiden einzigen Männer, die diese Fossilien gut genug kannten, um gemeinsam eine fachmännische Analyse durchzuführen, das auch wirklich taten? Welche Chance hatten sie, für diese Analyse genügend Zeit zu bekommen, dann festzustellen, daß die beiden Sammlungen eigentlich zusammengehörten, und zu der wichtigsten Erkenntnis zu gelangen, wo sie in der Evolutionsgeschichte der Hominiden einzuordnen seien, und das alles, bevor irgendein anderer Wissenschaftler die Möglichkeit gehabt hatte, das zu tun? Eine solche Chance erhalten zwei unbekannte junge Paläoanthropologen, deren wissenschaftliche Laufbahn eben erst begonnen hat, normalerweise nicht. Aber wir hatten dieses Glück gehabt. Wir hatten jetzt die einmalige Gelegenheit, etwas für die Paläoanthropologie zu leisten, und wir glaubten, in einzigartiger Weise dafür qualifiziert zu sein.

Als ersten Schritt auf dem Wege zur Beantwortung unserer zweiten Frage – in welcher Beziehung stehen unsere Fossilien zu den anderen – beschlossen wir, alle afrikanischen Hominiden nach ihrem Alter, ihrem Typus und ihrem Fundort in ein Diagramm einzuordnen.

Für die Klassifizierung der südafrikanischen Fossilien verwendeten wir die jüngsten Schätzungen der südafrikanischen Biostratigraphin Elizabeth Vrba für das Alter des *robustus* und des grazilen Typus. Für das Grabungsgebiet am Omo hatten wir gute Daten, aber nur schlecht erhaltene Fossilien, besonders für den Typus, den Clark Howell vorläufig als grazil (*africanus*) bezeichnet hatte. Deshalb versahen wir diese Angabe mit einem Fragezeichen. Für den Turkana-See stützten wir uns auf die Kalium-Argon-Daten von Curtis und die

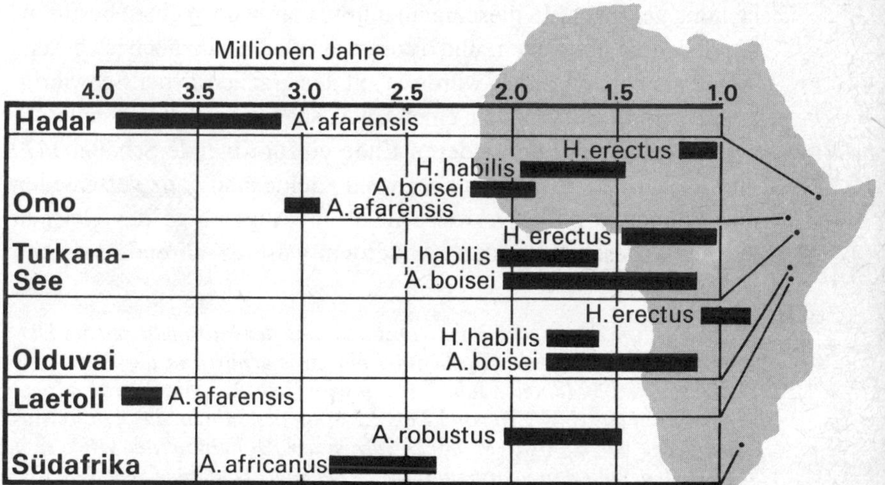

Da sie feststellen mußten, daß sich ihre Forschungsergebnisse hinsichtlich der Fossilien aus Hadar und Laetoli nicht mit den Stammbäumen auf S. 347 in Einklang bringen ließen, entschlossen sich Johanson und White dazu, einen eigenen Stammbaum zu entwerfen. Als ersten Schritt ordneten sie alle bekannten afrikanischen Hominiden nach Typus, Fundort und Alter. Daraus ergab sich das obige Diagramm, das sie dann vereinfachten, indem sie die einzelnen Typen zusammenlegten. Das Ergebnis dieser Arbeit zeigt das Diagramm auf S. 351.

Schweinefossilien, nicht aber auf die von Fitch und Miller ermittelten Daten. Wir akzeptierten jedoch die von Richard Leakey vorgenommene Identifizierung der Fossilien. Für Olduvai, Hadar und Laetoli legten wir die Kalium-Argon-Daten zugrunde.

Als nächsten Schritt ordneten wir die Fossilien ohne Rücksicht auf ihre Fundorte nach Typen. Das daraus hervorgehende Diagramm (S. 351) ergab nach unserer Meinung die einfachste Methode für die Einordnung aller existierenden Fossilien und berücksichtigte zugleich ihre Unterschiede. Die Sache ließe sich noch mehr vereinfachen, wenn man den Stammbaum von Loring Brace zugrunde legte (Diagramm auf S. 347) und den *Australopithecus* über die 3-Millionen-Jahres-Marke hinausverlegte, so daß auch die Fossilien aus Laetoli und Hadar berücksichtigt wären. Damit würde eine aus zahlreichen Varianten bestehende und über sehr lange Zeit existierende Spezies des *Australopithecus* anerkannt, deren älteste Vertreter durch die Fossilien aus Hadar repräsentiert wären. So wäre eine wunderbare Vereinfachung gelungen. In diesem Fall müßte man jedoch einen bestimmten Umstand übersehen, und dazu waren weder Tim noch ich bereit. An den äußersten Enden würde es mit den grazilen Typen Schwierigkeiten geben. Lucy an dem einen Ende ist ganz einfach kein menschliches Wesen. Der am anderen Ende einzuordnende Schädel 1470 von Richard Leakey ist es aber wohl. Beide sind ganz verschieden und können vernünftigerweise nicht als Angehörige der gleichen Spezies angesehen werden. Außerdem wäre es störend, zwischen

Hier haben wir das Ergebnis der Konsolidierung der Informationen des Diagramms auf S. 349. Alle Fossilien des afarensis *gehören in die Zeitspanne zwischen 4 und 3 Millionen Jahren vor unserer Zeit. Alle Fossilien des* africanus *stammen aus einer Zeit vor 2,7 bis 2,2 Millionen Jahren, die des* robustus *aus der Zeit vor 2,1 bis 1 Millionen Jahren usw. Johanson und White sind überzeugt, der älteste und primitivste heute bekannte Hominide, der* afarensis, *sei der Vorfahre aller anderen. Sie behaupten, die Weiterentwicklung der Molare sei erst bei den späten Australopithecinen erfolgt, und sie haben die Typen, die diese Entwicklung zeigen, entsprechend eingeordnet. So steht der* robustus, *der die größten Molare hat, am Ende dieser Linie. Die* Homo-*ähnlichen Typen, deren Backenzähne sich gegenüber denen ihres Vorfahren, des* afarensis, *nicht wesentlich verändert haben, bilden somit eine eigene Linie, innerhalb deren sich der* erectus *und der* sapiens *aus dem* Homo habilis *entwickelt haben. Werkzeuge sind, wie das Diagramm zeigt, eine Erfindung des* Homo *und nicht des* Australopithecus.

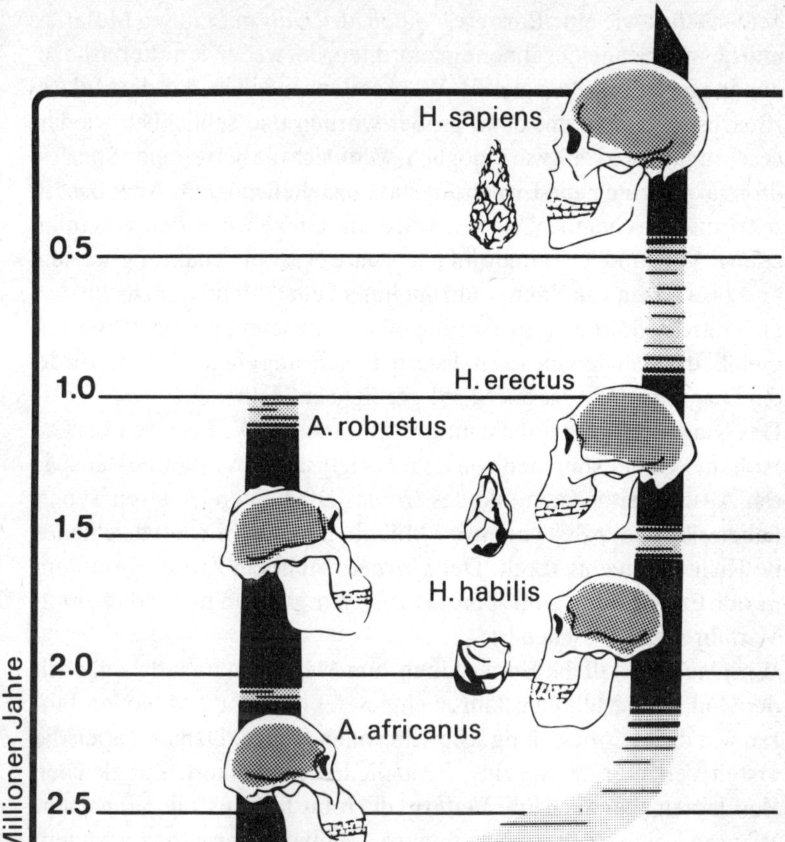
H. sapiens
0.5
1.0
H. erectus
A. robustus
1.5
H. habilis
2.0
A. africanus
2.5
3.0
3.5
A. afarensis
4.0
Millionen Jahre

beiden – fast wie eine Barriere – einen *africanus* mit großen Molaren und kleinen Schneidezähnen einzuordnen, der weder den älteren noch den jüngeren Fossilien gleicht. Wäre es denn möglich, daß die Molare zunächst klein waren, dann größer wurden und schließlich wieder geschrumpft sind? Es wäre möglich, wenn sich die betreffende Spezies dreimal auf eine neue Ernährung hat umstellen müssen. Aber das ist sehr unwahrscheinlich, und es wäre die Umkehrung der Vereinfachung. Verständlicher und einfacher wäre es, zwei Ernährungsweisen und zwei Arten von Zähnen anzunehmen; ein Durchschnittsgebiß für eine durchschnittliche Ernährung und ein zunehmend spezialisiertes Gebiß, das sich für eine spezialisierte Ernährung eignet. Damit würde ein Diagramm wie das auf S. 351 gezeigte entstehen.

Das Diagramm verdeutlicht unsere Auffassung: Die Fossilien aus Laetoli und Hadar stammen von dem gemeinsamen Vorfahren der späten Australopithecinen und des *Homo*. Die beiden letzteren Typen haben sich in der Zeit vor etwa 3 Millionen Jahren in zwei verschiedene Richtungen entwickelt. Der *africanus* stellt ein Zwischenstadium in der Entwicklung zum *robustus* har. Wir glauben nicht, daß er ein Vorfahre des Menschen ist.

Wir glauben, daß die Entwicklung zum Menschen irgendwann nach der Zeit vor 3 Millionen Jahren eingesetzt hat. Vor 2 Millionen Jahren war diese Entwicklung schon im vollen Gange. Damals haben die ersten Vertreter der Spezies *Homo* die Erde bevölkert. Zur gleichen Zeit lebten aber auch ihre Vettern, die robusten Australopithecinen. Während eines Zeitraums von etwa 1 Million Jahren hat es augenscheinlich beide Typen gleichzeitig gegeben. Vor 1 Million Jahren gab es keine Australopithecinen mehr. Sie waren ausgestorben.

Damit hatten Tim und ich nach mehr als zweijähriger Arbeit und intensivem Nachdenken eine nach unserer Meinung befriedigende Antwort auf die zweite Frage gefunden. Nun blieb nur noch die dritte Frage offen: Wie sollten wir die neue Spezies benennen?

Zuerst mußten wir entscheiden, zu welchem Genus unsere Fossilien gehörten, zum Genus *Homo*, zum Genus *Australopithecus* oder zu einem anderen. Die dritte Möglichkeit schied aus, denn in diesem Fall hätten zwischen unseren Fossilien und allen anderen größere Unterschiede bestehen müssen. Sie waren nicht vorhanden, denn es handelte sich in jedem Fall um nah verwandte, aufrecht gehende Hominiden.

Das Genus *Homo* schied ebenfalls aus, wenn auch nicht so ohne weiteres. Wir rechneten immer noch irgendwie mit dieser Möglichkeit, als Owen Lovejoy eines Nachmittags ins Laboratorium kam.
Er erklärte: »Mit dem von Ihnen entworfenen Stammbaum können Sie es nicht *Homo* nennen.«
»Warum nicht?«
»Weil es der Vorfahre der anderen Australopithecinen ist. Dann müßten auch diese als *Homo* bezeichnet werden. Versuchen Sie es, und die ganze Meute wird über Sie herfallen. Sie werden ein Spießrutenlaufen über sich ergehen lassen müssen und sich nie wieder davon erholen.«
Sein schallendes Gelächter wirkte auf uns wie eine kalte Dusche. Logischerweise mußten wir uns jetzt für die Bezeichnung *Australopithecus* entscheiden. Die Fossilien verlangten es von uns, und wir gaben uns damit zufrieden. Das bedeutete den Abschied vom alten *Homo*, der sich in der Zeit vor mehr als 2 Millionen Jahren nicht mehr auffinden ließ.
Nun überlegten wir uns, wie wir den neuen *Australopithecus* nennen sollten. Um Mary Leakey eine Freude zu machen, schlug ich die Bezeichnung Laetolensis vor.
»Das halte ich nicht für richtig«, sagte Tim. »Sie besitzen die besten Fossilien. Geben Sie ihnen Ihren Namen.«
»Johansonensis? Das ist doch nicht Ihr Ernst?«
»Nein, nein. Ich meine den Ortsnamen: *Hadarensis*.«
Das gefiel mir nicht recht, weil ich wußte, daß es in der weiteren Umgebung von Hadar noch andere Fundstellen gab und man damit rechnen mußte, daß hier bedeutendere Entdeckungen gemacht werden könnten als bei Hadar. Angesichts dieser Möglichkeit sollten wir den Namen der ganzen Region, des Afar-Dreiecks, benutzen.
»Okay, *afarensis*«, sagte White.
So einigten wir uns auf *Australopithecus afarensis*.
Jetzt mußten wir nur noch sagen, nach welchem Fossil wir die neue Spezies beschreiben wollten. Einige Mitarbeiter in meinem Laboratorium drängten mich, es anhand von Lucy zu tun, und zwar mit der Begründung, daß sie am besten erhalten sei und man daher eine sehr gute und detaillierte Beschreibung der Spezies erhalten würde, wenn man ihr Skelett dazu verwendete. Ich weigerte mich und erklärte, Lucy sei zu klein, um als typisch für die ganze Fossiliensammlung zu gelten. Darüber hinaus war bisher noch keine wissenschaftliche

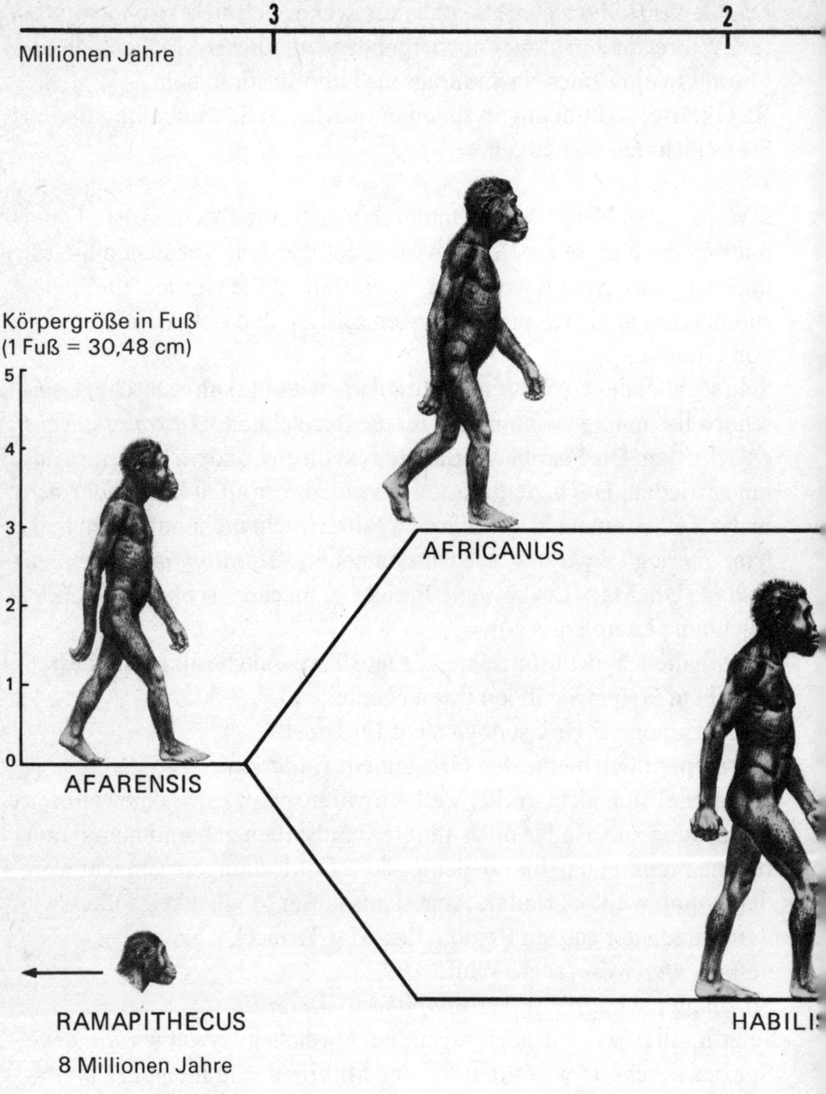

Wenn wir den Stammbaum auf S. 351 auf die Seite legen und aus den fossilen Knochen Lebewesen aus Fleisch und Blut rekonstruieren, dann sehen sie – vielleicht – so aus. Niemand kann mit Sicherheit sagen, wie die ausgestorbenen Hominiden wirklich ausgesehen haben. Hier haben wir die Größenverhältnis-

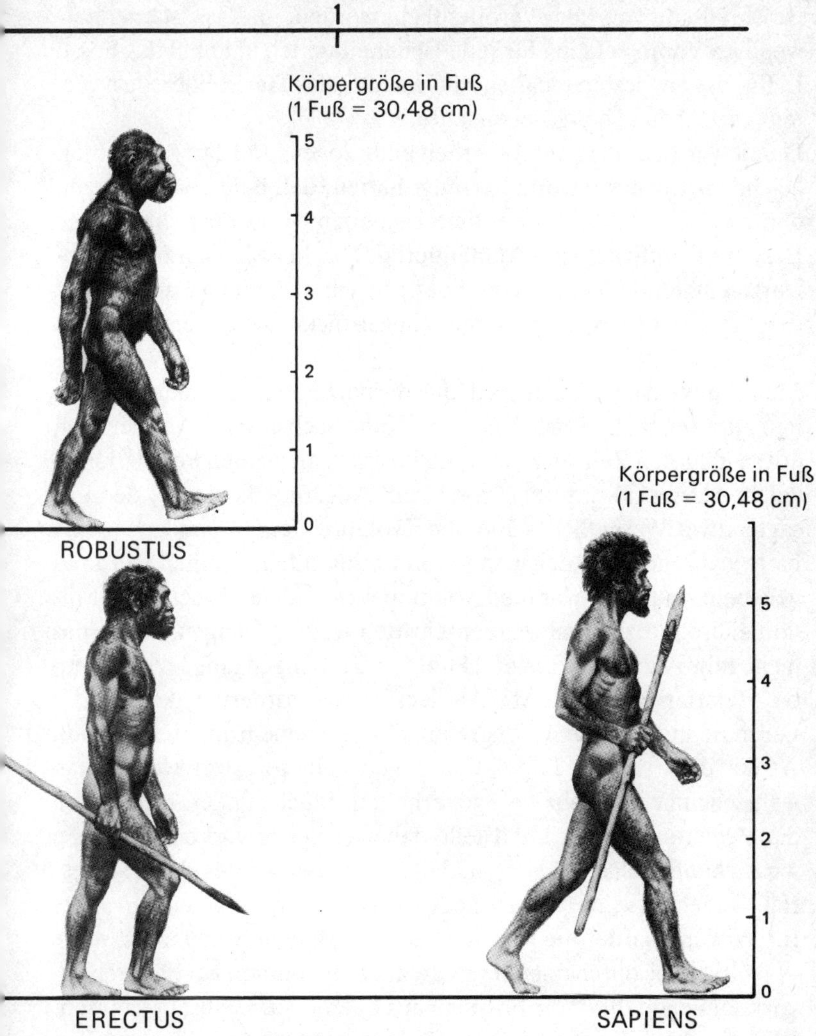

se angegeben, wobei der afarensis *etwa 60 Zentimeter kleiner ist als der heutige Durchschnittsmensch. Der* ramapithecus, *den wir bisher nur aus seinen Zähnen, Kieferknochen und Bruchstücken des Schädels kennen, war noch kleiner, vielleicht nicht sehr viel größer als 90 Zentimeter.*

Beschreibung von Lucy veröffentlicht worden, und das ist eine notwendige Voraussetzung für jede Benennung. Ich empfahl das Fossil LH-4, das am besten erhaltene aus Laetoli, das Tim in einer illustrierten Arbeit genau beschrieben hatte.

Damit war Laetoli in unsere Arbeit einbezogen, und das war wichtig. Nachdem wir uns davon überzeugt hatten, daß beide Sammlungen den gleichen Typus repräsentierten, hielten wir es für richtig, diese Erkenntnis offiziell zu dokumentieren. Das ließ sich am besten bewerkstelligen, indem man die Spezies nach dem einen Fundort und den Typus des beschriebenen Einzelstücks nach dem anderen benannte.

Man glaubte damals auch noch, daß die bei Laetoli gefundenen Fossilien älter seien als die aus Hadar. So sollte nach unserer Ansicht auch etwas über den Zeitraum, innerhalb dessen die beiden Populationen gelebt hatten, in unserer Arbeit zum Ausdruck kommen, denn er sagte etwas Wesentliches über die Evolution der Hominiden aus. Es hatte während einer Zeitspanne von 1 Million Jahren einen Stillstand gegeben, und dann war die Evolution während der folgenden 1 Million Jahre plötzlich mit Riesenschritten weitergegangen. Wenn das nicht zum Ausdruck kam und künftige Grabungen eine Lawine neuen Materials aus dem Afar-Dreieck zutage förderten, könnte der Umstand in Vergessenheit geraten, daß es in einem anderen Teil von Afrika diese zweite Population gegeben hatte. Dort würde man wahrscheinlich nie sehr viele gut erhaltene Stücke finden können und die Bedeutung dieser Fundstelle daher vielleicht verkennen. Wenn wir nicht offiziell anerkannten, daß es sich hier um das gleiche Material handelte wie im Afar-Dreieck – besonders wenn irgendein anderer Wissenschaftler die Fossilien aus Laetoli anders benennen sollte –, würde alles durcheinandergeraten. Dem konnten wir dadurch zuvorkommen, daß wir die Fossilien aus Laetoli jetzt selbst benannten. Wir gedachten damit auch Mary Leakey eine Freude zu machen. Wie sich später herausstellte, hatte ich mich mit dieser Erwartung gründlich geirrt.

Nachdem wir uns über den Stammbaum und den Namen geeinigt hatten, gingen Tim und ich daran, unsere Forschungsergebnisse in einer schriftlichen Arbeit zu erläutern, die einen Überblick über alle frühen afrikanischen Hominiden geben sollte. Wir wollten die neuen

Fossilien detaillert beschreiben, sagen, weshalb sie einem Typus zugeordnet werden müßten, und zeigen, aus welchem Grund dieser Typus eine neue Spezies darstellte und wie diese Spezies zu kennzeichnen sei. Wir waren uns beide der Tatsache bewußt, daß diese Arbeit einen Wendepunkt in unserer wissenschaftlichen Laufbahn bedeutete. Wenn andere Wissenschaftler unsere Analyse akzeptierten, dann war das eine ungeheuer wichtige Arbeit, denn der Ursprung des Menschen wurde durch sie in ein ganz neues Licht gerückt. Wir übernahmen damit eine große Verantwortung nicht nur uns selbst gegenüber, sondern auch gegenüber der Wissenschaft.

Der erste Entwurf wurde viel zu umfangreich und weitschweifig. Zunächst dachten wir daran, die Arbeit in »Science« zu veröffentlichen, mußten aber sehr bald erkennen, daß sie viel zu lang war, um von dieser Zeitschrift angenommen zu werden. Allein die Beschreibung der neuen Fossilien nahm viele Seiten ein. Sollten wir darauf verzichten? Nein, das war unmöglich. Sollten wir sie vielleicht getrennt veröffentlichen? Das war schon besser. Die Beschreibungen mußten schon im Druck vorliegen, um zitiert werden zu können, brauchten also nicht gleichzeitig mit der Analyse zu erscheinen. So beschlossen wir, eine reine Beschreibung der Sammlung aus Laetoli und Hadar in »Kirtlandia«, dem wissenschaftlichen Journal des Cleveland Museum of Natural History, zu veröffentlichen und die Analyse für einen zweiten Artikel aufzuheben, den wir »Science« anbieten wollten.

Wieder dachte ich an Mary Leakey. Sie hatte einige dieser Fossilien gefunden, und die Höflichkeit verlangte vielleicht von uns, sie zu fragen, ob sie damit einverstanden wäre, wenn auch ihr Name vor dem von »Kirtlandia« abgedruckten Artikel erschiene. Ich schrieb an sie, und als sie wenig später in die Vereinigten Staaten kam und Berkeley besuchte, sprach Tim mit ihr. Unser Vorschlag schien ihr zu gefallen, doch nur, wenn es sich um eine reine Beschreibung, nicht aber um eine Interpretation handelte. Anschließend kam sie nach Cleveland und sagte mir, es würde sie freuen, als Mitautorin genannt zu werden, solange in unserer Arbeit nicht behauptet würde, daß irgendein *Australopithecus* der Vorfahre irgendeines *Homo* sei. Ich versicherte ihr, der Artikel in »Kirtlandia« werde sich auf eine bloße Beschreibung der Fossilien beschränken. Anschließend machten Tim und ich uns an die Arbeit. Wir schlossen die Monographie im späten Frühjahr 1978 ab und legten sie zum Druck vor.

Dann verfaßten wir die Interpretationen, nachdem wir mit Ernst Mayr aus Harvard über den Namen *Australopithecus afarensis* gesprochen hatten. Mayr ist ein allgemein anerkannter Zoologe und zuständig für die wissenschaftliche Benennung von Neuentdeckungen. Nachdem er sich mit dem Namen einverstanden erklärt hatte, legten wir unsere Arbeit im Mai 1978 der Zeitschrift »Science« vor, der angesehensten wissenschaftlichen Publikation in den Vereinigten Staaten. Nachdem das erledigt war, ging ich nach Schweden, um auf Einladung der Königlichen Akademie der Wissenschaften auf einem Nobel-Symposium zum Todestag von Carolus Linnaeus (Carl von Linné) einen Vortrag über die Fossilien von Hadar zu halten. Linnaeus war der »Erfinder« des heute allgemein anerkannten Systems für die Klassifizierung aller Lebewesen durch die Benennung mit zwei lateinischen Namen. Der Aufenthalt in Schweden war ein großes Erlebnis für mich. Da meine Familie aus Schweden stammt und ich nun selbst einige bedeutende Fossilien hatte klassifizieren können, empfand ich mich als ein Glied in der Kette von Wissenschaftlern, die bis zu jenem anderen Schweden zurückreichte, der vor 200 Jahren gestorben war. Es war erregend, aufzustehen und den Namen *Australopithecus afarensis* zum erstenmal vor der Öffentlichkeit auszusprechen. Zunächst beschrieb ich Lucy und die anderen Fossilien aus Hadar und wandte mich dann den bei Laetoli gemachten Funden zu. Ich merkte nicht, daß Mary Leakey, die unter den Zuhörern saß, vor Ärger rot wurde, als sie hörte, wie ich über die Fossilien aus Laetoli und die dort entdeckten Fußabdrücke berichtete. Sie gehörten ihr, und ich hatte nicht das Recht, darüber zu sprechen.

Als Tim einige Wochen später nach Laetoli kam, um seine Arbeit dort fortzusetzen, stellte er fest, was ich angerichtet hatte.

Mary Leakey sagte ihm: »Sie sollten mit diesem Mann nicht mehr zusammenarbeiten. Sie hätten den Aufsatz nicht als Mitautor zeichnen dürfen. Ich werde dafür sorgen, daß mein Name gestrichen wird.«

»Wenn Sie das ernst meinen«, sagte White, »dann schicken Sie ein Telegramm. Ich glaube, der Artikel ist schon im Druck.«

Er hatte recht. Als ich von Mary Leakeys Entscheidung erfuhr, mußte ich »Kirtlandia« veranlassen, den Aufsatz ein zweites Mal zu drukken. Die Veröffentlichung verzögerte sich bis zum Herbst.

Da alle Meinungsverschiedenheiten über Lucy ausgeräumt sind, wollen Johanson (links) und White die Entdeckung einer neuen Spezies von Hominiden bekanntgeben. Die Fossilien auf dem Tisch stammen zum größten Teil aus Hadar – mit Ausnahme der Affen- und Menschenkieferknochen (ganz rechts) und der Menschen- und Menschenaffenschädel vor Johanson.

Diese Episode war ebenso verwirrend wie peinlich. Die Fossilien aus Laetoli waren schon in wissenschaftlichen Veröffentlichungen detailliert beschrieben worden, und daher hatte ich angenommen, daß diese Informationen jedem Wissenschaftler zur Verfügung standen, denn der Zweck solcher Veröffentlichungen ist es, andere Fachkollegen mit dem Material vertraut zu machen und zu Diskussionen anzuregen. Deshalb überraschte es mich, daß Mary Leakey sich über mei-

ne Erwähnung »ihrer« Fossilien und »ihrer« Fußabdrücke auf einem Symposium geärgert hatte. Als Tim in die Vereinigten Staaten zurückkehrte, führten wir ein ausführliches Gespräch über diesen Vorfall und kamen zu dem Schluß, daß es die Art meines Vortrags gewesen war, die Mary Leakey geärgert hatte. Ich hatte ihre Fossilien dazu benutzt, Interpretationen vorzutragen, mit denen sie nicht einverstanden war. Niemand, der sich den neuen Stammbaum ansah, konnte übersehen, daß damit zwei wichtige Aussagen gemacht wurden: Erstens ließ sich daraus entnehmen, daß der Mensch von einem Australopithecinen abstammte, eine Vorstellung, die die Leakeys grundsätzlich ablehnten. Und zweitens war der Mensch danach nicht annähernd so alt wie die Leakeys behaupteten.
Ein befreundeter Journalist war Zeuge meines Gesprächs mit Tim und sagte: »Ich habe den Eindruck, Ihnen steht ein harter Kampf mit den Leakeys bevor.«
»Das glaube ich auch«, sagte ich.
»Und wenn sie recht haben?«
»Dann werden wir unsere Meinung ändern müssen. Daß sie recht haben, können sie aber nur beweisen, wenn sie mehr und bessere Fossilien vorlegen. Schließlich sind Stammbäume nur Ausdruck des gegenwärtigen Erkenntnisstandes. Sie sind so angelegt, daß man sie korrigieren kann. Wir wissen nicht, ob der von uns entworfene Stammbaum richtig ist; wir glauben es nur.«
»Amen ...«, sagte Tim.
»Ich meine, wir haben darin diese große Lücke zwischen 3 und 2 Millionen Jahren vor unserer Zeit. Aus dieser Periode besitzen wir keine guten Fossilien. Wir nehmen an, daß sich die Nachkommen unserer Spezies aus Laetoli und Hadar in zwei Äste aufgeteilt haben, können es aber nicht beweisen. Es spricht nur sehr viel dafür. Ich glaube, wenn diese Lücke geschlossen sein wird, werden wir bestätigt werden.«
Mein Freund fragte Tim, der alles, was er nicht mit handfesten Beweisen belegen konnte, mit großer Skepsis zu betrachten pflegte, ob er mit einem Stammbaum glücklich sei, in dessen Mitte eine solche Lücke klaffte.
Er sagte: »Im großen und ganzen ja. Die von uns verfaßte Arbeit ist keine kleine Mickymaus-Monographie. Wir haben Monate damit zugebracht. Wir halten sie für schlüssig. Wir wissen, daß unsere Beweis-

führung logisch ist. Die während der Arbeit zwischen uns ausgetauschten Argumente waren sehr nützlich. Um zu vermeiden, daß wir nach der Veröffentlichung von anderen Kollegen angegriffen werden, haben wir uns vor der Veröffentlichung um die Probleme gestritten. Wir haben unsere Hausaufgaben gewissenhaft erledigt. Jede an dieser Monographie geäußerte Kritik muß, um gerechtfertigt zu sein, mit Fossilien belegt werden, mit Fossilien, von deren Existenz wir nichts wußten, als wir die Arbeit schrieben. Ich glaube nicht, daß es welche gibt. Wenn später solche Fossilien gefunden werden sollten, dann werden wir die Hörner einziehen und einen neuen Stammbaum entwerfen.«

»Ein Stammbaum ist doch kein Selbstzweck«, sagte der Journalist.

»Nein, das nicht, aber er ist nützlich«, sagte Tim. »Er trägt zur Klärung der Lage bei und vereinfacht die Dinge. Wenn er einem vorliegt, sieht er logisch aus, und man hat den Eindruck, es habe keine Mühe gemacht, ihn zu zeichnen. Aber ich muß Ihnen sagen, das ist nicht so einfach. Ich hätte es niemals allein tun können. Mir standen nur die Daten einer kleinen Sammlung sehr alter und sehr eigenartiger hominider Fossilien zur Verfügung. Was sollte ich damit anfangen? Das Theoretisieren ist nicht meine Stärke. Ich bin auch kein guter Mathematiker. Ich bin nicht einmal gut in der Laboratoriumsarbeit. Aber bei den Ausgrabungen bin ich sehr gewissenhaft. Ich möchte die aus Daten bestehende Basis durch harte Tatsachen erweitern, und das läßt sich nur bewerkstelligen, wenn man im Grabungsgebiet gute Arbeit leistet.

Als ich Don kennenlernte, traute ich ihm nicht ganz. Mir ist jeder Anthropologe verdächtig, der sich zu modisch kleidet. Er mußte mir zuerst beweisen, daß er die gleiche Einstellung zur praktischen Arbeit hatte wie ich. Nun, das hat er getan. Er hat seine Fossilien sehr gut beschrieben. Die Datierung ist vorbildlich, und die Fossilien sind fachmännisch gereinigt. Sehen Sie sich einmal andere Fundstücke an, und Sie werden sehr bald erkennen, wie wichtig es ist, sie gewissenhaft zu reinigen. Viele Stücke sind beschädigt; Ecken sind abgeschlagen oder die Kauflächen der Zähne lassen sich nicht mehr erkennen, weil man beim Entfernen der Matrix, in die sie eingebettet waren, zu unvorsichtig verfahren ist. Die von Don behandelten Originale sind wunderschön. Sogar seine Abgüsse sagen einem mehr als die Originale vieler anderer Leute.

Das alles hat meine Aufmerksamkeit erregt. Als ich sah, daß Dons Fossilien denen aus Laetoli glichen, erkannte ich, daß wir mit ihnen die Basis erweitern konnten, die wir für unsere Forschungsarbeit brauchten. Wenn wir das nicht taten, dann wären die Beschreibungen über einen Zeitraum von vielen Jahren nur tropfenweise erschienen, und niemand hätte gewußt, was man damit anfangen sollte.«

Ich wies darauf hin, wie wichtig es sei, daß zwei Menschen an einem schwierigen Problem arbeiteten und nicht nur einer, denn dann regte man sich gegenseitig an und käme weiter als allein.

»Das ist richtig«, sagte Tim. »In unserem Fall hatte Don die Phantasie und die Energie, die mir fehlten – den Wagemut.«

»Tim hielt mich bei der Stange«, sagte ich. »Er hat auch dazu beigetragen, daß ich mich von meinen Vorurteilen freimachte. Er erkannte früher als ich, daß wir es mit einer einzigen Spezies und nicht mit zwei zu tun hatten. Es war nicht leicht, mich von meiner vorgefaßten Meinung abzubringen. Ich hatte schon öffentlich und schriftlich erklärt, daß es zwei Spezies seien. Sollte ich jetzt in meiner nächsten Arbeit sagen, daß es nur eine war?«

»Das mußten Sie aber tun.«

»Aber das hat einige Überwindung gekostet.«

Unser Gast verabschiedete sich. Später sagte er mir, dieses kurze Gespräch habe ihm gezeigt, wie wichtig unsere Zusammenarbeit gewesen war. Er sagte, es habe ihn an James Watson und Francis Crick erinnert, an die beiden Männer, die das Doppel-Helix-Muster des DNA-Moleküls erarbeitet hatten, wobei keiner von ihnen allein zu dem gleichen Ergebnis hätte kommen können. Während der gleichen Zeit bemühte sich auch die Genetikerin Rosalind Franklin um dieses Problem und stand mehrmals kurz vor seiner Lösung. Sie kam dieser Lösung sehr nahe, aber sie hatte niemanden, mit dem sie sich darüber aussprechen konnte. Sie hätte diesen letzten Anstoß gebraucht, einen Mitarbeiter, der ihr fehlte. Tim und ich hatten das große Glück gehabt, zusammenarbeiten zu können.

15. Die Reaktion

Jeder hat das Recht zu sagen, was er für wahr hält, und jeder andere hat das Recht, ihn dafür niederzuschlagen. *Samuel Johnson*

Wir erwarten von unseren Kollegen, daß sie uns rücksichtslos behandeln, wenn wir schlechte Leistungen zeigen. Bei jeder wissenschaftlichen Arbeit kommt es darauf an, daß alle Beteiligten auf Qualität achten. *Freeman Dyson*

Dyson hat schon recht, aber er sollte auch gesagt haben, daß die Kritik nicht nachlässig sein darf. Wenn sie das ist, dann muß man ihr ebenso energisch entgegentreten. *Timothy White*

Im Dezember 1978 teilte uns die Redaktion der Zeitschrift »Science« mit, sie werde die interpretierende Arbeit veröffentlichen. Die Redakteure hielten sie für so bedeutend, daß sie daraus den Leitartikel für die Ausgabe vom 26. Januar 1979 machten. Auf der Titelseite brachten sie die Zeichnung eines Kiefers aus Hadar. Das war die offizielle Vorstellung des *Australopithecus afarensis*. Er war in »Kirtlandia« schon ausführlich beschrieben und benannt worden. Hier wurde die Bedeutung dieser Entdeckung im einzelnen gewürdigt. Jeder Paläoanthropologe in der Welt konnte zu unseren Argumenten Stellung nehmen, mit denen wir begründeten, daß die Funde bei Hadar und Laetoli als neue Spezies angesehen werden müßten.

Wir hatten beide nicht damit gerechnet, daß unsere Veröffentlichung über den *afarensis* auf ein so überwältigendes Interesse stoßen würde. Die »New York Times« brachte auf der Titelseite einen Artikel mit der Abbildung der Rekonstruktion eines *afarensis*-Schädels. In den nächsten Tagen folgten Artikel in »Time«, »Newsweek« und anderen Zeitschriften. Ich wurde mehrfach aufgefordert, im Fernsehen aufzutreten. Doch die Schlagzeile in der »New York Times« sagte eigentlich schon alles: NEUENTDECKTE SPEZIES ERSCHÜTTERT BISHERIGE VORSTELLUNGEN VON DER EVOLUTION DES MENSCHEN. Es folgte eine knappe Inhaltsangabe, in der unsere wichtigsten Erkenntnisse erläutert wurden:

»Ein bisher unbekannter Vorfahre des Menschen, der vor 3 oder 4 Millionen Jahren in Afrika gelebt hat, ein aufrecht gehendes Wesen mit einem überraschend kleinen, menschenaffenähnlichen Kopf und geringem Gehirnvolumen, ist von zwei amerikanischen Anthropologen entdeckt worden.
Diese Entdeckung der ersten Spezies menschlicher Vorfahren, die während der vergangenen 15 Jahre wissenschaftlich benannt worden ist, versetzt der alten, aber auch heute noch vielfach vertretenen Auffassung, nach der sich der aufrechte Gang, bei dem die Hände für die Herstellung von Werkzeugen freiwerden, gleichzeitig mit einem immer größer werdenden Gehirn entwickelt habe, einen schweren Schlag ...
Nach der neuen Auffassung sind nicht nur die Knochen der Kiefer, die Zähne und der Gehirnschädel zu affenähnlich, als daß man sie als vom *Homo* stammend ansehen dürfte, sie sind auch primitiver als die bisher bekannten Fossilien eines anderen menschenähnlichen Wesens, des sogenannten *Australopithecus*.«

Fast die ganze Presse schloß sich der in der »New York Times« geäußerten Auffassung an und behandelte unsere Veröffentlichung als eine wissenschaftliche Pionierleistung. Man akzeptierte die von uns aufgestellten Behauptungen und versuchte nicht, uns zu kritisieren. Eine Ausnahme war das Nachrichtenmagazin »Time«, das den Aufsatz in »Science« als einen zweiten Aufguß bezeichnete, in dem über schon früher beschriebene alte Fossilien nichts wirklich Neues gesagt würde.
Mein erster Eindruck war, daß der Verfasser des Artikels in »Time« den Aufsatz nicht wirklich gelesen hatte. Hätte er es getan, dann hätte er wissen müssen, daß viele von uns erwähnte Fossilien bis dahin nicht beschrieben worden waren, und daß die in unserer Arbeit gezogene Schlußfolgerung ganz und gar neu war.
Der Artikel in »Time« zitierte dann einen »angesehenen Anthropologen«, der gesagt habe, von Johanson sei nichts anderes zu erwarten

gewesen, denn ihm sei es immer vor allem auf die Publicity angekommen.

»Weshalb behauptet man so etwas?« fragte ich einen befreundeten Journalisten, der früher für Time Inc. gearbeitet hatte.

»Vielleicht steht Richard Leakey dahinter. Vor einiger Zeit war er auf der Titelseite abgebildet, und ›Time‹ brachte einen ausführlichen Artikel über seine Theorien vom alten *Homo*. Nachdem Sie den *afarensis* vorgestellt haben, wird der alte *Homo* sich in Nichts auflösen. Sie haben damit die Kernidee von Richard Leakey ad absurdum geführt. Ist es Ihnen denn nicht klar, daß Sie sich mit der Veröffentlichung über den *afarensis* auf einen Kollisionskurs gegen Leakey begeben haben? Er ist der Lieblingsanthropologe von ›Time‹. Wenn die Zeitschrift etwas über die Evolution der Hominiden bringen will, dann wendet sie sich an ihn.«

»Okay, aber was hat die Erwähnung dieses anonymen ›angesehenen Anthropologen‹ zu bedeuten? Wer, zum Teufel, ist das?«

Mein Freund sagte, er wolle versuchen, das herauszubekommen – und er hat es dann auch getan. Es war Elwyn Simons von der Duke University. Simons ist in der Tat ein angesehener Mann. Er und David Pilbeam sind die in der ganzen Welt führenden Fachleute auf dem Gebiet der Erforschung der Menschenaffen aus dem Miozän. Als er jedoch danach gefragt wurde, erklärte Simons, das Zitat stamme nicht von ihm, und auf die weitere Frage, ob er die über den *afarensis* vorgetragene Theorie für richtig hielte, sagte er ja. Auch andere Kollegen äußerten sich positiv zum *afarensis*. Ich war sehr gespannt gewesen, wie Clark Howell reagieren würde. Seine Meinung bedeutete für mich mehr als die aller anderen. Als er schließlich erklärte, dies sei »ein bedeutender Fortschritt bei der Interpretation des Musters der menschlichen Evolution«, war ich sehr erleichtert. Auch Pilbeam war ebenso wie Bernard Campbell, ein führender britischer Fachmann, begeistert.

Der Hauptvertreter der Theorie von der einzigen Spezies, C. Loring Brace, war es nicht. Kurz vor der Veröffentlichung unserer Arbeit erschien er eines Tages im Winter in Cleveland, nachdem ich ihn eingeladen hatte, unsere Sammlung anzusehen. Tim wartete mit gemischten Gefühlen darauf, die neue Spezies gegen den Angriff seines alten Lehrers verteidigen zu müssen, der die Einfügung eines weiteren Namens in den Stammbaum, der für seinen Geschmack schon jetzt zu viele Namen enthielt, sicher nicht freudig begrüßen würde. Der mehr als 50 Jahre alte Brace gehörte zu den angesehensten Fachleuten auf seinem Gebiet. Er ist einer der wenigen heute lebenden Paläoanthropologen, die man wirklich als »gebildet« bezeichnen kann, denn er ist überall in der englischen und klassischen Literatur zu Hause. Er ist ein Liebhaber der ernsten Musik, kennt unzählige Limericks auswendig und hat selbst ein paar Hundert eigene verfaßt. Mit seinen lebendigen blauen Augen, dem weißen Haar und dem weißen Vollbart ist er ein gutaussehender Mann. Er trägt langes, mit einem Gummiband als Pferdeschwanz zusammengehaltenes Haar. Nun kam er im wollenen Umhang mit spitzer Kapuze in das Laboratorium und sah aus wie ein von seinen Feinden verfolgter, aber gütiger und weiser Mönch, der sich aus dem 12. Jahrhundert in unser Zeitalter herübergerettet hatte.

Ich dachte, es wäre nett gewesen, wenn er jetzt das gleiche getan hätte wie Robert Broom seinerzeit, als das Kind von Taung entdeckt worden war. Broom war vor seinem Vorfahren auf die Knie gefallen. Aber Brace liegen solche dramatischen Gesten nicht. Er ist ein sehr geduldiger Mann und spricht mit leiser Stimme. In aller Ruhe untersuchte er die Fossilien, die Tim vor ihm auf den Tisch gelegt hatte, und schüttelte den Kopf, als er erkennen mußte, in einem wie hervorragenden Zustand sie waren.

Nachdem er sich lange und ausführlich mit Lucy beschäftigt hatte, sagte er: »Sie ist sicherlich primitiv, aber ich kann nicht einsehen, weshalb Sie einen neuen Namen für sie erfinden mußten. Weshalb nicht *africanus*?«

»Sie gleicht nicht dem *africanus*«, sagte Tim. »Sie hat ganz andere Zähne. Wenn wir zum *africanus* kommen, dann haben sich die Bakkenzähne schon stärker spezialisiert. Diese Entwicklung hat bei Lucy noch gar nicht begonnen. Außerdem hat sie einen primitiven ersten Prämolar. Den finden wir bei keinem *africanus*. Sie haben zweihökkerige Prämolare wie *Homo*. Und als *Homo* können Sie Lucy doch nicht bezeichnen.«

Brace lehnte sich in seinem Stuhl zurück und sah White mit müdem Lächeln an. Diese Argumente waren nichts Neues für ihn. »Das hängt davon ab, was Sie als *Homo* bezeichnen«, sagte er.

»Ich meine den *Homo habilis*; den von Leakey gefundenen, 2 Millionen Jahre alten Schädel 1470 mit dem großen Gehirnvolumen.«

»Ich halte die Bezeichnung *Homo habilis* nicht für zutreffend. Für mich gibt es nur den *Homo erectus*.«
»Dann gehört 1470 in die Kategorie der Australopithecinen.«
Brace seufzte. »Und das ist peinlich, nicht wahr?«
»Damit gehörten 1470 und Louis Leakeys Zinj in die gleiche Spezies. Wie soll man das machen?«
»Den würde ich ausnehmen«, sagte Brace.
»Den *Homo habilis*?«
»Nein, Zinj. Alle robusten. Ich würde Ihre Fossilien als frühe, primitive Exemplare des *africanus* bezeichnen. Schließlich ist das doch in erster Linie eine Angelegenheit der Benennung.«
»Ich würde sagen, es ist eine Angelegenheit der Morphologie«, sagte Tim, »der Unterschiede bei den Zähnen.«
»Aber sie sind gar nicht so verschieden. Ich glaube, wenn wir den *afarensis* und den *africanus* besser kennen werden, werden wir feststellen, daß die letzte Bezeichnung gar nicht so ungeschickt ist.«
Aber Tim beharrte auf seinem Standpunkt: »Damit bleiben Lucy und 1470 immer noch in der gleichen Spezies. Wie wollen Sie mit diesem Problem fertigwerden?«
»Darüber muß ich noch nachdenken.«
Nachdem Brace gegangen war, sagte Tim: »Ich glaube, wir haben ihn etwas verunsichert.«
»Warten Sie nur, bis er unseren ganzen Bericht gelesen hat«, antwortete ich. »Ich glaube, wir werden ihn noch mehr verunsichern.«
»Da bin ich nicht so sicher. Die Fossilien selbst sind das beste Argument. Es ist schwer, sich diese Kieferknochen oder den winzigen primitiven Schädel von Lucy längere Zeit anzusehen und sie dabei für menschliche Wesen zu halten – obwohl es Ihnen recht lange gelungen ist, stimmt das nicht?«
»Schon gut, White, schon gut. Ich glaube, dieses Thema haben wir erschöpft.«
Später bedankte sich Brace schriftlich bei mir für die Einladung und beglückwünschte uns zu unserer Arbeit. Aber er hütete sich davor, die Richtigkeit der Bezeichnung *afarensis* zu bestätigen. Seine Theorie von der einzigen Spezies war schwer erschüttert worden, aber Brace glaubte immer noch an sie. Tim und ich meinten, dieses Geplänkel hätte mit einem Unentschieden geendet.

Im Februar verschärfte sich die Kontroverse. Richard Leakey war zu einer Vortragsreise in die Vereinigten Staaten gekommen. In Boston fragte man ihn nach der neuen Spezies. Er erklärte, er hielte unsere Auffassung für falsch, und behauptete, der *afarensis* sei kein Vorfahre des *Homo*. Er sagte, es habe in dem fraglichen Zeitraum drei verschiedene Spezies und nicht nur eine gegeben – und er habe die Fossilien, mit denen er das beweisen könnte.

Der Reporter von der »New York Times«, Boyce Rensberger, fragte ihn, welche Fossilien das seien. Leakey antwortete, jetzt wollte er noch nicht darüber sprechen. Er werde in zwei Monaten in »Nature« eine eigene wissenschaftliche Erklärung veröffentlichen. Darauf rief mich Rensberger an und fragte: »Wovon redet er da?«

»Ich glaube, er spricht von einer kleinen Sammlung einzelner Zähne, die bei Kubi Algi, unmittelbar südlich von Koobi Fora am Turkana-See, gefunden worden sind.«

Rensberger ging zu Leakey und fragte ihn: »Meinten Sie Ihre Zähne aus Kubi Algi?« Das mußte Leakey nun zugeben.

Sie schienen mir kaum beweiskräftig zu sein. Ich mußte daran denken, wie Clark Howell vor ein paar Jahren auf der Bishop-Konferenz eines Tages über die hominiden Fossilien, die er am Omo gefunden hatte, einen Vortrag hielt. Zu ihnen gehörten viele einzelne Zähne. Er räumte ein, daß sich aus diesen Zähnen keine besonderen Erkenntnisse ableiten ließen, aber er bemühte sich doch darum, sie irgendwie einzuordnen. Darauf meldete sich Richard Leakey zu Wort und sagte in sehr bestimmtem Ton, es sei falsch, eine Spezies mit einzelnen Zähnen bestimmen zu wollen. Man hatte den Eindruck, daß Leakey von der Richtigkeit seiner Behauptung absolut überzeugt war. 1978 bestätigte er seine Auffassung in einem Artikel im »Scientific American« und sagte, man müsse »vorsichtig sein, wenn man eine taxonomische Beurteilung abgibt ... solange als Beweismittel nur einige Zähne vorliegen«.

»Wahrscheinlich hat er vergessen, daß er das gesagt hat«, meinte Tim. »Was die einzelnen Zähne betrifft, so stimme ich ihm zu; man kann mit solchen Zähnen keine Klassifizierung vornehmen. Aber jetzt will er das tun.«

»Außerdem sind es nur sehr wenige«, sagte ich, »nur acht Zähne.«

»Vielleicht macht er es ebenso wie Louis Leakey und zieht plötzlich ein Superfossil aus dem Hut, um uns damit zu überraschen.«

Ich bezweifelte das. Ich sagte Tim, darum brauchten wir uns keine Sorgen zu machen. Wir kannten die Fossilien inzwischen besser als irgend jemand sonst. Wir wußten, was sich mit ihnen beweisen ließ. Ich sagte, wir müßten abwarten, was Richard Leakey in seinem Artikel für die Zeitschrift »Nature« schreiben würde, um zu sehen, welche Beweise er vorlegen könnte. (Es verging ein weiteres Jahr, ohne daß dieser Artikel erschien.) Inzwischen würden wir wahrscheinlich durch eine kritische Stellungnahme zu unserer Arbeit von ihm hören. Wenn wissenschaftliche Berichte in wissenschaftlichen Zeitschriften abgedruckt werden, ist es üblich, daß die Zeitschrift Kritikern die Gelegenheit gibt, dazu Stellung zu nehmen, und auch Verfassern solcher Berichte den Raum für Erwiderungen auf die Kritik zur Verfügung stellt. Ich war überzeugt, daß Richard, nachdem er sich in einem Zeitungsinterview gegen unsere Auffassungen geäußert hatte, die Sache nicht auf sich beruhen lassen würde.

Darauf brauchten wir nicht lange zu warten. Am 17. Februar 1979 traf ich Richard auf einem Symposium in Pittsburgh. Er erinnerte mich an eine frühere Arbeit von mir, in der ich gesagt hatte, die Kieferknochen aus Hadar ließen eine Verwandtschaft mit *Homo* vermuten, und Lucy gehöre einer anderen Spezies an.

»Ich glaube, Don hat damals recht gehabt«, sagte er auf dem Symposium.

Ich erwiderte, ich hätte die Fossilien damals noch nicht so gut gekannt, und nach einer gründlicheren Untersuchung hätte ich meine Meinung ändern müssen.

Er wiederholte, ich hätte bei meiner ersten Auffassung bleiben sollen, und die geringe Körpergröße von Lucy sowie der Unterschied zwischen ihren und den anderen Kieferknochen erlaubten es nicht, sie in die gleiche Kategorie einzuordnen wie die anderen Fossilien. Es gäbe daher bei Hadar zwei verschiedene Typen.

Es mutete mich eigenartig an, jetzt das Gegenteil von dem vertreten zu müssen, was ich in meinen hitzigen Debatten mit Tim seinerzeit so energisch behauptet hatte. Aber ich freute mich, vorher diese Gelegenheit gehabt zu haben. Jetzt war ich mir meiner Sache sicher und sagte, die Fossilien selbst hätten mich gezwungen, meine Meinung zu ändern, besonders die Fossilien der »ersten Familie« von der Fundstelle 333. Als ich meinen ersten Bericht verfaßte, hatten wir sie noch nicht entdeckt. Aber jetzt, da mir diese Sammlung vorlag, konnte ich deut-

lich erkennen, daß Lucy durchaus in den Rahmen der Variationsbreite paßte, die ich bei den neuen Fossilien vorgefunden hatte.
Ich sagte Leakey, die Fossilien gehörten einem einzigen Typus an, und machte den Vorschlag, er sollte sie mit mir untersuchen und dabei jedes einzelne Kennzeichen überprüfen. Das lehnte er ab und erwähnte noch einmal neue Fossilien, die seine Mitarbeiter in Kenia gefunden hätten. Zunächst glaubte ich einen Augenblick, er habe, wie Tim vermutete, noch irgendwo ein Superfossil im Ärmel, das er jetzt vorlegen wollte. Aber als Leakey sagte: »Das Material, das ich habe, ist sehr bescheiden«, wußte ich, daß meine erste Vermutung über die Zähne aus Kubi Algi richtig gewesen war. Es sind nur acht, und sie beweisen kaum etwas. Doch offenbar wollte Leakey die Richtigkeit seiner Behauptung mit diesen Zähnen beweisen, denn er fuhr fort: »Das Material reicht jedoch aus, um die Theorien von Don zu erschüttern. Das gibt mir das Recht, meine Meinung zu äußern.«
Natürlich hatte er dieses Recht. Aber ich wäre glücklicher gewesen, und ich glaube, das traf auch für die anderen Kongreßteilnehmer zu, wenn wir die Möglichkeit erhalten hätten, diesen Meinungsstreit dadurch zu entscheiden, daß wir die Fossilien selbst für sich sprechen ließen. Als Richard uns nur sagte, er habe Fossilien, die mich widerlegen würden, er jetzt aber noch nicht genauer darauf eingehen könnte, war ich enttäuscht.

Der erste formale Angriff gegen unsere Monographie kam am 7. März 1980. »Science« schickte uns eine von Richard Leakey und Alan Walker unterzeichnete kritische Stellungnahme. Walker hatte mit Leakey an dessen Artikel für den »Scientific American« gearbeitet und ist heute Anatom an der John Hopkins University. Eine zweite Stellungnahme war von Mary Leakey und zwei Anatomen des St. Thomas' Hospital in London, Michael Day und Todd Olson, verfaßt worden. Ich hatte gehofft, es werde jetzt zu einer Diskussion über die Merkmale an den Fossilien kommen, aber ich hatte mich getäuscht.
Richard Leakey und Alan Walker begründeten ihre Ablehnung mit zwei Argumenten. Das erste war eine wichtige, aber subtile Interpretation des Evolutionsvorgangs. Dabei ging es um die Frage, ob sie kladogenetisch (durch die Aufspaltung von Populationen und die darauf folgende Evolution in verschiedene Richtungen) oder anagenetisch (durch die allmähliche Evolution eines Typus zu einem ande-

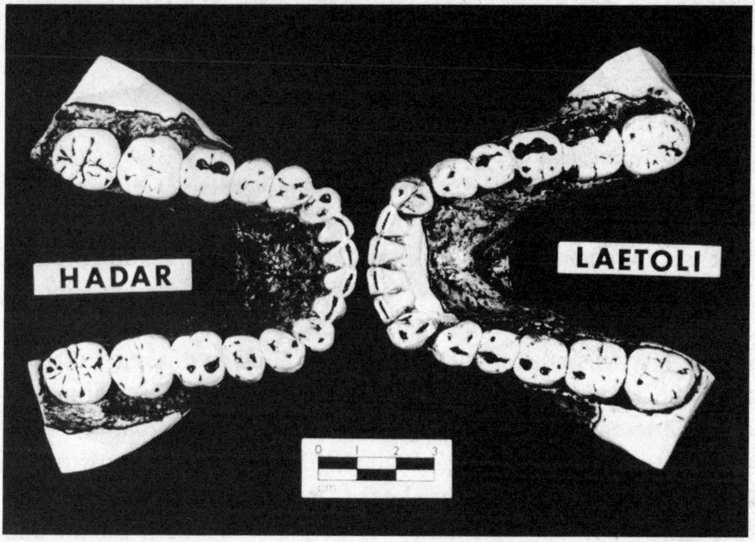

Wenn Zähne und Kieferknochen die Kriterien sind, nach denen man die Hominiden identifizieren kann, müssen die Populationen von Hadar und Laetoli der gleichen Spezies zugeordnet werden. Hier haben wir links den Unterkiefer AL-400, den der kleine Afar-Junge gefunden hatte, und rechts LH-4, den am besten erhaltenen Unterkiefer aus Laetoli. Beide sind praktisch identisch.

ren auf gerader Linie) erfolgt. Das ist gewiß ein wesentlicher Gesichtspunkt, und ich hätte diese Frage, wenn sich die Gelegenheit dazu ergäbe, gern ausführlich mit Leakey besprochen, besonders weil er uns in seiner kritischen Stellungnahme in einem Abschnitt vorwirft, anagenetisch vorzugehen, und im folgenden Abschnitt seine eigenen Auffassungen von der Evolution des Menschen mit einem anagenetischen Argument verteidigt. Angesichts dieses Mangels an Folgerichtigkeit fiel es uns schwer, seine Kritik zu akzeptieren. Auch das zweite Argument von Leakey und Walker war schwer zu fassen. Sie stützten sich auf ihre Identifizierung gewisser kleiner fossiler Individuen, die am Turkana-See gefunden worden waren, und darauf, ob sie dem *Homo erectus* ähnlich sahen oder nicht. Besonders ein Fundstück, der Schädel 1813, ist eine kleinere Version des berühmten Schädels 1470. Mit Ausnahme der Größe ist 1813 fast identisch mit dem Schädel 1470. Aus diesem Grund gehört er nach Auffassung der meisten Fachleute zur gleichen Spezies, dem *Homo habilis*. Richard

bezeichnet ihn als *Australopithecus africanus* und begründet das damit, daß er sich morphologisch vom *Homo erectus* unterscheidet. Wir haben nie behauptet, daß es der Schädel eines *Homo erectus* sei. Wenn Leakey uns mit einem peripheren Argument zu bekämpfen sucht, bei dem es um eines seiner Fossilien geht, das wir gar nicht erwähnt haben, und über unsere Fossilien nichts aussagt, weicht er der Kernfrage aus: Ist der *afarensis* eine eigene Spezies oder nicht?
Was wir vor allem an der Kritik von Leakey und Walker auszusetzen hatten, war die Tatsache, daß sie die von uns vorgenommene Einordnung der Hominiden für falsch erklärten, aber keine Alternative anboten. Hätten sie sich konkreter geäußert und zu unseren Fossilien Stellung genommen, so daß wir sachlich darauf reagieren konnten, dann hätte ein solcher Meinungsaustausch recht fruchtbar sein können. Unter den gegebenen Umständen fühlten wir uns nur frustriert.
Die Stellungnahmen von Mary Leakey war noch enttäuschender. Sie hatte schon vorher in einem Interview erklärt, man dürfe Laetoli und Hadar nicht in Beziehung zueinander setzen, weil beide Orte geographisch weit auseinander lägen und weil sich bei der Datierung der Funde ein Zeitunterschied von etwa ¾ Millionen Jahren ergäben habe. Ich war durchaus bereit, mich mit beiden Fragen auseinanderzusetzen: Der *Homo erectus* hatte fast unverändert eine noch längere Zeit gelebt, und zwar in Gegenden, die viel weiter auseinander lagen als Laetoli und Hadar. Außerdem ließ sich zu dem Schädel 1470 sagen, daß er nach der ersten Erklärung von Richard 1 Million Jahre älter war als der entsprechende in Olduvai gefundene Schädel. Wenn hier eine Zeitspanne wie diese überbrückt werden konnte, ohne daß seine Mutter Einspruch dagegen erhoben hatte, weshalb durfte ich nicht eine kleinere Zeitspanne überbrücken? Schließlich konnte ich auch noch erwähnen, daß Richard seinen Schädel 1813 der Spezies *africanus* zugeordnet hatte. Er war an einem Ort gefunden worden, der viel weiter von den Fundorten seiner Artgenossen in Südafrika entfernt war als Hadar von Laetoli. Wenn also Richard eine Strecke von 4800 Kilometern zugebilligt wurde, weshalb räumte man mir nicht eine Strecke von 1600 Kilometern ein?
Das waren zwar nicht die besten Argumente, aber sie befaßten sich mit den Ungereimtheiten in der Stellungnahme von Mary Leaky. Ich hätte viel lieber über die Fossilien selbst gesprochen, man gab mir aber nicht die Gelegenheit dazu. Man hat es mir sogar nicht einmal

ermöglicht, über die zeitlichen und geographischen Argumente zu diskutieren. Ich muß annehmen, daß Mary Leakey entschlossen war, nichts über die zeitlichen oder geographischen Probleme schriftlich von sich zu geben – wenngleich sie in Interviews eine Menge darüber zu sagen wußte –, weil sie damit ganz einfach nichts beweisen konnte. Jedenfalls hat sie diese Äußerungen nicht wiederholt. Sie wandte sich statt dessen mit einer haarspalterischen Vernebelungstaktik über die Nomenklatur gegen uns und behauptete, daß wir bei der Benennung unserer neuen Spezies gewisse Fehler gemacht hätten. Die Benennung einer Spezies muß sehr strengen Regeln folgen. Wenn eine neue Spezies entdeckt worden ist und die Entdeckung bekanntgegeben wird, dann muß derjenige, der sie benennt, dafür sorgen, daß der Name eine Reihe von Erfordernissen erfüllt. Dazu gehört es, daß das von dem Entdecker und Benenner einer ähnlichen Spezies abgesteckte Territorium in keiner Weise verletzt wird. Darüber hinaus muß sichergestellt sein, daß, wo ein solcher Verdacht vorliegt, ein jetzt für die neue Spezies beanspruchtes, aber früher entdecktes Fossil sich mit seinem neuen Namen ohne Peinlichkeiten oder Widersprüche in die neue Spezies einreiht. Kurz gesagt, ein solches Fossil soll mit dem neuen Namen zutreffender und sinnvoller beschrieben sein als mit dem alten. Solche Berichtigungen gibt es immer wieder, denn neue Erkenntnisse erfordern oft neue Klassifizierungen.

Da Tim und ich wußten, daß es bei der Klassifizierung zahlreiche Fallgruben gibt, hatten wir uns große Mühe gegeben, alles richtig zu machen. Wir hatten uns noch einmal sehr genau über alle bis dahin bekannten afrikanischen Hominiden unterrichtet, um festzustellen, welche Folgerungen sich aus den ihnen in der Vergangenheit gegebenen Namen ergaben. Dabei handelte es sich um die Bezeichnungen *Australopithecus, Präanthropus, Paranthropus, Pithecanthropus, Meganthropus, Plesianthropus* und *Homo*. Über diese Arbeit und ihre Ergebnisse hatten wir Ernst Mayr genau unterrichtet, als wir ihn baten, unseren für die neue Spezies vorgesehenen Namen *afarensis* zu begutachten. Wir waren sogar so weit gegangen, in unserer Monographie neun verschiedene Möglichkeiten für die Benennung der verschiedenen Spezies aufzuführen, die wir in einen Stammbaum aufnehmen wollten, und wir hatten erörtert, weshalb der Name, für den wir uns entschieden hatten, nach unserer Ansicht der am besten geeignete sei. Nun klammerte sich Mary Leakey an vier Namen, die wir ausgeschieden hatten, und behauptete, wir hätten sie nicht einmal in Erwägung ziehen dürfen, weil sie nicht den Regeln der Nomenklatur entsprächen.

Dieses Argument hatte mit der Frage, was der *afarensis* war oder nicht war, gar nichts zu tun. In unserer Erwiderung widerlegten wir es ganz einfach damit, daß wir Mayr, George Gaylord Simpson, Philip Tobias und andere zitierten, die sich mit dem von uns eingeschlagenen Weg einverstanden erklärt hatten.

Die Verschwommenheit der Stellungnahme der Leakeys enttäuschte sowohl Tim als auch mich, aber wir konnten uns damit trösten, daß es wahrscheinlich deshalb keinen Angriff gegen die Substanz unserer Arbeit gegeben hatte, weil diese Substanz keine Angriffsflächen bot.

Wenn es um solche Dinge geht, dann spielen die wissenschaftlichen Zeitschriften eine wichtige Rolle. Sie halten die Fachwelt nicht allein durch die regelmäßige Veröffentlichung von Forschungsberichten auf dem laufenden, sie geben den Fachkollegen auch die Möglichkeit, Berichte zu kritisieren, die nach ihrer Auffassung schlecht geschrieben sind, falsche wissenschaftliche Thesen vertreten oder das Thema verfehlen. Durch die Zeitschriften erfolgt auch eine gewisse Vorauswahl, und deshalb werden nur wenige Aufsätze abgedruckt, die den Qualitätsansprüchen nicht gerecht werden. Die Zeitschriften werden von erfahrenen Leuten redigiert, die die Spreu vom Weizen zu trennen wissen. Wenn sie etwas Aufsehenerregendes veröffentlichen, dann schaffen sie damit die Möglichkeit für die Kritik, der sich jeder Bericht, der neue Ideen bringt, stellen muß, wenn diese Ideen sich durchsetzen sollen.

Unsere Arbeit über den *Australopithecus afarensis* gehörte in die Kategorie des Aufsehenerregenden. Hier wurde über die Entdeckung eines neuen Hominiden berichtet, er wurde beschrieben, und wir hatten einen neuen Stammbaum des Menschen entworfen. Bisher geltende Theorien, die unseren Erkenntnissen widersprachen, wurden dabei ins Wanken gebracht. Das war, wie ich annehme, auch der Grund, weshalb die Leakeys so reagierten, denn hier wurde ihre schon seit langer Zeit vertretene Auffassung von der Besonderheit des *Homo* in Frage gestellt.

Louis Leakey hatte diese Theorie vertreten. Er hatte jedes Fossil, das in die Nähe der Hominiden gehörte, rücksichtslos aus der Evolutionsreihe des *Homo* ausgemerzt. Das galt für alle Australopithecinen und sogar für den *Homo erectus* und den Neandertaler. Zwar sind die Mitglieder der Familie Leakey schließlich ihre jeweils eigenen wissenschaftlichen Wege gegangen, sie haben aber alle an der gleichen Auffassung über den Ursprung des Menschen festgehalten. Wie sein Vater blickte auch Richard Leakey weit in die Vergangenheit zurück und leugnete alle verwandtschaftlichen Beziehungen zu anderen hominiden Typen. Auch er glaubte, wenn ein Hominide nicht in die Gattung *Homo* eingeordnet werden könnte, dann könnte er auch kein Vorfahre des *Homo* sein.

Daß die Leakeys diese Haltung einnahmen, wurde mir zum erstenmal 1974 klar, als Richard und seine Mutter mich in Hadar besuchten und, nachdem sie die von Alemayehu gefundenen Kieferknochen gesehen hatten, sofort behaupteten, sie stammten von einem *Homo*. Ich habe schon in den vorangegangenen Kapiteln gesagt, weshalb das angesichts unseres damaligen Erkenntnisstandes auf dem Gebiet der hominiden Fossilien eine durchaus vertretbare Annahme war, besonders auch, nachdem Richard erklärt hatte, daß der Schädel 1470 fast 3 Millionen Jahre alt sei, und man daher glaubte, auf dramatische Erkenntnisse über den frühen *Homo* gestoßen zu sein. An Richards Stelle, besonders wenn ich an das hohe Alter dieses ungewöhnlichen Fossils geglaubt hätte, hätte ich mich höchstwahrscheinlich ebenso verhalten wie er. Ich wäre überzeugt gewesen, daß der Stammbaum des Menschen sehr weit zurückreichte und man das prähumane oder protohumane Evolutionsstadium in einer noch viel weiter zurückliegenden Vergangenheit suchen müßte. Da keines der bisher australopithecinen Fossilien so alt war wie der Schädel 1470, hätte auch ich die Australopithecinen als Vorfahren des Menschen ausscheiden müssen.

Richard Leakey wurde nach der Entdeckung des Schädels 1470 ein in der ganzen Welt bekannter Mann. Seine Vorstellungen von der Evolution des Menschen wurden dadurch bestätigt. Als sich jedoch herausstellte, daß dieser Schädel unter Umständen gar nicht so alt war, fiel es ihm schwer, das zu akzeptieren. Angesichts der Tatsache, daß die ursprüngliche Datierung des Schädels 1470 immer mehr in Zweifel gezogen werden mußte, fand er sich nicht bereit umzudenken, sondern verteidigte die Datierung. Am Schluß distanzierte er sich einfach davon. Öffentlich hat er die neuen Erkenntnisse, die zur Umdatierung führten, aber nicht anerkannt, sondern auch weiterhin die

Möglichkeit offengelassen, daß *Homo* und seine Ursprünge viel älter seien. Sollte es ihm gelingen, ältere Fossilien des gleichen Typus wie 1470 zu finden oder für die Fossilien, über die er schon verfügt, eine frühere Datierung nachzuweisen, dann dürfte man an seiner Auffassung von der Evolution des Menschen festhalten.

Der *afarensis* hat diese Tür zugeschlagen. Wenn Leakey zugeben müßte, daß ein nichtmenschliches, extrem affenähnliches Wesen vor 3 Millionen Jahren der Vorfahre des *Homo* gewesen ist, was würde dann aus dem 2,9 Millionen Jahre alten *Homo*? Für ihn als von der Wissenschaft nachgewiesenes menschliches Wesen wäre in dieser schmalen Lücke dann kein Raum mehr.

Nur wenn man die Fossilien aus Laetoli und Hadar neuerdings als *Homo* interpretierte, könnte diese Zeitspanne wieder ausgedehnt werden. Tun wir das, dann erscheint der alte *Homo* wieder zu einer Zeit vor 3 bis 3,7 Millionen Jahren. Ich glaube, deshalb versteiften sich Richard und Mary Leakey sosehr auf das, was sie in den Sammlungen aus Laetoli und Hadar als Merkmale des *Homo* zu erkennen glaubten, und ignorierten die primitiveren Merkmale. Ich hatte zunächst das gleiche getan. Als mir aber die ganze Sammlung vorlag, konnte ich meine Meinung ändern, denn mir ging es nicht um eine Ideologie. Ich hatte gar keine andere Wahl; ich mußte es tun.

Folgen wir der Auffassung der Leakeys noch einen Schritt weiter, dann wird es angesichts der größeren Exemplare aus Laetoli und Hadar, die am besten durch ihre Zähne und Kieferknochen repräsentiert werden, für den Fall, daß man sie als *Homo* bezeichnet, notwendig, Lucy in eine andere Kategorie zu verweisen, denn sie ist in so peinlicher Weise menschenunähnlich, daß es jeder Logik widerspräche, sie in die gleiche Kategorie einzuordnen. Niemand hat bisher vorgeschlagen, sie als *Homo* zu bezeichnen. Deshalb muß es, wie Leakey argumentieren würde, bei Hadar zwei Arten von Hominiden gegeben haben, eine menschliche und den Typus von Lucy.

Auch das habe ich zunächst geglaubt, und auch diesen Gedanken mußte ich aufgeben. Ich bedaure zutiefst, daß sich die Leakeys bisher noch nicht direkt mit der interessanten paläoanthropologischen Frage der 1980er Jahre auseinandergesetzt haben. Vielleicht werden sie es im Lauf der Zeit tun. Ich hoffe es.

Im Sommer 1979 geschah etwas ganz Unerwartetes. Tim und ich hatten die Datierung des Basalts bei Hadar durch James Aronson auf 3 Millionen Jahre als eine der Voraussetzungen für unsere Analyse der Fossilien aus Hadar verwendet. Im August teilte Aronson uns mit, daß er die Datierung korrigieren werde. Wir erinnern uns hier, daß er von Anfang an darauf hingewiesen hatte, 3 Millionen Jahre seien das Minimum, das angenommen werden könnte. Aber bisher hatte er sich nicht genauer festlegen wollen. Er behauptete, er müßte erst die endgültige Beurteilung der Schweinefossilien aus Hadar durch Basil Cooke abwarten, bevor er entscheiden könnte, ob der Basalt während der Mammut-Periode der magnetischen Umpolung der Erde entstanden sei oder ob seine Entstehung in eine noch frühere Periode, auf die Gilbert-Umpolung, zurückdatiert werden müßte. Ende 1978 gab Cooke die Ergebnisse seiner Untersuchung bekannt. Die Analyse der Schweinefossilien besagte, daß das Alter des Basalts mit 3 Millionen Jahren zu gering angesetzt sei. Dadurch angeregt, wandte sich Aronson einigen besonders reinen Proben des Basalts zu, die Bob Walter 1976 und 1977 entnommen hatte. Mit ihnen führte er 16 verschiedene Tests durch. Sie alle zeigten das Alter des Basalts mit 3,75 Millionen Jahren und mit einer Toleranz von ± 100000 Jahren an.

Radikale Korrekturen von Datierungen lösen gewöhnlich einen Schock aus. In diesem Fall vereinfachte sich die Lage wesentlich. Plötzlich stellte sich heraus, daß die Fossilien von Hadar nicht nur morphologisch denen aus Laetoli glichen, sondern auch ebenso alt waren. Das war eine phantastische, großartige Feststellung. Die bei Hadar unter der Basaltschicht gefundenen Kieferknochen waren fast 4 Millionen Jahre alt! Lucy und die »erste Familie« von der Fundstelle 333, die über dem Basalt gelegen hatten, waren jetzt etwa 3 bis 3,5 Millionen Jahre alt.

Das war wunderbar. Aber man muß für alles einen Preis zahlen, und auch jetzt entstand ein neues Problem. In dem von uns entworfenen Stammbaum entstand eine noch größere Lücke. Es gab jetzt in einem Zeitraum von fast 1 Million Jahren keine mit Sicherheit der Linie des *Homo* zuzuordnenden Fossilien mehr – und zwar für die Zeit von vor 3 bis 2 Millionen Jahren. Was hatte sich in dieser Zeit abgespielt?

Wenn unsere Konstruktion richtig war und man noch Fossilien finden würde, die aus jener langen Zwischenperiode stammten, mußten sie einen evolutionären Fortschritt vom *afarensis* in einer von zwei Richtungen zeigen; entweder zum *Homo* oder zu den späteren Australopithecinen hin. Wenn sich aber etwas ganz Neues zeigen sollte, dann würden wir auch einen neuen Stammbaum entwerfen müssen.

Ich glaubte nicht, daß das geschehen werde. Alles paßte zu gut zusammen. Alle Fundstücke aus Laetoli und Hadar waren so alt, wie sie es nach ihrer Primitivität sein sollten. Das befriedigte uns aus zwei Gründen. Es unterstrich die Ähnlichkeit beider Sammlungen und widerlegte jede Behauptung, es handele sich um verschiedene Populationen, weil sie nicht gleich alt seien.

Außerdem hatten die Spezies, aus denen sich unsere Fossilien entwickelt hatten, jetzt genügend Zeit, die verschiedenen Populationen in den Richtungen weiterzuentwickeln, die ihnen durch die Umweltbedingungen gewiesen wurden. Eine Linie hatte mehr Zeit, aus dem affenähnlichen *afarensis* den *Homo habilis* zu entwickeln, der mit Sicherheit als *Homo* bezeichnet werden durfte. Eine zweite Linie hatte jetzt ebenfalls mehr Zeit, die immer massiver werdenden Backenzähne entstehen zu lassen und sich über den *africanus* zum *robustus* zu entwickeln. Und wenn Richard Leakey mehr Zeit brauchte, seinen alten *Homo* über 2 Millionen Jahre hinaus in die Vergangenheit zu verlegen, dann war sogar der Raum dafür gegeben. Ich bin bereit, den *Homo* in einer so frühen Vergangenheit zu akzeptieren, wie er sich durch Fossilien nachweisen läßt – aber aufgrund unserer heutigen Erkenntnisse nur als Nachkommen des *afarensis*.

Die Dinge kommen im allgemeinen ins rechte Lot, wenn man lange genug wartet und gewissenhaft genug arbeitet. Die Jahre 1978 und 1979 waren für Tim und mich eine sehr turbulente Zeit. Sie brachten nicht mehr die Erregung, die auf neue Entdeckungen folgt und die unsere ersten Grabungskampagnen gekennzeichnet hatte. Statt dessen waren sie angefüllt mit der manchmal sehr ermüdenden Laboratoriumsarbeit, mit endlosen Gesprächen, Nachdenken, Taktieren und mit Aufregungen. Als Neulinge mußten wir es mit dem ganzen paläontologischen Establishment aufnehmen. Wie rechtfertigten wir die Kühnheit, eine so schwierige Aufgabe zu übernehmen?

Doch ob wir ein Recht hatten oder nicht, wir hatten sie übernommen, und die Ergebnisse waren im großen und ganzen durchaus befriedigend. Das einzige Problem, mit dem wir uns bisher nicht abgegeben hatten, war das größte Rätsel von allen: Wie hatte alles angefangen?

In dieser Zeichnung ist die berühmte Fußspur von Laetoli rekonstruiert. Bei dem Vergleich einer menschlichen Fußsohle mit einem der gefundenen Abdrücke zeigt sich deutlich eine Ähnlichkeit. Die Hand wurde aus Teilen zusammengesetzt, die man an der Fundstelle 333 entdeckt hatte.

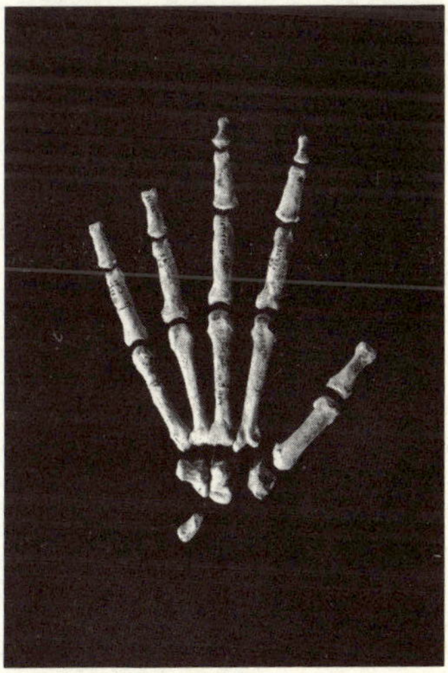

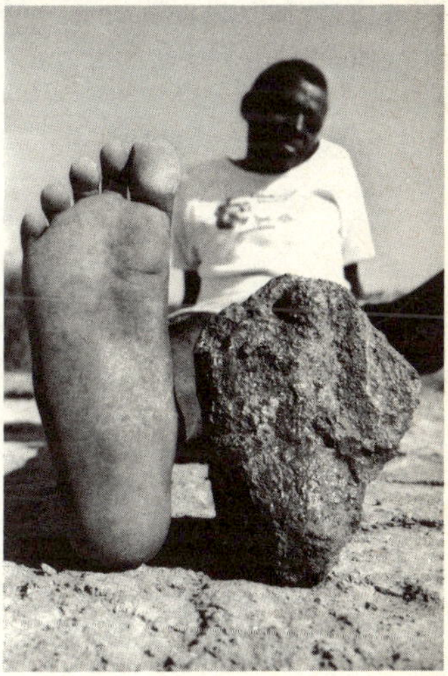

Was hatte die Menschenaffen, von denen wir abstammten, veranlaßt, sich auf die Hinterbeine zu erheben, und was hatte sie – oder einige von ihnen – befähigt, sich zu Menschen weiterzuentwickeln?
Das ist die Grundfrage in der ganzen Entwicklungsgeschichte des Menschen. Mit unseren Fossilien und ihrer Interpretation hatten wir unseren Beitrag zur Beantwortung der Frage geleistet, wann und wo sich der aufrechte Gang entwickelt hatte. Wenn wir noch mehr und noch ältere Fossilien finden sollten, würden wir vielleicht über das Wann noch mehr sagen können, vielleicht auch etwas über das Wie – sowie wir aus älteren Fossilien frühere Stadien der Veränderung in den Becken-, Bein- und Fußknochen feststellen könnten, und zwar vielleicht zu der kritischen Zeit, als ein Menschenaffe, der noch nicht aufrecht ging, im Begriff war, sich in ein aufrecht gehendes Wesen zu verwandeln.
Doch das Warum war eine andere Sache. Warum hat sich von allen Säugetieren, die diese Erde bevölkert haben, nur eine Gruppe dazu entschlossen, aufrecht zu gehen? Das war für uns das größte Rätsel. Die Paläoanthropologie allein konnte diese Frage nicht beantworten. Sie bedurfte dazu der Erkenntnisse von Disziplinen, die nicht unmittelbar etwas mit Fossilien zu tun hatten, Erkenntnisse von Spezialisten wie Owen Lovejoy, dem Bewegungsanatomen, denn der aufrechte Gang hat eine verwirrende Komponente: Er ist nicht die am besten geeignete Fortbewegungsart in einer feindlichen Umwelt. Und doch haben sich unsere Vorfahren, um Menschen zu werden, für ihn entschieden. Warum?

IV. Teil
Warum ging Lucy aufrecht?

16. Ist Sexualität der Grund?

Ein Vierfüßer entwickelt sich nicht allmählich zu einem aufrecht gehenden Wesen. Was wäre denn das Zwischenstadium – ein Dreifüßer? So etwas habe ich noch nie gesehen. *Timothy White*

Der Mensch ist, kurz gesagt, immer fortpflanzungsbereit; Tiere sind es periodisch. Der Mensch ist jederzeit fähig, Nachkommen zu zeugen; Tiere sind es nicht. Wenn wir uns vorzustellen versuchen, wie eine menschliche Gesellschaft aussehen würde, in der die Geschlechter sich nur im Sommer füreinander interessieren wie die Singvögel oder nur in Abständen von einigen Monaten wie die Hunde oder sogar nur einmal im ganzen Leben wie die Ameisen, dann erkennen wir, welche Bedeutung diese Eigenart gehabt hat.
Julian Huxley

Sie glauben vielleicht, daß der aufrechte Gang nichts mit dem Geschlechtsleben zu tun hat; er hat es aber doch. *C. Owen Lovejoy*

»Es wäre unsinnig, wenn sich ein Vierfüßer zum Laufen auf die Hinterbeine stellen würde«, sagte Owen Lovejoy, der Bewegungsanatom. »Der aufrechte Gang ist, was die Leistungsfähigkeit angeht, eine ganz abwegige Art, sich schnell vorwärtszubewegen.« Lovejoy war 1980 in mein Laboratorium gekommen, um sich mit einigen meiner Studenten über den Bewegungsapparat zu unterhalten. Auch für mich war es interessant und nützlich, seine Ausführungen anzuhören.

»Ich meine, es ist ganz einfach lächerlich«, sagte er. »Auch die Argumente, die dafür vorgebracht werden, sind lächerlich:

›Der Mensch ist in die Savanne hinausgegangen und hat dort gelernt, aufrecht zu stehen, um über das hohe Gras hinwegsehen zu können.‹ Dummes Geschwätz. Vielleicht hat es ihm geholfen, über das hohe Gras hinwegzublicken, als er dorthin kam, aber er hat es nicht erst gelernt, nachdem er dorthin gekommen war. Das können Sie vergessen. Er hätte es nie getan.

›Der Mensch benutzte Werkzeuge. Er mußte aufrecht stehen können, um die Hände für Werkzeuge und Waffen freizubekommen.‹

Am Schluß war das wohl so, aber ursprünglich – Unsinn! Das ist zu keiner Zeit eine vernünftige Begründung gewesen. Jetzt ist es durch die Fossilien aus Laetoli und Hadar widerlegt. Diese Lebewesen sind zwar aufrecht gegangen, hatten aber nichts mit Werkzeugen zu tun. Sie haben sich vielleicht schon 1 Million Jahre so fortbewegt, bevor sie anfingen, Werkzeuge zu benutzen.
›Der Mensch ist zunächst wie der Gorilla oder der Schimpanse auf den Knöcheln gegangen und hat sich dann allmählich auf die Hinterbeine gestellt.‹ Blödsinn! Die Vorstellung, der Schimpanse stelle eine Art Zwischenstadium in der Entwicklung zum aufrecht gehenden Hominiden dar, ist idiotisch. Das Gehen auf den Knöcheln ist die Folge einer Anpassung an eine bestimmte Lebensweise. Hier gibt es keine Weiterentwicklung.«
Weiter erklärte Lovejoy, man dürfe, wenn man von der Fortbewegung spräche, nicht in einzelnen Ursache-Wirkungs-Verhältnissen denken, sondern müsse die Fortbewegung als Teil einer gesamten Überlebensstrategie betrachten. Der Paläontologe neigt dazu, bei einem Lebewesen eine besondere Eigenart herauszunehmen und dieses Lebewesen dann als Träger dieser Eigenart zu bezeichnen: Es ist ein langarmiges Lebewesen, oder es geht aufrecht. Damit wird das Problem zu sehr vereinfacht. In Wirklichkeit ist der Bewegungsapparat oder die Fortpflanzungsweise eines Tiers Teil eines komplexen Anpassungsmechanismus in einer besonderen Umwelt. Hier muß eine ganze Konstellation von Attributen zusammenarbeiten. Kurz gesagt, man muß die gesamte Überlebensstrategie des Schimpansen betrachten, bevor man die Funktion seines Bewegungsapparats begreifen kann. Doch bevor man das tut, muß man begriffen haben, wie die Arme und Beine aussehen und funktionieren. Nach Lovejoy ist die Unwissenheit über die Funktionen der Beine selbst bei Leuten, die Bewegungsanatomie lehren, überwältigend. Deshalb müsse er hier zu den Grundfragen zurückgehen.
Wenn man die Dinge ganz einfach betrachtet, dann ist der Körper ein Bündel Fleisch, das auf dem Boden oder im Wasser liegt. Wenn er sich bewegen muß, um an seine Nahrung zu kommen, muß er Flossen oder einen Schwanz haben, mit deren Hilfe er sich im Wasser weiterbringt. An Land braucht er (mit Ausnahme der Schlangen) dazu Beine. Wenn es die einzige Funktion der Beine wäre, den Körper voranzuschieben, dann gäbe es ein ziemliches Kratzen, Friktionen und

einen großen Energieverbrauch; und deshalb muß ein Tier, das gehen oder laufen will, Beine haben, die seinen Körper nicht nur vorwärts schieben, sondern auch vom Boden abheben können, damit er zeitweilig über dem Boden schwebt.

Die Beine der ältesten gehenden Wirbeltiere – der Amphibien und Reptilien und auch der Molche und Alligatoren, die bis heute überlebt haben – erfüllen beide Funktionen, aber noch nicht sehr gut. Die Beine kommen seitwärts aus dem Körper heraus und eignen sich deshalb nicht zum schnellen Laufen, was man an der Frontalansicht eines Alligators erkennen kann. Der Kraftaufwand, einen Körper mit Beinen in die Höhe zu heben, die seitwärts herausragen, ist erheblich. Ein Mensch würde das feststellen können, wenn er sich auf den Boden legte und versuchte, sich mit seitwärts ausgestreckten Armen zu erheben und nicht mit den unter die Brust gelegten Händen und Armen. Deshalb kann ein Alligator weder schnell noch weit laufen. Wenn er sich fortbewegt, setzt er das linke Vorderbein und das rechte Hinterbein gleichzeitig nach vorn. Er kann das langsam tun, wenn er nur geht, und schneller, wenn er laufen will. Aber mehr kann er nicht tun.

Als Instrument zum Gehen und Laufen sind die Beine der Säugetiere gegenüber denen der Reptilien ein großer Fortschritt. Sie kommen nicht seitwärts aus dem Körper heraus, sondern sind nach unten gerichtet, und deshalb kann sich ein Pferd mühelos den ganzen Tag auf den Beinen halten, während das einen Alligator sehr rasch erschöpfen würde. Das Pferd kann aber nicht nur stehen und im Schritt gehen, sondern auch traben und galoppieren. Traben kann ein Alligator nicht.

Ein Student fragte Lovejoy: »Weshalb sind Alligatoren so wenig leistungsfähig?«

»Sie sind es nicht.«

»Aber Sie haben doch eben gesagt . . .«

»Ich habe gesagt, sie können schlecht laufen. Das ist etwas anderes. Ein Alligator kann aber sehr gut unauffällig von einer Schlammbank ins Wasser gleiten. Er ist ein hervorragender Unterwasserjäger. Denken Sie daran, was ich eben dazu gesagt habe, daß ein Tier die Konstellation von Attributen ist, die zusammenarbeiten. Sie müssen alle evolutionären Strategien eines Tiers betrachten, um jede einzelne zu verstehen. Ein Pferd leistet im Laufen sehr viel, aber es kann nicht unter Wasser schwimmen. Das sieht man an seinen Beinen.«

Die Beine der Säugetiere spiegeln auch den Prozeß, durch den sie ihre Fähigkeit zu laufen erworben haben. Die Extremitäten eines Säugetiers sind nicht nur unmittelbar unter den Körper verlegt, sondern auch verdreht worden. Die hinteren Extremitäten sind so weit verdreht, daß das Knie nach vorn zeigt. Die vorderen Extremitäten sind so verdreht, daß der »Ellbogen« nach rückwärts zeigt. Diese neue Anordnung erlaubt einen größeren Energieaufwand beim Laufen und einen wirkungsvolleren Einsatz dieser Energie.

Lovejoy erläuterte dann, daß jedes Laufen darin besteht, Energie einzusetzen und zu verbrauchen. Die Energie wird eingesetzt, wenn die Hinterbeine das Tier nach vorn schieben, und sie wird von den Vorderbeinen verbraucht, wenn das Tier auf ihnen landet. Wenn der Körper eines Tiers im Raum schwebte und eine Kraft es in diesem Zustand vorantriebe, würde es sich so lange beschleunigen, bis die Höchstgeschwindigkeit erreicht ist, die sich mit dieser Energiemenge erreichen läßt. Aber in Wirklichkeit schweben Tiere nicht im Raum. Wenn sie laufen, müssen sie immer wieder den Boden berühren, und jedesmal verlieren sie dabei einen großen Teil der Schubkraft, die sie vorwärtsgebracht hat. Um den Körper daher einen weiteren Schritt voranzubringen, muß ein neuer Energieimpuls eingesetzt werden. Aber der Körper würde zu Boden fallen, wenn die vorderen Extremitäten nicht vorgestreckt und ihre Muskeln dazu verwendet würden, den Körper aufrecht zu halten – und so weiter. Es wird Energie eingesetzt, um den Körper voranzubringen, und Energie absorbiert, um ihn aufrecht zu halten.

Wenn man verstehen will, wie die vorderen Extremitäten die Energie absorbieren, dann kann man sie als eine Art Stoßdämpfer ansehen, deren Funktion es ist, den Körper beim Landen nach jedem Schritt aufzufangen. Wenn das Gelenk unter der abwärts wirkenden Kraft einzuknicken beginnt, leisten die Muskeln diesem Impuls Widerstand. Dieser Widerstand der Muskeln, die bestrebt sind, die vorderen Extremitäten zu strecken, während sich das Gewicht des Körpers auf sie legt – man könnte das als die negative Energie bezeichnen –, absorbiert die Energie, die zunächst durch den nach vorn wirkenden Schub der hinteren Extremitäten eingesetzt wurde.

Um als guter Stoßdämpfer zu wirken, darf die vordere Extremität nicht direkt am Skelett befestigt sein, und sie ist es auch nicht. Sie wird allein durch Muskel- und Bindegewebe an ihrer Stelle festgehalten. Wäre sie unmittelbar mit dem Skelett verbunden, dann könnte der Muskel das Gewicht des auf den Boden fallenden Körpers nicht elastisch abfangen, sondern die Absorption der Energie müßte durch einen unerträglich harten Stoß erfolgen. Da die vordere Extremität jedoch nicht fest mit der Schulter verbunden ist (und nicht in einer Pfanne aus Knochensubstanz liegt wie die hintere), kann das laufende Tier bei jedem Schritt, den es vorankommt, die eingesetzte Energie elastisch absorbieren.

Die hinteren Extremitäten eines Säugetiers müssen keine Stoßdämpfer sein. Ihre Funktion ist es, Energie zur Wirkung zu bringen, nicht aber, sie zu absorbieren. Deshalb kann der obere Teil des Hüftknochens direkt in die Pfanne des Beckenknochens eingefügt werden und wird darin durch Sehnen und Knorpel festgehalten. Direkte Verbindungen sind fester und wären auch für die vorderen Extremitäten günstiger, wenn hier nicht die Notwendigkeit bestünde, die Energie zu absorbieren. Fußballspieler wissen, welche Nachteile die indirekten Verbindungen haben. Sie erleben es immer wieder, daß sie sich die Schulter verrenken, wenn die Muskeln, die ihre Arme festhalten, gezerrt werden. Aber die Nachteile einer direkten Verbindung wären für einen Stoßdämpfer noch größer. Man braucht nur mit steifen Beinen von einer 40 Zentimeter hohen Stufe herunterzuspringen, um festzustellen, daß der Aufprall alle Knochen erschüttert. Da das Bein unmittelbar mit der Hüfte verbunden ist, kann, wenn auch das Knie steif gemacht wird, die Energie nicht absorbiert werden; sie wird nirgends elastisch abgefangen.

Wenn wir das typische vierfüßige Säugetier betrachten, dessen Extremitäten nach unten ausgestreckt sind, wobei die Hinterbeine nach vorn und die Vorderbeine nach rückwärts verdreht sind, während die Hinterbeine direkt mit dem Skelett verbunden sind und die vorderen nur von Muskeln festgehalten werden, dann verstehen wir, daß dieses System weniger leistungsfähig wird, wenn das Tier sich auf die Hinterbeine stellt. Das zeigt sich am besten, wenn man untersucht, wie die Energie beim Laufen eingesetzt wird. Wenn ein großer Teil der Energie für die Vorwärtsbewegung benötigt und nur wenig für das Aufrechthalten des Körpers absorbiert wird, dann ist das Ergebnis eine hohe Geschwindigkeit. Wenn aber der größte Teil der aufgewendeten Energie dabei verbraucht wird, den Körper aufrecht zu halten, kann die Geschwindigkeit nicht groß sein. Das ist die Schwäche des aufrechten Gangs. Zu viel Energie wird verbraucht, um den Körper aufrecht zu halten.

Das sehen wir am gehenden Menschen. In der Mitte eines jeden Schrittes, wenn ein Fuß auf dem Boden steht und der andere vorwärts schwingt, ist vom vorigen Schritt noch so viel Schwung übrig, daß auch der Körper nach vorn bewegt wird. Der Schwung verstärkt sich (Einsatz von Energie), wenn der Mensch seine Beinmuskeln dazu verwendet, das Bein im Knie- und Fußgelenk zu strecken, es damit zu verlängern und den Körper nach vorn zu schieben. Jetzt hat der Körper das Gleichgewicht verloren, und das andere, vorwärts schwingende Bein muß aufgesetzt werden, um ihn zu stützen. Dabei wird der größte Teil der für die Vorwärtsbewegung eingesetzten Energie verbraucht. Die Komponenten der Vorwärts- und der Aufwärtsbewegung lassen sich als Vektor darstellen – als Kombination beider Kräfte, die das Ergebnis der Vorwärtsbewegung ausmachen, die Geschwindigkeit.

Wenn der Mensch seine Geschwindigkeit erhöhen will, kann er seinen Körper vorneigen, und damit vergrößert sich die nach vorn gerichtete Komponente, während sich die nach oben gerichtete verkleinert. Zugleich ist das der Beginn des Fallens, weil die Komponente, die den Körper aufrecht hält, reduziert wird. Um nicht zu fallen, muß der Mensch daher die nach oben gerichtete Kraft häufiger benutzen, das heißt, er muß die Beine rascher bewegen. Daraus besteht das Laufen. Wenn der Mensch zu laufen beginnt, kann er sich, wie der Schnelläufer am Start, vorbeugen. Aber sobald er seine Beine so rasch bewegt, wie er kann, muß er eine fast vertikale Haltung einnehmen. Er kann sich, um schneller zu werden, wieder vorbeugen, aber wenn seine Beine sich nicht rascher bewegen, wird er einfach vornüber fallen. Kurzstreckenläufer, die sich auf das Zielband werfen, tun das. Vor dem Ziel unternehmen sie eine letzte Anstrengung und fallen oft nach dem Durchlaufen der Ziellinie zu Boden.

Ein vierfüßiges Tier kennt dieses Problem nicht. Sein Körper befindet sich schon parallel zum Boden.

Der größte Teil der von den hinteren Gliedmaßen erzeugten Energie wird für die Vorwärtsbewegung aufgewendet, und die vorderen Gliedmaßen verbrauchen nur sehr wenig Energie, um den Körper aufrecht zu halten. Sie befinden sich schon vorn und sind bereit, den Körper in der Vorwärtsbewegung zeitweilig zu stützen, während sich die Hinterbeine zusammenziehen und bereitmachen, einen neuen Sprung nach vorn zu tun. Der am besten für den Schnellauf ausgerüstete Vierfüßer ist der Gepard. Er hat lange Beine und ein langes, sehr biegsames Rückgrat. Vor dem Sprung spannt sich das Rückgrat wie eine Feder. Wenn er die Hinterbeine zu einem gewaltigen Satz streckt, streckt er auch das Rückgrat, und der ganze Körper schnellt in einem Satz sieben Meter oder noch weiter voran. Die Vorderbeine verbrauchen nur einen geringen Teil der aufgewendeten Energie, wenn sie den Boden berühren.

»Was hat das alles mit der Entstehung des aufrechten Gangs zu tun?« fragte einer der Zuhörer Lovejoy. »Sie haben erklärt, warum Vierfüßer schneller laufen können als auf zwei Beinen gehende Lebewesen. Aber warum haben sich die letzteren auf die Hinterfüße gestellt?«

»Um diese Frage zu beantworten«, sagte Lovejoy, »müssen Sie berücksichtigen, daß sich unsere Vorfahren in den Bäumen entwickelt haben, und dann müssen Sie sich fragen, was sie dort getan haben.«

Dann fuhr er fort und sagte, die ältesten Vorfahren der Primaten seien keine Baumbewohner gewesen. Es waren insektenfressende Vierfüßer, die etwa die Größe und Form des Eichhörnchens hatten und am Boden lebten und jagten. Als jedoch die riesigen tropischen Urwälder

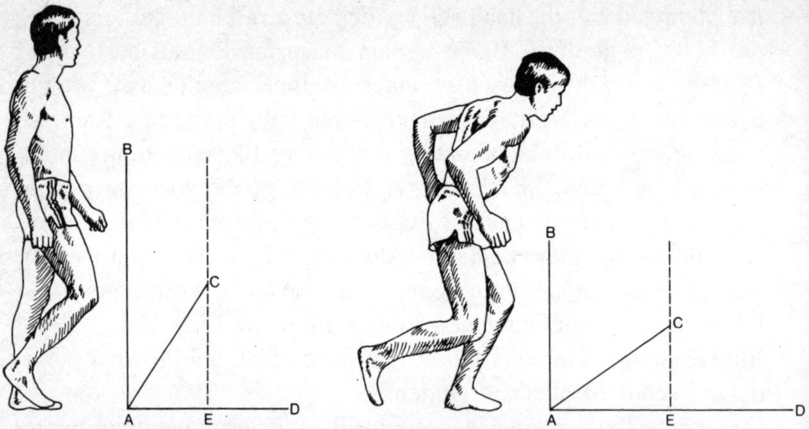

Der gehende Mensch verwendet mehr Energie darauf, den Körper senkrecht zu halten (AB), als auf die Vorwärtsbewegung (AD). Die Kombination beider Kräfte erzeugt einen Vektor (die schräge Linie AC). Mit dem Vektor kann man die Geschwindigkeit messen, mit der sich der Mensch vorwärtsbewegt (AE). Wenn er zu laufen beginnt, beugt sich der Mensch vor und bewegt seine Beine schneller. Er setzt weniger Energie dafür ein, den Körper aufrecht zu halten, und mehr, um ihn voranzubringen. Der so entstehende Vektor neigt sich stärker in die Richtung des Laufens, und die Strecke AE wird größer. Das heißt, die Geschwindigkeit erhöht sich.

entstanden und alle Voraussetzungen für die Entwicklung der verschiedenartigsten Bauminsekten boten, dazu aber den Lebensraum für eine Vielzahl etwas größerer Beutetiere wie Frösche, Eidechsen und Schlangen, die auf den Bäumen lebten, wurden einige jener frühen kleinen, am Boden lebenden Raubtiere angeregt, auf der Jagd nach ihnen auf die Bäume zu klettern. Im Lauf der Zeit waren die Baumkronen von zahlreichen kleinen, mit Klauen bewehrten Fleischfressern bevölkert, die ihr ganzes Leben dort zubrachten.

Die Jagd in den Baumkronen ist etwas ganz anderes als die Jagd auf dem Boden. Zwar bewegen sich einige Käfer und alle Raupen so langsam, daß sie fast wie Beeren eingesammelt und gefressen werden können, aber Eidechsen sind flink und lassen sich schwer greifen. Wenn eine Eidechse nicht beim ersten Zugriff gefaßt ist, huscht sie zur Unterseite des Astes und verschwindet. Der Jäger muß in der Lage sein, sie im Sprung zu ergreifen, festzuhalten und, da er sich auf dem Baum in einer dreidimensionalen Welt befindet, sich auch selbst

Der Vektor des Geparden zeigt, wie durch den Einsatz einer geringen Energiemenge für die Aufwärtsbewegung und einer großen Energiemenge für die Vorwärtsbewegung eine hohe Geschwindigkeit entsteht. In diesem Fall sind es 112 Stundenkilometer. Im Gegensatz dazu muß eine Galapagos-Schildkröte fast alle ihr zur Verfügung stehende Kraft dafür aufwenden, den schweren Panzer in die Höhe zu heben. Ihre Höchstgeschwindigkeit beträgt weniger als 1,6 Kilometer in der Stunde.

festzuklammern. Anders ausgedrückt, ein kleiner Jäger, der im Gezweige der Bäume jagen will, muß ein Springer, Greifer und Klammerer sein. Die frühesten Vorfahren der Primaten, von denen man annimmt, daß sie den insektenfressenden asiatischen Baumspitzmäusen geglichen haben, entwickelten augenscheinlich längere Greiffinger an den Vorderpfoten, als sic anfingen, auf größere Beutetiere wie Baumfrösche und Eidechsen Jagd zu machen. Die Klauen verwandelten sich in flache Nägel an den Zehenspitzen, und die Zehen selbst nahmen immer mehr die Form von Fingern an. So entstand im Lauf der Zeit die »Hand« der Primaten.

Diese Tiere waren nun nicht mehr in erster Linie Läufer, sondern Klammerer und Springer. Um besser jagen zu können, verzichteten sie auf die Fähigkeit des raschen Laufens und der schnellen Fortbewegung im Geäst. Kein Halbaffe oder Buschbaby – das sind kleine

Primaten, die auch noch heute in den Bäumen des tropischen Urwalds leben – kann sich auf einem Baum auch nur annähernd so rasch vorwärtsbewegen wie ein Eichhörnchen. Ein mit Klauen bewehrtes Tier ist dazu besser befähigt als ein nur mit Händen ausgestatteter Halbaffe. Ein Eichhörnchen kann an einem Baumstamm hinauf- und hinunterlaufen, ein Primat kann das nicht. Die kleinen Klammeraffen bleiben in den Baumkronen und kommen nur selten zum Boden hinunter, wenn sie auf einen anderen Baum klettern wollen. Große Primaten wie Schimpansen, die regelmäßig auf den Boden herunterkommen, können mittelgroße Bäume erklettern, aber dicke Stämme können sie nicht mit den Armen umfassen, und sie sind deshalb auch nicht in der Lage, auf große Bäume hinaufzukommen. Um einen wirklich großen und dicken Baum zu erklettern, muß ein Tier Klauen haben.

Deshalb haben die Eichhörnchen keine Hände entwickelt. Das Klettern und Laufen ist für sie wichtiger gewesen als das Jagen. Sie ernähren sich von Nüssen, Tannenzapfen und Samen, die sie in aller Ruhe abpflücken und verzehren können. Ein Primat ist im Gegensatz dazu ein Tier, das in den Bäumen leben und in diesem Lebensraum zugleich jagen kann.

Gleichzeitig mit der Entwicklung der Hände haben sich die Primaten auch in anderer Weise spezialisiert. Wenn man springen und greifen will, dann muß man in der Lage sein, Entfernungen richtig zu schätzen. Wenn man das nicht kann, wird man oft mit leeren Händen ausgehen. Schlimmstenfalls wird man an einem Ast vorbeigreifen und abstürzen. Um eine Entfernung genau zu schätzen, muß man plastisch sehen können. Man muß beide Augen auf einen Gegenstand richten, um den Eindruck der räumlichen Tiefe zu bekommen, und dazu müssen beide Augen an der Vorderseite des Schädels angebracht und nach vorn gerichtet sein und dürfen sich nicht an den Seiten des Kopfes befinden wie die Augen eines Eichhörnchens. Die Vorfahren der Primaten hatten solche Augen entwickelt. Ihre Schädel wurden rund, und dabei ergab sich die Gelegenheit für die Vergrößerung des Gehirnvolumens. Gleichzeitig wurden die Kieferknochen kleiner. Ein Tier, das mit den Händen greifen kann, muß sich beim Jagen und auf der Futtersuche nicht auf das Gebiß beschränken. Ihm genügen ein kürzerer Kieferknochen und eine kleinere Zahl von Zähnen. Die heutigen Menschen- und Baumaffen – und die

Menschen – haben im Ober- und Unterkiefer jeweils 16 Zähne. Ihre Vorfahren hatten bis zu 22 Zähne in jedem Kiefer.

Die sich auf den Bäumen entwickelnden Primaten waren hier sicher vor den Nachstellungen der nur am Boden jagenden Raubtiere. Viele von ihnen nahmen an Körpergröße zu und spezialisierten sich immer mehr auf das Leben in den Baumkronen. Einige ernährten sich in der Hauptsache von Früchten und Beeren, andere fraßen nur Blätter. Auch für die Fortbewegung in den Zweigen entwickelten sie verschiedene Methoden. Einige kleinere Arten wie Halbaffen und Buschbabys bewegten sich auch weiterhin springend und klammernd fort. Sie hatten recht kurze Arme und lange Beine und verzichteten schließlich ganz auf das Laufen. Eine andere, sehr zahlreiche Gruppe hatte zwar die Hand von Primaten und sogar einen Primatenfuß mit flacher Sohle und Greifzehen, bewegte sich aber trotzdem noch fort wie die Vierfüßer. Das waren die Baumaffen. Sie gingen auf den Ästen entlang, anstatt sich an sie anzuklammern und von Ast zu Ast zu springen. Bei ihnen war das Rückgrat verhältnismäßig lang. Sie konnten auch noch laufen, denn viele von ihnen stiegen oft auf den Boden hinunter; und sie mußten recht schnell sein, um rasch wieder auf einen Baum zu kommen, wenn sie am Boden in Gefahr gerieten. Die Baumaffen unterscheiden sich von den Menschenaffen durch die Fähigkeit, auf vier Füßen schnell zu laufen.

Die Menschenaffen schwingen sich dagegen von Ast zu Ast. Sie gehen nicht auf den Ästen entlang, sondern klammern sich an ihnen fest, setzen sich auf die Äste, stellen sich auf und klettern Hand über Hand an den Ästen entlang. Sie haben ein kürzeres Rückgrat als die Baumaffen – nur drei oder vier Lendenwirbel und nicht sieben – und sind deshalb auch keine so guten Läufer. Einige von ihnen können praktisch gar nicht laufen.

Heute gibt cs fünf Arten von Menschenaffen auf der Welt. Zwei von ihnen, die Gibbons und die Siamangs (Langarmaffen), schwingen sich von Ast zu Ast. Sie haben sehr lange Arme und lange, spezialisierte Hände und Finger. Ihre Körper sind kurz und leicht, die Beine verkümmert. Da bei ihnen das Gewicht des unteren Teils des Pendels, das sie darstellen, sehr gering ist, können sie sich erstaunlich schnell durch das Geäst bewegen und haben dabei eine Sicherheit und Elastizität entwickelt, die man beobachtet haben muß, um zu begreifen, welche Leistungen sie vollbringen. Oft überwinden sie dabei Strecken von mehr als 3 Metern. Wenn sie auf den Boden kommen, was nur sehr selten geschieht, stehen die Gibbons aufrecht, watscheln auf ihren kurzen, schwachen Beinen tolpatschig umher und halten das Gleichgewicht mit den nach den Seiten ausgestreckten Armen. Ein so gehender Gibbon erinnert an einen Seiltänzer.

Der Orang-Utan ist ebenso wie der Gibbon ein Baumbewohner, bewegt sich aber ganz anders. Sein Hüftgelenk ist sozusagen ein Universalgelenk. Der Orang-Utan kann die Beine nach unten, nach hinten, nach vorn, gerade zur Seite und fast senkrecht nach oben ausstrekken. Seine Extremitäten sind sehr gute Greifwerkzeuge. Er ist praktisch ein Tier mit vier Armen und vier Händen. Wie eine riesige orangebraune Spinne hängt er mit den ausgestreckten Gliedmaßen in den Bäumen und kann sich mit jedem Fuß oder jeder Hand festhalten, um zugleich nach etwas Eßbarem zu greifen. Seine Nahrung besteht in erster Linie aus Früchten. Wenn er, was selten geschieht, auf den Boden kommt, geht er langsam und vorsichtig wie ein alter Mann mit zwei Stöcken (wie Sarel Eimerl einmal gesagt hat) auf allen vieren, und zwar auf den Fußsohlen und den Handknöcheln. Oft ballt er die Hände zu Fäusten und stützt sich beim Gehen auf sie. Man kann den Orang-Utan daher als eincn teilweisen Knöchelgeher bezeichnen.

Der Gorilla ist ein echter Knöchelgeher. Er ist der einzige Menschenaffe, der sich fast immer auf dem Boden aufhält. Hier findet er auch seine Nahrung; grobe Pflanzenkost wie Wurzeln, Bambussprößlinge und Beeren. Er hat eine gewaltige Körpergröße und Muskelkraft entwickelt und daher auf das schnelle Laufen verzichten können. Sein Überleben sichert der Gorilla durch seine Kraft und Größe und sein wildes Aussehen. Das männliche Tier wiegt bis zu 180 Kilogramm. Junge Gorillas klettern noch auf Bäume und spielen darin, aber die erwachsenen Tiere sind dafür zu groß und zu lethargisch. Sie hocken manchmal zu mehreren auf sehr niedrigen, dicken Ästen, ziehen aber im allgemeinen den Aufenthalt am Boden vor. Sie sind sehr standorttreu und bleiben lange Zeit in der gleichen Gegend. Sie bewegen sich nur im Schritt und laufen fast nie.

Der Schimpanse, ebenfalls ein Knöchelgeher, ist der anpassungsfähigste von allen Menschenaffen. Er ist eine Art Allzweckmodell, das sich in jede Lebensweise einfügen kann. Er ernährt sich in der Hauptsache von Früchten, besonders von Feigen, und klettert, um sie zu sammeln, bis in die Baumwipfel. Seine Arme sind lang genug,

Bei den Primaten gibt es die verschiedensten Arten der Fortbewegung. Der Koboldmaki, ein primitiver, nur in der Nacht und auf Bäumen tätig werdender Halbaffe, bewegt sich springend und klammernd fort. Der Gibbon (oben links) lebt ebenfalls auf Bäumen und schwingt sich in Pendelbewegungen an den Armen hängend von Ast zu Ast. Der Orang-Utan (halbhoch links) ist ein »Vierhänder«, der mit Händen und Füßen gleich gut greifen kann. Der Gorilla (unten links) ist ein echter Knöchelgeher. Er ist ein halb aufrecht gehendes Tier, das ohne weiteres auf den Hinterbeinen stehen kann und es auch häufig tut. Der Baumaffe (oben rechts) ist ein echter Vierfüßer. Er kann sich nicht wie die Menschenaffen mehr oder weniger gut aufrichten. Dagegen hat er sich die Fähigkeit erhalten, schnell zu laufen. Das ermöglichen ihm die langen Beine, ein langes Rückgrat und die bei jedem Schritt flach auf den Boden aufgesetzten Sohlen. Nur die Hominiden haben den aufrechten Gang bis zur Vollendung entwickelt.

um fast auf jeden Baum, dessen Stamm nicht zu dick ist, hinaufzukommen. Auch die relativ kurzen Beine erlauben es dem Schimpansen noch, recht schnell zu laufen. Ein Mensch könnte einen Schimpansen kaum einholen. Mit diesen Fähigkeiten ausgestattet, verbringt der Schimpanse einen großen Teil seiner Zeit am Boden. Hier ernährt er sich von Maden, Termiten, Beeren, Insekten, Knospen

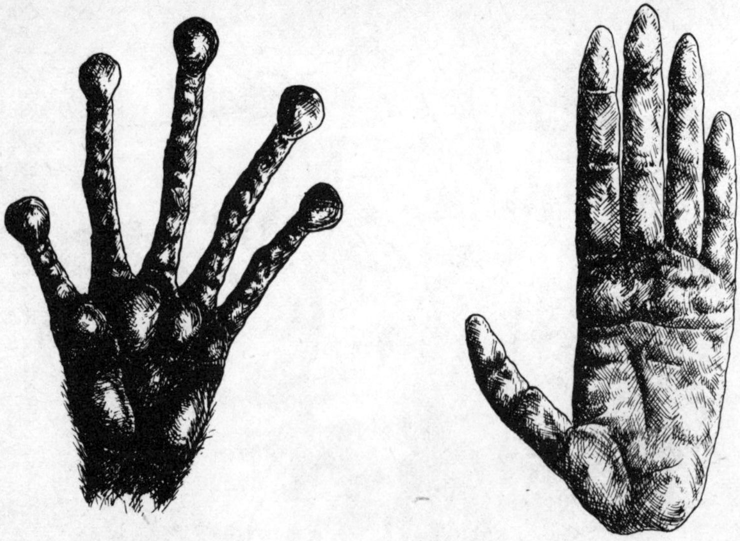

Halbaffe *Gibbon*

Alle Primaten sind Greifer. Sie haben biegsame Finger mit flachen Nägeln, aber die Unterschiede in der Form der Hände sind Ausdruck verschiedener Fortbewegungsarten und Überlebensstrategien. Der Halbaffe als Springer und Klammerer hat besonders lange Finger mit verdickten Kuppen, mit denen er sich an den Ästen und Zweigen festhalten kann. Die Hand des Gibbon besteht fast nur aus langen Fingern, mit denen er sich durch das Geäst hangelt. Der Schimpanse, der zum Teil auf Bäumen, zum Teil am Boden lebt, hat sehr geschickte Hände und kann sogar einfache Werkzeuge benut-

und Wurzeln, solange die Feigen noch nicht reif sind. Gelegentlich jagen Schimpansen auch in der Gruppe. Dann stellen mehrere männliche Schimpansen etwa einen jungen Pavian oder einen Baumaffen in den Zweigen, fangen ihn und fressen ihn auf.

Trotz ihrer radikal verschiedenen Lebensgewohnheiten und körperlichen Veranlagung sind alle Menschenaffen fähig, sich auf die Hinterbeine zu stellen. Sie alle sind Waldbewohner, und ihre Lebensumstände verlangen nicht die Fähigkeit, schnell zu laufen. Vor etwa 20 Millionen Jahren, zu Beginn des Miozän, zu einer Zeit, als es in den tropischen und subtropischen Zonen der Erde riesige Wälder gab, lebten dort zahlreiche Menschenaffen unter den günstigsten Voraus-

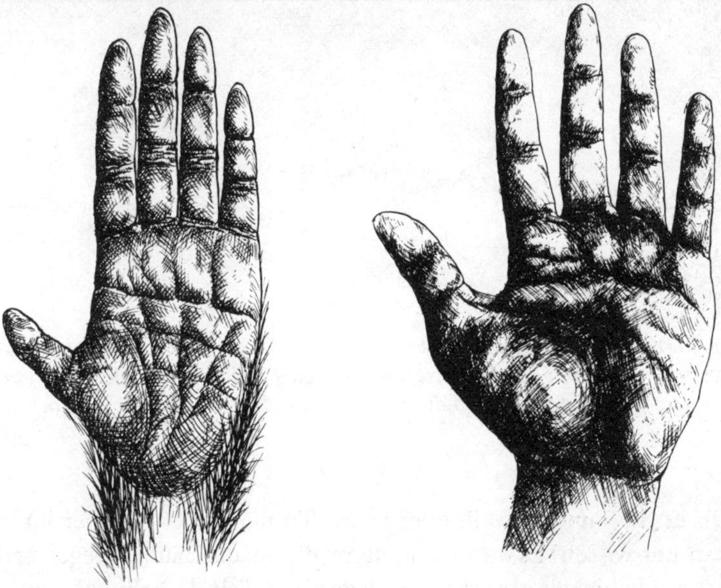

Schimpanse *Hominide*

zen. Sein gegenständiger Daumen ist recht gut entwickelt, aber kurz und kann den Zeigefinger nur an der Seite, aber nicht an der Spitze berühren. Der Daumen an der Hand des Hominiden ist viel länger und liegt neben dem Zeigefinger. Das ist ein Zeichen der Weiterentwicklung zum aufrechten Gang und erhöht die Geschicklichkeit der Hand. Alle Hominiden haben augenscheinlich solche Hände gehabt – auch der älteste heute bekannte, der afarensis. *Seine Hand läßt sich von der des heutigen Menschen kaum unterscheiden.*

setzungen. Die Baumaffen waren damals viel seltener. Heute ist es umgekehrt. Zwar hat das Schrumpfen der Wälder gegen Ende des Miozän als Folge klimatischer Veränderungen sicher etwas damit zu tun, daß die Zahl der Menschenaffen abnahm, es sind aber auch andere, subtilere Kräfte am Werk gewesen. Lovejoy hat den Versuch unternommen, sie zu analysieren, und glaubt, im Zusammenspiel dieser Kräfte eine Erklärung für die Entstehung des aufrechten Gangs gefunden zu haben.

»Bin ich froh, daß wir wieder zum aufrechten Gang zurückkehren«, stöhnte einer der Studenten. »Diese Menschenaffen fingen schon an, mich zu langweilen.«

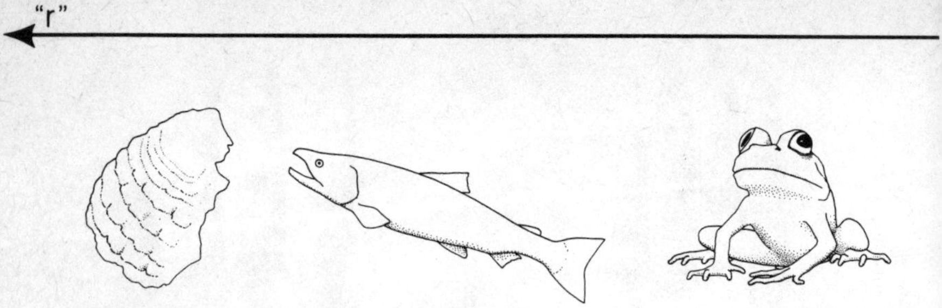

500 Millionen im Jahr *8000 im Jahr* *200 im Jahr*

Die Vermehrungsstrategien in der Tierwelt zeigen eine große Spannweite vom extremen »r«, der Strategie, bei der eine möglichst große Zahl von Eiern erzeugt wird, ohne daß die Eltern für die Nachkommenschaft sorgen,

»Ob es Sie nun langweilt oder nicht, Sie müssen etwas über ihren Ursprung wissen. Es waren Raubtiere, die auf die Bäume stiegen und dort die Fähigkeit erwarben, zu jagen und sich, in halb aufrechter Stellung, mit den Händen, mit einem kurzen Rückgrat, mit plastischem Sehvermögen und einem großen Gehirn in den Ästen zu bewegen. Solche Lebewesen hatte es bis dahin auf dieser Erde noch nicht gegeben. Als einige größere wie die Gorillas und Schimpansen auf den Boden zurückkehrten, besetzten sie neue ökologische Nischen, die ihren radikal neuen Fähigkeiten entsprachen.«
»Aber sie sind nicht zu Zweifüßern geworden.«
»Einige von ihnen sind es geworden; unsere Vorfahren, die Hominiden.«
»Das wissen wir. Aber warum?«
»Würde es Sie interessieren, etwas über das Sexualleben zu erfahren?«
»Der aufrechte Gang interessiert mich mehr.«
»Nun gut; sprechen wir also über das Geschlechtsleben.«

Wenn man über das Geschlechtsleben spricht, dann wendet man sich einem der Grundprobleme zu. Wir denken an den Ausspruch, den Herbert Spencer angeblich vor fast hundert Jahren getan hat: »Ein Huhn ist das Ergebnis der Bemühungen eines Eis, ein neues Ei zu erzeugen.« Das soll heißen: Man betrachte das Überleben der Spe-

12 im Jahr *2 im Jahr* *1 alle 5 Jahre*

bis zur extremen »K«-Strategie, bei der die elterliche Fürsorge das wichtigste ist, während die Geburtenhäufigkeit auf ein Minimum beschränkt bleibt.

zies nicht vom Standpunkt des Individuums aus, sondern von dem viel primitiveren, aber sehr bedeutenden Standpunkt der Gene. Man muß sich überlegen, daß es auf längere Sicht auf die Erhaltung der Gene ankommt, darauf, ein Individuum zu erzeugen, das dem Erzeuger gleicht.

Lovejoy vertritt in dieser Frage die gleiche Auffassung wie Spencer. Jedes Lebewesen jeder Spezies ist nichts anderes als ein »Schutzumschlag«, der den Samen enthält, mit dem es sich fortpflanzen kann. Dieser Same ist so gut verpackt, daß die Verpackung nach Möglichkeit die Lebensdauer garantiert, die notwendig ist, um Nachkommen der gleichen Art zu erzeugen. Um das zu erreichen, muß das Lebewesen Nahrung aufnehmen. Wenn es sich um ein Säugetier handelt, dann muß es sich für die Nahrungsaufnahme bewegen können. Der Bewegungsapparat eines Tiers kann nicht richtig verstanden werden, wenn man nicht seine Sexualstrategie begriffen hat.

Es gibt zwei fundamental entgegengesetzte Arten, mit denen ein Tier sich fortpflanzt. Es kann sehr viele Eier erzeugen und dabei sehr wenig Energie für das einzelne Ei aufwenden. Oder es kann sehr wenige Eier erzeugen, wendet dabei aber für das einzelne Ei sehr viel Energie auf. Die Wissenschaft bezeichnet diese beiden Strategien als die »r«-Strategie und die »K«-Strategie.

Ein extremes Beispiel für die »r«-Strategie wäre die Auster, die jährlich 500 Millionen Eier produzieren könnte. Das extremste Beispiel für die »K«-Strategie sind die großen Menschenaffen, der Gorilla, der Schimpanse und der Orang-Utan, die nur alle fünf oder sechs Jahre ein Junges zur Welt bringen. Dazwischen gibt es eine verwirrende Anzahl von Mischungen der »r«- und »K«-Strategie, und beide werden erfolgreich angewendet, solange sie nicht bis zum äußersten getrieben werden. Man könnte sich vorstellen, daß eine Auster die doppelte Zahl von Eiern produziert, und zwar bis zu 1 Milliarde, aber wenn die Energie, die dazu eingesetzt werden kann, begrenzt ist, verringert sich die für jedes einzelne Ei aufgewendete auf die Hälfte. Das würde auch die Potenz der Eier so weit verringern, daß jetzt, obwohl mehr Eier zur Verfügung stünden, noch weniger ausreifen könnten. Die reine »r«-Methode erweist sich als undurchführbar und wird heute nur von ganz primitiven Lebewesen wie etwa der Auster bis an ihre Grenzen angewendet. Die »r«-Methode muß man daher als eine unwirksame Fortpflanzungsmethode ansehen. Welchen Wert hat es, ½ Milliarde Eier zu erzeugen, wenn nur ein halbes Dutzend ausreifen kann?

Für die Auster ist dies die richtige Methode, weil sie keine andere Wahl hat. Sie hat nur rudimentäre Sinnesorgane, besitzt kein Gehirn und kann sich nicht bewegen. Sie kann ihre Eier nicht pflegen und kann sie nicht einmal an einem sicheren Ort ablegen. Sie ist nur in der Lage, sie auszustoßen. Deshalb vergrößert sie die Überlebenschancen dadurch, daß sie eine möglichst große Zahl von Eiern erzeugt.

Die »r«-Methode erfüllt bei den Austern zwar ihren Zweck, denn es gibt diese Lebewesen noch heute, es ist aber eine extravagante Methode. Im Lauf der Evolution der Lebewesen boten sich andere, sparsamere Methoden an. Als die mit einem Gehirn ausgestatteten Wirbeltiere auf der Bildfläche erschienen, wurde es möglich, daß die Eltern in einfacher Weise für ihre Nachkommenschaft sorgten. Es gibt Fische, die Nester für ihre Eier bauen. Andere halten den Laich im Maul, bis die jungen Fische ausschlüpfen und frei im Wasser schwimmen können. Einige Reptilien leisten noch mehr. Der Alligator baut eine große Grube für seine Eier, bewacht sie während der Inkubationszeit, und wenn die jungen Alligatoren ausschlüpfen und zu quieken beginnen, hört der Alligator sie, reißt das Nest auseinander und befreit die Jungen. Aber nicht viele Reptilien verwenden eine solche Sorgfalt auf die Brutpflege, und kein Reptil schützt oder belehrt die Jungen, während sie aufwachsen. Das blieb den intelligenteren und mehr zur »K«-Methode neigenden Säugetieren vorbehalten, die den Reptilien folgten.

Niemand weiß, wie sich die Dinosaurier gegenüber ihren Jungen verhalten haben. Einige haben jedoch, wie man an den fossilen Eiern erkennen kann, die in »Nestern« in der Wüste Gobi gefunden wurden, nur wenige Eier gelegt, denn die Nester enthielten nur 12 bis 24 Eier. Wenn daher die Dinosaurier keine besseren Eltern waren als die meisten anderen Reptilien, dann war ihre Methode der Fortpflanzung die falsche, und ihr Aussterben war vorprogrammiert. Sie waren »r«-orientiert, weil sie wahrscheinlich nicht intensiv für ihre Nachkommen sorgen konnten, aber insofern »K«-orientiert, als sie nur wenige Eier legten. Damit erklärt sich wahrscheinlich die Tatsache, daß sie in einer Welt nicht überleben konnten, in der »K«-orientierte Säugetiere sich vermehrt haben, die bessere Eltern waren.

»Wenn man nach einer Erklärung für das Verschwinden der Dinosaurier sucht, braucht man nicht an Sonnenflecken, krasse klimatische Veränderungen oder andere ausgefallene Dinge zu denken«, sagte Lovejoy. »Es ging ihnen sehr gut, solange die Welt ihnen gehörte und es keine andere und bessere Strategie für die Fortpflanzung gab. Sie haben die Erde länger als 100 Millionen Jahre bevölkert; den Menschen sollte dasselbe gelingen. Aber nachdem es zu einem Durchbruch in der Anpassung gekommen war und die Dinosaurier es mit Tieren zu tun bekommen hatten, die sich mit Erfolg drei- oder viermal so rasch vermehren konnten wie sie, war es mit ihnen zu Ende.«

»K« ist offenbar erfolgreicher als »r«, hat aber auch seine Grenzen. Die Tiere sind vielfältig gefährdet – durch Unfälle, durch Raubtiere, durch das klimatisch bedingte Versiegen ihrer Nahrungsquellen und Krankheiten. Wenn ein junges Tier einer dieser Gefahren zum Opfer fällt, nachdem es fünf oder sechs Jahre gedauert hat, bis es geboren werden konnte, dann ist das ein sehr hoher Preis, verglichen mit dem Verlust des Eis einer Auster. Wenn dieser Verlust zwei- oder dreimal nacheinander eintritt, dann kann eine bestimmte Genkombination, die von einer Menschenaffenmutter vererbt wird, für alle Zeiten verloren sein, weil sie inzwischen unfruchtbar geworden ist. Für eine ganze Menschenaffenpopulation – eine Vorratskammer für Gene – ist eine langsame Fortpflanzung der Art ebenso gefährlich wie für das Individuum. Eine Folge von Katastrophen kann sie für immer auslöschen.

Die Tatsache, daß unsere heutigen Menschenaffen sich so langsam fortpflanzen, bedeutet für sie schon eine sehr große Gefährdung. Es gibt sie heute nur noch in bedenklich kleiner Zahl und nur dort, wo die Umweltbedingungen am günstigsten sind. Ihre extreme Verwundbarkeit wird dadurch verschleiert, daß der Mensch durch sein Verhalten ihren Untergang beschleunigt. Man sagt uns immer wieder, wir vernichten die Bestände an Menschenaffen auf der Welt. Das ist zwar richtig, es ist aber nur die letzte Phase in einer Entwicklung, durch die die Menschenaffen schon seit ein paar Millionen Jahren gegangen sind. Auch wenn man sie in Frieden ließe, würden sie wahrscheinlich aussterben. Die Baumaffen andererseits sind nicht gefährdet und vermehren sich noch. Dieser Unterschied ist so dramatisch, daß es sich lohnt, beide Affenarten zu vergleichen, um festzustellen, ob es irgendwelche grundsätzlichen Verschiedenheiten gibt, die ihn erklären können. Es gibt zwei solche Verschiedenheiten. Die Baumaffen sind, wie schon gesagt, Vierfüßer. Die Menschenaffen sind partielle Zweifüßer. Die Baumaffen sind außerdem weniger »K«-orientiert als die Menschenaffen. Sie bekommen ihre Jungen alle zwei Jahre und nicht alle fünf oder sechs Jahre. Sie sind nicht so intelligent wie die Menschenaffen und auch nicht so gute Eltern, aber sie vermehren sich rasch genug, um diese Mängel auszugleichen. Die Überlebensfähigkeit der mehr »r«-orientierten Baumaffen deutet darauf hin, daß der eher »K«-orientierte Menschenaffe mit dieser Strategie zu weit gegangen ist.

Warum geschieht hier etwas Unvorteilhaftes? Wir stellen uns diese Frage jetzt zum zweitenmal. Vorher haben wir gefragt, weshalb sich ein Lebewesen auf die Hinterfüße stellt, wenn das seine Leistungsfähigkeit einschränkt. Nun fragen wir, weshalb ein Lebewesen so stark »K«-orientiert ist, wenn das solche Gefahren mit sich bringt. Beide Fragen stehen in Beziehung zueinander und müssen im Zusammenhang gesehen werden.

Erstens müssen wir, nachdem wir über die Evolution der Primaten gesprochen haben, erkennen, daß die Menschenaffen, die in Wäldern leben und ihre Zeit entweder als Klammerer und Turner in den Bäumen oder sitzend und gehend unter den Bäumen zubringen, durchaus leistungsfähig sind. Sie brauchen keine guten Läufer zu sein. Das kurze Rückgrat und die halb aufrechte Haltung, die sie früher während ihres Lebens auf den Bäumen entwickelt haben, sind später beim Leben auf dem Boden kein Nachteil für sie gewesen, solange die Wälder groß genug waren und ihnen eine ausreichende Ernährung boten.

Wir können daraus lernen, daß die augenscheinlich vorteilhafte Vierfüßigkeit aufgegeben werden kann – und sogar aufgegeben werden wird –, wenn es andere, nützlichere Anpassungsmöglichkeiten gibt. Lovejoy hat am Anfang dieses Kapitels gesagt, die Fähigkeit, schnell zu laufen, scheine offenbar so große Vorteile zu bringen, daß der Verzicht darauf als unendlich töricht erscheint. Wenn wir aber die Überlebensstrategie im ganzen untersuchen, dann verflüchtigt sich dieser Vorteil. Damit wurde das Erscheinen der potentiell aufrecht gehenden Menschenaffen am Boden in den Wäldern des Miozän erst möglich. Um zu begreifen, daß sich bestimmte Arten zum ständigen aufrechten Gang weiterentwickelt haben, müssen wir andere Bedürfnisse und andere Strategien untersuchen.

Dann muß man bedenken, daß es bei den Primaten während des ganzen Känozoikums in der Zeit vor etwa 17 Millionen Jahren bis ins Miozän die Tendenz gegeben hat, bei der Zeugung der Nachkommen der »K«-Strategie zu folgen. Diese Tendenz verstärkte sich, weil sich die Strategie bewährte. Da sich die Menschenaffenmütter weiterentwickelten und immer besser für ihren Nachwuchs sorgen konnten, waren auch die Überlebenschancen für die jungen Menschenaffen besser als für andere Tiere, die nicht so gut von ihren Müttern versorgt wurden.

Hier müssen wir die Mechanik einer komplexen Rückkoppelungsschleife untersuchen, in der mehrere Elemente so zusammenwirken, daß sie einander verstärken. Wenn sich die elterliche Fürsorge bewährt, dann wird man sich für sie entscheiden, weil die tüchtigeren Mütter ihren Nachwuchs besser aufziehen können, und damit wird sich die genetische Tendenz in der betreffenden Population verstärken, tüchtigere Mütter hervorzubringen. Aber die Intensivierung der elterlichen Fürsorge setzt auch noch andere Vorbedingungen voraus. Sie erfordert eine höhere Intelligenz der Mutter; sie kann elterliche Aufgaben nicht wahrnehmen, denen sie intellektuell nicht gewachsen ist. Das bedeutet eine Weiterentwicklung des Gehirns, und zwar nicht nur des Gehirns der Mutter, sondern auch des Gehirns der Tochter, denn eines Tages wird auch sie eine Mutter sein. Um ein Kind mit einem großen Gehirn zur Welt zu bringen, braucht man viel

Sauerstoff und eine beträchtliche Energiemenge, die über die Plazenta dem Embryo zugeführt werden müssen, und das ist für die Mutter ein erheblicher Aufwand. Ein Kind mit einem großen Gehirn kann sich nicht außerhalb des Uterus entwickeln. Dafür gibt es die verschiedensten Gründe. So muß zum Beispiel das ganze Nervensystem bei der Geburt schon fast dem des Erwachsenen entsprechen. Ein Individuum ist nur mit einem gut entwickelten Gehirn lernfähig, und wenn es mit einem unterentwickelten Gehirn geboren wird, kann es diesen Mangel später nicht mehr ausgleichen. Die Mutter ist daher in gewisser Weise dafür verantwortlich, wie sich diese Entwicklung in ihrem Körper vollzieht. Da sie dem Fötus nur eine begrenzte Energiemenge geben kann (auch die Auster gibt an jedes Ei nur eine kleine Energiemenge ab), ist die Folge der Entwicklung eines größeren Gehirns eine kleinere Zahl von Nachkommen.

Anders ausgedrückt: Wenn man weniger Nachkommen hat, dann ist es notwendig, ein größeres Gehirn zu haben, um besser für diese Nachkommen sorgen zu können. So sieht das Rückkoppelungssystem, von dem wir gesprochen haben, in der Praxis aus. Alle Elemente arbeiten zusammen und verstärken sich gegenseitig.

Bei der Evolution der Primaten ist diese Rückkoppelung nicht ein vorwärts und rückwärts wirkender Stimulus zwischen zwei Polen A und B. Dieser Mechanismus hat viele Pole und wirkt im Kreise. Hier sind es nicht nur zwei Tendenzen, die einander verstärken, sondern eine größere Zahl. Wenn ein Kind zum Beispiel ein großes Gehirn haben soll, dann muß man ihm Zeit geben, zu lernen, wie es dieses Gehirn gebrauchen kann, bevor es allein den feindlichen Bedingungen der Umwelt ausgesetzt wird. Das bedeutet eine Verlängerung der Kindheit. Die beste Lernmethode während der Kindheit ist das Spiel. Dazu braucht man Spielgefährten, und das verlangt wiederum ein soziales Gruppensystem, innerhalb dessen die Spielgefährten zur Verfügung stehen. Wenn das Individuum sich jedoch in der Gruppe bewähren soll, dann muß es lernen, sich sozial zu verhalten. Aber das ist nur möglich, wenn der einzelne intelligent ist. Das soziale Verhalten ist deshalb vom Intelligenzquotienten (IQ) abhängig (eine Rückkoppelung), es gehört eine längere Kindheit dazu (eine weitere Rückkoppelung), und schließlich ist es erforderlich, eine genügende Menge von Energie und die elterliche Fürsorge in jeden Nachkom-

men zu investieren, wodurch sich der IQ erhöht. Damit ist das ganze Rückkoppelungssystem vollständig.
Alle Elemente dieses Systems sind über Kreuz miteinander verbunden. Wenn man zum Beispiel in einer Gruppe lebt, dann verkürzt sich die Zeit, die man braucht, Nahrung zu finden, sich vor den Nachstellungen der Raubtiere zu schützen und einen Paarungspartner zu finden. Damit steht mehr Zeit für die elterliche Fürsorge (eine Rückkoppelung), für das Spiel (eine zweite) und für das Einüben des sozialen Verhaltens (eine dritte Rückkoppelung) zur Verfügung. Das alles fördert die Intelligenz (wieder eine Rückkoppelung), und das führt schließlich zur Verringerung der Zahl der Nachkommen (die letzte Rückkoppelung). Das vollständige System zeigt, wie auf dem folgenden Diagramm verdeutlicht, daß alle Pole durch Wirkungen und Gegenwirkungen miteinander verbunden sind.
»Betrachten wir das Problem aus einem anderen Gesichtswinkel«, sagte Lovejoy. »Stellen wir uns vor, daß in diesem System der Rück-

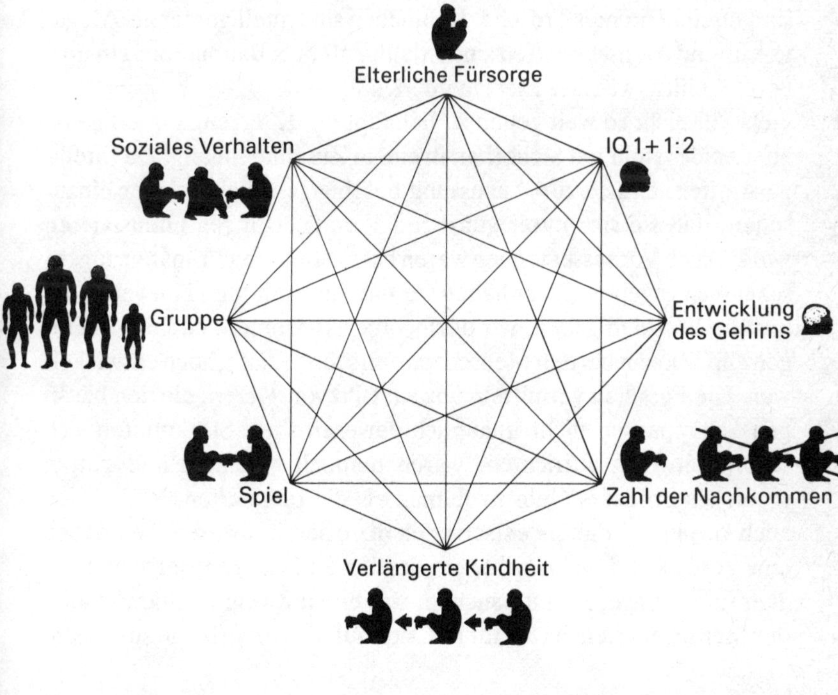

koppelungen ein wesentliches Element fehlt, und stellen wir fest, was dann geschieht. Nehmen wir an, ein Schimpansenjunges wird im Laboratorium in einem Inkubator aufgezogen und hat keine Möglichkeit, durch das Spiel mit Altersgenossen seiner Art etwas zu lernen. Nun wird der junge Schimpanse während der entscheidend prägenden Jahre seiner Entwicklung auch weiter isoliert und erst nach der Geschlechtsreife mit einer Gruppe normal aufgewachsener junger Schimpansen zusammengebracht. Er wird nicht in der Lage sein, sich einzufügen; er wird nicht wissen, was er tun und wie er sich verhalten soll. Er wird nicht so gut wie die anderen herumspringen und klettern können. Er wird sich weder verteidigen können noch wissen, wie er einen Kampf vermeiden soll. Er wird auch den älteren Artgenossen nicht den nötigen Respekt entgegenbringen. Ein junger Gorilla, der isoliert aufgezogen wurde, wußte nicht einmal, wie er sich paaren sollte. Man mußte ihm das mit einem Film demonstrieren.«
Es gab also, wie Lovejoy erläuterte, eine Reihe sehr guter Gründe für die Entstehung des »K«-Systems. Es ging Hand in Hand mit der Evolution und zunehmenden Spezialisierung der Wirbeltiere und über eine lange Zeit. Frösche sind intelligenter als Austern. Alligatoren sind intelligenter als Frösche. Kaninchen sind intelligenter als Alligatoren, und Menschenaffen sind intelligenter als Baumaffen: ein größeres Gehirn, weniger Eier, mehr »K«.
»Ich will nicht so weit gehen zu behaupten, ›K‹ erzeuge Intelligenz, aber beides steht mit Sicherheit in einem Zusammenhang. Da Intelligenz offensichtlich zur Anpassung befähigt, ist nicht schwer einzusehen, daß sie sich unter günstigen Voraussetzungen intensivieren wird. Diese Voraussetzungen waren bei bestimmten Primaten augenscheinlich gegeben. Zwar haben wir nur die indirekten Hinweise, die uns die Fossilien geben, wir dürfen aber annehmen, daß die Intelligenz im Miozän bei den Menschenaffen schon relativ hoch entwickelt war. Die Fossilien vermitteln uns ein Bild von Tieren, die den heutigen Schimpansen nicht unähnlich gewesen sind. Sie konnten sich schon zeitweilig aufrichten, waren manuell geschickt und hatten schon ein größeres Gehirnvolumen als die Baumaffen. Wir dürfen auch vermuten, daß sie entschieden ›K‹-orientiert waren. Wir haben eine gewisse Zeit gebraucht, um dorthin zu gelangen; jetzt sind wir aber in der Lage, zu untersuchen, was einen Zweig im Stammbaum der Menschenaffen veranlaßt hat, sich auf die Hinterbeine zu stellen.

Mit anderen Worten, was hatte ›K‹ mit dem aufrechten Gang zu tun?«

Die Anthropologen haben sich seit fast 100 Jahren mit dem Problem des aufrechten Gangs herumgeschlagen. Bald nachdem Dubois 1891 den Affenmenschen auf Java entdeckte, fand er auch einen Beinknochen, der darauf hinwies, daß dieser Affenmensch aufrecht gegangen ist. Damals konnte man sich nicht vorstellen, daß ein aufrecht gehendes Wesen einen so primitiven Schädel gehabt haben könnte, und deshalb erklärten die meisten Wissenschaftler, die beiden Fossilien könnten nicht zusammengehören; sie meinten, der Beinknochen gehöre zu einem späteren menschenähnlichen Wesen und habe nur zufällig in der Nähe des Schädels gelegen. Ein so primitives Wesen wie der javanische Affenmensch könne nicht aufrecht gegangen sein.

Ob es nun ein Zufall gewesen ist oder nicht, diese Reaktion spiegelte ein schon lange vorhandenes und schwer zu überwindendes Vorurteil. Es wiederholte sich mit großer Lautstärke, als Raymond Dart behauptete, das Kind von Taung sei aufrecht gegangen. Noch in den 1960er Jahren, lange nachdem sich die Welt damit hatte abfinden müssen, daß die Australopithecinen aufrecht gegangen waren, blieb es bestehen, aber in modifizierter Form: Die Anthropologen behaupteten, die Australopithecinen hätten einen plumpen, schleppenden Gang gehabt.

Man stimmte immer mehr in der Auffassung überein, daß der aufrechte Gang, die Vergrößerung des Gehirnvolumens und die Verwendung von Werkzeugen gleichzeitig nebeneinander entstanden seien. Man konstruierte ein Rückkoppelungssystem, um das zu erklären, und behauptete, jedes dieser Merkmale habe zur Intensivierung der anderen beigetragen. So hätte ein Lebewesen, das anfing, Werkzeuge zu benutzen, und ein größeres Gehirn besaß, das es befähigte, diese Werkzeuge auch herumzutragen, von alledem veranlaßt, auch den aufrechten Gang entwickelt. Das aufrechte Gehen ermöglichte nicht nur, in den Händen Dinge zu tragen, sondern verstärkte auch die Neigung, Werkzeuge zu benutzen, und förderte so die Entwicklung des Gehirns. Man glaubte so, daß alle drei Tendenzen vor etwa 2 Millionen Jahren ein Stadium erreicht hätten, das sich etwa auf halbem Wege zum heutigen Entwicklungsstand befand: Das Gehirn war zwar größer geworden, aber immer noch verhältnismäßig klein; es gab zwar schon Werkzeuge, wie die Funde bei Olduvai bewiesen, aber sie waren denkbar primitiv und konnten gerade noch als Werkzeuge bezeichnet werden; auch der aufrechte Gang war, wenn man daran festhielt, daß er sich gleichzeitig mit den beiden anderen Merkmalen entwickelt hatte, wahrscheinlich erst im Entstehen und noch unvollkommen.

Anfang der 1960er Jahre stellte Sherwood Washburn von der University of California, ein bedeutender Fachmann auf dem Gebiet der Erforschung der Evolution und des Verhaltens der Primaten, erneut die Hypothese auf, der aufrechte Gang habe sich aus dem Knöchelgang der Schimpansen und Gorillas entwickelt. Er meinte, diese Fortbewegungsart sei ein Zwischenstadium auf dem Wege zum vollständigen aufrechten Gang gewesen, und erklärte, im Verhalten des Menschen ließen sich noch heute Spuren davon finden, und zwar zum Beispiel in der Haltung des Football-Spielers, der sich in gebückter Haltung auf die beiden Füße und die Knöchel einer Hand stützt, und in der Art, wie sich ein Mensch gelegentlich über eine Tischplatte beugt und dabei mit Knöcheln und Daumen abstützt. Nach Auffassung von Washburn hat die Verwendung von Werkzeugen bei der Entwicklung zum aufrechten Gang der Knöchelgeher eine wesentliche Rolle gespielt. »Fortbewegungsart und Verwendung von Werkzeugen waren je die Ursache des anderen«, schrieb er 1974.

Es gibt auch noch andere Hypothesen. Mit der Zunahme unserer Erkenntnisse über die geologischen und klimatischen Verhältnisse in der Vergangenheit kam man zu der Überzeugung, daß die Australopithecinen in einer offenen Landschaft gelebt haben, und glaubte, der aufrechte Gang habe für sie hier auch andere Vorteile gebracht. In aufrechter Haltung konnten sie über das hohe Gras hinwegsehen und die sie gefährdenden Raubtiere schon auf weite Entfernung erkennen.

Lovejoy, der damals erst die Oberschule verlassen hatte, sich aber schon für alle Aspekte der Bewegungsanatomie interessierte, hielt diese Argumentation nicht für überzeugend. Er wollte nicht einsehen, daß sich die Hominiden schon auf die Savanne hinausgewagt hätten, solange sie sich nur sehr unbeholfen fortbewegen konnten, und daß sie erst im offenen Gelände den aufrechten Gang zur Vollkommenheit weiterentwickelt hätten. Wäre der Hominide nicht in der Lage gewesen, sich in aufrechter Haltung frei auf der Savanne zu bewegen, dann wäre er nicht hinausgegangen. Wenn er das getan hätte, dann hätte er dieses Abenteuer wahrscheinlich nicht überlebt. Lovejoy glaubte daher, daß die Hominiden erst als aufrecht gehende Wesen auf die Savanne hinausgegangen seien, und daß sie diese Fortbewegungsart schon zuvor aus Gründen vervollkommnet hätten, die mit dem Leben auf der Savanne nichts zu tun hatten – vielleicht auch nichts mit der Verwendung von Werkzeugen. Wie hätten denn Werkzeuge dabei eine Rolle spielen können, wenn, wie er vermutete, der aufrechte Gang schon vervollkommnet worden war, bevor, wie es die Forschung zeigt, die ersten Werkzeuge hergestellt wurden?

Das Problem von Lovejoy bestand darin, daß er seine Ideen nicht mit fossilen Funden belegen konnte. Er trat für seine Thesen nur mit logischen Argumenten ein, hatte dabei aber nicht viel Erfolg. Er beschäftigte sich intensiv mit einer Analyse der Mechanik der Fortbewegung und erwarb damit ein besseres Verständnis auf diesem Gebiet als die meisten Anatomen. Aber er konnte nirgends den »Pulverdampf«, wie er das nannte, entdecken; er fand keine Fossilien, die seine Thesen bestätigten. Die ältesten zuverlässig datierten australopithecinen Fossilien waren nur etwa 2 Millionen Jahre alt, und sie zeigten, daß der aufrechte Gang schon damals voll ausgebildet war. Jedenfalls war er davon überzeugt, während andere Wissenschaftler ihm widersprachen. Es war im höchsten Maße enttäuschend für Lovejoy, daß es in den vorhandenen Sammlungen nicht genügend australopithecine Bein- und Fußknochen gab, um an ihnen die Richtigkeit seiner Theorie nachzuweisen. Deshalb war er begeistert, als ich Anfang 1974 in sein Büro kam und ihm sagte, ich hätte ihm ein 3 Millionen Jahre altes Kniegelenk aus Hadar mitgebracht.

Der aufrechte Gang war nun plötzlich 1 Million Jahre älter als am Tage zuvor.

»Vielleicht war das so«, sagte Lovejoy den Studenten in meinem Laboratorium. »Wir hatten nur dieses eine kleine Kniegelenk. Ich sagte Don, er würde wieder hinausgehen müssen, um ein vollständiges Skelett zu finden. Er erfüllte meinen Wunsch und brachte mir Lucy. Ich sagte: ›Okay, bringen Sie mir eine aus verschiedenen Stücken bestehende Sammlung‹, und im Jahr darauf fand er die ›erste Familie‹. Als ich diese Knochen zu untersuchen anfing, wurde mir klar, daß sie zu perfektem Aufrechtgehen befähigten. Jetzt hatte ich die notwendigen Unterlagen und konnte an die Erforschung der Ursachen gehen. Die Verwendung von Werkzeugen konnte es nicht gewesen sein. Die Fossilien von Don waren älter als alle bisher entdeckten Werkzeuge. So wandte ich mich der Fortpflanzungsstrategie zu. Dabei stieß ich auf die ›K‹-Methode.«

Nun wandte sich Lovejoy an einen der Studenten und sagte: »Stellen Sie sich vor, Sie gehören einer Spezies an, die zu sehr ›K‹-orientiert ist. Wie würden Sie versuchen, diesen Mangel zu beheben?«

»Nun, ich würde versuchen, die ›K‹-Tendenz irgendwie abzuschwächen. Baumaffen haben sich als lebensfähiger erwiesen. Also würde ich versuchen, es ihnen gleichzutun.«

»Sie meinen eine Rückwärtsentwicklung?« sagte Lovejoy. »Sie würden sich zum Vierfüßer zurückentwickeln wollen und auch ein kleineres Gehirn in Kauf nehmen?«

»Irgend etwas in dieser Richtung.«

»Das können Sie nicht tun; nicht, solange das Rückkoppelungssystem wirkt. Alle Tendenzen drängen Sie in die andere Richtung.«

»Aber was sonst?«

»Wie wäre es denn, wenn Sie sich dem augenfälligsten Faktor in diesem Rückkoppelungssystem zuwendeten, der niedrigen Geburtenrate? Wie wäre es mit dem Entschluß, mehr Nachkommen zu haben?«

Der Student widersprach: »Aber die extreme ›K‹-Tendenz verhindert das. Sie haben das doch selbst gesagt, und Sie haben das Rückkoppelungssystem sehr überzeugend dargestellt.«

»Okay, aber vielleicht können wir einen Faktor verändern und damit ermöglichen, daß mehr Kinder geboren werden.«

»Und das wäre?«

»Etwa der aufrechte Gang.«

Dieser Gedankensprung, der eigentlich nicht in das System hineinzupassen schien, verwirrte seine Zuhörer so sehr, daß Lovejoy seinen Vortrag unterbrechen und in eine frühere Zeit zurückkehren mußte. Er erläuterte, daß es im Miozän eine sehr große Zahl von Menschenaffen gegeben hatte, denen Möglichkeiten für die verschiedensten Lebensweisen und Fortbewegungsarten offenstanden. Die Nachkommen jener Menschenaffen aus dem Miozän waren zum Teil Baumbewohner, die sich vor allem mit Hilfe ihrer langen Arme fortbewegten. Andere waren vierhändig, wieder andere Knöchelgeher und eine letzte Gruppe entwickelte den aufrechten Gang. Sie alle waren entschieden »K«-orientiert, und alle außer den aufrecht gehenden müssen heute als Fehlschläge bei evolutionären Experimenten angesehen werden.

Wenn die Zweifüßer sich durchsetzen konnten, was unterschied sie von den anderen? Die Antwort heißt: Sie konnten eine Falle vermeiden, in die die anderen »K«-orientierten Menschenaffen geraten waren, nämlich die niedrige Geburtenrate, die Strategie, die die Vermehrung bei allen anderen Menschenaffen so stark reduzierte. Diese Affen konnten jeweils nur ein Kind aufziehen. Solange die Aufzucht dauerte und die Mutter das Kind mit sich herumtragen, es füttern und beschützen mußte, konnte sie kein zweites bekommen. Eine Schimpansenmutter ist erst paarungsbereit, wenn das letzte Kind etwa fünf Jahre alt ist, denn sie hat mit dem einen Kind zuviel zu tun, um sich mit einem zweiten zu beschäftigen. Die biologische Ursache ist, daß das Säugen und die Fürsorge für ein kleines Kind das Entstehen des empfängnisfördernden Hormons Östrogen verhindert.

»Wenn Sie jetzt eine Möglichkeit fänden«, sagte Lovejoy, »den Empfängniszyklus soweit zu beschleunigen, daß die Kinder häufiger zur Welt kommen könnten, wäre das ein Ausweg. Wie ließe sich das machen?«

»Die Mutter müßte das Kind früher auf die eigenen Füße stellen.«

»Die Mutter wird ihr Kind nicht verstoßen«, sagte er. »Die Mutter muß in der Lage sein, für zwei Kinder gleichzeitig zu sorgen. Sie muß ihre Kräfte zuerst auf zwei, dann auf drei und schließlich auf vier Kinder verteilen können.«

»Wie kann ihr das gelingen?«

»Sie geht weniger umher und verbraucht deshalb weniger Energie.« Außerdem seien die Jungen stärker gefährdet, wenn die Eltern mit ihnen ausgedehntere Streifzüge unternähmen. Dabei gäbe es mehr Möglichkeiten, verlorenzugehen, von den Bäumen zu fallen oder von Raubtieren gerissen zu werden. Wenn die Mutter ein Junges trägt, hält sich entweder das Kind an der Mutter fest, oder sie hält das Kind. Wenn sie auf einen Baum klettert, um Feigen zu pflücken, und nach einer Feige greift, könnte sie das Kind fallen lassen. Wenn sie am Boden bleibt, ohne fortzugehen, ist die Gefahr geringer, daß das Kind fällt oder von einem Raubtier aufgespürt wird, denn Mutter und Kind werden von der Gruppe geschützt. Das bedeutet auch ein besseres Alarmsystem, denn dreißig Augenpaare sehen mehr als eines. Andere Tiere der Gruppe gehen auf Futtersuche, und wenn sie etwas gefunden haben, kann die Mutter auf direktem Wege zum Futterplatz gehen, braucht dazu ein Minimum an Zeit und begibt sich weniger leicht in die Gefahr, von einem Raubtier angefallen zu werden. Sie verbringt ihr Leben innerhalb eines sehr kleinen Gebiets, das sie ganz genau kennt. Sie weiß, wo es Bäume gibt, die sie erklettern kann. Sie kennt für den Fall der Gefahr die kürzesten Wege dorthin.

Hier gab es, wie Lovejoy erklärte, eine einfache Regel: »Eine geringere Beweglichkeit bedeutet Anpassung. Wenn sich das erreichen läßt, kann man unter Umständen mehr Kinder haben. Es besteht ohnedies die Tendenz, sich häufiger zu paaren. Das einzige Hindernis ist die Unfähigkeit der Mutter, für ihren Nachwuchs zu sorgen. Sie muß jedes Kind zunächst soweit bringen, daß es ein selbständiges Leben führen kann, bevor sie ein zweites Kind bekommt. Wenn sie an einem Ort bleibt, verbessern sich diese Möglichkeiten, und sie kann das nächste Kind etwas früher bekommen.«

In der Logik von Lovejoy gab es eine schwache Stelle, und meine Studenten erkannten sie sofort: »Ein kleinerer Lebensraum bringt aber eine neue Schwierigkeit mit sich. Der Bedarf an Nahrung wächst, die Mutter muß mehr Münder stopfen, und zwar gerade dann, wenn die geringere Beweglichkeit die Nahrungssuche erschwert.«

»Auf diese Frage habe ich gewartet«, sagte Lovejoy. »Sie sagen damit, die Mutter braucht mehr Hilfe. Sie haben recht. Irgend jemand wird ihr die Nahrung bringen müssen. Man wird Ihnen vielleicht sagen, das sei nicht möglich. Man wird auf das Leben der Paviane hinweisen und erklären: ›Sie leben in der Savanne wie die Hominiden, aber sie teilen ihre Nahrung nicht mit ihren Artgenossen.‹ Oder man wird von den Schimpansen sagen: ›Sie sind ebenso wie wir, und auch sie teilen ihre Nahrung nicht.‹ Um nun diese Frage zu beantworten, müssen wir uns die Vermehrungsstrategie aller Primaten ansehen. Sie variieren, und bei den verschiedenen Arten sind das Teilen der Nahrung und die Fürsorge für die Jungen verschieden stark ausgebildet. Bei den Krallenaffen, einer Affenart aus der Neuen Welt, übernehmen vor allem die Männchen die Sorge für den Nachwuchs. Das ist eine ökologische Anpassung. Die Krallenaffen sind kleine, aktive Tiere, die mit dem Problem der niedrigen Geburtenrate bei den Primaten dadurch fertiggeworden sind, daß sie Zwillinge zur Welt bringen. Weil sie so klein und so aktiv sind, müssen sie viel und oft fressen. Eine Mutter mit einem Jungen könnte mit diesem Problem fertigwerden. Mit Zwillingen kann sie es nicht. Deshalb muß der Vater die Jungen herumtragen. Die Mutter geht allein auf Nahrungssuche und kommt zurück, um die Jungen zu säugen. Ebenso ist es bei den Eulenaffen und einigen anderen Arten. Die Primaten sind in ihrem Verhalten ganz besonders anpassungsfähig. So ist manchmal das Männchen der Hauptversorger der Familie, manchmal aber sorgt die Mutter allein für ihren Nachwuchs.«

»Jetzt übernimmt also auch das männliche Tier einen Teil der Fürsorge für die Jungen und hilft der Mutter bei der Aufzucht«, fuhr er fort. »Doch sobald das geschieht, ergeben sich neue Probleme. Wenn das Weibchen Hilfe braucht, muß die Zusammenarbeit in der Gruppe ein gutes Niveau erreicht haben. Das ist verständlich. Wenn eine Horde Affen als intelligente Wesen eine soziale Einheit bilden wollen, in der die einzelnen Individuen aufeinander angewiesen sind und alle Vorteile genießen können, von denen wir gesprochen haben, dann müssen diese Tiere gut miteinander auskommen. Es darf keinen Streit innerhalb der Gruppe geben. Doch leider entsteht ein Streit am leichtesten, wenn männliche und weibliche Tiere zusammenleben, und dahinter steht das, was wir als Sex bezeichnen. Bei den Lemuren und Pavianen sind die Männchen am aggressivsten, wenn die Weibchen in Hitze kommen. Das ist natürlich. Das männliche Tier will für das Überleben seiner Gene sorgen, bevor ein Rivale ihm bei dem weiblichen Tier zuvorgekommen ist.«

Es gibt Möglichkeiten, diese Aggressionen zu entschärfen. Einmal kann man die Rivalitäten verringern, und zwar durch die Bindung einzelner Paare aneinander. Wenn jedes Männchen sein eigenes Weibchen hat, das dafür sorgt, daß sich seine Erbanlagen fortpflanzen, braucht es nicht mit anderen Männchen darum zu kämpfen, sein Erbgut an kommende Generationen weiterzugeben.

»Wie soll man hier den Anfang machen? Man könnte jenes Verhaltensmuster aufgeben, nach dem sich jedes Männchen mit jedem beliebigen Weibchen paart. Dazu gehörte der Verzicht auf gewisse sichtbare oder mit den Sinnesorganen wahrnehmbare sexuelle Signale wie die Schwellungen und die erregenden Gerüche, die sagen: ›Ich bin paarungsbereit‹, denn durch diese Signale werden alle Männchen erregt. Wenn aber nur die Hälfte der Männchen von einem bestimmten Weibchen erregt würde, reduzierte sich die Kampfbereitschaft schon auf die Hälfte. Das kann geschehen, wenn die Sexualsymbole

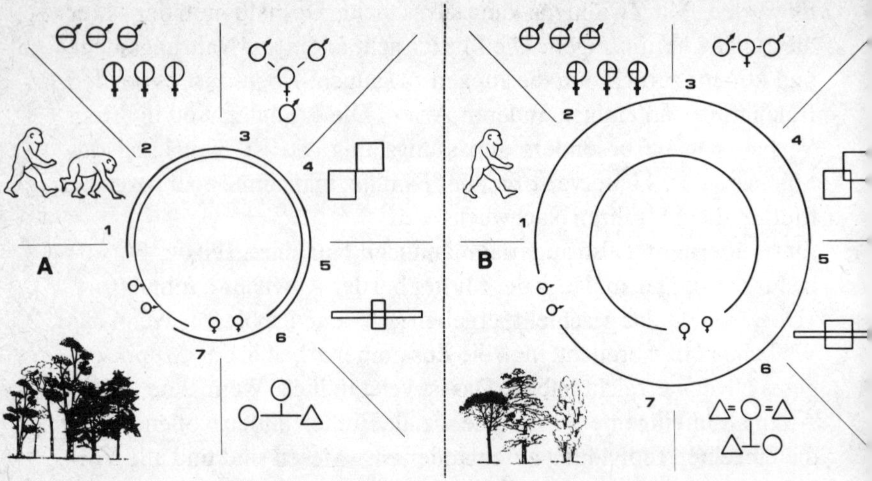

Diese vier von Owen Lovejoy entworfenen Diagramme illustrieren die Bedingungen, die nach seiner Meinung gemeinsam dazu beigetragen haben, daß die Hominiden den aufrechten Gang entwickelten. Im Abschnitt 1 eines jeden Diagramms wird gezeigt, welchen Fortschritt das Aufrechtgehen jeweils wahrscheinlich gemacht hat. Im Abschnitt 2 sehen wir, wie weit sich männliche und weibliche Tiere zunehmend zu unverwechselbaren Individuen entwickeln und wie das zu einer größeren Selektivität bei der Paarung führt. Das zeigt sich bei den Paarungsmustern im Abschnitt 3, wo die Männchen sich zunächst mit allen Weibchen paaren, im Lauf der Zeit aber nur bestimmte weibliche Partner suchen und finden. Der Abschnitt 4 zeigt den Abstand der einzelnen Geburten voneinander. Im Diagramm A gibt es keine Überschneidungen. Im Diagramm B sind die Überschneidungen noch gering, und im Diagramm D finden wir schließlich Familien mit drei und vier Kindern.
Diese Veränderungen werden begleitet von Veränderungen im Sexualverhalten (Abschnitt 5). Der weibliche Menstruationszyklus ist dargestellt durch einen langen Balken. In der Mitte wird gezeigt, während welcher Zeit das weibliche Tier empfängnisbereit ist. Auf dem Diagramm A findet die Paarung nur während der Eireife statt. In den folgenden Diagrammen verlängert sich die Zeit der Empfängnisbereitschaft, bis schließlich im Diagramm D eine ständige sexuelle Paarungsbereitschaft des Weibchens besteht, die vom Menstruationszyklus ganz unabhängig ist. Auch die Beziehungen der verwandten Tiere zueinander verändern sich (Abschnitt 6). Im Diagramm A gibt es solche Beziehungen nur zwischen der Mutter und ihren Kindern. Im Diagramm B beginnt eine Beziehung zwischen männlichen und weiblichen Tieren, aber noch keine feste Bindung. Im Diagramm C übernimmt das männliche Tier seine Rolle als Va-

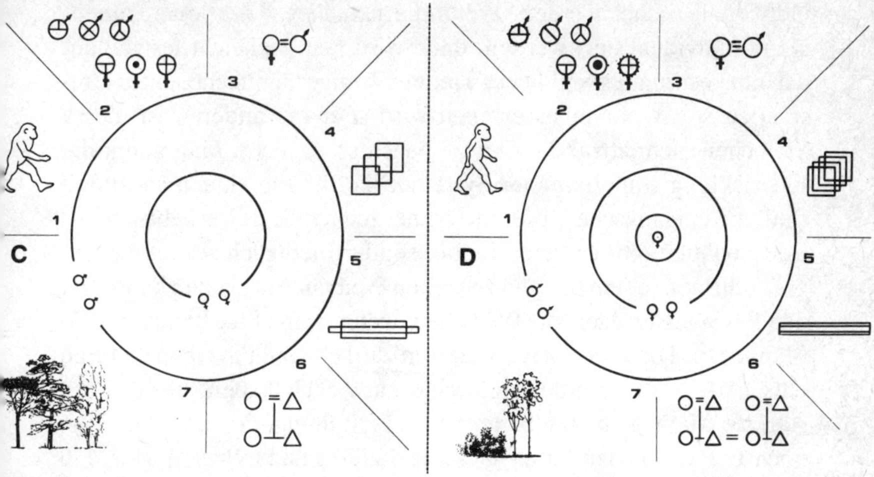

ter, und es entsteht eine Familiengruppe. Im Diagramm D gibt es viele solche Gruppen.

Das alles geschieht innerhalb einer sich verändernden Umwelt und wahrscheinlich unter ihrem Einfluß (Abschnitt 7), wo aus dem tropischen Urwald, in dem die auf vier Füßen gehenden Menschenaffen sich mit jedem beliebigen Partner paarten und keine Familien bildeten, allmählich eine offene Landschaft mit einzelnen Baumgruppen und die Savanne entstehen. Die Kreise in der Mitte der vier Diagramme haben etwas mit der Futtersuche und dem Bewegungsradius zu tun. Der innere Kreis bezeichnet den inneren Raum, in dem weibliche Tiere mit ihren Jungen ihre Zeit zubringen. Der größere Kreis bezeichnet die Grenzen des Gebiets, in dem die Männchen auf Futtersuche gehen.

Im Diagramm A sind diese beiden Gebiete fast gleich groß, denn das Weibchen wird noch nicht vom Männchen mit Futter versorgt, sondern muß sich seine Nahrung selbst suchen. Im Diagramm B streift das Männchen weiter umher und überläßt dem Weibchen das Kerngebiet für dessen Futtersuche. Das ist notwendig, weil sich die Zahl der Kinder erhöht hat. Im Diagramm C hat sich dieses Verhalten intensiviert. Jetzt bringt das Männchen dem Weibchen das Futter. Um genügend Futter zu beschaffen, muß es seine Streifzüge auf ein weiteres Gebiet ausdehnen, und das Weibchen kann sich auf ein kleineres Gebiet beschränken, was die Gefahren für das Leben der Familie verringert. Im Diagramm D sehen wir die Einrichtung eines »Basislagers«, in dem die Mutter ihre Kleinkinder in der Obhut älterer Tanten oder der älteren Geschwister zurücklassen kann. Jetzt steht es ihr frei, sich in einem weiteren Gebiet selbst nach Nahrung umzusehen.

individualistischer werden. Wenn die sexuellen Reaktionen zunehmend individualisiert werden, dann wird man vielleicht feststellen, daß ein bestimmtes weibliches Tier nur wenige männliche, unter Umständen sogar nur eines erregen wird. Für die anderen ist dieses Weibchen nicht attraktiv, und sie beachten es nicht. Man nennt die Entwicklung stimulierender Systeme, die für Individuen spezifisch sind, die epigamische Differenzierung. Ich nenne es Verliebtsein.
Bei Pavianen gibt es keine Liebe, sondern lediglich sexuelle Erregung, die von jedem paarungsbereiten Weibchen ausgehen kann. Bei den Pavianen erregen alle Weibchen, wenn sie in Hitze kommen, alle Männchen. Diese explosive Situation wird bei den Pavianen dadurch entschärft, daß sie eine Hierarchie entwickelt haben, bei der das stärkste Männchen eine beherrschende Stellung innehat. Der ranghöchste Pavian oder Alpha hat seine Stellung dadurch errungen, daß er mit den anderen Männchen siegreiche Kämpfe bestanden hat, und er bleibt an der Spitze, weil die potentiellen Rivalen den Kampf mit ihm fürchten. Er ist der Stärkste in der ganzen Gruppe und flößt den anderen Männchen Furcht ein. Ihm wird zuerst die Gelegenheit geboten, sich mit einem paarungsbereiten Weibchen zu paaren, ohne daß ihm die anderen Männchen dieses Recht streitig machen. Sie unterstehen ihm im Rahmen einer festen Rangordnung. Die Schwäche dieses Systems liegt darin, daß die Autorität des Alpha-Männchens nur in seiner Gegenwart wirksam ist. Wenn Alpha zum Fluß hinuntergeht, um zu trinken, verliert er sie. Es ist immer ein anderer, aufmerksamer Rivale in der Nähe. Wenn Alpha zurückkehrt, kann er die Chance verspielt haben, sich fortzupflanzen.«
Die Studenten begriffen jetzt, daß die Bereitschaft für eine soziale Zusammenarbeit bei Tieren, die sexuell sehr aggressiv und bei der Partnerwahl nicht besonders wählerisch sind, gering sein muß. Verstärkt sich in einer solchen Population die Neigung zur Paarbildung, dann kann die soziale Harmonie zunehmen. Die männlichen Tiere können die Gruppe für eine kurze Zeit verlassen, ohne fürchten zu müssen, in der nächsten Generation keine Nachkommen mehr zu haben. Jetzt wird es auch möglich, daß sich die Männchen an der Aufzucht der Jungen beteiligen und sie und ihre Mütter mit Futter versorgen. Die Folge ist, daß die weiblichen Tiere darauf verzichten können, ein weites Gebiet zu durchstreifen.
»Hier haben wir ein neues Rückkoppelungssystem«, sagte Lovejoy.

»Wenn wir es näher betrachten wollen, dann können wir bei der Mobilität beginnen. Verzichtet man auf einen Teil der Mobilität, dann kann man auch häufiger aufrecht gehen. Warum? Wenn es keine Veranlassung gibt, viel und schnell zu laufen, so läßt sich hierin auf eine größere Leistungsfähigkeit verzichten, um andere Dinge zu tun, die jetzt für das Überleben wichtiger sind. Dazu gehört vielleicht das Sammeln und Transportieren des zusätzlichen Futters, das man braucht, wenn man mehr Junge aufzieht. Wir haben eben über die Entstehung der Einehe gesprochen. Wenn das männliche Tier jetzt aufrecht geht, kann es mehr Futter tragen und seinem Weibchen bringen. Als Vierfüßer hatte der Menschenaffe nur eine Hand frei. Die andere brauchte er zum Gehen. Jetzt stehen ihm zwei Hände zur Verfügung. In der einen hält er das Futter, mit der anderen hält er das Junge fest. Letztere Fähigkeit wird immer wichtiger, denn das Junge kann sich nicht mehr so gut an seiner Mutter oder seinem Vater festhalten. Sein Fuß hat sich zu einem Werkzeug des Aufrechtgehens entwickelt und die Fähigkeit zu greifen verloren. Ein hominider Säugling kann sich nicht mit den Füßen an der Mutter festhalten. Sie haben nicht die dafür geeignete Form. Er kann es sogar kaum noch mit den Händen tun, denn er ist in diesem frühen Alter zu hilflos. Ein Schimpansenbaby kann das viel besser, muß aber sehr oft auch noch von der Mutter festgehalten werden. Ein Baumaffe kann sich dagegen mit Händen und Füßen festklammern. Er muß es tun, denn die Mutter hilft ihm nicht. Wenn ein junger Baumaffe auf dem Baum die Mutter losläßt, dann ist sein Schicksal besiegelt. Als ich daher erkannte, daß Dons Fossilien aus Hadar von aufrecht gehenden Lebewesen stammten, wußte ich etwas über die soziale und die Vermehrungsstrategie dieser Hominiden. Ich wußte, daß sich ihre Säuglinge nicht an ihren Müttern festhalten konnten, und ich wußte, daß die Eltern viel Zeit für das Aufziehen ihres Nachwuchses aufgewendet haben.«

»Das ist alles gut und schön«, sagte ein Student, »aber irgend etwas ist mit diesen Rückkoppelungssystemen nicht ganz in Ordnung. Wenn jedes Element von jedem anderen abhängig ist, woher kommt der erste Impuls?«

»Es gibt keinen ersten Impuls«, sagte Lovejoy. »Es ist nur ein ganz sanfter Fluß. Es steht sehr viel Zeit zur Verfügung – vielleicht Hunderttausende von Jahren. Es gibt von Ort zu Ort geringe Unterschiede bei den Umweltbedingungen, und die Folge sind geringe Veränderungen im Verhalten. Es handelt sich zudem um recht intelligente Tiere. Das ist wichtig. Sie beobachten und imitieren einander. Sie können Versuche anstellen. Das geschieht nicht so, daß sie sich sagen: ›Wir stehen jetzt auf den Hinterfüßen und haben die Hände frei, also bringen wir der Dame des Hauses etwas zu essen mit.‹ So ist das nicht. Kein Tier ist sich auch nur im entferntesten des Entwicklungsvorgangs bewußt, dem es unterworfen ist. Die Evolution vollzieht sich in kaum wahrnehmbaren, winzigen Schritten. Aber auch der kleinste Anstoß innerhalb des Rückkoppelungssystems wird, wenn es eine Anpassung ist, auf diesen Teil der Kette wirken, und diese Wirkung wird sich im Lauf der Zeit in allen anderen Teilen bemerkbar machen.«

Meine Studenten waren mit dieser Analyse noch nicht ganz zufrieden. »Okay, aber Sie haben etwas Wichtiges ausgelassen. Was veranlaßt denn das männliche Tier, dem weiblichen Futter zu bringen? Wenn soviel davon abhängt und es keine Anzeichen dafür gibt, daß andere Menschenaffen das auch getan haben, wie können Sie vermuten, daß es bei den aufrecht gehenden geschehen ist?«

»Ich habe gesagt, wir würden über das Sexualleben sprechen.«

»Richtig.«

»Wir wollen uns jetzt wieder diesem Thema zuwenden. Die ganze Sache ist eine Fortpflanzungsstrategie. Wir beginnen zu begreifen, daß die Fähigkeit, sich fortzubewegen, nicht nur dem Bedürfnis dient, von einem Ort zu einem anderen zu gelangen. Sie gehört zu dem ganzen Überlebensmechanismus der Spezies, und dazu gehören die Paarung und das soziale Verhalten ebenso wie das Laufen, die Nahrungsaufnahme und das Spiel der Kinder. Wir haben gesehen, wie die Einehe die Aggressionen verringern und das friedliche Zusammenleben der männlichen Tiere fördern kann. Ihre Frage, die in Ihrer ersten schon enthalten war, lautet: Wodurch wird das Männchen veranlaßt, seinem Weibchen Futter zu bringen? Habe ich recht?«

»Genau das ist es.«

»Es könnte doch sein, daß das Männchen sein Weibchen gern hat.«

»Moment mal!«

»Ich meine das ganz im Ernst. Wir haben eben über die epigamische Differenzierung gesprochen, über das Verlieben. Der einzige Zweck aller sexuellen Signale, die von einem Weibchen ausgehen, wenn es paarungsbereit ist, liegt darin, das Männchen anzulocken, es sexuell zu aktivieren, damit das Ei, das im Weibchen entsteht, befruchtet werden kann. Wenn das Weibchen keine deutlichen Zeichen gibt, könnte die Befruchtung ausbleiben. Wenn das geschieht, muß das Weibchen die nächste Hitze abwarten, um eine neue Chance zu bekommen. Alle Säugetiere verfügen über die Fähigkeit, ihre Paarungsbereitschaft anzuzeigen. Die Hitze soll die sexuelle Aktivität garantieren. Wenn das Weibchen dieses Signal nicht geben kann, wird die Ovulation vergeblich erfolgen. Für einen Menschenaffen, der ohnedies schon viel zu sehr ›K‹-orientiert ist, hätte das schwerwiegende Auswirkungen auf die schon jetzt viel zu niedrige Geburtenrate. Das Menschenaffenweibchen, das in Hitze kommt, muß um des Überlebens aller Menschenaffen willen befruchtet werden.«

»Aber«, sagte ein Student, »wenn sich die sexuell wirksame Unterscheidung verstärkt, verringert sich die Zahl der männlichen Tiere, die sich für dieses Weibchen interessieren, und damit wird auch die Chance geringer, daß es befruchtet wird.«

»Nicht unbedingt«, sagte Lovejoy. »Das Interesse eines einzelnen Männchens für dieses Weibchen könnte sich steigern. Sogar bei den Schimpansen, wo sich normalerweise alle Männchen mit allen Weibchen paaren, kommt es gelegentlich vor, daß ein Pärchen sich für mehrere Tage von der Gruppe absondert, wenn das Weibchen in Hitze ist. Wir finden also hier schon eine gewisse epigamische Differenzierung.«

»Und doch ...«

»Wie wäre es, wenn sich der Zeitraum ausdehnte, in dem ein Weibchen für ein bestimmtes Männchen sexuell anziehend ist? Nehmen wir an, das Weibchen gibt seine sexuellen Signale über etwas längere Zeit. Vielleicht verzichtet es zunehmend auf Gerüche und Schwellungen, die mit der Hitze einhergehen, und verläßt sich mehr auf gewisse dauerhafte körperliche Reize, auf seine Behaarung, seine Haut oder seine Gestalt. Das entspräche mehr dem Verhalten des Menschen. Denken Sie einen Augenblick darüber nach. Männer und Frauen ziehen sich dauernd und ohne Rücksicht auf die Empfängnisbereitschaft oder Jahreszeit sexuell wirksam an. Das hat mit dem Menstruationszyklus nichts zu tun. Wir finden das bei keinem anderen Säugetier. Warum ist es beim Menschen so?«

Niemand wußte eine Antwort.

»Nun denken Sie doch nach. Worüber haben wir eben gesprochen? Das System der Einehe ist bei jenen frühen Hominiden und Prähominiden entstanden, damit ein weibliches Individuum ein männliches dauernd anzieht, um in der Abfolge ständig wiederholter Paarungsakte auf dem Höhepunkt des Ovulationszyklus geschwängert zu werden und nicht als Resultat einer nur kurze Zeit dauernden starken sexuellen Erregung. Es ist unmöglich, daß in einer Gruppe heftig um die Weibchen gekämpft und promiskuitiv kopuliert wird und daß zugleich einzelne Paare zusammenfinden und das Futter miteinander teilen. Das paßt einfach nicht zusammen. Was wäre also günstiger als ein System, welches das Männchen veranlassen würde, zu seinem Weibchen zurückzukehren? Wenn es nun bei der Rückkehr auch noch Futter mitbrächte, dann zeigte sich der selektive Wert dieses Verhaltens sehr bald durch das Vorhandensein einer größeren Zahl von Genen in der so entstehenden ›Vorratskammer der Gene‹.«
»Es gibt also keinen ersten Impuls«, sagte ich.
»Nein«, sagte Lovejoy, »ich glaube, das ist eine allmähliche Entwicklung. Wir dürfen vermuten, daß sie lange Zeit in Anspruch genommen hat. Sie beginnt, wenn ein weibliches Tier auch noch eine Woche nach Ende des Fruchtbarkeitszyklus sexuell attraktiv aussieht. Allmählich verlängert sich diese Zeit. Am Schluß haben die ursprünglichen sexuellen Signale keine Bedeutung mehr. Sie werden abgelöst von dauernden Signalen, die bewirken, daß der Mann, der Hominide, ständig für seine Partnerin interessiert ist.
Und das ist auch notwendig, denn die Frau ist nur drei Tage während dieses Zyklus empfängnisbereit. Wenn die Kopulation nur alle zwei Wochen stattfindet, ist die Chance, schwanger zu werden, relativ gering. Das darf nicht sein. Die Frau muß rasch schwanger werden, und zwar sobald sie die Aufzucht des nächsten Kindes übernehmen kann.«
»Sie wollen sagen«, sagte ein Student, »daß der aufrechte Gang die Einehe verursacht, die wiederum die Ursache für das Teilen des Futters ist, dessen Folge die Vermehrung der Nachkommenschaft sei.«
»Ich spreche nicht von Ursachen und Wirkungen«, sagte Lovejoy. »Das sind die falschen Begriffe. In einem Rückkoppelungssystem gibt es in diesem Sinne keine Kausalität, sondern die Tendenzen intensivieren einander. Ich sage, das alles ist geschehen, und alles hat aufeinander eingewirkt. Ich sage auch nicht, welcher Faktor zuerst

aufgetreten ist. Das weiß ich nicht, und ich glaube nicht, daß man es jemals wissen wird. Ich nehme an, es hat keinen ersten Anstoß gegeben, aber es ist geschehen. Wir wissen das, weil Sie und ich hier sitzen und über diese Dinge sprechen. Wir sind das Ergebnis. Und wenn ich darüber spreche, welche grundsätzlichen Unterschiede es im Verhalten von Menschenaffen und Hominiden gibt, und Sie auffordere, eine bessere Erklärung dafür zu finden, weshalb wir dorthin gelangt sind, wo wir uns heute befinden, dann würde ich sie gern von Ihnen hören.«

Nun begann Lovejoy, eine Liste bestimmter Faktoren auf ein Stück Papier niederzuschreiben. »Sehen Sie sich das an. Das alles ist vor mehr als 2 Millionen Jahren geschehen. Diese Dinge müssen zueinander in Beziehung stehen.«

Hominiden	*Pongiden (Menschenaffen)*
Ausschließlich am Boden lebend.	Einige meist auf den Bäumen, andere meist am Boden lebend. Keine nur am Boden lebenden Arten.
Aufrechter Gang.	Kein aufrechter Gang
Einehe führt zum Entstehen von Familien.	Keine Einehe. Keine Familienbildung außer bei den Gibbons.
Zunehmende Standorttreue der weiblichen Individuen. Möglichkeit für das Entstehen einer Basis.	Die weiblichen Tiere nehmen die Jungen auf die Futtersuche mit. Keine Basis.
Teilen der Nahrung.	Kein Teilen des Futters.
Anfänge der Herstellung und Verwendung von Werkzeugen.	Keine oder nur gelegentliche Verwendung von Werkzeugen.
Das Gehirn vergrößert sich.	Das Gehirn vergrößert sich nicht.
Ständige Sexualität.	Die Paarung beschränkt sich auf die Paarungszeit.
Aufzucht von mehreren Nachkommen zur gleichen Zeit.	Einzelaufzucht der Jungen.

»Was ich zu erklären versucht habe«, sagte Lovejoy zum Schluß, »ist, daß man nicht grundlos und unvermittelt anfängt, sich in einer Weise fortzubewegen, die auf den ersten Blick ganz sinnlos erscheint. Wenn Sie wissen wollen, weshalb Lucy aufrecht gegangen ist, dann müssen Sie auch über ganz andere Fragen nachdenken als über ihre Art, sich fortzubewegen. Grob gesagt, hat sie sich aufgerichtet, um häufiger Kinder bekommen zu können. Aber damit würden wir von einer direkten Ursache sprechen, und das wollen wir nicht tun. Wenn wir uns präziser ausdrücken wollen, dann müssen wir sagen, daß der aufrechte Gang für ein Tier, dessen zahlreiche Anpassungstendenzen zu einer zu starken ›K‹-Orientierung geführt haben, ein Ausweg ist, mit dem es möglich wird, die ›K‹-Tendenz zu verringern.«

»Oder«, sagte ich, »bei einem hochintelligenten, sozial lebenden Tier, das für seine Entwicklung eine lange Kindheit und eine lange dauernde mütterliche Fürsorge braucht, das schon die Veranlagung für den aufrechten Gang entwickelt hat, das so ›K‹-orientiert ist, daß es nur unter den günstigsten Umweltbedingungen überleben kann, bei einem Tier, das sein Futter mit anderen teilt und das ...«

»Ja, ja, das ist alles richtig«, sagte Lovejoy. »Das habe ich die ganze Zeit gesagt.«

»Ich habe es nur zusammengefaßt«, sagte ich, »weil ich glaube, Sie haben etwas Wichtiges ausgelassen.«

»Und was ist das?«

»Sie haben darauf hingewiesen, daß die Menschenaffen wegen ihrer Schwierigkeiten mit der ›K‹-Orientierung heute praktisch ausgestorben sind. Aber Sie haben nicht gesagt, daß die Hominiden heute die ganze Welt bevölkern, weil sie mehr ›r‹-orientiert sind.«

»Das gebe ich zu, aber es steht auf einem anderen Blatt. Das gehört zu einer späteren Entwicklungsphase. Es bringt uns zur Bedeutung der Werkzeuge und der Kultur als Faktoren, die das Überleben und die Ausbreitung der Populationen fördern. Ohne sie lebten wir noch auf der Savanne, es ginge uns etwas besser als den Menschenaffen, aber es bestünde kein sehr großer Unterschied zwischen ihnen und uns. Unser heutiges Thema war der aufrechte Gang, etwas, das sich beim Menschen entwickelt hat, noch bevor er zum Menschen wurde. Die Verwendung der Werkzeuge und die Entwicklung einer Kultur haben etwas mit seiner Existenz zu tun, erst nachdem er zum Menschen geworden war.

Lassen Sie mich zusammenfassen. Ich glaube, die Hominiden haben im Wald die Fähigkeit erworben, sich auf zwei Beinen fortzubewegen, und nicht auf der Savanne, auch wenn wir sie später dort antreffen. Sie sind als aufrecht gehende Wesen ins Freie hinausgegangen. Sie haben es – und das erfahren wir von Ihren Fossilien, Don – etwa vor 4 Millionen Jahren, vielleicht aber auch schon viel früher getan. Sie haben es getan, bevor sie Werkzeuge besaßen. Ich glaube, die Ursachen lagen vor allem im Sexualverhalten und auf sozialem Gebiet. Nachdem sie den aufrechten Gang vervollkommnet hatten, stand es ihnen frei, überall dorthin zu gehen, wo es ihnen gefiel, weil der aufrechte Gang als solcher durchaus etwas leistet. Ich kann ebenso wie ein Hund den ganzen Tag gehen. Nur wenn ich zu laufen versuche, ist der Hund mir überlegen. Wenn ich in der Savanne nicht laufen muß, dann kann ich mich dort aufhalten. Und wahrscheinlich werde ich hinausgehen, weil im Wald zu viele andere Tiere leben. Meine Spezies vermehrt sich jetzt relativ rasch, und im Wald habe ich es mit der Konkurrenz der anderen Menschenaffen zu tun. Sie wissen, daß ich hinausgegangen bin, weil ich mich vor 1 oder 2 Millionen Jahren über ein weites Gebiet ausgebreitet habe.

Wenn sich der Radius des Gebiets, das ich so erobert habe, in jedem Jahr nur um sieben Meter vergrößert hätte, und das ist nicht viel, dann wären es in 2 Millionen Jahren fast 6500 Kilometer. Die Verwendung der Werkzeuge hat wahrscheinlich zu dieser Ausbreitung beigetragen. Habe ich nun von Anfang an Werkzeuge benutzt? Wahrscheinlich nicht häufiger als die Schimpansen. Doch jetzt bin ich ein Zweifüßer. Wenn ich erst aufrecht stehe, dann darf man etwas anderes von mir erwarten. Jetzt besitze ich die Fähigkeit, Dinge festzuhalten, mitzunehmen und zu werfen. Irgendwann in der Zeit von vor 4 Millionen bis, sagen wir, vor 1,5 Millionen Jahren hat es eine Periode gegeben, in der die Verwendung von Werkzeugen nicht mehr eine Nebensächlichkeit war, sondern entscheidend zur Evolution der Hominiden beigetragen hat. Den ersten Impuls habe ich nicht dadurch empfangen, daß ich ein Werkzeuge verwendender Menschenaffe war, wie es die Leute schon so lange behaupten. Ich war vielmehr ein sexuell und sozial fortschrittlicher Menschenaffe, der sich aufrecht hinstellte und dem es daher gelang, mehr Nachkommen zu haben als andere Menschenaffen. Es war ein reiner Glückszufall, daß meine Fähigkeit, aufrecht zu stehen und die Hände zu benutzen, zu einer späteren Entwicklung von Werkzeugen und dem Entstehen einer Kultur beigetragen hat, daß sich dabei mein Gehirn vergrößerte und sich meine Art am Schluß auf eine Zahl von 4 Milliarden vermehrte. Aber all das kam als Nebenprodukt einer besseren Fortpflanzungsstrategie zustande.«

Lovejoy zog sich den Mantel an. »Man könnte sagen, die Hinwendung zu ›r‹ ermöglichte die Evolution des Menschen. Dann wäre es richtig zu sagen, die Verwendung von Werkzeugen habe seine Weiterentwicklung möglich gemacht. Die Werkzeuge waren verantwortlich für die Entstehung des *Homo erectus*, nicht aber für die des *Homo* an sich.«

Nachdem Lovejoy gegangen war, fragten mich die Studenten, ob ich alles glaubte, was er gesagt hatte.

»Im allgemeinen ja«, sagte ich, »wenn auch Owen selber nicht von Ihnen verlangen würde, es zu ›glauben‹. Dieses Wort trifft den Kern der Sache ebensowenig wie das Wort ›Ursache‹. Wie kann man an etwas glauben, das sich nicht beweisen läßt? Man akzeptiert es als wahrscheinlich, wenn es den vorhandenen Daten entspricht und logisch erscheint.«

»Aber Sie glauben an die Evolution?«

»Ja, allerdings. Ich glaube daran, weil man sich schon so lange mit der Evolutionstheorie beschäftigt. Sie hat die schwersten Prüfungen bestanden und ist trotz aller gegen sie aufgestellten Thesen immer noch logisch. Je länger man sich mit ihr beschäftigt, je mehr man darüber in Erfahrung bringt, desto logischer wird diese Theorie. Unterwerfen Sie die Theorie von Owen den gleichen Tests. Wenn sie ihnen standhält, dann werde ich an sie glauben. Jetzt akzeptiere ich sie als die beste bis heute formulierte Erklärung für das Entstehen des aufrechten Gangs.«

Auch Tim White wurde nach seiner Meinung gefragt.

»Sie kennen mich. Ich glaube an nichts, was ich nicht messen kann, und das Sexualverhalten läßt keine Fossilien zurück. Im allgemeinen stimme ich aber mit Don überein. Es ist die beste Theorie, die wir heute besitzen. Ich meine, Owen hat ganz recht, wenn er sagt, der aufrechte Gang hat sich im Wald entwickelt. Auf der Savanne kriecht man nicht in halbgebückter Haltung umher. Es wäre unsinnig, hier plötzlich aufzustehen und fortzulaufen, wenn einem diese Fortbewegungsart noch ganz ungewohnt ist. Das wäre absurd.«

»Was hat die Hominiden veranlaßt, in die Savanne hinauszugehen?« fragte ich.

»Wie Owen gesagt hat«, erwiderte Tim, »wurde es im Wald zu eng. Und zwar nicht nur, weil es dort immer mehr Hominiden gab, sondern auch, weil die bewaldeten Flächen schrumpften. Im Pliozän – und damals könnte sich das ereignet haben – waren die riesigen tropischen Urwälder des Miozän schon erheblich zusammengeschrumpft. Was mir noch nicht ganz einleuchtet, ist die Theorie, nach der die männlichen Hominiden ihre Frauen und Kinder mit Nahrung versorgt haben sollen. Sie erübrigt sich. Ich glaube, das Tragen von Gegenständen, von Jungen und von Futter genügte als Anregung für die Entwicklung des aufrechten Gehens.«

»Und was sagen Sie zu der Bedeutung des Menstruationszyklus?« fragte ich ihn.

»Nun ja, ich habe noch nie ein Menstruationsfossil gesehen.«

V. Teil
Ungelöste Probleme

17. Elektronenmikroskope, schwarze Löcher und Rückkehr nach Hadar

> Das Erregende an der Jagd ist unsere Beute. Es wäre unverzeihlich, auf der Jagd Fehler zu machen und sich töricht anzustellen. Daß man die Beute schließlich nicht bekommt, ist eine andere Sache. Wir sind geboren, um nach der Wahrheit zu suchen; sie zu besitzen ist das Vorrecht einer höheren Macht. *Montaigne*

Wir haben in den vergangenen 20 Jahren eine so große Zahl von Fossilien gefunden und unsere Kenntnisse auf dem Gebiet der Paläoanthropologie so stark erweitern können, daß alles, was in den 100 Jahren vor dieser Zeit geschehen ist, als fast bedeutungslos erscheint. Aber es gibt immer noch sehr viel zu tun. Wer glaubt, die goldenen Jahre seien vorüber, irrt sich. Ich könnte den Rest meines Lebens im Afar-Gebiet weiterarbeiten und würde doch die uns dort gegebenen Möglichkeiten lange nicht ausschöpfen können. Vielleicht wird keine andere Entdeckung mehr so großes Aufsehen erregen wie die des Affenmenschen aus Java, des ersten wirklich alten hominiden Fossils, das irgendwo auf der Welt gefunden wurde, oder die des Kindes von Taung, des ersten aufrecht gehenden Verwandten des Menschen, der selbst noch kein menschliches Wesen war. Manchmal glauben junge Leute, alles sei schon geschehen und alle großen Entdeckungen seien schon gemacht. Das ist kompletter Unsinn. Die Paläoanthropologie ist eine Wissenschaft, die das Interesse einer breiten Öffentlichkeit gefunden hat. Leider hat man ihr aber nie genügend Geldmittel zur Verfügung gestellt. Noch niemals hat es so viel zu tun gegeben wie heute. Allein bei Hadar haben wir mit zwei großen Schwierigkeiten zu kämpfen. Erstens müssen wir unser Wissen im Hinblick auf das, was wir schon besitzen, erweitern, und dazu ist es notwendig, an die Grabungsstellen zurückzugehen, besser erhaltene Fossilien zu finden und unsere Interpretation zu vervollständigen. Die Arbeit an den Kieferknochen und Zähnen ist abgeschlossen, aber das ganze übrige Skelett muß genauer untersucht und interpretiert werden.

Zweitens haben wir, als wir eine neue Spezies entdeckten, die vor etwa 3,5 Millionen Jahren gelebt hat, zwei tiefe schwarze Löcher vor und nach dieser Zeit festgestellt. Die große Aufgabe in den 1980er Jahren wird es sein, Licht in diese schwarzen Löcher zu bringen, denn hier müssen wir fragen, was geschah in der Zeit nach 3,5 Millionen Jahren vor unserer Zeitrechnung bis vor 2 Millionen Jahren, und was ist in der noch weiter zurückliegenden Periode vor mehr als 3,5 Millionen Jahren geschehen?
Diese Fragen sind in jeder Beziehung von großer Bedeutung. Wir können sie nur beantworten, wenn wir an die Grabungsstätten zurückkehren. Bis dahin müssen wir die Interpretation der uns vorliegenden Fossilien aus Hadar abschließen.

Die Arbeit an der Sammlung aus Hadar ist nicht ganz reibungslos verlaufen. Es fehlte uns dazu die notwendige Zeit, und wir verfügten nicht über die genügende Zahl qualifizierter Wissenschaftler. Tim und ich haben uns sehr gründlich mit den Kieferknochen beschäftigt, aber wir haben es getan, weil Zähne und Kieferknochen unser Spezialgebiet sind und weil wir die Entdeckung einer neuen Spezies mit

Selati, unser Afar-Führer bei der Grabungskampagne von 1980, hält auf dem Dach eines Landrovers Wache, um uns vor herumstreifenden Banden zu schützen.

den Erkenntnissen begründet haben, die wir aus der Untersuchung von Zähnen und Kieferknochen gewonnen hatten. Doch die Arbeit an den anderen Skeletteilen des *afarensis* hat noch kaum begonnen. In ihnen verbergen sich noch viele Antworten auf die Fragen, wie, warum und wann der Übergang vom Menschenaffen zum Hominiden stattgefunden hat. Genaue Untersuchungen dieser anderen Skelettteile sind in Angriff genommen worden, aber einige sehr wichtige Fragen konnten noch nicht beantwortet werden. So arbeitet mein Examensstudent Bruce Latimer, wie ich schon gesagt habe, zum Beispiel am Fuß des *afarensis*, um hinter das Geheimnis des aufrechten Gangs zu kommen.

Dieser Fuß ist ein Einzelstück. In keiner anderen Fossiliensammlung gibt es etwas Ähnliches. Er besteht aus 13 Knochen eines Individuums, die Latimer und White aus einem Matrixklumpen herausgelöst haben. Es dauerte Monate, diese Knochenstücke freizubekommen und zu reinigen. Ihre Untersuchung hat noch längere Zeit in Anspruch genommen. Es sind vor allem lange erste Zehenglieder und Fußknochen, mit denen jene verbunden sind. Wir besitzen fünf Paare von ihnen, die genau zeigen, wie die Knochen zusammenpaßten – und das ist ein einmaliger Glücksfall.

Wenn man diese kleinen, knotigen, groben, schwärzlichen Gegenstände betrachtet, dann zweifelt man daran, daß sie einem viel zu sagen haben könnten. Aber einem Mann wie Latimer sagen sie eine Menge. Erstens erkennt man aus ihnen, daß Lucy und ihre Artgenossen aufrecht gingen und Füße hatten, die funktional denen des heutigen Menschen glichen. Sie sind dem Fuß des *Homo sapiens* so ähnlich, daß sie keine Antwort auf die Frage geben, wie sie so geworden sind.

Wenn man über die allmähliche Verwandlung dieses Fußes nachdenkt, dann überlegt man sich zunächst, wie der Fuß des Vorfahren dieses Hominiden ausgesehen hat. Hier kann man aber nur Vermutungen anstellen, denn wir besitzen keinen Fuß des Vorfahren. Ihm kommt heute wahrscheinlich der Schimpansenfuß am nächsten, denn wir haben gute Gründe für die Annahme, daß dieser sich nicht sehr viel weiterentwickelt hat. In mancher Hinsicht ist der Schimpanse der am wenigsten spezialisierte Menschenaffe. Wenn wir uns mit der Evolution und dem Verhalten der Pongiden näher beschäftigen, fällt uns vor allem auf, wie wenig der Schimpanse sich auf eine bestimmte

Lebensweise spezialisiert hat. Er ist sozusagen der Mehrzweckaffe, und er gehört zu der Spezies, die nach unserer Auffassung am deutlichsten die anatomischen Merkmale zeigen könnte, die er von dem hypothetischen gemeinsamen Vorfahren aller Menschenaffen geerbt hat.

Zweitens müssen wir uns den Schimpansenfuß auch deshalb genauer ansehen, weil er mit dem Fuß des Gorilla fast identisch ist. Da die Entwicklung bei beiden Tieren in anderer Hinsicht wesentlich voneinander abweicht, ist es interessant festzustellen, daß dies bei den Füßen nicht der Fall ist. Daraus entnehmen wir außerdem, daß ihre Füße denen ihres gemeinsamen Vorfahren recht ähnlich sein müssen.

Im großen und ganzen ist Latimer überzeugt, daß der Schimpansenfuß etwa der Prototyp ist, aus dem sich der Fuß des Hominiden entwickelt hat. Mit anderen Worten, aus einem Fuß, der noch als Greifwerkzeug verwendet wurde, hat sich ein Fuß entwickelt, der sich nur zum Gehen eignet, der als Plattform dient, mit der man sich beim Vorwärtsschreiten gut abstoßen kann, der aber die Fähigkeit zu greifen verloren hat.

Latimer fragt: Was müßte ich tun, um diese Verwandlung zu bewirken? Erstens müßte ich den großen Zeh verlängern. Dann müßte ich ihn parallel zu den anderen Zehen stellen, damit er nicht mehr wie ein Daumen seitlich herausragt. Schließlich müßte ich ihn um seine eigene Achse drehen, damit er nach unten zeigt und nicht – wie ein Daumen – zu den anderen Fingern hin.

»Bei Lucy«, so meinte er weiter, »war das alles schon geschehen. Sieht also der Fuß von Lucy schon so aus wie der eines heutigen Menschen?«

Im allgemeinen ja; in ihren Funktionen gleichen sich die Füße. Beide ermöglichen den aufrechten Gang und hinterlassen den gleichen Fußabdruck. Sie unterscheiden sich aber ein wenig in ihrer Struktur. Die hinteren Zehenknochen beim *afarensis* sind gebogen und im Verhältnis erheblich länger als die des heutigen Menschen. Man könnte sie fast für Fingerknochen halten. Die Biegung hat die gleiche Funktion wie der Bogen einer Brücke; sie stärkt den Fuß und ermöglicht es ihm, die Zugkraft starker Muskeln auszuhalten, deren Vorhandensein durch Markierungen an den Seiten der Mittelfußknochen erkennbar wird.

Aus diesen Feststellungen schließt Latimer, daß der *afarensis* lange

Strecken gehen konnte. Seine verlängerten Zehen könnten ihm auf steinigem Boden oder im Schlamm nützlich gewesen sein, wo es vielleicht vorteilhaft war, mit dem Fuß auch greifen zu können.

Obwohl es beim Schimpansen ähnlich gebogene Zehenknochen und Muskelmarkierungen gibt, die zeigen, daß der Schimpanse ein guter Kletterer ist, erklärt Latimer, das bedeute nicht, daß auch der *afarensis* auf Bäume geklettert ist. Die Untersuchung der Gelenke an den Zehen des *afarensis* zeigt vielmehr, daß diese Vermutung falsch ist. Die Mittelfußknochen, die an die Zehenknochen anstoßen, sind an den Enden verbreitert, und das begrenzt die Beweglichkeit der Zehen erheblich. Lucy konnte ihre Zehen wahrscheinlich nicht besser bewegen als eine heutige Frau, aber sie konnte wenigstens so gut gehen – wahrscheinlich den ganzen Tag, ohne müde zu werden. Ob sie ebenso schnell laufen konnte, ist fraglich. Das ganze Skelett des *afarensis* zeigt, daß er sehr kräftig gebaut, kompakt und muskulös war, deutet aber nicht darauf hin, daß er sehr schnell laufen konnte. Ein heutiges menschliches Skelett wirkt im Gegensatz dazu schlank und zart. Wir sind leichter, schlanker, schneller, aber im Verhältnis zu unserer Größe weniger kräftig und mit Sicherheit weniger ausdauernd.

Für die Beantwortung der Frage, wie sich die Fußknochen des *afarensis* so entwickelt haben, daß sie sich für den aufrechten Gang eignen, scheint es einen Hinweis zu geben. Die Mittelfußgelenke sind bei einem Menschen oben breit und unten schmal. Bei den Schimpansen ist es umgekehrt. Der *afarensis* steht in dieser Beziehung in der Mitte zwischen beiden, und deshalb ist man versucht anzunehmen, daß es sich hier um ein Zwischenstadium in der Evolution handelt; daß der Verlust der Beweglichkeit der Zehen allmählich als Folge der Veränderungen in der Gestalt der Enden der Mittelfußknochen eingetreten ist. Doch Latimer meint, auch das könnte falsch sein. Der Fuß des Schimpansen hat seine bestimmte Form, um es diesem Menschenaffen zu ermöglichen, das zu tun, was er tut. Der Fuß des Menschen ist so gestaltet, daß er bestimmte Funktionen übernehmen kann. Der Fuß des *afarensis*, meint Latimer, könnte andere Aufgaben gehabt haben. Er ist nicht unbedingt ein Fuß im Übergangsstadium von einer Evolutionsebene zur nächsthöheren. Vielleicht ist es nur das für das Leben dieses Hominiden in seiner Umwelt am besten geeignete Instrument. Latimer weiß noch nicht, wie rasch sich der Fuß der Hominiden entwickelt hat, und auch nicht, wann oder wie das geschehen ist. Er sagt, um das festzustellen, müßten noch mehr und noch ältere Fossilien gefunden werden.

Neben Latimer hatte auch Bill Kimbel schon ein Jahr an einem jugendlichen Schädelbruchstück von der Fundstelle 333 gearbeitet. 1979 nahm er einen Abguß davon nach Südafrika mit, um das Stück mit dem Schädel des Kindes von Taung zu vergleichen. Solche Vergleiche waren bisher noch nie angestellt worden, weil es nichts gab, was dem Kind von Taung ähnlich sah. Unter allen seit 1924 in Süd- und Ostafrika gefundenen Fossilien gibt es keinen zweiten Schädel eines australopithecinen Kindes.

Das Ergebnis des von Kimbel angestellten Vergleichs mußte für Tim und mich sehr interessant sein. Daß sich Richard und Mary Leakey gegen die Benennung des *afarensis* durch uns ausgesprochen hatten, war uns sehr unangenehm, ebenso auch die Behauptung von Loring Brace, daß der *afarensis* dem *africanus* zu ähnlich sei, sowie Äußerungen in der gleichen Richtung von Philip Tobias, der als junger Mann Assistent bei Dart gewesen war und heute an der University of Witwatersrand in Johannesburg einen Lehrstuhl für Anatomie innehat.

Da Tim und ich wußten, daß junge Schimpansen, Australopithecinen und Menschen einander ähnlicher sind als erwachsene, weil die verschiedenen Teile des Schädels verschieden schnell wachsen, meinten wir, wenn sich herausstellen sollte, daß der Schädel von der Fundstelle 333 deutliche Unterschiede gegenüber dem des Kindes von Taung zeigte, werde dadurch die Auffassung gestützt, daß es sich beim *afarensis* um eine eigene Spezies handelt. Deshalb waren wir hoch erfreut, als Kimbel bei seiner Rückkehr berichtete, es gäbe zwischen beiden Schädeln viele morphologische Unterschiede, und jeder Fachmann werde ohne Schwierigkeit diese Abweichungen feststellen können.

Owen Lovejoy hat inzwischen an der Kent State University seine Untersuchungen an Becken und Beinknochen von Lucy fortgesetzt. Lovejoy arbeitet sehr gründlich und hat eine ungewöhnlich gute Vorstellungsgabe. Er sagt: »Wenn man sich 24 Stunden am Tag mit Fossilien beschäftigt, dann wird man immer wieder von der

Frage bedrängt, was man vor sich hat und weshalb das so aussieht.« Das Becken von Lucy stellte ihn vor manches Problem. Er brachte mehr als ein Jahr mit seiner Rekonstruktion zu. Am Schluß erkannte er, daß Gestalt und Proportionen einer Interpretation bedurften, denn das, was man bisher über die Zusammenhänge der Gestalt des Beckens, des aufrechten Gangs und der kindlichen Entwicklung zu wissen geglaubt hatte, traf bei Lucy nicht zu.

Die Standardauffassung war bisher gewesen, daß das Becken bei seiner Entwicklung zur hominiden Form sich habe vergrößern müssen, um das Kind mit dem viel größeren Schädel gebären zu können. Diese Theorie wurde vor der Entdeckung von Lucy von vielen Anthropologen vertreten. Lucy hat ein Becken, das eher dem des Menschen als dem des Menschenaffen gleicht. Aber sie hat selbst keinen großen Schädel und auch kein sehr großes Becken. Ihr Becken ist vielmehr sehr flach und nur von Seite zu Seite breit. Es hat eine eigenartige ovale Form.

Wie immer ging Lovejoy an dieses Problem mit der Frage nach den mechanischen Funktionen heran. In diesem Fall kam es auf die Beziehungen zwischen dem Becken und den Muskeln an, mit denen die Beine bewegt wurden. Zunächst untersuchte er das Becken des Schimpansen und stellte fest, daß dessen *ilium* (der große flache Knochen, der beiderseits des untersten Teils des Rückgrats seitlich herausragt und an dem die Muskeln befestigt sind, die den Oberschenkel bewegen) sich für einen Knöchelgeher, nicht aber für ein Lebewesen eignet, das aufrecht geht. Ein Schimpanse kann aufrecht gehen und tut es auch häufig über kurze Strecken, aber er ermüdet schnell, weil die vom Becken zum Oberschenkel hinführenden Muskeln sich nicht für diese Art der Fortbewegung eignen. Um die Funktion dieser Muskeln zu verbessern, muß das *ilium*, anstatt seitwärts herauszuragen wie beim Schimpanscn, nach vorn verlagert werden, um dem ganzen Becken mehr die Gestalt eines Kastens oder eines Gürtels zu verleihen. Damit verkürzen sich die zum Oberschenkel führenden Muskeln und können auf direkterem Wege dessen Bewegungen regulieren.

Wenn wir uns nun das Becken von Lucy ansehen, dann erkennen wir sofort, daß dessen *ilium* so gelagert ist, daß die zum Oberschenkel führenden Muskeln in einer Weise daran befestigt sind, wie es für den aufrechten Gang günstiger ist.

Aber nichts ist so einfach, wie es auf den ersten Blick aussieht. Wenn man die Gestalt oder Stellung eines Teils verändert, dann wird sich das auch auf die anderen Teile auswirken. Wenn die Schaufeln des *iliums* nach vorn verlagert werden, dann zwängen sie den unteren Teil des Bauches ein. Deshalb müssen sie größer und länger werden. Das war auch bei Lucy geschehen, und zwar gleichzeitig mit einer wesentlichen Vergrößerung des Kreuzbeins. Die Folgen waren eine bessere Fähigkeit zu gehen und genügend Raum für den Unterbauch. Dazu kam die besondere, ovale Form des Beckens, dessen Eigenart sich unter den gegebenen Umständen als durchaus natürlich erwies. Kurz gesagt, bei Lucy zeigte sich der erste der beiden Schritte, die im Verlauf der Evolution des Menschenaffen zum Menschen getan werden mußten. Ihr Becken hatte sich so umgeformt, daß sie aufrecht gehen konnte. Der zweite Schritt war aber noch nicht getan. Es fehlte noch die Entwicklung des Beckens, mit der sie in die Lage versetzt worden wäre, Kinder mit größeren Köpfen zu gebären.

Für die Gestalt der Hände und Arme von Lucy hat Lovejoy noch keine ausreichende Erklärung gefunden. Verglichen mit dem menschlichen Arm sind ihre vorderen Gliedmaßen relativ lang. Deshalb fragt er, wofür Lucy so lange Arme brauchte. Die Menschenaffen brauchen lange und starke Arme zum Klettern. Doch Lucy hatte sich als Folge ihrer Fortpflanzungsstrategie zu einem aufrecht gehenden Wesen entwickelt. Ist sie noch auf Bäume geklettert, und wie wichtig war diese Fähigkeit für sie? Vielleicht hat sie es tun müssen, um sich vor Raubtieren in Sicherheit zu bringen, oder auf der Suche nach Nahrung. Aber wenn das so gewesen ist, wie läßt sich dann die Form ihrer Hände erklären? Sie brauchte dazu lange Finger wie die Menschenaffen, sie hatte sie aber nicht. Ihre Finger sind recht kurz. Sie hatte zwar schon den neben dem Zeigefinger liegenden Daumen des Menschen, aber die Muskeln an der Basis des Daumens sind augenscheinlich recht schwach gewesen. Sie konnte deshalb sehr gut mit Daumen und Zeigefinger etwas ergreifen, aber es fehlte ihr die Fähigkeit, mit dem Daumen und der ganzen Hand fest zuzupacken. Das widerspricht dem, was die Wissenschaft bisher angenommen hat, nämlich, daß sich zuerst die Fähigkeit des festen Zupackens entwickelt hat, aber das präzise Erfassen vielleicht die letzte Anpassung der voll ausgebildeten menschlichen Hand gewesen sei. Lovejoy gibt zu, es könnte noch Jahre dauern, bis wir dieses Problem gelöst haben.

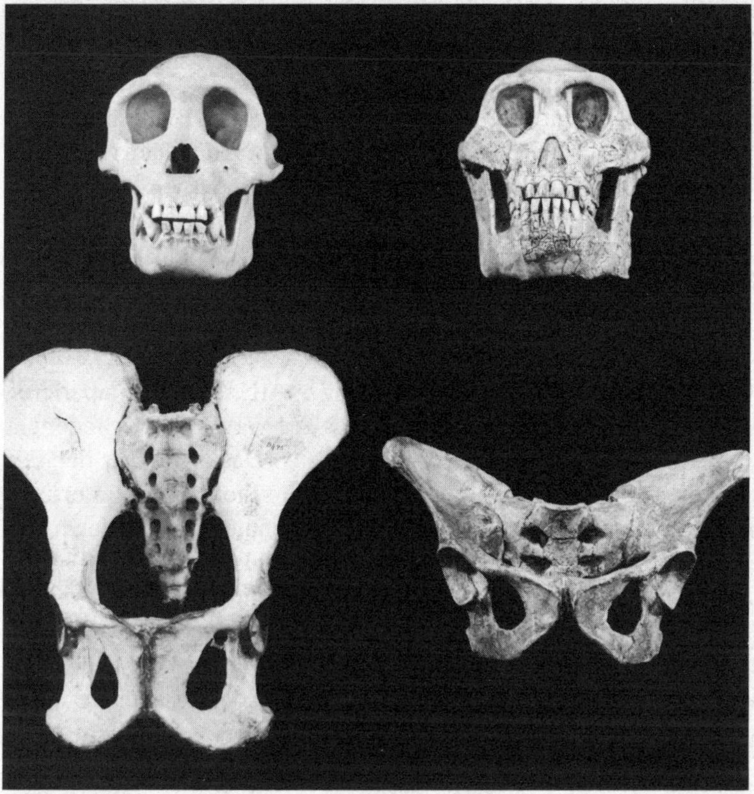

Die Vorstellung, daß der afarensis *einen menschenähnlichen Körper und einen menschenaffenähnlichen Kopf gehabt hat, wird durch diesen Vergleich bestätigt. Links sehen wir Schädel und Becken eines Schimpansen. Seine Augenbrauenwülste sind stark ausgebildet, der Hirnschädel ist niedrig, das Gehirnvolumen klein und die untere Gesichtspartie vorstehend. Der rechts abgebildete Schädel des* afarensis *gleicht im allgemeinen dem des Schimpansen, aber es gibt einen auffallenden Unterschied. Das Gebiß gleicht dem des Menschen. Das Skelett unterhalb der Halsknochen ist indessen ganz anders konstruiert. Der Schimpanse hat das Becken eines auf vier Füßen gehenden Menschenaffen, während das Becken des* afarensis *schon fast dem des heutigen Menschen gleicht.*

Sehr unangenehm ist der Umstand, daß uns in der Fossiliensammlung aus Hadar ein vollständiger *afarensis*-Schädel fehlt, etwas Ähnliches wie Zinj, der Schädel 1470 oder der von Mrs. Ples. Sie alle haben seinerzeit als ganz neue Funde und relativ vollständige Stücke großes

Aufsehen erregt. Im Herbst 1979 machte sich Tim White daran, diese Lücke auszufüllen. Er wollte aus Fragmenten in der Hadar-Sammlung einen *afarensis*-Schädel zusammensetzen. Das erwies sich als eine langwierige und äußerst verzwickte Rekonstruktionsarbeit und endete damit, daß Knochenteile von mehreren Individuen verwendet wurden. In der Hauptsache stammten sie allerdings von nur drei fossilen Schädeln. Ein sehr wichtiges Stück war das erste von Mike Bush an der Fundstelle 333 entdeckte Fossil. Damals hatte Bush zunächst nur zwei Zähne gesehen, die aus einem Stein herausragten. Der Stein wurde nach Cleveland gebracht, und hier zeigte sich, daß die Zähne in einem größeren Stück Gesichtsknochen steckten, den ein Techniker im Laboratorium in sechsmonatiger Arbeit herauspräparieren konnte. Das zweite wichtige Stück, das Tim verwendete, war der gut erhaltene Teil eines Unterkieferknochens. Das dritte war der zerdrückte »sonderbare Hirnschädel«, den er schon vorher untersucht und von dem er behauptet hatte, er könne unmöglich von einem *Homo* stammen. Tim hatte diese drei Fossilien zusammen mit Bill Kimbel ausgewählt, der ihm bei der Rekonstruktion half, und zwar aus zwei Gründen. Erstens stammten die Bruchstücke von erwachsenen Individuen der gleichen Körpergröße, und zweitens konnte man aus ihnen zwar noch keinen vollständigen Schädel zusammenstellen, aber sie lieferten doch genügend Material, um beide Männer zu überzeugen, daß eine Rekonstruktion mit ihnen möglich sei.

Die erste Aufgabe von Tim und Bill war es, die Fragmente des Hirnschädels zusammenzusetzen, der aus sehr vielen kleinen Stücken bestand und in seiner unnatürlichen Form im Gestein zementiert war. Sie lösten jedes einzelne Splitterchen heraus – im ganzen waren es 107 –, befreiten die Knochen von der Matrix und stellten dann den Schädel in seiner ursprünglichen Gestalt wieder her. Sie arbeiteten ununterbrochen vier Wochen daran und mußten immer wieder Korrekturen anbringen, bevor Tim endlich mit dem Ergebnis zufrieden war. Anschließend machten sie einen Gipsabguß davon. Dieser Abguß war das Grundelement für die Rekonstruktion, an das andere Teile angefügt werden konnten.

Als nächstes machten sie aus dem halben Unterkiefer einen ganzen, indem sie die andere Hälfte spiegelbildlich nach dem Vorbild der vorhandenen Knochenteile und Zähne nachmodellierten.

Nachdem das geschehen war, ließ sich der Kiefer an den Schädel anfügen, denn das Kiefergelenk befindet sich unmittelbar am Schädel. Als nun Schädel und Kiefer vereinigt waren, lagen die Zähne im Unterkiefer genau an der richtigen Stelle. Nun ließen sich die fossilen Gesichtsknochen, die Mike Bush gefunden hatte, einfügen, denn die wenigen noch im Oberkiefer vorhandenen Zähne konnten genau über den im Unterkiefer entsprechenden eingerichtet werden.

Zwar hatten sie jetzt noch kein Verbindungsstück zwischen dem Gebiß und dem darüberliegenden Hirnschädel, denn eine Stirn stand ihnen nicht zur Verfügung. Es war aber trotzdem möglich, den Gesichtsschädel nachzumodellieren, denn von dem unteren Teil einer Augenhöhle, die zum Glück an dem »eigenartigen fossilen Gesicht« erhalten war, ließen sich Größe, Gestalt und Position der Augenhöhlen erkennen.

Als Tim alle Fragmente an der richtigen Stelle eingesetzt hatte, bestätigten sich die Vorstellungen, die er sich schon vorher von dem zerdrückten Schädel gemacht hatte. Es handelte sich hier mit Sicherheit nicht um einen *Homo*. Wer die Rekonstruktion für richtig hielt, mußte das einsehen. Abgesehen von den hominiden Zähnen sah der Schädel vielmehr dem eines kleinen weiblichen Gorillas ähnlich.

Der von Tim rekonstruierte Schädel, eine der gewissenhaftesten und mühsamsten Arbeiten, die in der Paläoanthropologie je geleistet worden sind, wurde eines Nachmittags Ende Dezember einigen Kollegen vorgeführt. Sie waren erstaunt, wie gut es ihm gelungen war, die einzelnen Teile zusammenzufügen, und zwar um so mehr, da sie die Rekonstruktion nicht in ihren einzelnen Phasen miterlebt hatten. Tim hatte für die Zeit dieser Arbeit das Laboratorium verlassen und sich in den letzten Wochen allein an einen rohgezimmerten Tisch in meinem Keller zurückgezogen. Dort verbrachte er seine Tage damit, immer wieder Gips auf das Modell aufzutragen und abzukratzen. Sein Laboratoriumskittel war mit Gips verschmiert, seine Augen waren gerötet, aber er gab erst Ruhe, als er mit dem Ergebnis zufrieden war. Schließlich brachte er den Schädel ins Laboratorium und packte ihn aus. Seinen Kollegen sagte er genau, welche fossilen Fragmente er verwendet hatte. Er erläuterte jede Knochenpartie, die er in die richtige Lage hatte bringen müssen. Für ihn war dies ein Augenblick tiefer Befriedigung. In monatelanger Arbeit war ein ungewöhnlich aussehender Schädel entstanden, an dem nur noch ein kleines Stück des Backenknochens ergänzt werden mußte.

Am folgenden Morgen kam er ins Laboratorium zurück, um das zu tun, drehte sich unvorsichtig um, der Gipsschädel rollte von der Tischplatte und zerbrach auf dem Fußboden in unzählige Stücke.
Tim war durch diese Katastrophe zunächst so durcheinander, daß er es nicht einmal fertigbrachte, sich zu bücken und die Stücke aufzuheben, geschweige denn sie wieder zusammenzufügen. Schließlich rief er mich zu Hause an, und ich eilte ins Laboratorium. Gemeinsam betrachteten wir die noch auf dem Fußboden liegenden Fragmente und den zu Staub zerfallenen Gips, mit dem sich jetzt nichts mehr anfangen ließ.
»Lassen Sie mich jetzt allein«, sagte Tim. »Ich kann mit niemandem sprechen. Ich weiß nicht, was ich tun soll.«
»Sie werden den Schädel wieder zusammensetzen«, sagte ich.
»Das werde ich nicht tun, und das kann ich auch nicht.«
Ich erinnerte ihn daran, wie es gewesen war, als Thomas Carlyle sein Lebenswerk, »Die Französische Revolution«, beendet hatte und ein Dienstmädchen das ganze Manuskript versehentlich ins Feuer warf.
»Verdammt, was geht mich Carlyle an?« sagte Tim. Er schlug die Tür zum Gipsraum zu und ließ mich draußen stehen.
Nach einiger Zeit hob er ein paar der noch brauchbaren Stücke auf. Gegen Abend hatte er angefangen, sie wieder zusammenzusetzen. Am Schluß hat er die Arbeit dann auch zu Ende gebracht.
Später war dieser Schädel die Vorlage für eine Serie von Zeichnungen des Anthropologen und Künstlers Jay Matternes. Er ist ein Fachmann auf dem Gebiet der Anatomie, der aufgrund seiner Kenntnisse in der Lage ist, die zu fossilen Knochen gehörenden Muskeln, Bindegewebe und Gesichtsformen nachzubilden. Seine Arbeiten über den *afarensis* und andere frühe hominide Spezies lassen diese glaubwürdiger aussehen als alle bis dahin unternommenen Versuche. Er muß allerdings zugeben, daß niemand sagen kann, welche Form die Nase gehabt hat, wie das Gesicht behaart war oder wie große die Brüste der weiblichen Hominiden gewesen sind. Wie das auch gewesen sein mag, die von Matternes gefertigten Zeichnungen vom *afarensis* vermitteln den gleichen Eindruck wie dessen Knochen. Diese Hominiden hatten kleine, magere, ungewöhnlich kräftige menschenähnliche Körper, auf denen, wie Sherwood Washburn gesagt hat, die Köpfe von Menschenaffen saßen.
War das nun wirklich ein Hominide? Ja, denn er ist aufrecht gegan-

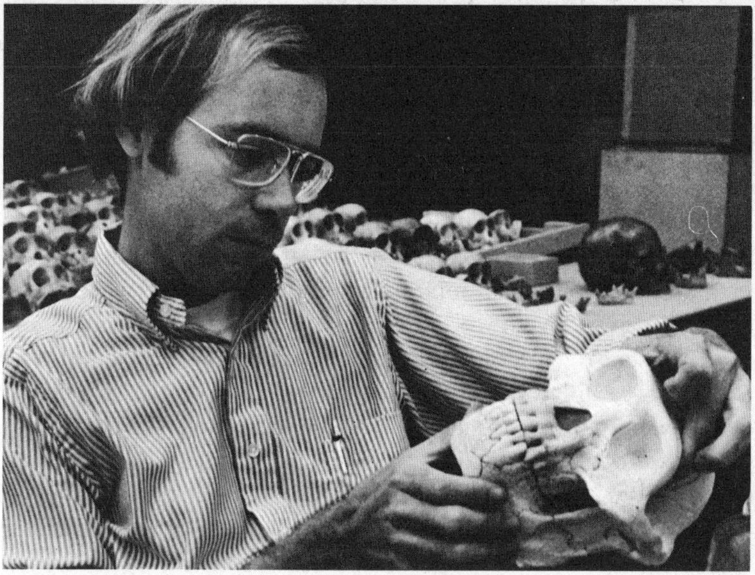

Tim White hat diesen afarensis-*Schädel aus fossilen Stücken rekonstruiert, die von mehreren Individuen stammten. Der rückwärtige Teil des Schädels besteht aus dem im Text erwähnten zerdrückten Hirnschädel. Es sind 107 Teile.*

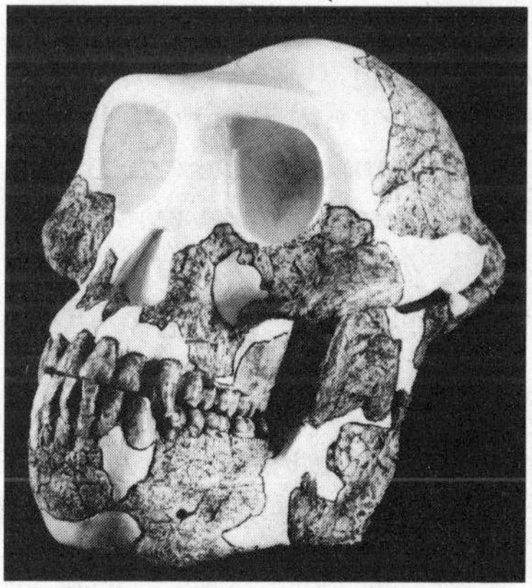

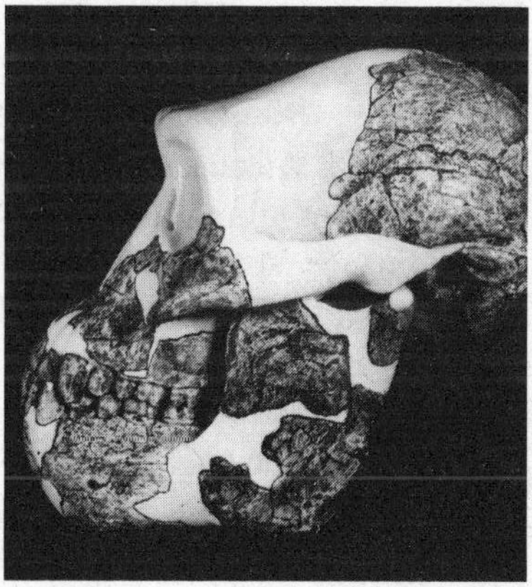

gen. Aber es war eine Übergangsform, und viele seiner Merkmale geben uns Rätsel auf. Sobald wir die Fossilien weitere zehn Jahre im Laboratorium untersucht haben werden, wissen wir vielleicht die Antwort.

»Man muß Geduld haben«, sagt Lovejoy. »Manchmal ergeben sich die Lösungen nicht sofort. Man muß auch von einer bestimmten Richtung her auf sie stoßen; vielleicht mit neuen Techniken, an die heute noch niemand denkt.«

Die technischen Möglichkeiten werden sich natürlich verbessern und sicher aus unerwarteten Richtungen kommen. Die Datierungsmethode mit radioaktiven Elementen, die in den 1960er und 1970er Jahren ganz plötzlich neues Licht in die Forschung gebracht hat, entwickelte sich aus der Kernforschung der vergangenen 30 Jahre. Heute stehen wir vielleicht vor einem neuen Durchbruch, nachdem solche Datierungen nicht nur zuverlässiger, sondern auch auf einen weiteren Anwendungsbereich ausgedehnt werden könnten. An vielen Fundstellen gibt es vulkanisches Gestein, das für die Datierung verwendet werden könnte, wenn es sich nicht inzwischen so stark verändert hätte oder so sehr verunreinigt wäre. Seit Jahren träumt man von einer Methode, dieses Material zu reinigen und nutzbar zu machen. Damit hat sich auch der Assistent von Aronson, der Spezialist für Fissionsspuren Bob Walter, beschäftigt. Er hat festgestellt, daß jeder Vulkan eine ganz eigene Kombination von Elementen in seiner Lava erzeugt, die zur Zeit der Eruption bei bestimmten Temperaturen und unter bestimmten Druckverhältnissen verschmelzen – ganz abgesehen von dem verschiedenartigen Rohmaterial, das sich am Ort des Vulkanausbruchs in den tieferen Schichten der Erde befindet. Daher gleichen zwei Vulkane einander nie genau, sondern jeder erzeugt die Lava mit einer für ihn charakteristischen chemischen Zusammensetzung. Nun arbeitet Walter daran, diese Eigenarten zu identifizieren, indem er einzelne aus den Vulkanen stammende Gesteinskörner oder Kristalle analysiert.

Wenn er eine Methode entwickeln kann, mit der diese Analyse ohne Schwierigkeiten möglich wird, dann kann er eine Probe dadurch datierbar machen, daß er alle Verunreinigungen daraus entfernt. Das wäre ein gewaltiger Fortschritt. Bei Hadar ließen sich in diesem Fall die stark verunreinigten Tuffschichten BKT-1 und BKT-3 für genaue Datierungen verwenden. Auf diese Weise könnte man die mit Hilfe von BKT-2 ermittelten Daten ergänzen, der einzigen Schicht, die mit den heute bekannten Methoden datierbar ist.

Der berühmte KBS-Tuff am Turkana-See ist nicht nur stark verunreinigt, sondern man findet ihn auch nicht dort, wo die Fossilien liegen.

Man muß deshalb nicht nur an der Genauigkeit der für ihn ermittelten Daten zweifeln, sondern es besteht auch noch die große Schwierigkeit, mit stratigraphischen Untersuchungen das Alter von Fossilien festzustellen, die mehr als 30 Kilometer davon entfernt gefunden worden sind. An einigen Stellen in der Nähe des Turkana-Sees gibt es Spuren anderer Vulkanausbrüche aus den verschiedensten Perioden. Wenn die daraus entnommenen Proben gereinigt und für die Datierung verwendet werden könnten, dann würde man die dort sehr komplexen geologischen Zusammenhänge bedeutend besser verstehen können.

Mit der Kalium-Argon-Methode und dem Massenspektrometer haben wir unerwartete neue Möglichkeiten bekommen, Fossilien zu datieren. Ein weiteres modernes Instrument verspricht uns Erkenntnisse darüber, was die Hominiden gegessen und wie sie ihre Kieferknochen bewegt haben. Dieses Instrument ist das Raster-Elektronenmikroskop. Wie jedes Mikroskop vergrößert es die Dinge bis zu mehreren tausendmal, aber sein großer Nutzen liegt in seiner beachtlichen Schärfentiefe. Wenn man durch ein gewöhnliches Mikroskop blickt, dann erkennt man dabei nur, was in einer hauchdünnen Schicht liegt; betrachtet man zum Beispiel die Haut eines Pantoffeltierchens, dann sind die Haare darauf ganz unscharf; stellt man das Mikroskop auf die Haare ein, dann verschwimmt die Oberfläche der Haut. Ein Raster-Elektronenmikroskop verwendet dagegen kein Licht, sondern einen Strahl aus Elektronen mit einer viel kürzeren Wellenlänge als Licht, der das Pantoffeltierchen in seiner ganzen Rundung deutlich erkennen läßt. Oberfläche, Seiten und Haare, die in den verschiedensten Richtungen herausragen, treten scharf hervor.

Dieses wunderbare Instrument ist in letzter Zeit dafür verwendet worden, die Oberflächen fossiler hominider Zähne zu untersuchen. Dr. Alan Walker von der John Hopkins University glaubt, an der Art, mit der der Zahnschmelz robuster Australopithecinen und heutiger Schimpansen abgeschliffen ist, erkennen zu können, daß sich die Australopithecinen ebenso wie die Schimpansen vor allem von Früchten ernährt haben.

Das überrascht uns. Was wir bisher über die Australopithecinen in Erfahrung gebracht haben – daß sie am Boden lebten, aufrecht gingen und durch die Savanne streiften –, hat uns vermuten lassen, daß

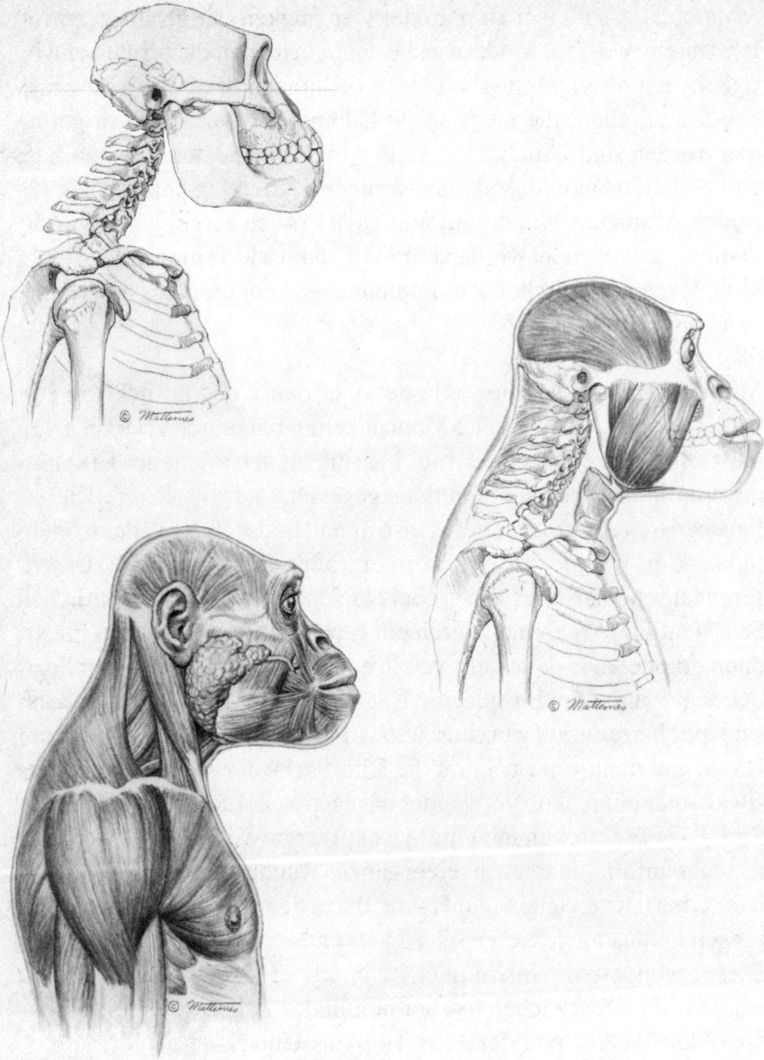

Mit Hilfe der Schädelrekonstruktion von White hat der wissenschaftliche Illustrator Jay Matternes diese Zeichnungen angefertigt, um zu zeigen, wie der afarensis *wahrscheinlich ausgesehen hat. Matternes hat sich 20 Jahre lang auf diese Arbeit spezialisiert und bringt dazu hervorragende anatomische Kenntnisse mit. Zunächst kam es ihm darauf an, die richtige Stellung des Kopfes festzustellen. Das gelang ihm dadurch, daß er durch den unteren Rand der*

Augenhöhle bis zum Porion am Hinterkopf eine horizontale Linie legte. Das ergibt ein Gesicht mit vorstehendem Mund und Kinn und erfordert eine verlängerte Halswirbelsäule sowie eine starke Halsmuskulatur, die den Kopf hoch hält. Der nächste Schritt bestand darin, die Muskeln einzuzeichnen und damit zu erkennen, welche äußere Form der Kopf gehabt haben könnte. Eine detaillierte anatomische Erläuterung der einzelnen Schritte findet sich auf S. 473.

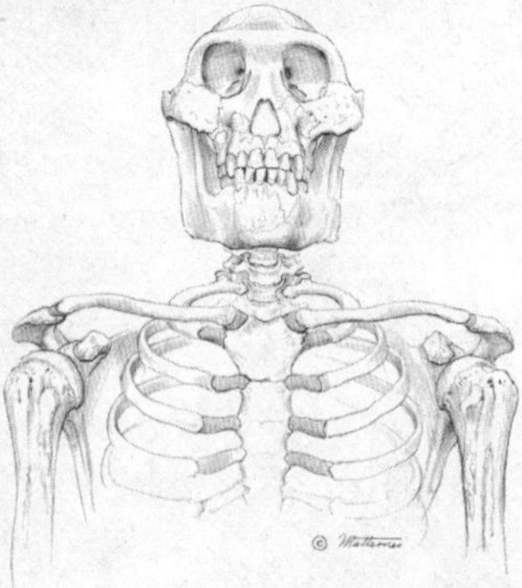

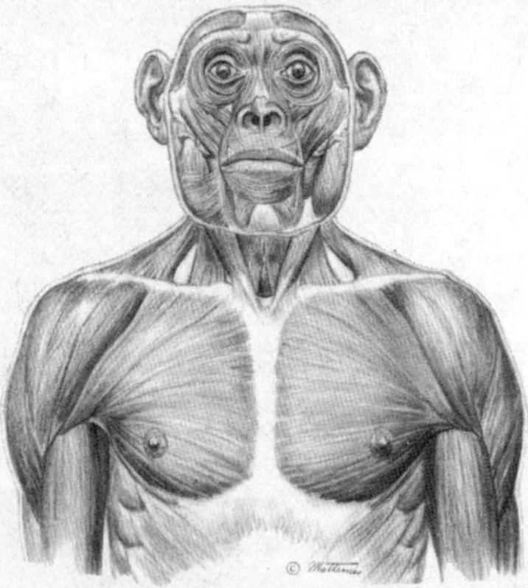

Als nächsten Schritt unternahm der Zeichner den Versuch, die Frontalansicht des afarensis *zu zeigen. Die Augen werden in die Augenhöhlen eingesetzt, der Mund ist geschlossen, und die Lippen treffen unmittelbar hinter den Eckzähnen zusammen. Da sich die Mundwinkel bei den Menschenaffen unmittelbar hinter den Eckzähnen befinden, hat Matternes für den* afarensis *das gleiche angenommen. Die Ohren des* afarensis *waren nach seiner Ansicht fleischig und glichen mehr denen des Menschen als denen des Menschenaffen. Die Haut*

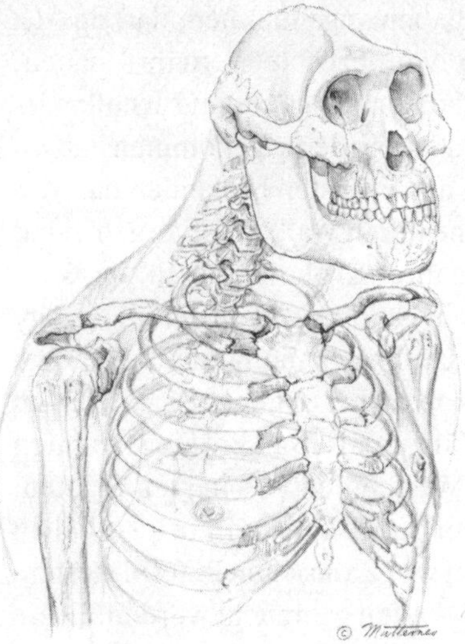

des afarensis *muß, wie er glaubt, dunkel und von einem spärlichen Haarwuchs bedeckt gewesen sein. In der offenen Savanne und in einem heißen Klima hat ein solches Lebewesen vermutlich eine dunklere Haut gehabt, aber diese dunkle Haut absorbierte natürlich sehr viel Wärme. Dazu bedurfte der* afarensis *eines gut funktionierenden Systems von Schweißdrüsen, und das würde das Entstehen eines dichten Haarkleides verhindern. Die Zeichnungen im Halbprofil schließen den Versuch der Rekonstruktion des* afarensis *ab.*

sie Allesfresser gewesen sind. Wir haben angenommen, daß sie sich während bestimmter Jahreszeiten von Früchten ernährt haben, wahrscheinlich aber auch Beeren, Samen, Wurzeln und Knollengewächse gegessen und dabei viel Sand und Erde aufgenommen haben. Wenn nun aber ihre Hauptnahrung aus Früchten bestanden hat, wie aus den Untersuchungen ihrer Zähne durch Walker hervorgeht, sind unsere Vorstellungen von ihnen und ihrer Evolution falsch.

Vor einiger Zeit hat auch Al Ryan, ein Doktorand von der University of Michigan, eine umfangreichere Untersuchung hominider Zähne mit dem Raster-Elektronenmikroskop vorgenommen. Er stützte sich dabei auf eine größere Zahl von Zähnen als Walker. Sie stammten aus Indianergräbern im Mittleren Westen der Vereinigten Staaten. Dann untersuchte er die Zähne heutiger Eskimos. In beiden Fällen stellte er fest, daß winzige Stückchen von Zahnschmelz absplitterten, wenn die Zähne für bestimmte Tätigkeiten gebraucht wurden. Diese Menschen gebrauchten ihr Gebiß wie einen Schraubstock, wenn sie etwa Körbe flochten, Tierhäute zuschnitten, Knoten banden oder Holzstäbe oder Knochen damit festhielten. Die Eskimos verwenden auch heute noch ihre Zähne in einer Weise, über die sich jeder Zahnarzt entsetzen würde – zum Öffnen von Benzinkanistern und zum Lösen von Schraubenmuttern. Bei all diesen Tätigkeiten splittern winzige Schmelzpartikel ab.

Dann wandte sich Ryan den Zähnen der Menschenaffen zu. Er stellte fest, daß die Schneidezähne der Schimpansen, die sich von weichen Früchten ernähren, poliert sind, die Zähne der Gorillas aber nicht. Gorillas leben am Boden und fressen harte Pflanzenteile. Sie nehmen die Stengel in den Mund, ziehen sie durch die Zähne und schälen ab, was sie fressen wollen. Da solche Stengel mit Sand und Erde verschmutzt sind und das Silikon in den Pflanzenzellen die Zahnoberfläche abreibt, haben die Gorillas auf den Kauflächen der Vorderzähne Kratzspuren. Auch aus der Richtung der Kratzer, die von innen nach außen führen und wie ein Kometenschweif am Ende dünner werden, läßt sich einiges entnehmen. Die Zähne der Gorillas sind nicht poliert wie Schimpansenzähne. Gorillas fressen weniger Früchte, und ihre Nahrung enthält viel Sand und andere harte Substanzen.

Eine dritte Art von Abnutzungsspuren entsteht beim Zerkauen kleiner, harter Objekte wie Samen und Nüsse. Dabei wird das Zahnbein freigelegt, und es entstehen kleine Löcher darin, weil es weicher ist

als der es schützende Schmelz. Wenn das Zahnbein bei einem Menschen freigelegt ist, dann kann er mit der Zunge diese kleinen Grate am Rand der Schneidezähne fühlen.
Nachdem Ryan festgestellt hatte, daß es bei den Zähnen verschiedener Menschenaffen und Menschen ganz bestimmte Abnutzungsmuster gibt, untersuchte er die Zähne des *afarensis* unter dem Raster-Elektronenmikroskop, und dabei stellte sich heraus, daß hier alle drei Arten der Abnutzung vorlagen; die Absplitterung winziger Partikel, das Entstehen von Graten im Zahnbein sowie Kratzspuren. Damit glaubt Ryan bewiesen zu haben, daß diese frühen Hominiden sich nicht ausschließlich von Früchten ernährten, sondern auf der Savanne eine gemischte Nahrung zu sich genommen haben, wie es auch andere Untersuchungen vermuten lassen.
Ryan möchte seine Arbeit noch vertiefen, um im einzelnen herauszubekommen, wovon sich diese Australopithecinen ernährt haben. Er hat dazu eine Apparatur entwickelt, mit der sich nachweisen läßt, daß Sandkörnchen einer bestimmten Größe auch eine bestimmte Art von Kratzern erzeugen. Der gleiche Apparat zeigt zudem, daß eine verschiedenartige Verwendung der Zähne – das Mahlen, Knabbern und Abstreifen usw. – jeweils eigene Abnutzungsspuren hinterläßt. Wenn er nun mit einiger Zuverlässigkeit die Größe der in den verschiedenen Pflanzen enthaltenen Silikonkörnchen feststellen kann, dann wird er damit auch erkennen können, wodurch die verschieden großen mikroskopischen Kratzer entstanden sind, die er an den Zähnen vorfindet. Er wird bei den Menschenaffen beginnen, deren Nahrungsaufnahme er beobachten kann. Dann wird er den Silikongehalt ihres Futters analysieren und versuchen, die Entsprechungen dafür zu finden. Wenn ihm das gelingt, kann er seine Untersuchungsergebnisse auf die Australopithecinen übertragen und zu dem in Beziehung setzen, was ihm die Fachleute für fossile Pflanzen über die verschiedenen Vegetationsarten im Plio-Pleistozän sagen. Auf den ersten Blick erscheint es fast unglaublich, daß man heute noch im Laboratorium feststellen könnte, wovon sich ein Tier vor 3 Millionen Jahren ernährt hat, aber Ryan ist hier recht zuversichtlich. Andere Wissenschaftler beobachten seine Arbeit mit großem Interesse.

Wenn man davon hört, was Menschen wie Al Ryan und Bob Walter tun, dann beginnt man zu begreifen, daß die Paläoanthropologie erst in ihren Anfängen steckt. Ich kann mir nicht einmal vorstellen, was einige der jungen Leute, die heute noch die Schulbank drücken, in dieser Wissenschaft leisten werden, wenn sie ihre Ausbildung beendet haben. Die dann angewendeten Techniken und die damit gewonnenen Erkenntnisse würden uns heute wahrscheinlich ebenso unverständlich sein, wie vieles, das für uns eine Selbstverständlichkeit ist und für Darwin nicht zu begreifen gewesen wäre. In unserer Wissenschaft haben wir Platz für jeden: für Leute, die wie Ryan und Walter im Laboratorium arbeiten, oder für solche, deren Tätigkeitsfeld draußen in den Grabungsgebieten liegt. Besonders die letzteren werden noch viel zu tun haben. Die beiden schwarzen Löcher, die ich oben erwähnt habe, müssen unbedingt aufgehellt werden. Ich bin überzeugt, daß Hadar in dieser Richtung noch viel zu bieten hat.

Der Begriff der schwarzen Löcher kommt aus der Astronomie. Man bezeichnet bestimmte Stellen am Himmel so, an denen gewaltige Strahlungsmengen freiwerden, die jedoch im konventionellen Teleskop schwarz aussehen. Als Energiequellen sind sie stärker als 1000 oder 1 Million Sonnen, und man sollte erwarten, daß sie den ganzen Himmel wie Fackeln erleuchten, aber sie sind unsichtbar. Astronomen, die dieses Paradoxon zu erklären versuchen, meinen, ein schwarzes Loch sei in Wirklichkeit eine kollabierte Masse Materie von so großer Dichte und einer so überwältigenden Schwerkraft, daß die Lichtstrahlen davon festgehalten werden. Die Dichte dieser Materie ist so groß, als sei die Erde zu einem Ball zusammengedrückt, den man in einen Koffer packen kann. Das sind allerdings nur theoretische Erwägungen, denn schwarze Löcher lassen sich nicht direkt beobachten. Deshalb habe ich auch diesen Vergleich für den derzeitigen Stand der Paläoanthropologie gewählt: Unsere Unkenntnis verdunkelt gewisse Perioden der Vergangenheit so sehr, daß von ihnen kein Licht ausgehen kann.

Ein schwarzes Loch, aus dem wir keine Fossilien besitzen, ist die Periode vor 3 bis 2 Millionen Jahren. Es gibt in Ostafrika ein paar Fossilien des *robustus* aus der Zeit vor etwas mehr als 2 Millionen Jahren und einige sehr fragwürdige Fragmente vom Omo und von anderen Fundstellen, die vom grazilen Typus zu stammen scheinen. In Südafrika gibt es natürlich auch grazile Formen aus der Zeit vor 2,5 Millionen Jahren, aber die Datierung ist nicht gesichert. Im übrigen haben wir hier in der Tat ein schwarzes Loch. Für diese Periode gibt es nirgends einen Hinweis auf die Existenz des *Homo*, mit Ausnahme der von Roche und Harris gefundenen Steinwerkzeuge. Geht man davon aus, daß der frühe *Homo* Steinwerkzeuge hergestellt hat, die Australopithecinen aber nicht, dann müßten alle hominiden Fossilien, die zusammen mit jenen frühesten Werkzeugen gefunden werden, als die Knochen des ältesten bekannten *Homo* bezeichnet werden.

Glich nun dieses Lebewesen auf der ersten Stufe der Evolution zum Menschen eher dem *habilis* oder dem *afarensis*? Die Beantwortung dieser Frage liegt mir besonders am Herzen.

Aber es gibt noch eine weitere unbeantwortete Frage: Was finden wir in der Zeit vor Lucy und vor mehr als 3,5 Millionen Jahren?

Diese zweite Frage bringt uns genau zu dem zweiten schwarzen Loch. Wenn das erste schon tief und dunkel ist, dann ist dieses viermal so tief und von undurchdringlicher, stygischer Schwärze. Es geht von Hadar und Laetoli zurück bis in die Zeit vor 6 Millionen Jahren in das Miozän und konfrontiert den Forscher zum erstenmal beim Verfolgen des Stammbaums der Hominiden mit etwas, das kein Hominide mehr ist. Irgendwo in jenem zweiten schwarzen Loch verbergen sich Formen, die zu primitiv sein könnten, als daß wir in der Lage wären, sie näher zu bestimmen. Hinweise darauf gibt es bei den Fossilien, die man am jenseitigen Ende des schwarzen Lochs antrifft, zur Zeit vor etwa 9 oder 10 Millionen Jahren. Diese Fossilien stammen von Menschenaffen.

Doch dazwischen, im schwarzen Loch, gibt es fast nichts. Für die unendlich lange Periode von 6 Millionen Jahren hat man in Ostafrika und Äthiopien nur drei fossile Bruchstücke gefunden, die vielleicht von Hominiden stammen. Ein Armknochen aus Kanapoi ist etwas älter als 4 Millionen Jahre. Aus Lothagam gibt es ein Stück Kieferknochen mit einem einzigen Molar darin, der 5,5 Millionen Jahre alt ist. Aus Lukeino besitzen wir einen weiteren 6 Millionen Jahre alten Molar. Diese drei fossilen Bruchstücke sind so unvollständig, so schlecht erhalten und für eine Zeitspanne diesen Ausmaßes so spärlich, daß sie nichts über sich aussagen können, als was die Logik ohnedies sagen muß: Zu jener Zeit hat sich in Ostafrika offenbar die Entwicklung vom Menschenaffen zum Hominiden vollzogen. Wann und wie das geschehen ist, wissen wir nicht – wie uns auch die nähere Bestimmung dieser drei Stücke nicht möglich ist.

Die fossilen Funde aus der Zeit jenseits des schwarzen Lochs, vor 9 bis 10 Millionen Jahren, sind jedoch reicher, weil es einigen Anthropologen gelungen ist, an mehreren Orten Fossilien führende Erdschichten aus dieser Zeit zu entdecken. Hier hat man mehrere Arten von Menschenaffen gefunden, darunter primitive, die nicht den heute lebenden gleichen, deren Merkmale aber Entwicklungstendenzen auf die heutigen Menschenaffen hin zeigen. Allerdings sind die Merkmale nicht so deutlich ausgeprägt, daß man sagen könnte, es handelte sich im einzelnen um den Vorfahren eines Orang-Utans, eines Gorillas oder eines Schimpansen. Eine zweite Art, der *Ramapithecus*, hat Zähne, die mit einer leisen, gewissermaßen flüsternden Andeutung darauf hinzuweisen scheinen, daß die Evolution in Richtung auf den Hominiden weitergehen könnte. Wir finden hier die ersten Spuren jener unerklärlichen Vergrößerung der Molare und Verdickung des Zahnschmelzes, die später bei robusten Australopithecinen geradezu groteske Proportionen annahmen.

Der *Ramapithecus* und ein paar andere Arten mit ähnlichen Zähnen haben offenbar Dinge getan, die die übrigen Menschenaffen im Miozän nicht getan haben. David Pilbeam, ein gebildeter, unaufdringlicher Engländer, der an der Yale University einen Lehrstuhl für Anthropologie innehat, hat es sich zur Lebensaufgabe gemacht, das Verhalten des *Ramapithecus* und seiner Verwandten mit dem der ihnen vorausgegangenen oder gleichzeitig lebenden anderen Menschenaffen zu vergleichen und überhaupt die sehr komplexen Zusammenhänge des Lebens der Menschenaffen im Miozän zu erforschen.

Die Arbeit von Pilbeam wird erheblich erschwert durch den schlechten Erhaltungszustand der Fossilien, ihre Seltenheit und die ungenaue Datierung. Sie kommen von drei Kontinenten und stammen aus einer sich über 10 Millionen Jahre erstreckenden Zeitspanne. Sie sind im Verlauf von fast 100 Jahren von Fachleuten und Amateuren zusammengetragen worden. Man hat sie mit einander oft widersprechenden Namen bezeichnet, in einem Dutzend von Museen aufbewahrt und dann vergessen. Ein zweiter Anthropologe aus Yale, Elwyn Simons, der heute an der Duke University lehrt, hat einige von ihnen aufgespürt und stellte fest, daß zwei von ihnen, die zunächst ganz anders benannt waren, in Wirklichkeit vom *Ramapithecus* stammen. So ist es ihm auch gelungen, das einigermaßen glaubhafte Modell eines Ober- und eines Unterkiefers zusammenzusetzen, zu denen auch einige Zähne gehören. Dieser rekonstruierte *Ramapithecus* besaß nicht nur die typischen großen und mit einer dicken Schmelzschicht überzogenen Molare, sondern auch kleine Eckzähne und einen an die Hominiden erinnernden gewölbten harten Gaumen. Man weiß jedoch nicht, ob der *Ramapithecus* aufrecht gegangen ist und wie sein Hirnschädel ausgesehen hat. Wie von vielen anderen Menschenaffen aus dem Miozän besitzen wir auch von ihm nur Zähne und Kieferknochen.

Wenn Owen Lovejoy meinte, die ständige Beschäftigung mit Fossilien präge den Forscher im Lauf der Zeit, dann gilt das bestimmt auch für David Pilbeam. Seit 20 Jahren beschäftigt er sich intensiv mit einer kleinen Sammlung von Fossilien seit langer Zeit ausgestorbener Vorfahren des Menschenaffen, versucht zu begreifen, was sie zu sagen haben, und modifiziert seine Auffassungen mit der Zunahme seiner Erkenntnisse. 1978 hat Pilbeam auf dem gleichen Nobel-Symposium, auf dem ich der Öffentlichkeit den *afarensis* vorstellte, eine ausführliche und wohldurchdachte Monographie über die Menschenaffen aus dem Miozän vorgelegt. Es ist erstaunlich, zu welchen Schlüssen ihn die Untersuchung dieser alten Knochen geführt hat. Er ist ein extrem behutsamer Mann, der immer wieder einräumt, daß er sich in dieser oder jener Frage geirrt haben könnte. Aber er hat bestimmte Vorstellungen, und das sich daraus ergebende Bild ist das folgende:

Die Menschenaffen aus dem Miozän sind etwa 20 Millionen Jahre alt. Eine der frühesten bekannten Formen ist der *Dryopithecus africanus* (nach einem Exemplar, das dem Londoner Zoo gehörte, nennt man ihn auch *Proconsul*). Die ersten Fossilien dieser Art sind von Louis Leakey am Viktoriasee entdeckt worden. Andere dem *Dryopithecus* ähnliche Arten haben in späteren Jahrmillionen gelebt, und zwar findet man sie vor 18 und 17 Millionen Jahren bis in die Periode vor etwa 9 Millionen Jahren. Sie haben in verschiedenen Formen und Größen gelebt und waren über weite Teile Afrikas, Mittel- und Südeuropas und Asiens verbreitet. Wie alle Menschenaffen waren sie Waldbewohner, und ihr Lebensraum war der große tropische Waldgürtel, der zu Beginn des Miozän die Erde umschloß. Pilbeam schließt alle Unterarten in die Familie der Dryopithecinen zusammen, die er nach den am häufigsten vorkommenden Vertretern dieser Gruppe benannt hat.

Alle diese Lebewesen vermitteln den Eindruck, daß es größere und kleinere Abarten schimpansenähnlicher Tiere gewesen sind. Es waren aber keine Schimpansen. In ihrer äußeren Form weichen sie, was bestimmte Merkmale betrifft, wesentlich von der des heutigen Schimpansen ab. Pilbeam glaubt sogar, daß die frühen Dryopithecinen mehr den heutigen Baumaffen als den Menschenaffen glichen. Man darf aber doch vermuten, daß sie die Vorfahren der heutigen Menschenaffen waren. Einige könnten die Vorformen des Orang-Utans, andere die des Gorillas und wieder andere die des Schimpansen sein. Aber das läßt sich nicht beweisen. Die Fossilien der Dryopithecinen verschwinden um die Zeit vor 9 bis 8 Millionen Jahren. Man kennt keine Übergangsformen. Aus einer jüngeren Zeit als vor 8 Millionen Jahren gibt es nirgends Menschenaffenfossilien. Das kann zum Teil daran liegen, daß es nur sehr wenige Menschenaffen gegeben hat. Als die typischen Urwälder während des Miozän zu schrumpfen begannen, ist auch die Zahl der Dryopithecinen zurückgegangen, und darin zeigt sich vielleicht schon die Gefahr der extremen »K«-Orientierung auf längere Zeit, wenn die Umweltbedingungen nicht mehr so günstig sind. Aber die beste Erklärung dafür, daß es nur so wenige Fossilien aus dem tropischen Urwald gibt, ob es sich nun um Menschenaffen oder andere Tiere handelt, liegt mit Sicherheit darin, daß sich Fossilien in einem solchen Boden nicht so lange halten. Die Erde ist zu sauer. Die Knochen werden durch die Säure aufgelöst und von Bakterien zersetzt, bevor der Versteinerungsprozeß eingesetzt hat.
Jedenfalls sind nach dem heutigen Stand der Wissenschaft unsere Gorillas, Orang-Utans und Schimpansen ganz plötzlich und wie aus dem Nichts aufgetaucht. Sie leben heute, haben aber kein Gestern, es sei denn, die Wissenschaft kann nachweisen, daß die Dryopithecinen ihre Vorformen sind. Pilbeam nimmt an, daß hier eine Verwandtschaft besteht, und hat das mit einem Diagramm illustriert. Er unternimmt aber nicht den Versuch, irgendwelche bestimmten Dryopithecinen mit einem heute lebenden Menschenaffen in Verbindung zu bringen. Er begnügt sich mit der Feststellung, daß die Dryopithecinen primitive Menschenaffen waren, die gewisse gemeinsame Merkmale zeigten, Merkmale, die sich an einer zweiten Gruppe von Menschenaffen aus dem Miozän, die Pilbeam ebenfalls bestimmt und in einer Gruppe zusammengefaßt hat, nicht feststellen lassen.

sind die Ramapithecinen, so benannt nach dem *Ramapithecus*. Welches ist nun der Unterschied zwischen beiden Arten? Es ist ein einfacher, aber entscheidender Unterschied. Mit Ausnahme ihrer Prämolare, die denen der Menschenaffen gleichen, haben alle Ramapithecinen ganz eigene, nicht an die Menschenaffen erinnernde Zähne: Es sind große Molare mit einer dicken Schmelzschicht und kleine Eckzähne. Dieses Gebiß deutet auf die Hominiden hin. Die Dryopithecinen mit ihren menschenaffenähnlichen Zähnen erscheinen als eine Vorstufe der heutigen Menschenaffen.

So einfach ist das, und doch so kompliziert. Diese verführerisch übersichtliche Anordnung ist nach 20 Jahren intensiver Studien und häufiger Umgruppierungen entstanden. Das Bedeutende an dem Diagramm liegt darin, an welcher Stelle Pilbeam die verschiedenen Typen eingeordnet hat. Links zeigt er die menschenaffenähnlichen, rechts die menschenähnlichen. So befindet sich zum Beispiel der sogenannte *Limnopithecus* am äußersten linken Rand des Diagramms, denn von allen im Miozän lebenden Typen gleicht er den Menschenaffen am meisten, während der am weitesten rechts eingeordnete *Ramapithecus* der menschenähnlichste ist und deshalb am ehesten als Vorfahre des Menschen gelten könnte.

Die wichtigste Erkenntnis, die wir bei der Betrachtung des von Pilbeam entworfenen Stammbaums aus dem Miozän gewinnen, ist der Eindruck, daß es schon vor 10 Millionen Jahren eine deutliche Aufspaltung der Menschenaffen in zwei Gruppen gegeben hat. Weil es aus dieser Zeit nur so wenige Fossilien gibt, ist man zu dieser Erkenntnis erst gekommen, nachdem Pilbeam sich so intensiv mit dem Thema beschäftigt hat. Er mußte zunächst die einzelnen Fossilien aus den verschiedensten Gegenden zusammentragen und selbst nach Pakistan reisen, wo es einige der ergiebigsten Fundstellen für die Ramapithecinen gibt. Dort hat er die Sammlung von Fossilien dieser Art erweitern können. Dann mußte er noch die Fossilien eines anderen Ramapithecinen, des *Sivapithecus*, finden, und nun erkannte er, daß diese Abart nicht mehr in die Gruppe der menschenaffenähnlichen Vorformen gehörte, sondern in die der hominidenähnlichen, weil das Gebiß mehr dem der Hominiden glich. Als das geschehen war, konnte er sagen: »Die [Fossilien], die ich den Ramapithecinen zugeordnet habe, zeigen eine einzigartige und bisher nicht erkannte Kombination von Merkmalen.«

Pilbeam muß allerdings zugeben, daß er sich bis auf die Einteilung der mehr dem Menschenaffen ähnlichen und der eher den Hominiden gleichenden Typen über die verwandtschaftlichen Beziehungen durchaus noch nicht im klaren ist. Er kann nicht sagen, wie die verschiedenen Formen innerhalb der beiden Gruppen zueinander in Beziehung stehen oder ob einige dieser Gruppen nicht sogar zusammengehören. Er vermutet eher das Gegenteil. Nach seiner Auffassung war die Gesamtpopulation der Menschenaffen im Miozän sehr komplex, und er rechnet damit, daß weitere Ausgrabungen noch mehr Abarten von Menschenaffen zutage fördern werden. Der von ihm entworfene Stammbaum bringt diese Komplexität zum Ausdruck. Die fremdartigen Namen hängen daran wie Früchte, und die Komplexität wird zunehmen, wenn weitere Namen eingefügt werden müssen.

In Wirklichkeit handelt es sich um eine Art der Simplifizierung. Eine Gruppe von Lebewesen verhält sich im dichten tropischen Urwald in einer bestimmten Weise und entwickelt sich im Verlauf von vielen Millionen Jahren – immer noch im Wald lebend – zu den heutigen Menschenaffen. Auf der anderen Seite sehen wir eine Gruppe von Lebewesen, die sich in ihrem Verhalten von der ersten unterscheidet. Wahrscheinlich handelt es sich dabei um den Versuch der Anpassung an eine bewaldete Umwelt, in der der Baumbestand allmählich lichter wurde und die sich im Lauf der Zeit in eine Savanne verwandelt hat. So war eine neue Umwelt mit neuen Nahrungsquellen, neuen Möglichkeiten und neuen Gefahren entstanden.

Man weiß, daß sich die Urwälder im Miozän vor etwa 15 Millionen Jahren gelichtet haben. Die Zuordnung der Ramapithecinen durch Pilbeam zeigt, daß man die Existenz dieser durch ein besonderes Gebiß gekennzeichneten Gruppe als deutliche evolutionäre Anpassung an die veränderte Umwelt nach dem Schrumpfen der Wälder ansehen darf: Sie lebten im offenen Gelände am Boden und ernährten sich mit einem entsprechend weiterentwickelten Gebiß von anderen Dingen als bisher. Das geschah vor etwa 14 Millionen Jahren.

Waren die Ramapithecinen wirklich die Vorfahren der Hominiden? Wenn wir uns den von Pilbeam entworfenen Stammbaum ansehen, dann erkennen wir, daß er sich dieser Interpretation nicht ganz sicher ist. Er hat die Hominiden nicht unterhalb der Ramapithecinen, sondern weiter rechts eingeordnet. Die zwischen beiden offengelassene

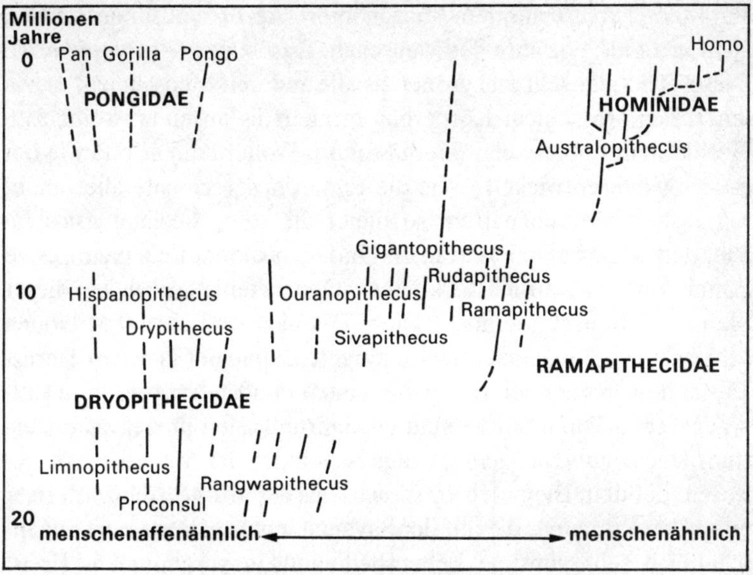

Den letzten Versuch, die komplexen Zusammenhänge innerhalb der Gesamtpopulation der Menschenaffen im Miozän deutlich zu machen, hat David Pilbeam unternommen. Er unterteilt diese Fossilien in zwei Hauptgruppen; die Dryopithecidae *(deren Gebiß nicht an das der Hominiden erinnert und die wahrscheinlich die Vorfahren unserer heutigen Menschenaffen gewesen sind) und die* Ramapithecidae *(deren Gebiß hominide Merkmale zeigt). Unter den letzteren betrachtet man den* Ramapithecus *als den vielleicht menschenähnlichsten. Deshalb ist er auf dem Diagramm am weitesten rechts eingezeichnet. Für wie zuverlässig hält er nun diese Darstellung? Er hat seine Zweifel daran. Die echten Hominiden sind noch weiter rechts eingeordnet, und zwischen ihnen und dem* Ramapithecus *bleibt eine weite Lücke offen.*

Lücke deutet an, daß an einer direkten Verbindung zwischen beiden Zweifel bestehen. Danach gibt es die Möglichkeit, daß in diese Lückc noch eine weitere, bisher noch nicht entdeckte Art gehört.

Sogar die Einordnung des *Ramapithecus* an den rechten Rand der Gruppe der Ramapithecinen ist zweifelhaft. Während seiner letzten Forschungsreise nach Pakistan hat Pilbeam auf dem Potwar-Plateau mehr Fossilien vom *Sivapithecus* gefunden als von irgendeiner anderen Art. Jetzt hat er sich an die gründlichere Erforschung dieses Lebewesens gemacht, um festzustellen, ob der *Sivapithecus* nicht die bisherige Rolle des *Ramapithecus* übernehmen sollte.

Ein Menschenaffe aus dem Miozän interessiert ihn besonders, wenn auch nicht als Vorfahre des Menschen. Das ist der *Gigantopithecus*. Dieses Tier war sehr viel größer als alle anderen Menschenaffen aus jener Zeit. In seinem Körperbau erinnert es an einen weiblichen Gorilla, hatte aber viel größere Molare. Woher kam es und wie hat es sich weiterentwickelt? Wie die Evolutionsgeschichte aller anderen frühen Menschenaffen, so bleibt die seine beziehungslos im Schatten. Man hat in Pakistan und Indien bisher nur ein paar riesige Zähne und das Bruchstück eines Oberschenkelknochens dieser Menschenaffenart gefunden. Diese Fossilien sind etwa 9 Millionen Jahre alt. Aber man hat andere, jüngere Zähne der gleichen Tierart Tausende von Kilometern von der ersten Fundstelle entfernt in China entdeckt. Diese Stücke sind um Jahrmillionen jünger als die ersten. Der *Gigantopithecus* ist augenscheinlich der Menschenaffe gewesen, der dem Elefanten entsprach – als der größte Pflanzenfresser unter den Primaten, die auf der Savanne lebten. Er hat dort augenscheinlich sehr günstige Lebensbedingungen vorgefunden. Er ist erst vor 500000 Jahren in China ausgestorben, und zwar hat ihn wahrscheinlich sein kleinerer, aber anpassungsfähigerer und intelligenterer Vetter *Homo* verdrängt. Es gibt Leute, die glauben, daß der *Gigantopithecus* in schwer zugänglichen und abgelegenen Teilen der Welt auch heute noch lebt, so etwa als »furchterregender Schneemensch« im Himalaya oder als »Bigfoot« oder »Sasquatch« in den Wäldern des amerikanischen Nordwestens. Doch die meisten Anthropologen lehnen solche Berichte als Produkte der Phantasie ab.

Die meisten Fossilien besitzen wir heute vom *Sivapithecus*; es sind mehr als 60 Stücke. Wie üblich sind es fast ausschließlich Kieferknochen und Zähne. Es ist Pilbeam jedoch kürzlich gelungen, einige Bein-, Fuß- und Zehenknochen sowie ein paar Fragmente des Hirnschädels zu finden, die entweder von einem großen, mittelgroßen oder kleinen Typus stammen. Der große Typus ist offenbar der *Gigantopithecus*, der mittlere ist der *Sivapithecus*. Pilbeam meint, er habe etwa die Größe des Schimpansen gehabt und vielleicht mehr am Boden gelebt als dieser.

Über den kleinen Typus, den *Ramapithecus*, weiß man heute schon bedeutend mehr. Durch neue Funde von Kieferknochen hat sich die von Elwyn Simons angefertigte Rekonstruktion verbessern lassen,

obwohl es nur sehr wenige fossile Bruchstücke des rückwärtigen Teils des Hirnschädels gibt. Pilbeam beschreibt dieses Tier wie folgt:
»Der *Ramapithecus* war sehr klein, nicht größer als ein mittelgroßer Hund, und wog etwa 15 Kilogramm. Nach unseren heutigen Erkenntnissen ging er nicht aufrecht, sondern war ein agiles, vierfüßiges Tier, das sich auf Bäumen ebenso geschickt bewegen konnte wie am Boden ... Ich nehme an, der *Ramapithecus* konnte gut klettern, hat sich häufig auf Bäumen aufgehalten, dort geschlafen, sich ausgeruht, gespielt, die Gemeinschaft mit seinen Artgenossen gepflegt, ist bei Gefahr auf die Bäume geflohen und hat dort sogar gefressen. Er hielt sich aber auch am Boden auf, und zwar im Wald und am Waldrand. Hier sammelte er sein hartes, mit den Zähnen abschälbares Pflanzenfutter und fing vielleicht gelegentlich kleine Beutetiere. Am Boden ist der *Ramapithecus* wahrscheinlich oft, wie das die kleinsten heute lebenden Menschenaffen tun, auf zwei Beinen gegangen, besonders wenn er etwas in den Händen trug ... Ich vermute, [die Eigenart seiner Zähne] war eine Anpassung an eine neue und härtere vegetarische Ernährung. Wahrscheinlich hat der *Ramapithecus* nicht häufiger Werkzeuge benutzt als der heutige Schimpanse.
Dieses Lebewesen unterschied sich in jeder Beziehung von allen Affenarten, die heute oder vor unserer Zeit gelebt haben. Er war vielleicht nicht der erste Hominide, hat ihm aber vermutlich ähnlich gesehen. Er hätte sich leicht zum frühen Australopithecinen entwickeln können, wenn er sich auf die Hinterfüße gestellt hätte.«

Unser Vorfahre – vielleicht ...

Jede Arbeit in Pakistan wird dadurch erschwert, daß die dort gefundenen Fossilien sehr schlecht erhalten sind. Es handelt sich um bloße Fragmente. Ich bin überzeugt, daß es im Afar-Gebiet in älteren Schichten viel bessere Fossilien gibt, in Schichten, die bis zu 7 Millionen Jahre alt sind und die Zeit zu den Menschenaffen aus dem Miozän, die Pilbeam untersucht, überbrücken.
Da die Voraussetzungen für die Versteinerung von Knochen im Afar-Gebiet so günstig sind, glaube ich sicher, wenn wir Fossilien führende Ablagerungen diesen Alters dort finden sollten, werden wir hervorragende Stücke entdecken. Oft überlege ich mir, wie ein 7 Millionen Jahre altes Kniegelenk aussehen und wie Owen Lovejoy sich über

einen solchen Fund freuen würde. Angenommen, wir stoßen zufällig auf etwas, das sich mit Lucy vergleichen ließe, aber 4 Millionen Jahre älter wäre. Würde das ein Hominide oder ein Menschenaffe sein? Wäre dieses Lebewesen aufrecht gegangen? Es könnte sehr schwierig sein, solche Fragen zu beantworten, denn das hinge davon ab, wie man Lebewesen interpretieren will, die, was ihre Entwicklungsstufe betrifft, an der Grenzlinie zwischen den Menschenaffen und den Hominiden stehen. Für mich ist es eine große Enttäuschung gewesen, daß uns die politische Lage in Äthiopien drei Jahre lang daran gehindert hat, ins Grabungsgebiet zurückzukehren und den Versuch der Beantwortung solcher Fragen zu unternehmen. Immer wieder denke ich an die Fossilien, die während dieser drei Jahre aus den Hängen des Awash-Flußtals herausgespült sein könnten, die nun in der Regenzeit fortgeschwemmt werden und von den Viehherden zu Staub zertreten, auf einer Fläche von mehr als 250 Quadratkilometern verstreut liegen könnten. Nach 1976 habe ich mich oft mit solchen Gedanken gequält, wenn auch sehr ungern.

Im Sommer 1979 geriet ich durch einen Brief von Maurice Taieb in Hochstimmung. Er sagte, die Aussichten, nach Äthiopien zurückzukehren, hätten sich gebessert. Er hatte die Verbindung zu gewissen Leuten in den Ministerien aufrechterhalten. Jetzt sah es fast so aus, als könnten wir eines Tages zurückkehren, wenn zunächst auch nur nach Addis Abeba, um die Möglichkeiten für eine neue Grabungskampagne zu besprechen. Er fragte mich, wann ich die Reise mit ihm antreten könnte.

Ich antwortete, ich stünde ihm jederzeit zur Verfügung. Da ich glaubte, auf einen solchen ersten Besuch werde im Lauf der Zeit sicher auch eine neue Grabungskampagne folgen, begann ich sofort mit den Planungen dafür und überlegte mir, wen ich mitnehmen sollte und welche Forschungsarbeiten die wichtigsten seien.

Die Fundstelle 333 stand auf meiner Prioritätsliste ganz oben. Zunächst mußte der obere Teil der Anhöhe angeschnitten werden, um festzustellen, ob hier noch weitere Fossilien lagen.

Ebenso wichtig waren auch die geologischen Verhältnisse an der Stelle, wo John Harris und Hélène Roche Steinwerkzeuge gefunden hatten. Sollte sich herausstellen, daß es die ältesten der Welt waren, mußte man eine zuverlässige Datierung vornehmen. Besonders wichtig war in jedem Fall die Arbeit, die sich auf das schwarze Loch zwischen 3,5 und 2 Millionen Jahren vor unserer Zeit bezog. Wenn aus dieser Periode hominide Fossilien gefunden werden konnten, dann mußte das die von White und mir vorgenommene theoretische Einordnung der Hominiden für das späte Pliozän und das frühe Pleistozän bestätigen oder widerlegen.

Es gab aber auch noch jenes andere schwarze Loch, das von Hadar 6 Millionen Jahre ins Miozän zurückreichte. Maurice hatte mir versichert, es gäbe in abgelegenen Gegenden des Afar-Gebiets 4 und 7 Millionen Jahre alte Ablagerungen. Nun würde es nicht leicht sein, zwischen diesen drei so vielversprechenden Alternativen die Auswahl zu treffen. Vielleicht sollte ich die Arbeit auf allen drei Gebieten vorbereiten.

Am 3. Januar 1980 flog ich nach Paris. Ich hatte die ganze Sammlung hominider Fossilien aus Hadar, die ich den äthiopischen Behörden zurückgeben wollte, sorgfältig verpackt mitgenommen.

In Paris traf ich mich mit Maurice, und wir flogen zusammen nach Addis Abeba. Am Flughafen holten uns unser alter Freund und Helfer Richard Wilding und Vertreter des äthiopischen Kultusministeriums ab. Daß auch Äthiopier auf dem Flughafen erschienen, war ungewöhnlich und schien mir ein besonders gutes Zeichen zu sein. Während der folgenden Tage besprachen wir uns mit anderen Wissenschaftlern aus verschiedenen Ländern; mit dem englischen Archäologen Desmond Clark, dem neuseeländischen Experten für Steinwerkzeuge John Harris, der Mitarbeiterin von Taieb und Spezialistin für fossile Pollen Raymonde Bonnefille und mit Bill Singleton, der vor einigen Jahren an einer anderen Grabungsstelle im Afar-Gebiet gearbeitet hatte.

An einem Wochenende einigten wir uns auf einen gemeinsamen schriftlichen Vorschlag für die künftige paläoanthropologische und archäologische Arbeit in Äthiopien. Er wurde den Behörden auf einer für uns recht spannend beginnenden Sitzung vorgelegt; uns war klar, daß die gesamte künftige Grabungsarbeit im Afar-Gebiet davon abhängen werde, wie dieses Papier jetzt aufgenommen wurde.

Unsere Besorgnisse wurden sehr bald zerstreut. Während der vergangenen zwei Jahre hatte sich die Bereitwilligkeit der Äthiopier, die wissenschaftliche Arbeit von Ausländern in ihrem Land ernstzunehmen, in dramatischer Weise erhöht. Vorher waren die Behörden wegen der Unruhen und der auf den politischen Umsturz folgenden Gewalttätigkeiten zu sehr mit ihren innenpolitischen Problemen beschäftigt gewesen, um sich viel um die Arbeit ausländischer Wissenschaftler zu kümmern, und auch die unteren Beamten in den Ministerien waren zu ängstlich gewesen, um selbständige Entschlüsse zu fassen. Nun, da sich die politische Lage beruhigt hatte und die Regierung fest im Sattel saß, erklärten die Äthiopier, sie würden die Fortführung der paläoanthropologischen Arbeit begrüßen. Sie ermutigten uns sogar dazu und versprachen, die notwendigen Genehmigungen auszustellen und uns mit Kraftstoff und anderem Material zu versorgen. Sie sprachen auch die Hoffnung aus, wir würden junge Äthiopier zur Ausbildung mitnehmen, und erklärten sich bereit, die dafür geeigneten jungen Leute auszusuchen. Unserem Vorschlag stimmten sie, nachdem sie einige Kleinigkeiten geändert hatten, im allgemeinen zu. Ganz unerwartet setzten sie die Genehmigung wieder in Kraft, die sie Taieb und mir vor einigen Jahren auf Veranlassung von Jon Kalb entzogen hatten. Das bedeutete, wir durften jetzt auch im mittleren Awash-Tal bei Bodo arbeiten, wo Kalb ein hominides Fossil, den Schädel eines *Homo erectus*, gefunden hatte. Ich war von der Höflichkeit und Bereitwilligkeit zur Zusammenarbeit der Äthiopier überwältigt. Freudig erregt verließ ich die Sitzung.

Die folgenden Tage brachten wir damit zu, Vorräte anzulegen, die Ausrüstung unseres Lagers zu überprüfen, die wir 1977 zurückgelassen hatten, und wir versuchten, aus mehreren schrottreifen Landrovern zwei funktionsfähige Fahrzeuge zusammenzubauen. Nachdem uns das alles schließlich gelungen war, verließ eines Spätnachmittags eine kleine, aus zwei Fahrzeugen bestehende Expedition Addis Abeba, um die lange Reise aus dem zentralen Hochland ostwärts in das tiefer gelegene Afar-Gebiet anzutreten, ein Unternehmen, an dessen Gelingen ich in letzter Zeit manchmal gezweifelt hatte. Begleitet wurde ich dabei von Taieb, dem französischen Geologen Jean-Jacques Tiercelin, Raymonde Bonnefille, Bob Walter und einem Vertreter des äthiopischen Ministeriums. Wir übernachteten auf der Awash-Station und trafen hier mit unserem alten Freund Kabete zusammen, der bei den früheren Grabungskampagnen unser Koch gewesen war. Dann fuhren wir nach Gewani und erkundigten uns dort nach einem Mann mit Namen Selati, der schon einmal mit Maurice am mittleren Awash gewesen war. Selati kannte dieses Gebiet. Er kannte auch die Fundstelle des Schädels von Bodo. Nun stellten wir ihn als Führer ein.

Wir ratterten in den Landrovern weiter, es wurde immer heißer, die Luft trockener, die Landschaft öder und feindlicher. So rollten wir in eine stickige Senke nach der anderen, um dann mühsam auf die nächste Anhöhe zu kriechen, während Selati uns den Weg nach Bodo zeigte. Rings breitete sich die verlassene, felsige und staubige Landschaft aus. Zwei Tage mußte ich den Staub schlucken, während ich versuchte, meine Ungeduld zu zähmen. Schließlich erreichten wir Bodo. Nachdem wir uns rasch umgesehen hatten, stellten wir fest, daß es eine ungewöhnlich reiche Fundstelle aus der Mitte des Pleistozän war. Überall lagen Säugetierfossilien und Acheuléen-Steinwerkzeuge aus der Zeit vor 5 bis 1,5 Millionen Jahren. Vom Bodo-Menschen fanden wir keine Knochen mehr, nahmen das Gebiet aber sehr sorgfältig kartographisch auf und legten die Stellen fest, an denen wir Ende 1980 mit der intensiveren Erforschung beginnen wollten.

Als wir soweit waren, versagte einer der Landrover den Dienst. Maurice mußte mit dem anderen zu einer weit entfernten Pflanzung fahren in der Hoffnung, dort ein Differential aufzutreiben. Er fand eines, aber es war fast ebenso schwach wie das erste. Als er zurückkam, einigten wir uns darauf, nicht weiter in diese Mondlandschaft vorzustoßen, in der wir die 4 bis 7 Millionen Jahre alten Ablagerungen vermuteten, denn die Fahrzeuge würden diese Beanspruchung wahrscheinlich nicht aushalten. Statt dessen setzten wir den Weg nach Hadar fort.

Diesmal hatten wir keine Zelte, sondern nur Feldbetten mit Moskitonetzen darüber. Ich stellte meines am oberen Rand des Hanges über dem Flußtal an der Stelle auf, wo das alte Lager gestanden hatte, und ging in der Abenddämmerung noch bis zur Fundstelle 200, wo die besten Oberkieferknochen des *afarensis* gefunden worden waren. Hier genoß ich endlich das überwältigendste Erlebnis, das die Wüste einem modernen Stadtmenschen schenken kann: die absolute Stille. Vor mir lag eine Gebirgskette, die sich am westlichen Horizont erhob und deren Farbe sich allmählich vom tiefen Violett in dunkles Schwarz verwandelte. Ihr Anblick weckte vertraute Erinnerungen. Dann kehrte ich ins Lager zurück und setzte mich mit den anderen zum Essen. Es gab den gewohnten Ziegenbraten. Beim Einschlafen hörte ich unten am Fluß den leisen Ruf der Eulen.

Am nächsten Morgen kamen acht mit Maschinenpistolen bewaffnete, düster dreinblickende Männer ins Lager. Als ich sie kommen sah, befiel mich eine gewisse Beklommenheit. Selati, der ein Gewehr mitgebracht hatte, machte es in aller Ruhe schußbereit. Zu meiner großen Erleichterung setzten sich die Männer vor uns auf den Boden und fingen an, sich mit uns zu unterhalten. Wir gaben ihnen Tee und Brot, und in einem zwanzig Minuten dauernden Gespräch erfuhren wir, daß sie nach Banditen von dem rivalisierenden Stamm der Issa suchten. Außerdem berichteten sie, daß Muhammed Goffra, der die Expedition 1976 zu unserem Schutz begleitet hatte, sich noch immer in der Nähe aufhielt und bereit war, die gleiche Aufgabe auch diesmal zu übernehmen. Sein Vorgesetzter Habib, der kleine Afar-Häuptling mit dem eisernen Gesicht, mit dem Taieb und ich damals verhandelt hatten, beherrschte noch immer diese Region und freute sich, daß wir zurückgekommen waren.

Es folgten zwei arbeitsreiche Wochen. Gemessen an dem Aufwand und der Zeit, die wir hier draußen zubrachten, halte ich dieses Unternehmen für das gelungenste und erfolgreichste, an dem ich jemals teilgenommen habe (ganz abgesehen von den Fossilien, die wir fanden). Unsere Gruppe bestand jetzt nur noch aus Taieb, Walter, Tiercelin und mir sowie unserem Koch Kabete und zwei Stammesangehörigen der Afar, die wir als Hilfskräfte angestellt hatten – ein kleines, aber hervorragendes Team. Jeder wußte genau, was er zu tun hatte, und widmete sich den ganzen Tag seinen Aufgaben. Am Abend versammelten wir uns zu langen interdisziplinären Gesprächen. Der einzige meiner drei Kollegen, den ich noch nicht gut kannte, war Tiercelin, aber während dieser zwei Wochen lernte ich ihn achten und schätzen. Er war ein unermüdlicher Arbeiter, ein brillanter Geologe und ein vorzüglicher Mitarbeiter, der die von Taieb und Walter geleistete Arbeit in hervorragender Weise unterstützte. Bei unseren abendlichen Gesprächen kamen wir zu den folgenden Schlüssen:

Bei Hadar hatte sich kaum etwas verändert. Offensichtlich hatte es nur sehr wenig geregnet. Es waren nur wenige neue Fossilien aus dem Boden gespült worden, und wir hatten während unserer drei Jahre dauernden Abwesenheit nichts versäumt. Es hatte sich so wenig geändert, daß ich bei meinem Gang durch die verlassene Gegend die Fußspuren fand, die ich vor einigen Jahren im Sand hinterlassen hatte. An einer anderen Stelle lag noch eine von der Sonne gebleichte

Zigarettenpackung, die ich vielleicht selbst einmal fortgeworfen hatte.
Wir besuchten auch die Fundstelle 333. Hier war eine größere Menge Sandstein vom oberen Teil des Hangs abgebröckelt. Jetzt lagen diese größeren und kleineren Felsbrocken über den ganzen Hang verstreut, den wir vor zwei Jahren so gründlich nach Fossilien abgesucht hatten. Aber das in einer Kaskade heruntergestürzte Gestein hatte keine neuen Fossilien freigelegt. Wir stellten das mit Erleichterung fest. Es bedeutete, daß wir den Boden sehr gewissenhaft durchgesiebt und alles abgesucht hatten. Jetzt konnten wir mit der Ausgrabung der Fossilien führenden Schicht am oberen Teil des Hanges dort beginnen, wo wir 1977 die ersten vorsichtigen Schürfungen unternommen hatten.
Die Stelle, wo Roche und Harris bei dem nahegelegenen Gona die Steinwerkzeuge gefunden hatte, wurde ebenfalls aufgesucht. Hier gelang es Taieb, Tiercelin und Walter, eine sehr aufschlußreiche geologische Entdeckung zu machen. Als Harris und ich dort zwei Jahre zuvor eine vorläufige Versuchsgrabung vorgenommen hatten, schätzten wir das Alter der Werkzeuge auf etwa 2,5 Millionen Jahre, wir stützten uns dabei aber nur auf unsere oberflächlichen stratigraphischen Beobachtungen. Da wir keine Geologen waren, konnten wir unsere Vermutung nicht bestätigen.
Als die Geologen an die Fundstelle der Werkzeuge kamen, sahen sie sich der Schwierigkeit gegenüber, mit der viele Fachgelehrte oft zu kämpfen haben: Es ließen sich keine Entsprechungen finden. Die Werkzeuge führende Schicht bei Gona ließ sich mit keiner Schicht in der stratigraphischen Säule von Hadar in Verbindung bringen.
»Wie werden Sie eine solche Verbindung herstellen können?« fragte ich Walter am gleichen Abend.
»Wir haben dort zwei sehr auffallende, aus großen abgeschliffenen Steinen bestehende Schichten. Wir müssen sie nun verfolgen und hoffen, daß sie irgendwo eine Verbindung mit einer anderen, uns schon bekannten Schicht haben.«
Während der folgenden Woche durchstreiften Walter und Tiercelin die ganze Umgebung. Sie identifizierten eine in früher Zeit überschwemmte Fläche und fanden Werkzeuge in einer Schicht, die sich aus Schlamm und Sand gebildet hatte. Dann stellten sie die Verbindung zwischen dem Überschwemmungsgebiet und der Steinschicht

her und verfolgten die letztere bis nach Hadar. Nachdem sie ihre Untersuchungen eine Woche lang fortgesetzt hatten und dabei immer wieder auf falsche Spuren gestoßen waren, fanden sie endlich die Verbindung. Als ein besonderes Geschenk betrachteten sie den Umstand, daß sie vulkanische Proben aus Tuffschichten entnehmen konnten, die über und unter der Steinschicht lagen.

Walter ist heute überzeugt, daß die Werkzeuge 2,5 Millionen Jahre alt und damit die ältesten bis heute in der Welt bekannten sind – und zwar mit einer Toleranz von 50000 bis 100000 Jahren. Er wird diese Toleranz noch verringern können, wenn er die Tuffproben von Gona datiert hat. Besonders der AST-1-Tuff *(artifact site tuff)* scheint eine direkte Verbindung zu dem BKT-2-Tuff bei Hadar zu haben, der von ihm und Aronson schon datiert worden ist.

Dieser zweite Tuff ist für uns aus verschiedenen Gründen wichtig. Wir können ihn nicht nur als Gegenprobe verwenden, sondern es werden sich damit auch Datierungen von Ablagerungen weit über das Gebiet von Hadar hinaus vornehmen lassen. Man könnte den alten BKT-2-Tuff mit einem Meterstab vergleichen, den man an dem einen Ende eines großen Zimmers an ein Tapetenmuster legt, während der AST-1 der Meterstab für das andere Ende ist. Verbindet man beide – das heißt, peilt man von dem einen zum anderen hinüber –, dann ist es möglich, die Tapete so auf die Wand zu bringen, daß die Muster auf beiden Seiten und überall dazwischen genau aufeinanderpassen. Das hat Walter praktisch auch bei Gona getan. Sein Tapetenmuster waren die Schichten, in denen die rundgeschliffenen Steine lagen; sein Zimmer das Gebiet bei Gona und Hadar. Daß es gelungen ist, zuverlässige Datierungen auch für Teilgebiete zu erarbeiten, in denen das bisher nicht möglich gewesen war, ist nach meiner Ansicht das wichtigste Ergebnis dieser Grabungskampagne gewesen.

Aber das ist noch nicht alles. Die von Bob genommenen neuen Proben sollten ganz genaue Ergebnisse bringen. Er verwendet eine Technik mit dem Elektronenmikroskop, die es ihm erlaubt, einen winzigen Punkt aus einer Mineralprobe herauszunehmen – etwa ein einzelnes Kristallkörnchen – und diesen mikroskopisch kleinen Teilbereich chemisch zu analysieren, ohne die Probe zu verändern. Auf diese Weise kann er Unreinheiten erkennen und sie ausscheiden, bevor sie seine Untersuchungsergebnisse verzerrt haben.

Walter ist jetzt auch dabei, sich ein Gesamtbild von der Geschichte des Vulkanismus bei Hadar zu verschaffen. Er glaubt, es könnte dort bis zu zehn Vulkane gegeben haben, aus denen der Tuff in diesem Gebiet stammt. Bei einigen von ihnen ist es zu mehreren Eruptionen gekommen. Jeder Vulkan und jede Eruption fördern Material verschiedener Zusammensetzung zutage. Wenn Walter nun Proben nimmt und sie analysiert, entsteht ein Katalog des Vulkanismus, der es ihm ermöglicht, jede neue Probe mit den schon vorhandenen zu vergleichen. Das wird es schließlich erlauben, die Bodenschichten im gesamten Gebiet von Hadar mit einer bisher noch nie erreichten Genauigkeit zu datieren.

Für die paläoanthropologische Forschung hatte es zwar keinen unmittelbaren Wert, aber für die Geologen war es doch interessant, als jetzt festgestellt werden konnte, daß das Tiefland von Afar – ein alter Seegrund – früher etwa 1000 Meter höher gelegen haben könnte als heute. Raymonde Bonnefille, die jetzt an der Analyse der fossilen Pollen arbeitet, ist überzeugt, daß die Pollen, die sie untersucht hat, auf eine Gebirgsvegetation hinweisen. Der französische Nagetierspezialist Jean-Jacques Jaeger bestätigt das, denn seine Sammlung von Ratten- und Mäusefossilien führt zu den gleichen Schlüssen. Über die Ursachen dieses Phänomens kann Taieb nichts sagen. Da man das Gesagte aber für das Afar-Gebiet nachweisen kann und es zweifellos irgendwie mit dem umfassenderen Problem der Kontinentalverschiebung (sein Spezialgebiet) zusammenhängt, glaubt er, hier bestehe die Möglichkeit, neue Erkenntnisse zur gesamten Theorie über die tektonischen Platten zu gewinnen. Doch zunächst wird er geologisch nachweisen müssen, was Raymonde Bonnefille und Jean-Jacques Jaeger sagen. Dazu wird es notwendig sein, Ablagerungen auf der Ebene von Afar mit ähnlichen Schichten in höheren Lagen zu vergleichen. Das wäre eine gewaltige und ungeheuer schwierige Aufgabe.

Unsere Gruppe befand sich jetzt schon zwei Wochen im Grabungsgebiet. Nachdem wir unsere Arbeiten abgeschlossen hatten und reisefertig waren, verließen wir diese Gegend nur ungern. Es tat uns leid, ein Team auseinanderzureißen, das so harmonisch und erfolgreich zusammengearbeitet hatte.

»Wir müssen jetzt aufbrechen«, sagte ich.

»Nur noch einen Tag«, sagte einer meiner Mitarbeiter.

Aber dieser eine Tag war uns nicht mehr gegönnt. Noch am gleichen Nachmittag kamen fünf Leute vom Stamme der Afar ins Lager und benahmen sich auffallend nervös. Unter ihnen war auch unser Beschützer Muhammed Goffra, und auch er machte einen besorgten Eindruck. Bei Sonnenuntergang bemerkte er am anderen Flußufer einen Menschen. Er rief ihn an, bekam aber keine Antwort. Darauf feuerte er ein paar Schüsse auf ihn ab. Der Mann verschwand.

Wir fragten ihn, wer das gewesen sein könnte.

»Vielleicht ein Issa-Späher. Das wäre für uns sehr unangenehm, denn die Issa streifen in Banden zu 30 oder mehr Männern durch die Gegend.«

Wir setzten uns zusammen und besprachen die Lage. Inzwischen war es dunkel geworden, und der Himmel wurde ab und zu von fernen Blitzen erleuchtet. Dann fing es an zu regnen. Das gab den Ausschlag; wir konnten es nicht wagen, in einer tiefen Senke von starkem Regen überrascht zu werden, der eine Sturzflut auslösen konnte, und deshalb packten wir unsere Sachen zusammen, so gut es im Dunklen gehen wollte, und brachen gegen 23 Uhr auf, obwohl es wieder zu regnen aufgehört hatte. Nach zweistündiger Fahrt richteten wir uns an einer sicheren Stelle auf dem Plateau für den Rest der Nacht zum Schlafen ein. Am folgenden Tag waren wir wieder in Addis Abeba.

Am 29. Januar gingen Taieb und ich ins Nationalmuseum. In einer Feierstunde mit mehreren Ansprachen überreichten wir den Äthiopiern die vollständige Sammlung hominider Fossilien aus Hadar. Genosse Mammo Tessema, der Museumsdirektor, übernahm die mehr als 350 wertvollen fossilen Knochen.

Ich war mir der symbolischen Bedeutung dieser Übergabe durchaus bewußt und konnte ermessen, was sie für die Zukunft der Paläoanthropologie in Äthiopien bedeutete. Aber ich hatte zugleich auch das schmerzliche Gefühl, etwas mir seit langer Zeit Vertrautes zu verlieren. Fünf Jahre hatte sich Lucy in meinem Besitz befunden. Es war das schönste, vollständigste und ungewöhnlichste hominide Fossil der Welt, und ich hatte es während der ganzen Zeit im Panzerschrank meines Büros aufbewahren dürfen. Wissenschaftler aus der ganzen Welt waren zu mir gekommen, um Lucy anzusehen. Ich hatte Aufsätze über sie geschrieben, war im Fernsehen mit ihr aufgetreten und hatte Vorträge über sie gehalten. Durch sie war ich als bis dahin unbekannter junger Wissenschaftler ins Rampenlicht der paläontologischen Forschung gekommen. Lucy und alle die anderen Fossilien, die ich jetzt den Äthiopiern übergab, hatten mich in die Lage versetzt, die Evolution der Hominiden ganz neu zu interpretieren. Als ich nun im Museum stand und die Ansprache hörte, mit der die Fossilien von ihren Eigentümern übernommen wurden, fühlte ich mich wie ein Vater, der sein Kind zur Adoption fortgibt. Unter all den Menschen, die sich hier die Hände schüttelten und beglückwünschten, kam ich mir recht verlassen vor.

Aber das dauerte nicht lange. Die Äthiopier hatten uns die Grenzen ihres Landes wieder geöffnet, und damit standen wir vielleicht vor neuen, wunderbaren Entdeckungen. Es war erregend, daran zu denken, daß wir im nächsten Herbst mit einem vollständigen Team wieder zurückkommen würden. Ich wußte genau, was wir tun würden und wer die einzelnen Aufgaben übernehmen sollte. Tim White und Gerry Eck werden mit mir nach Hadar gehen, und Kabete wird wieder unser Koch sein. Wir werden uns ausschließlich mit der Suche nach hominiden Fossilien beschäftigen. Ich werde auch versuchen, einen der Kenianer für uns zu gewinnen, die für Richard und Mary Leakey so gute Arbeit geleistet haben. (Richard hat mir vor einigen Jahren dieses großzügige Angebot gemacht, und jetzt werde ich darauf zurückkommen.) Kamoya Kimeu ist zum Beispiel sehr interessiert daran. Als ich ihm Lucy zeigte, sagte er: »Wenn Sie das gefunden haben, was glauben Sie, könnte dann ich dort finden?«

Da wir jetzt wieder am Mittellauf des Awash arbeiten dürfen, wird Desmond Clark mit seinem Team die Ausgrabungen dort übernehmen. Der Wert dieser Grabungsstelle liegt darin, daß der *Homo erectus*, der zwar über ganz Eurasien und Afrika verbreitet war und 2 Millionen Jahre jünger ist als die Fossilien von Hadar, anatomisch noch nicht so gut bekannt ist wie diese. Es gibt zwar einige recht gut erhaltene Schädel des *erectus* von den verschiedensten Fundstellen sowie zahlreiche Zähne, aber nicht viel mehr.

Was wir über den *erectus* wissen, bezieht sich in erster Linie auf seine Kultur. Von ihm bewohnte Höhlen sind sehr gründlich erforscht worden. Clark Howell hat entscheidende Forschungsarbeiten in Spanien geleistet, wo die große Elefantenjagd stattgefunden hat. Wir wissen, wovon sich der *erectus* ernährt hat, daß er seine Nahrung kochte und Kleidungsstücke herstellte. Er war ein geschickter Jäger, erbeutete große Tiere und stellte die verschiedensten Steinwerkzeuge her. Dazu hat er es verstanden, sich in seiner Lebensweise den jeweiligen Umweltbedingungen anzupassen. Wir wissen aber nicht, wann oder

wie er sich aus dem *Homo habilis* entwickelt hat, ja nicht einmal, ob das überhaupt so geschehen ist.
Wir vermuten es jedoch und möchten es nachweisen. Wir wollen uns darum bemühen, wirklich gut erhaltene Fossilien des *erectus* zu finden, aus denen hervorgeht, daß er sich längere Zeit in der gleichen Gegend aufgehalten hat. Außerdem interessiert es uns, auch seine Wohnstätten zu finden, um zu sehen, was er im einzelnen dort getan hat. Es ist auch notwendig, ihn genauer zu datieren. Für die Mitte des Pleistozän haben wir in Afrika keine sehr zuverlässigen Datierungen, es gibt aber Tuffschichten am mittleren Awash, mit deren Hilfe sich die Datierungen präzisieren ließen. Desmond Clark und John Harris werden an den Mittellauf des Awash gehen, während wir bei Hadar arbeiten. Ich warte mit großer Spannung auf die Ergebnisse ihrer Grabungen, denn der *erectus* war ein sehr eigenartiges und interessantes Lebewesen.
Welches sind die Ursachen für die so plötzliche Entwicklung des *erectus* aus dem *Homo habilis* gewesen? Ist es wirklich so unvermittelt zu diesem Evolutionssprung gekommen? Welches waren die Gründe dafür? Ist diese Evolution so rasch vorangegangen, weil neue und bessere Werkzeuge zur Verfügung standen? Wenn das so gewesen ist, wo und weshalb hat diese Entwicklung begonnen?
Eine noch interessantere Frage ist die folgende: Warum hat die Entwicklung der Werkzeuge – und der Menschen, die sie herstellten – 1 Million Jahre stagniert? Während dieses langen Zeitraums hat sich der *Homo erectus* nach unseren Erkenntnissen praktisch überhaupt nicht weiterentwickelt. Doch dann hat der *Homo* in seiner Evolution ganz plötzlich einen bedeutenden Schritt nach vorn getan. Vor etwa 200000 Jahren kam es zu einem zweiten technologischen Sprung, in dessen Verlauf sich der *Homo sapiens* entwickelte. Am Mittellauf des Awash werden sich vielleicht die Antworten auf beide Fragen finden lassen.
Indessen werden sich die Geologen Taieb, Tiercelin und Walter mit der Aufhellung des zweiten schwarzen Loches beschäftigen, den 4 bis 7 Millionen Jahre alten Ablagerungen im Afar-Gebiet. Sie liegen westlich des Awash, etwa 160 Kilometer von Hadar entfernt. Tim und ich werden nach einem etwa sechs Wochen dauernden Aufenthalt in Hadar dorthin gehen. Taieb und seine Mitarbeiter werden bis dahin die geologischen Gegebenheiten gründlicher erforscht haben

und hoffentlich auch neue Fossilien führende Schichten finden. Diese Funde könnten alles übertreffen, was bisher entdeckt worden ist, denn die Wissenschaft weiß bis heute nicht, wie oder wann der entscheidende Übergang vom Menschenaffen zum Menschen erfolgt ist. Die Lösung dieses Problems ist die größte Aufgabe, vor der die Paläoanthropologie heute steht. Die Lücke zwischen uns und den Menschenaffen ist in den vergangenen Jahren kleiner geworden, hat sich aber noch nicht ganz schließen lassen. Die Entdeckung von Lucy hat uns diesem Ziel näher gebracht. Sie lehrt uns die erstaunliche Tatsache, daß der aufrechte Gang sich schon vor 4 Millionen Jahren entwickelt hatte, aber bei ihr ist diese Entwicklung schon fast abgeschlossen, ohne daß wir erkennen können, eine wie lange Zeit sie in Anspruch genommen hat. Wir haben den Eindruck, daß wir nur noch einen Schritt zurückgehen müssen, um zu erleben, wie sich der aufrecht gehende Hominide aus einem auf vier Füßen gehenden Menschenaffen entwickelt hat.
Auch die bei Hadar gefundenen Kieferknochen scheinen am Rande einer Evolutionsphase zu liegen, vor der es noch keine Hominiden gegeben hat. Würde David Pilbeam einen solchen Kieferknochen in den Ablagerungen aus dem Miozän ohne die dazu passenden langen Skelettknochen finden, dann würde er diese Fossilien sicherlich einem Menschenaffen zuschreiben. Der *afarensis* ist augenscheinlich einer der allerfrühesten Hominiden. Aber was wird man zu einem 6 Millionen Jahre alten Fuß oder einem 7 Millionen Jahre alten Becken sagen? Das sind die Probleme, die mich bedrängen, und sie werden es tun, bis wir sie gelöst haben.
Ich bin überzeugt, daß unsere Fragen im Afar-Gebiet beantwortet werden können. Die dort liegenden Fossilien werden aus Äthiopien das Zentrum aller hominiden Fossilien in der Welt machen, deren ganze Entwicklungsgeschichte durch sie verdeutlicht wird. In den etwa 6 Millionen Jahre alten Ablagerungen werden wir etwas finden, das zwischen den ramapithecinen Menschenaffen und Lucy liegt. Lucy selbst werden wir in die Zeit vor 4 bis 3 Millionen Jahren einordnen müssen. Die späteren *afarensis*-Typen werden sich in der einen Richtung auf den *Homo* und in der anderen auf den *africanus* hin entwikkeln. Werden wir dann zum *erectus* kommen?
»Sie müssen nur noch die Fossilien finden«, sagte der stets skeptische White.

»Zweifeln Sie noch daran? Können Sie auch nur einen Augenblick daran zweifeln?«

»Ich bezweifle alles.«

»Ich wette mit Ihnen um die Flasche Wein, die Richard Leakey mir schuldet, daß sie dort liegen. Sie müssen dort liegen, und wenn das so ist, dann werden wir sie finden.«

Anhang

Diese Aufzeichnungen von Jay Matternes erläutern seine Zeichnungen vom *Australopithecus afarensis* auf den Seiten 444 bis 447.
Der von Dr. Tim White von der University of California, Berkeley, rekonstruierte Schädel mit dem Kieferknochen eines (vermutlich) gleichartigen erwachsenen männlichen Individuums der Spezies *Australopithecus afarensis* war die Grundlage meiner zeichnerischen Rekonstruktion. Zwar befinden sich auf der linken Seite mehr originale fossile Elemente von Schädel und Kiefer, aber viele dieser Teile waren nicht deutlich genug zu identifizieren oder entsprachen in anderer Weise nicht den Längskonturen, während die gleichen Knochenteile auf der rechten Seite des Schädels bei der Restaurierung idealisiert worden sind. Deshalb eignete sich die rechte Seite besser für meine Zwecke.

Seite 444 (oben links):
Die Zeichnungen des Schädels wurden nach der Projektion eines 35-mm-Diapositivs gemacht. Das Photo war mit einem Teleobjektiv aufgenommen, um Parallaxenverzerrungen auszuschalten. Die Projektion und die Zeichnungen wurden nach der Frankfurter-Horizontale (OAE, Ohr-Augen-Ebene) ausgerichtet. Das ist eine gerade Linie vom Porion (eine Standardmeßstelle am Schädel unmittelbar oberhalb des Gehörgangs) bis zum tiefsten Punkt am Rand der Augenhöhle (gewöhnlich nimmt man die linke, aber in diesem Fall ist es die rechte). In diesem Winkel, so nimmt man an, wird der menschliche Schädel gewöhnlich gehalten. Aber ich vermute, ein so schlecht ausbalancierter Schädel wie der des *Australopithecus afarensis* wird nicht so gehalten worden sein, daß die OAE in der Horizontale lag. Der Schädel hat sich wahrscheinlich von der Wirbelsäule mehr nach vorn geneigt. Aber die Verwendung der OAE ist eine Standard-Orientierungsmethode, und ich habe sie hier benutzt. Der nach unten geneigte Winkel wird im übrigen nicht mehr groß gewesen sein.
Die Halswirbel sind sehr sorgfältig eingezeichnet, um eine Vorstellung davon zu vermitteln, wie lang der Hals gewesen sein könnte, und um zu zeigen, welchen Winkel der Hals mit dem Schädel gebildet haben müßte. Ich habe die Halswirbel des heutigen *Homo* als Modell verwendet. Wegen des schlecht ausbalancierten Schädels wäre eine zusätzliche Unterstützung notwendig gewesen. Ich habe daher die Neuralwirbel viel länger dargestellt als beim heutigen Menschen. In ähnlicher Weise hat mir bei der Darstellung anderer Skeletteile, so des Schultergürtels, des Oberarmknochens, des Winkels der ersten Rippe, des ungefähren Winkels des Brustbeins und ähnlicher

Knochen, der heutige Mensch zum Vorbild gedient – bei dem es natürlich zahlreiche Varianten gibt. Die aus Knorpel bestehende (sagittale) Trennwand in der Nase wird hier als Basis für das Profil in vorgestreckter Stellung gezeigt.

S. 444 (oben rechts):
Die Sequenz, in welcher der Kopf zeichnerisch im Profil rekonstruiert worden ist, beginnt mit den äußeren Kaumuskeln. Man beachte, daß die Befestigung des Temporalismuskels am oberen vorderen Rand des Kronenfortsatzes des Unterkiefers sichtbar gemacht worden ist, weil der Kaumuskel transparent gezeichnet wurde. (Dieser Teil des Schädels ist der einzige bei der Rekonstruktion von White, wo nach meiner Auffassung noch Fragen offenstehen. Bei den meisten hominiden und Menschenaffenschädeln ist der Zwischenraum zwischen dem vorderen Rand des Kronenfortsatzes und der rückwärtigen Oberfläche des Jochbeinfortsatzes am Oberkiefer relativ gering. Wenn dieser Zwischenraum an unserem Schädel verringert würde, dann würde sich die ganze obere Gesichtshälfte vom Stirnansatz aus stärker zurückneigen. Damit entstünde ein Profil, bei dem das Gebiß stärker hervorträte und das daher noch mehr dem des Menschenaffen gliche. Die Schädelinnenfläche würde sich aus diesem Grund verkürzen. Es steht jedoch fest, daß Dr. White den Schädel an jeder Stelle so sorgfältig restauriert hat, wie es die zur Verfügung stehenden Fragmente zuließen. Etwaige Verschiebungen der Schädelproportionen sind darauf zurückzuführen, daß die vorhandenen Fossilien selbst beschädigt und in ihrer Form verändert worden sind.) Am Beginn des Masseter-superfacialis-Muskels und an dessen Vorderseite sieht man auf der Zeichnung ein kugelförmiges Stück Fettgewebe, das den Hohlraum zwischen diesem Muskel und den seitlichen Oberkieferknochen ausfüllt.
Größe und Gestalt des Mundes zeigen sich wie folgt: Die geschlossenen Lippen liegen unmittelbar unterhalb der Kauflächen der oberen Schneidezähne, und die Mundwinkel bei den meisten Menschenaffen gehen nicht weiter zurück als bis zum dritten oberen Prämolar oder, wie hier, an den rückwärtigen Rand der Eckzähne.
Das Auge ist in Fettgewebe eingebettet. Seine Größe und seine Position im Verhältnis zum Rand der Augenhöhle muß in weiteren Zeichnungen, bei denen wir die verschiedenen Schichten berücksichtigen, dargestellt werden.
Der kräftige Zugstrang, der den nicht im Gleichgewicht befindlichen Schädel in der Sagittalebene festhält, ist das Nackenband. Um seinetwillen mußten die neuralen Wirbelfortsätze der sieben Halswirbel auf der ersten Zeichnung gegenüber denen des heutigen Menschen verlängert werden. Ein noch extremeres Beispiel für die verlängerten Wirbelfortsätze sehen wir beim männlichen Gorilla oder Orang-Utan.
Das Zungenbein und der Kehlkopfknorpel (und die Luftröhre) sind eingezeichnet, um zu zeigen, wie dick die Kehle vor den Halswirbeln sein sollte. Wäre hier der Abstand zu groß, dann müßten Veränderungen der Proportio-

nen vorgenommen werden, und zwar beim Winkel, den die Halswirbelsäule zum Schädel bildet, bei der Lage der Linie OAE, bei der Lage der ersten Rippe – oder in gewissem Maße an allen drei Stellen.

S. 444 (unten):
Dies ist eine Weiterentwicklung der vorigen Zeichnung, und hier haben wir die äußere Muskulatur sowie einige Gesichtsmuskeln eingezeichnet. Letztere dienen in gewisser Weise zur Beherrschung der Dimensionen des Gesichts, wenn auch diese Muskeln, die in der Haut in verschiedenen Gewebeschichten liegen, eine große Varianz aufweisen. Die rückwärtigen Teile des flachen Platysma-Muskels sind hier fortgelassen, weil man so die darunterliegenden wichtigen Teile des Halses sowie die Ohrspeicheldrüse, den wulstigen Auswuchs über dem oberen Kaumuskel, besser sehen kann. Die Ohrspeicheldrüse füllt an ihrer dicksten unteren Stelle die Höhlung zwischen dem fleischigen mittleren Teil des Sternokleidomastoid-Muskels des Halses und dem durch den Unterkiefer gebildeten Winkel aus.
Wir nehmen an, daß das Ohr etwa dem des heutigen Menschen geglichen hat. Das Ohrläppchen ist fleischig, um zu zeigen, daß es sich hier um einen Hominiden und nicht um einen Menschenaffen handelt. Das ganze äußere Ohr ist auf dieser Zeichnung über den äußeren Gehörgang gelegt, der unterhalb der Ebene des knochigen Gehörgangs an die Oberfläche kommt, und zwar um zu verhindern, daß Wasser in das Innere des Ohrs läuft.
Da es sich um ein männliches Individuum handelt, liegt die Brustwarze über dem Sternopektoral-Muskel zwischen der vierten und fünften Rippe.

S. 445:
Auch wenn wir den Beschauer durch die ersten Zeichnungen behutsam auf diesen Anblick vorbereitet haben, ist die Darstellung der äußeren Gestalt in gewisser Weise schockierend.
Da es sich hier um einen Bewohner der Savanne in der äquatorialen Zone handelt, wird er höchstwahrscheinlich eine dunkle Haut gehabt oder sie allmählich entwickelt haben. Im allgemeinen wird die Behaarung als Zeichen der Primitivität angesehen. Da es sich um ein so frühes Lebewesen handelt, sind die meisten Fachleute, mit denen ich gesprochen habe, der Auffassung, daß die frühen afrikanischen Hominiden allein aus diesem Grund behaart gewesen sind.
Ein Wissenschaftler widerspricht dieser These.
Nachdem ich 1964 für das Buch »Early Man« von Clark Howell einige Zeichnungen von Australopithecinen angefertigt hatte, lernte ich am Smithsonian Institute eines Tages Professor Joseph Weiner, der damals als Anthropologe an der Oxford University lehrte und dessen Spezialgebiet die Anpassung des Menschen an seine Umwelt war, kennen. Weiner hielt es für falsch, daß ich die Australopithecinen aus dem Transvaal behaart dargestellt hatte, und belehrte mich sehr eindringlich darüber, weshalb die Haarlosigkeit die angemessene Anpassung dieser Lebewesen an ihre Umwelt gewesen sein müsse.

Seine Argumente haben mich damals stark beeindruckt. Später habe ich mir seine Schriften über die Biologie des Menschen angesehen. Seine Auffassungen waren wohlbegründet, und er führte recht überzeugende Daten auf, mit denen er sie stützte.

Soweit ich mich erinnere, glaubte Weiner, die Haarlosigkeit sei eine wesentliche Vorstufe auf dem Wege zur Evolution zum Menschen. Ein sehr aktives, aufrecht gehendes Lebewesen, das in der tropischen Savanne herumlief, müßte sein Haarkleid ablegen, um einen besseren Wärmeausgleich zu ermöglichen. Doch im gleichen Maße, wie das Haarkleid dünner wird, wird auch mehr ultraviolette Strahlung absorbiert, welche die Haut dunkler werden läßt, weil darin mehr Melanin entsteht. Eine dunkle Haut absorbiert auch mehr Wärme; das verursacht wiederum eine noch stärkere Reduzierung des Haarwuchses und die Entwicklung leistungsfähiger Schweißdrüsen. Ich erinnere mich nicht mehr daran, womit begründet wurde, daß dies eine nur für die Hominiden zutreffende Entwicklungstendenz sei. Weshalb haben sich zum Beispiel nicht auch andere Primaten wie die Paviane, die unter ähnlichen Umweltbedingungen leben, in gleicher Weise entwickelt?

Vorausgesetzt, daß Weiner im großen und ganzen recht hat, und ich glaube das, dann lautet die Schlüsselfrage im Hinblick auf diese Rekonstruktion: Wann haben die entsprechenden menschlichen Vorfahren ihr Haarkleid abgelegt? Da der von mir gezeichnete *Australopithecus* zu einer so frühen Zeit gelebt hat und in vieler Hinsicht sehr primitiv war, darf man, wie ich meine, annehmen, daß er sich noch nicht vollständig angepaßt hatte und es sich in bezug auf das Haarkleid hier um eine Übergangsform handelt. Deshalb stelle ich ihn mit dunkler Hautfarbe und behaart dar. Aber das Haarkleid ist dünn, um die Abgabe von Wärme zu ermöglichen.

Ich nehme an, daß die Gesichtsbehaarung als Geschlechtsmerkmal bei den männlichen primitiven behaarten Primaten wie diesen sehr gering gewesen ist. Wenn es sich hier um eine sozial angepaßte und in Gruppen lebende Art handelte, dann sind die Drohgebärden wahrscheinlich mehr durch das allgemeine Verhalten als durch die Behaarung signalisiert worden. Manche Wissenschaftler glauben, daß Bärte, Achselhaare und Schamhaare zu einer Zeit als Signale entwickelt wurden, als sich die übrige Körperbehaarung verringerte. Aus diesen Gründen habe ich den Bartwuchs nicht übertrieben. Ich habe auch keine starke Oberlippenbehaarung eingezeichnet, um damit nicht die Gestalt des Mundes zu verdecken. Ich würde aber doch sagen, daß der weibliche *afarensis* wie Lucy im Gesicht weniger behaart gewesen ist als der männliche und daß damit wenigstens der Beginn einer dimorphischen Tendenz bei der Gesichtsbehaarung zum Ausdruck kam. Der Zeichner hätte gute Gründe, einen weiblichen *afarensis* fast bartlos darzustellen, wenn auch nur, um dem Laien deutlicher zu zeigen, daß es sich um ein weibliches Individuum handelt. Das Kopfhaar ist wahrscheinlich zur Isolierung und als Schutz vor der Sonneneinstrahlung dicht gewesen, und diese Tendenz hat sich bis heute erhalten. Die Struktur der Kopfhaare habe ich entsprechend derjenigen bei den heutigen Australoiden dargestellt.

S. 446 (oben links):
Frontalansicht des Schädels. Hier gilt, was ich über die erste Zeichnung gesagt habe.

Seite 446 (oben rechts):
Bei den Frontalansichten der Rekonstruktion von White hielt ich es nicht mehr für notwendig, das zweite Stadium zu wiederholen, denn was dazu auszusagen ist, sieht man besser im Profil. Die Zeichnung ist deshalb eine Kombination aus der zweiten und dritten Phase auf S. 444. Was hier besser zu sehen ist, sind die mit dem Bleistift angedeuteten Ränder der Augenhöhlen, die Nasenöffnungen und die seitlichen Konturen der Stirn in ihrem Verhältnis zu den darüberliegenden Gesichtsmuskeln.

Seite 446 (unten):
In der Haut oberhalb der Nase sind leichte Falten angedeutet. Tiefere Falten sehen wir auf der Oberlippe. Die äußere Lidfalte könnte noch stärker ausgeprägt und runder gewesen sein (damit ist aber nicht ein Tränensack gemeint, der eine Alterserscheinung ist), um das Auge in natürlicher Weise zu beschatten. Auch die Falten an der Nase könnten markanter gewesen sein, aber dann hätte das Gesicht noch mehr dem des Menschenaffen geglichen. (Adolph Schultz vermutet, daß anthropoide Menschenaffen häufig tiefe Gesichtsfalten hatten, weil bei ihnen, anders als beim Menschen, die Gesichtshaut nur wenig Fett enthielt.) Zwar könnte die Haut dieses Lebewesens durch die starke Sonnen- und Wärmeeinstrahlung sehr trocken gewesen sein, man muß jedoch daran zweifeln, daß einzelne Individuen lange genug gelebt haben, um nach heutigen menschlichen Maßstäben wirklich alt auszusehen.

S. 447 (oben):
Da die wichtigen Teile des Hirnschädels bei den Darstellungen im Profil und den Frontalansichten recht genau gezeichnet worden sind, habe ich den Skelettschädel hier etwas flüchtiger skizziert, um davon ausgehend eine Ansicht im Dreiviertelprofil auszuführen. Zwar sieht es so aus, als berührten die Rabenschnabelfortsätze auf beiden Seiten die Oberarmknochen, dieser Eindruck ist aber nicht beabsichtigt.

S. 447 (untcn):
Es hätte keinen Sinn gehabt, von dieser Ansicht die ganze Sequenz zu wiederholen, denn hier haben wir die Zusammenfassung aller Merkmale, die in den vorangegangenen Zeichnungen dargestellt worden sind.

Danksagung

Dieses Buch hätte nicht ohne die Hilfe vieler Persönlichkeiten entstehen können, in erster Linie derjenigen, die an den verschiedenen Expeditionen nach Äthiopien teilgenommen haben: Pam Alderman, James Aronson, Alemayehu Aswaf, Getachew Ayele, Michel Beden, Raymonde Bonnefille, Bobbie Brown, Michael Bush, Françoise Coppens, Gudrun Corvinus, Michel Decobert, Gene Dole, Vera Eisenmann, Tom Gray, Claude Guérin, Claude Guillemot, J. W. K. Harris, J.-J. Jaeger, Jon Kalb, William Kimbel, John Kolar, Jean Maduit, William McIntosh, Nicole Page, Dennis Peak, Germaine Petter, Pierre Planques, Guy Riollet, Hélène Roche, Maurice Sebatier, Tom Schmitt, Becky Sigmon, Emil Tola, Herbert Thomas, J.-J. Tiercelin, Annie Vincens, Robert Walter, Johannes Zekele. Zu ihnen gehören natürlich auch Maurice Taieb und Yves Coppens, die Kodirektoren der internationalen Afar-Forschungsexpedition.

Unser aufrichtiger Dank gilt der Provisorischen Militärregierung des Sozialistischen Äthiopien für die Erlaubnis, im Afar-Gebiet zu arbeiten, und die uns dabei gewährte Unterstützung. Unseren Dank schulden wir auch dem Ministerium für Kultur und Sport für dessen großzügige Hilfe.

Für die finanzielle Hilfe bei der Ausrüstung der Expeditionen danke ich der National Science Foundation, der L. S. B. Leakey Foundation, der National Geographic Society, Gordon Getty, Hubert Hudson und Mr. und Mrs. Willard Brown.

Mit ihrem Rat, ihrer Gastfreundschaft und mit ungezählten Freundlichkeiten in Addis Abeba haben mich Robert und Martha Caldwell, Richard und Libby Wilding sowie Gerry und Nellie Decker in dankenswerter Weise unterstützt.

Nelson Bryant und Augustus Ben David haben uns wertvolle Kenntnisse vermittelt, und den folgenden Persönlichkeiten danke ich für die Hilfe bei der Beschaffung von Illustrationen: John Aicher, David Brill, Bobbie Brown, Eric Delson, Gerry Eck, Bruce Frumker, John Gurche, Peter Jones, Anson Laufer, Paul Leser, C. Owen Lovejoy, Jay Matternes, David Pilbeam, John Reader, Larry Rubins, Mary Griswold Smith, Hank Wesselman, Tim White, Rob Wood und besonders Luba Dmytryk und Steve Misencik für ihre fachmännischen Darstellungen der Fossilien bzw. die Zeichnung von Diagrammen.

Eine nicht hoch genug einzuschätzende Unterstützung haben uns in Cleveland die Forschungsassistenten Bruce Latimer und Bill Kimbel gewährt, ebenso auch der immer flexible und verständnisvolle Direktor des Cleveland Museum, Dr. Harold Mahan. Doris Andreoli hat sich durch ungewöhnlich

tüchtige Verwaltungsarbeit hervorgetan und alle die unangenehmen Kleinigkeiten, die sich bei einer solchen Arbeit ergeben, mit großem Geschick und in guter Laune erledigt. Sära Kraber hat uns mit vielen köstlichen Mahlzeiten verwöhnt.
James Aronson, Bob Walter und C. Owen Lovejoy gilt unser aufrichtiger Dank für wertvolle Hinweise bei der Abfassung bestimmter Teile des Manuskripts. Tim White hat es gelesen und dabei viele wichtige wissenschaftliche und organisatorische Anregungen gegeben.

B. C. J.
M. A. E.

Literaturverzeichnis

Ardrey, Robert, African Genesis, New York 1961.

Aronson, J. L., T. J. Schmitt, R. C. Walter, M. Taieb, J.-J. Johanson, C. W. Naeser und A. E. M. Nairn, New Geochronologic and Paleomagnetic Data for the Hominid-Bearing Hadar Formation in Ethiopia, in Nature, Mai 1977, S. 323–327.

Bishop, W. W., Hrsg., Geological Background to Fossil Man, Edinburgh 1978.

– Geochronological Framework for African Plio-Pleistocene Hominidae: as Cerberus Sees It, in C. Jolly, Hrsg., Early Hominids of Africa, London 1978.

Bishop, W. W. und J. D. Clark, Hrsg., Background to Evolution in Africa, Chicago 1967.

Bishop, W. W. und J. A. Miller, Hrsg., Calibration of Hominoid Evolution, Edinburgh 1972.

Brace, C. Loring, Biological Parameters and Pleistocene Hominid Life-Ways, in I. S. Bernstein und E. O. Smith, Hrsg., Primate Ecology and Human Origins, New York 1979.

Brain, C. K., The Transvaal Ape-Man Bearing Cave Deposits, Transvaal 1958.

Broom, Robert, Finding the Missing Link, London 1950.

Broom, Robert und G. W. H. Schepers, The South African Fossil Ape-Man, the Australopithecinae, Transvaal 1946.

Broom, Robert, J. T. Robinson und G. W. H. Schepers, Sterkfontein Ape-Man, Plesianthropus, in Transv. Mus. Mem., Nr. 4, 1950.

Butzer, K. W., Environment, Culture and Human Evolution, in American Scientist, September-Oktober 1977, 65, S. 572–584.

Campbell, B., Humankind Emerging, Boston 1979.

Clarke, R. J., Early Hominid Footprints from Tanzania, South African Journal of Science, April 1979, 75, S. 148–149.

Cole, Sonia, Leakey's Luck, New York 1975.

Cooke, H. B. S., Pliocene-Pleistocene Suidae from Hadar, Ethiopia, in Kirtlandia, Nr. 29, 1978.

Coon, Carleton, The Origin of Races, New York 1963.

Coppens, Y., F. Clark Howell, G. L. Isaac und R. E. F. Leakey, Hrsg., Earliest Man and Environments in the Lake Rudolf Basin, Chicago 1976.

Curtis, G. H., R. E. Drake, T. E. Cerling und J. Hampel, Age of KBS Tuff in

Koobi Fora Formation, East Rudolf, Kenya, in Nature, Dezember 1975, 258, S. 395–398.

Dart, Raymond A., Australopithecus africanus, The Man-Ape of South Africa, in Nature, Februar 1925, 115, S. 195–199.
– The Osteodontoceratic Culture of Australopithecus prometheus, in Transv. Mus. Mem. Nr. 10, 1957.
– Adventures with the Missing Link, Philadelphia 1967.
Darwin, Charles, On the Origin of Species, New York 1964.
Douglas, John H., Ancestors: Shaking up the Family Tree, in Science News, Juni 1979, 115, S. 362–365.

Edey, M. A., Three-Million-Year-Old Lucy, in Nature/Science Annual 1976, New York 1975.
– The Missing Link, neu durchges. Aufl., New York 1977.

Findlay, George, Dr. Robert Broom, Kapstadt 1972.

Gleadow, A. J. W., Fission Track Age of the KBS Tuff and Associated Hominid Remains in Northern Kenya, in Nature, März 1980, 284, S. 225–230.
Glynn, Isaac, The Food-Sharing Behavior of Protohuman Hominids, in Scientific American, April 1976, S. 90–108.
Glynn, Isaac und Elizabeth R. McCown, Hrsg., Human Origins, Menlo Park 1979.

Halstead, L. B., New Light on the Piltdown Hoax, in Nature, November 1978, 276, S. 11–13.
Holloway, R. L., The Casts of Fossil Hominid Brains, Scientific American, Juli 1974, S. 106–115.
Howell, F. Clark, Early Man, neu durchges. Aufl., New York 1973.

Johanson, D. C., Ethiopia Yields First »Family« of Man, in National Geographic, Dezember 1976, S. 790–811.
– Early African Hominid Phylogenesis: A Re-Evaluation, in Nobel Symposium, Königl. Schwedische Akademie der Wissenschaften, 1978.
– Our Roots Go Deeper, in Science Year, The World Book Science, 1979, Field Enterprises Educational Corp., Chicago 1978, S. 42–55.
– Odontological Considerations of Mio-Pliocene Hominoids, in Am. Journal Phys. Anthrop., Februar 1980, 52, S. 242.
Johanson, D. C. und Y. Coppens, A Preliminary Anatomical Diagnosis of the First Plio-Pleistocene Hominid Discoveries in the Central Afar, Ethiopia, in Am. Journal Phys. Anthrop., September 1976, 45, S. 217–234.
Johanson, D. C., C. O. Lovejoy, A. H. Burstein und K. G. Heiple, Functional Implications of the Afar Knee Joint, in Am. Journal Phys. Anthrop., Januar 1976, 44, S. 188.

Johanson, D. C. und M. Taieb, Plio-Pleistocene Hominid Discoveries in Hadar, Ethiopia, in Nature, März 1976, 260, S. 293–297.

Johanson, D. C. und M. Taieb, Plio-Pleistocene Hominid Discoveries in Hadar, Central Afar, Ethiopia, in Early Hominids of Africa, C. J. Jolly, Hrsg., London 1978.

Johanson, D. C. und T. D. White, A Systematic Assessment of Early African Hominids, in Science, Januar 1979, 203, S. 321–330.

Johanson, D. C., M. Taieb, Y. Coppens und H. Roche, Expédition Internationale de l'Afar, Éthiopie (4ème et 5ème Campagne 1975–1977): Nouvelles Découvertes d'Hominides et Découvertes d'Industries Lithiques Pliocène à Hadar, Paris 1978.

Johanson, D. C. und T. D. White, On the Status of Australopithecus afarensis, in Science, März 1980, 207, S. 1104–1105.

Johanson, D. C., T. D. White und Y. Coppens, A New Species of the Genus *Australopithecus* (Primates: Hominidae) from the Pliocene of Eastern Africa, in Kirtlandia Nr. 28, 1978.

Jolly, Alison, The Evolution of Primate Behavior, New York 1972.

Jolly, C., Early Hominids in Africa, London 1978.

Keith, Sir Arthur, New Discoveries Relating to the Antiquity of Man, London 1931.

Kimbel, W. H. und T. D. White, A Reconstruction of the Adult Cranium of *Australopithecus afarensis*, in Am. Journal Phys. Anthrop., Februar 1980, 52, S. 244.

Latimer, B. M. Bonobo or Not Bonobo? The Pygmy Chimpanzee as a Model for Hominid Ancestry, in Am. Journal Phys. Anthrop., Februar 1980, 52, S. 246.

Leakey, L. S. B., P. V. Tobias und J. R. Napier, A New Species of the Genus *Homo* from Olduvai Gorge, in Nature, April 1964, 202, S. 7–9.

Leakey, M. D., Olduvai Gorge, Bd. 3: Excavations in Beds I & II, 1960 bis 1963, Cambridge 1971.

– Footprints in the Ashes of Time, in National Geographic, April 1979, S. 446–457.

Leakey, M. D., R. L. Hay, G. H. Curtis, R. E. Drake, M. K. Jackes und T. D. White, Fossil Hominids from the Laetoli Beds, in Nature, August 1976, 262, S. 460–466.

Leakey, R. E., Skull 1470, in National Geographic, Juni 1973, S. 819–829.

– Hominids in Africa, in American Scientist, März-April 1976, 64, S. 174 bis 178.

Leakey, R. E., und Roger Lewin, Origins, New York 1977.

Le Gros Clark, W. E., Hominid Characters of the Australopithecine Dentition, in Journal of the Royal Anthropological Institute of Great Britain and Ireland, 1950, 80, S. 37–54.

– Man-Apes or Ape-Man? New York 1967.

– The Antecedents of Man, Chicago 1971.
– The Fossil Evidence for Human Evolution, Chicago 1978.
Lovejoy, C. O., The Gait of Australopithecines, in Yearbook of Physical Anthropology, 17 (1974), S. 147–161.
– Hominid Origins: The Role of Bipedalism, in Am. Journal Phys. Anthrop., Februar 1980, 52, S. 250.

Maglio, V. J. und H. B. S. Cooke Hrsg., Evolution of African Mammals, Cambridge 1978.
Mann, A., The Paleodemographic Aspects of the South African Australopithecines, in University of Pennsylvania Pub. in Anthrop. 1, 1975.
Mayr, E., Principles of Systematic Zoology, New York 1969.
Dougall, McD. I. R. Maier, P. Sutherland-Hawkes und A. J. W. Gleadow, K-Ar Age Estimate for the KBS Tuff, East Turkane, Kenya, in Nature, März 1980, 284, S. 230–234.
Millar, Ronald, The Piltdown Man, New York 1974.

Napier, J. und B. Campbell, The Evolution of Man, in Discovery, 1964, 25, S. 32–38.
Nelson, H. und R. Jurmain, Introduction to Physical Anthropology, St. Paul 1979.

Oakley, Kenneth P. und J. S. Weiner, Piltdown Man, in American Scientist, Oktober 1955, 43, S. 573–583.

Pilbeam, David, Major Trends in Human Evolution, in Nobel Symposium, Königlich Schwedische Akademie der Wissenschaften, 1978.
– Miocene Hominoids and Hominid Origins, in Am. Journal Phys. Anthrop., Februar 1980, 52, S. 268.
Pilbeam, D., J. Barry, G. F. Meyer, S. M. Ibrahim Shah, M. H. L. Pickford, W. W. Bishop, H. Thomas und L. L. Jacobs, Geology and Paleontology of Neogene Strata of Pakistan, in Nature, Dezember 1978, 270, S. 684–689.

Robinson, J. T., The Dentition of the Australopithecinae, in Transv. Mus. Mem. Nr. 9, 1956.
– Early Hominid Posture and Locomotion, Chicago 1972.
Roche, H. und J.-J. Tiercelin, Découverte d'une Industrie Lithique Ancienne *in Situ* dans la Formation d'Hadar, Afar central, Éthiopie, C. R. Acad. Sci., Série D, 284, Paris 1977, S. 1871–1874.

Sarich, V. M., Molecular Clocks and Hominid Evolution After 12 Years, in Am. Journal Phys. Anthrop., Februar 1980, 52, S. 275–276.
Schultz, A., The Life of Primates, New York 1969.
Simons, E. L., Ramapithecus, in Scientific American, Mai 1977, 236, S. 28 bis 35.

Simpson, G. G., The Major Features of Evolution, New York 1953.
– The Meaning of Evolution, New Haven 1967.

Taieb, M., Y. Coppens, D. C. Johanson und J. Kalb, Dépôts Sédimentaires et Faunes du Plio-Pléistocéne de la Basse Vallée de l'Awash (Afar Central, Éthiopie), in C. R. Acad. Sci., Série D, 275, Paris 1972, S. 819–822.
Taieb, M., D. C. Johanson, Y. Coppens und J. L. Aronson, Geological and Paleontological Background of Hadar Hominid Site, Afar, Ethiopia, in Nature, März 1976, S. 289-293.
Taieb, M. und J.-J. Tiercelin, Sédimentation Pliocène et Paléoenvironments de Rift: Exemple de la Formation à Hominides d'Hadar (Afar, Éthiopie), in Bull. Soc. Geol. France, XXI, 1979, S. 243–253.
Tattersall, Ian und Niles Eldredge, Fact, Theory and Fantasy in Human Paleontology, in American Scientist, März-April 1977, 65, S. 204–211.
Tazieff, Haroun, The Afar Triangle, in Scientific American, Februar 1970, S. 32–40.
Tobias, P. V., Early Man in East Africa, in Science, Juli 1965, 149, S. 22–33.
– New Developments in Hominid Paleontology in South and East Africa, in Annual Reviews of Anthropology, 2, 1973, S. 311–334.

Walker, A. und R. E. Leakey, The Hominids of East Turkana, in Scientific American, Februar 1978, S. 54–66.
Ward, S. C., Maxillary Subocclusal Morphology of Pliocene Hominids from the Hadar Formation and Miocene Hominids from the Siwaliks and Potwar Plateau, in Am. Journal Phys. Anthrop., Februar 1980, 52, S. 290 bis 291.
Weiner, J. S. und K. P. Oakley, The Piltdown Fraud: Available Evidence Reviewed, in Amer. Journal Phys. Anthrop., März 1954, 12, S. 1–7.
Weiner, J. S., K. P. Oakley und W. E. Le Gros Clark, The Solution of the Piltdown Problem, in Bull. Brit. Mus. (Nat. Hist.), Geol. 2, 1953, S. 139 bis 146.
White, T. D., Evolutionary Implications of Pliocene Hominid Footprints, in Science, April 1980, 208, S. 175–176.
– Hominoid Mandibles from the Miocene to the Pliocene, in Am. Journal Phys. Anthrop., Februar 1980, 52, S. 292.
White, T. D. und J. M. Harris, Suid Evolution and Correlation of African Hominid Localities, in Science, Oktober 1977, 198, S. 13–21.
– Classification and Phylogeny of East African Hominids, in D. J. Chivers und K. A. Joysey, Hrsg., Recent Advances in Primatology, Bd. 3, New York 1978, S. 351–372.

Bild- und Quellennachweis

American Museum of Natural History: 37, 65 (unten), 97;
Des Bartlett, © National Geographic Society: 109 (oben);
David Brill: 10, 19, 43 (oben), 56, 233, 245;
Bobbie Brown: 248, 249, 391 (links);
Michael Bush: 379 (unten links);
Bob Campell, © National Geographic Society: 169;
Cleveland Museum of Natural History: 25, 64 (unten), 359;
Yves Coppens: 143;
Luba Dmytryk: 35, 49, 55, 69, 71, 109 (unten), 121, 191 (unten), 218, 224, 225, 324–328, 330–333, 336, 337, 396, 397;
Gerry Eck: 139;
Gorden W. Gahan, © National Geographic Society: 171;
Tom Gray: 281;
Melville Bell Grosvenor, © National Geographic Society: 100;
John Gurche: 79, 395, 398, 399;
F. Herholdt: 65 (oben);
Donald C. Johanson: 15, 20, 43 (unten), 191 (oben), 265, 273, 430, 441;
Peter Jones: 308, 309;
C. Owen Lovejoy: 414, 415;
Jay Matternes: 354, 355, 379 (oben), 444–447;
Steve Misencik: 115, 157, 239, 251, 285, 297, 341, 347, 349, 351;
David Pilbeam: 457;
John Reader: 276;
Rheinisches Landesmuseum, Bonn: 64 (oben);
Larry Rubins: 437;
University of California Press, Geology of the Olduvai Gorge: 107;
Hank Wesselmann: 145;
Tim White: 371, 379 (unten rechts);
Rob Wood: 385, 390, 391 (rechts), 405.

Die Autoren danken für die Erlaubnis, aus Folgendem zu zitieren:
Robert Ardrey: African Genesis, 1974
Sonia Cole: Leakey's Luck, 1975
Freeman J. Dyson: Disturbing the Universe, 1979
Richard E. F. Leakey und Alan Walker: The Hominids of East Turkana, 1978
Wir danken auch David Riesmann und George Gaylord Simpson für die Erlaubnis, aus ihren Werken zu zitieren.

Register

A
Abell, Paul 305
Acheuléen-Werkzeug 284f., 463
Addis Abeba 132f., 136, 156, 160ff., 183, 214, 226, 257ff., 277, 280f., 461
Afar-Dreieck, Afar-Gebiet 136, 159, 184, 196f., 257, 278, 353, 356, 459, 461f., 467, 471
Afar-Stamm 11, 14, 161, 184, 193f., 196, 258ff., 178f., 188, 301, 467
Afarwüste 13
Afrika 42, 45
Ali Mira, Sultan 278f.
Alligator 385f., 400
Allometrie 316f., 338
Alpen 158
Ambrona (Spanien) 86f.
Amhara-Stamm 194, 197, 259
American Museum of Natural History 53
Arambourg, Camille 133, 135ff., 143, 155
Ardrey, Robert 45, 77f.
Argon 232, 234–237, 245, 252
Aronson, James 156, 208, 210f., 226, 229–237, 241–247, 250, 253, 256, 268, 270, 274, 286, 301, 377, 442
Asfaw, Alemayehu 184, 211–214, 222, 229, 257, 262, 275, 288–291, 317, 375
Assab 161
Australopithecinen (*Australopithecus*) 42, 44f., 62f., 66, 76ff., 80, 83, 85, 88 bis 91, 108, 110ff., 114, 118, 120, 122 bis 125, 141, 144, 146–149, 152f., 168, 171ff., 175, 177ff., 210, 215, 219, 222, 257, 264f., 283, 286, 295, 302, 318 bis 323, 329, 342, 348, 350, 352–355, 357, 360, 364, 375, 378, 407f., 434, 443, 449
Australopithecus afarensis 336, 353, 358, 363, 365, 368, 373f., 378, 440, 449, 451, 470f., 473
Australopithecus africanus 50, 65, 69, 81, 83, 111, 114, 154, 170, 173, 175, 178, 223f., 292, 340, 347, 352, 366, 372, 471
Australopithecus boisei (*Zinjanthropus boisei*, Zinj) 110, 112ff., 117ff., 130, 133, 135, 144, 146, 150, 216, 367, 436
Australopithecus plesianthropus 74
Australopithecus prometheus 81
Australopithecus robustus 65, 69, 83, 111, 114, 150, 154, 167, 170, 178, 225, 340, 347, 349, 352, 378, 450
Avern, Frida siehe Leakey, Frida
Awash-Fluß 11, 156, 184, 196, 207, 460, 462, 469f.
Axinum, Ali 161

B
Barlow 63
Basaltschicht 217, 242f., 246, 248ff., 253, 274
Beckenknochen 434ff.
Beden, Michel 203
Behrensmeyer, Kay 166, 298
Benti, Tefarra 290
Betschuanaland 46, 84
Bilharziose 184
Biostratigraphie siehe Datierungsmethoden und Schweinefossilien
Bishop, William 296
Bishop-Konferenz (London 1975) 296, 368
BKT-Tuff 250, 253, 286, 442, 466
Black, Davidson 37
Bodo (Äthiopien) 462f.
Boise, Charles 112
Bonnefille, Raymonde 164, 461f., 467
Borneo 130
Boswell, Percy 104f.
Brace, C. Loring 172f., 175, 345, 347f., 350, 365ff., 434
Brain, C. K. 78, 80f.
Breccie 73ff.
Brill, David 256, 260ff.
British Museum 50, 53, 60, 92, 96, 302

Broom, Robert 45, 51–54, 60, 62f., 65 bis 69, 74, 81f., 84f., 88ff., 96, 124, 144, 152f., 300, 341, 366
Brown, Bobbie 288
Brown, Frank 137
Burundi 130
Bush, Mike 261f., 272, 438f.

C
Campbell, Bernard 365
Carlyle, Thomas 440
Case Western Reserve University 160, 163, 231, 257
Cerling, Thure 300
China 38, 41, 45, 458
Church of England 29
Cindy 119f., 123, 150, 167, 169, 172
Cingulum 34
Circum-Rudolf-Konferenz (Nairobi 1973) 164, 176, 181
Clark, Desmond 461, 469f.
Clarke, Ron 307
Cleveland Museum of Natural History 22f., 202, 256, 271, 293, 357
CNRS (Centre National de la Recherche Scientifique) 160
Cole, Sonia 110
Columbia University 123
Cooke, Basil 129, 141, 177, 182, 203, 209f., 219, 254, 270, 295f., 377
Coppens, Yves 136f., 143, 155, 162ff., 199, 257, 275
Crick, Francis 362
Cro-Magnon-Mensch 31f., 45
Curtis, Garniss 113, 300f., 349
Cuspulum 328

D
Dart, Dora 59
Dart, Dr. Raymond 45–48, 52, 54, 58, 62, 65f., 74, 76f., 80–83, 91, 111, 119, 144, 264, 271, 407
Darwin, Charles 26, 29f., 34, 60, 292, 342, 450
Datierungsmethoden 57, 92ff., 113f., 116, 129, 133, 140, 155, 162, 164, 166f., 198f., 208ff., 220, 230f., 238ff., 244, 246–254, 274, 286, 298ff., 376, 442f.
  Biostratigraphie 141, 270
  Fluorgehalt 92ff.
  Fissions-Spuren-Datierung 250f., 253, 442
  Kalium-Argon-Datierung 113f., 129, 133, 140, 164, 166f., 176, 198f., 208ff., 230f., 238ff., 247, 250, 253, 295, 297, 300ff., 349f., 443
  Vulkanismus 303f., 442f.
Dawson, Charles 57, 59f., 93f., 96, 98
Day, Michael 370
Dergue 213, 226, 280
Diastema 327, 331
Dimorphismus 316, 330
Dinosaurier 401
Dinotherium 104
»Discovery« 124
Disraeli, Benjamin 30
Dole, Gene 163, 183
Douglas, James 99f.
Dryopitheciden 453ff.
Dryopithecus africanus siehe *Proconsul*
Dubois, Eugène 33f., 36, 38f., 41f., 64, 407
Duckworth, Dr. W. L. H. 51
Dyson, Freeman 363

E
Eck, Gerry 149ff., 155, 188, 469
Eckzähne siehe Zähne
Eiseley, Loren 45
Eisenmann, Véra 203
Ektostylid 217f.
Eoanthropus dawsoni siehe Piltdown-Mensch
Equus 217ff., 294
Eritrea 257f.
Erste Familie 267f., 271, 320, 369, 377
Euklid 342
Europa 45
Evernden, Jack 113
Evolution 18, 21, 24, 26, 29f., 32–35, 38, 48, 114, 125, 130, 138, 141, 173ff., 180, 295, 342, 356, 370f., 376

F
Femur 262
Fibula 262
Findlater, Ian 298
Fissions-Spuren-Datierung siehe Datierungsmethoden

Fitch, Frank J. 209f., 296f., 300f., 350
Fortbewegung 383–398, 408, 435
Franklin, Rosalind 362
Frew, Marjorie 59
FROM (Foundation for Research into the Origins of Man) 311
Fuhlrott, J. C. 64
Fundstelle 162 12f., 23, 221
Fundstelle 200 463
Fundstelle 333 263ff., 267, 271f., 277, 280, 292, 320, 369, 377, 434, 438, 460, 465
Fußabdrücke 303–310

G
Galapagosinseln 29
Gastropodenschicht 242
Gehirnvolumen 120, 122–125, 168ff., 177ff., 334, 339, 406f.
Getachew 289ff.
Gentry, Alan 181
George 119f., 123, 150, 167, 169, 172
Gigantopithecus 458
Gilbert-Umkehrung 247, 254, 377
Glasgow University 52
Goffra, Muhammed 279, 464, 468
Gombe-Fluß 130
Gona (Äthiopien) 465f.
Gorilla 30, 47, 62, 66, 130, 179, 333, 384, 398, 400, 448, 454
Gray, Tom 12ff., 16, 22, 163, 183f., 187, 190, 192f., 195, 208f., 217, 221, 229, 256, 268, 277, 279–282, 287f.
Guérin, Claude 203
Guillemot, Claude 19, 163, 212

H
Habib 278, 464
Hadar 11–15, 18, 22f., 106, 144, 147, 162f., 176, 181f., 184–189, 202f., 206, 208f., 211f., 214–217, 230, 241ff., 250f., 253f., 256–260, 263, 267–270, 277ff., 284, 286, 290, 292–296, 310, 312, 315–320, 322, 330f., 333ff., 338f., 341f., 350, 352f., 356ff., 360, 363, 369, 372, 376ff., 384, 408, 417, 437, 442, 450f., 461, 463–466, 468ff.
Haile Selassie 134f., 183, 206, 213, 226, 278
Harris, John 182, 216, 219, 282, 284–287, 294, 296–299, 315, 339, 451, 460f., 465, 470
Hartford Seminary Foundation 85
Hay, Richard 129, 305
Hill, Andrew 304
Hipparion 14, 217, 219, 294
Holloway, Ralph 123
Hominiden (*Homo*) 18, 20–24, 33, 39 bis 42, 44, 54, 62, 66, 68, 75f., 80ff., 88, 90, 104, 108, 110ff., 114, 117, 119ff., 125f., 131–134, 138, 142, 144, 146ff., 164, 172f., 177, 180f., 190, 192, 198f., 210ff., 215f., 219ff., 223, 257, 261f., 264ff., 268f., 275, 277, 283, 286, 293, 295f., 298f., 303–307, 310f., 318–321, 333ff., 338–341, 343–346, 349, 352 bis 357, 364ff., 372–376, 378, 408, 417, 420–425, 438ff., 443, 451, 455, 460, 468, 471
Homo erectus 21, 33, 41, 87, 111, 122, 124f., 133, 146f., 172, 175, 179f., 283ff., 324, 348, 371f., 375, 424, 462, 469ff.
Homo habilis 21, 117, 119, 123, 125f., 135, 141, 146, 154, 167f., 172f., 175, 210, 275, 283, 285, 293, 319, 334, 338, 340, 346ff., 366, 371, 378, 451, 470
Homo heidelbergensis 38f., 41, 54, 56, 81f.
Homo pekinensis 81f.
Homo sapiens 20f., 41, 68, 111, 172, 179, 224, 322, 334, 470
Houna (Äthiopien) 161
Howell, F. Clark 86ff., 108, 112, 129, 131, 136–139, 141f., 147–153, 159, 164, 170, 181, 204, 210, 214, 229, 311, 318, 342, 349, 365, 368, 469
Huxley, Julian 383
Huxley, Thomas Henry 11, 30, 34, 60
Hyänen 80

I
Ileret 167
Ilium 435f.
Indien 458
Isaac, Glynn 282, 296, 298

J
Jaeger, Jean-Jacques 203, 467
Java 33f., 39, 41, 45

Java-Affenmensch siehe *Pithecanthropus erectus*
Johnnys Kind 119
Johnson, Samuel 363
Jones, Peter 304 ff.
Jung, C. G. 271

K
Kabete 12, 184, 194, 196, 245, 462, 464, 469
Kalb, Jon 197, 204 ff., 462
Kalium 40 234–237, 252
Kalium-Argon-Methode siehe Datierungsmethoden
Kanam-Kiefer 103, 105
Kanapoi (Ostafrika) 170, 451
Karru-Wüste 53
KBS-Tuff 166 f., 176 f., 209 f., 217 ff., 294–297, 299 ff., 442
Keith, Sir Arthur 38, 50, 52, 57, 59 ff., 66, 74, 76, 88 f., 99, 115 f., 122, 130
Kenia 12, 102, 132, 134, 136, 158, 165, 170, 184, 206, 370
Kenyatta, Jomo 134
Kieferknochen (Oberkiefer, Unterkiefer) 211–216, 221 f., 254 f., 257, 267, 275, 280, 282, 286, 292 f., 302, 316 bis 319, 320, 323 f., 326–330, 335, 338, 375, 377, 463
Kimbel, Bill 271, 277, 282, 335, 434, 438
Kimeu, Kamoya 166, 303, 469
Kind von Taung 48, 54, 58 f., 62 f., 65–68, 76, 83, 99, 117, 271, 275, 300, 302, 321, 366, 407, 429, 434
»Kirtlandia« 357 f.
Kniegelenk 192 f., 195, 198 f., 201, 203, 208, 223, 292, 409
Königliche Akademie der Wissenschaften Stockholm 358
Königswald, G.H.R. von 39
Kohl-Larsen 302
Kontinentaldrift 158
Koobi Fora 137, 144, 147, 150, 164–167, 170, 176 f., 180, 209, 216, 219, 268, 282, 296, 298, 368
Kromdraai (Südafrika) 67 f., 74, 81 ff., 152, 179
»K«-Strategie 399–403, 406, 410 f., 422
Kubi Algi (Kenia) 368, 370

L
Laetoli (Tansania) 131, 147, 268 ff., 275, 293, 301–305, 307, 310, 312, 320, 322, 330 f., 333 ff., 338, 350, 352, 356–360, 363, 372, 376 ff., 384, 451
Latimer, Bruce 271, 431–434
Leadu (Äthiopien) 161
Leakey Foundation 214, 221
Leakey, Frida Avern 102 f., 105
Leakey, Louis Seymour Bazett 84, 96, 100 f., 103–106, 108–114, 117–120, 123 ff., 129 ff., 133, 136, 144, 147, 168, 170 f., 302, 319, 338, 367 f., 374, 453
Leakey, Mary Nicol 12, 103, 105 f., 109 f., 135, 150, 201, 216, 219, 257, 268 ff., 275, 277, 284, 301, 303–306, 311 f., 315 f., 318 f., 357–360, 370, 372 f., 376, 434, 469
Leakey, Meave 168, 198, 216
Leakey, Philip 304
Leakey, Richard 12, 134 ff., 150, 159, 164–168, 172 f., 180, 198, 209 f., 215 f., 219 f., 228, 254, 257, 268 f., 275, 282, 284, 293–296, 298 ff., 311 f., 318 ff., 345, 350, 356, 365 f., 368–372, 378, 434, 469, 472
Le Gros Clark, Wilfrid 88–91, 95, 114, 122, 124, 173, 321 f., 324, 329, 333
Leopard 78, 80
Leopoldville 113
Leser, Paul 85, 118
Limnopithecus 455
Linnaeus, Carolus (Carl von Linné) 358
Lothagam (Ostafrika) 170, 451
Lovejoy, C. Owen 199, 223, 226, 256, 269, 272, 310, 353, 380, 383 f., 386, 397, 399, 401, 403, 405, 408–412, 414–417, 420 ff., 424, 434 ff., 441, 453, 459
Lucy 17 f., 22 ff., 42, 44, 106, 221 f., 226 ff., 230, 253–257, 263, 267, 275, 277, 292, 310, 316–320, 335, 341, 345, 356, 358, 366, 369 f., 376 f., 408, 422, 434 ff., 451, 460, 468, 471
Lukeino (Ostafrika) 451

M
Maglio, Vincent 294 f.
Makapan 74 f.
Makapansgat (Südafrika) 74 ff., 81, 152, 179

Mammut 93
Mammut-Umkehrung 247, 254, 377
Marsabit (Kenia) 165
Marston, Alvan T. 91–94
Massenspektrometer 232, 234, 237, 239
Mastodon 93f., 99
Matternes, Jay 440, 444, 446, 473
Mayr, Ernst 173, 358, 373f.
McIntosh, Bill 272, 274, 280
Mengistu 290
Menschenaffen 54, 62, 89f., 122, 130f., 148, 179, 220f., 319, 321, 324–335, 393f., 402f., 406, 410, 418, 421ff., 436, 448, 452–456, 458, 460
Mesochoerus 295f.
Metaconide 327f., 332f.
Millar, Ronald 96, 98f.
Miller, Jack 209f., 296f., 300f., 350
Miozän 116, 122, 129ff., 396, 410, 453 bis 456
Molare siehe Zähne

N

Naeser, C. W. 274
Nairn, A.E.M. 274
Nairobi 136, 149f., 152, 164, 198, 216, 268, 287
Napier, John 119, 123
»National Geographic« 118, 260, 274, 291
National Geographic Society 117, 165, 256
National Museum of Kenya 304
National Science Foundation 163, 189, 202, 204, 214, 256
»Nature« 48, 51f., 105, 275, 298, 300, 368f.
Ndibo 306
Neandertaler 20f., 24, 30–33, 42, 45, 64, 103f., 111, 144, 375
»Newsweek« 363
»New York Times« 363f., 368
Nicol, Mary siehe Leakey, Mary
Ngorongoro 106

O

Oakley, Dr. Kenneth 92–95, 116
Oberkiefer siehe Kieferknochen
Oldowan-Werkzeuge 106, 284f.
Olduvai (Tansania) 103–108, 111, 118, 120, 126, 129ff., 133, 138, 147, 158, 167f., 172, 268, 283f., 286, 295, 301f., 311f., 319, 350, 372
Olson, Todd 370
Omo-Fluß 87, 129, 131ff., 135–142, 144, 146f., 149ff., 154f., 159, 163f., 170, 176, 181, 185, 188, 208, 211, 219, 254, 293, 295, 301, 318, 349
Orang-Utan 34, 130, 400, 454
Ostafrika 41, 295, 301, 312, 450f.
Osteodontokeratische Kultur 77
Ostrakodenschicht 242
Oxford University 51

P

Page, Nicole 164, 208, 282
Pakistan 458f.
Paläoanthropologie 88, 140, 144, 340, 380, 449f., 471
Paläomagnetismus 246f.
Palatum 333f.
Panafrikanische Konferenz (Nairobi 1977) 113, 287
Paranthropus crassidens 81f.
Paranthropus robustus 68, 74, 81
Pavian 46, 48, 75–78, 179, 412
Pei, W.C. 37
Peking-Mensch (*Sinanthropus pekinensis*) 38f., 41, 58f., 103f., 111, 117
Petter, Germaine 203, 212
Pilbeam, David 365, 452–459, 471
Piltdown 59, 92
Piltdown-Mensch (*Eoanthropus dawsoni*) 55ff., 59ff., 91–95, 99, 103, 114, 122
Pithecanthropus erectus (Affenmensch aus Java) 33, 38f., 41f., 54, 56, 64, 144, 407, 429
Pleistozän 92, 95, 116, 126, 131, 133, 137f., 146, 151, 154, 158, 300
Plesianthropus transvaalensis 68, 81, 83
Pliozän 92f., 126, 131, 133, 137f., 146, 151, 154, 158, 300, 302
Potwar-Plateau (Pakistan) 457
Prämolare siehe Zähne
Proconsul (*Dryopithecus africanus*) 453
Protoconide 327f., 332
Pruner-Bey 31

R
Ramapithecinen 455 f.
Ramapithecus 452 f., 455, 457 ff.
Raster-Elektronenmikroskop 443, 448, 466
Reed, Charles A. 90
Rensberger, Boyce 368
Rift Valley 158 f., 219, 301
Rift Valley Research Mission 206
Robbins, Louise 305 ff.
Robinson, J. T. 81 f., 124, 144, 152 f., 257, 323, 342, 347
Roche, Hélène 282, 285, 287, 339, 451, 460, 465
Rogers, Will 371
Royal College of Surgeons 50
Royal Society 105
»r«-Strategie 399 ff., 422
Ruanda 130
Rubidge, Sidney 63
Rückkoppelungssystem 416 ff., 420
Ryan, Al 448 ff.

S
Sadiman (Tansania) 303, 307
Säugetierfossilien 264 ff., 268, 284, 294, 300
Schädel 1470 168 ff., 172, 175–178, 210, 218, 220, 254, 293, 295, 297, 300, 350, 366 f., 371 f., 375 f., 437
Schädel 1813 371 f.
Schimpanse 30, 34, 47, 62, 66, 130 f., 148 ff., 152, 324–328, 330–335, 384, 394 ff., 398, 400, 406, 412, 417, 419, 423, 434, 448
Schmitt, Tom 247, 274
Schneidezähne siehe Zähne
Schweinefossilien (siehe auch Cooke, Basil) 141, 162, 177, 209, 219, 254, 270, 295, 298 ff., 315, 350, 377
»Science« 300, 357 f., 363 f., 370
»Scientific American« 300, 368, 370
Sedimentschichten 185 f.
Selati 430, 462, 464
Serengeti 106, 302, 311
Simons, Elwyn 365, 452, 458
Simpson, George Gaylord 29, 345, 374
Sinanthropus pekinensis siehe Peking-Mensch
Singleton, Bill 461
Sivapithecus 455, 457 f.
Smith, Grafton Elliot 51, 60, 62, 98 f.
Smuts, Jan 63
Sollas, W. J. 51, 99 ff.
Solo-Fluß 34, 36, 39
Spanien 86 f.
Spencer, Herbert 398 f.
Stammbaum 340, 344, 347 ff., 351, 356, 360 f., 373, 378, 451, 456 f.
Steinwerkzeug 102 f., 105 f., 282 ff., 286 f., 319, 339, 407 ff., 422 f., 451, 460, 465, 469
Sterkfontein (Südafrika) 63, 66 ff., 74, 81 f., 152, 179
Stratigraphie 129, 138, 155, 166, 176, 185, 209, 241, 250, 266, 274, 298, 443
Sudan 132
Südafrika 45, 47 f., 53, 58 f., 63, 72, 74, 120, 138, 146, 148, 152, 170, 283, 293, 372, 450
Südafrikanische Höhlen 70–75, 78, 80 ff., 114, 144, 179
Sumatra 33 f.
Swanscombe 91
Swartkrans (Südafrika) 74, 82 f., 179

T
Taieb, Maurice 156, 158–163, 183, 185 bis 188, 194 ff., 197 ff., 205 f., 208, 213, 226, 241–244, 250, 255, 257 f., 265 bis 268, 274 f., 277, 285, 460 ff., 464 f., 470
Tansania 102, 158, 268
Taung 46, 74
Teilhard de Chardin, Pierre 59 f., 96
Terblanche, Gert 67 f., 81
Tessema, Mammo 468
Tiercelin, Jean-Jacques 274, 462, 464 f., 470
Tigre-Stamm 197
»Time« 363 ff.
Tobias, Philip 75, 82, 118, 120, 123, 338, 374, 434
Torralba (Spanien) 86 f.
Transvaal Museum 63, 78
TRAPP, Fa. 161
Trinil (Sumatra) 34, 36
Tschoukoutien (China) 37 f., 58, 70
Turkana-See 131, 136 f., 150, 158, 164, 166 f., 254, 284, 294–299, 301, 307, 312, 319, 349, 368, 371, 442 f.

Twain, Mark 271
Twiggy *(Homo habilis)* 119f., 123, 150, 167, 169, 172

U
Uganda 184
University of California 129, 137, 223, 300
University of Illinois 85, 147
University of Witwatersrand 46
Unterkiefer siehe Kieferknochen

V
Viktoriasee 103f., 110, 129f., 184, 453
Virchow, Rudolf 31, 38
Vṛba, Elizabeth 349
Vulkanismus siehe Datierungsmethoden

W
Wagner, Dr. 31
Walker, Alan 370ff., 443, 448
Walter, Bob 250f., 253, 268, 274, 286, 377, 442, 449f., 462, 464f., 470
Washburn, Sherwood 223, 408, 440
Watson, James 362
Wegener, Alfred 156, 158
Wegwerfzivilisation 70
Weiner, J. S. 94, 116
Wenner-Gren Foundation 201
Wenner-Gren-Konferenz (New York 1974) 201
White, Timothy (Tim) 268f., 275, 293f., 297–302, 305f., 309f., 312, 315f., 320, 323, 325, 343f., 356–362, 366ff., 383, 424, 438–441, 469, 473
Whitehead, Alfred North 165
Wilde, Oscar 292
Wilding, Richard 184, 197, 258ff., 278, 461
Williston, S. W. 84
Woodward, Sir Arthur Smith 51, 57, 59ff., 94, 96–99, 101f., 122

Z
Zähne (Eckzähne, Molare, Prämolare, Schneidezähne) 123f., 131, 142, 144, 148f., 188, 215, 217f., 221f., 262, 286, 294, 302, 316–320, 323–328, 334, 340f., 352, 366, 368, 370, 376, 448, 455
Zinj siehe *Australopithecus boisei*
Zuckerman, Sir Solly 90f.

U d
RUSSLAND
A S
ENGLAND
Neandertal
DEUTSCHLAND
Swanscombe
Heidelberg
EUROPA
FRANKREICH
Cro-Magnon
La Chapelle-aux-Saints
Teshik-Tash
Saccopastore
ITALIEN
GRIECHEN-LAND
Candir
TÜRKEI
Petralona
Pasalar
Regen-tal
Salé
Ternifine
MAROKKO
Karmel
ISRAEL
PAKISTAN
ALGERIEN
A F R I K A
Hadar
Bodo
ÄTHIOPIEN
Omo
Lothagam
Turkana-See
Ft. Ternan
KENIA
Natron-See
Olduvai
Laetoli
TANSANIA
ATLANTISCHER OZEAN
INDIS
Makapansgat
Transvaal
Taung
SÜD-AFRIKA